Neuerburg, Padel
Organisch-biologischer Landbau
in der Praxis

Die Abschnitte wurden bearbeitet von:

GUSTAV ALVERMANN, Berater bei LWK Schleswig-Holstein, Lehr- und Versuchsanstalt Futterkamp, Blekendorf: 6.5 Grünland.

MICHAEL BALDENHOFER, Extensivierungsberater und Geschäftsführer des Modellprojektes Biotopvernetzung und Extensivierung landwirtschaftlich genutzter Flächen im Landkreis Konstanz, Stockach: 8.2 Schweinehaltung.

JOHANNES BERGER, selbständiger Berater in Brandenburg, Berlin: 8.1 Rindviehhaltung.

Dr. CLEMENS EMANUEL, ehem. Bioland-Berater NRW, Wintringer Hof, Kleinblittersdorf: 5.3 Düngung; 7.5 Energiesparende Technik im Stallbau.

FRIEDHELM DEERBERG, Berater für ökologischen Landbau, Schwerpunkt Geflügelhaltung und -fütterung, Neu-Eichenberg: 8.3 Hühner- und Geflügelhaltung.

WILFRIED DREYER, Berater bei Ökoring Niedersachsen, Walsrode: 6.2 Getreide; 6.3 Kartoffeln.

ANNETTE FRANZMANN, Beraterin bei Ökoring Niedersachsen, Walsrode: 6.2.9 Getreidelagerung; 6.4 Körnerleguminosen.

ANITA IDEL, Tierärztin, Arbeitsgemeinschaft Kritische Tiermedizin und Gesellschaft für Ökologische Tierhaltung, Barsbek: 7.1 Zur Entwicklung der Beziehung zwischen Mensch und Tier; 7.2 Tiergesundheit und Tierbehandlung.

WOLFGANG NEUERBURG, Berater für organisch-biologischen Landbau, Landes-Lehr- und Versuchsanstalt, Bad Kreuznach: 1 Grundlagen und Ziele des org.-biol. Landbaus; 2 Umstellung; 4 Vermarktung; 5.1 Boden; 5.2 Fruchtfolge; 5.3 Düngung; 5.5 Unkrautregulierung.

REINHARD ORTLIEB, organisch-biologischer Obstbauer, Stuttgart: 6.7 Obstbau.

SUSANNE PADEL, ehem. Beraterin bei Ökoring Schleswig-Holstein, Promotion im Fach landwirtschaftliche Betriebslehre, Aberystwyth: 1 Grundlagen und Ziele des org.-biol. Landbaus; 3 Betriebswirtschaft; 5.4 Pflanzenschutz; in 6 Betriebswirtschaft und Pflanzenschutz; 7 und 8 Tierhaltung.

RUDOLF RANTZAU, Landwirtschaftsministerium Niedersachsen, Referat Ökologischer Landbau, Extensivierung, Koordinierung des Bodenschutzes auf Landesebene, Agrarökologie, Hannover: 2 Umstellung.

ECKHARD REINERS, Gemüsebauberater bei Bioland Landesverband NRW, Krefeld: 6.6 Gemüsebau.

HANSJÖRG SCHRADE, selbständiger Obst- und Gemüsehändler, Schlaitdorf: 4 Vermarktung.

ANNE VALLBRACHT, Mitarbeiterin beim DBV, Vermarktungsförderung für Streuobstprodukte, Schlaitdorf: 4 Vermarktung.

ROLF WINTER, Berater bei Ökoring Schleswig-Holstein, Bordesholm: 6.1 Ackerfutterbau und Gründüngung; 7.2 Tiergesundheit und Tierbehandlung.

Weitere Mitarbeit:

ULRICH EBERT (5.2);
BERNHARD FREYER (5.2);
ULRICH HAMPL-MATHY (5.1.1, 5.1.2);
REINHARD LANGERBEIN (4);
HERMANN LEGGEDÖR (4);
GABI WALPER (8.1.1, 8.2.1);
BEATE WUNDERLICH (5.4, 6.2.8, 6.3.7).

Die Hauptautoren der einzelnen Abschnitte werden im Inhaltsverzeichnis aufgeführt.

W. Neuerburg / S. Padel

Organisch-biologischer Landbau in der Praxis

Umstellung
Betriebs- und Arbeitswirtschaft
Vermarktung
Pflanzenbau und Tierhaltung

BLV Verlagsgesellschaft München
DLG-Verlag Frankfurt (Main)
Landwirtschaftsverlag Münster-Hiltrup
Österreichischer Agrarverlag Wien
Bugra Suisse Wabern-Bern

CIP-Titelaufnahme der Deutschen Bibliothek

Organisch-biologischer Landbau in der Praxis:
Umstellung, Betriebs- und Arbeitswirtschaft,
Vermarktung, Pflanzenbau und Tierhaltung /
W. Neuerburg; S. Padel. –
München: BLV-Verl.-Ges.;
Frankfurt (Main): DLG-Verl.;
Münster-Hiltrup: Landwirtschaftsverl.;
Wien: Österr. Agrarverl.;
Wabern-Bern: Bugra Suisse, 1992
   ISBN 3-405-14202-4
NE: Neuerburg, Wolfgang; Padel, Susanne

Bildnachweis:

Fotos:
Farbtafel 1 oben: U. Hampl-Mathy,
Farbtafel 1 unten: F. Westhues,
Farbtafel 2 rechts oben: H. Rzehak,
Farbtafel 4 links unten: Dr. Obst.

Abb. 21: U. Hampl-Mathy,
Abb. 31: H. Rzehak,
Abb. 34: W. Both,
Abb. 37: W. Kreß,
Abb. 38: W. Kreß,
Abb. 39: W. Kreß,
Abb. 40: B. Geier,
Abb. 49: J. Hochmann
Abb. 69: B. Geier
Abb. 100: P. Hensch,
Abb. 101: P. Hensch.

Grafiken:
Abb. 33: M. Gemke (aus »Die Landwirtschaft,
   Band I«, BLV München),
Abb. 52: M. Schönberger (aus »Die Landwirtschaft,
   Band I«, BLV München),
Abb. 56: aus »Die Landwirtschaft, Band I«,
   BLV München,
Abb. 57: Institut für Landtechnik, Weihenstephan.

Nicht erwähnte Abb. stammen von den Autoren.

Gedruckt auf chlorfrei gebleichtem Papier

BLV Verlagsgesellschaft
München Wien Zürich
8000 München 40

© 1992, BLV Verlagsgesellschaft mbH, München

Umschlaggestaltung: Julius Negele
Umschlagfotos: R. Winter, F. Deerberg
Lektorat: Dr. Wolfgert Alsing
Layout: Volker Fehrenbach, München
Herstellung: Hermann Maxant
Satz: Fotosatz Wirth, Ober-Ramstadt
Druck: Wagner, Nördlingen
Bindung: Ludwig Auer, Donauwörth

Printed in Germany · ISBN 3-405-14202-4

Vorwort

In der Bundesrepublik Deutschland wirtschaften (Anfang 1992) ca. 4000 Landwirte, Gärtner, Obstbauern und Winzer nach den Prinzipien des ökologischen Landbaus. Gemeinsame Zielsetzung ist die Pflege des Bodens und Erhaltung seiner langfristigen Bodenfruchtbarkeit bei weitgehend geschlossenen Betriebskreisläufen ohne Zukauf der üblichen Betriebsmittel.

Die Praktiker des ökologischen Landbaus haben sich in sechs Anbauverbänden zusammengeschlossen. Diese Verbände erlassen Richtlinien, verpflichten die Landwirte vertraglich zu deren Beachtung und kontrollieren ihre Einhaltung. Die Landwirte nutzen die gesetzlich geschützten Markenzeichen der Verbände zur Vermarktung ihrer Produkte.

Man unterscheidet im wesentlichen zwei Richtungen des ökologischen Landbaus: Die biologisch-dynamische Richtung, die auf RUDOLF STEINER, den Begründer der Anthroposophie, zurückgeht, sowie den organisch-biologischen Landbau, der von HANS MÜLLER, einem Schweizer Agrarpolitiker begründet wurde.

Organisch-biologischer Landbau wurde in der Praxis entwickelt. HANS MÜLLER, seine Frau MARIA MÜLLER und der Arzt HANS PETER RUSCH verbreiteten die Anbaumethode in einem kleinen Kreis von Landwirten. Pioniere griffen die Gedanken auf und sammelten in den 40er und 50er Jahren erste Praxiserfahrungen. Durch fachlichen Austausch in der Praxis wurde der Anbau ständig weiterentwickelt.

Ziel dieses Buches ist es, diese Praxiserfahrungen zusammenzutragen, unsere gesammelten Erfahrungen aus der Beratung mit einfließen zu lassen, und das Ganze durch neuere wissenschaftliche Untersuchungen zu ergänzen bzw. zu untermauern.

Das Buch soll in erster Linie Praktiker ansprechen und ihnen bei der Umstellung oder bei der späteren Bewirtschaftung eines Betriebes nach organisch-biologischen Grundsätzen behilflich sein. Wir sind bei der Abfassung des Buches davon ausgegangen, daß der Leser landwirtschaftliche Grundkenntnisse hat.

Die meisten Autoren dieses Buches sind in der Beratung organisch-biologischer Betriebe tätig. Aus unserer täglichen Arbeit wissen wir, daß gerade Landwirte, die sich in der Umstellung befinden, ein sehr großes Informationsbedürfnis haben: Kann ich meinen Betrieb überhaupt umstellen? Kann ich dadurch die Existenz des Betriebes sichern? Ist ökologischer Landbau arbeitswirtschaftlich zu bewältigen? Und: Wie kann ich die Produkte vermarkten?

Nach einer allgemeinen Einführung in den organisch-biologischen Landbau folgen die Kapitel Umstellung (mit Arbeitswirtschaft), Betriebswirtschaft und Vermarktung. Es schließen sich Allgemeiner Pflanzenbau und die bedeutendsten Kulturen einschließlich Obst und Gemüse sowie Grundlagen der Tierhaltung und die wichtigsten Tierarten an. Der Abschnitt Allgemeiner Pflanzenbau ist bewußt kurz gehalten, da hierüber bereits viel geschrieben wurde. Besonderer Wert wurde im ganzen Buch auf betriebswirtschaftliche und, sofern möglich, arbeitswirtschaftliche Aspekte gelegt.

Da organisch-biologischer Landbau in der Praxis entwickelt wurde, kommen an vielen Stellen in diesem Buch Praktiker zu Wort. Diese Praxisberichte sollen das Dargestellte vertiefen und beleben. Wir haben es vor allem SUSANNE ERHARDT, der Redakteurin der bio-land-Zeitschrift, zu verdanken, daß sie immer wieder Landwirte zum Aufschreiben ihrer Gedanken und Erfahrungen bewegt hat. Die bio-land-Zeitschrift hat so zum Entstehen dieses Buches wesentlich beigetragen, da sie in den letzten Jahren einen intensiven schriftlichen Erfahrungsaustausch zwischen Praktikern, Beratern und Wissenschaftlern ermöglichte.

Unser besonderer Dank gilt allen Landwirten, die in unzähligen Gesprächen ihre Erfahrungen und Kenntnisse weitergaben, die uns Einsicht in ihre Buchführung gewährten und uns viele Anregungen für unsere Arbeit und dieses Buch gegeben haben. Wir bedanken uns bei allen Autorinnen und Autoren für die Bereitschaft, an diesem Buch mitzuarbeiten. Dank gebührt auch HANS FABER, der uns bei der Bewältigung des umfangreichen Manuskriptes mit EDV sehr behilflich war. Schließlich bedanken wir uns beim Verlag für seine Bereitschaft, dieses Buch aufzulegen, besonders bei Herrn Dr. ALSING für die hilfreiche Zusammenarbeit.

Die Kenntnisse über viele Teilbereiche des organisch-biologischen Landbaus sind heute noch sehr unvollkommen. Deshalb bitten wir ausdrücklich um Kritik, Anregungen und Verbesserungen für dieses Buch, die letztlich der Weiterentwicklung der Anbaumethode dienen sollen.

WOLFGANG NEUERBURG, SUSANNE PADEL

Inhaltsverzeichnis

1 Grundlagen und Ziele des organisch-biologischen Landbaus

S. PADEL, W. NEUERBURG

»Jede neue Idee durchläuft drei Entwicklungsstufen: In der ersten wird sie belacht, in der zweiten bekämpft, in der dritten ist sie selbstverständlich.«
SCHOPENHAUER

1 Grundlagen

Der organisch-biologische Landbau – als eine Richtung der ökologischen Landwirtschaft – hat in den letzten Jahren an Bedeutung gewonnen. Die Zahl der Betriebe nahm seit Anfang der 80er Jahre stark zu; heute ist Bioland, der Verband für organisch-biologischen Landbau mit 2300 Vertragslandwirten der mitgliedstärkste Anbauverband in der Bundesrepublik Deutschland (Abbildung 1).

Auch in Diskussionen über eine Neuorientierung der Agrarpolitik, über Umweltprobleme in der Landwirtschaft und über die Qualität unserer Nahrungsmittel spielt der ökologische Landbau eine zunehmende Rolle. Schließlich haben die seit 1989 erlassenen Förderungsmaßnahmen auf EG-Ebene (Extensivierungsprogramm) und die »EG-Verordnung über den ökologischen Landbau und die entsprechende Kennzeichnung der landwirtschaftlichen Erzeugnisse und Lebensmittel« zu einer Aufwertung und Anerkennung des ökologischen Landbaus geführt.

Trotzdem ist organisch-biologischer Landbau keine Erfindung der letzten Jahre. Die wesentlichen Grundlagen wurden im letzten und in der ersten Hälfte dieses Jahrhunderts erarbeitet.

Der organisch-biologische Landbau geht zurück auf den Schweizer Agrarpolitiker Dr.

Abb. 1: Ökologisch-wirschaftende Betriebe in der Bundesrepublik Deutschland (Mitgliedsbetriebe mit Vertrag jeweils am Jahresbeginn).

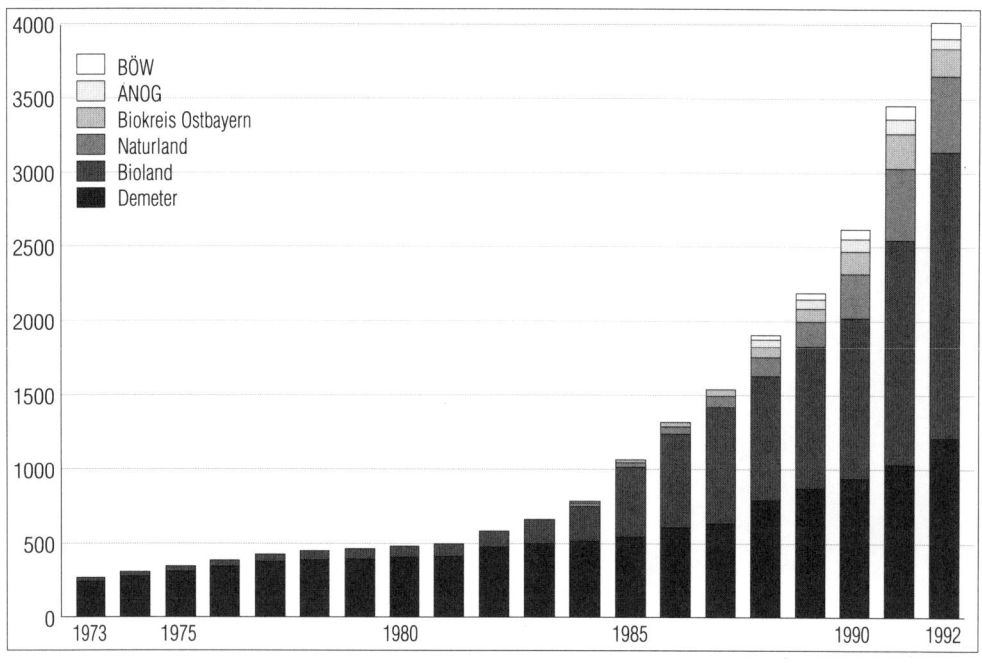

HANS MÜLLER. 1921 begründete er in der Schweiz die Bauernheimatbewegung, die sich zum Ziel gesetzt hatte, den Bauern wieder mehr Selbstbewußtsein zu geben. Sie sollten ihre Situation erkennen und durch Anregung zur Selbsthilfe die Lebensumstände auf den Betrieben verbessern. Landwirte schlossen sich in Gruppen zusammen und setzten sich eigenverantwortlich für eine intensive Weiterbildungsarbeit ein.

19 Jahre lang vertrat HANS MÜLLER die Interessen dieser Gruppierungen in der Schweizer Agrarpolitik, mußte aber erkennen,

> *»daß die Grundfragen der bäuerlichen Existenz auf politischer Ebene nicht zu lösen seien, die Bauern sich vor allem selbst helfen müßten.«*

In der Folge daraus entwickelte HANS MÜLLER gemeinsam mit seiner Frau, MARIA MÜLLER und dem Arzt H. P. RUSCH den organisch biologischen Landbau. MÜLLER übernahm in dieser Dreiergruppe die Aufgabe, die von seiner Frau geprüften wissenschaftlichen Neuerungen und die von RUSCH gefundenen bakteriologischen Forschungsergebnisse in die bäuerliche Praxis umzusetzen.

Hauptziel war (und ist) die Existenzsicherung landwirtschaftlicher Betriebe durch mehr Unabhängigkeit:

▶ Unabhängigkeit vom Zukauf der Betriebsmittel (Dünger, Pflanzenschutzmittel, Futtermittel), um die Kosten für die Betriebe zu senken und die »Bodenfruchtbarkeit *selber* aufzubauen«.
▶ Unabhängigkeit in der Vermarktung, indem Landwirte sich einen eigenen Absatzmarkt durch Qualitätsverbesserung ihrer Produkte aufbauen. »Schafft Euch ›Goodwill‹ in Konsumentenkreisen, bei gesundheitsbewußten Konsumenten, Umweltschutzkreisen usw.« (MÜLLER nach DÄHLER, 1988).

Konsequenterweise gründete MÜLLER bereits 1946 die Anbau- und Verwertungsgenossenschaft (AVG) in Galmiz, die bis heute (inzwischen unter dem Namen »Bio-Gemüse AVG«) Produkte aus organisch-biologischen Landbau in der Schweiz vermarktet.

Die Ideen von MÜLLER und RUSCH wurden von Landwirten im süddeutschen Raum aufgenommen und weiterentwickelt. 1971 gründeten sie die »Fördergemeinschaft organisch-biologischer Land- und Gartenbau« (1987 in Bioland

Verband für organisch-biologischen Landbau umbenannt). Richtlinien wurden erlassen und das Verbandszeichen »Bioland« eingetragen (Bioland-Verband, 1991).

Die Probleme, die heute die Landwirtschaft kennzeichnen, waren damals noch kein Thema. Daher ist erstaunlich, mit welcher Weitsicht und Klarheit MÜLLER die Entwicklung der Landwirtschaft vorausgeahnt hat (GROSCH, 1986). So wundert es nicht, daß die **heutigen** Ziele des organisch-biologischen Landbaus weitgehend seinen **damaligen** Forderungen entsprechen:

▶ Weitgehend geschlossene Betriebskreisläufe,
▶ Erhaltung der Bodenfruchtbarkeit aus den eigenen Kräften des Betriebes,
▶ Schonung von natürlichen Ressourcen,
▶ flächengebundene Tierhaltung,
▶ artgemäße Tierhaltung,
▶ Ausnutzung natürlicher Regelmechanismen im Ökosystem,
▶ Erzeugung von hochwertigen Lebensmitteln.

2 Ziele

2.1 Weitgehend geschlossener Betriebskreislauf

MÜLLER empfahl den Landwirten, auf Dünge- und Futtermittel zu verzichten: »Gesundheit und Fruchtbarkeit kann man nicht kaufen.« Auch LIEBIG, der ja als Begründer der Mineraldüngung gilt, war in erster Linie von dem Gedanken geschlossener Nährstoffkreisläufe geleitet. Er beobachtete Phosphormangel an Pflanzen und erkannte in dem ständigen Export von Phosphor ein Problem der Landwirtschaft. Er propagierte die Rückführung der Fäkalien ins System. 1865 wurde er damit beauftragt, ein Gutachten über die Verwendung der Abwässer der Stadt London anzufertigen und berechnete den Wert der darin enthaltenen Nährstoffe mit zwei Millionen Pfund Sterling. Er hatte die traditionelle Landwirtschaft in China und Japan studiert. Dort wurden alle organischen Abfallstoffe einschließlich der Fäkalien zurückgeführt; die Böden waren seit Jahrtausenden ohne mineralische Düngung fruchtbar (v. HALLER, 1986).

Die Idee der Kreislauf-orientierten Landwirtschaft, des geschlossenen Betriebskreislaufs ist also nicht neu, aber immer noch aktuell. Die

Phosphorvorräte der Welt sind begrenzt. Sie würden noch schneller erschöpft, wenn die ganze Welt unser Düngungsniveau praktizieren würde. Aufgrund belasteter Klärschlämme und Müllberge können dem Boden entzogene Nährstoffe nicht vollständig zurückgeführt werden. Alternativen – wie die Herstellung von Grünkomposten – sind in der Erprobung, aber auch hier ist die Frage der Schadstoffbelastung noch nicht vollständig geklärt.

Da unter heutigen Bedingungen auch im organisch-biologischen Landbau ein vollständig geschlossener Kreislauf nicht zu erreichen ist, wird ein begrenzter Zukauf von Mist und bestimmten mineralischen Düngemitteln nach den Bioland-Richtlinien erlaubt (siehe Seite 91, Tabelle 21). Jeder Zukaufsmist oder Dünger liefert zu den Nährstoffen auch Probleme, wie z. B. Rückstände von Tierarzneimitteln, Unkrautsamen oder Schadstoffe. Erfahrene Praktiker des organisch-biologischen Landbaus verzichten deshalb weitgehend auf Zukauf. Der benötigte Stickstoff kann durch den Anbau von Leguminosen als Futterpflanzen oder Gründüngung in den Betrieb gelangen; durch Bodenbelebung erhöht sich die Verfügbarkeit der Mineralstoffe im Boden.

Der Gedanke der Kreislaufwirtschaft ist ein ökologisches und ökonomisches Prinzip. Die Kostenersparnis durch den geringeren Einkauf von Betriebsmitteln spiegelt sich deutlich in der Betriebswirtschaft ökologischer Betriebe wider (siehe Seite 44, Tabelle 8). Viele weitergehende Ziele des organisch-biologischen Landbaus leiten sich aus dem Grundgedanken einer Kreislaufwirtschaft ab.

Abb. 2: Kreislauf und Grundprinzipien des organisch-biologischen Landbaus (PADEL).

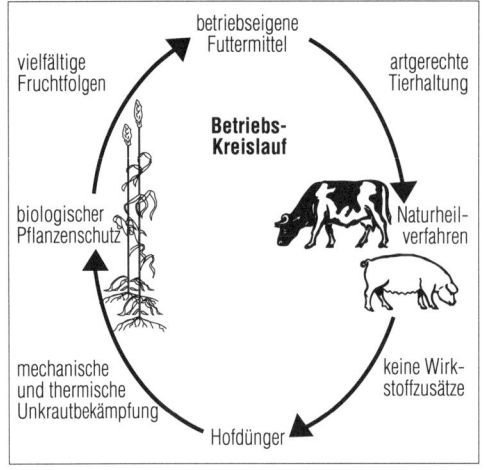

2.2 Erhaltung der Bodenfruchtbarkeit

Ein Boden ist fruchtbar, wenn er ohne Hilfsmittel nachhaltig Erträge ermöglicht (KLAPP, 1967). Die Bedeutung von Humus und organischer Substanz für die Bodenfruchtbarkeit wurde frühzeitig von SEKERA, GÖRBING und anderen erkannt. Durch die Mineraldüngung war die Bedeutung der organischen Substanz als Nährstofflieferant und -speicher im Boden jedoch nahezu in Vergessenheit geraten. Heute rückt die positive Wirkung der organischen Substanz auf die Ertragsfähigkeit des Bodens und die Bodenstruktur jedoch wieder in den Vordergrund.

Das Verständnis von Bodenfruchtbarkeit im organisch-biologischen Landbau geht jedoch weiter. MÜLLER und RUSCH (1968) beschäftigten sich mit der Frage, ob wirklich alle organischen Verbindungen im Boden vollständig mineralisiert werden müssen, bevor sie von der Pflanzenwurzel wieder aufgenommen werden können. Zu Beginn war die Theorie sehr umstritten. Inzwischen muß als gesichert angesehen werden, daß Pflanzenwurzeln größere organische Moleküle aufnehmen können (BOERINGA, 1980; MC LAREN u. a., 1960). In welchem Umfang sie das tun, ist unklar. Diese organischen Moleküle sind Bruchstücke lebender Zellen; von RUSCH wurden sie als »lebendige Substanzen« bezeichnet. Er sprach von einem Kreislauf lebendiger Substanzen: Von der Pflanze zu Mensch und Tier, von Mensch und Tier über die Fäkalien wieder in den Boden, von dort in die Pflanzen usw. Dieser Kreislauf werde unterbrochen, wenn in der Landwirtschaft auf organische Düngung verzichtet und der Boden ausschließlich mineralisch gedüngt werde. Bestimmte wichtige Bakterien fehlten unter diesen Bedingungen im Boden.

RUSCH als Arzt sah Zusammenhänge zwischen der Ernährung des Menschen, dem Wachstum der Pflanzen und der Bodenfruchtbarkeit. Sein Buch »Bodenfruchtbarkeit« liefert daher eine ganzheitliche Betrachtung über die Beziehungen zwischen der Landwirtschaft und der Gesundheit von Mensch, Tier und Pflanze.

2.3 Schonung von natürlichen Ressourcen

Die beachtlichen Ertragssteigerungen in der Landwirtschaft wurden mit einem überproportional erhöhten Einsatz landwirtschaftlicher Betriebsmittel erkauft.

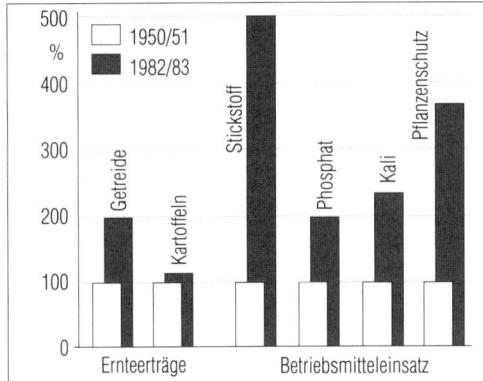

Abb. 3:   Ertragssteigerung und Betriebsmitteleinsatz (HOFFMANN, 1988, verändert).

Angesichts beschränkter Reserven an Erdöl (zur Erzeugung von Stickstoffdüngern und Pflanzenschutzmitteln) und Phosphaten in den Lagerstätten, sollte es das Ziel einer nachhaltigen Landwirtschaft sein, mit diesen Ressourcen so schonend wie möglich umzugehen.

Immer wieder wird argumentiert, das NO_3 aus der Mineralisierung im Boden sei identisch mit dem aus der HABER-BOSCH-Synthese. Die chemische Struktur mag in beiden Fällen die gleiche sein, trotzdem besteht ein entscheidender Unterschied: Das eine Nitrat wird beim Anbau von Leguminosen durch deren Symbiose mit Knöllchenbakterien unter Nutzung der **Sonnenenergie** aus der Luft fixiert. Für die chemische Synthese von 1 kg Stickstoffdünger werden hingegen 77 700 kJ (PIMENTEL, 1973) **fossile Energie** benötigt. Diese Energie wird gespart, wenn kein synthetisch hergestellter N-Dünger eingesetzt wird.

KUHLENDAHL (1990) hat beispielsweise für seinen 45 ha großen Grünland-Betrieb errechnet, daß der Verzicht auf die übliche Stickstoffdüngung (200 kg/ha) Energieeinsparungen in Höhe des 6-fachen Strombedarfs des gesamten Betriebs pro Jahr bedeutet.

Ganzheitlich betrachtet läßt sich die Frage des Energieverbrauches bei der Düngerherstellung nicht von der Frage der »Qualität« des Nitrats trennen. Auch die Wasserqualität der Flüsse, die mit Abwässern der chemisch-synthetischen Herstellung belastet werden, die Frage des Grundwassers, das mit Nitrat belastet werden kann usw., dies alles muß in eine ganzheitliche Betrachtung einbezogen werden.

Hinsichtlich der Phosphordüngung weist SCHELLER (1988) zu Recht darauf hin, daß die **Bodenvorräte** an Phosphor (und Kalium) um ein Vielfaches größer sind als die **Lagerstättenvorräte,** daher eine »aktive Mobilisierung« der Bodenreserven Aufgabe einer auf Nachhaltigkeit basierenden Landwirtschaft sein müßte.

2.4 Flächengebundene Tierhaltung

Das Ziel geschlossener Kreisläufe bezieht sich nicht nur auf den Düngerzukauf, sondern auch auf den Zukauf von Futtermitteln. Da Futtermittel ebenso wie Dünger Nährstoffe enthalten, verursacht ihr **Import** in den Betrieb mannigfaltige Probleme: Eine Überdüngung mit organischen Düngern verändert die Zusammensetzung der Grünlandnarbe, ist schädlich für das Vieh (Gesundheitsprobleme, Fruchtbarkeitsstörungen) und für die Umwelt (Gewässereutrophierung).

Aber auch Futtermittel**exporte** aus Betrieben führen zu Problemen: Die Flächen verarmen an Nährstoffen und zwingen zur Ergänzung aus knappen Lagerstättenvorräten. Außerdem werden noch immer Eiweißfuttermittel aus Ländern importiert, in denen Eiweiß als wichtiger Bestandteil in der menschlichen Ernährung fehlt.

Der Schlüssel zur Lösung der Probleme liegt in einer flächengebundenen Tierhaltung. Tiere müssen dort gehalten werden, wo ihre Futtermittel wachsen.

Dies spart Transportkosten und verhindert regionale und globale Nährstofftransporte. Und organische Dünger können dem Boden direkt zugeführt werden. Im Sinne von RUSCH's »Kreislauf lebendiger Substanzen« ist dies auch ein Schritt zur Verbesserung der Gesundheit im Stall.

2.5 Artgemäße Tierhaltung

In vielen modernen Tierställen ist nur noch die Leistung der »Nutztiere« gefragt. Wachsen sie nicht schnell genug, muß nachgeholfen werden. Bei den Preisen für die tierischen Produkte scheint eine andere Form der »Tierproduktion« nicht rentabel.

Aber Mastschweine im Dunkelstall, angebundene Sauen, Ferkel auf Flatdecks und Hühner in Käfigen fühlen sich nicht wohl, weil sie ihre arteigenen Verhaltensweisen nicht mehr ausleben können. Vermehrte Probleme, wie fehlende Fruchtbarkeit, kurze Nutzungszeit bei

Kühen, hoher Infektionsdruck, Resistenzprobleme zeigen, daß das System nicht stimmt. Die Schwanzspitzennekrose bei Bullen tritt nur in Spaltenställen auf, Kannibalismus bei Schweinen scheint ein Problem der Langeweile zu sein. Es ist sehr kurzfristig gedacht, das Tier dem Stall anzupassen, wie z. B. durch Kupieren der Schwänze.

Ställe sollen hingegen so beschaffen sein, daß die Tiere ihre angeborenen Verhaltensweisen ausführen können und keinen gesundheitlichen Schaden nehmen. Wenn solche Prinzipien mißachtet werden, dann hilft auch das beste Futter nichts.

Fast immer kann durch Spielmöglichkeiten oder Stroheinstreu Abhilfe geschaffen werden. Kühe sollen liegen und aufstehen können, ohne sich zu verletzen, Hühner sollen Platz zum Scharren und Picken haben, Schweine sollen ihre Umgebung erkunden und möglichst auch durchwühlen können.

Dann kann auch der Mensch, der in solchen Ställen arbeitet, die Tiere wieder als Artgenossen betrachten und muß sie nicht als Tierproduktionsmaschinen möglichst schnell verlassen (siehe Seite 200).

Die Ethologen (Verhaltensforscher) haben durch genaue Beobachtung des Tierverhaltens in der freien Wildbahn und im Stall viele Erkenntnisse gewonnen, die heute schon im Stallbau umgesetzt werden können (siehe Seite 233, Kapitel 8, Spezielle Tierhaltung). Da Neubau aus Kostengründen oft nicht in Frage kommt, müssen Lösungen für Umbauten in artgemäße Altställe gefunden werden.

2.6 Ausnutzung natürlicher Regelmechanismen

Ein weiteres wichtiges Ziel des organisch-biologischen Landbaus ist das Ausschöpfen von natürlichen Regelmechanismen im Agrarökosystem (siehe Seite 100, Förderung der Nützlinge). Ohne Ausnutzung dieser Mechanismen ist Pflanzenschutz im ökologischen Betrieb nicht denkbar.

Ein Ziel ist die Erhöhung der Artenvielfalt im Ökosystem, da vielfältige Systeme in der Regel stabiler sind als einseitige. Die Artenvielfalt wird gefördert durch
- vielfältige Fruchtfolgen,
- ein geringeres Nährstoffniveau,
- mechanische Unkrautregulierung,
- gezielte Anlage von Hecken und Biotopen.

Viele dieser Maßnahmen kommen den Zielen des Naturschutzes entgegen. Neben dem praktischen Ziel eines stabilen Systems zur Gesunderhaltung von Pflanze und Tier ist auch die Erhaltung bedrohter Arten ein Ziel des ökologischen Landbaus. Es ist oft sinnvoll, nasse Ecken oder sehr schlechte Böden als extensives Grünland zu bewirtschaften oder in ein Biotop umzugestalten, anstatt sich über schlechte Erträge und Bewirtschaftungsprobleme (Fahrspuren etc.) zu ärgern. Zur Erhaltung bedrohter Arten sind oft gerade diese im landwirtschaftlichen Sinne problematischen Flächen, wie Feuchtwiesen und Magerrasen besonders interessant.

2.7 Erzeugung von hochwertigen Lebensmitteln

Hohe ernährungsphysiologische Qualität der erzeugten Produkte ist ein grundlegendes Anliegen der ökologischen Landwirtschaft.
- In einem Anbau, in dem keine chemisch-synthetischen Pflanzenschutzmittel angewandt werden, können auch keine Rückstände von ihnen gefunden werden. Dieser einfache Zusammenhang wird auch in Untersuchungen an ökologisch erzeugter Ware, wie z. B. von SCHÜPBACH (1986) und REINHARD und WOLFF (1986) bestätigt. In einer belasteten Umwelt ist völlige Rückstandsfreiheit von Schadstoffen allerdings nicht mehr zu garantieren.
- In einem Anbau, in dem ein wesentlich niedrigeres Düngungsniveau eingehalten wird, enthalten die Produkte logischerweise auch geringere Nitratgehalte (Regierungspräsidium Stuttgart, 1987).

Über die Gefährlichkeit von Pflanzenschutzmittelrückständen und hohen Nitratgehalten gehen die Meinungen auseinander: Angesichts der Vielzahl der eingesetzten Chemikalien in der landwirtschaftlichen Erzeugung, bei der Lagerung und in der Verarbeitung wird kein seriöser Wissenschaftler heutzutage eine Unbedenklichkeitsgarantie bezüglich der Wirkung (Langzeitwirkung, Kombinationswirkung) dieser Stoffe abgeben können. Der ökologische Landbau setzt daher auf das »Prinzip der Nichtverursachung« (AGÖL, 1990).

Auch die Lebensmittelqualität muß ganzheitlich betrachtet werden: Sind Lebensmittel Bausteine für das Leben? Die andere Qualität ökologisch erzeugter Produkte beruht nicht nur auf der Abwesenheit von Rückständen und höheren Gehalten an wertgebenden Inhaltsstoffen.

Der Arzt RUSCH beobachtete, daß Lebensmittel aus einer natürlichen Landwirtschaft für Menschen heilend wirken können und entwickelte deshalb zusammen mit MÜLLER den organisch-biologischen Landbau. In Versuchen von AEHNELT und HAHN (1973), GOTTSCHEWSKI (1975) und STAIGER (1986) wurde festgestellt, daß Tiere, die mit ökologischem Futter gefüttert werden, gesünder und fruchtbarer sind als die konventionell gefütterten Tiere von Vergleichsgruppen. Allerdings läßt sich heute noch nicht erklären, welche Bestandteile der Lebensmittel dafür verantwortlich sind. Wir können es mit der derzeitigen Analytik noch nicht messen. Also müssen wir nach neuen Methoden suchen, um Lebensmittelqualität ganzheitlich zu erforschen.
(Mit den angesprochenen offenen Fragen beschäftigt sich eine Arbeitsgemeinschaft für Qualitätsforschung auf dem Gebiet ganzheitlicher Untersuchungsmethoden; siehe hierzu in MEIER-PLOEGER/VOGTMANN, 1988).

3 Integrierter oder ökologischer Landbau?

Viele Bauern, aber auch Berater und Agrarwissenschaftler können sich nicht vorstellen, daß es überhaupt »ohne Chemie« geht. Die Umweltprobleme der heutigen Landwirtschaft sind aber inzwischen so offensichtlich, daß reagiert werden muß. Als Beleg für die intensiven Bemühungen um eine umweltverträgliche Landwirtschaft wird der »Integrierte Pflanzenbau« ins Feld geführt, eine Produktionsmethode des »sowenig wie möglich und soviel wie nötig« (SCHÜLER, 1990).
Das Konzept des Integrierten Landbaus hat allerdings bisher den Weg aus den Universitäten und Ministerien in die breite Praxis noch nicht gefunden. So geben DIERCKS und HEITEFUSS (1990) unumwunden zu, daß »die Entwicklung hin zu einem praxisreifen Integrierten Landbau gerade erst begonnen hat«. Ökologischer Land-

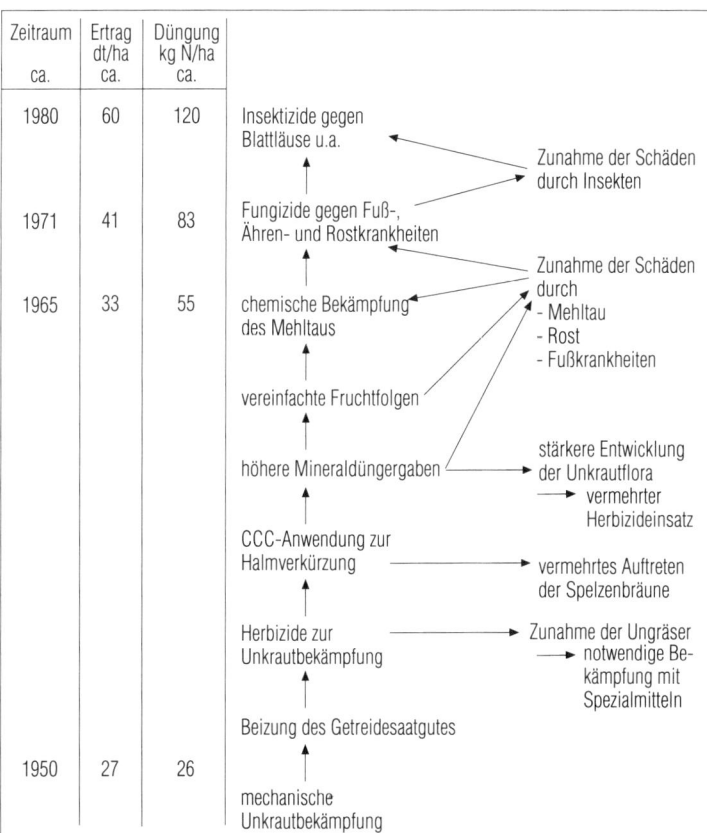

Abb. 4: Zunehmender Einsatz von Chemie im Getreidebau (SCHUPHAN, 1976, verändert).

bau wird hingegen schon langjährig erfolgreich in der Praxis durchgeführt.

Selbst wenn der Integrierte Landbau Eingang in eine breitere Praxis findet, so werden die brennenden Probleme der heutigen Landwirtschaft dadurch nicht gelöst werden:

▶ Die eingesetzten **Pflanzenschutzmittel** werden nach wie vor das ökologische Gleichgewicht stören: Bei dem Einsatz von Fungiziden werden beispielsweise auch solche Pilze vernichtet, die Schädlinge befallen und deren Massenvermehrung verhindern. (Die meisten pflanzenfressenden Schädlinge werden von verschiedenen Pilzarten befallen. Bekanntes Beispiel: der Fliegenschimmel *[Entomophtera muscaae]*). Werden Fungizide eingesetzt, so kann eine Massenvermehrung von Insektenschädlingen die Folge sein, weil die pilzlichen Schädlingskrankheiten mitvernichtet werden (LÖTTSCH, 1980).

▶ CHABOUSSOU (1987) macht darauf aufmerksam, daß Landwirte inzwischen die wichtigsten Schädlinge erfolgreich bekämpfen können und über wirksame Fungizide verfügen, daß jetzt aber die **Viruskrankheiten** eine übergeordnete Stellung einnehmen und als Krankheiten gefürchtet werden.

▶ Weiterhin bestehen Unsicherheiten über die **toxikologischen** und **ökotoxikologischen Risiken** der eingesetzten Pflanzenschutzmittel (nicht umsonst sind die Zulassungsverfahren kürzlich wieder erschwert worden). Umweltprobleme bei der Herstellung und Gesundheitsprobleme bei der Anwendung sind neben der möglichen Belastung der Nahrungsmittel mit Rückständen genügend Gründe, die dafür sprechen, auf diese Mittel konsequent zu verzichten.

▶ Die Konsequenzen der **mineralischen Stickstoff-Düngung** werden sich selbst bei verfeinerter Bodenuntersuchung und Ausbringungs- und Bemessungstechnik nicht verhindern lassen: Die Nitratgehalte im Grundwasser nehmen ja eher noch zu; neue Probleme mit Krankheiten und Schädlingen (ausgelöst durch die »Chemisierung der Landwirtschaft«) tauchen fast jährlich auf (SCHUPHAN, 1976).

▶ Für das größte Problem, die **Überversorgung der Böden mit Stickstoff und Phosphor** (nach ISERMANN (1990): bundesweit durchschnittlich 167 kg N/ha und Jahr, 55 kg P_2O_5/ha und Jahr) bietet der Integrierte Landbau keinen wirkungsvollen Lösungsansatz an; im ökologischen Landbau wird durch Flächenbindung

der Tierhaltung (max. 2 GV/ha), durch starke Beschränkung des Futterzukaufs (max. 20% bezogen auf den Trockensubstanzgehalt) und Verbot der mineralischen Stickstoffdünger das Problem an der Wurzel angepackt.

▶ In einem holländischen Vergleich dreier Landwirtschaftssysteme (herkömmlich, integriert, ökologisch) schnitt der Integrierte Landbau in punkto **Nitratauswaschung** nur unwesentlich besser ab als das herkömmliche System, lediglich der ökologische Anbau war deutlich überlegen (SMILDE, 1989).

Interessanterweise ist der Integrierte Landbau im wesentlichen für viehlose, intensiv wirtschaftende Ackerbaubetriebe entwickelt worden. Aber hohe Umweltverträglichkeit wird eine industriell organisierte Landwirtschaft in solchen Betrieben auch mit Hilfe modernster Computertechnik nicht erreichen. Spezialisierte Ackerbaubetriebe können allenfalls Umweltbelastungen durch Einsparungen an Betriebsmitteln abmildern, mehr aber nicht (SCHÜLER, 1990).

Dabei bieten die in vielen Regionen der Bundesrepublik Deutschland anzutreffenden vielseitigen Gemischtbetriebe mit flächengebundener Tierhaltung, vielseitigen Fruchtfolgen und geringerer Produktionsintensität einen besseren Ansatzpunkt für eine andere Landwirtschaft, ja sind geradezu prädestiniert für den ökologischen Landbau.

Der Integrierte Landbau bietet wenig wirkungsvolle Ansätze zur Lösung der tatsächlichen Umweltprobleme der Landwirtschaft.

4 Weiterentwicklung des ökologischen Landbaus

Angesichts der offensichtlichen Vorteile des ökologischen Landbaus gegenüber dem Integrierten Landbau wird natürlich die berechtigte Frage gestellt: Warum haben bisher nicht mehr Betriebe auf ökologischen Landbau umgestellt?

Folgende Gründe haben in der Vergangenheit eine stärkere Ausbreitung des ökologischen Landbaus verhindert:

▶ Die mangelnde Unterstützung und Anerkennung durch die staatlichen Stellen (Beratungseinrichtungen, Landwirtschaftsschulen, Ministerien, Hochschulen).

▶ Die daraus resultierenden fehlenden Informationsmöglichkeiten, insbesondere über die arbeitswirtschaftlichen, markt- und betriebswirtschaftlichen Aspekte des ökologischen Landbaus.

▶ Die mangelhaften Ausbildungsmöglichkeiten insbesondere im Berufsschul- und Fachschulbereich (NEUERBURG, 1990) sowie das völlig unzureichende Beratungsangebot.

▶ Die − mit den oben genannten Gründen verbundenen − psychologischen Hemmschwellen vieler Landwirte, sich intensiver mit dem ökologischen Landbau zu beschäftigen.

▶ Die nur zögernde Erschließung des Marktes für ökologisch erzeugte Produkte. Nach HAMM (1987) wurde das Nachfragepotential lange Jahre unterschätzt (»Modetrend«) und Landwirte und Vermarktungsunternehmen davon abgehalten, sich mit den Vermarktungsmöglichkeiten ernsthaft zu beschäftigen.

Wenn in die Ausbildung, Forschung, Beratung und Erschließung der Märkte des ökologischen Landbaus ebensoviel Zeit, Geld und menschliche Kreativität gesteckt worden wäre, wie in der konventionellen Landwirtschaft, würden heute viel mehr Betriebe ökologisch wirtschaften.

In den letzten Jahren hat sich viel geändert:

▶ Weniger aus Überzeugung, ein gutes Konzept zu unterstützen, sondern aus dringender Notwendigkeit (»Überschußabbau«) heraus, hat die EG erstmals 1989 die Umstellung auf ökologischen Landbau im Rahmen des Extensivierungsprogrammes finanziell unterstützt und damit zu einer grundsätzlichen Aufwertung geführt (NEUERBURG, 1989). Das »EG-Bio-Gesetz« (siehe Seite 50) wird zusätzlich zu einer stärkeren Akzeptanz führen.

▶ An mehreren Hochschulen setzten Studenten durch, daß Lehrstühle für ökologischen Landbau neu eingerichtet wurden. Diese zunehmenden Forschungs- und Ausbildungsmöglichkeiten werden langfristig dafür sorgen, daß in Zukunft auch in den Berufsschulen und fortführenden Schulen der ökologische Landbau sachkundiger vertreten wird. Auch wird das Informationsangebot zu Fragen des ökologischen Landbaus dadurch verbessert werden.

▶ Die Zahl der Berater für ökologischen Landbau ist in den letzten Jahren zwar wesentlich

verstärkt worden, ist aber im Vergleich zu dem hohen Beratungsbedarf während der Umstellung immer noch unzureichend (BADER, 1990).

▶ Die Anstrengungen im Absatzbereich sind verstärkt worden (Tabelle 1); neue vertraglich gebundene Abnehmer im Verarbeitungs- und Handelsbereich wurden gewonnen.

Tabelle 1   Lizenzverarbeiter des Bioland-Verbandes

Branche	1.1.88	1.1.89	1.1.90	1.1.91	1.1.92
Bäckereien	32	53	70	98	131
Mühlen	11	17	20	26	32
Safthersteller	4	6	6	7	7
Metzgereien	4	10	21	24	31
Molkereien	2	9	12	14	18
Diverse	8	11	16	20	36
gesamt	61	106	145	189	255

Resultierend aus diesen positiven Veränderungen für den ökologischen Landbau hat sich die Zahl der Betriebe in den letzten Jahren stark erhöht (siehe Seite 10, Abbildung 1).

Es bleibt die Kernfrage, ob eine steigende Zahl von Verbrauchern bereit ist, für ökologisch erzeugte Ware höhere Preise zu bezahlen, und ob als Folge davon, die Zahl der Betriebe steigen kann.

▶ »Nach nahezu einhelliger Meinung von Marktforschern wird die Nachfrage nach Produkten des ökologischen Landbaus in der Bundesrepublik Deutschland künftig weiter stark steigen« (HAMM, 1991).

▶ Eine klare gesetzliche Trennung zwischen echter ökologisch-erzeugter Ware und der von »Trittbrettfahrern« wird mehr Klarheit und Sicherheit für die zukünftigen Käufer schaffen und die Ausweitung des Marktes beschleunigen (siehe Seite 50).

▶ Eine Öffnung gegenüber neuen Absatzwegen wird eine Ausweitung auf neue Käuferschichten ermöglichen.

▶ Die Entwicklung von neuen Märkten, das Erreichen neuer Verbraucherschichten hängt auch entscheidend von der Verfügbarkeit der Ware ab. Oft verläuft die Entwicklung eher in Stufen als linear. Um eine neue Marktstufe, wie z. B. bestimmte Großverarbeiter, beliefern zu können, ist eine bestimmte Warenmenge erforderlich. (So trat beispielsweise in

Niedersachsen ein erheblicher Überschuß an Kartoffeln auf, bevor gezielt Vermarktung in Supermärkten aufgebaut wurde. Danach waren zeitweise Lieferengpässe festzustellen.) Trotz aller Unkenrufe (angesichts aktueller Überschüsse auch im »Bio-Bereich«) wird sich die Zahl der Verbraucher, die Ware aus ökologisch-wirtschaftenden Betrieben nachfragen werden, kontinuierlich erhöhen. Ökologisch wirtschaftende Betriebe können den Verbrauchern nachweisen, daß Anspruch (an eine umweltschonende Bewirtschaftung) und Wirklichkeit übereinstimmen. Sie haben am Markt die besseren Argumente.

In welcher Geschwindigkeit sich der Markt ausweiten wird, wieviele Betriebe notwendig sind, um den Markt abzudecken, kann nicht vorausgesagt werden. Die Weiterentwicklung hängt jedenfalls weniger von politischen Willensäußerungen, als in erster Linie vom Bewußtseinswandel bei Landwirten *und* Verbrauchern ab. Verbraucher, die ökologisch erzeugte Ware kaufen, unterstützen den Anbau; Landwirte, die auf organisch-biologischen Landbau umstellen, zeigen, daß es auch andere Wege der Landwirtschaft gibt.

5 Praxisbericht: Organisch-biologischer Landbau – warum?

Es scheint mir sinnvoll zu sein, die Ausgangsfrage in drei Abschnitten zu erörtern:

1. Warum überhaupt ökologisch orientierte Landwirtschaft?
2. Warum ausgerechnet organisch-biologischer Landbau?
3. Warum eine Mitgliedschaft im Bioland-Verband?

Der erste Schritt in Richtung ökologischer Landbau war wohl in der gesunden Ernährung unserer Familie zu sehen. Schon als Schüler kaute ich mit damals nicht immer ungeteilter Freude Vollkornbrot.

Aus dem Bestreben, über die Vollwerternährung hinaus etwas Gutes für die Familie zu tun, versuchte meine Mutter Ende der 60er Jahre den Hausgarten unter Minimierung der Fremdeinflüsse zu bewirtschaften. Kurz zuvor hatte sie voll Bestürzung von dem Anwendungsverbot eines Insektizids erfahren, das sie bis dahin glaubte, verantwortungsvoll ausgebracht zu haben. Und sie stellte sich die Frage, weshalb z. B. die Risiken eines Mittels oft erst nach jahrelanger Anwendung erkannt würden? Warum sollte man sich unter diesen Umständen dann noch freiwillig möglichen Risiken aussetzen? – Ab da wurde unser Hausgarten pestizidfrei bewirtschaftet!

Was jedoch für den Hausgarten gut war, glaubten wir noch lange nicht auf unsere Landwirtschaft übertragen zu können – zumal unsere innere Einstellung zu ökologischen Problemen noch nicht ganz ausgereift war.

Wir erhielten dann jedoch in dieser Zeit verschiedene Anregungen aus der Verwandtschaft und von kritischen Praktikantinnen und Praktikanten, die bei uns arbeiteten. Ein Besuch des Betriebes von Familie COLSMANN, die schon damals sehr viel Erfahrung mit der organisch-biologischen Wirtschaftsweise hatte, folgte.

Nach einer weiteren intensiven Phase der Informationsbeschaffung – dem Besuch von Kursen auch für biologisch-dynamischen Landbau und ausgedehnten Studien der Grundlagenliteratur – entschloß sich mein Vater, seinen bis dahin vorbildlich konventionell geführten Betrieb in ökologische Bahnen zu lenken. Dabei faszinierte ihn besonders die Leistungskraft des Humus, wie sie ja von Dr. HANS MÜLLER beschrieben worden war. Die Beobachtung der Pflanzen und des Bodens bekam plötzlich eine ganz andere Bedeutung:

Während man früher immer nach Unkräutern und Krankheiten gesucht hatte, um gezielt Pflanzenschutzmittel auszubringen, waren Pflanzen und Boden jetzt Gradmesser des Erfolges unserer Bemühungen, das lebendige System zu unterstützen.

Auslösender Faktor zur praktischen Umsetzung des organisch biologischen Landbaus waren schließlich unsere Mitstreiter, die Familie SANDROCK, die sich zur selben Zeit mit ähnlichen Gedanken beschäftigte. Erst gemeinsam schien uns die Hürde der Umstellung überwindbar zu sein.

Während in der Anfangszeit unserer Umstellung die Qualität der erzeugten Lebensmittel, die neuen Produktionstechniken und das wiedergewonnene, vertiefte Interesse am Beruf des Landwirts im Vordergrund standen, sind im Laufe der vergangenen Jahre noch entscheidende Aspekte hinzugekommen. Hierzu zählt z. B. die Gewißheit darüber, daß wir mit unserer Arbeit für uns und unsere Kinder ein nachhaltiges Konzept zur Erhaltung unserer Lebensgrundlagen schaffen. Damit tritt der direkte Umweltaspekt mehr in den Vordergrund.

Es ist für mich auch beruhigend zu wissen, daß z. B. das Atrazin, das leider mittlerweile in vielen Trinkwasserbrunnen nachzuweisen ist, mit Sicherheit nicht über unsere Betriebsfläche dorthin gelangt ist.

Es verleiht mir zudem eine gewisse Gelassenheit, daß ich mich gedanklich aus dem hektischen Zwang befreien konnte, »bei jeder Plage Herr der Lage« zu sein, ich könnte es mir heute nicht mehr vorstellen, mich mit der »chemischen Keule« gegen die Natur zu stellen. Viel zu sehr ist das Bedürfnis in unserer Familie gewachsen, natürliche Regelmechanismen zu unterstützen und vor allem diese so wenig wie möglich zu stören.

Natürlich tauchen immer wieder Fragen dahingehend auf, ob der eingeschlagene Weg in dieser Konsequenz durchführbar ist – vor allem in Situationen, in denen man Rückschläge hinnehmen muß. Aber durch den intensiven Rückhalt in der Familie, den Gedankenaustausch in der Bioland-Gruppe und die Bestätigung durch die Gespräche mit unseren Kunden kommt doch immer wieder Freude und Zuversicht auf, um den zukünftigen Aufgaben gerecht zu werden.

Gerade die Strukturierung des Bioland-Verbandes in Gruppen war für uns ein entscheidender Grund für den Beitritt zu diesem Anbauverband. Obwohl wir anfangs mit nur drei Betrieben in Hessen eher ein »Grüppchen« bildeten, hat sich das bereits in Süddeutschland bewährte System bei uns fortgesetzt. Wir hatten in dieser Gemeinschaft Zeit und Gelegenheit, die von Dr. MÜLLER und anderen erarbeiteten Grundlagen des ökologischen Landbaus zu diskutieren, praktische Erfahrungen auszutauschen und anstehende Probleme zu erörtern.

Aber nicht nur die positiven Erlebnisse in der Gruppe, sondern auch die Art der Betrachtungsweise der Natur und der Landwirtschaft ließ uns die Entscheidung für den Bioland-Verband leicht fallen. Obwohl durch den biologisch-dynamischen Anbau z. B. mit der anthroposophischen Denkweise, der Beachtung kosmischer Rhythmen und der Präparateanwendung m. E. durchaus nachahmenswerte Aspekte in die Landwirtschaft einfließen, konnten wir uns doch eher mit den für uns besser nachvollziehbaren Grundlagen Dr. MÜLLER'S identifizieren.

Die Ideen, die wie anfangs im Kopf bewegten, hatte Dr. MÜLLER schon lange erforscht und praktiziert. Seine Ausführungen entsprachen unserem Naturverständnis. Ich bin auch heute noch der Überzeugung, daß das Selbstverständnis des organisch-biologischen Landbaus das Ziel unserer Bemühungen im Betrieb ist.

CHRISTIAN LINGEMANN, bio-land 2/91

2 Umstellung auf organisch-biologischen Landbau

R. RANTZAU

Es ist nicht einfach, hilfreiche Tips allgemeiner Gültigkeit für die Umstellung zu geben. Verallgemeinern läßt sich nämlich nur das eine: Die Umstellung verläuft auf jedem Hof anders. Der Umstellungsverlauf ist niemals als Ganzes von einem Betrieb auf den anderen kopierbar. Umstellungskonzepte gibt es nicht. Es lassen sich immer nur einzelne Erkenntnisse übertragen, die nach gründlicher Überprüfung auf jedem Hof neu zu kombinieren sind. Mosaikstein für Mosaikstein muß jeder »Umsteller« Ideen und Erfahrungen sammeln (bei Kollegen, Beratern, aus der Literatur) und selbst zu einem Ganzen zusammenfügen — zunächst in der Planung und schließlich in der Realität.

Verallgemeinern läßt sich diese Beobachtung: Die Umsteller sind mit viel Engagement und persönlicher Zufriedenheit in ihrem Beruf tätig. Dies wird dadurch bestätigt, daß sich nur ganz wenige Beispiele von Umstellern finden lassen, die aufgaben und wieder zur konventionellen Wirtschaftsweise zurückkehrten. Die organisch-biologisch wirtschaftenden Bauern und Bäuerinnen bereuen den Schritt zur ökologischen Landwirtschaft nicht. Es scheint eher, als wäre ihnen mit der Umstellung etwas zurückgegeben worden: Die Identität ein Bauer zu sein, neue Perspektiven und Anerkennung.

1 Voraussetzungen für eine erfolgreiche Umstellung

Für einen landwirtschaftlichen Betrieb ist die Umstellung Risiko und Chance zugleich, für den einen mehr, für den anderen weniger. Dieses Risiko läßt sich nicht im voraus exakt berechnen. Problemfelder können aber durch eine gründliche Analyse der Umstellungsvoraussetzungen frühzeitig eingekreist werden. Dementsprechend müssen rechtzeitig gezielte Maßnahmen zur Risikobegrenzung ergriffen werden.

Bei extrem ungünstigen Voraussetzungen, wie zum Beispiel hoher Fremdkapitalbelastung, muß von einer Umstellung auf den ökologischen Landbau abgeraten werden.

Nicht jeder kann umstellen und eine Erfolgsgarantie gibt es nicht. Die Entscheidung zur Umstellung muß jeweils im Einzelfall getroffen werden. Letztendlich bestimmt die Familie bzw. ihre Risikobereitschaft, ihr Idealismus selbst darüber. Im folgenden wird auf die wichtigsten Faktoren eingegangen, die den Umstellungsprozeß maßgeblich beeinflussen.

1.1 Zielfindung

Ohne ein ungefähres Ziel vor Augen zu haben, sollte man eine Umstellung nicht beginnen. Es ist wichtig, sich darüber klar zu werden, was alle, die auf dem Hof leben und arbeiten, mit der Umstellung auf ökologischen Landbau erreichen wollen. Dabei spielt es keine Rolle, wie lange die Diskussion und die Entscheidung für ein Ziel dauert. Entscheidend ist, daß die damit zusammenhängenden Fragen mit allen Beteiligten diskutiert werden und die Entscheidungen von allen getragen werden können. Die persönliche und soziale Situation der Hofmitglieder, wie z. B. eine ungeklärte Hofübergabe, mangelnde Risikobereitschaft, unterschiedliche Kenntnisse des organisch-biologischen Landbaus können diesen Zielfindungsprozeß erschweren.

Der Entscheidungsprozeß kann auch durch objektiv schwer vorhersehbare Entwicklungen blockiert sein. Vor allem die Unsicherheit in der Vermarktung wird oft als großes Problem in der Entscheidung für die Umstellung angesehen. Neue Vermarktungswege, z. B. der Absatz von Schweinefleisch durch Ab-Hof-Vermarktung, können nur ungenau abgeschätzt werden. Klare Entscheidungen über den Umfang dieser Verfahren sind schwer zu treffen. Auch fehlende Reserven in der Arbeitskapazität oder hohe Fremdkapitalbelastung können die Entscheidungsfreudigkeit bremsen.

Als nächstes müssen Vorstellungen von einem Zielhof entwickelt werden, der auch realisierbar ist. Problematisch und teuer kann es werden, wenn mit der Umstellung begonnen wird, die ersten größeren Investitionen getätigt werden, ohne daß es realisierbare Vorstellungen vom ökologisch bewirtschafteten Zielhof gibt. Den Umstellungsverlauf vollkommen dem Zufall zu überlassen, erhöht das Risiko (siehe Seite 25, Umstellungsplanung).

In dieser Situation werden von der Beratung oft schnelle Lösungen erwartet. Ein von der Beratung servierter Zielbetrieb nützt jedoch wenig, wenn sich die Familie bzw. Hofgemeinschaft mit diesem Zielhof nicht identifizieren kann. Viel wichtiger ist, daß sich die Familie bzw. Hofgemeinschaft ein solches Ziel in offener Aussprache erarbeitet. Zielvorstellungen, die gemeinsam entwickelt wurden und die von allen mitgetragen werden, können dann auch über schwierige Phasen hinweg realisiert werden.

1.2 Soziale Verhältnisse

Die Umstellung bringt Veränderungen für alle Mitglieder auf dem Hof mit sich. Die Bereitschaft und die Einsicht aller Beteiligten, dieses Umstellungsrisiko und unter Umständen Mehrbelastungen nicht nur hinzunehmen, sondern engagiert mitzutragen, wird entscheidend von der Motivation und der **Identifikation mit der Umstellung** beeinflußt.

Nicht immer sehen alle Beteiligten gleichermaßen die Notwendigkeit zur Umstellung. Oft sind es die Hofnachfolger, die sich in regionalen Gruppentreffen des Verbandes und in Einführungskursen fortbilden und sich dadurch **Kompetenz** und Sicherheit aneignen. Für die übrigen Familienmitglieder bleibt die Umstellung ein Weg ins Ungewisse. Wichtig ist also, daß alle mitbetroffenen Hofmitglieder mit in diese Vorbereitung einbezogen und nicht vor vollendete Tatsachen gestellt werden.

*Der Grad der Abhängigkeit der Familie bzw. Hofgemeinschaft von der **Dorfmeinung**, von der Meinung der Berufskollegen oder vom »Gerede« spielt eine wichtige Rolle. In der Dorfgemeinschaft gelten sehr oft andere Erfolgskriterien als im ökologischen Landbau.*

Allerdings werden heute nur noch selten Betriebsleiter, die auf ökologischen Landbau umstellen, als »grüne Spinner« angesehen. Die Familie bzw. Hofgemeinschaft gewinnt Abstand von der Dorfmeinung, wenn sie auch außerhalb des Dorfes neue Kontakte knüpft. Die Gruppentreffen der organisch-biologisch wirtschaftenden Landwirte bieten dazu eine sehr gute Gelegenheit, zumal hier auch praktische Erfahrungen ausgetauscht werden. Hofbesichtigungen oder ein Tag der offenen Tür bieten den Berufskollegen im Dorf Gelegenheit, ihre meist vorhandene Neugier zu stillen.

Relativ frei von der Dorfmeinung sind die »Neuen«, die einen Hof pachten oder kaufen. Sie brauchen auch keine Rücksichten auf Eltern und Geschwister zu nehmen, müssen aber auf die sehr nützliche Hilfe der älteren Generation verzichten. In der Anfangsphase wirkt sich diese Unkenntnis über die Umgebung, Bodenverhältnisse usw. nachteilig aus. Diese Schwierigkeiten können jedoch in der Regel schnell überwunden werden.

Daß eine **hohe fachliche Qualifikation** einen positiven Einfluß auf den Umstellungsprozeß hat, überrascht nicht. Dabei sind nicht so sehr spezialisierte Detailkenntnisse gefragt. Der Umsteller muß verstärkt **Fähigkeiten der Beobachtung** entwickeln, um Pflanzenentwicklung, Tiergesundheit, Bodenzustand und schließlich den Hof als Ganzes erfassen zu können. Gefragt sind die Fähigkeit zur Improvisation, Organisation und Flexibilität. Von vielen Bauern wird geäußert, daß die vielfältige Arbeit nach der Umstellung wieder mehr Spaß macht.

1.3 Flexibilität

Bei allen Umstellungsprozessen kommt es zu Veränderungen. Je nach Ausgangssituation fallen diese mehr oder weniger extrem aus. Bei einigen Betrieben kann die ursprüngliche Betriebszweigzusammensetzung beibehalten werden, in anderen Fällen muß man radikalere Veränderungen durchführen. Die Umstellung kann in diesen Fällen nur gelingen, wenn die Bereitschaft zur Innovation vorhanden ist.

Neben persönlichen Eigenschaften hängt diese **Innovationsbereitschaft** auch stark von betrieblichen Gegebenheiten ab. Verfügt der Betrieb z. B. über **finanzielle Reserven,** oder wird Kapital durch die Umstellung frei (durch Verkäufe von Maschinen, Zuckerrübenkontingent oder

Reduzierung von Tierbeständen), so hat das ohne Zweifel Auswirkungen auf die **Risikobereitschaft** des Landwirtes. Gleiches gilt für die **Arbeitsbelastung,** denn in der Regel ist die Umstellung mit Mehrarbeit verbunden.

Nicht ohne Einfluß bleibt die Intensität des Einsatzes betriebsfremder Hilfsmittel vor der Umstellung. Nicht nur die Menschen müssen sich umstellen, auch das Vieh, die Pansenflora, das Bodenleben und die Pflanzengesellschaften. Besonders das Grünland reagiert mit stärkeren Ertragsdepressionen, wenn die Stickstoffversorgung plötzlich und drastisch reduziert wird (siehe auch Seite 45, Betriebliche Voraussetzungen für eine ökonomisch rentable Umstellung).

2 Der wohlproportionierte Betriebsorganismus

Wer auf organisch-biologischen Landbau umstellen möchte, muß auf eine Reihe von außerbetrieblichen »Hilfsmitteln« verzichten. Der Einsatz von chemisch-synthetisierten Planzenschutzmitteln, Wuchsstoffen, vielen Mineraldüngern, Futtermitteln und Wachstumsförderern ist verboten und der Einsatz organischer Dünger begrenzt. Das ist inzwischen hinlänglich bekannt.

Weniger bekannt ist dagegen, daß die Umstellung nicht nur aus dem Weglassen von chemisch-synthetischen Hilfsstoffen besteht, sondern daß der Hof insgesamt einer gewissen Umgestaltung bedarf. Der gravierendste Unterschied im Ackerbau ist sicherlich der Wegfall des N-Düngers, anstelle dessen müssen Leguminosen wichtiger Bestandteil der Fruchtfolge werden.

Diejenigen Landwirte, die intensiv an der Entwicklung der letzten 20 Jahre zum spezialisierten Veredelungs- und reinen Ackerbaubetrieb teilgenommen haben, entfernten sich damit gleichzeitig stark von den Grundsätzen bäuerlicher und zugleich organisch-biologischer Wirtschaftsweise.

Die Betriebszweige wurden unter Umständen vollständig entkoppelt. Ein Extrem stellt die flächenunabhängige Veredelung dar, bei der überhaupt kein Zusammenhang mehr zwischen Stall und Feld besteht. Die Folge ist, daß auf spezialisierten landwirtschaftlichen Betrieben zum Teil sehr tiefgreifende Veränderungen erforderlich sind, sowohl auf dem Hof als auch im Denken der Hofangehörigen, um die Abhängigkeit von betriebsfemden Hilfsmitteln zu überwinden.

Der Aufbau eines wohlproportionierten Betriebes mit möglichst geschlossenen Stoff- und Energiekreisläufen gehört zu den wichtigsten Elementen des organisch-biologischen Landbaus.

Der Umsteller muß bestrebt sein, diesem Ideal möglichst nahe zu kommen. Hilfreich ist in diesem Zusammenhang, sich den landwirtschaftlichen Betrieb als einen Organismus vorzustellen. 1919 beschrieb der Agrarwissenschaftler AEREBOE den landwirtschaftlichen Betrieb folgendermaßen:

Der landwirtschaftliche Betrieb:
ein Organismus
»Die Betriebszweige sind in Wahrheit Zweige an dem selben Stamme. Wie am Tierkörper Herz, Lunge, Leber und andere Organe zwar, jedes für sich betrachtet, seine besonderen Aufgaben hat; trotzdem aber allen gemeinsames Blut zufließt und, jedes für sich betrachtet, unselbständig ist, so auch bei den einzelnen Zweigen der Landgutbewirtschaftung.«

Die wesentliche Aufgabe des Umstellers besteht nun darin, die einzelnen Betriebszweige wieder zu verkoppeln. Auf einem Biobetrieb muß die Bodenproduktion zu einem großen Teil als Grundlage für die Haltung von Nutztieren dienen, die überwiegend mit wirtschaftseigenem Futter ernährt werden. Der anfallende Dung ist wiederum eine wesentliche Grundlage für die Nährstoffversorgung der Böden, denn **»Bodenfruchtbarkeit kann man nicht kaufen«** (Dr. HANS MÜLLER, nach DÄHLER, 1988). Die Pflanzenproduktion kann nicht einseitig auf wenige hochspezialisierte Pflanzen reduziert sein. Der Betrieb ist angewiesen auf eine weite Fruchtfolge, die unter anderem der Erhaltung langfristiger Bodenfruchtbarkeit und sich selbstregulierender Mechanismen im Agrarökosystem dient.

3 Arbeitsüberlastung als spezielles Problem der Umstellung

Eine Arbeitsüberlastung läßt sich über eine gewisse Zeit verkraften, z. B. während der Ernte. Arbeitsspitzen wird es in der Landwirtschaft immer geben. Ein Ende sollte aber absehbar sein. Wird die Arbeitsspitze zum Dauerbrenner, erwachsen daraus größere Probleme. Es gibt keine Zeit mehr für Freunde, Kollegen oder Fortbildungsmaßnahmen. Probleme innerhalb der Familie bleiben ungeklärt. Die Arbeit wächst über den Kopf. Allmählich ist nur noch Zeit für das Notwendigste, für langfristige Planungen mangelt es an Kraft und Zeit. Kreativität kann sich nachgewiesenermaßen unter solchen Arbeitsbedingungen nicht entwickeln. An Urlaub ist sowieso nicht mehr zu denken. Der Abstand fehlt und unwesentliche Arbeiten bekommen plötzlich eine Dringlichkeit, die objektiv gar nicht existiert. Die sozialen Kontakte zu Freunden und Kollegen zerbrechen. Die Kinder, das schwächste Glied innerhalb der Familie, leiden unter dieser Anspannung am meisten.

Eine solche Entwicklung ist gerade während der Umstellung nicht selten, die Gefahr der Überlastung ist groß.

Bei dem Versuch, die Arbeitsbelastung auf einem landwirtschaftlichen Betrieb zu analysieren, wird deutlich, wie verzahnt, verschachtelt und fließend der Arbeitsplatz organisiert ist.

In der Agrarwissenschaft ist man bis heute weit davon entfernt, diese Komplexität exakt beschreiben zu können. Man beschränkt sich meist auf die Berechnung von Arbeitsstunden, die in den einzelnen Produktionsverfahren bzw. Betriebszweigen anfallen. Dabei wird allerdings nur ein kleiner, wenn auch nicht unbedeutender Ausschnitt der Arbeitssituation analysiert.

Nicht jede Arbeit belastet in gleichem Umfang. Einige Arbeiten werden gerne erledigt, andere unwillig. Die Arbeit wird mit der Umstellung vielfältiger, der organisatorische Aufwand größer, einige Arbeiten müssen erst erlernt bzw. ausprobiert werden.

Wie bereits erwähnt, betrifft die Umstellung nicht nur den Hof, sondern auch den Bauern und die Bäuerinnen. Fast immer wird die Umstellung als eine Herausforderung erlebt.

Der Ökobauer genießt ein anderes Ansehen in der Öffentlichkeit als sein konventioneller Berufskollege (heute mehr denn je).

Es besteht kein Zweifel daran, daß dadurch geistige und physische Kräfte mobilisiert werden, die sich immer dann in einer positiven Hofentwicklung niederschlagen, wenn die Umstellung von den Mitarbeiter/-innen auf dem Hof nachvollzogen und mitgetragen werden kann.

Die **Unterstützung der Eltern** bleibt den meisten Umstellern nicht versagt. Spätestens nach 2–3 Jahren, wenn die Erfolge der Umstellung nicht mehr wegzudiskutieren sind, läßt die Skepsis der Kritiker spürbar nach.

Dabei bleibt nicht ohne Einfluß, daß durch die Umstellung neue Arbeitsfelder erschlossen werden, in denen sich die »Alten« nützlich machen können (viele Handarbeiten, wie z. B. beim Feldgemüse und den Kartoffeln das Hacken, Ernten, Sortieren bzw. Putzen). Und das ist gut so, denn mit der Umstellung gewinnen die »Alten« an Wichtigkeit. Sehr oft sind sie aus dem Umstellungsprozeß nicht mehr wegzudenken. Daß dieses Gefühl des Gebrauchtwerdens und Nützlichseins neue Kräfte mobilisiert, dürfte unstrittig sein. Zu quantifizieren sind derartige Einflüsse natürlich nicht.

Auch das **Arbeitsfeld der Bäuerin** verändert sich. Bei vielen Betrieben gehört die Umsetzung emanzipatorischer Ansprüche direkt mit zum Umstellungsprozeß. Aber auch ohne diese Ansprüche verändert sich der Arbeits- und Verantwortungsbereich der Frau. Sie übernimmt vielfach die nichttechnisierten Arbeitsgänge (Ab-Hof-Vermarktung, Hacken, Ernten, Putzen und Sortieren von Kartoffeln und Feldgemüse).

Derartige Arbeiten fallen durch den Umstellungsprozeß vermehrt an. Hinzu kommen die Arbeiten im Haushalt, von denen die Bäuerin meist nicht entlastet wird. Oft bringt die Umstellung speziell für die Frau mehr Arbeit; aber auch Gelegenheit, sich stärker in den Hof einzubringen.

Nicht selten müssen die Umsteller von bestimmten Vorhaben Abstand nehmen, weil die Arbeit nicht mehr zu bewältigen ist:

▸ Ein Betrieb in der Umstellung mußte z. B. den Marktverkauf aufgeben,
▸ ein anderer Betrieb kam mit der Arbeit nicht nach und verpaßte den richtigen Zeitpunkt zur Kartoffelernte,
▸ einzelne Feldarbeiten mußten an den Lohnunternehmer abgegeben werden,

▶ in einem weiteren Betrieb fehlte die Zeit für die Ausbringung des Mistes; er stapelte sich auf der Feldmiete.

Es gibt aber auch Beispiele mit gegenläufiger Entwicklung bzw. konstantem Verlauf, an denen deutlich gemacht werden kann, daß die Umstellung keineswegs zwangsläufig mit zunehmenden Arbcitsaufwand gekoppelt sein muß.

In einer Untersuchung (RANTZAU u. a., 1990) zum Thema »Umstellung auf ökologischen Landbau«, in der 14 Betriebe während ihrer Umstellung untersucht wurden, nahm der Arbeitsaufwand im Durchschnitt im 1. Untersuchungsjahr zu. Im 2. Untersuchungsjahr stieg der Arbeitszeitbedarf weiter an und überschritt damit die Aufwendungen, die man für den Zielbetrieb errechnet hatte.

Abb. 5: Veränderung des Arbeitszeitbedarfs durch Umstellung auf ökologischen Landbau (RANTZAU u. a., 1990).

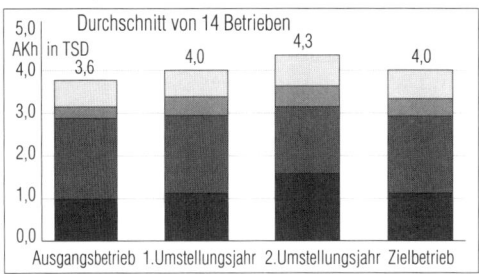

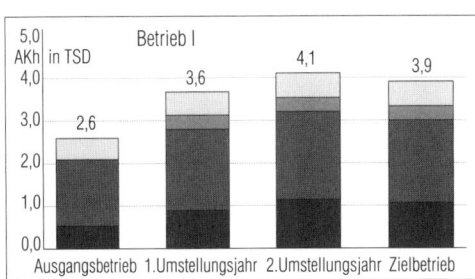

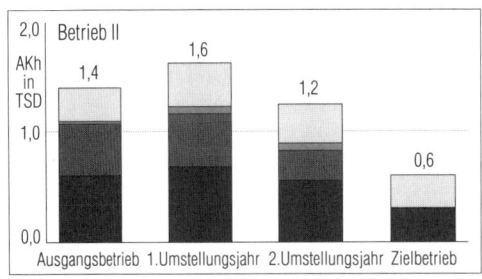

■ Pflanzenbau ■ Tierhaltung ■ Vermarktung □ allgemeineHofarbeiten

Zwei **Beispiele** sollen die großen Unterschiede verdeutlichen:

▶ Der **Betrieb I** veränderte seine Betriebsform nicht grundsätzlich (Futterbaubetrieb mit Milchvieh), erweiterte aber die Fruchtfolge durch arbeitsintensiven Kartoffelanbau und intensivierte die Direktvermarktung.

▶ Im **Betrieb II** wurde die Schweinemast ersatzlos aufgegeben; im Umstellungsprozeß verringerte sich der Arbeitsaufwand.

Folgende umstellungsbedingte Einflüsse auf den Arbeitsaufwand wurden in der oben erwähnten Studie benannt:

▶ **arbeitssteigernd:**
  – **Der Arbeitsanspruch erhöht sich in einzelnen Produktionsverfahren.**
    Beispiel:
    Beikrautregulierung im Hackfruchtbau (Kartoffeln, Feldgemüse) ist mit mechanischen und thermischen Verfahren viel zeitaufwendiger als mit chemischen Maßnahmen.
  – **Innerhalb einzelner Produktionsverfahren werden zusätzliche Leistungen erbracht.**
    Beispiel:
    Getreide liefert man vor der Umstellung in der Regel lose, ungereinigt und in größeren Mengen ab. Mit der Umstellung führt man diverse Aufbereitungsverfahren zur Erzeugung von verkaufsfertigem Brotgetreide ein.
  – **Arbeitsaufwendige Produktionsverfahren werden zusätzlich eingeführt bzw. ausgebaut.**
    Beispiele:
    Kartoffelanbau oder Feldgemüsebau wird begonnen.
    Viehhaltung wird oft nach der Umstellung als neuer Betriebszweig aufgenommen, um das anfallende Kleegras zu verwerten.
    Die Vermarktung erfordert größeres Engagement, da die Handelsstrukturen noch nicht überall ausreichend entwickelt sind und/oder Direktvermarktung als Betriebszweig aufgenommen wird, um bessere Preise zu erhalten.
  – Umstellung auf organisch-biologischen Landbau ist immer mit **Ausprobieren und Improvisation** verbunden.
  – Neue Verfahren werden zunächst im Kleinen probiert. Dies verursacht keine größeren Investitionen, ist aber zugleich auch arbeitsaufwendiger.
  – Betriebliche **Vergrößerung** im Laufe der Umstellung verursacht Mehrarbeit.

▶ **arbeitssenkend:**
   – **Bestimmte Produktionsverfahren verschwinden ersatzlos aus der Produktion.**
     Beispiel:
     Reduzierung oder Aufgabe der Schweinemast, Schweinezucht, Bullenmast.
     Raps-, Zuckerrübenanbau wird aufgegeben und durch andere, arbeitssparendere Produktionsverfahren ersetzt.

▶ **gleichbleibender Arbeitsaufwand:**
   – Der Betrieb baut überwiegend Getreide an oder hat seinen Schwerpunkt in der Milchviehhaltung. Er verzichtet auf eigene Aufbereitung, Vermarktung oder Weiterverarbeitung.
     Die Arbeitsansprüche der Milchviehhaltung oder des Getreidebaus verändern sich nicht durch die Umstellung.

Damit wird deutlich, daß es während der Umstellung zu positiven wie negativen Einflüssen auf den Arbeitsaufwand kommt, die auf den einzelnen Betrieben sehr unterschiedlich ausgeprägt sein können. Sehr oft kann in der **Tierhaltung** durch umstellungsbedingtes Abstocken der Bestände Zeit eingespart werden. Dem steht meist eine Zunahme im Pflanzenbau gegenüber, wenn Hackfruchtanbau oder Gemüsebau in die Fruchtfolge aufgenommen werden.

Das Arbeitsaufkommen für die **Vermarktung** ist stark mit dem Ausbau der Direktvermarktung gekoppelt. In der Regel wird dieser Arbeitsbereich mit seinen speziellen Ansprüchen vor der Umstellung unterschätzt.

Bei der Erstellung von genauen **Arbeitsbilanzen** ergeben sich eine Reihe von Problemen. Die nicht bestimm- und abschätzbaren Einflüsse sind sehr groß, so daß in Bilanzen, die auf der Basis von Tabellenwerten erarbeitet werden, die wirkliche Situation auf dem Betrieb nur sehr unzureichend abgebildet wird. Gerade die umstellungsbedingten Motivationsschübe sind kaum berechenbar. Auch die bei der Umstellung besonders häufig anzutreffenden improvisierten Arbeitsverfahren, die sich mit Datensammlungen nicht erfassen lassen, oder die umstellungsbedingten Umbauarbeiten (Lagerräume für Getreide, Gemüse, Räucherkammer, Verkaufsraum, Marktstand etc.) sind in einer solchen Bilanz nur schwer zu berücksichtigen.

Die vorhandenen Datensammlungen (KTBL, 1991; Hessisches Landesamt, 1990) beruhen leider nicht auf gründlichen Erhebungen in ökologischen Betrieben und berücksichtigen nur unzureichend spezielle Verfahren wie Weiterverarbeitung auf dem Betrieb, Direktvermarktung

oder Spezialkulturen. Trotzdem kann eine überschlägige Arbeitsbilanz in der Umstellungsplanung Hinweise auf Problemfelder liefern; allerdings sollte immer ein Zuschlag für nicht vorher bestimmbare Mehrarbeit gemacht werden.

Wie wenig genau Arbeitsbilanzen die Realität erfassen, zeigt folgendes Beispiel: Ein Betriebsleiter mit einer täglichen Arbeitszeit zwischen 10 und 14 Stunden fühlte sich nach eigenen Aussagen nicht überfordert (und dies deckte sich mit meinen Eindrücken). Entscheidend dafür war sicherlich, daß der Landwirt seinen Beruf mit spürbarer Begeisterung ausübte.

Der hohe Grad an Selbstbestimmung, Sinnhaftigkeit, Identität mit der Arbeit und dem Hof, die Vielseitigkeit der Tätigkeiten und die Anerkennung, die die ganze Familie erhielt, wenn Kundschaft nach ihren Erzeugnissen verlangte, hatten unbestreitbar einen hohen Einfluß auf die Belastbarkeit, auf das Durchstehvermögen dieser Familie.

4 Umstellungsplanung

Um das Risiko zu verringern, sollte sich die umstellende Familie intensivst auf die Umstellung vorbereiten. Die Umstellungsplanung spielt dabei eine wichtige Rolle. Sie will einen zukünftigen Zeitraum, über den heute entschieden werden soll, überschaubar machen. Dabei geht es um die systematische Erarbeitung einer Orientierungshilfe, die zu einem möglichst reibungslosen Verlauf der Umstellung beitragen soll.

Die Umstellungsplanung soll verhindern, daß der Umstellungsprozeß dem Zufall überlassen bleibt, sie soll Risiken minimieren, auf Probleme rechtzeitig aufmerksam machen, vor Fehlinvestitionen schützen und, nicht zuletzt, Mut machen.

Bei der Umstellungsplanung geht es nicht um die Erstellung eines Fahrplans, der stur eingehalten werden soll, ungeachtet der Wetterverhältnisse oder unvorhersehbarer Ereignisse. Die umstellende Familie soll sich durch die Planung nicht in ihrer Flexibilität beeinträchtigen lassen. Die Planung ist immer neu zu hinterfragen, insbesondere dann, wenn neue Erkenntnisse gesammelt, Mut gefaßt oder neue Möglichkeiten aufgetan werden können.

Tabelle 2 Schritte bei der Umstellungsplanung (PADEL, 1988)

Schritt	Maßnahme
1	Beschreibung der Ausgangssituation
2	Zielvorstellungen der Familie ermitteln
3	Planung und Überprüfung des Zielbetriebes
	– Grundfutterbilanz
	– Fruchtfolgeplanung
	– betriebswirtschaftliche Bilanz
	– arbeitswirtschaftliche Bilanz
	– Investitionsplan
4	Planung der Umstellungszeit
	– Futterplan für jedes Umstellungsjahr
	– Umstellung der Fruchtfolge
5	Kontrolle der Planung

4.1 Beschreibung der Ausgangssituation

Zunächst werden die wichtigsten Kennwerte des Betriebes mit Hilfe eines einfachen Betriebsspiegels erfaßt. Hierbei kommt es nicht darauf an, detaillierte Daten zu erfassen, sondern darauf, das »Besondere«, die Individualität des Hofes, der Familie und des Standortes zu beschreiben. Dabei können unter Umständen neue Möglichkeiten aufgedeckt werden, die Perspektiven für die Umstellung zeigen. Oft wird der eigene Standort ausschließlich als ungünstig erlebt. Nach genauer Analyse stellt sich jedoch heraus, daß es besondere Standortvorteile gibt; diese aber aus den unterschiedlichsten Gründen in der bisherigen Bewirtschaftung nicht genutzt wurden.

Betrieb: *Müller*   Datum: *25.2.92*

Beschreibung der Ausgangssituation

Familiäre Situation	*Vater und Sohn, Sohn arbeitet zeitweise als Betriebshelfer*
Arbeitskräfte Arbeitsbelastung	*ca. 1,5 AK. Die Arbeit ist zu schaffen*
Betriebsgröße Acker, Grünland, Sonstiges	*50 ha, 22 ha gepachtet 35 ha Acker, 15 ha Grünland (absolut)*
Boden, Bodenpunkte	*Lehmböden, teilweise leichter 40–65 Ø 55*
Natürliche Bedingungen Niederschlag, ø Temperatur	*650 mm Niederschlag Ø Temperatur: 8,5°*
Fruchtfolge oder Fruchtartenverhältnis	*Raps (ca. ¼) Weizen (ca. ¼) Braugerste (ca. ¼) ca. 5 ha Silomais, ca. 2 ha Kartoffeln*
Düngung	*Gülle, Stallmist, NPK-Zukauf 350,– DM*
Pflanzenschutz	*mittlere Intensität Ø 100,– DM/ha*
Tierhaltung Milchkontingent	*25 Milchkühe, Ø Leistung ca. 6000 kg 150 000 kg*
Aufstallung	*umgebauter Anbindestall [Melkstand] Jungvieh Tieflaufstall*
Fütterung	*Heu, Grassilage, Mais, Kraftfutter*
Vermarktung Marktlage	*Kartoffeln Direktvermarktung, sonst Großabnehmer; günstig Bundesstraße*
Finanzielle Situation	*Zinsen / Tilgung / Jahr ca. 10000,– DM*
Erwartete Probleme Besonderheiten	*Unkrautzunahme, Ertragsrückgang Grünland, Kontingent nicht erfüllen kein zusätzliches Einkommen*

Abb. 6: Beschreibung der Ausgangssituation (Betriebsbeispiel »Müller« von NEUERBURG).

Es gibt nur sehr wenige Standorte und Betriebsverhältnisse, bei denen sich keine »Besonderheiten« mit positiven Entwicklungsansätzen herausarbeiten lassen. Der organisch-biologische Landbau bietet vielfältige Möglichkeiten − vom Gemüsebau über Weiterverarbeitung bis zum Direktabsatz −, wohin sich der Betrieb nach der Umstellung entwickeln kann. Besonders erfolgreich ist diejenige Familie, die ihre Stärken erkennt und diese in der Entwicklung des Hofes so einbringen kann, daß sie zur Geltung kommen können.

4.2 Zielvorstellungen der Familie

In vielen Beratungsgesprächen stellt sich heraus, daß die Frage nach Zielvorstellungen leicht gestellt, aber gar nicht leicht beantwortet ist. Hinzu kommt, daß niemand außer den Hofangehörigen selbst diese Frage beantworten kann. Nichtsdestotrotz, diese Frage ist ein wesentlicher Baustein für das Gelingen der Umstellung. Dabei sollte auch niemand Angst davor haben, ganz einfache, triviale Antworten zu geben, wie z. B.

▶ nicht noch mehr Arbeit,
▶ besseres Einkommen,
▶ Kontingent erhalten,
▶ Stall darf nicht leer stehen,
▶ Felder müssen »sauber« bleiben,
▶ kein Risiko,
▶ keine größeren Investitionen,
▶ mehr Unabhängigkeit,
▶ eine Herausforderung bestehen wollen,
▶ den Hof langfristig erhalten.

Betrieb...... *Müller*   Datum...... 25. 2. 92

Zielvorstellungen der Familie

1. Wieviele Personen sollen in Zukunft von dem Betriebseinkommen leben?
2. Muß das Einkommen erhöht werden?
3. Darf die Arbeitsbelastung steigen? Können zusätzliche Arbeitskräfte mit eingeplant werden?
4. Welche Neigungen hat die Familie? Soll der Schwerpunkt im Pflanzenbau, bei der Tierhaltung oder in Verarbeitung und Vermarktung liegen? In welchen Betriebszweigen liegen Erfahrungen vor?
5. Kann und soll investiert werden? Welche Risikobereitschaft besteht?
6. Welche Ziele haben Vorrang? Das höhere Einkommen, eine geringere Arbeitsbelastung, die Unabhängigkeit des Betriebes, eine geringe finanzielle Belastung, die Umstellung usw.?

1.+2. In Zukunft sollen zwei Familien vom Betriebseinkommen leben. Ich will nicht mehr als Betriebshelfer arbeiten; meine Frau nur solange keine Kinder da sind. Einkommen muß für 2 Familien ausreichen.

3. Ja, in Arbeitsspitzen (Kartoffelernte, Hackarbeiten) Aushilfskräfte.

4. Milchquote erfüllen, Direktvermarktung ausbauen, eventuell später Hofladen (relativ stadtnah, Bundesstraße).

5. Neuer Ladewagen, Striegel, evtl. Gülllelagerraum erweitern. Direktvermarktungsladen einrichten! Alles Schritt für Schritt!

6. Wir können bescheiden leben. Hauptsache, der Betrieb bleibt erhalten!

Abb. 7: Zielvorstellungen der Familie (Betriebsbeispiel »Müller«).

Wichtig ist, daß sich die Familie bzw. Hofgemeinschaft über ihre eigenen und gemeinsamen Interessen klar werden. **Diese sollten formuliert werden!** Interessenskonflikte innerhalb der Familie oder Hofgemeinschaft werden deutlich und können gegebenenfalls besprochen oder geklärt werden. Das ist natürlich nicht immer ganz einfach, auch nicht immer möglich. Es wäre auch falsch, die absolute Klärung z. B. eines verhärteten Generationskonfliktes abzuwarten. Aber durch Bewußtwerden der Interessen wird die Voraussetzung geschaffen, daß ein gemeinsames Ziel für die Umstellung auf den organisch-biologischen Landbau entworfen und schließlich auch angesteuert werden kann.

4.3 Planung und Überprüfung des Zielbetriebes

Bei der Planung des Zielhofes geht es nicht um die Konstruktion von fantastischen Phantasiegebilden. Andererseits darf man sich auch nicht in seiner Kreativität zu sehr von dem Argument bremsen lassen: »Das ist nicht machbar.« Möglich ist, zwei verschiedene Zielbetriebsvarianten zu entwickeln. Die Realität wird wahrscheinlich dazwischen liegen:

▶ Bei der Erstellung der Variante I herrscht der Grundsatz vor: »So wenig wie möglich, und nur soviel wie nötig verändern.«
▶ Bei der Variante II hingegen wird mehr riskiert, werden Traumvorstellungen eingebaut nach dem Motto: »Ohne Utopien wird der Mensch dumm und häßlich.«

Daß eine Umstellung geplant sein muß, darüber sind sich alle, Landwirte und Berater einig. Ich kenne auch kaum eine umstellende Familie, die nicht auf irgend eine Weise einen Zielbetrieb im Kopf hatte. Jedoch fehlt sehr oft die Systematik.
Drei typische Beispiele dazu:

▶ Die erdachte Fruchtfolge paßt zwar gut zum Boden, es fehlt jedoch an Stroh, Futter wird im Überschuß erzeugt, das Betriebseinkommen bleibt negativ.
▶ Es wird ein Zielbetrieb mit einem sehr positiven Einkommen konstruiert, aber der geplante Direktabsatz kann nicht aufgebaut werden, weil die Arbeitskräfte dazu gar nicht vorhanden sind.
▶ Das Milchkontingent soll vollständig erhalten bleiben, es soll aber gleichzeitig so viel Brotgetreide in die Fruchtfolge aufgenommen werden, daß die Fläche für das Futter fehlt.

Hieran zeigt sich schon deutlich, wie wichtig die Diskussion und auch Bewertung der einzelnen Ziele ist. Die ganze Quote erhalten und viel Brotgetreide anbauen kann ein Widerspruch sein. Man muß sich entscheiden!

Der Einstieg in die Planung ist keineswegs auf jedem Hof gleich, sondern sollte zunächst auf den vorherrschenden und schwerfälligsten Betriebszweig abgestimmt werden.

Ein Betrieb mit Milchviehwirtschaft beginnt deshalb mit dem Kontingent, welches er gerne behalten möchte. Der weitere Verlauf der Planung ergibt sich fast von selbst (siehe Beispiel I).

Beispiel I (vorherrschender Betriebszweig soll die Milcherzeugung sein):
Milchkontingent → Viehbesatz → Futterbedarf → Fruchtfolge → Arbeit/Einkommen → zusätzliche Aktivitäten (Feldgemüse, Direktvermarktung, Verarbeitung).

Beispiel II (vorherrschender Betriebszweig soll die Vermarktung tierischer Erzeugnisse sein):
Vermarktung → Viehbesatz → Futterbedarf → Fruchtfolge → Arbeit/Einkommen → zusätzliche Aktivitäten (Feldgemüse, Direktvermarktung, Verarbeitung).

Beispiel III (vorherrschender Betriebszweig soll der Ackerbau sein):
Fruchtfolge → Arbeit/Einkommen → zusätzliche Aktivitäten (Viehbesatz, Feldgemüse, Direktvermarktung, Verarbeitung).

Der reine Ackerbauer beginnt natürlich an einer ganz anderen Stelle, mit der Fruchtfolge (siehe Beispiel III). Dadurch ergibt sich gleichzeitig auch eine andere Planungsabfolge.
Anhand des Beispielbetriebes wird die Planung und Überprüfung verdeutlicht (Vorgehensweise wie Beispiel I oben).
Grundfutterbilanz – Das Milchkontingent beträgt 150 000 kg. Bei einer geschätzten Leistung von 5000 kg/Kuh werden 30 Milchkühe mit Nachzucht eingeplant (Stallkapazität vorhanden). In einem **1. Schritt** wird der Futterbedarf errechnet (siehe Seite 130, Planung der Futterwirtschaft). Um diesen Futterbedarf zu decken, wird im **2. Schritt** das Futterangebot bei gleichzeitiger Fruchtfolgeplanung zusammengestellt.

Abb. 8: Grundfutterbilanz
(Betriebsbeispiel »Müller«).

Betrieb............... *Müller*   Datum............... *25.2.92*

Futterbedarfsermittlung

Tierart	Stückzahl	Grundfutterbedarf MJ NEL/Stck	Gesamtbedarf MJ NEL
Milchkühe	*30*	*25000*	*750 000*
Färsenaufzucht Stück/Jahr	*8*	*25000*	*200 000*
Gesamt			*950 000*

Futterangebotsermittlung

Futterart	Fläche	Futterangebot MJ NEL/ha	Gesamtangebot MJ NEL
Grünland	*15*	*28 000*	*375 000*
Kleegras	*10*	*40000*	*400000*
Silomais	*2*	*45000*	*90000*
Futterrüben	*1*	*50000*	*50000*
Untersaaten	*10*	*10000*	*100 000*
Gesamt			*1015000*

Es sollte eine 10-15%ige Futterreserve eingeplant werden

Betrieb............... *Müller*   Datum............... *25.2.92*

Geplante Fruchtfolge

Jahr	Größe	Geplante Früchte
1.	*5 ha*	*Kleegras*
2.	*5 ha*	*Kleegras*
3.	*5 ha*	*Winterweizen* *Untersaat: Weißklee u. dt. Weidelgras*
4.	*5 ha*	*Kartoffeln (2ha)–Futterrüben (1ha)–* *Silomais (2ha)*
5.	*5 ha*	*Hafer – Erbsen– Gemenge (2ha)/* *Ackerbohnen (3ha)*
6.	*5 ha*	*Weizen* *Untersaat: Weißklee u. Dt. Weidelgras*
7.	*5 ha*	*Braugerste* *Untersaat: Kleegras*
	35 ha	*gesamt*

Abb. 9: Geplante Fruchtfolge
(Betriebsbeispiel »Müller«).

Betrieb...... *Müller* ......

Datum...... *25.2.92* ......

Betriebs- und Arbeitswirtschaft

Produktions verfahren	Stck/ha	DB/Einheit [1]	DB Gesamt [1]	Akh/Einheit	Akh Ges.
Milchkühe	30	2900	87000	50	1500
Färsenaufzucht	8	1000	8000	40	320
Grünland	15	(-) 400	(-) 6000	40	600
Kleegras	10	(-) 400	(-) 4000	25	250
Silomais	2	(-) 700	(-) 1400	45	90
Futterrüben	1	(-) 1600	(-) 1600	200	200
Untersaaten	10	(-) 150	(-) 1500	10	100
Winterweizen	10	3800	38000	25	250
Kartoffeln	2	7500	15000	150	300
Hafer-Erbsen	2	1000	2000	20	40
Ackerbohnen	3	1000	3000	22	66
Braugerste	5	2200	11000	25	125
					700 Hof
Gesamt			149500		4541

2200 Akh = 1 Arbeitskraft

[1] DB = Deckungsbeitrag ohne variable Maschinenkosten

Abb. 10: Betriebs- und Arbeitswirtschaft. (Das Betriebsbeispiel »Müller« wird auf Seite 37, Betriebswirtschaft, fortgesetzt.)

Vor allem für die Umstellungszeit ist die Planung einer ausreichenden Futterreserve wichtig.

Fruchtfolgeplanung – Unter Einbeziehung der benötigten Futterfläche wird im **3. Schritt** die Fruchtfolge geplant. Dabei müssen die Grundsätze der Fruchtfolgeplanung berücksichtigt werden (siehe Seite 81, Grundsätze der Fruchtfolgegestaltung). Natürlich spielen auch die Standortfaktoren, die Arbeitskapazität und die Vermarktungsmöglichkeiten eine entscheidende Rolle.

Betriebs- und Arbeitswirtschaft – Steht die Planung der Viehhaltung und des Pflanzenbaus, so kann im **4. Schritt** mit Hilfe einer Deckungsbeitragsrechnung der Gesamtdeckungsbeitrag er-

rechnet werden. Man sollte sich dabei nicht auf Faustzahlen verlassen, sondern individuell für den jeweiligen Betrieb die Deckungsbeiträge ermitteln. Der Arbeitsbedarf wird mit Hilfe von Tabellenwerten abgeschätzt.

Der errechnete Deckungsbeitrag wird mit dem Deckungsbeitragsbedarf verglichen und eventuell verschiedene Varianten durchgespielt (siehe Seite 36, Festkosten und Deckungsbeitragsbedarf).

Die aufgeführten Planungsschritte sind nicht bis ins letzte Detail, wohl aber in groben Zügen durchzuführen. Ich warne davor, sich an dieser Stelle der Planung in eine umfangreiche Rechnerei zu vergraben. Grobe Richtwerte liefern ausreichend genaue Anhaltspunkte.

Die EDV kann die Rechenarbeit in der Umstellungsplanung erheblich erleichtern. Entsprechende Programme zur Bilanzierung des Futters, der Arbeits- und Betriebswirtschaft sind für die Beratung vorhanden. Der besondere Vorteil dieser Technik besteht darin, daß notwendige Korrekturen ohne großen Aufwand durchgeführt werden können, so daß die Planung flexibler auf Änderungsvorschläge eingehen kann. Die Gefahr besteht in einer Daten- und Planungsvariantenflut, in der sich niemand mehr zurechtfindet.

Investitionsplanung — Im Beispielsbetrieb stehen als Investitionen die Anschaffung eines neuen Ladewagens und eines Striegels, die Erweiterung der Güllelagerkapazität und langfristig die Einrichtung eines Direktvermarktungsladens an.

Typische umstellungsbedingte Investitionen erfolgen in den Bereichen
▶ *Unkrautregulierung: Striegel, Hacke, Abflammgerät,*
▶ *Getreideaufbereitung und -lagerung,*
▶ *Lagerung und Ausbringung von organischen Düngern,*
▶ *Stallumbauten,*
▶ *Verarbeitungs- und Vermarktungsräume sowie Inventar dieser Räume,*
▶ *Futterwerbung und -lagerung.*

Bei der Investitionsplanung geht es nicht ausschließlich um die Frage, was angeschafft werden kann oder muß, sondern vor allem um **Prioritäten.** In einer Liste werden zunächst alle Investitionen zusammengetragen, die in Zukunft zu tätigen sind. Es müssen sowohl die Dinge gesammelt werden, die für den weiteren Fortgang des Hofes anzuschaffen sind, als auch diejenigen, die für die Realisierung des Zielhofes benötigt werden.

Anschließend müssen Prioritäten gesetzt werden, welche Investitionen Vorrang haben. Zu berücksichtigen ist dabei, daß verschiedene Geräte auch beim Maschinenring oder bei Kollegen ausgeliehen werden können.

Bevor man sich in größere Investitionen stürzt, ist die **Kapitaldienstgrenze** zu ermitteln (siehe Seite 46)!

4.4 Planung der Umstellungszeit

Wie nun die Umstellung im einzelnen zu organisieren ist, das läßt sich generell nicht festlegen.

Das hängt stark vom Ausgangs- und Zielbetrieb ab. Wichtig ist, daß ein Zeitplan (nicht zu pedantisch) darüber erstellt wird, welche Schritte wann vollzogen werden sollten.

Futterplan für jedes Umstellungsjahr — In vielen Betrieben wurde in der Vergangenheit der Ertragsrückgang beim Grünland unterschätzt. Engpässe in der Winterfütterung traten auf und mußten durch teuren Futterzukauf ausgeglichen werden. Diese Ertragsrückgänge können in der Regel durch die Einplanung eines größeren Anteils an Feldfutter aufgefangen werden.

Umstellung der Fruchtfolge — Die Umstellung von der bisherigen konventionellen Fruchtfolge hin zu der (oben geplanten) organisch-biologischen Fruchtfolge verlangt eine genaue Planung. Dabei sind die konventionellen Vorfrüchte genauso zu berücksichtigen wie der konkrete Futterbedarf in jedem einzelnen Umstellungsjahr. Entscheidenden Einfluß hat die Art der Umstellung: Im Beispiel wird der Betrieb in einem Schritt umgestellt (Seite 32, Abbildung 11).

Bioland-Richtlinien Nr. 8.2.4:
Die Umstellung erfolgt grundsätzlich auf dem ganzen Betrieb in **einem Schritt.** Ab der Ernte der letzten Hauptvorfrucht müssen die Bedingungen der Richtlinien eingehalten werden.
Sie kann unter besonderen betrieblichen Bedingungen **schrittweise** erfolgen. Dabei müssen unter anderem folgende Auflagen eingehalten werden:
▶ Es muß in maximal 3 Schritten in jährlicher Abfolge umgestellt werden,
▶ vor Abschluß des Umstellungsvertrages muß ein Umstellungsplan vorliegen, der die schnellstmögliche Einbeziehung aller Flächen in die organisch-biologische Bewirtschaftung sichert,
▶ während der Umstellungszeit müssen auf den Umstellungsflächen andere Pflanzenarten angebaut werden als auf den noch konventionell bewirtschafteten.

Aus pflanzenbaulichen Gründen ist eine schrittweise Umstellung empfehlenswert (siehe Seite 84), aus verschiedenen Gründen wird sie in der Praxis selten durchgeführt:
▶ Die Förderung aus dem Extensivierungsprogramm wird in der Regel nur bei Umstellung in 1 Schritt gewährt,

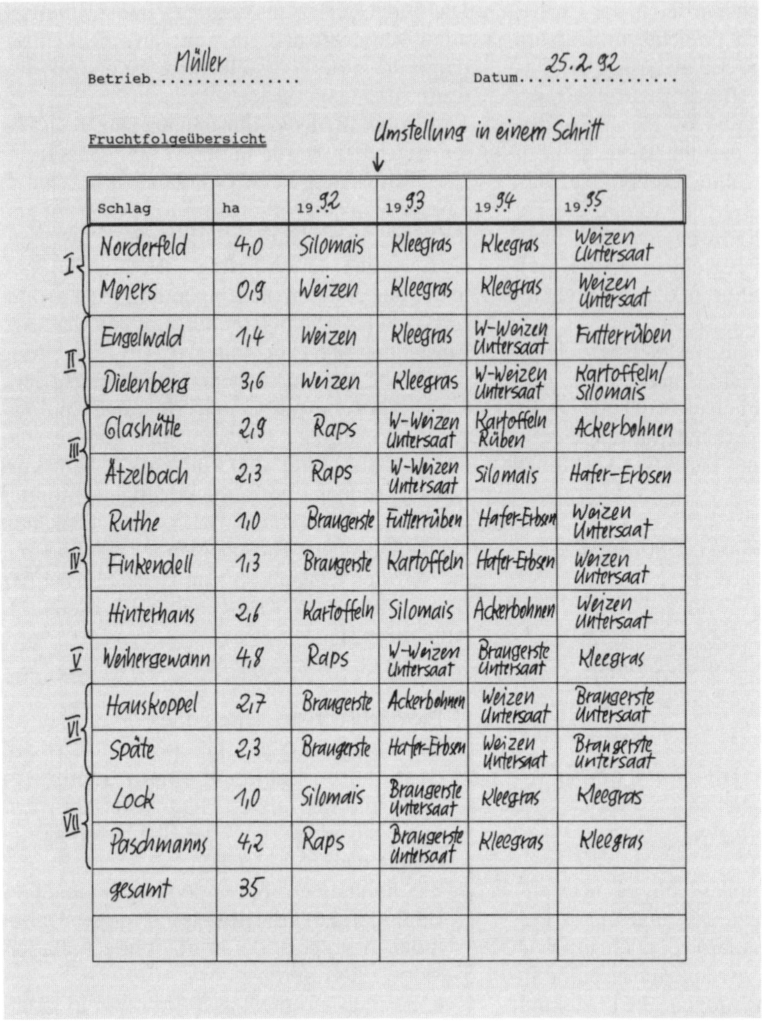

Abb. 11: Umstellung der Fruchtfolge (Betriebsbeispiel).

Betrieb Müller   Datum 25.2.92

Fruchtfolgeübersicht   Umstellung in einem Schritt

Schlag		ha	19.92	19.93	19.94	19.95
I	Norderfeld	4,0	Silomais	Kleegras	Kleegras	Weizen Untersaat
	Meiers	0,9	Weizen	Kleegras	Kleegras	Weizen Untersaat
II	Engelwald	1,4	Weizen	Kleegras	W-Weizen Untersaat	Futterrüben
	Dielenberg	3,6	Weizen	Kleegras	W-Weizen Untersaat	Kartoffeln/Silomais
III	Glashütte	2,9	Raps	W-Weizen Untersaat	Kartoffeln Rüben	Ackerbohnen
	Atzelbach	2,3	Raps	W-Weizen Untersaat	Silomais	Hafer-Erbsen
IV	Ruthe	1,0	Braugerste	Futterrüben	Hafer-Erbsen	Weizen Untersaat
	Finkendell	1,3	Braugerste	Kartoffeln	Hafer-Erbsen	Weizen Untersaat
	Hinterhaus	2,6	Kartoffeln	Silomais	Ackerbohnen	Weizen Untersaat
V	Weihergewann	4,8	Raps	W-Weizen Untersaat	Braugerste Untersaat	Kleegras
VI	Hauskoppel	2,7	Braugerste	Ackerbohnen	Weizen Untersaat	Braugerste Untersaat
	Späte	2,3	Braugerste	Hafer-Erbsen	Weizen Untersaat	Braugerste Untersaat
VII	Lock	1,0	Silomais	Braugerste Untersaat	Kleegras	Kleegras
	Paschmanns	4,2	Raps	Braugerste Untersaat	Kleegras	Kleegras
	gesamt	35				

▶ in direktvermarktenden Betrieben ist eine schrittweise Umstellung den Kunden schwerer zu vermitteln, die Glaubwürdigkeit leidet darunter,

▶ eine Vermarktung zu Bio-Preisen ist erst später möglich,

▶ psychologische Gründe führen häufig zu einer abrupten Umstellung: »Wenn die Spritzmittel vom Hof sind, ist die Versuchung geringer, bei Problemen doch nach ihnen zu greifen«,

▶ in Zukunft ist die neue EG-Verordnung zum ökologischen Landbau zu berücksichtigen.

Wenn die Fruchtfolge in **einem Schritt** umgestellt wird (Abbildung 11), muß vor allem in den ersten Jahren ein ausreichender Leguminosenanteil eingeplant werden. Leguminosen werden zum Aufbau des Bodens insbesondere nach **un**günstigen konventionellen Vorfrüchten (in unserem Beispiel: Silomais, Weizen, Braugerste) gestellt.

Auf der anderen Seite sollen genügend Verkaufsfrüchte angebaut werden, damit der Betrieb zahlungsfähig bleibt und auch noch ein ausreichendes Einkommen erwirtschaftet. Marktfrüchte werden nach **günstigen konventionellen Vorfrüchten** in die Fruchtfolge eingeplant (in unserem Beispiel: Raps).

Zwischen diesen beiden Zielen muß abgewogen werden!

4.5 Kontrolle der Planung

»Planung muß flexibel gehandhabt werden und einer sich verändernden Wirklichkeit angepaßt werden« (PADEL, 1988). Die Umstellungsplanung erfolgt in der Regel für einen Zeitraum von 3–5 Jahren (von der konventionellen Bewirtschaftung bis zur Erreichung des Zielbetriebes). Nach Ablauf eines Umstellungsjahres (und in den folgenden Jahren) sollten die Erfahrungen für die folgenden Jahre genutzt und nicht stur am ursprünglichen Plan festgehalten werden.

Die jährliche Kontrolle des Betriebes und damit die Überprüfung der Planung ist eine sinnvolle und notwendige Ergänzung zu der einmaligen Umstellungsplanung zu Beginn der Umstellung (siehe Seite 35, Buchführung als Voraussetzung für betriebswirtschaftliche Kalkulationen).

5 Formaler Ablauf der Umstellung

Der formale Ablauf einer Umstellung läßt sich zum jetzigen Zeitpunkt (Mai 1992) nicht mit letzter Sicherheit beschreiben:

▶ Bisher mußte ein Betrieb entsprechend der Bioland-Richtlinien zunächst *ein Nulljahr* durchlaufen, in dem die Flächen nach Richtlinien bewirtschaftet wurden, die Produkte aber *nicht* als Bioland-Umstellungsware vermarktet werden durften. Erst Produkte der zweiten Ernte durften nach Abschluß eines *Umstellungsvertrages* mit dem Warenzeichen »Bioland – aus dem Umstellungsbetrieb« verkauft werden. Frühestens ab der vierten Ernte konnten Waren mit *Anerkennungsvertrag* unter dem Warenzeichen »Bioland« verkauft werden. Für Sonderkulturen galten Sonderbestimmungen. Eine

schrittweise Umstellung war unter bestimmten Bedingungen möglich.

▶ Nach Erlaß der »EG-Verordnung über den ökologischen Landbau« wird die Umstellung formal gänzlich anders ablaufen. Die Richtlinien der Verbände und die Rahmenrichtlinien der AGÖL müssen an die Verordnung angepaßt werden. Laut EG-Verordnung müssen die Grundregeln des ökologischen Landbaus auf den Anbauflächen normalerweise während eines Umstellungszeitraumes von mindestens zwei Jahren befolgt werden. Erst die dritte Ernte darf als »Erzeugnis aus dem ökologischen Landbau« gekennzeichnet werden.

Im Klartext: In Zukunft wird es zwei Nulljahre geben, die Kennzeichnung als Umstellungsware fällt weg und die Ware der dritten Ernte wird direkt als ökologisch erzeugte mit dem Warenzeichen »Bioland« ohne Zusatz verkauft werden können. Eine schrittweise Umstellung ist nicht ausdrücklich verboten, jedoch durch strenge Kontrollanforderungen einer strikten Trennung zwischen konventionell und ökologisch sehr erschwert (siehe hierzu auch Seite 50, EG-Verordnung).

Grundlage der Vermarktung von organisch-biologisch erzeugten Produkten (unter Warenzeichen) ist der Vertragsabschluß mit dem Bioland-Verband. In den Verträgen verpflichtet sich der umstellende Landwirt zur Einhaltung der Richtlinien und erhält im Gegenzug die Erlaubnis, das gesetzlich geschützte Warenzeichen zu benützen.

Die Bioland-Richtlinien müssen den Standard der AGÖL-Richtlinien, der IFOAM-Richtlinien und der EG-Verordnung erfüllen (Tabelle 3).

Nur durch die Einbindung von Verbandsrichtlinien in nationale und internationale Rahmen-

Tabelle 3   Einbindung der Bioland-Richtlinien in nationale und internationale Richtlinien

Internationale Ebene
Internationale Vereinigung Biologischer Landbaubewegungen (IFOAM):
Basisrichtlinien zur IFOAM für den ökologischen Landbau
Europäische Ebene
EG-Verordnung über den ökologischen Landbau und die entsprechende Kennzeichnung
der landwirtschaftlichen Erzeugnisse und Lebensmittel
Deutsche Ebene
Arbeitsgemeinschaft Ökologischer Landbau (AGÖL):
Rahmenrichtlinien zum ökologischen Landbau
Verbandsebene
Bioland-Verband:
Bioland-Richtlinien für Pflanzenbau, Tierhaltung und Verarbeitung

Abb. 12: Arbeitsgemeinschaft Ökologischer Landbau (AGÖL): Die ökologischen Mitgliedsverbände in der Bundesrepublik Deutschland und ihre eingetragenen Verbands- und Markenzeichen.

richtlinien kann der Verbraucher sichergehen, daß sämtliche ökologisch-erzeugte Ware auf dem hiesigen Markt den Mindestanforderungen der ökologischen Landbauverbände entspricht.

6 Förderung der Umstellung

Seit Herbst 1989 werden Landwirte, die ihren Betrieb auf organisch-biologischen Landbau umstellen, nach dem **Extensivierungsprogramm** finanziell gefördert.

Ziel und Zweck dieses Programmes ist die »Anpassung der landwirtschaftlichen Erzeugung an die Marktentwicklung durch mengenmäßige Verringerung (Extensivierung) von Überschußerzeugnissen unter Beachtung der Belange des Umwelt- und Naturschutzes, der Raumordnung und der Nachfrage nach Agrarerzeugnissen«. Deswegen können Landwirte, Gärtner und Winzer, die ihre Produktion von »Überschußerzeugnissen« (Rindvieh, Schafleisch, Getreide, Raps, Sonnenblumen, Erbsen, Akkerbohnen, Blumenkohl, Tomaten, Wein, Äpfel, Birnen, Pfirsiche) um 20% reduzieren, in den Genuß von »Zuwendungen« kommen.

Man geht auf EG-Seite davon aus, daß eine Umstellung auf ökologischen Landbau automatisch mit einer Verringerung der Produktion um mindestens 20% verbunden ist und bezuschußt daher Flächen, auf denen landwirtschaftliche Überschußerzeugnisse standen, mit 510,– DM/ha, die übrigen Flächen mit 360,– DM/ha. Diese Prämien werden jährlich während einer Dauer von 5 Jahren gezahlt. Für tierische Erzeugnisse, Wein-, Gemüse- und Obstbau-Überschußerzeugnisse werden gesonderte Zuwendungen gezahlt.

Die Zahlung der Zuwendungen ist an Bedingungen geknüpft, die von Bundesland zu Bundesland unterschiedlich sein können.

Zwei Beispiele für erschwerende Bedingungen seien hier genannt:

▶ Bei der Umsetzung des Programms und der Beratung der umstellungsinteressierten Betriebe hat sich vor allem der Zwang zur »Umstellung in einem Schritt« als besonders praxisfremd und hinderlich herausgestellt. Nicht selten geraten Praktiker in den Konflikt, sich entweder für die schrittweise Umstellung mit geringerem Risiko, aber ohne Zuschuß, oder für die risikoreichere Direktumstellung bei Mitnahme der Fördermittel entscheiden zu müssen.

▶ In vielen Bundesländern ist eine Kombination von Extensivierungsprogramm und **Flächenstillegungsprogramm** nicht möglich, so daß die Umstellung von viehlosen bzw. viehschwachen Betrieben, die auf eine Grünbrache mit Flächenstillegungsprämien angewiesen sind, erschwert wird.

Der Zielbetrieb sollte auch ohne Umstellungsförderung rentabel arbeiten können, denn die Mittel werden nur während der Umstellung (5 Jahre) gezahlt, nicht für den umgestellten Betrieb.

Im Rahmen des **Einzelbetrieblichen Förderungsprogrammes** (EFP) und des **Agrarkreditprogrammes** (AKP) werden außerdem in Einzelfällen Einrichtungen gefördert, die z. B. der betrieblichen Weiterverarbeitung oder Vermarktung dienen, wie der Bau eines Getreidelagers oder die Einrichtung eines Direktvermarktungsladens.

Zusätzlich gab und gibt es in einzelnen Ländern oder Kreisen bestimmte Förderprogramme, die die Umstellung auf ökologischen Landbau oder die »Nichtdurchführung bestimmter Maßnahmen« bezuschussen. Im Einzelfall ist genau zu prüfen, ob die auferlegten Maßnahmen nicht den Entscheidungsspielraum in der ökologischen Landwirtschaft zu sehr einschränken.

Es ist schwer, über die **zukünftige Förderung** des ökologischen Landbaus zuverlässige Aussagen zu machen, da die Agrarpolitik der EG derzeit stark diskutiert wird. Allerdings ist damit zu rechnen, daß die positiven Leistungen des ökologischen Landbaus für die Umwelt auch zukünftig durch die Bezahlung von öffentlichen Fördermitteln honoriert werden. Ob die Programme für den Betrieb in Frage kommen, muß im Einzelfall geprüft werden.

In die Umstellungsplanung sollten nur sichere Fördermittel, nicht zukünftig zu erwartende Programme, eingeplant werden.

3 Betriebswirtschaft

S. PADEL

»Statt Subventionen, auf die wir heute als Folge eines falschen wirtschaftspolitischen Kurses angewiesen sind, fordern wir vom Staat das Schaffen der Voraussetzungen, unter denen jeder tüchtige, sich ehrlich mühende Bauer durch seine Arbeit sein Leben verdienen und seinen Hof seinen Nachkommen erhalten kann.«
HANS MÜLLER, 1938

1 Buchführung als Voraussetzung für betriebswirtschaftliche Kalkulationen

Ertrag × Preis − Kosten bestimmen die Rentabilität des Betriebes; der Betrag, der sich aus dieser Rechnung ergibt, ist der Gewinn. Aus dem Gewinn bestreiten die Hofangehörigen ihren Lebensunterhalt und legen Kapital zur Seite, um den Betrieb auf Dauer zu erhalten. In diesem Sinne besteht kein Unterschied zwischen »konventioneller« und »ökologischer« Betriebswirtschaft.

Betriebswirtschaftliche Berechnungen können sowohl der Kontrolle des bestehenden Betriebes, als auch der Planung von Betriebsveränderungen, wie zum Beispiel einer Umstellung auf den ökologischen Landbau dienen. Eine betriebswirtschaftliche Berechnung kann prüfen, ob der Betrieb bisher und in Zukunft kostendeckend arbeitet.

Voraussetzung für betriebswirtschaftliche Kalkulationen sind verläßliche Daten, möglichst vom eigenen Betrieb.

Es hat wenig Sinn, Berechnungen nur auf der Basis von Tabellenwerten durchzuführen. Tabellenwerte sind Durchschnittswerte und sollen helfen, wenn keine eigenen Zahlen zur Verfügung stehen. Jeder Betrieb ist anders als der Durchschnitt. Der Durchschnitt wird also keinem Betrieb wirklich gerecht. Speziell für den organisch-biologischen Landbau stehen nur wenig verläßliche Tabellenwerte zur Verfügung; Zahlen vom eigenen Betrieb sind deshalb eine wichtige Grundlage.

Je mehr verschiedene Betriebszweige der Betrieb nach der Umstellung hat, desto notwendiger ist es, mit Hilfe einer guten Buchführung Kontrollmöglichkeiten über die einzelnen Betriebszweige aufzubauen. Zusätzlich zur Buchführung fürs Finanzamt sollte eine betriebswirtschaftliche Buchführung durchgeführt werden. Der Kontenrahmen muß gemeinsam mit dem Buchführer dem individuellen Betrieb angepaßt werden, damit neue Verfahren wie z. B.

▶ Weiterverarbeitung oder
▶ Zukauf von anderen Betrieben für die Direktvermarktung

auch in der Buchführung sinnvoll berücksichtigt werden können.

Häufig wird aus »Steuerersparnisgründen« auf genaue Buchführung verzichtet; aus Angst vor veränderter Steuergrundlage wird z. B. die Direktvermarktung mengenmäßig nicht erfaßt. Dies hat allerdings gravierende Nachteile. Getätigte oder geplante Investitionen können nicht auf ihre Wirtschaftlichkeit überprüft werden. Warum soll der Betrieb den Hofladen ausbauen, wenn weder vermehrt eigene Produkte verkauft werden, noch ein zusätzliches Einkommen geschaffen werden kann?

Einigermaßen genaue Natural- und Finanzbuchführung über die wesentlichen Betriebszweige ist Voraussetzung für wirklichkeitsnahe, betriebswirtschaftliche Berechnungen zur Kontrolle des Betriebs oder zur Planung von Betriebsveränderungen. Nebenbei bemerkt: Die neue EG-Verordnung schreibt Natural- und Finanzbuchführung zwingend vor.

In der landwirtschaftlichen Betriebswirtschaft hat sich das Verfahren der **Deckungsbeitragsberechnung** durchgesetzt, das ursprünglich für Betriebsplanungen entwickelt wurde. Bestimmte Spezialkosten werden direkt den einzelnen Produktionsverfahren zugeordnet (z. B. das Getreide-Saatgut dem Getreidebau), während andere Kosten (z. B. die Kosten für Gebäudeunterhaltung) nur für den Gesamtbetrieb erfaßt werden. Schwierig ist die Zuordnung von

Kosten für z. B. Treib- und Schmierstoffe oder Maschinenunterhalt. Sie verändern ihren Umfang zwar mit der Produktion, sind also demzufolge keine Festkosten, aber sie lassen sich in der Regel nicht genau einzelnen Produktionsverfahren zuordnen.

Leider wird nicht von allen Betriebswirtschaftlern und in allen Bundesländern mit einheitlichen Kostenzuordnungen gearbeitet. Welche Kosten wo zugeordnet werden, ist für das Ergebnis zweitrangig, Hauptsache sie werden alle erfaßt.

Verwendete Begriffe:

▶ *Direktkosten freier Ertrag (DfE) oder Deckungsbeitrag 1*
  = Ertrag × Preis − variable Spezialkosten
  ***ohne** variable Maschinenkosten*
▶ *Deckungsbeitrag oder Deckungsbeitrag 2*
  = Ertrag × Preis − variable Spezialkosten
  ***inclusive** variabler Maschinenkosten*
▶ *variable Maschinenkosten (vMk)*
  = Treib- und Schmierstoffe, durchschnittliche Reparaturkosten, benutzungsabhängige Abschreibungen
  (vMk lassen sich in der Regel nicht auf dem einzelnen Betrieb ermitteln, sondern werden als Tabellenwerte eingesetzt)
▶ *Kosten der Arbeitserledigung*
  = alle Lohn- und Maschinenkosten
▶ *Festkosten = Kosten, die sich nicht mit dem Produktionsumfang verändern, wie z. B. Gebäudeabschreibungen oder -unterhalt, Betriebssteuern, Abgaben*
▶ *Betriebskosten = alle Kosten, die nicht einzelnen Produktionsverfahren zugeordnet werden*

2 Wie hoch ist der Gewinnbedarf des Betriebes?

Bei Wirtschaftlichkeitsberechnungen in Betrieben wird häufig zuerst nach den Einnahmen gefragt, die Seite der Kosten aber vergessen.

Die Kosten sind für den wirtschaftlichen Erfolg oder Mißerfolg, für Gewinn oder Verlust eines Betriebes genauso wichtig wie die Einnahmen.

Gerade in der Umstellungsplanung hat es sich bewährt, mit der Aufstellung der Kosten zu beginnen: Über die Kostenseite des Betriebes stehen meist exakte Daten zur Verfügung, die zukünftigen Erträge kennen wir vor der Umstellung hingegen nicht. Und die Preise der nächsten Jahre und Jahrzehnte, auf dem sich schnell verändernden Markt für ökologische Produkte vorherzusagen, wird sich ebenfalls keiner trauen.

Zuerst muß man sich die Frage stellen, wieviel Geld zum Leben benötigt wird, wie hoch die Privatentnahmen sind. Unbare Entnahmen wie Lebensmittel und Privatanteile am Pkw sind zur Ermittlung des steuerlichen Gewinns wichtig, können aber für eine betriebswirtschaftliche Kalkulation bei geringem Umfang vernachlässigt werden.

Aus dem Gewinn müssen zusätzlich zu den Privatentnahmen noch Tilgungen und eine gewünschte Eigenkapitalbildung finanziert werden. Diese sollte ca. 10 000,− DM betragen, abzüglich der zu leistenden Tilgungen. Auch ein ökologischer Betrieb soll auf Eigenkapitalbildung, d. h. eine Vermehrung des Vermögens nicht verzichten. Sie ist eine Rücklage für schlechte Zeiten und dient dem Erwerb arbeitserleichternder technischer Entwicklungen, ohne die Fremdkapitalbelastung zu erhöhen.

3 Wie hoch liegen die Betriebskosten und der Deckungsbeitragsbedarf?

Der nächste Schritt bei der Feststellung der Gesamtkosten ist die Ermittlung des Deckungsbeitragsbedarfes. Dazu ist die Ermittlung der Betriebskosten erforderlich, unterteilt in Kosten der Arbeitserledigung und in allgemeine Festkosten.

3.1 Kosten der Arbeitserledigung

Kosten der Arbeitserledigung sind Spezialkosten, die sich mit der Höhe des Produktionsumfanges verändern. Bei der klassischen Deckungsbeitragsrechnung werden Teile dieser Kosten als variable Maschinenkosten in die Deckungsbeitragsrechnung einbezogen.

In der Praxis ist die Zuteilung der Maschinenkosten zu einzelnen Verfahren oft problema-

Abb. 13: Gewinnbedarf (Fortsetzung des Betriebsbeispiels »Müller« von Seite 30, Umstellung).

Betrieb.....*Müller*.........   Datum....*25.2.92*.......

Gewinnbedarf

Posten	DM	Erläuterung
Lebenshaltung ....*4*...Personen	*28000,-*	Faustzahl: 7000 DM/Haushaltsperson
Privatanteil PKW-Aufwand	*1500,-*	Anteil, der nicht in den festen oder variablen Kosten erscheint
Private Versicherungen	*6000,-*	Kranken- und Alterskasse, Lebens- und Aussteuerversicherung, Rechtsschutz
Altenteil	*./.*	
Kredittilgung	*3000,-*	
Notwendige Eigenkapital- bildung	*7000,-*	Faustzahl: 10.000 DM - Kredittilgung
Summe Gewinnbedarf	*45500,-*	
Gewinnbedarf pro ha landwirtschaftl. Nutzfläche	*910,-*	bis 500 DM niedrig, 500-1000 DM mittel,1000-1500 DM hoch, über 1500 DM sehr hoch

Betrieb....*Müller*.........   Datum....*25.2.92*.........

Betriebskostenanalyse

Posten	DM	DM gesamt	DM/ha
Löhne und Gehälter	*./.*		
Sozialabgaben	*./.*		
Berufsgenossenschaft	*2400,-*		
Lohnarbeit, Maschinenmiete	*5300,-*		
Treib- und Schmierstoffe	*3000,-*		
Maschinen Abschreibung	*13000,-*		
Maschinen Unterhaltung	*15000,-*		
Aufwand PKW	*2800,-*		
Summe Kosten der Arbeitserledigung		*41500,-*	*830,-*
Unterhaltung/Abschreibung Wirtschaftsgebäude, Bodenverbesserungen	*7500,-*		
Betriebsversicherungen	*5500,-*		
Betriebssteuern und Abgaben	*2800,-*		
Strom, Heizstoffe, Wasser	*7000,-*		
Sonstiger allgemeiner Betriebsaufwand	*2300,-*		
Summe Sonstiger Aufwand		*25100,-*	
Zwischensumme		*66600,-*	*502,-*
+ 10% Umstellungsaufschlag		*6660,-*	
Pachtaufwand		*8800,-*	
Zinsaufwand		*7000,-*	
Verbandsbeitrag		*2700,-*	
Summe Betriebskosten		*91760,-*	*1835,-*

Abb. 14: Betriebskostenanalyse (Betriebsbeispiel »Müller«).

tisch und nur anhand von Pauschalwerten möglich. Deswegen wird hier die Zusammenfassung zu den Kosten der Arbeitserledigung gewählt; dem Produktionsverfahren werden dann nur die direkt zuteilbaren Kosten, die sog. Direktkosten zugeordnet. In vielen Betriebsauswertungen hat sich dieses Verfahren bewährt.

Durch die Umstellung ist in diesem Bereich mit Veränderungen zu rechnen. Durch geringere Spezialisierung steigen die Maschinenkosten. Durch einen höheren AK-Besatz/ha erhöhen sich die Lohnkosten. Bei stärkerer Spezialisierung der Betriebe und überbetrieblichem Maschineneinsatz liegt hier eine große Möglichkeit zur Kosteneinsparung und damit zur Verbesserung der Rentabilität auch des ökologischen Betriebes.

In einer Untersuchung von SCHLÜTER (1985) wurden bei überwiegend biologisch-dynamischen Betrieben 2−32% höhere Aufwendungen für Arbeitshilfsmittel im Vergleich zu konventionellen Betrieben ermittelt und um 20−200% höhere Lohnkosten. In einem Vergleich von 10 Ökobetrieben in Schleswig-Holstein lagen die Kosten der Arbeitserledigung ca. 15% über den konventionellen Vergleichszahlen.

Bei der Planung einer Umstellung sollte daher zu den Kosten der Arbeitserledigung des konventionellen Betriebes ein Zuschlag von 10−15% eingeplant werden.

3.2 Allgemeine Festkosten

Auch die **allgemeinen Festkosten** unterscheiden sich bei organisch-biologischer Bewirtschaftung von denen konventioneller Betriebe. Einrichtungen der Direktvermarktung und Weiterverarbeitung verursachen höhere Kosten für Gebäude und bauliche Anlagen, neben dem Kapi-

Betrieb... Müller ...   Datum... 25.2.92 ...

Gesamtdeckungsbeitragsbedarf

Posten	DM	Erläuterung
Betriebskosten	91 760,-	
Gewinnbedarf	45 500,-	
Sonstige Aufwendungen	/	
Gesamt	137 260,-	
- Sonstige Erträge (z.B.:Umstellungsbeihilfe)	22 200,-	Beihilfe Extensivierungsprogramm¹⁾ 93−97 jährlich
Gesamtdeckungsbeitragsbedarf	137 260,- 115 060,-	ohne Beihilfen
Gesamtdeckungsbeitragsbedarf pro ha landw. Nutzfläche	2745,- (ohne Beihilfe) 2301,- (mit Beihilfe)	bis 1500 DM niedrig, 1500−2000 DM mittel, 2000−2500 DM hoch, über 2500 DM sehr hoch

1) Überschußerzeugnisse 28 ha × 510,-DM = 14280,-
   Sonstige Flächen   22 ha × 360,-DM = 7920,-
                                          22200,-

Abb. 15: Gesamtdeckungsbeitragsbedarf (Betriebsbeispiel »Müller«).

talbedarf, der zur Erstellung der Gebäude oder zur Einrichtung erforderlich ist, und entweder durch Eigenkapital oder durch Fremdkapital finanziert werden muß. Muß Fremdkapital eingesetzt werden, dann müssen zusätzlich zu den Abschreibungskosten auch die Zinsen erwirtschaftet werden.

Weiterhin entstehen höhere Aufwendungen für Telefon, Werbung und Porto, wenn *Direktvermarktung* betrieben wird. Es müssen Verbandsbeiträge zusätzlich zu den üblichen Steuern und Abgaben geleistet werden.

Durch Umstellung muß mit Festkosten ca. 10% über dem konventionellen Wert gerechnet werden. Auch die Festkosten sind meist nicht so fest, daß nicht über Kostensenkung nachgedacht werden kann. Dazu ist häufig ein Vergleich der eigenen Kosten mit anderen ökologischen Betrieben sinnvoll. So können die eigenen Zahlen besser eingeordnet werden.

3.3 Deckungsbeitragsbedarf nach der Umstellung

Aus der Zusammenstellung von Gewinnbedarf, Kosten der Arbeitserledigung und betrieblichen Festkosten ergibt sich der individuelle **Deckungsbeitragsbedarf** des Hofes bei organisch-biologischer Bewirtschaftung.

Liegt dieser Wert unter 1500,− DM/ha, so ist bei ökologischer Bewirtschaftung ein Betriebserfolg verhältnismäßig sicher. Liegt er zwischen 1500,− und 2500,− DM/ha, so kann − bei guter Betriebsführung − der Betrieb durchaus erfolgreich laufen. Liegt der Wert über 2500,− oder 3000,− DM/ha, dann ist eine intensive Produktion, wie Gemüseanbau oder Weiterverarbeitung erforderlich.

4 Ermittlung des Gesamtdeckungsbeitrages

Die Ermittlung des Gesamtdeckungsbeitrages bzw. des direktkostenfreien Ertrages ist die zweite Seite einer betriebswirtschaftlichen Berechnung, sowohl in der Auswertung eines bestehenden Betriebs als auch in der Umstellungsplanung.

Bei der **Auswertung bestehender Betriebe** sollte auf der Grundlage der tatsächlich verkauften Mengen × erlöster Preise kalkuliert werden. Ist eine Buchführung vorhanden, so findet man die

notwendigen Zahlen dort. Fehlen die Belege, so kann eine »qualifizierte Schätzung« Anhaltspunkte liefern. Allerdings ist die Gefahr groß, sich bei der Schätzung der Erträge etwas vorzumachen. So mancher Getreideertrag mußte schon im Laufe des Winters aufgrund von hohem »Lagerschwund« nach unten korrigiert werden, weil der Verkauf der Partien gezeigt hat, daß die geschätzte Menge gar nicht vorhanden war.

Für eine realistische Einschätzung der Situation ist Ehrlichkeit auch im Detail erforderlich. Variable Spezialkosten, wie Saatgut und Düngemittel sind ebenfalls der Buchführung zu entnehmen. Die einfachste Zuordnung zu den Verfahren geschieht über die Fläche. So kann z. B. der Aufwand für Kalk und Grunddünger einfach der gesamten Fläche bzw. der Ackerfläche zugeordnet werden. Da die Wirkung dieser Dünger normalerweise über mehrere Jahre anhält, ist dieses Vorgehen sinnvoll und vereinfacht die Berechnung.

Für einzelne Kulturen bzw. einzelne Produktionsverfahren werden **Deckungsbeiträge** aufgestellt. Der Deckungsbeitrag ist der Beitrag, den einzelne Betriebszweige zur Deckung der Gesamtkosten des Unternehmens, einschließlich des Gewinns beitragen. Gerade in der komplizierten Struktur ökologischer Betriebe wird es möglich, den wirtschaftlichen Erfolg einzelner Verfahren miteinander zu vergleichen, obwohl nicht alle Kosten zugeteilt werden können. Allerdings lassen sich nicht alle Verfahren gegeneinander austauschen, je nachdem, was gerade den höchsten Deckungsbeitrag liefert. Nur innerhalb bestimmter Fruchtfolgerahmenbedingungen bestehen Austauschmöglichkeiten (siehe Seite 80, Fruchtfolge).

So kann eventuell Sommerweizen gegen Winterroggen getauscht werden, wenn der Sommerweizen auf dem Betrieb höhere Deckungsbeiträge liefert. Es kann aber nicht Winterweizen gegen Kleegras getauscht werden, weil ohne Vorfrüchte auch der Winterweizen nur geringe Erträge und damit schlechte Deckungsbeiträge erreichen wird. Auch der Vergleich konventioneller Getreidedeckungsbeiträge mit ökologischen ist nicht sinnvoll, weil der konventionelle Weizen zur Not mit chemischer Behandlung und Düngung in Monokultur angebaut werden kann, der ökologische Weizen aber ohne gute Vorfrüchte in der Fruchtfolge keine vernünftigen Erträge erwirtschaften wird.

(Beispiele für Deckungsbeiträge findet man bei den einzelnen Kulturen.)

Tabelle 4 Beispiele für Fruchtfolgedeckungsbeiträge

Fruchtfolge DM/ha	Ertrag dt/ha	Preis [3] DM/dt	Markt- leistung DM/ha	variable Kosten [1] DM/ha	Direktkosten- freier Ertrag DM/ha
Beispiel 1: Gemischtbetrieb, 6gliedrige Fruchtfolge					
Kleegras			3800 [2]	250	3550
Kleegras			3800 [2]	250	3550
W-Weizen	30	90	2700	350	2350
Kartoffeln	150	60	9000	1500	7500
Ackerbohnen/Hafer	30	60	1800	250	1550
W-Roggen	25	90	2250	300	1950
∅ Fruchtfolge					3408
Beispiel 2: Viehloser Ackerbaubetrieb, 4gliedrige Fruchtfolge					
Grünbrache				300	−300
W-Weizen	30	90	2700	350	2350
Schälhafer	35	83	2905	300	2605
W-Roggen	25	90	2250	300	1950
∅ Fruchtfolge					1651
Beispiel 3: Reiner Milchviehbetrieb, 4gliedrige Fruchtfolge					
Kleegras			3800 [2]	250	3550
Kleegras			3800 [2]	250	3550
Mais			3800 [2]	400	3400
Ganzpflanzensilage			3800 [2]	350	3450
∅ Fruchtfolge					3488

[1] Variable Spezialkosten ohne veränderliche Maschinenkosten.
[2] Mittel der Direktkostenfreien Leistung der Milchkühe in DM/ha Futterfläche.
[3] Preise von Anfang 1992.

5 Planungshilfen für die betriebswirtschaftliche Umstellungsplanung

Für Umstellungsplanungen ist es erforderlich, Erträge, Preise und Kosten zu schätzen, bzw. auf die Zahlen bereits umgestellter Betriebe zurückzugreifen.

5.1 Erträge im Pflanzenbau

Der Ertrag hat einen großen Einfluß auf die Wirtschaftlichkeit eines ökologischen Betriebes. Es ist wichtig, die ertragsbestimmenden Faktoren zu kennen und bei der Umstellungsplanung zu berücksichtigen. Solche Schätzungen erfordern eine gewisse Erfahrung.
Im Zweifelsfall sollte man in der Planung niedrigere Erträge zu Grunde legen oder zwei Planungen durchführen. Die Tabelle 5 gibt einen Überblick über die Erträge in den unterschiedlichen Bundesländern, zusammengestellt nach verschiedenen Untersuchungen.

Bodengüte und Ertrag − In verschiedenen Untersuchungen wurde eine Abhängigkeit der Erträge von der Bodengüte (in der Regel ausgedrückt als die Ackerzahl) gefunden (GEKLE, 1982; STÖPPLER, 1989; DABBERT, 1990; PEITZMEIER, 1990). Die gefundenen Faktoren schwanken dabei zwischen 0,18 dt/ha und Bodenpunkt (PEITZMEIER) bis hin zu 0,52 dt/ha und Bodenpunkt (STÖPPLER). Bei einer betriebswirtschaftlichen Planung kann die Bodenpunktzahl Hinweise auf die zu erwartenden Erträge liefern, eine genaue Quantifizierung des Einflusses ist aber problematisch.
Fruchtfolge und Düngung − Neben Boden und Klima haben Fruchtfolge und Düngung wichtigen Einfluß auf den Ertrag. So kann bei Betrieben mit geringem Getreideanteil in der Fruchtfolge aufgrund günstiger Vorfrüchte ein höherer Getreideertrag angenommen werden als bei Betrieben mit höherem Getreideanteil. Zusätzlich steht bei den Betrieben mit hohem Futterbauanteil eine größere Menge organischer Dünger für das Getreide zur Verfügung. PEITZMEIER (1990) fand eine Abhängigkeit des Wei-

Tabelle 5 Erträge der Erntejahre nach Bundesländern (1984–1986) (PEITZMEIER, 1990)

Bundesland	W-Weizen dt/ha	Roggen dt/ha	Hafer dt/ha	Kartoffeln dt/ha
Baden-Württemberg	41,0	36,3	37,0	187,7
Bayern	39,3	33,4	38,2	188,7
Hessen	40,4	32,1	32,5	182,0
Niedersachsen	32,8	28,0	–	199,1
Nordrhein-Westfalen	33,3	32,1	31,4	199,7
Rheinland-Pfalz	32,6	26,7	30,0	168,3
Schleswig-Holstein	38,1	33,3	38,7	187,7
Mittel	37,0	32,0	35,0	188,0

zenertrages vom Wiederkäuerbesatz und eine Abhängigkeit des Roggenertrages vom Leguminosenanteil in der Fruchtfolge.

Fazit: Bei einer Umstellungsplanung können Höchsterträge nur bei guten Vorfrüchten und ausreichender Düngung angenommen werden. Der Weizen mit schlechterer Vorfruchtstellung sollte 5–10 dt niedriger angesetzt werden.

Dauer der Umstellung – In Abhängigkeit von der Dauer der ökologischen Bewirtschaftung ist eine Stabilisierung der Erträge zu erwarten. In zwei Untersuchungen zu diesem Thema wurde ein Einfluß nachgewiesen (DABBERT, 1990; BÖCKENHOFF u. a., 1986). Trotzdem fällt es schwer, dies in einer betriebswirtschaftlichen Planungsrechnung in den Ertragserwartungen zu berücksichtigen.

Einfluß des Betriebsleiters – Gerade bei organisch-biologischer Bewirtschaftung lassen sich bestimmte Schwankungen der Erträge nur durch den sogenannten Betriebsleitereinfluß erklären. Dieser drückt sich durch die Sortenwahl, die Wahl eines günstigen Saattermins, die Wahl geeigneter Bodenbearbeitungsverfahren usw. aus. Obwohl der Einfluß dieser Faktoren vorhanden ist, ist es nicht möglich, sie zahlenmäßig zu quantifizieren. Einen Anhaltswert kann die Ertragshöhe (im Betrieb vor der Umstellung) im Vergleich zu anderen konventionellen Betrieben geben.

Wenn man die Ergebnisse der verschiedenen vergleichenden Studien betrachtet, so werden dort Ertragsunterschiede zum konventionellen Landbau im Bereich von 10% bis zu 40%, in Einzelfällen sogar 50% angegeben. Je nach Kultur, Vorgeschichte usw. wird der Wert unterschiedlich ausfallen.

In der praktischen Umstellungsplanung sollten unter Berücksichtigung der oben genannten Faktoren Ertragseinbußen von 30–50% eingeplant werden.

5.2 Tierhaltung

Lediglich über die Milchviehhaltung gibt es aus der Vergangenheit Ertragserhebungen für ökologische Betriebe. Die Milchleistung in kg/Kuh liegt im Durchschnitt der verschiedenen Untersuchungen bei 90% der konventionellen Milchleistung (Agrarberichte; WINTER, 1991).

Bei fast allen Betrieben erhöht sich die Hauptfutterfläche/Kuh und der Viehbesatz/ha geht zurück.

Die benötigte Hauptfutterfläche/GV lag im schleswig-holsteinischen Betriebsvergleich 60% höher als bei konventioneller Wirtschaftsweise, während der Kraftfutterverbrauch nur 60% des konventionellen Wertes betrug. Neben geringeren Futtererträgen vor allem vom Grünland ist das Bestreben der ökologischen Milchviehhalter, möglichst viel Milch aus dem kostengünstigeren Grundfutter zu ermelken, hier deutlich sichtbar. Das ökologisch erzeugte Futtergetreide ist ein vergleichsweise teures Kraftfutter und steht außerdem in Konkurrenz zum Brotgetreide.

Um ausreichend Futterfläche für die Kühe zur Verfügung zu haben, wird häufig während der Umstellung von Milchviehbetrieben Aufzucht und Mast reduziert.

Ertragsvergleiche zur Rindermast liegen aus der Bundesrepublik Deutschland nicht vor, tendenziell ist aber mit leicht reduzierten Zunahmen im Vergleich zur konventionellen Haltung zu rechnen.

41

Tabelle 6 Erzeugerpreise (in DM/100 kg) ohne MwSt. (AID, 1990)

Produkt	ökologisch		konventionell
	Privatabnehmer	gewerblich	gewerblich
Weizen	120,— bis 180,—	76,— bis 93,—	36,23
Roggen	120,— bis 180,—	70,— bis 93,—	35,25
Hafer	—	73,— bis 78,—	32,22
Speisekartoffeln	56,— bis 90,—	40,— bis 60,—	20,55
Möhren	140,— bis 350,—	20,— bis 29,50	10,86
Rote Beete	100,— bis 200,—	20,— bis 25,50	11,18

5.3 Preise

Vergleicht man die Preise, so fällt das wesentlich höhere **Preisniveau** bei Vermarktung als Bioprodukt auf. Dabei ist zu berücksichtigen, daß bei den ökologischen Betrieben ein Mischpreis der verschiedenen Aufbereitungs- und Handelsstufen vorliegt, im konventionellen der Verkauf über Großhandel überwiegt.

Die Tabelle 6 gibt einen Überblick über das ökologische Preisniveau bei unterschiedlichen Handelsstufen im Vergleich zu konventionellen Preisen. Für die Umstellungsplanung sollten aktuelle Preisinformationen (z. B. vom Anbauverband) zugrunde gelegt werden.

5.4 Variable Spezialkosten

Die Bedeutung der **variablen Spezialkosten** für die Rentabilität einzelner Verfahren ist im ökologischen Landbau im Vergleich zum konventionellen Anbau recht gering. Da wesentlich weniger Betriebsmittel verwendet werden, ist dies nicht verwunderlich.

Die **Saatgutkosten** lagen im schleswig-holsteinischen Betriebsvergleich ca. 70% höher als bei den konventionellen Betrieben, bedingt durch einen hohen Anteil Leguminosen als Hauptfrüchte und durch Saatgut für Zwischenfruchtanbau und Untersaaten. Mit Hilfe einer Saatenpreisliste läßt sich der benötigte Saatgutaufwand in der Regel problemlos kalkulieren.

Der **Düngeraufwand** kommt im wesentlichen aus der Verwendung von Kalkdüngern und geringer Anwendung von bestimmten, meist schwerlöslichen P- und K-Düngern (siehe Seite 92, Kapitel Düngung). Im Agrarbericht 1992 betrug der Düngeraufwand gerade 18% des konventionellen Aufwandes, im Betriebsvergleich in Schleswig-Holstein wurden 30% des konventionellen Düngeraufwandes ermittelt.

Kosten für **Pflanzenschutzmittel** sind zu vernachlässigen. Auch hier zeigt sich daß der Kreislaufgedanke nicht nur ökologisch, sondern auch ökonomisch von Bedeutung ist. Der fehlende Einsatz von diesen Betriebsmitteln spart nach der Umstellung 400–500 DM/ha (siehe Seite 44, Tabelle 8).

5.5 Arbeitskräfte

Die Frage nach Mehrarbeit durch eine Umstellung ist nach der Frage der Unkrautregulierung die zweithäufigste in Gesprächen mit umstellungsinteressierten Landwirten. Vor allem muß berücksichtigt werden, ob die Umstellung die Betriebsstruktur verändert oder nicht.

Wird beispielsweise in Betrieben nach der Umstellung Hackfrucht und Gemüse angebaut, in denen vorher nur Getreidebau praktiziert wurde, ist mit erheblich höheren Arbeitsansprüchen zu rechnen. Im Getreidebau und in der Viehhaltung tritt kein höherer Arbeitsbedarf auf, während die Verfahren des Hackfruchtbaus häufig zu Mehrarbeit führen (SCHLÜTER, 1985; RANTZAU u. a., 1990). Diese Mehrarbeit hängt auch vom Mechanisierungsgrad der Verfahren ab.

Ein weiterer Grund für Mehrarbeit ist die häufig mit der Umstellung verbundene Direktvermarktung oder die Weiterverarbeitung von Produkten.

Eine Untersuchung von knapp 200 ökologischen Betrieben in Baden-Württemberg mit entsprechenden konventionellen Vergleichsbetrieben zeigt eine deutliche Differenzierung des AK-Besatzes, je nach Größe der Betriebe (BÖCKENHOFF u. a., 1986).

Werden im Rahmen der Umstellung neue Produktionsverfahren in den Betrieb eingeführt, wie Hackfrucht- und Gemüsebau, Viehhaltung oder Direktvermarktung, so verändert sich dadurch der Bedarf an Arbeitskräften.

Tabelle 7 Arbeitskräfte der Vollerwerbsbetriebe (ökologisch und konventionell) in Abhängigkeit von der Betriebsgröße (in AK/100 ha LF) (BÖCKENHOFF u. a., 1986)

Bewirtschaftungsart	Betriebsgröße in ha					
	unter 10	10–20	20–30	30–50	über 50	insgesamt
ökologisch	60,5	14,1	9,2	7,0	4,9	10,0
konventionell	23,3	9,8	6,9	5,0	3,4	5,9

Tabellenwerte (KTBL, 1991; Hessisches Landesamt, 1990) liefern Anhaltswerte zur Planung der Umstellung auf ökologischen Landbau, allerdings sind die derzeit zur Verfügung stehenden Datensammlungen noch nicht langjährig praxiserprobt (siehe hierzu auch Seite 23).

5.6 Bedeutung der Direktvermarktung und Weiterverarbeitung

In der allgemeinen Diskussion um den ökologischen Landbau wird der **Direktvermarktung** immer eine sehr große Bedeutung beigemessen. In der Vergangenheit wurde die Entscheidung zur Direktvermarktung oft getroffen, weil die Betriebe keine andere Möglichkeit sahen, ihre Produkte mit einem Mehrpreis vermarkten zu können. In diesen Fällen war es betriebswirtschaftlich richtig, Erzeugung und Direktvermarktung im Zusammenhang zu sehen. Heute finden wir diese Situation zum Teil noch bei Frischprodukten (Milch, Fleisch, Gemüse). Aber überall wird das Netz an *Großhändlern* und *Verarbeitern*, die Produkte aus ökologischem Anbau nachfragen, dichter (siehe Seite 17, Tabelle 1). Wenn Verarbeiter und Großhandel die Waren tatsächlich abnehmen, ist die Direktvermarktung als betriebliche Spezialisierung oder Intensivierung eine freie Entscheidung der Betriebsinhaber und sollte dann auch unabhängig von der Produktion auf ihre Wirtschaftlichkeit überprüft werden.
Dazu muß der Mehrerlös (durch einen höheren Preis gegenüber dem Verkauf an Großhandel und Verarbeiter) als getrennter Umsatzanteil mengenmäßig erfaßt werden. Der landwirtschaftlichen Urproduktion wird dabei ein Verkauf mit Großhandelspreisniveau zugerechnet, während die Mehrerlöse durch Weiterverarbeitung und Direktvermarktung in diesen speziellen Verfahren auch den daraus resultierenden Spezialkosten gegenübergestellt werden. So kann die Bedeutung am Gesamtdeckungsbeitrag mengenmäßig erfaßt werden und es stehen

Zahlen zur Verfügung, die die Kalkulation der Wirtschaftlichkeit von Investitionen und eingesetzten Arbeitsstunden in der Direktvermarktung ermöglichen.

Vor allem die benötigten Arbeitskapazitäten werden häufig unterschätzt. Nur wenn freie Arbeitskapazitäten vorhanden sind oder zusätzliche Arbeitskräfte zur Verfügung stehen, führt die Direktvermarktung zu einer Erhöhung des Familieneinkommens.

Sind Arbeitskräfte knapp, so kann die Einführung der Direktvermarktung eher zu einem sinkenden Einkommen der Familien führen (DABBERT, 1990). Im marktfernen Schleswig-Holstein ergab sich beim Betriebsvergleich 89/90 ein Anteil der Verarbeitung und Vermarktung von durchschnittlich 14,3% am Gesamtdeckungsbeitrag, wobei von einem Betrieb überhaupt keine Direktvermarktung durchgeführt wurde, während in einem anderen Betrieb der Anteil am Gesamtdeckungsbeitrag bei 50% lag (ALVERMANN und PADEL, 1991). Die Zahlen zeigen, daß einzelne Betriebe hohe Umsätze aus der Direktvermarktung erzielen. Der Hauptanteil der Produkte wird aber an Verarbeiter und Handel vermarktet.

Bei einer weiteren Ausdehnung des ökologischen Landbaus in der Bundesrepublik Deutschland ist mit abnehmender Bedeutung der Direktvermarktung zu rechnen.

5.7 Roheinkommen und Gewinn

Über die Wirtschaftlichkeit der ökologischen Betriebe im Vergleich zur konventionellen Landwirtschaft gibt es nur wenige Untersuchungen. Der Agrarbericht der Bundesregierung weist seit einigen Jahren bei den ökologischen Betrieben ein geringfügig höheres Roheinkommen aus als bei der konventionellen Vergleichsgruppe.

Tabelle 8   Haupterwerbsbetriebe des ökologischen Landbaus im Vergleich [1]) (Agrarbericht 1992)

Gliederung	Einheit	ökologischer Landbau [2])	konventionelle Vergleichs- gruppe [2]) [3])	Haupterwerbs- betriebe insgesamt
Betriebe	Zahl	95	388	8 659
Betriebsgröße	ha LF	35,16	37,04	31,78
Betriebsgröße	1 000 DM StBE	42,00	49,41	49,86
Arbeitskräfte	AK/Betrieb	1,92	1,60	1,59
Familienarbeitskräfte	FAK/Betrieb	1,41	1,49	1,41
Vergleichswert	DM/ha LF	1 259	1 168	1 357
Ackerfläche	ha/Betrieb	20,74	20,62	19,24
Getreide	% AF	57,6	63,5	61,0
Kartoffeln	% AF	3,9	2,0	2,4
Zuckerrüben	% AF	0,9	2,3	5,9
Feldgemüse, sonstige Verkaufsfrüchte	% AF	9,7	10,5	11,8
Silomais	% AF	1,8	12,6	13,2
sonstiges Ackerfutter	% AF	26,0	9,2	5,8
Viehbesatz darunter:	VE/100 ha LF	97,2	113,6	169,7
Milchkühe	VE/100 ha LF	45,6	55,3	46,3
sonstiges Rindvieh	VE/100 ha LF	38,4	50,6	61,9
Schweine	VE/100 ha LF	6,4	6,9	57,8
Geflügel	VE/100 ha LF	2,1	0,5	2,6
Weizen	dt/ha	36,9	58,7	64,8
Roggen	dt/ha	28,2	46,0	48,3
Kartoffeln	dt/ha	161	289	315
Milchleistung	kg/Kuh	3 881	4 683	4 760
Weizen	DM/dt	102,58	32,88	34,81
Roggen	DM/dt	94,41	31,81	33,87
Kartoffeln	DM/dt	59,90	19,20	18,04
Milch	DM/100 kg	71,21	65,24	64,44
Unternehmensertrag darunter:	DM/ha LF	4 728	4 162	5 976
Bodenerzeugnisse	DM/ha LF	1 177	625	1 117
tierische Erzeugnisse	DM/ha LF	2 190	2 584	3 673
Unternehmensaufwand darunter:	DM/ha LF	3 408	3 010	4 562
Düngemittel	DM/ha LF	43	236	243
Pflanzenschutz	DM/ha LF	10	96	138
Viehzukäufe	DM/ha LF	114	136	507
Futtermittel	DM/ha LF	200	301	226
Löhne	DM/ha LF	324	103	183
Gewinnrate	%	27,9	27,7	23,7
Gewinn	DM/ha LF	1 321	1 152	1 413
Gewinn	DM/FAK	32 871	28 524	31 834
Gewinn	DM/Unternehmen	46 431	42 676	44 918

[1]) Gebietsstand vor dem 3. Oktober 1990, Daten aus dem Wirtschaftsjahr 1990/91.
[2]) Nicht hochgerechnete Durchschnittswerte.
[3]) Ergebnisse vom Marktfrucht-Futterbau-, Futterbau-Marktfrucht- und Milchviehbetrieben auf vergleichbaren Standorten (Vergleichswert unter 1 600 DM/ha LF).

Mit solchen allgemeinen Feststellungen lassen sich allerdings keine konkreten Umstellungsplanungen durchführen. Für den einzelnen Betrieb ist das eigene Ergebnis entscheidend und nicht eine allgemeine Statistik. Auch wenn die Umstellungsplanung ein erfolgreiches Umstellen erwarten läßt, ist trotzdem regelmäßige Kontrolle der Planung erforderlich.

6 Betriebliche Voraussetzungen für eine ökonomisch rentable Umstellung

6.1 Standort

Es wird häufig behauptet, daß nur auf guten Standorten ökologischer Landbau rentabel betrieben werden kann. Trotzdem findet man zur Zeit ökologische Betriebe auf sehr verschiedenen Standorten.

Auf guten Böden sind bessere Getreideerträge möglich als auf schlechten Böden, aber neben der Bodengüte beeinflussen auch Fruchtfolge, Düngung, Bodenzustand, Sorte und weitere Faktoren den Ertrag. Schlechtere Standortvoraussetzungen müssen bei der Umstellung durch veränderte Betriebsorganisation ausgeglichen werden. Sicherlich sollte sich ein kleiner Betrieb auf schlechtem Boden nicht nur auf Getreidebau spezialisieren; bei Anbau von Hackfrüchten oder Verarbeitung von Milch beispielsweise kann auch in solchen Betrieben die Umstellung finanziell erfolgreich verlaufen.

6.2 Betriebsgröße

Die Größe gehört außer bei Zupachtmöglichkeiten zu feststehenden Parametern in einem Betrieb. Ein kleiner Betrieb muß sein Einkommen von einer geringeren Fläche erwirtschaften, d. h. Umsatz und Deckungsbeitrag/ha müssen höher liegen als bei dem großen Betrieb, der über die Fläche Kosten günstig verteilen kann. Dafür sind auf kleinen Betrieben häufig mehr Arbeitskräfte im Verhältnis zu Fläche vorhanden. Im ökologischen Landbau stehen genügend Möglichkeiten zur Verfügung, durch Gemüsebau, Weiterverarbeitung, Direktvermarktung etc. den Umsatz/ha zu erhöhen; allerdings müssen solche Möglichkeiten von kleinen

Betrieben auch genutzt werden, wenn der Betrieb rentabel wirtschaften soll.

Es wird häufig geäußert, Großbetriebe könnten nicht ökologisch wirtschaften. Diesen Behauptungen scheinen eher gesellschaftliche Ideen wie »small is beautiful« als eindeutige Erfahrungen zugrunde zu liegen. Im Bereich der biologisch-dynamischen Lndwirtschaft wirtschaften schon lange größere Höfe, auch im organisch-biologischen Bereich haben in den letzten Jahren größere Betriebe die Umstellung auf den ökologischen Landbau gewagt.

Beispiele von Betrieben, die mit der Umstellung aufhören mußten, weil sie zu groß waren, sind nicht bekannt. Ein vielfältig organisierter Großbetrieb erfordert gute Arbeitsorganisation, damit termingebundene Arbeiten, wie die Bestellung oder Unkrautregulierung vernünftig ausgeführt werden können.

Die Anforderungen an Betriebsleitung und Management steigen mit der Größe und Vielfalt in der Produktionsstruktur.

6.3 Gebäude

Neben den Flächen gehören die Gebäude zur Grundausstattung eines Betriebes. Sie können die Wirtschaftlichkeit der Umstellung beträchtlich beeinflussen, denn sie müssen unterhalten und abgeschrieben werden. Die Grundannahme ist, daß der Wert der Gebäude erhalten bleiben soll, bzw. Kosten für die Gebäudeinvestition erwirtschaftet werden müssen.

Günstig für eine Umstellung sind vielfältig nutzbare Gebäude in gutem Zustand, die z. B. zum Getreidelager oder zum Vermarktungsraum etc. umgebaut werden können. Ein Neubau von Stallgebäuden, damit artgerechte Haltung getrieben werden kann, ist häufig zu teuer, bzw. die Kosten für den Neubau werden langfristig die Wirtschaftlichkeit beeinträchtigen. Vom Stallneubau für Mutterkuhhaltung und Rindermast muß aufgrund der geringen Rentabilität fast durchgängig abgeraten werden, während Stallbau in der Milchviehhaltung sinnvoll sein kann. Es ist zu prüfen, ob durch Umbaulösungen auch Arbeitsersparnis und artgerechte Haltung kostengünstiger erreicht werden können.

6.4 Fremdkapitalbelastung und Liquidität

Immer häufiger wird bei hoher Fremdkapital-belastung von der Umstellung auf ökologi-schen Landbau die letzte Rettung für den Hof erwartet. Vor solchen Umstellungen muß ein-dringlich gewarnt werden.

Denn trotz Umstellungsbeihilfen kostet die Umstellung Geld und verändert die Liquiditäts-lage des Betriebes. Die Verkaufserlöse sind in den beiden ersten Jahren ökologischer Bewirt-schaftung (»Nulljahre«) geringer, weil die Waren noch nicht mit Aufpreis als Bioprodukt vermarktet werden können. Der Verkauf er-folgt in der Regel nicht mehr direkt nach der Ernte, sondern verteilt sich über das ganze Jahr. Dadurch kann sich der Zinsbedarf erheb-lich erhöhen, wenn der Betrieb überwiegend mit Fremdkapital finanziert ist.

Die Finanzierung eines Betriebes, die in der Passivseite der Bilanz wiederzufinden ist, sollte so aufgebaut sein, daß die Deckung mit Fremd-kapital nicht höher ist, als leicht veräußerbare Werte des Betriebes, wie Maschinen, Viehkapi-tal, Vorräte etc. In einem solchen Fall ist sicher-gestellt, daß bei Auflösung des Betriebes Grund und Boden und die Gebäude schulden-frei bleiben.

Bei hoher Fremdkapitalbelastung ist eine gute betriebswirtschaftliche Umstellungsplanung unbedingt erforderlich: Sanierungsmaßnah-men durch z. B. Landverkauf sollten vor der Umstellung durchgeführt werden, um den Ent-scheidungsspielraum während der Umstellung nicht zu stark einzuschränken.

6.5 Gemischtbetriebe oder Spezialisierung?

Bisher galt der milchviehhaltende Gemischtbe-trieb mit ungefähr 1−1,5 GV/ha als der typische ökologische Betrieb. Die Vielfalt dieser Be-triebe schafft Risikoausgleich zwischen den ver-schiedenen Betriebszweigen und damit größere Stabilität im wirtschaftlichen Sinne. Lediglich bei zu großer Vielfalt geht die Übersicht verlo-ren und leidet häufig die Rentabilität.

Trotzdem stellt sich die Frage der Umstellung immer häufiger auch bei spezialisierten Betrie-ben: Man sollte nicht grundsätzlich davon aus-gehen, daß solche Betriebe nicht rentabel öko-logisch produzieren können. Dem Nachteil der geringeren Vielfalt steht der Vorteil der Ratio-nalisierung gegenüber; die Betriebe können in der Regel kostengünstiger produzieren. Der Spezialist kennt sich in seinem Spezialgebiet gut aus; dies wirkt sich fast immer auf die Rentabili-tät aus.

Bei Umstellung spezialisierter Betriebe ist grö-ßere Sorgfalt bei der Planung erforderlich, da der Risikoausgleich, ökologisch, wie auch ökonomisch, der gemischten Struktur fehlt.

Der Vergleich von Fruchtfolgen ökologischer Betriebe mit konventionellen zeigt einen höhe-ren Anteil an Hack- und Hülsenfrüchten; der Getreideanteil ist bei den ökologischen Be-trieben niedriger (Agrarbericht 1992) (siehe Seite 44, Tabelle 8). Für eine ausreichende Stickstoffversorgung des Betriebes durch Legu-minosenfixierung sind Hauptfruchtanteile der Leguminosen von 25−35% erforderlich. Sie schränken die Möglichkeit der Spezialisierung eines ökologischen Betriebes ein. Nicht überall wird dieser Leguminosenbau als Futterbau ge-nutzt, auch die Möglichkeit der Grünbrache be-steht.

6.6 Viehbesatz

Der Viehbesatz eines Betriebes wird durch den Grünlandanteil, die Gebäudekapazitäten und durch die Neigungen und Fähigkeiten der Men-schen auf dem Hof bestimmt. Günstig für die Umstellung ist ein Besatz mit Milchvieh von 0,5−1 GV/ha, wenn die Futtergrundlage nur zu einem geringen Teil aus Grünlandflächen be-steht. Bei einer solchen Struktur kann neben der Verwertung des Ackerfutterbaus durch Milchvieh auch Getreide oder Hackfrucht als Marktfrüchte erzeugt werden.

6.7 Milchquote

Seit der Einführung der Milchquote hat sich dieses Lieferrecht zu einer der wichtigsten Grö-ßen im Betrieb entwickelt. Für den ökologi-schen Betrieb sind Quoten von besonderer Be-deutung, weil Milchviehhaltung auch ohne be-sondere Vermarktung eine ökonomisch interes-sante Form der Verwertung des für die Frucht-folge notwendigen Futterbaus darstellt.

Im Vergleich von ökologischen Betrieben mit den Ergebnissen konventioneller Betriebe zeigt sich, daß die Anzahl der Milchkühe nur geringfügig unter dem konventionellen Wert liegt, d. h. vorhandene Quoten werden erhalten (ALVERMAN und PADEL, 1991 und Agrarbericht 1992).

6.8 Masttierhaltung

Betriebe ohne Quote haben die Möglichkeit, ihren Ackerfutterbau entweder über Rindermast, Schaf- oder Ziegenhaltung zu verwerten oder Grünbrache durchzuführen. Der »sonstige Rindviehbesatz« liegt bei umgestellten Betrieben deutlich niedriger als im konventionellen Landbau.

Da derzeit nur wenige Metzger ökologisch erzeugtes Fleisch vermarkten, können höhere Preise häufig nur über Direktvermarktung von Fleisch erlöst werden. Die Chancen einer erfolgreichen Umstellung eines reinen Rindermastbetriebes hängen vom Engagement in der Vermarktung ab. Je nach den Voraussetzungen sollte die Aufnahme anderer Produktionsverfahren, wie z. B. Gemüsebau, geprüft werden.

6.9 Der reine Grünlandbetrieb

Für Betriebe mit hohem Dauergrünlandanteil ist eine Milchquote eine fast zwingende Voraussetzung für die Umstellung. Durch die Umstellung wird der Flächenanspruch für die Milchviehhaltung größer, da die Futtererträge zumindest in der Umstellungszeit vom Grünland niedriger sind. Gelingt es, diesen höheren Flächenanspruch durch eine Senkung der Nutzungskosten der Fläche (z. B. Stickstoffdüngung) aufzufangen, muß die Umstellung keine finanzielle Veränderung bedeuten. Außerdem müssen solche Betriebe bestrebt sein, das teure Betriebsmittel Zukaufsgetreide so wenig wie möglich einzusetzen und möglichst viel eigenes Grundfutter zu verwerten.

Wenn zusätzlich auch bessere Vermarktungsmöglichkeiten für die Milch bestehen, dann kann die Umstellung auch ökonomische Vorteile gegenüber der konventionellen Bewirtschaftung bringen. Auch bei der Umstellung reiner Grünlandbetriebe mit Milchviehhaltung sollten die Umstellungsschritte überlegt werden, um Futterknappheit durch Ertragseinbußen zu vermeiden.

Wird Ackerbau betrieben, so wird umbruchfähiges Grünland in die Fruchtfolge eingegliedert, um den Vorfruchteffekt des Futterbaus für die Marktfrüchte nutzen zu können.

Betriebe mit hohem Grünlandanteil ohne Milchquote sind für eine Umstellung ungünstig. Bei der Umstellung solcher Betriebe muß von Anfang an eine leistungsfähige Fleischvermarktung die Rentabilität der Fleischerzeugung erhöhen oder Milch bzw. Käse mit Schafen oder Ziegen erzeugt werden. Bei ausschließlicher Mutterkuhhaltung muß der Betrieb sehr kostengünstig arbeiten, da die Rentabilität/ha gering ist.

Im Betriebsvergleich des Ökorings im Wirtschaftsjahr 88/89 lag der durchschnittliche Deckungsbeitrag der Futterbauflächen bei neun Milchviehbetrieben bei 3170,– DM/ha gegenüber 929,– DM/ha bei verschiedenen Verfahren der Rindermast in sieben Betrieben.

6.10 Schweinehaltung

Die Schweinehaltung hat in ökologischen Betrieben eine sehr geringe Bedeutung. Dies erklärt sich aus der starken Nachfrage im Getreidebereich: Das Schwein ist direkter Nahrungsmittelkonkurrent zum Menschen.

Eine wirtschaftliche Schweinehaltung bei verhältnismäßig hohen Futtergetreidepreisen ist nur möglich, wenn eine gewisse Intensität der Fütterung erreicht wird. Häufig wird diese Intensität der Haltung als Widerspruch zur artgerechten Tierhaltung empfunden. Die bisher ungenügenden Vermarktungsstrukturen im Fleischbereich sorgen zusätzlich dafür, daß Schweine häufig nur als Abfallverwerter oder zur Ergänzung des Vermarktungsangebotes gehalten werden.

Betriebe, die bisher stark auf Veredelung spezialisiert waren, sollten bei der Umstellung eine Aufgabe oder Reduzierung dieses Betriebszweiges überlegen.

Häufig können die vorhandenen Ställe auch aus Gründen der Tiergerechtigkeit nicht ohne Umbau weiterbenutzt werden. Sind die Stallungen noch nicht abgeschrieben, kann das ein Hindernis für eine Umstellung sein. Gleichzeitig stellt die notwendige Reduzierung des Viehbestandes eine finanzielle Reserve für die Umstellung dar.

6.11 Der spezialisierte Getreidebaubetrieb

Es muß davor gewarnt werden, aus »ökonomischen Gründen« auf einen ausreichenden Leguminosenanteil in der Fruchtfolge zu verzichten (siehe Seite 81, Grundsätze der Fruchtfolgegestaltung). Diese kurzsichtige Betrachtungsweise vernachlässigt, daß der Leguminosenanbau, insbesondere der Anbau von Kleegras, die Stickstoffversorgung des Betriebes sicherstellt und damit die Erträge bestimmt.

Die Erträge sind neben den Festkosten der größte Einflußfaktor für die Wirtschaftlichkeit. So wird der Betrieb mit dem geringeren Anteil an Marktfrüchten, aber den besseren Erträgen aufgrund guter Vorfrüchte letztendlich rentabler arbeiten, als der Betrieb, der mit hohem Marktfruchtanteil nur geringe Erträge erwirtschaften kann, weil Stickstoff und Bodenstruktur fehlen.

Betriebe, die auf Getreidebau als Verkaufsfrucht spezialisiert sind und mit Grünbrache arbeiten, dürfen nicht zu klein sein, damit die Kosten der Mechanisierung und der Grünbrache auf eine größere Fläche verteilt werden können. Grünbracheförderung verbessert die Wirtschaftlichkeit. Eine genaue Planung der Umstellung ist sinnvoll, schrittweise Umstellung verringert das Umstellungsrisiko.

7 Möglichkeiten zur Verbesserung der Rentabilität eines organisch-biologischen Betriebes

Sollte die Überprüfung des eigenen Betriebes ergeben haben, daß der Gesamtdeckungsbeitragsbedarf des Betriebes höher liegt als der Gesamtdeckungsbeitrag, so hat dies zur Folge, daß kein ausreichendes Einkommen erwirtschaftet werden kann. Kurzfristig kann eine solche Verschlechterung des Eigenkapitals eventuell in Kauf genommen werden, langfristig ist

aber solcher Substanzverlust nicht zu verkraften.

Betriebsvergleiche mit anderen Biobetrieben bieten die Möglichkeit, die Fehler im eigenen Betrieb zu entdecken und Lösungsstrategien zu erarbeiten. Die erste Möglichkeit der Verbesserung der Rentabilität liegt in der kritischen Überprüfung der **betrieblichen Kosten.**

Auch wenn sie Festkosten heißen, so sind sie nicht so fest, daß keine Einsparungsmöglichkeiten bestünden: »Das Geld, das nicht ausgegeben werden muß, braucht nicht erst eingenommen werden.«

Gerade der **Bereich der Maschinen** bietet oft Ansatzpunkte. Bestimmte Arbeiten können durch überbetriebliche Zusammenarbeit oder auch durch Einsatz des Lohnunternehmers billiger erledigt werden als durch Eigenmaschinen. Vor allem zu hohe Mechanisierung in Form von Traktoren führt in der Regel zu hohen Maschinenkosten. Auch neue Bodenbearbeitungsgeräte können zur gefährlichen Kostenfalle werden, wenn sie als Folgeinvestitionen stärkere Traktoren bedingen. Leider sind viele »biologische« Bodenbearbeitungskonzepte noch nicht ökonomisch überprüft worden.

Als zweite Maßnahme sollte überprüft werden, ob eine **Erhöhung der Erträge** möglich erscheint, d. h. ob die Erträge niedriger liegen als bei Betrieben auf vergleichbaren Standorten, und wenn ja, warum. Hat man die Frage nach dem Warum beantwortet, so hat man in der Regel auch die Lösung zur Veränderung in der Hand. Im Gegensatz zum konventionellen Landbau, bei dem höhere Erträge in der Regel einen höheren Spezialaufwand erfordern und somit höhere Kosten, sind im ökologischen Betrieb (bis zu einer gewissen Grenze) Ertragssteigerungen kostenneutral. Gelingt es, die Erträge zu verbessern und die Ware entsprechend zu vermarkten, so ist das bares Geld.

Als letzte Möglichkeit kann man versuchen, durch **innerbetriebliche Intensivierung** den Gesamtdeckungsbeitrag des Betriebes zu erhöhen. Dies kann zum Beispiel durch höheren Anteil Hackfruchtbau, durch Weiterverarbeitung, durch Direktvermarktung geschehen. Dabei muß berücksichtigt werden, daß sich als Folge die Arbeitssituation erheblich verändert.

4 Vermarktung

H. SCHRADE, A. VALLBRACHT

1 Grundsätzliches zur Vermarktung

Es gibt kaum einen Bereich, in dem sich soviel durch eine Umstellung verändert, wie in der Vermarktung. Die Entwicklung auf dem Markt ist schwer abzusehen und gerade für Neueinsteiger nicht leicht zu durchschauen:

▸ Da ist der kleine Nebenerwerbs-Obstbauer, der nach der Umstellung 5000 l Apfelsaft in der Garage aufgestapelt hat und noch keinen Kunden außer der eigenen Familie kennt.

▸ Da ist der umstellende Schweinemäster, der nicht mehr an den Großschlächter abliefern kann, sondern für jedes Schwein neue, gut bezahlende Kunden suchen muß.

▸ Da erzielten die organisch-biologischen Grünkernbauern bisher (1991) bis zu DM 5,00/kg für ihre Getreidespezialität, waren zufrieden, damit eine Frucht »zum Bezahlen der Rechnungen« zu haben, da wird aus Frankreich plötzlich Grünkern aus kontrolliert biologischem Anbau zu DM 1,51 plus MwSt., frei Haus bei Abnahme eines 25 t-Lastzuges angeboten.

▸ Da müssen sich Biobauern, die Möhren als Zuckerrübenersatz anbauen, in einem Markt zurechtfinden, in dem Möhren für Saft DM 0,30/kg erzielen, für den Frischmarkt an den Handel DM 0,80–1,80, an die Verbraucherkundschaft DM 2,40–3,80.

Trotz der Undurchsichtigkeit und Unabsehbarkeit bieten die Märkte für ökologisch erzeugte Produkte vielen Bauern Chancen, neue, eigene Wege zu gehen. Sie sind (noch) nicht in dem Maße von übermächtigen Abnehmern und politischen Beschlüssen beherrscht wie der konventionelle Markt. Aber so wie es im Ackerbau ein Umdenken erfordert, statt im braunen sauberen nun im bedeckten und »bunten« Acker die Vorzüge zu sehen, so erfordert die Vermarktung organisch-biologisch erzeugter Produkte an manchen Punkten neue Denkweisen: Dieses Kapitel soll dazu einen Einstieg geben.

1.1 Die Entwicklung der Vermarktung

»Dr. HANS MÜLLER ging nun daran, die bäuerliche Selbsthilfe zu organisieren. Er legte größten Wert darauf, die Selbständigkeit des Bauern wiederherzustellen und ihn unabhängig von Kapital- und Handelsmärkten zu machen« (COLSMANN, 1991). Am Anfang stand weder »Erschließung neuer Marktsegmente« noch »Kundenorientierung« oder »Produktinnovation«.

Den Gründern der Bewegung des organisch-biologischen Landbaus ging es um die Unabhängigkeit der Bauern und ihrer Höfe von Sachzwängen und Marktpartnern; sie sollten wieder frei werden, um ihrer Verantwortung und Aufgabe für Gesundheit von Boden, Pflanze, Tier und Mensch gerecht werden zu können. Dies ist die Überschrift, unter der Bauern, Verbandsvertreter, Vermarkter, Händler und Konsumenten über den Weg und die Verteilung der Lebensmittel reden sollten.

Diese gemeinsame Aufgabe führt dazu, daß ein intensiver Kontakt und gegenseitiger Austausch nötig ist; deshalb suchten am Anfang viele Bauern den Weg der Direktvermarktung; nicht wegen der dort erzielbaren höheren Preise, sondern weil im Handel niemand zu finden war, der diese Aufgabe und Verantwortung mittragen konnte und wollte.

Die Suche nach Gesundheit und gesundheitsfördernden Lebensmitteln begann jedoch frühzeitig in vielen Kreisen. Die Reformbewegung, die einen ihrer Anfänge 1893 in der Gründung der »Vegetarische Obstbaukolonie Eden GmbH.« in Oranienburg hatte (LINSE, 1983), wurde eher bekannt durch Verarbeitungsprodukte (EDEN) als durch Impulse, die sie der Landwirtschaft gegeben hätte; sie blieb eine städtische Bewegung, die nie Zugang zur Landwirtschaft fand.

Die Anthroposophie, von RUDOLF STEINER begründet, war die erste große Bewegung in diesem Jahrhundert, die der Landwirtschaft in ihren Zielen eine wichtige Bedeutung zukommen ließ; mit Weitsicht wurde schon Anfang der dreißiger Jahre das Warenzeichen »Demeter« angemeldet und eingetragen. Umgekehrt fand die Landwirtschaft in dieser Bewegung Menschen, die in verschiedenen Bereichen wie (Aus-)Bildung und Forschung, Handel und Verarbeitung die spezielle Verantwortung der Landwirtschaft mittragen wollten. Das Wachstum dieser Bewegung über die Jahrzehnte ist erstaunlich, weil Gedankengut und Ziele der Anthroposophie für viele unvereinbar mit ihren eigenen Vorstellungen sind; für aus christlichen Kreisen kommende Bauern zum Beispiel war dieser Weg zu einer neuen Landwirtschaft deshalb oft versperrt.

Nach ersten Kontakten in den sechziger Jahren zu HANS MÜLLER in der Schweiz wurde 1971 der »bio-gemüse e.V.« als Vorläufer der »Fördergemeinschaft organisch-biologischer Land- und Gartenbau e.V.« (heute »Bioland-Verband für organisch-biologischen Landbau e.V.«) gegründet. Der Anbau nach der Methode von MÜLLER und RUSCH stand über lange Zeit im Mittelpunkt des Verbandsgeschehens, Vermarktungsfragen spielten eine untergeordnete Rolle. Der Kennzeichnung mit »bio-gemüse« folgte Anfang der 80er Jahre das eingetragene Warenzeichen »BIOLAND«. In dieser Zeit begann auch die stärkere Suche nach Vertragsarbeitern, zunächst vor allem im Mühlen- und Bäckerbereich.

Die Entstehung der Naturkostläden in den 70er Jahren schuf einen Markt, in dem Handel und Verbraucher ihr Augenmerk ganz auf die Landwirtschaft richteten: Die bekannt gewordene »Qualitätskürzelliste« listete Anbauverbände des In- und Auslands auf, deren Richtlinien geprüft worden waren. Hier war die Kette vom Bauer zum Verbraucher geschlossen, und die Qualität wurde von allen Mitwirkenden vorrangig als Anbauqualität angesehen. Zunehmende Importe aus Frankreich und Italien wurden zunächst kritisch betrachtet. Tatsache ist jedoch, daß auch im Ausland ernsthaft ökologischer Anbau betrieben wird und diese Importmengen durch die zusätzliche Auslastung zum Aufbau des Naturkosthandels beigetragen haben.

In einer schwierigen Situation befinden sich die Verbände des ökologischen Landbaus Anfang der 90er Jahre: Auf der einen Seite haben eigener Anspruch auf Ausdehnung und die Umstellungsbeihilfe (Extensivierungsprogramm der EG) Mitgliederzahl und Anbauflächen stark er-

höht. Die Folge ist ein deutlicher Angebotsdruck bei Getreide, Kartoffeln und Milch, der seit Mitte 1990 in einigen Regionen auch in einen Preisdruck mündet (HAMM, 1991 a).

Auf der anderen Seite fürchtet man, gerade durch dieses Wachstum die errungene Unabhängigkeit zu verlieren. Die Diskussion um »Biokost im Supermarkt« ist stark von dieser Furcht geprägt (Sieht man die Entwicklung des allgemeinen Lebensmittelhandels an, so ist sie völlig berechtigt). Über die bisherigen Absatzkanäle (Direktvermarktung, Naturkosthandel) können die Mengen, die erzeugt werden, nicht mehr abgesetzt werden. Die Absatzkanäle müssen erweitert werden, um neue Konsumentenschichten als Käufer zu gewinnen.

Für organisch-biologisch wirtschaftende Betriebe, die sich nicht über einen umfangreichen und fast vollständigen Absatz ihrer Produkte direkt an Endverbraucher vom allgemeinen Marktgeschehen weitgehend abkoppeln können, gibt es dennoch keinen Grund zur Resignation.

Für die meisten Marktforscher besteht kein Zweifel daran, daß die Nachfrage nach Produkten einer umweltfreundlichen Form der Landbewirtschaftung in Zukunft weiter stark steigen wird. Die vorhandene und wachsende Nachfrage mit professioneller Hilfe für das eigene Angebot zu gewinnen, ist wesentlich einfacher, als gegen bedeutende Marktströmungen anzuschwimmen, wie es Teile der konventionellen Landwirtschaft versuchen (HAMM, 1991 a).

1.2 EG-Verordnung über den ökologischen Landbau
W. NEUERBURG

Der Rat der Europäischen Gemeinschaften verabschiedete am 24. Juni 1991 eine »Verordnung über den ökologischen Landbau und die entsprechende Kennzeichnung der landwirtschaftlichen Erzeugnisse und Lebensmittel«.

Diese Verordnung ist das entscheidende Gesetz, das »für die Zukunft des ökologischen Landbaus in allen Staaten der Gemeinschaft den Maßstab und Rahmen setzt« (SCHMIDT, 1991).

Begründung für die EG-Verordnung − »Gemeinschaftliche Rahmenvorschriften über **Er-**

zeugung, **Etikettierung** und **Kontrolle** sind zum Schutz des ökologischen Landbaus erforderlich,

▸ da sie den lauteren Wettbewerb zwischen den Herstellern derart gekennzeichneter Erzeugnisse sicherstellen,

▸ dem Markt die Erzeugnisse des ökologischen Landbaus durch stärkere Transparenz aller Erzeugungs- und Verarbeitungsschritte ein deutlicheres Profil verleihen und

▸ dazu führen, daß solche Erzeugnisse beim Verbraucher mehr Vertrauen genießen« (Verordnungstext).

Anwendungsbereich − Unter die Verordnung fallen Produkte, die als Erzeugnisse aus ökologischem Landbau gekennzeichnet sind und solche, die durch assoziative Werbung (d. h. durch mit bestimmten Vorstellungen verbundene Werbung), Farbgebung und das Gesamtbild der Darbietung den Eindruck einer Herkunft aus ökologischem Landbau beim Verbraucher hervorrufen (SCHMIDT, 1991).

Erzeugungsvorschriften − Die Produkte, die als Erzeugnisse aus ökologischem Landbau gekennzeichnet sind, müssen entsprechend der »Grundregeln des ökologischen Landbaus« (im Anhang der Verordnung) angebaut worden sein. Diese Grundregeln entsprechen im wesentlichen den AGÖL- bzw. IFOAM-Richtlinien.

Wichtige Ausnahme: Die Grundregeln müssen »normalerweise« während eines Umstellungszeitraumes von mindestens 2 Jahren vor der Aussaat oder von mindestens 3 Jahren vor der ersten Ernte der − als Erzeugnisse aus ökologischem Landbau gekennzeichneten − Produkte befolgt werden.

Etikettierung − Nur solche Lebensmittel können als aus dem ökologischen Landbau stammend gekennzeichnet werden, die bei Erzeugung und Verarbeitung einer Kontrolle durch eine Kontrollstelle unterliegen. Sie dürfen, aber sie müssen nicht mit einem »Vermerk über die im Kontrollverfahren festgestellte Konformität« versehen werden. Dieser Vermerk lautet in der Bundesrepublik Deutschland: »Ökologische Agrarwirtschaft-EWG-Kontrollsystem« (SCHMIDT, 1991).

Kontrolle − Alle Betriebe, die Produkte erzeugen, aufbereiten, einführen oder vermarkten, die als Erzeugnisse aus ökologischem Landbau gekennzeichnet sind, müssen sich einem routinemäßigen Kontrollverfahren unterziehen. Die Kontrollen werden von Kontrollbehörden oder zugelassenen privaten Kontrollstellen (z. B.

Anbauverbänden, privaten Kontrollbüros) durchgeführt.

Die Verordnung bestimmt **Mindestkontrollanforderungen** für landwirtschaftliche Betriebe:

▸ Die Erzeugung muß in einer abgegrenzten Betriebseinheit erfolgen, um die Gefahr einer Vermischung mit konventioneller Ware zu vermeiden.

▸ Die Kontrollstelle führt neben unangekündigten Inspektionsbesichtigungen mindestens einmal im Jahr eine vollständige Besichtigung des Betriebes durch. Über jede Besichtigung wird ein Inspektionsbericht angelegt.

▸ Eine Betriebsbuchführung muß Ursprung, Art und Menge aller zugekauften Betriebsstoffe (Dünger, Pflanzenschutzmittel, Futtermittel) sowie deren Verwendung nachweisen.

▸ Ferner muß die Betriebsbuchführung über Art, Menge und Abnehmer aller verkauften Agrarerzeugnisse Aufschluß geben.

▸ Über unmittelbar an Endverbraucher verkaufte Mengen ist täglich Buch zu führen.

Kommentar zur EG-Verordnung − Die Auswirkungen der Verordnung sind zum jetzigen Zeitpunkt noch nicht vollständig absehbar (August 1992). Positive, aber auch negative Wirkungen sind erkennbar:

Positive Wirkungen:

▸ Zum ersten Mal wird gesetzlich verankert, daß sich Produkte des ökologischen Landbaus durch die **Art des Anbaus** (und dessen **Kontrolle**) auszeichnen und *nicht* durch ausschließliche Kontrolle auf Rückstands- oder Schadstofffreiheit.

▸ Die EG-Verordnung orientiert sich bei der Beschreibung der Produktionsverfahren an den Richtlinien der ökologischen Anbauverbände. Der von den Verbänden in Eigeninitiative gesetzte Standard des ökologischen Landbaus wird akzeptiert.

▸ Mit der neuen Verordnung ist zumindest die rechtliche Möglichkeit gegeben, im Naturkostbereich Verbrauchertäuschungen anzugehen und sog. »Pseudo-Bio«-Produkte zurückzudrängen.

Negative Wirkungen:

▸ Die Vorschrift einer Einhaltung von zwei »Null-Jahren« vor Vermarktung als ökologisch-erzeugtes Produkt stellt eine große Härte für neu umstellende Betriebe dar. Diese strenge Umstellungsregelung wurde von der Kommission damit gerechtfertigt, daß die Vermarktung von Umstellungsware den Verbraucher verwirren, und die Erschwerung der Umstellung finanziell durch entsprechende staatliche Hilfen ausgeglichen würde (SCHMIDT, 1992). Einen solchen finanziellen Ausgleich gibt es bis heute nicht!

▶ Es besteht die Gefahr, daß die bisherige Differenzierung am Markt (durch die unterschiedlichen Markenzeichen) eingeebnet wird.

▶ Die Verordnung bezieht sich zunächst nur auf pflanzliche Erzeugnisse. Laut Verordnungstext ist bis Juli 1992 ein Vorschlag zur ökologischen Tierhaltung vorzulegen. Angesichts der langen Vorlaufzeit zur jetzt erlassenen Verordnung ist Skepsis angebracht, ob die Erweiterung auf die Tierhaltung bald zu erwarten ist.

▶ Wie bei vielen EG-Verordnungen üblich, läßt auch diese eine Vielzahl von Auslegungs- und Handlungsspielräumen offen. Beispielsweise lassen sich die Positivlisten (der zugelassenen Düngemittel, Bodenverbesserer und Pflanzenschutzmittel) und Durchführungsbestimmungen im Anhang der Verordnung auf einfache Weise (mit womöglich weitreichenden Folgen für den ökologischen Landbau) von einem Ausschuß abändern.

Die Wirkung der Verordnung wird entscheidend von der Umsetzung und Anwendung durch die Länder und Gerichte abhängen. Sie wird in manchen Bereichen nur dann wirksam werden, wenn sich Kläger finden, die z. B. gegen »Pseudo-Bio«-Produkte Klage erheben.

1.3 Marketing

Der organisch-biologische Landbau bewegt sich mit seinen Produkten im freien Markt. Der allgemeine Lebensmittelmarkt hat sich in der Vergangenheit vom Verkäufermarkt (Nachfrageüberhang) hin zum Käufermarkt (Angebotsüberhang) entwickelt. Daher muß jedes Produkt, auch das ökologisch erzeugte, das im Markt plaziert werden soll, ein anderes verdrängen.

Dies bedeutet für ökologisch wirtschaftende Betriebe, daß sie den Markt »**kreativ bearbeiten**« müssen. Marketing bietet hierfür die notwendigen Mittel.

> *»Marketing als **marktbezogene Unternehmensführung** ist zum Schlüssel und zur Voraussetzung des langfristigen Unternehmenserfolges geworden. Seine Denkweise und Techniken zu verstehen, heißt gleichzeitig, sich den Herausforderungen des Marktes erfolgreich zu stellen.«* (LINNERT, 1988).

Marketing versteht sich als eine Denkweise, nach der die Unternehmensführung in allen ihren Schritten am Markt und am Kunden orientiert wird. Marketing bedeutet gleichzeitig eine Abwendung vom produktions- oder verkaufsorientierten Denken. Insofern können Biobauern in einer Spannung stehen, wenn sie »die alte bäuerliche Tradition des in sich selbst ruhenden landwirtschaftlichen Betriebes als Leitbild wieder aufleben« (COLSMAN, 1991) lassen

Tabelle 9   Marketing-Instrumente (Beispiel nach KOESLING, 1987)

Marketing-Instrumente	Beispiel: Vermarktung von Speisekartoffeln
Produktpolitik	– sich abheben durch besondere Kartoffelsorten – gleichbleibendes Angebot von Sorten – direkt vom Betrieb
Preispolitik	– durch gute Qualität und Service hohe Preise durchsetzen – Preisschwankungen nur bedingt mitmachen
Vertriebspolitik	– einfacher Marktstand – Präsentation der Sorten am Tisch – Angebot der Lieferung frei Haus ab 100 kg – Kundenberatung über Sorteneigenschaften
Kommunikationspolitik	– Schild malen für Marktverkauf – Namen prägen als Qualitätsbegriff – Flugblätter für Einkellerungskartoffeln – Angebot zur Besichtigung des Betriebes

wollen und die Verantwortung für die Gesundheit von Umwelt und Mensch als oberstes Prinzip haben: Dies ist sicher nicht immer deckungsgleich mit den Wünschen des Marktes.

Um nachhaltig am Markt erfolgreich zu sein, bedarf es des abgestimmten Einsatzes der »Marketing-Instrumente« (Tabelle 9).

Der gleichzeitige Einsatz aller Marketing-Instrumente wird auch »Marketing-Mix« genannt. Ziel ist das optimale Wechselspiel zwischen ihnen.

Im Umgang mit ökologisch erzeugten Produkten hat man es im wahrsten Sinne des Wortes mit einer Produktinnovation zu tun. Über den »Grundnutzen« (daß sie satt machen) hinaus, beinhalten die ökologisch erzeugten Produkte einige »Zusatznutzen« (daß sie z. B. besser schmecken, daß sie umweltschonend erzeugt werden, daß sie umweltfreundlich verpackt sind). Das Produkt wird unabhängig von seinem Preis für den Verbraucher interessant, wenn es ausreichend Vorteile bietet. Es findet eine **Produktdifferenzierung** (sich abheben von der Masse) über Schaffung von Zusatznutzen statt.

Vor dem Hintergrund, langfristig einen immer größeren Markt zu bedienen, stößt der Einzelbetrieb im Hinblick auf die Produktpolitik (Sortimentsbreite und -tiefe), die Vertriebspolitik (parallel verschiedenste Vermarktungswege) und die Öffentlichkeitsarbeit (z. B. Vorträge, Betriebsbesichtigungen, Tag der offenen Tür) an seine Grenzen. Im Rahmen der Direktvermarktung ist Marketing vielleicht noch zu leisten, bei anderen Vermarktungswegen ist Koordination zwischen den Betrieben unabdingbar. Je größer der Markt, je stärker die Abnehmerseite, desto schwächer ist die Position des einzelnen Erzeugers.

Im gesamten Lebensmittelmarkt sind landwirtschaftliche Betriebe meist nur Rohstoffproduzenten, die Unternehmen beliefern, die die meisten Marketingschritte auf dem Weg zum Verbraucher selbst in der Hand haben.

Oberstes Ziel des marktorientierten Handelns muß es aber sein, so weit möglich, die Ware von der Masse abzuheben. Mit dem Warenzeichen haben Biobauern ihre Erzeugnisse vom Rohstoff zum genau beschriebenen Produkt entwickelt und damit ein wichtiges Element des Marketing ausgefüllt.

Abb. 16: Abgesacktes Getreide mit Markenzeichen: Die Ware hebt sich von der Masse ab!

2 Praxis der Vermarktung

2.1 Vermarktung der Erzeugnisse

2.1.1 Getreide

Die Getreidevermarktung war bis 1990 für organisch-biologisch wirtschaftende Bauern kein Problem: Bei keinem anderen Produkt war der Preisunterschied zur konventionellen Ware so hoch. Wurde für Getreide aus konventionellem Anbau jährlich immer weniger gezahlt, so war der Standardpreis für Bioware über Jahre hinweg bei konstant DM 90/dt für lose Ware ab Hof. Wie so oft, hat auch hier der Eingriff des Staates das Gleichgewicht bzw. das organische Wachsen von Angebot und Nachfrage gestört: Der abgesenkte konventionelle Getreidepreis, das Extensivierungsprogramm mit Umstellungsbeihilfe sowie Flächenstillegungsprogramme, die als Rotationsbrache eine pflanzenbaulich optimale Gründüngung und Bodenruhe subventionieren, haben die Umstellung großer Getreideerzeuger relativ begünstigt.

So wirken sich Mechanismen des Welthandels (Absenkung des sog. Weltmarktpreises für Getreide durch Subventionskriege zwischen der EG und der USA) bis auf den deutschen Markt für Biogetreide aus. Ein Druck auf die Preise ist vorprogrammiert, da die Erschließung des Absatzmarktes nicht mit dem künstlich beschleunigten Wachstum des Anbaus mithalten kann.

Für Getreideanbauer bedeutet dies:

▷ Mit international vereinheitlichten und anerkannten Richtlinien wird auch Getreide aus kontrolliert ökologischem Anbau zum international gehandelten Rohstoff werden; regional »abgeschottete« Märkte wird es nicht mehr geben.

▸ Die Zusammenfassung in regionalen Erzeugergemeinschaften wird unabdingbar, um durch gemeinsamen Absatz z. B. regionale Vertriebsstrukturen aufbauen zu können. Regionale Aspekte müssen in gemeinschaftlichen Werbeaktionen herausgestellt werden.

▸ An die Direktvermarktung werden durch das erhöhte Angebot höhere Anforderungen gestellt: Qualität (Sorten, Reinigung), Sortiment (bis zum zugekauften Grünkern), Verkaufsraum und -gestaltung, dauernde Lieferfähigkeit durch einwandfreie und ausreichende Lagerung bis hin zur eigenen Verarbeitung (Brotbacken) werden über den Erfolg entscheiden.

▸ Es darf nicht mehr anders sein: Beim Verkauf an gewerbliche Abnehmer müssen Bauern sich wie gute Kaufleute verhalten: Einholen von Preisinformationen, Preisverhandlung vor Verkauf, Rückstellmuster und Wiegung des Lkw leer und voll auf der öffentlichen Waage am Ort muß zur notwendigen und selbstverständlichen Übung werden.

▸ Aus der Sicht des Abnehmers (Bäckers) ist der Preis sehr wichtig. Noch wichtiger ist die alte Frage des Kaufmanns: »Wieviel Geld kann ich mit dieser Ware verdienen?« Es entscheidet nur vordergründig der Preis, in Wirklichkeit jedoch der Nutzen, den der Kunde mit der Ware bekommt.

Gefordert ist also ein Konzept, das z. B. die Fragen des Sortiments (eventuell gehört für eine Bäckerei dazu die Müslimischung, biologischer Kaffee, Frischmilch und Brotaufstrich), Bestell- und Lieferrhythmus, werbliche Unterstützung, Verkaufspersonalschulung, Backrezepte, Bäckertreffen vor allem aus der Sicht der Kunden(!) befriedigend beantwortet. Den Anbauern und Anbietern stellt sich dann die Frage, wie dieses befriedigende Konzept am wirkungsvollsten umgesetzt werden kann; ob dies durch eine Vertragsmühle, einen Großhandel oder eine eigene Erzeugergemeinschaft geschieht, wird im Einzelfall zu entscheiden sein. Leistungsfähigkeit und -willen der Mühle, Ziele und Geschäftsgebaren des Großhandels sowie Know-how, Kapital und Förderung von Erzeugergemeinschaften entscheiden zwischen den einzelnen Möglichkeiten.

2.1.2 Obst und Gemüse

»Ist doch klar«, wird jeder sagen, der die wichtige Darstellung des Agrarökonomen JOHANN HEINRICH VON THÜNEN betrachtet. Im letzten Jahrhundert beschrieb er mit den sog. »THÜNEN'schen Kreisen«, daß die Entfernung zum Vermarktungsort wesentlichen Einfluß auf die Wahl des zu erzeugenden Produkts hat.

Also müssen Feingemüse, Kräuter, Salate usw. möglichst nahe am Vermarktungsort produziert werden, während Getreide, Fleisch oder Kartoffeln auch in entfernteren Gegenden auf den dort billigeren Flächen erzeugt werden können.

Heute heißt Vermarktungsort nicht unbedingt Nähe zum Endverbraucher: In Südfrankreich oder Kalifornien kann es auch Nähe zu einem Erfassungsgroßhändler bedeuten, der die Erzeugnisse in die Bundesrepublik Deutschland oder in den USA an die Ostküste schickt. Entfernung zum Vermarktungsort ist sicher ein Faktor, der die Obst- und Gemüsevermarktung beeinflußt. Standort (Boden, Klima), Neigung und Wissen des/der Betriebsleiter/in, Ausstattung (Maschine, Lager) kommen noch hinzu.

Obst und Gemüse im Vertragsanbau — Wer als konventioneller Landwirt Zuckerrüben anbaut, wird sich bei einer Umstellungsplanung sofort überlegen, was ihm ähnlich hohe Deckungsbeiträge wie diese Frucht bringt. Ein Ersatz wäre nach den Nulljahren: Der Vertragsanbau von Feldgemüse für die Verarbeitungsindustrie:

▸ **Möhren-** oder **Rote-Beete-Saft** stehen ja für Gesundheit und rote Backen schlechthin; sie waren daher im Naturkostbereich bisher die wichtigsten Erzeugnisse.

Abb. 17: THÜNENSCHE Kreise.

Thünen'sche Kreise: Auf ihnen ordnen sich um ein abstraktes Konsumzentrum in einer gleichartig fruchtbaren Ebene die land- und forstwirtschaftlichen Bebauungszonen, gestaffelt nach Grad der Intensität und relativen Transportkosten. Die Intensität einer Zone ist um so größer, je näher sie am Markt (Konsumzentrum) liegt. Niedrige spezifische Werte werden durch Transportkosten mehr belastet (z.B. Brennholz) und müßen deshalb nahe am Markt liegen.

Urwald · Jagd
Viehzucht · Futterwirtschaft
Dreifelder-Wirtschaft
Koppel-Wirtschaft
Fruchtwechsel-Wirtschaft
Nutzholz
Brennholz
intensive Nutzung
Gartenbau
Konsumzentrum

Tabelle 10 Check-Liste für die Obst- und Gemüse-Frischvermarktung

	Ab Hof	Wochenmarkt	Großmarkt, Kollegen, Einzelhandel	Großhandel
Standortvoraus-setzungen	Klima für Frühkulturen; Gewächshaus, Gemüseböden, Bewässerung		Frühkulturen nicht unbedingt nötig; Kontinuität, Lieferfähigkeit wichtiger	
max. Kunden-entfernung	20 km Kleinstadt ab 5000 Einwohner	50 km Kleinstadt	100–150 km 2–5 Kunden können genug sein	100–150 km bei Anlieferung 1 Großhändler kann reichen
Konkurrenz	bei florierendem Direkt-verkauf eines Kollegen in weniger als 10–20 km wenig sinnvoll, Ausnahme: dichte Besiedelung	belebt das Geschäft, Auswahl erhöht Anzie-hungskraft, 2. Biostand erst in Stadt ab 20 000–50 000 Ein-wohner sinnvoll	belebt das Geschäft, Sortimentslücken suchen; besser durch Qualität, Zuverlässigkeit und Kontinuität glänzen, als durch billigste Preise	
Lager	Kühlraum mind. 10 m², mit Rollcontainer befahrbar; kühle Halle oder Keller für Kartoffeln; frostfreier Raum mit glattem Boden für Roll- und Hubwagen, Stapler; für Umschlag mind. 50 m²		Kühlraum je nach Erntegut und Fläche: nur Salate: Erntemenge 1 Tages Chinakohl: eine ganze Ernte zur Vermarktung, Okt.–Febr. 10–30 m²	
Transport Lager	Rollcontainer (gebraucht ca. 20,–/Stück) Hubwagen (ca. 500–700,–)		Europaletten (35,–/Stück) gebrauchte Stapler (einige tausend DM)	
Transport Straße	Pkw-Anhänger oder Lieferwagen zum Einkauf bei Großhandel oder Kollegen	großer Pkw-Anhänger (8000,–, 2 t, Plane, für 8 Rollcontainer, z. B. LBH 3,80 × 1,66 × 1,90) oder Lieferwagen, gebraucht (ab 10 000,–, langer Radstand und Hochdach)	Hubwagen, Paletten, Stapler; Lieferwagen oder 7,5 t Lkw mit Kasten und Hebebühne	
Verkaufs-einrichtungen	Waage (ca. 5000,–) mit Speicher und Drucker, Beleuchtung, Fliesen, Regale, Glastürkühl-schrank (ab 1500,–), Theke (ab 5000,–)	Schirm (ca. 1500,–), Tisch, Salatschräge (Selbstbau), Waage (ca. 5000,–), Heizer mit Gebläse und Plane (ca. 1000,–)	keine zusätzliche Einrichtung nötig; Großmarkt-Marktgebühr, jährliche Platz-miete	
Büroeinrichtung	ständig erreichbar durch Anrufbeantworter (max. 300,–) oder Funktelefon für 200 m ums Haus (max. 30,– DM monatlich Miete bei Post), Faxgerät (ca. 1200,–)			Fax
Sortiment	relativ breites Sortiment aus eigenem Anbau oder Zukauf von Kollegen; zusätzlich Naturkost-produkte (Öle, Müsli usw.), Entscheidung nach Arbeitskräften, Know-how, Standort-voraussetzungen, Maschinen, Lager	breites Sortiment eventuell Zukauf; selten: eindeutige Spezialisierung, nur Kartoffeln, nur Äpfel	kein breites Sortiment nötig, dafür sehr gute Qualität bei über die Jahre gleichen Produkten, die sich beim Abnehmer einprägen	
Personal, Verkauf	Obergrenze Umsatz pro ½ Tag: 1500,–/Person Aushilfskräfte für Arbeitsspitze Ernte und Ware-Richten einplanen	Obergrenze Umsatz 1500,–/Person bei 4 h Verkaufszeit Marktauf- und abbau kostet mindestens je 1 h	Kundenkontakt auf Großmarkt ist Chefsache	besser Aus-hilfen zur Belieferung einstellen
Kontinuität	ganzjährige Bedienung der Verbraucher sehr wichtig; kontinuierlicher Absatz		saisonales Angebot kann ausreichen; kontinuierlich	wie Großmarkt; unter Umstän-den große Schwankung im Absatz von Woche zu Woche

▶ In den letzten Jahren stiegen auch einige Hersteller von **Babykost** und **Gemüsekonserven** auf Rohware aus kbA (kontrolliert biologischer Landbau) um.

▶ Der Markt für **Tiefkühlprodukte** aus kbA muß noch aufgebaut werden. Angesichts der wachsenden Zahl von Single-Haushalten wird die zunehmende Bedeutung von Convenience-Produkten (in der Küche einfach zu verarbeiten) klar. Tiefkühlgemüse ist für diesen Marktbereich sehr wichtig.

▶ Erstaunlich und doch nachvollziehbar ist, in welch hohem Umfang **Großküchen** (Kantinen, Mensen, Fernküchen) und die **Gastronomie** Tiefkühlgemüse verbrauchen: Knappe Küchenräume, teures Personal, hohe Flexibilität und verlustfreie Lagerung sprechen hier eindeutig für Tiefkühlgemüse. Der Anteil des Außerhausverzehrs steigt, hier liegt ein Zukunftsmarkt mit sehr hohen möglichen Mengenumsätzen.

Bisher schon nehmen Erzeugergemeinschaften (EZG) in diesem Markt eine wichtige Stellung zwischen Anbauer und Industrie ein, dies wird sich verstärken: Beratung, Kontrolle, Verhandlungsführung, Transportorganisation und Vertrieb sind Aufgaben, die der einzelne nicht leisten kann.

Obst und Gemüse für den Frischmarkt – Wer als Bauer oder als Gärtner bisher schon für den Frischmarkt angebaut hat, kann den folgenden Abschnitt ruhig auslassen, er weiß schon alles. Am Markt lernt man schneller, einprägsamer und eher mit »positivem Verstärker« als an einer Universität oder aus einem Lehrbuch; die »Marktuniversität« hat nur zwei Professoren: sie heißen »Konkurrenz« und »Kunden« – bei ihrer Vorlesung müssen Augen und Ohren möglichst weit geöffnet sein. Für den Anfänger sind die ersten Semester an dieser Universität natürlich schwierig (und spannend).

In der konventionellen Landwirtschaft gibt es niemanden, der einem über diese Zeit hinweghilft. In den Biolandbauverbänden zeigt sich hingegen der Wert der Regionalgruppen: Sie sind wichtige Lernorte und Marktplatz für Erfahrungen. Also gilt: Von anderen lernen, andere Betriebe besichtigen, ein Gespräch beim Großhändler usw., das ist billiger und schneller, als eigenes Lehrgeld zu bezahlen. Gerade erfolgreiche Betriebsleiter erzählen immer wieder von einer Fahrt oder Reise, die sie zu interessanten Betrieben gemacht haben.

Dies gilt besonders in der Gemüsevermarktung, denn der »Direktvermarktungs-GAU«

(der größte anzunehmende [Vermarktungs-] Unsinn) ist leider in Verbindung mit Gemüsebau besonders häufig anzutreffen: Ein Betrieb mit Viehhaltung, Futter- und Ackerbau beginnt nach der Umstellung mit etwas Feldgemüse, das dann auf immer mehr Arten ausgedehnt wird, das belebt ja schließlich den Milchabsatz; die Kundschaft äußert ihre Wünsche, man, besser: frau bäckt dann Brot; aus 10 Ar Möhren wird 1 ha; weil alle landwirtschaftlichen Betriebe wachsen, werden hier mal ein paar ha gepachtet, mal einer gekauft – das Ende ist ein dickes Konto, eine belastete Beziehung, ein angeschlagener Rücken, oder alles zusammen – mit »Betriebsorganismus« oder sorgfältiger Planung hat das jedoch nicht viel zu tun.

Durch eine Situationsanalyse, die Standort, Kundennähe, Flächengröße, Maschinenausstattung, Lagermöglichkeiten und Kontaktfähigkeit (zu Verbrauchern und Marktpartnern) einschließt, muß am Anfang eine Entscheidung über die Wahl des Absatzweges getroffen werden:

– ab Hof,
– über den Wochenmarkt,
– Belieferung direktvermarktender Kollegen,
– Verkauf an Naturkostläden,
– Vermarktung an Großhandel.

Dies heißt nicht, daß diese Entscheidung unabänderlich ist, sie läßt jedoch Investitionen und Maßnahmen effizienter ausfallen.

Zu einer Vorentscheidung sollte Tabelle 11 eine Hilfe sein, um einen Überblick zu bekommen; die Entscheidung treffen muß jede(r) selbst.

2.1.3 Milch

Kein anderes landwirtschaftliches Produkt ist so abhängig von der Verarbeitung und den gesetzlichen Rahmenbedingungen wie die Milch. Das erklärt die Schwerfälligkeit des Bio-Milchmarktes, in dem Verhandlungsgeschick, Ideen und Risikobereitschaft mehr Steine aus dem Weg räumen müssen, als bei anderen Produkten. Kontingentierung, Hygienevorschriften, lange Wege der Erfassung, große Molkereien, getrennte Milchsammlung und -verarbeitung, Markthemmnisse, fehlender Werbeetat zur Produkteinführung oder höhere Preise sind nur einige der Stichworte, die auf die Probleme hinweisen.

Bisher werden ca. 20% der Milch aus ökologisch wirtschaftenden Betrieben als »Bio-

Abb. 18: Käsekeller der Hohensteiner Hofkäserei.

Milch« verarbeitet und vermarktet, die restlichen 80% fließen in konventionelle Kanäle. Da die erzeugte Milchmenge durch die Zunahme der Betriebe weiterhin steigen wird, müssen regionale Verarbeitungs- und Absatzmöglichkeiten ausgebaut werden.

Diese Angebotsvielfalt zeigt, daß im Milchmarkt für Nischen nur noch wenig Platz ist.

Für den Erzeuger ist es natürlich am einfachsten, wenn sich in der Nähe eine Bio-Molkerei befindet. Ist dies nicht der Fall, so müssen entweder Kontakte zur nächstgelegenen Molkerei zwecks getrennter Verarbeitung aufgenommen (die Erfahrung zeigt, daß sich solche Verhandlungen über mehrere Jahre hinziehen können), oder die Milch selber verarbeitet und vermarktet wird. Dabei kann die Produktpalette von Vorzugsmilch, Butter, Frischkäse bis hin zu Hartkäse gehen. Beim Käse ist es beispielsweise wichtig, daß qualitativ hochwertige Sorten erzeugt werden, die einen regionalen Bezug herstellen und eventuell sogar regionale Spezialitäten sind. Ein Beispiel hierfür ist die »Hohensteiner Hofkäserei«.

Der Ordersatz eines süddeutschen Naturkostgroßhändlers verdeutlicht die große Sortimentsvielfalt bei den Molkereiprodukten:

Frischmilch:	*7 verschiedene Artikel und Gebinde*
Sauermilchprodukte:	*7 verschiedene Artikel und Gebinde*
Joghurt:	*10 verschiedene Artikel und Gebinde*
Quark:	*13 verschiedene Artikel und Gebinde*
Sahne, Butter:	*15 verschiedene Artikel und Gebinde*
Frischkäse:	*7 verschiedene Artikel und Gebinde*
Weichkäse:	*36 verschiedene Artikel und Gebinde*
Schnittkäse:	*54 verschiedene Artikel und Gebinde*
Hartkäse:	*19 verschiedene Artikel und Gebinde*
Schafmilchprodukte:	*15 verschiedene Artikel und Gebinde*
	(von Joghurt bis Hartkäse)
Ziegenmilchprodukte:	*16 verschiedene Artikel und Gebinde*
	(von Frischkäse bis Hartkäse)

2.1.4 Praxisbeispiel Hohensteiner Hofkäserei

Standort:	Schwäbische Albhochfläche, 735 m ü. NN, 6,9° C Jahresdurchschnittstemperatur 700–900 mm Jahresniederschlag
Bewirtschaftete Fläche:	103 ha
Tierbestand:	60 Kühe mit durchschnittlich 5200 kg Milchleistung, 280 000 kg Kontingent

1983: Übernahme des Betriebes durch Familie Rauscher
1985: Bezug des neuen Aussiedlerhofes
1986: Umstellung auf organisch-biologische Wirtschaftsweise
1990: Aufbau der Hofkäserei

HELMUT RAUSCHER absolvierte vor Aufbau der Hofkäserei ein dreimonatiges Praktikum in einer Schweizer Käserei und verschaffte sich dort das nötige Know-how für die Einrichtung der Käserei und die Käseverarbeitung. Es zeigte sich, daß eine Zusammenarbeit mit Behörden vor und während der Planung besonders wichtig war, um den unzähligen Hygienevorschriften gerecht zu werden. Nach dem Praktikum begann die »harte Lehrzeit«, d. h., es gab einige Fehlversuche, deren Ergebnisse in den Schweinetrog wanderten. Ursachen waren fehlende Erfahrung, aber auch technische Mängel (keine Klimaanlage im Käsekeller).

Bei der Verarbeitung haben sich zwei halbfeste Schnittkäse herauskristallisiert: »Albkäs« und »Rotkäs«. Pro Jahr werden 50 000 kg Milch zu Käse verarbeitet und vermarktet, der Rest an eine Bioland-Molkerei abgeliefert. Pro Woche wird 3–4 mal gekäst, die Arbeitszeit beläuft sich auf 8 h/Tag, einschließlich Käsepflege. Da diese Arbeitsbelastung zuzüglich der Vermarktung sehr hoch ist, wird in der Außenwirtschaft viel mit einem Maschinenring zusammengearbeitet.

Käsereikalkulation:			
verarbeitete Milch/Jahr (kg)	50 000	150 000	300 000
Festkosten:			
Afa Gebäude 5% aus 80 000,–	4 000	4 000	4 000
Afa Einrichtung 5% aus 70 000,–	3 500	3 500	3 500
Zins 8% aus 150 000,–	12 000	12 000	12 000
gesamt	19 500	19 500	19 500
variable Kosten:			
Milch 0,87 DM/l	43 500	130 500	261 000
Käsekulturen 0,018 DM/l	900	2 700	5 400
Lab 0,005 DM/l	250	750	1 500
Lohnkosten Verarbeitung	22 500	33 750	90 000
Lohnkosten Pflege	16 200	48 600	97 200
gesamt	83 350	216 300	455 100
Gesamtkosten	102 850	235 800	474 600
Gesamtkosten/kg Käse	20,57	15,72	15,82

Nach einjähriger Anlaufphase der Hofkäserei kann der Betriebsleiter einige **persönliche Voraussetzungen** nennen, die für den Einstieg in diesen neuen Betriebszweig wichtig waren: Besichtigung mehrerer Käsereien, mindestens ½ Jahr Praktikum, Freude am Umgang mit Milch, Geduld und Unternehmergeist.

2.1.5 Fleisch

Mit großer zeitlicher Verzögerung gegenüber, Getreide, Gemüse und Milch begann die Erschließung des Fleischmarktes. Es lassen sich dafür plausible Gründe finden.

Gründe für die verzögerte Entwicklung des Fleischmarktes:
▶ *Typische Biokundschaft ißt wenig oder gar kein Fleisch;*
▶ *Direktabsatz ab Hof ist wegen rechtlicher Vorschriften schwierig und mit hohen Kosten verbunden; in der Regel ohne Metzger nicht möglich;*
▶ *mangelnde Bereitschaft der Metzger, sich dem Markt von ökologisch erzeugten Produkten zu öffnen;*
▶ *Metzger stellen in Verhandlungen häufig eine schwierige Klientel dar;*
▶ *eingefahrene Absatzwege im Naturkostmarkt.*

Dabei gibt es eine Reihe von Gründen, die die Ausweitung des Fleischmarktes begünstigen:

Positives Umfeld für den Bio-Fleischmarkt:
▸ *Kaum ein Lebensmittel war von Skandalen so betroffen wie Fleisch;*
▸ *Themen wie Tierschutz (Hühnerhaltung in Käfigen!) und artgerechte Tierhaltung sprechen Menschen emotional stark an;*
▸ *mit Qualitätsfleisch garantierter Herkunft können neue Kundengruppen erschlossen und der Markt für Bioprodukte insgesamt stark ausgeweitet werden.*

Da die angestammte Biokundschaft weniger Fleisch ißt, können neue Kundengruppen nur mit Argumenten und Strategien gewonnen werden, die vom »Müsli- und Vegetarier-Image« abrücken.

Den Markt eröffnet haben (trotz aller Schwierigkeiten) zunächst direktvermarktende Betriebe; hier wurden neue Verbraucherschichten, aber auch vereinzelt Handwerksbetriebe angesprochen. Die heutigen Vertragsmetzger haben häufig zuerst mit Lohnschlachtungen für Direktvermarkter Erfahrungen gesammelt.

Ein weiterer vielversprechender Absatzweg, der jedoch noch ganz am Anfang seiner Entwicklung steht, ist die Vermarktung an Großverbraucher.

Aus den bisher in der Praxis gemachten Erfahrungen lassen sich folgende Hinweise ableiten:
▸ **Produktqualität ist das wichtigste Verkaufsargument;** sie beginnt bei Zucht und Rassenwahl, geht über die Fütterung bis zur Schlachtung und Verarbeitung.
▸ In der Anfangsphase besitzen **mobile Verkaufsformen** (Verkaufswagen auf Wochenmärkten, bei florierenden Direktvermark-

tern auf dem Hof, auf eigenem Platz) eine wichtige Rolle: sie haben niedrigere Fixkosten als Läden und erschließen größere Einzugsgebiete.
▸ Höhere Attraktivität des Angebots und mehr Umsatz durch **breites Sortiment:** Z. B. Hähnchen, Gänse, alte Schweinerassen, Ochsenfleisch, Färsenfleisch, Lammfleisch, Kalbfleisch (natürlich nicht aus der Gitterbox).
▸ Einzelbetriebe durchschnittlicher Größe sind mit der kontinuierlichen Belieferung von Metzgereien überfordert: **Erzeugerzusammenschlüsse** sind der einzige Lösungsweg; sie stärken auch die Verhandlungsposition der Erzeuger gegenüber den Metzgern.
▸ An das handwerkliche Können, die Lern- und Verkaufsbereitschaft und Flexibilität des Metzgers für Kunden- und Erzeugerwünsche (Richtlinien) sind möglichst hohe Anforderungen zu stellen.
▸ **Werbe- und Verkaufsargumente** für Biofleisch sind z. B.:
  – Fleischqualität,
  – Haltung und Auslauf,
  – Futtermittel aus ökologischer Erzeugung,
  – Verarbeitung ohne problematische Zusätze wie Pökelsalz und Phosphat, vollständige Deklaration, maximale Transparenz z. B. durch Erzeugernennung,
  – Gesundheitsbedenken abbauen: weniger Fleisch, dafür höherwertiges (»Premium« als Modewort hierfür),
  – Tiere pflegen Landschaft,
  – Tierhaltung als notwendiges Element im Betriebsorganismus herausstellen.

2.1.6 Praxisbericht: Kalkulation und Preisfindung bei Fleisch

Wenn ich an die Rentabilität der Schweinehaltung denke, so muß ich die heutige Lage mit der vor der Umstellung im Jahr 1980 vergleichen.

Aus den Aufzeichnungen des Schweinekontrollrings geht hervor, daß ich von jedem der vor 1980 jährlich verkauften 700 Mastschweine 40 DM Deckungsbeitrag erwirtschaftete. Für betriebseigenes Getreide wurden 45 DM/dt eingesetzt. Der gesamte Deckungsbeitrag lag demnach im Durchschnitt bei 28 000 DM (zwischen 10 000 DM und 50 000 DM, je nach Jahr und Preis).

Wenn bei Bioland-Erzeugung mit verringerter Stückzahl (150 Schweine/Jahr) gleiches erwirtschaftet werden soll, muß ein Schwein einen Deckungsbeitrag von 200 DM erbringen:

Marktleistung	
80 kg Fleisch × 7 DM/kg	560,– DM
abzüglich:	
Ferkel	–150,– DM
Futter (Gerste, Erbsen, Bohnen, Hafer)	–180,– DM
Wasser, Strom, Stallgeräte, Versicherung	– 30,– DM
zusammen:	**200,– DM**

(Es ist klar, daß die Rechnung etwas oberflächlich ist. Nicht berechnet ist beispielsweise die Möglichkeit, statt Futtergetreide Konsumgetreide anzubauen und zu vermarkten. Außerdem hinkt der Vergleich mit der Zeit vor 1980, da auf konventioneller Seite ein drastischer Preisverfall stattfand.)
Die nächste Frage ist die Vermarktung. Wo kann ich die nötigen Preise durchsetzen? Für mich gab es eigentlich nur eine Antwort: Direktvermarktung. Nicht, weil ich so ideologisch bin, sondern weil ich keine Alternative hatte. Kein Metzger oder Schlachtunternehmen hätte für meine Schweine mehr bezahlt als für konventionelle.
Deshalb begann ich Interessenten zu suchen, die für das Fleisch meiner Tiere mehr bezahlten. Die Vermarktung lief ab Schlachthaus-Metzgerei. Viele Kunden kamen einmal und nie wieder. Der Grund: Ein Schlachthaus ist nicht jedermanns Sache – Konfiskatkübel vor der Tür, Blut an den Wänden, Schlachtgeruch ...
Dies machte es erforderlich, selbst einen Metzgerladen einzurichten. Der ehemalige Zuchtschweinestall bot sich dafür an. Für ca. 50 000 DM plus Eigenleistung wurde er erstellt:

1 Kühlzelle	10 000,– DM
1 Kühltheke	7 000,– DM
Zerlegetische, Bandsäge, Waage	12 000,– DM
Vakuumgerät	3 000,– DM
Maurer, Fliesenleger, Fenster usw.	18 000,– DM
zusammen:	**50 000,– DM**

Die reine Verkaufszeit für ein Rind mit 250 kg Fleisch und vier Schweine mit 300 kg Fleisch und Wurst beträgt ca. 3 Stunden. Als Vorbereitungszeit sind etwa 12 Stunden, als Nachbereitung ungefähr 5 Stunden anzusetzen. Wir Bauern sollten aufhören, immer billigst zu arbeiten. Deshalb setze ich den üblichen Stundenlohn im Fleischergewerbe von 50,– DM an; die 20 Stunden müssen 1000,– DM erbringen:

1 Rind 250 kg × 12 DM	3 000,– DM
4 Schweine 320 kg × 7 DM	2 240,– DM
Schlachten, Zerlegen, Wursten	800,– DM
Zins und Abschreibung Laden	300,– DM
Lohnansatz	1 000,– DM
zusammen:	**7 340,– DM**

Wird diese Summe im Verkauf des Rindes und der 4 Schweine nicht erzielt, werden die angesetzten Preise nicht erreicht, oder es wird umsonst gearbeitet!

FRANZ AUNKOFER, bio-land 3/91

Tabelle 11 Rechtliche Bestimmungen bei der Direktvermarktung – Überblick – (weiterführende Literatur: KREUZER, 1988; MÜLLER, 1989)

Verkaufsprodukt	Bestimmungen
Milch (roh)	Abgabe nur unmittelbar an Verbraucher innerhalb der Betriebsstätte; keine Mengenbeschränkung; Schild: »Rohmilch, vor dem Verzehr abkochen«; hygienische Anforderungen; Meldepflicht; wichtige Rechtsvorschriften: Milchverordnung, Milch-Güteverordnung
Milcherzeugnisse (roh)	unterliegen den selben Bestimmungen wie Milch; Verkauf nur in der Betriebsstätte; außerhalb Betriebsstätte: Pasteurisierungszwang
Landbutter	unterliegt den selben Bestimmungen wie Milch; Bezeichnung: »Deutsche Landbutter«; in der Regel keine Beschränkung des Abgabeortes (in Bundesländern unterschiedlich) (Butterverordnung)
Käse	Frischkäse unterliegt den selben Bestimmungen wie Milch; Verkauf nur in der Betriebsstätte; Hartkäse: Kennzeichnungsvorschriften; Hygienevorschriften Käseküche (Käseverordnung)
Getreide, Brot, Backwaren	Getreide: problemlos; Brot, Backwaren: Hygienevorschriften, Menge beschränkt (Handwerksordnung, Gewerbeordnung)
Obst, Gemüse, Kartoffeln	problemlos; Ab-Hof-Vermarktung unterliegt nicht Handelsklassenverordnungen
Fleisch	erhebliche Hygienevorschriften für Schlachtraum, (getrennten) Verarbeitungsraum, Verkaufsraum; in der Regel kein rohes Fleisch (Hackfleisch, Bratwürste); Hartwurst, Wurstkonserven möglich; Menge beschränkt (Handwerksordnung, Gewerbeordnung); Kooperation mit Metzger ratsam
Geflügel	in beschränktem Umfang möglich; Hygienevorschriften (Salmonellengefahr)
Eier	problemlos

2.2 Handelswege

Das Wort »Handelswege« löst mehrere Vorstellungen aus: Von »Salzstraßen« oder »Seidenstraßen« im Mittelalter; von Einkaufsstraßen in Städten, die ihre Bedeutung über Jahrzehnte und Jahrhunderte behalten; von Handelswegen im Großmarkt (der Chef einer Fruchtimportfirma achtet mit Strenge und Ungeduld darauf, daß Orangen- und Traubenpaletten, die Holland- und die Italienware immer am gleichen Platz stehen, weil so der Einkauf für die Kundschaft morgens um fünf Uhr einfacher ist).
Heute werden Autobahnen und -ausfahrten zu Handelswegen und -knotenpunkten: Ein Umschlagplatz entsteht, wo viele Naturkostgroß-händler ihre Lkw's wegen eines notwendigen Artikels sowieso hinschicken. Im Marketingdeutsch heißen Handelswege Distributionskanäle.
Neben Handelsstraßen gibt es als Bild den »Warenfluß«: Schön ist es, wenn er gleichmäßig fließt, denn mit der Ware ist es so wie mit dem Wasser, sie sucht sich ihren Weg. Je ruhiger und geordneter, desto nützlicher für die Beteiligten am Warenfluß. Gefährlich wird es bei einem (Absatz-)Stau: Irgendwann bricht die Mauer (der Preis) und die kleinen (vielleicht zu kleinen) Kanäle sind mit Schlamm zugeschüttet, während irgendwo ein neuer breiter Strom entsteht, den aber keiner vernünftig nutzen kann. »Kanalarbeiter« (Vermarkter, Bauern, Han-

del, Verarbeiter) sollten mit wachsendem Angebot (Getreide!) möglichst fleißig ihre eigenen Kanäle ausbaggern und verbreitern.

Auf welchem Wege seine Ware abfließen soll, ist auch für den Bauern eine entscheidende Frage: Fragen muß er sich nach Abhängigkeiten, langfristiger Stabilität, erzielbarem Preis, Vermarktungskosten, finanzieller Solidität und allgemeinem Geschäftsgebaren des zukünftigen Geschäftspartners.

Je klarer ein Weg eingeschlagen wird, desto eindeutiger kann man sich auf die Erfordernisse dieses Weges einstellen, desto erfolgreicher wird man sein, werden die Kunden einen als verläßlichen Partner schätzen lernen. Umgekehrt gilt – nicht im Tagesgeschäft, aber doch mittelfristig gesehen – die uralte Weisheit: »Das einzig Beständige am Handel ist der Wandel.«

2.2.1 Direktabsatz an Verbraucher

Die **Direktvermarktung** war in der Anfangszeit des organisch-biologischen Landbaus der wichtigste Absatzweg: Ab-Hof-Verkauf, Wochenmarkt, eigener Laden in der Stadt, Verkaufsfahrzeug mit verschiedenen Haltestationen etc. Prinzipiell ist dies ein Vertriebsweg, der häufig am Anfang einer Entwicklung steht:

▶ Wenn der Handel Produkt und Absatzchancen dafür noch nicht sieht,
▶ wenn Verbraucher bereit sind, sich eine Spezialität auch an weiter entfernter Quelle zu besorgen,
▶ wenn noch gar nicht genug Ware da ist, um Handelskanäle zu füllen und lohnende Umsätze zu garantieren.

Direktvermarktung ist allerdings nicht nur Einstieg für andere Vertriebswege, sondern schafft gerade im ökologischen Landbau Vertrauen in die Produkte, bindet Kunden an die Betriebe, sorgt für ein ganz neues »Einkaufserlebnis« (Kinder und Tiere!), garantiert für frische Produkte usw.

Aus der Sicht vieler Erzeuger ist Direktabsatz zunächst ein Weg, der scheinbar geringe Anforderungen an Kapital, Betriebsgröße und Rationalisierung stellt. Andererseits ist es aber der Absatzweg mit dem vergleichsweise höchsten Arbeitseinsatz pro Wareneinheit. Als Vergleichsmaßstab für betriebsindividuelle Arbeitskalkulationen muß im Prinzip der Arbeitsaufwand gerechnet werden, den ein Händler

für die entsprechende Warenmenge ansetzt – ohne daß dieser den Anbau »nebenher« noch miterledigen muß.

Fazit: Soll eine Direktvermarktung in befriedigender Weise ihre Aufgabe erfüllen, muß die notwendige Arbeitszeit verfügbar sein bzw. eingeplant werden, entweder durch Neueinstellung, durch Rationalisierung oder durch Streichung eines anderen Betriebsbereiches.

Direktabsatz ist nicht etwas, das nebenher miterledigt werden kann.

Einige praktische Dinge:
▶ **Kontaktperson:** »Das Auge des Herrn macht die Kühe fett« – ob Herr oder Frau, dieser Satz gilt für die Vermarktung besonders. Und noch mehr in der Direktvermarktung. Die zuständige Person muß **Zeit haben** für die Kunden, muß die Kunden kennenlernen können, muß mit ihnen umgehen können, die Kunden müssen zu ihm/ihr Vertrauen aufbauen können.

Häufiger Personalwechsel ist Gift für einen Laden oder einen Markt!

▶ **Öffnungszeiten:** Sie müssen eindeutig festgesetzt und über Jahre gleich sein; wegen der Arbeitsorganisation müssen sich Kunden (und Anbieter) an Verkaufszeiten halten,

Abb. 19: Ein schöner Direktvermarktungsladen zieht Kunden an!

dazu kann man Kunden in begrenztem Umfang erziehen, aber: Öffnungszeiten müssen sich weitgehend an den Kundenbedürfnissen orientieren.

▸ **Lieferfähigkeit:** Schnell würden Kunden die Lust verlieren, auf einen Hof zu fahren, wenn sie ein- oder zweimal umsonst dort waren.

▸ **Warenpräsentation:** Es muß einfach Spaß machen, einen Marktstand oder Laden oder eine kleine Verkaufstheke anzuschauen. Und dem Vermarkter muß es auch Spaß machen, den Stand oder Laden verkaufsfördernd einzurichten.

Menschen sind entscheidend im Handel, Kontakte, Kommunikationsfähigkeit: Die Frage muß jeder an sich selbst stellen, ob er eine positive Einstellung zur Direktvermarktung gewinnen kann. Dabei sind Lernbereitschaft und Offenheit, eigenes Engagement und Fähigkeit zur Selbstkritik sicher die wertvollsten Eigenschaften; Marktschreier und Alleinunterhalter sind nicht gefragt. Es soll keiner glauben, er sei zu ruhig zur Direktvermarktung; die Bestätigung, die aus positiven Kundenkontakten kommt, tut jedem gut. Standort, Betriebsstruktur usw. sind demgegenüber zweitrangig.

2.2.2 Absatz an gewerbliche Abnehmer

Die Bedeutung der Direktvermarktung für die Politik der Verbände ist größer als ihr mengenmäßiger Anteil am Absatz; die Aufgabe für die Erzeuger ist es, Verantwortung für Boden und Gesundheit mit dem Vernünftigen im Alltag zu verbinden. Verbandsweit über alle Mitglieder gesehen mag ein Anteil der Direktvermarktung von ca. 10−20% des Mengenabsatzes als sinnvoll und wünschenswert scheinen, um die Unabhängigkeit der Mitglieder, Kundenkontakte, Markt- und Preisinformation für die Erzeuger sowie das Image des Verbandes in der Öffentlichkeit zu gewährleisten.

Deshalb wird derjenige, der sonntags in der Versammlung die Direktvermarktungsfahne hochgehalten hat, montags trotzdem den Kontoauszug mit dem Milchgeld studieren, Bestellungen eines Händlers entgegennehmen oder eine Mahnung an die Mühle schreiben; es ist die gesellschaftliche Funktion des Handels, zwischen Erzeuger und Verbraucher zu vermitteln. Bedeutet »händlerfreundlich« in den Augen bäuerlicher Fundamentalisten schon eine Vorverurteilung (z. B. eines Verbandsangestellten), so ist diese Eigenschaft im Sinne der Erzeuger; keiner ist zu seinen Kunden und Ab-

nehmern unfreundlich. Denn Kommunikation ist im Absatz an gewerbliche Abnehmer mindestens genauso wichtig wie in der Direktvermarktung; dazu gehören auf der technischen Seite ein Faxgerät und Anrufbeantworter, auf der anderen Seite ein eindeutiges Angebot (»Vielleicht habe ich 10 t übrig« ist für einen Abnehmer eine zu unsichere Umsatzerwartung), eine klare Preispolitik sowie der regelmäßige Anruf, um im Gespräch zu bleiben.

In solchen Dingen unterscheidet sich der Absatz an Einzelhandel, Großhandel, Erzeugergemeinschaft, »Supermärkte« oder Verarbeiter kaum. Ebensowenig in Zahlungsfragen: Größere Außenstände, ein diesbezüglich negatives Image, plötzliche Großbestellungen oder starke Töne am Telefon müssen einen kühl rechnenden Kopf zur Vorsicht mahnen.

Selbstvertrauen und etwas »Jagdtrieb« muß ein Anbieter hier mitbringen: so wäre es falsch, nach einmaligem Telefonat bei einem potentiellen Kunden entmutigt aufzugeben, »da komme ich sowieso nie rein« − ebenso wie die Ursache im eigenen (zu hohem?) Preis zu sehen − dies ist selten der Grund für den Nichtkauf. Häufige Anrufe, eine Musterlieferung, ein Besuch mit zwanglosem Gespräch und ähnliches werden sicher nicht als lästig, sondern eher als professionelles Geschäftsgebaren gedeutet und sind daher am Anfang unerläßlich. Interessant wird das Geschäft erst nach der Anlaufphase:

Der Gewinn liegt in der Routine!

Das Geschäft mit einem schon bekannten Abnehmer ist meist für beide Seiten risikoloser und befriedigender, als oft wechselnde Geschäftspartner, deren Zahlungsmoral und Kompromißfähigkeit bei Meinungsverschiedenheiten noch nicht bekannt sind.

Für welchen Abnehmer in welchem Absatzkanal ich mich entscheide, kann auf dem Weg des geringsten Widerstands entschieden werden: Gibt es einen leistungsfähigen Großhandel in der Gegend, floriert die zuständige Erzeugergemeinschaft, nimmt das Bioangebot auf dem nahe gelegenen Großmarkt so zu, daß ich mich dazugesellen kann, haben Kollegen in der Gegend schon gute Kontakte zu aufnahmefähigen Verarbeitern, so daß Agent, Berater und Spedition keine weiten zusätzlichen Wege hätten?

Wer glaubt, sich selbst einen Markt aufbauen zu können, wird den eigenen Weg suchen: Dies erfordert mehr Selbstvertrauen und Risikobereitschaft, allerdings kann der Anbieter sich dadurch deutlicher von Kollegen und Konkurrenten absetzen. Ein Beispiel hierfür siehe Seite 57. Schwer fällt es, qualitative Unterschiede zwischen den verschiedenen gewerblichen Abnehmern zu finden. Gewiß gilt die alte Erfahrung eines Stuttgarter Saatgutkaufmanns:

Die Größe der Geschäftspartner muß zueinanderpassen.

Es gibt aber auch den Bioland-Kartoffelbauern – als Ausnahme, die die Regel bestätigt –, der sehr zufrieden mit den Umsätzen ist, die er mit einer der größten Adressen im deutschen Lebensmittelhandel macht. Um jedoch mit der Nummer 1 in der Bundesrepublik Deutschland über die bundesweite Verteilung von Bioland-Kartoffeln zu reden, kommt nur eine Erzeugergemeinschaft in Frage. Andererseits kann die Belieferung eines Naturkostladens nur auf dem Großmarkt interessant sein, weil die kleinen Liefermengen keine noch so kurze Extratour lohnen.

Ein Mix verschiedener Abnehmer ist vom Unabhängigkeitsgedanken her optimal: Ein Abnehmer sollte nicht mehr als 10–15% des Gesamtumsatzes ausmachen.

2.3 Handelspraktiken

Um ein erfolgreicher Händler oder Vermarkter zu werden, braucht man kein Studium, es kann auch hinderlich sein; einige Erfahrungen aus der Praxis sollten jedoch beachtet werden.
Unsicherheit beim Eintritt in den Biomarkt herrscht oft über Informationsbeschaffung, Preise, Marktpartner, Qualitätsansprüche, notwendige Werbemaßnahmen oder Strategien. Die folgenden Abschnitte geben dazu einige knappe Einblicke.

2.3.1 Information: Wert und Beschaffung

Wenn bei warmregnerischem Wetter, Ende Februar, Montag morgens gleich 5 Anbauer dem Großhändler Ackersalat anbieten, ist diesem klar, daß Ackersalat diese Woche kaum teurer wird. Der große Vorsprung des Handels besteht nicht im neuen Lkw oder schönen Lagerhäusern, sondern in der **Information.**
Natürlich ruft ein Anbauer beim Abnehmer an, wenn er etwas anzubieten hat, und nicht beim Kollegen, was eigentlich vorher nötig wäre, um auch unter den Anbauern das Informationsniveau zu heben. So ist der Anbieter beim ersten Telefonat mit dem Abnehmer bereits im Nachteil.
Information kann auch wertvoll sein über Größe, Zahlungsfähigkeit und Absatzmärkte des Kunden. Nicht umsonst sind Analysen über neue Märkte in der Wirtschaft sehr teuer, denn Information ist wertvoll, vor allem Preis- und Marktinformation.
Für die konventionelle Landwirtschaft gibt es in den Wochenblättern deshalb umfangreiche Marktinformationen. Auch der Staat hat Stellen zur Markt- und Preisberichterstattung (ZMP) eingerichtet. Notwendig erscheinen ähnliche Einrichtungen auch für den Biomarkt, da hier Preisunterschiede zwischen den Anbietern regional noch weit größer sind als im konventionellen Bereich. Ohne falsche Scheu sollte daher ein Gespräch unter Kollegen geführt werden, auch aus anderen Regionen.
Ein Vergleich zwischen verschiedenen Abnehmern muß nicht heißen, diese gegeneinander auszuspielen, sondern ist Bestandteil marktorientierten Verhaltens. Auch der Besuch einer Fachmesse im Biobereich kann Kontakte ergeben, bietet einen zwanglosen Rahmen und kann u. U. viel Zeit und (Kilometer-)Geld sparen.

2.3.2 Preis und Preisfindung

Bei landwirtschaftlichen Erzeugnissen handelt es sich ganz überwiegend um unveredelte Rohstoffe, die schwer zu unterscheiden und deshalb auch im Preis von konkurrierenden Angeboten ganz schwierig abzuheben sind; Milch ist Milch, Biomilch ist Biomilch; Fett, Eiweiß-, Zell- und Keimzahl müssen stimmen, weitere Unterschiede gibt es kaum. Eher als die Produktionskosten bestimmt hier der Markt (bzw. die Politik) den Preis; eine landwirtschaftliche Produktion wird nicht sofort gestoppt, wenn der Marktpreis unter eine kalkulatorische Grenze fällt.
Wie aber Veredlung, Namensgebung, Gestaltung usw. (»Produktentwicklung«) einen Ausweg bieten können, um sich auch beim Preis abheben zu können, wird am Beispiel »Albkäs« und »Rotkäs« dargestellt (Seite 57); Meister hierin waren und sind die Franzosen, z. B. Weine aus Bordeaux oder Burgund, Bresse-Hühner, die zahlreichen Käsespezialitäten oder Blumenkohl (»Prince de Bretagne«).

Für eine dauerhafte, für beide Seiten befriedigende Geschäftsbeziehung wird freilich eine Preispolitik sinnvoll sein, die einen befriedigenden Durchschnittserlös und einen entsprechenden Mengenumsatz bietet; dauernde **Höchstpreise** werden kaum einen Abnehmer zum Dauerkunden machen.

Ein Geschäft kommt nur zustande, wenn beide Seiten einen Nutzen davon haben.

Für den Markteintritt eines Neuumstellers sind aber auch **Tiefstpreise** kein Rezept; das Verhältnis zu Kollegen wird dadurch eventuell gestört. Für gewerbliche Abnehmer sind Qualität, Service (Bestellrhythmen, Lieferfähigkeit, Zuverlässigkeit) oft wichtigere Faktoren als einmalige Tiefstpreise und interessante Neuprodukte. Auch sind nicht allein die absoluten Preise maßgebend, sondern Zahlungsbedingungen, Rabatte und sonstige Konditionen.

Selbstvertrauen, offene Ohren, Augenmaß und Verständnis für Interessen des Abnehmers sind hier gleichermaßen gefragt.

2.3.3 Qualität und Produkt

Im Marketingdeutsch: Der Preis wird auch bestimmt vom Nutzen, den das Produkt dem Käufer bietet: Ein gegenüber Konkurrenzprodukten höherer Nutzen kann auch einen höheren Preis durchsetzbar machen (siehe Seite 52, Marketing). Dieser Produktnutzen kann mit Qualität übersetzt werden, wobei Qualität bei Bioprodukten durchaus verschiedene Ebenen hat: Genuß, Gesundheit, definierte Herkunft, gesunde Umwelt bei der Produktion usw.

Qualität und Nutzen müssen für den Verbraucher sichtbar sein. Aus dem Rohstoff oder Kernprodukt wird das Endprodukt durch ein (definiertes) Qualitätsniveau, (näher bezeichnete und hervorgehobene) Eigenschaften, ein typisches Erscheinungsbild, einen Markennamen und die Verpackung, die zum »Wiedererkennen« verhilft.

Biobauern haben ja in der Vergangenheit aus Rohstoffen ein »Produkt« gemacht, sie haben zum Grundnutzen die Zusatznutzen »Umwelt«, »regionaler Bezug«, »Gesundheit«, »Unterstützung einer bestimmten Bewegung«, »Möglichkeit zu verantwortungsvollem Handeln des Konsumenten« geliefert. Die ökologisch wirtschaftenden Landwirte dürfen sich aber nicht mit dem Erreichten zufrieden geben, sondern müssen immer neu ihre Kreativität spielen lassen.

Ein praktisches Beispiel aus dem Biobereich sind die Demeter-Trauben des Abpackers Salamita aus Sizilien: Demeter-Anbau, die Sonne Siziliens, der Name Salamita groß auf die Kiste gedruckt sowie das typische Design (inclusive Banderole) machen aus dem Rohstoff Trauben ein Produkt.

Für den gewerblichen Abnehmer ist Qualität nicht nur Genuß oder Gesundheit: Sie ist für ihn gleichzeitig auch Werbung für sein Unternehmen. Da er im Einkauf flexibler reagiert als ein Verbraucher, ist Qualität hier der erste Weg zur Kundenbindung, eine konstante Qualität über längere Zeiträume gar eine Kunden-Versicherung.

2.3.4 Werbung

Qualität ist die beste Werbung, doch wenn diese Qualität in der Scheune versteckt wird, wird sie von keinem bemerkt. Es war wohl in der Anfangszeit des organisch-biologischen Landbaus unüblich, daß Bauern Zeitungsanzeigen schalteten. Hofführungen und -feste, Vorträge bei Volkshochschulen, Podiumsdiskussionen etc. können auch eine Form der Werbung sein. Je mehr der organisch-biologische Landbau sich ausbreitet und den Reiz des Exotischen verliert, je mehr Umsätze gemacht werden und Pionierarbeit überflüssig wird, desto mehr wird Werbung nötig und möglich: für den Einzelbetrieb, für Regionalgruppen wie für den Gesamtverband.

Folgende Gedanken stehen am Anfang der Werbeplanung:
- *Welche Verbraucher in welchem Gebiet möchte ich ansprechen?*
- *Wie oft im Jahr?*
- *Dauernd oder saisonal (z. B. nach Kartoffelernte)?*
- *Welche »Botschaft« soll gesendet werden?*
- *Welche Kosten bringen wieviel Nutzen?*
- *Wieviel Geld steht zur Verfügung?*

Klarheit über die **Zielgruppe** und die Wahl des **Werbeträgers** ist für die Werbewirksamkeit wichtig: So werben Winzer, die ihren Wein an Privatkundschaft per Paket versenden wollen, in bundesweiten Ökoblättern, weil dort eine relativ große Zielgruppe für den Versand angesprochen werden kann: Für einen Wochenmarkt mit kleinem Einzugsgebiet ist eine Anzeige im Mitteilungsblatt oder der Tageszeitung der bevorzugte Werbeträger. Im Mittelpunkt steht oft die Frage nach den Kosten, ohne den Nutzen näher zu betrachten: Wenn der Umsatz eines Hofladens sich um 10% erhöht, kann dies einen Gewinnzuwachs von z. B. 30% bedeuten, da die festen Kosten gleich bleiben; dafür können ruhig 1–2% für Werbung aufgebracht werden.

Eine relativ große Investition für Werbung hat der Beispielsbetrieb (siehe Seite 57) unternommen: So betrugen die Gesamtkosten für ein farbiges Faltblatt mit Bildern, Grafiken und Text ca. DM 10000,–; Grafik und Herstellung des Papiers auf dem Käselaib zusätzlich ca. DM 6000,–. Rechnet man dies auf 50000 kg Milch/Jahr um (dies entspricht 5000 kg Käse à DM 25,– Durchschnittspreis), so entfallen ca. 12% des Umsatzes auf die Werbung; bei Zielgröße 100000 kg und Verteilung dieser Kosten auf 2 Jahre sind es nur noch ca. 3% Werbeausgaben, die sinnvollerweise am Anfang der Produktion und nicht erst nach 2 Jahren ausgegeben werden. Im Einzelhandel beträgt der Werbeaufwand ca. 0,5–1,5% vom Umsatz.

Es lohnt sich bestimmt auch in Gärtnereien und landwirtschaftlichen Betrieben, ca. 1–2% des Umsatzes für bestimmte Werbemaßnahmen vorzusehen.

Werbemaßnahmen:
Infoblätter: zur Auslage im Einzelhandel, Arztpraxen usw.,
Anzeigen: im Amtsblatt, Tageszeitung, überregionalen Zeitschriften, Verbands- und Vereinsblättern,
Veranstaltungen: Hofführung, Hoffeste, Tag der offenen Tür, Dorf-, Stadtfeste,
Gestaltung des Hofes: Schild an der Straße, Blumen, Fachwerk statt Eternit, Auslauf von Hühnern usw.,
Messen: Regionalmessen, Fachmessen,
Aktionen bei Kunden: Schaukäserei, Weinprobe, Expertentag,
Pressearbeit: Artikel in Zeitung über Hoffest, Gruppentreffen, Besuch von ausländischen Praktikanten.

---

3 Gemeinsame Vermarktung in Verbänden und Erzeugergemeinschaften

3.1 Verbandsvermarktung

Nur vor dem Hintergrund der historischen Entwicklung sind die **Aufgabenfelder** der ökologischen Anbauverbände zu verstehen:

▶ In den Pionierzeiten fiel den Verbänden die Aufgabe zu, ihre Mitgliedsbetriebe zu beraten und auszubilden, Richtlinien zu erarbeiten, also inhaltlich die Landbaumethode weiterzuentwickeln.

▶ Eine weitere Aufgabe lag darin, die Anbaumethode in der Landwirtschaft bekanntzumachen.

▶ Ferner lagen die Warenzeichenentwicklung, -betreuung und -schutz in den Händen der Verbände.

▶ Schließlich war es Aufgabe der Verbände, durch Öffentlichkeitsarbeit Verbraucher zum Kauf der organisch-biologisch erzeugten Produkte zu bewegen und über die Anbauweise aufzuklären.

Die sprunghaft gestiegenen Mitgliederzahlen, veränderten Marktverhältnisse und der zunehmende Einfluß des Staates (EG-Verordnung, Extensivierungsprogramm) werden die Aufgabenfelder verschieben:

▶ Die **Verbände** werden sich auf die eigentlichen Aufgaben der Mitgliederbetreuung, der Öffentlichkeitsarbeit, der Interessenvertretung gegenüber Politik und Verwaltung, des Warenzeichenschutzes und der Fortentwicklung der Richtlinien zurückziehen. Ob sie die immer wichtigere Aufgabe der Betriebskontrollen weiterhin wahrnehmen werden, ist noch nicht klar abzusehen.

▶ Die zukünftig professionellere und zielgerichtetere Ansprache des Marktes werden **Erzeugerzusammenschlüsse** wahrnehmen. Sie werden neue Marktpartner in Handel und Verarbeitung gewinnen und für eine Ausweitung des Marktes sorgen.

▶ Die Aufgaben der Ausbildung und Beratung werden in zunehmendem Maße von **staatlichen Einrichtungen** erfüllt werden. Schon heute ist die Mehrzahl der Berater/innen für organisch-biologische Betriebe im Staatsdienst bzw. in Beratungsringen tätig.

Verbandswarenzeichen – Mit wachsendem Marktvolumen gewinnen die Verbandszeichen als Marken an Wert: Sie bringen dem Verbraucher Sicherheit und Orientierung im Markt und bieten die Möglichkeit, sich von anderen Herkunfts- und Gütezeichen im landwirtschaftlichen Bereich abzugrenzen. Sie haben sich immer mehr zu etablierten Warenzeichen entwickelt, sehr gut ablesbar an der Bekanntheit der Zeichen: »demeter« und »Bioland«. Unübersehbar ist die Zahl der Versuche des Lebensmittelhandels und von Verarbeitern (teilweise mit staatlicher Unterstützung), mit sog. »Pseudo-Bio«-Marken im Windschatten dieser bekannten Biomarken zu segeln.

Es ist eine wichtige Aufgabe, dieses Warenzeichen und ihre Inhalte durch öffentlichkeitswirksame Maßnahmen und Verbraucheraufklärung immer wieder an verschiedenen Stellen herauszustellen. Gerade vor dem Hintergrund der EG-Verordnung gewinnt die Eigenprofilierung eine zunehmende Bedeutung, da die Verordnung eindeutig einen nivellierenden Charakter hat.

Informationsquelle Verband – Den Verbänden kommt im Rahmen der Informationspolitik sowohl nach innen (zu den Mitgliedern), als auch nach außen (zu den Verbrauchern, zum Handel, zu staatlichen Institutionen etc.) eine wichtige Rolle zu. Anlaufstellen der Informationen sind die Geschäftsstellen und Gruppensprecher der Verbände. Innerverbandlich müssen Informationen allen Mitgliedern zugänglich sein, Marktpartner sind hingegen differenziert mit Nachrichten zu bedienen.

Völlige Transparenz der Verbandsinternas wirkt sich im nachhinein negativ auf die Anbieterposition aus.

Öffentlichkeitsarbeit durch den Verband – Verbände spielen eine wichtige Rolle in der Meinungsbildung und öffentlichen Diskussion. Verbände werden eingeladen zu Anhörungen, Tagungen, Seminaren; Verbände geben Pressekonferenzen, laden zu Presserundfahrten ein, verschicken Presseerklärungen und verlegen selbst Zeitungen, Broschüren und Bücher.

Das Ziel dieser Öffentlichkeitsarbeit (im Zusammenhang mit der Vermarktung) besteht darin, die Öffentlichkeit, den Endverbraucher, den Marktpartner von der umweltschonenden Erzeugungsmethode, der besonderen Qualität, der Exklusivität und dem Nutzen der Produkte in Kenntnis zu setzen und zu überzeugen. Der Verbraucher soll das Markenzeichen jederzeit wiedererkennen und positive Assoziationen zum Produkt herstellen.

3.2 Erzeugergemeinschaften

Viele Aufgaben der Vermarktung (des Marketing) lassen sich vom Einzelbetrieb nicht befriedigend oder nur mit unverhältnismäßigem Aufwand erledigen. Dazu gehören u. a. Marktinformation, Produktentwicklung, Verpackung, Vertrieb und Logistik (Transport), Verhandlungsführung mit Großabnehmern, Werbung. Diese Aufgaben können professioneller und kostengünstiger von Erzeugergemeinschaften gelöst werden; solche Erzeugerzusammenschlüsse werden zudem staatlich subventioniert.

Generell gibt es zwei Varianten von **Gründungsmöglichkeiten:**

▹ Nach dem »Marktstrukturgesetz« als *Erzeugergemeinschaft,*

▹ nach den »Grundsätzen für die Förderung der Vermarktung nach besonderen Regeln erzeugter landwirtschaftlicher Erzeugnisse« als *Erzeugerzusammenschluß* (Nur bei der letzten Variante besteht die Möglichkeit, innerhalb eines Zusammenschlusses mehrere Produktgruppen, z. B. Milch, Getreide, Fleisch, parallel zu betreuen).

Erzeugergemeinschaften sollten sich aber sinnvoller auf eine Region und/oder eine Produktgruppe beschränken, um die jeweiligen Aufgaben optimal erfüllen und die Mitglieder entsprechend betreuen zu können. Der Zeitpunkt der Gründung im Entwicklungszyklus eines Marktes ist wichtig.

> *Ähnlich wie ein Unternehmen saniert, umgebaut, rationalisiert und weiterentwickelt werden muß, solange die Geschäfte gut gehen, so sollten auch Bauern sich zusammenschließen, wenn der Absatz floriert; viele Marketingmaßnahmen greifen ja nicht von heute auf morgen, sondern erst nach mehreren Monaten oder mehreren Ernten.*

Daß die Gründung bei nachlassender Marktposition und stärker werdendem Angebotsdruck (zu) spät kommt, zeigt folgendes Praxisbeispiel: In 1991 gründeten ca. 20 Biobauern in Süddeutschland eine Getreidevermarktungserzeugergemeinschaft (Rechtsform: GmbH), um ca. 500–1000 t Getreide/Jahr zu vermarkten. Für Geschäftsführung, Büro und Reisekosten werden DM 120000,– angesetzt. Einige Bauern bringen ihren guten Absatz (Menge und Preis) mit ein, andere haben neu umgestellt.

Bei einer Gesellschaftsgründung im gewerblichen Bereich würden Umsätze, die ein Gesellschafter einbringt, selbstverständlich bewertet; die Frage ist in diesem Fall, ob die Bauern, die Umsätze einbringen, durch höhere Auszahlungspreise vergütet werden. Eine andere Betrachtungsweise wäre folgende: Die Gründung zum jetzigen Zeitpunkt erfolgt zu spät; es wurde versäumt, in besseren Zeiten für die Absatzsicherung zu sorgen; der sinkende Preis in der Erzeugergemeinschaft spiegelt nur den Markt wider, auch ohne Erzeugergemeinschaft wären die schon länger umgestellten Bauern mit sinkenden Preisen und schwieriger werdendem Absatz konfrontiert worden.

Folgende Gründe sprechen für die gemeinschaftliche Vermarktung:

▸ Die Anbieterposition wird gestärkt,
▸ es kommt zu einem kontrollierten Abfluß der Warenströme (kein gegenseitiges Unterbieten!),
▸ das Preisspiel wird für die Erzeuger kalkulierbarer,
▸ die Akquisition von Marktpartnern wird intensiviert.

Grundsätzlich werden gute Voraussetzungen für ein »kundenorientiertes« Marketing geschaffen. Die Betriebe, die diesen Weg der Vermarktung gehen wollen, müssen sich darüber im klaren sein, daß folgende Kriterien erfüllt werden müssen. Gemeinschaftlich vermarkten heißt, sich klar definierten Regularien zu unterwerfen. Einzelbetriebliche Belange treten dadurch in den Hintergrund.

Erste Priorität genießt sicherlich die **Andienungspflicht**. Der Zusammenschluß bzw. die Geschäftsführung muß Zugriff auf die Ware haben, und zwar über das ganze Jahr. Der Zusammenschluß ist keine Organisation zur Beseitigung von saisonalen Überschüssen.

Zweitens gilt es, die **Preisdisziplin** einzuhalten. Unkontrollierte Preisgebaren einzelner Mitglieder müssen von vornherein ausgeschlossen werden.

Als Grundlagen für die Planung und Verhandlungsführung ist die **Anbauplanung** und daran gekoppelt die **Meldepflicht** über anstehende Verkaufsmengen bindend vorzuschreiben. Der wichtige Unterschied zwischen einem Interessenverband, wie z. B. Bioland, und einer Erzeugergemeinschaft besteht darin, daß die Erzeugergemeinschaft entsprechend den Markterfordernissen besonders flexible und handlungsfähige Strukturen braucht.

Die Leistung einer Erzeugergemeinschaft läßt sich beurteilen am Auszahlungspreis, an den (Stück-)Kosten für Vermarktung, die von der Erzeugergemeinschaft verursacht werden, an der Relation von Kapitalbindung und Vermarktungsleistung sowie an der Verzinsung der Anteile über längere Zeiträume hinweg. Gesellschafter und Aufsichtsratmitglieder sind gehalten, sich über solche und weitere Kennzahlen aktiv Einblicke und Kompetenz zu verschaffen; die vielbeklagte Entwicklung im Raiffeisenbereich des abnehmenden Einflusses der Bauern hat nicht nur Ursachen auf der Managementseite; wenn Gesellschafter ihre Interessen nicht mit genug Kompetenz vertreten, sich mit zuwenig Information begnügen und an Einfluß verlieren, ist dies nicht nur der Geschäftsführung anzulasten.

5 Grundlagen des Pflanzenbaus

1 Boden
W. NEUERBURG

»Keine naturwidrige Handlung bleibt ohne Folgen. Kein natürliches Prinzip kann man unbestraft verletzen, keine natürliche Ordnung beseitigen ohne Gefahr für sich selbst. Die Einordnung des Menschen in die Ordnungen der Schöpfung ist eine unabdingbare Voraussetzung für sein Leben.«
Dr. H. P. RUSCH

1.1 Gesunder Boden– Grundlage des organisch-biologischen Landbaus

Im organisch-biologischen Landbau steht der Boden im Mittelpunkt — alle Anbaumaßnahmen müssen auf die Erhaltung und Steigerung der Bodenfruchtbarkeit zielen. Denn, um mit RUSCH (1968) zu sprechen, »die Fruchtbarkeit der Muttererde setzt sich fort in den Organismen, die von ihr leben, den Pflanzen, und die Pflanzenfruchtbarkeit setzt sich fort in jenen Lebewesen, deren Dasein nicht mehr an die Verhaftung mit dem Boden gebunden ist, den Tieren und Menschen.«

»Die Fruchtbarkeit ist die höchste Leistung, deren Lebewesen fähig sind; sie ist zugleich der sichtbarste Ausdruck der Gesundheit«, so führt RUSCH weiter aus.

Diese Gedanken finden ihre Bestätigung in den Erfahrungen der organisch-biologischen Landwirte, aber auch in manchen wissenschaftlichen Untersuchungen.

Dort, wo der Boden verdichtet ist, wo die Struktur nicht in Ordnung ist, werden Pflanzen krank und verstärkt von Schädlingen befallen: »Tierische Schädlinge sind meines Erachtens immer nur Anzeiger für Sünden in der Bodenbearbeitung. Blattläuse kommen bei mir vor, wo wir Bodenverdichtungen haben. Zu versuchen, die Blattläuse mit Pflanzenschutzmitteln zu bekämpfen, ist der falsche Weg. Man muß versuchen, den Boden in Ordnung zu bringen!« So die Erfahrung von Bioland-Obstbauer ORTH (1988).

Auch einen Zusammenhang zwischen der Art des Futteranbaus und der Gesundheit und Fruchtbarkeit in seiner Milchviehherde erkennt der Landwirt KUHLENDAHL (1986):

»Meinem kritischen Vater fiel auf, daß eine Verarmung der Pflanzengemeinschaft auf dem Grünland eingetreten war als Folge des starken Einsatzes von treibenden Düngern. Es dominierten wenige Obergräser, die bekanntlich den Stickstoff am besten verwerten, zu Lasten von schwindenden Untergräsern. Klee- und Kräuterarten waren stark zurückgedrängt bis verschwunden. Nach der Mahd des scheinbar üppigen hohen Bestandes konnte man immer mehr handtellergroße Fehlstellen am Boden sehen, was nicht mehr dem Bild entsprach, das meinem Vater geläufig war: Eine Wiese muß ›bunt‹ sein, und die Grasnarbe muß so dicht sein, ›wie Haare auf der Katze‹.

Als Folge davon — das habe ich damals nicht geahnt, aber heute ist es mir ganz klar — ließ auch die einst stabile Gesundheit in der Rinderherde immer mehr nach. Es schlichen sich Stoffwechselkrankheiten ein (Milchfieber, Acetonämie, Tetanie). Klauen- und Euterentzündungen machten Sorge und die Fruchtbarkeit ließ nach.«

Auch neuere Fütterungsversuche bei Haustieren zeigen, daß Futter aus ökologischer Erzeugung dem aus konventioneller Herkunft (bei freier Futterwahl) vorgezogen wird und daß z. B. biologisch gefütterte Kaninchen eine höhere Fruchtbarkeit und bessere Gesundheit aufweisen (z. B. STAIGER, 1988).

Schließlich gibt es Hinweise dafür, daß es Zusammenhänge zwischen der Art der landwirtschaftlichen Produktion und der menschlichen Gesundheit gibt (HOFFMANN, 1988).

Da der Ausgangspunkt der Wirkungskette »Gesunder Boden — gesunde Pflanzen — gesunde Tiere — gesunde Menschen« der Boden ist und es das Ziel des organisch-biologischen Landbaus ist, gesunde Pflanzen und Futtermittel sowie hochwertige Nahrungsmittel zu erzeugen, müssen alle Überlegungen und Maßnahmen beim Boden ansetzen. Oberstes Ziel der

> organisch-biologischen Bewirtschaftung muß
> es sein, den Boden gesund zu halten, seine
> Fruchtbarkeit zu pflegen und zu steigern.

Wissen wir überhaupt, was ein »gesunder Boden« ist? Wie wichtig ist es für den Gesamtbetrieb, einen »gesunden Boden« zu haben? Woran erkennt man einen »gesunden Boden«, wie macht man einen »kranken« Boden »gesund«?

Um den Gesamtzusammenhang deutlicher zu sehen, lohnt es sich, einmal folgendes zu überlegen: Als Landwirte sind wir keine Produzenten – auch wenn wir als Betriebsleiter manchmal unternehmerisch denken müssen. Die Produkte, die wir verkaufen, produzieren nicht wir selbst (wir bauen sie ja nicht zusammen, wie zum Beispiel ein Auto), sondern wir schaffen die richtigen Bedingungen, damit sie entstehen können. Wir legen Samen in den Boden und es wachsen von selbst die Pflanzen heran, die wir verkaufen oder an Tiere verfüttern, die auch von selbst so wachsen, wie es ihren Anlagen entspricht.

Abb. 20: Aufbau des Bodens (schematisch).

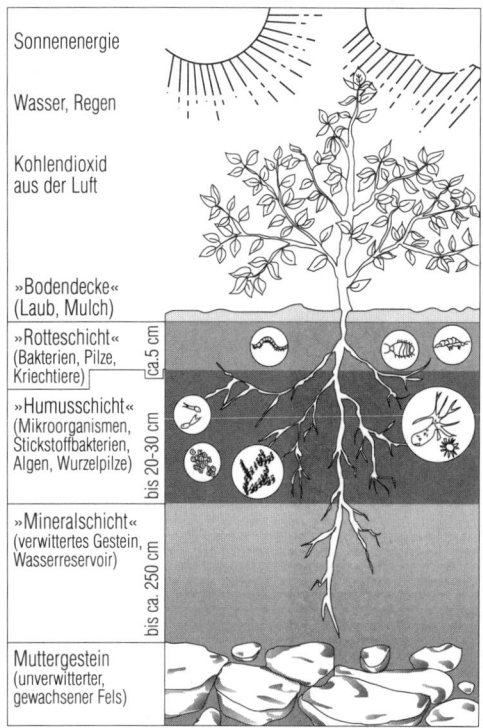

Sonnenenergie

Wasser, Regen

Kohlendioxid aus der Luft

»Bodendecke« (Laub, Mulch)

»Rotteschicht« (Bakterien, Pilze, Kriechtiere)

ca.5 cm

»Humusschicht« (Mikroorganismen, Stickstoffbakterien, Algen, Wurzelpilze)

bis 20–30 cm

»Mineralschicht« (verwittertes Gestein, Wasserreservoir)

bis ca. 250 cm

Muttergestein (unverwitterter, gewachsener Fels)

Natürlich sind viele Hilfestellungen von uns nötig, damit die Wachstumsprozesse so laufen, daß wir auch einen Gewinn davon haben. Aber die Ordnung, die Gesetzmäßigkeiten, nach denen das Wachstum verläuft, sind uns vorgegeben – wir können sie nicht ändern.

> Wer organisch-biologischen Landbau betreiben will, muß also vor allem bereit sein, die Lebensgesetze des Bodens, der Pflanzen und der Tiere kennenzulernen. Er muß bereit sein, sie zu respektieren und nach ihnen zu handeln; er kann lediglich mit seinen Hilfsmaßnahmen so eingreifen, daß die natürlich vorgegebenen Prozesse möglichst effektiv ablaufen können.

Der Boden schließt den Kreis im **Kreislaufgeschehen** eines landwirtschaftlichen Betriebes. Durch die Abbau-, Umbau- und Aufbauprozesse im Boden wird die Grundlage gelegt für das Pflanzenwachstum. Pflanzen dienen als Futter für Tiere und als Nahrung für Menschen. Schließlich werden die organischen Rückstände aus dem Pflanzenbau und der Tierhaltung durch die Zersetzungstätigkeit des Bodenlebens wieder zu Pflanzennährstoffen abgebaut (siehe Seite 90, Abbildung 27).

Der Boden ist nichts Totes, er ist das artenreichste Ökosystem der Natur – in einer Handvoll Erde leben so viele Lebewesen wie Menschen auf der ganzen Welt.

Die Pilze und Algen, die Bakterien und Aktinomyceten als wichtigste, für das menschliche Auge allerdings nicht sichtbare Bestandteile des Bodenlebens sowie die größeren Bodenlebewesen, wie z. B. Springschwänze, Milben, Käfer und, am augenfälligsten, die Regenwürmer sind es, die in fein abgestimmter Zusammenarbeit durch ihre Umsetzungstätigkeit den Pflanzenwurzeln die Nahrung liefern.

Um diese Leistung vollbringen zu können, müssen die **Bodenlebewesen** – ähnlich unserer Nutztiere – gefüttert werden. Durch die organischen Dünger, Ernterückstände und Gründüngung wird dem Bodenleben energiereiche Nahrung zugeführt; vor allem aber geben die lebenden Pflanzen laufend organische Verbindungen über die Wurzeln in den Boden ab, die als Nahrungsgrundlage dienen. Im Gegenzug stellen die Lebewesen den Pflanzen wiederum all die Stoffe zur Verfügung, die sie zum Leben brauchen.

Diese Verteilung von Sonnenenergie im Boden durch die Wurzeln ist der wichtigste Punkt im Kreislauf der Wachstumsprozesse. Wenn ein

Engpaß in der Versorgung des Bodenlebens mit organischen Verbindungen entsteht, verringert sich die Leistungsfähigkeit des Bodenlebens, Pflanzennährstoffe werden ungenügend nachgeliefert. Artengleichgewichte verschieben sich, Krankheiten entstehen bzw. können nicht mehr unterdrückt werden – der Boden wird unfruchtbar.

»Gesunder Boden« – das heißt also lebendiger Boden. Das Leben im Boden sorgt dafür, daß Pflanzen optimal wachsen können, daß Feuchtigkeit in garer Krümelstruktur gespeichert und zur richtigen Zeit abgegeben wird, daß Pflanzenkrankheiten durch richtige Pflanzenernährung verhindert werden.

Ein *gesunder Boden* ist immer dadurch gekennzeichnet, daß er gleichmäßig und tief durchwurzelt werden kann und somit Erde, Wasser, Luft und Energie den Lebenskreislauf in Gang halten, der unsere Pflanzen und Tiere wachsen läßt.

Für uns als Landwirte muß zum Aufbau eines fruchtbaren Gesamtbetriebes deshalb die **Bodenfruchtbarkeit** das oberste Ziel sein – je gesünder der Boden ist und je besser das Bodenleben seine unendlich vielen Aufgaben erledigen kann, desto weniger müssen wir noch mit zusätzlichen Hilfsmaßnahmen im weiteren Wachstumsprozeß eingreifen.

In der Umstellung muß deshalb viel Zeit und Sorgfalt für den Aufbau des Bodens aufgewendet werden – wir müssen zunächst einmal unseren Boden kennenlernen, müssen ihn aufgra-

ben, ihn im wahrsten Sinne des Wortes begreifen und Schritte überlegen, mit denen innerhalb der angestrebten Bewirtschaftungsform letztlich immer der Bodenaufbau gefördert wird.

Schließlich dienen alle Maßnahmen, die den Boden fruchtbar halten, der Gesundheit der Pflanzen und Tiere und letztlich unserer eigenen Gesundheit.

1.2 Spatendiagnose – Kontrolle der Bodenfruchtbarkeit

In den Zwanziger Jahren entwickelte J. GÖRBING (1948) die Spatendiagnose, eine einfache Methode, mit der jedermann seinen Boden kontrollieren kann.

Für die **Spatendiagnose** braucht man folgende Geräte:
▶ 1 Flachspaten, Blatt aus rostfreiem Stahl, ca. 20 cm breit und 30 cm lang,
▶ 1 guten Gärtnerspaten,
▶ 2 Stützen, um das Spatenprofil tischhoch auflegen zu können,
▶ 1 kleine Jätekralle,
▶ 1 Brettchen 20 × 25 cm,
▶ 1 Schreibunterlage,
▶ 1 Notizbuch (eventuell einen Fotoapparat).

Zur **Durchführung der Spatendiagnose** sucht man sich auf dem Feld eine Stelle aus, die typisch für dieses Stück erscheint und möglichst

Abb. 22: Der Wurzelverlauf gibt Hinweise auf die Struktur des Bodens.

Abb. 21: Spatendiagnose: In den oberen 10 cm lockerer Boden mit guter Durchwurzelung, darunter totale Verdichtung.

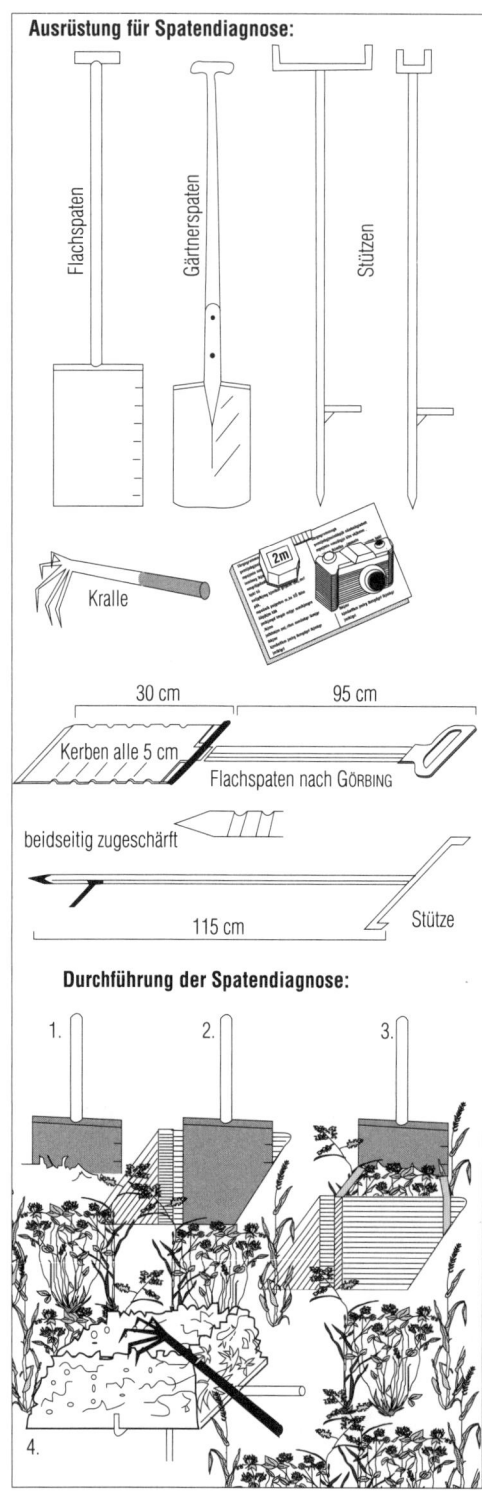

Ausrüstung für Spatendiagnose:

Flachspaten

Gärtnerspaten

Stützen

Kralle

2m

30 cm   95 cm

Kerben alle 5 cm

Flachspaten nach GÖRBING

beidseitig zugeschärft

115 cm   Stütze

Durchführung der Spatendiagnose:

1.   2.   3.

4.

Abb. 23: Spatendiagnose: 1. Ausrüstung für Spatendiagnose, 2. Durchführung der Spatendiagnose.

mit Pflanzen bewachsen ist. Denn das Verhalten der Pflanze mit ihren Wurzeln gibt am meisten Aufschluß über den Boden.

Man sticht den Flachspaten senkrecht in der
Nähe der Pflanze in den Boden und drückt ihn
bis zur vollen Tiefe in den Boden ein. Dabei
darf der Spaten nur seitlich hin und her bewegt
werden, nicht vor und zurück, damit das Bo-
dengefüge nicht gepreßt wird. Wie leicht oder
schwer sich der Flachspaten in den Boden eindrücken läßt, gibt schon den ersten Hinweis auf
die Festigkeit des Bodens. In sehr harten Böden
muß der Spaten sogar manchmal mit einem
schweren Hammer eingetrieben werden.

Nun wird die den Pflanzen abgewandte Seite
mit dem Gärtnerspaten freigegraben. Das Loch
vor dem Flachspaten soll so breit und so tief wie
dieser selbst sein. Jetzt muß man rechts und
links von der Pflanze zwei Rinnen ausstechen,
mit Spatenbewegungen quer zum Flachspaten.
Der Flachspaten wird vorsichtig entfernt und
die von ihm geschützte Bodenfläche mit dem
Brettchen festgehalten. Auf der gegenüberliegenden Seite der ausgewählten Pflanzengruppe
sticht man zum Ausbrechen des Bodenblocks
den Flachspaten (!) ganz ein. Durch vorsichtiges
Herunterdrücken des Spatenstiels nach hinten
wird der Bodenblock vom Unterboden gelöst.

Der Bodenblock wird nun herausgehoben, wobei er mit einer Hand vom Abrutschen nach unten gesichert wird. Mit dem aufliegenden Bodenprofil kann der Spaten zur bequemeren Betrachtung vorsichtig auf die beiden Stützen gelegt werden.

Die **Untersuchung** kann beginnen: Wichtig ist
ein systematisches Vorgehen – Struktur und
Durchwurzelung jeweils von oben nach unten
betrachten –, um den Überblick nicht zu verlieren und doch möglichst viel herauszulesen.

Am Bodenziegel ist der augenblickliche **Gare-
und Strukturzustand** des Bodens erkennbar
(Seite 71, Abbildung 21). Wir sehen eventuell
vorhandene Pflugsohlen und Strohmatten oder
Reste der grob eingepflügten, nicht vorgerotte-
ten Gründüngungsmassen.

Anschließend beginnen wir vorsichtig, mit der
»**Kralle**« von oben nach unten den Ziegel seitlich
abzutasten. Die Jätekralle dient zum vorsichti-
gen Aufreißen des Bodenprofils, um die tatsäch-
liche Lagerung der Bodenschichten zu sehen –
man sollte vermeiden, mit den Fingern zu graben, weil man damit den Boden immer preßt und
seine natürlichen Rißlinien nicht erkennt.

Man erkennt deutlich,

▸ wie weit die Gare im Boden reicht,

▸ welche Bearbeitungszonen vorhanden sind,
▸ welche Bodenbereiche locker sind und welche fester,
▸ wo der Boden verdichtet ist,
▸ die unterschiedliche Struktur der Bodenkrümel und der größeren Bodenstücke.

Echte, belebte Bodenkrümel sind klein und haben viele Aus- und Einbuchtungen, liegen in lockerem Verband im Boden – sie machen die Schwammstruktur aus. Dichte, unbelebte Bodenteile haben glatte Flächen mit scharfen Kanten, sie lassen sich nach dem Auseinanderklappen wieder spiegelbildlich zusammenfügen.

Durch solche Bodenbereiche wollen auch die Wurzeln nicht hindurchwachsen – wenn sie es tun, dann verzweigen sie sich nicht, und nehmen keinen Kontakt mit dem Bodenleben auf. In den »garen« Bereichen des Bodenprofils sind die Bodenkrümel fest mit den Wurzeln verklebt, die Wurzeln sind reich verzweigt und haben viel Platz zum Kontakt mit dem Bodenleben (siehe Farbtafel 1).
Deutlich zu erkennen sind auch die **Einschwemmungen von Feinteilen** von der Bodenoberfläche in das Bodenprofil: Deutlich hellere Bereiche des Bodens, die sich bei genauerem Hinsehen als feinste Teile erweisen, die das Wasser nach unten in größere Poren geschwemmt hat (innere Erosion) und diese nun verstopfen, kennzeichnen die geringe Stabilität des Bodens und führen zu immer stärkeren Verdichtungen.
Weiterhin kann man etwaige **Sperrhorizonte** erkennen – entweder biegen hier die Wurzeln in die Waagerechte ab und wachsen nicht weiter nach unten oder man erkennt einen Unterschied in der Feuchtigkeit des Bodens. Zur Prüfung der **Feuchteverteilung** muß man etwas Boden zwischen den Fingern reiben, um ein Gefühl für den Feuchtegehalt der Bodenschicht zu bekommen.
Neben der Struktur sind die **Wurzeln** wichtige Anzeiger für den Zustand des Bodens: Je mehr sie sich verzweigen, je mehr Feinwurzeln und Wurzelhaare sie bilden und je tiefer und dichter sie den Boden durchdringen, desto gesünder sind Bodenstruktur und Bodenleben. Wenige Wurzeln ohne Verzweigungen deuten darauf hin, daß das Bodenleben infolge von Luftmangel im dichten Boden nur schwach entwickelt ist (Seite 71, Abbildung 22) (HAMPL, 1988).

Besonders gute Hinweise auf die Durchlüftung des Bodens geben uns die Wurzeln von Leguminosen: Dort, wo genügend Luft im Boden vorhanden ist, bilden sie die typischen, deutlich erkennbaren Wurzelknöllchen aus. Leguminosen sind in der Lage, in diesen Knöllchen aus der Bodenluft mit Hilfe von Bakterien Stickstoff zu binden.

Die Spatendiagnose vermittelt einen Gesamteindruck vom Boden.
Entscheidend ist, daß bei der Spatendiagnose die wichtigsten und überzeugendsten Beurteilungsinstrumente des Menschen für seinen Boden – nämlich Augen, Hände und Nase – eingesetzt werden. Das Ergebnis besteht somit nicht aus einer oder mehreren exakt nachprüfbaren Zahlen, sondern aus einer Gesamtbeschreibung und -beurteilung des Bodenfruchtbarkeitszustandes.
Die Spatendiagnose ist also ein Instrument, mit dem man einer ganzheitlichen Betrachtung des Bodens recht nahe kommt. RUSCH: »Fruchtbarkeit ist nicht quantifizierbar; die einzig meßbare Größe ist das biologische Resultat selbst, also die Fruchtbarkeit.«
Unsere in der Wissenschaft und vor allem Pflanzenernährung übliche Vereinfachung besteht ja darin, durch einige wenige Kennwerte (z. B. N_{min}-, P-, K-Gehalte) den hochkomplizierten Lebensvorgang Boden und Bodenfruchtbarkeit fassen und daraus Maßnahmen ableiten zu wollen.
Die üblichen Untersuchungsmethoden, seien es chemische oder mikrobiologische Bodenanalysen, können aber die Beobachtungen des Landwirts bei der Spatendiagnose nicht ersetzen, sondern allenfalls ergänzen und unterstützen (siehe Seite 90, Bodenuntersuchung).

1.3 Bodenbearbeitung

Genauso, wie die Beurteilung des Bodens mit dem Spaten möglichst viele Aspekte erfaßt, müssen die Schritte zur Erhaltung und Verbesserung der Bodenfruchtbarkeit im Zusammenhang gesehen werden. Die wichtigsten Maßnahmen sind:

▸ *Eine sorgfältige, schonende Bodenbearbeitung,*
▸ *eine vielseitige Fruchtfolge*
▸ *und eine regelmäßige organische Düngung.*

Betrachten wir zunächst die Bodenbearbeitung; Fruchtfolge und Düngung werden in den zwei folgenden Kapiteln abgehandelt.

Mit der Bodenbearbeitung soll den Pflanzen ein ausreichend großer Wurzelraum zur Verfügung gestellt werden und die Aktivität der Bodenlebewesen bei ihren Umsetzungsvorgängen angeregt werden.

Das Zusammenspiel von Pflanzenwurzeln, Bodenleben und den anderen Bodenbestandteilen muß ja besonders im ökologischen Landbau verbessert werden, um nachhaltig Erträge zu erzielen.

Im einzelnen muß durch gezielte Bodenbearbeitungsmaßnahmen

▸ die Bodenstruktur verbessert,
▸ Verdichtungen aufgehoben,
▸ Ernterückstände und organische Dünger eingearbeitet,
▸ Unkraut reguliert und schließlich
▸ ein Saatbett hergerichtet werden.

Das Entscheidende bei der Bodenbearbeitung ist das Erreichen eines stabilen Gefüges, der Gare, die ausreichend Widerstand gegen

▸ starke Niederschläge,
▸ den Bodendruck der Maschinen,
▸ Auswaschung von feinen Bodenbestandteilen, Nährstoffen und Kalk sowie
▸ Verschlämmungen und Verkrustungen
 leistet.

Über die Ziele der Bodenbearbeitung herrscht Einigkeit, über den Weg, diese Ziele zu erreichen, allerdings nicht:

RUSCH (1968) hat in seinem Grundlagenwerk »Bodenfruchtbarkeit« folgende Prinzipien der Bodenbearbeitung aufgestellt:

▸ Jede irgendwie entbehrliche Bodenarbeit soll vermieden werden.
▸ Die Bodenbearbeitung darf die lebenswichtige Schichtbildung im Boden nicht zerstören, d. h. es dürfen keine Geräte benutzt werden, die die Krume umwenden, das Oberste zuunterst kehren.

Auch PREUSCHEN (1991) betont, daß die Zusammensetzung der Mikrobengruppen je nach Bodentiefe verschieden ist. Jede Veränderung der Lebensbedingungen, etwa durch Bodenwendung, müsse als schwere Schädigung der Aktivität des Bodenlebens vermieden werden.

Da die Oberkrume aber in jedem Fall zur Unkrautregulierung und Schaffung eines Saatbettes gewendet werden muß, wurde die Formel »flach wenden – tief lockern« in der Praxis eingeführt.

Aus diesen (eher theoretischen) Überlegungen heraus, versuchen viele Praktiker

▸ gänzlich auf den Pflug zu verzichten bzw.
▸ flacher zu pflügen und in der Tiefe zu lockern.

Als Geräte werden eingesetzt: Schichtengrubber, umgebaute Schwergrubber mit Flügelscharen, Wühlpflüge, Spatenmaschine, Schälpflug oder Zweischichtenpflüge.

Interessanterweise kehren viele Landwirte nach einigen Jahren Experimentierens (zumindest bei der Grundbodenbearbeitung zu Hauptfrüchten) zu recht »konventionellen« Bodenbearbeitungsverfahren zurück (siehe Seite 77, Praxisbericht: Der Pflug – ein brauchbarer Kompromiß). In einem bayerischen Versuch mit 20 seit mindestens 7–30 Jahren ökologisch wirtschaftenden Betrieben pflügen 17 Betriebe in der Regel auf Tiefen von ca. 20–25 cm (DIEZ, WEIGELT, 1986).

Die Forderung, den Boden gar nicht zu wenden bzw. flach zu wenden und tief zu lockern, hat sich also in der Praxis nicht durchgesetzt!

Trotz einiger Nachteile des Pflügens überwiegen die Vorteile, insbesondere bei der Unkrautregulierung und Aktivierung des Bodenlebens.

Entgegen der Annahmen von RUSCH und PREUSCHEN führt nämlich eine Wendung und Umschichtung (und damit einhergehende Lockerung) des Bodens sogar zu einer höheren Aktivität des Bodenlebens (KLAPP, 1967; SATTLER, WISTINGHAUSEN, 1985; Rat von Sachverständigen, 1985).

(Nebenbei bemerkt: Aus diesem Grund scheiden erst recht **Minimalbodenbearbeitungsverfahren,** wie sie seit einigen Jahren in der konventionellen Praxis propagiert werden, grundsätzlich im organisch-biologischen Landbau aus: Sie funktionieren langfristig nur bei erhöhter Stickstoffdüngung und massivem Herbizideinsatz).

Ob der **Zweischichtenpflug,** den die Fachgruppe für Technik im ökologischen Landbau (1991) als Kompromiß propagiert, die in Tabelle 12 genannten Nachteile des Pflügens verhindert, die Vorteile aber zur Geltung bringt, wird sich in der Praxis erweisen.

Jedem Praktiker muß klar sein, daß es für die Bodenbearbeitung keine allgemeingültigen Regeln gibt.

Tabelle 12 Vor- und Nachteile des Pflügens

Vorteile des Pflügens	Nachteile des Pflügens
– Bessere Durchlüftung fördert mikrobielle Tätigkeit, – feinste Bodenteilchen und Nährstoffe gehen nicht verloren, – wirksame Bekämpfung von Unkräutern, insbesondere Wurzelunkräutern, – saubere Einarbeitung von Zwischenfrüchten und Ernteresten, – frühere Bearbeitbarkeit der Böden, – größerer Wurzelraum, – gleichmäßige Anreicherung des Bodens mit Humus, Calcium und Nährstoffen	– Hoher Arbeitsaufwand und Energieverbrauch, – unter Umständen erhöhter Humusabbau, – Vergraben von organischen Düngern (Strohmatte), – Schädigung der Bodentiere (z. B. Collembolen, Milben werden verschüttet, Regenwurmbesatz geht zurück), – Vergraben von Unkrautsamen, die in Folgekulturen wieder heraufgepflügt werden und dann keimen, – höhere Verschlämmungs- und Verkrustungsgefahr, – Pflugsohlenbildung, ungünstiger Übergang zwischen Ober- und Unterkrume

Die unzulässigen Verallgemeinerungen von Einzelerfahrungen auf bestimmten Böden verwirren zusätzlich. In dieser Situation ist es wichtig, durch Aufgraben des Bodens, durch Beobachtung und Prüfung eine »Intuition« (SATTLER, WISTINGHAUSEN, 1985) für das richtige Handeln zu entwickeln. Trotzdem seien hier einige wichtige Grundsätze der Bodenbearbeitung aufgeführt:

1.3.1 Richtiger Bodenbearbeitungszeitpunkt

Dieser Zeitpunkt ist gegeben, wenn der Boden weder zu feucht noch zu trocken ist. Bei zu nassen Verhältnissen schmiert der Boden (und durch Befahren und Bearbeiten nassen Bodens entstehen Verdichtungen), bei zu großer Trockenheit sind die Bodenklumpen so hart, daß sie nicht auseinanderbrechen. Deshalb muß der richtige Moment mit der Fingerdruckprobe herausgefunden werden: Man nimmt einen Bodenbrocken zwischen Daumen, Zeige- und Mittel-

Abb. 24: Hauptdruckspannungen (Druckzwiebeln) unter Traktorrädern (1000 kp) bei verschiedenen Bodenzuständen (SÖHNE, 1952).

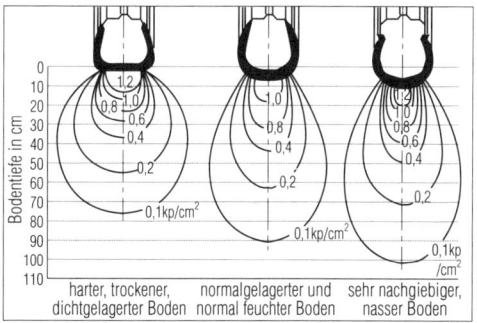

finger und drückt ihn fest zusammen. Bricht er in Stücke, ist der Bodenzustand für eine Lockerung günstig. Drückt sich der Boden nur breit, ist es zu feucht; kann man Figuren kneten, ist der Boden zu naß (HAMPL, 1990).
Der Boden, der nicht durch schweres Gerät verdichtet wurde, braucht auch nicht so intensiv gelockert zu werden.

Auf den richtigen Zeitpunkt der Bodenbearbeitung zu achten hilft, Verdichtungen und damit entbehrliche Bodenbearbeitung zu vermeiden (siehe RUSCH'S Prinzipien der Bodenbearbeitung).

1.3.2 Verdichtungen

Verdichtungen sind bei landwirtschaftlicher Nutzung allerdings *nicht immer* vermeidbar. Sie müssen wieder mechanisch aufgebrochen und die verbesserte Bodenstruktur mit Hilfe von Pflanzenwurzeln dauerhaft stabilisiert werden. Bodenverdichtungen wirken sich im ökologischen Landbau (bei fehlender Nachhilfe durch mineralische Stickstoffdünger) gravierender als im konventionellen Landbau aus.
Die Verdichtungen werden mittels Spatendiagnose in ihrer Tiefe bestimmt und mit geeigneten Geräten (z. B. Wühlpflug, Flügelschargrubber, Zweischichtenpflug, Pflug) unterfahren. Anschließend wird die Fläche mit tiefwurzelnden Haupt- oder Zwischenfrüchten bebaut. Nur Pflanzen und die Arbeit der Regenwürmer schaffen biogene Poren, die weit langlebiger als mechanisch erzeugte sind.
Als Früchte kommen Pfahlwurzler wie Lupine, Ackerbohne, Rotklee und Luzerne sowie als Zwischenfrüchte Ölrettich, Rübsen und Raps

in Frage. Eine ideale Kombination zur Auflösung einer Verdichtung ist mehrjähriges Rotklee- oder Luzernegras, das unter einem Pfahlwurzlergemenge als Untersaat heranwächst (EMANUEL, 1990).

1.3.3 Einarbeitung von organischen Rückständen

Organische Rückstände müssen entsprechend den standörtlichen Voraussetzungen eingearbeitet werden.

Hier gilt der gängige Grundsatz, je leichter und trockener ein Boden, desto tiefer dürfen Zwischenfrüchte, organische Dünger und Stoppelreste eingearbeitet werden; je schwerer und feuchter der Boden, desto flacher müssen sie eingemischt werden.

Die Diskussion um Nitratverluste nach vorherigem Leguminosenanbau hat allerdings dazu geführt, daß manche Landwirte selbst auf schwereren Böden die Kleegrasstoppeln »heil« in tiefere Bodenschichten einpflügen, um die Umsetzungsgeschwindigkeit herabzusetzen (siehe Seite 94, Leguminosenanbau und Nitratauswaschung).

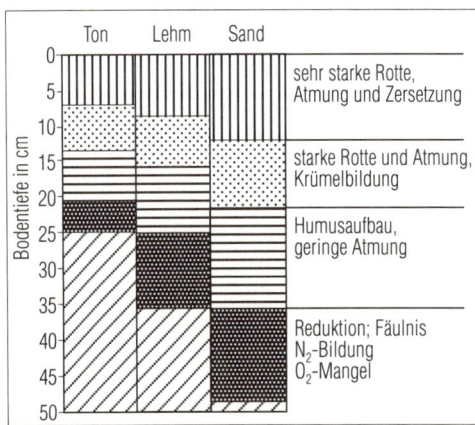

Abb. 25: Bodenbelebung und Umsetzungsvorgänge in Abhängigkeit von der Bodenart (PADEL).

1.3.4 Gezielter Einsatz der Bodenbearbeitungsgeräte

Kein Bodenbearbeitungsgerät erfüllt alle oben genannten Ziele in idealer Weise. Allerdings vereinigt der **Pflug** in sich noch die meisten Wirkungsmöglichkeiten. In der lockernden, wendenden und unkrautbekämpfenden Wirkung ist

Abb. 26: Mit dem Schälpflug kann man gut die Ausläufer von Wurzelunkräutern unterfahren.

er unübertroffen. Damit erfüllt er am ehesten die Forderung nach einem gut durchwurzelbaren Bodenraum und der Aktivierung der Bodenlebewesen sowie einer Bekämpfung von Wurzelunkräutern.

Die Einarbeitung von organischen Düngern, Gründüngungspflanzen und Ernterückständen übernehmen entweder **Schälpflug, Schwergrubber, Scheibenegge** oder **Spatenrollegge,** je nachdem, ob eine mehr mischende oder schneidende Wirkung gewünscht wird. Der Schälpflug eignet sich besonders zur gezielten Wurzelunkräuterregulierung (Quecken), hat aber den Nachteil der geringen Flächenleistung (siehe Abbildung 26). **Fräsen** mischen zwar am besten ein, bergen aber die Gefahr des »Boden-Zerschlagens« auf humusarmen Böden und werden daher vor allem auf humusreicheren Gemüsebauflächen eingesetzt.

Zur Saatbettbereitung eignen sich krümelnde, einebnende, gegebenenfalls verdichtende und flach arbeitende Geräte wie **Feingrubber, Zinkeneggen, Wälzeggen, Walzen** und **Eggen mit Zapfwellenantrieb.** Die Auswahl richtet sich nach den zu bearbeitenden Böden und dem Bodenzustand. Ein **Abschleppen** im Frühjahr auf schweren Böden führt zur Einebnung von rauhen Furchen, schnellerem Abtrocknen und Erwärmung sowie beim nachfolgenden Eggegang zu einer spürbaren Unkrautreduzierung.

Tabelle 13   Wirkung verschiedener Bodenbearbeitungsgeräte (HANUS, 1990)

Bearbeitungsziel / Gerät	Lockern Krümelung	Tiefe	Mischen	Wenden	Verdichten	Oberfläche einebnen, ausformen	Bekämpfung von Unkräutern Samen-	Wurzel-
Pflug	+	+++	+	+++		+	+++	+++
Schwergrubber	+	++	++	+		+	++	++
Feingrubber	++	+	++	+		++	++	++
Zinkeneggen	++	+	++			++	++	+
Scheibeneggen	++	+	+	+		++	++	+
Rolleggen	+++	+	++		+	++	+(+)	
Zapfwellen-Eggen (Grubber)	+++	++	++			++	+++	+
Fräsen	+++	+	+++			++	+++	(+)
Walzen					++	++		
Packer					+++	++		
Schleppen						+++	+	
Hackgeräte	++		+			+++	+++	++
Häufelgeräte	+					+++	++	+

+++ gute
++ mittlere } Leistung im Hinblick auf das betreffende Bearbeitungsziel.
+ geringe

1.3.5 Humushaushalt

Bei der Bodenbearbeitung ergeben sich nicht selten Zielkonflikte. So soll die Bodenbearbeitung durch Lockern und Verbesserung der Bodenstruktur für den nachfolgenden Pflanzenbestand mit seinen Wurzeln optimale Bedingungen schaffen. Sie fördert infolge starker Bodendurchlüftung gleichzeitig den Humusabbau und senkt damit Stabilität, Wasser- und Nährstoffhaltevermögen des Bodens. Auch intensive Hackarbeiten zu Hackkulturen und Getreide fördern den Humusabbau, sichtbar am verbesserten Wachstum der Pflanzen und am »Dunkelgrünwerden« des Getreides. Da die organische Substanz auch der Ernährung der Pflanzen dient, ist ihr Abbau zum Teil erwünscht.

Es ist nicht möglich (und auch nicht sinnvoll) sämtlichen Humusabbau zu vermeiden, deshalb muß auf Humusaufbau geachtet werden. Je mehr intensive Hackfrüchte in der Fruchtfolge enthalten sind, desto mehr muß der Humusaufbau berücksichtigt werden. Humusabbau macht sich auf den Feldern durch Zunahme von Verkrustungen und Verschlämmungen sowie Erosionserscheinungen (innerhalb des Bodens und an der Bodenoberfläche) bemerkbar. Humusaufbau erfolgt durch Bodenruhe (mehrjähriges Kleegras!), Grünbrache, organische Düngung und Zwischenfrüchte.

1.4 Praxisbericht: Der Pflug- ein brauchbarer Kompromiß

Mit Feldversuchen kann man Argumente für und gegen das Pflügen sammeln. Als praktischer Landwirt ist es mein Anliegen, mit diesem Beitrag nicht nur in unserem Betrieb das Pflügen als bewährte Bodenbearbeitungs- und Pflegemaßnahme darzustellen, sondern auch die standörtlichen klimatischen Gegebenheiten, die technische Ausstattung des Betriebes sowie die Fruchtfolge mit aufzuführen.

Da es – wie auch schon HANS PETER RUSCH in seinem Buch »Bodenfruchtbarkeit« auf Seite 216 schreibt – allgemein gültige Regeln für die Bodenbearbeitung nicht gibt, ermöglicht erst eine solche Darstellungsweise anderen Landwirten, aus den geschilderten Beispielen zu lernen und ein vernünftiges Bodenbearbeitungskonzept für die eigenen, anders gearteten Verhältnisse zu entwickeln.

Die ausdrückliche Nennung der Bodenbearbeitungsziele erscheint hier von besonderer Wichtigkeit. Denn erst nach Formulierung des Bodenbearbeitungszieles kann, in Kenntnis der Standortfaktoren, die richtige Bodenbearbeitungsmaßnahme ausgewählt werden.

Seit jeher, aber besonders seit unserer Umstellung zum organisch-biologischen Landbau, ist es unser vorrangiges Ziel, auf dem Acker eine vielseitige und ausgewogene Fruchtfolge anzubauen. Dazu gehören neben den Hauptfrüchten ebenso die Untersaaten und Zwischenfrüchte, um den Acker möglichst dauernd zu begrünen und soviel als möglich organische Substanz zu erzeugen.

Unser Standort:

Höhenlage:	**160–220 m ü. NN,**
Bodenart:	**vornehmlich lehmiger Sand und sandiger Lehm,**
Bodentyp:	**tiefgründige Auenböden, tiefmittelgründige Braunerden, flachgründige Ranker und Pseudogley-Braunerden,**
geologisches Ausgangsmaterial:	**Buntsandstein mit gewissen Einflüssen von Muschelkalk und Keuper,**
Bodenzahl:	**im Mittel 50,**
Hangneigung :	**eben–hängig,**
Jahresniederschläge:	**600 mm**
Jahresdurchschnittstemperatur:	**8,5 °C**

Fruchtfolge:

Jahr	Hauptfrucht	Zwischenfrucht
1.	Winterraps/Ackerbohnen	Ackerbohnen nach Raps
2.	Winterweizen	Grobleguminosengemenge
3.	Hafer	Weißkleeuntersaat
4.	Sommergerste/Winterroggen	Perserklee + Einjähriges Weidelgras vor Ackerbohnen

Wir bewirtschaften einen Ackerbaubetrieb ohne natürliches Grünland, und ohne Zwang zum Feldfutterbau. Um dem Prinzip der Bodenbearbeitung, beschrieben von Hans Peter Rusch in seinem Buch »Bodenfruchtbarkeit«, Seite 215, Rechnung zu tragen, haben wir 1975 mit unserer Umstellung eine flache Bodenbearbeitung mit Grubber, Scheibenegge und Federzinkenegge eingeführt. Gepflügt wurde nicht mehr. Es sollte damit erreicht werden, daß einmal jede entbehrliche Bodenarbeit vermieden wird und andererseits Zell- und Plasmagare nicht durcheinander gebracht werden. (Erläuterung der Begriffe siehe Seite 87, Historische Entwicklung der Erkenntnisse.)

Außerdem war zu berücksichtigen, daß eine Aussaat in eine frische sich zersetzende organische Masse vermieden werden mußte. Nach 4–5jährigen Bemühungen, die theoretischen Forderungen von Rusch in die Praxis umzusetzen, stellten sich mehr unlösbare Schwierigkeiten ein, als Vorteile damit verbunden waren.

Als Nachteile der pfluglosen Bodenbearbeitung auf unserem Standort möchte ich nennen:

▶ Ganz allgemein höherer Unkrautbesatz, der dann noch verstärkt auftrat, wenn der Spätsommer sehr trocken war und infolgedessen kein Unkraut auflaufen konnte.

▶ Unerträgliche Zunahme der Wurzelunkräuter, nahezu ungestörte Entwicklung der Mäuse.

▶ In nassen Jahren Schwierigkeiten mit der Bodenbearbeitung und Aussaat.

▶ Durch das Unterlassen der Aussaat in frische Zellgare ging wertvolle Wachstumszeit im Sommer für Zwischenfrüchte verloren.
▶ Empfindliche finanzielle Einbußen durch schlechte Erträge.

Als ich den pfluglosen Ackerbau für mich als teures Experiment und finanziellen Reinfall erkannt hatte, ging ich wieder zum regelmäßigen Pflügen über.

Seitdem haben sich folgende Vorteile eingestellt:

▶ Weniger Unkrautprobleme allgemein.
▶ Weniger Probleme mit Wurzelunkräutern und Mäusen.
▶ In nassen Jahren schnellere Abtrocknung und Bearbeitbarkeit des Bodens nach der Pflugfurche.
▶ Die Folgefrucht (Zwischen- und Hauptfrucht) wird in ein Saatbett der Plasmagare abgelegt, das frei von sich zersetzender organischer Masse ist.
▶ Grobleguminosen, wie z. B. die Ackerbohne, können problemlos auf die optimale Tiefe ausgesät werden.
▶ Mit dem Pflug wird auch das Durchwuchsproblem mit Fremdgetreide gelöst.
▶ Die Folgekultur schließt nahtlos an die Vorfrucht an.

Um die Arbeit mit dem Pflug zu verdeutlichen, möchte ich einige Arbeitsgänge an Hand von Beispielen darstellen: Einmal die Sommer- oder Herbstfurche und die Winterfurche.

Um nach der Ernte auf dem Acker, auf dem keine Untersaat steht, Zwischenfrucht anzubauen, wird folgendermaßen verfahren: Alles Stroh bleibt vom Mähdrescher her gehäckselt auf dem Feld. Danach wird einmal gegrubbert, um das Stroh gut mit Erde zu vermischen, was der Pflug nur mangelhaft kann. Dann wird gepflügt, und in einem weiteren Arbeitsgang mit Kreiselegge und aufgesattelter Sämaschine werden Bohnen und/oder Erbsen gesät.

Zur Aussaat der Winterfrüchte Raps, Winterweizen und Roggen wird kurz vor der Bestellung gepflügt. Danach wird mit der Kreiselegge einmal vorgearbeitet und anschließend mit der Kombination aus Kreiselegge und Sämaschine gesät. Dadurch kann die Zwischenfrucht bis unmittelbar vor der erneuten Bestellung wachsen. Sehr üppige Zwischenfruchtbestände werden vorher von einem Wanderschäfer abgehütet. Diese Vorgehensweise hat zusätzlich zu den oben genannten den Vorteil, daß sich der Boden zum Saatzeitpunkt durch den Wasserverbrauch der Zwischenfrucht nahezu immer in einem günstigen Feuchtigkeitszustand befindet und daß der Sävorgang exakt erfolgen kann.

Im frisch gepflügten Acker ist immer genügend Feuchtigkeit zum Aufgang des neuen Saatgutes vorhanden, und es scheint so, als hätte die neue Saat gegenüber dem Unkraut einen Vorsprung.

Auf jeden Acker, der mit Sommerung bestellt werden soll, wird im vorangegangenen Herbst eine Zwischenfrucht (Grobleguminosen-Gemenge) angebaut, oder es ist Klee als Untersaat vorhanden. Diese Felder werden so spät wie möglich ohne zusätzliche vorherige Bearbeitung, die meist bei zu nassem Boden Schaden anrichten würde, direkt gepflügt.

Der Pflug scheint mir für diese Arbeit den Boden am meisten zu schonen, mit dem Nachteil des mangelhaften Mischens, was bei der Winterfurche nach meinen Beobachtungen aber nicht nachteilig zu sein scheint. Um dabei z. B. die Zwischenfruchtbohnen nicht zu vergraben, pflüge ich mit Scheibensech ohne Vorschäler.

Zur Pflugtiefe wäre noch anzumerken, daß ich 20–24 cm tief pflüge. Diese Tiefe paßt nach meiner Beobachtung zu unserem Boden und Klima. Nachteilige Pflugsohlenverdichtungen haben wir bei Aufgrabungen nicht gefunden. Im Gegenteil ist der Übergang zwischen Krume und Unterboden von zahlreichen Regenwurmgängen gut durchport und für die Pflanzenwurzeln leicht durchwurzelbar. Nach meiner Überzeugung kann die optimale Furchentiefe keine feste Größe sein. Sie muß sich für jeden

Standort in Abhängigkeit vom Boden, der Höhenlage, dem Jahresdurchschnitt von Niederschlag und Temperatur sowie der Fruchtfolge ergeben.

Seit ich nun schon einige Jahre wieder regelmäßig pflüge, haben sich die Probleme verringert und ich bin mit meinen Erträgen zufrieden. Nachteile durch die Bodenmischung konnte ich nicht feststellen. Im Gegenteil bin ich meiner Idealvorstellung, die jeweiligen Früchte auszusäen und dann ohne weitere Pflegemaßnahmen die Ernte abzuwarten, viel näher gekommen. Im Raps erfolgt nach der Aussaat keine Unkrautbekämpfung. Im Getreide wird, soweit es der Bodenzustand zuläßt, beim Spitzen der Saat der Rabe-Hackstriegel eingesetzt. In vielen Jahren geht das aber aus Witterungsgründen nicht. Trotzdem habe ich relativ saubere Bestände. Ich bin daher der Ansicht, daß der Pflug, richtig eingesetzt, sehr wohl in unseren organisch-biologischen Ackerbau paßt und sehr wesentlich dazu beiträgt, die Probleme zu meistern und den Aufwand für die Unkrautregulierung zu senken.

Nach meinen eigenen Erfahrungen möchte ich daher davor warnen – insbesondere in der Zeit der Umstellung –, bewährte Bodenbearbeitungskonzepte aufzugeben und unkritisch Rezepte von anderen Standorten oder gar theoretische Hypothesen zu übernehmen. Solches Handeln kann für den Betrieb und die Familie des Landwirts schmerzlich und teuer werden.

HERBERT SANDROCK: bio-land 2/84

2 Fruchtfolge
W. NEUERBURG

2.1 Aufgaben der Fruchtfolge

Die Fruchtfolge hat für den organisch-biologisch wirtschaftenden Betrieb eine zentrale Funktion.

> *Eine richtig geplante und konsequent eingehaltene Fruchtfolge stellt den Schlüssel zur Erhaltung und Förderung der Bodenfruchtbarkeit und damit zur nachhaltigen Sicherung befriedigender Erträge dar.*

Wichtig ist es, den Gesamtzusammenhang von Fruchtfolgen zu sehen. Einzelne Fruchtarten können nicht beliebig nach markt- oder betriebswirtschaftlichen Kriterien ausgetauscht werden, sondern erfüllen ihre jeweilige Funktion in der Rotation. Die Stickstoffleistung der angebauten Leguminosen ist beispielsweise für die Gesamtfruchtfolge entscheidend (siehe Farbtafel 1).

Fruchtfolgefehler können im organisch-biologischen Landbau bei fehlender Stickstoff-Düngung und minimiertem Pflanzenschutz nicht einfach »repariert« werden.

Bei der Planung einer vielseitigen Fruchtfolge müssen die Standortverhältnisse, pflanzenbauliche Faktoren, Ackerflächenverhältnisse, Futterbedarf, Arbeitskapazitäten und betriebs- und marktwirtschaftliche Aspekte in Einklang gebracht werden. Eine geeignete Rotation für den jeweiligen Betrieb zu finden, bedarf daher einer sorgfältigen Planung, ihrer Erprobung in der Praxis und einer ständigen Beobachtung und Anpassung an neue Gegebenheiten.

> Bioland-Richtlinien Nr. 2.3:
> Die Fruchtfolge ist so vielseitig und ausgewogen zu gestalten, daß sie folgende Funktionen erfüllt:
> ▸ Die Erhaltung der Bodenfruchtbarkeit,
> ▸ die Ernährung der Tiere mit hofeigenen Futtermitteln,
> ▸ das Erzielen von wirtschaftlich sinnvollen Erträgen ohne Einsatz von chemischen Dünge- und Pflanzenbehandlungsmitteln,
> ▸ das Hervorbringen von gesunden Pflanzen,
> ▸ die Unterdrückung von Ackerwildkräutern.
> Um diese Funktionen zu erfüllen, müssen Fruchtfolgen Leguminosen als Haupt- oder Zwischenfrucht oder in Mischkulturen enthalten.

2.2 Planung der Fruchtfolge

Konkret geplante und fest eingehaltene Fruchtfolgen bieten den Vorteil, daß das anfallende Futter kalkuliert werden kann, Saatgut rechtzeitig bestellt wird, die Stickstoffversorgung über ausreichenden Leguminosenanbau gesichert wird und Vorfrüchte und Nachfrüchte aufeinander abgestimmt sind. Innerhalb einer festen Fruchtfolge bleibt genug Spielraum, z. B. von Winter- auf Sommergetreide umzuschwenken, Getreidearten zu wechseln oder innerhalb von Buntschlägen die Anteile der Früchte zu variieren.

Sinnvollerweise werden in einem **ersten Schritt** die vorhandenen Schläge so zusammengestellt, daß für jedes geplante Fruchtfolgeglied etwa eine gleichgroße Fläche zur Verfügung steht. Sind die Bodenqualitäten innerhalb des Betriebes sehr unterschiedlich, bietet sich auch die Aufteilung in zwei oder mehr Rotationen an. Die Zahl der zur Verfügung stehenden gleichgroßen Fruchtfolgeschläge hat entscheidenden Einfluß auf die Länge der Fruchtfolge.

Zweiter Schritt ist die Ermittlung der benötigten Futterfläche (siehe Seite 130, Planung der Futterwirtschaft). Sie steht in engem Zusammenhang mit der Grünlandfläche. Selbst bei hohem Grünlandanteil müssen auf den Ackerflächen genügend (Futter-)Leguminosen angebaut werden, um eine ausreichende Stickstoff- und Humusversorgung sicherzustellen.

Drittens werden aus der bisherigen Fruchtfolge diejenigen Kulturen herausgenommen, die im organisch-biologischen Landbau nicht zu vermarkten sind, wie z. B. Zuckerrüben und Raps. Beide Kulturen sind jedoch unter konventioneller Wirtschaftsweise ökonomisch interessant, so daß sie von manchen Betrieben noch ein bis zwei Jahre während der Umstellung beibehalten werden (schrittweise Umstellung), um

eventuelle ökonomische Verluste bei anderen Kulturen auszugleichen. (Andererseits bietet es sich an, das Zuckerrübenkontingent gleich zu Beginn der Umstellung zu verpachten bzw. zu verkaufen, um damit anstehende Investitionen in der Umstellung zu finanzieren.)

Typische Kulturen, die häufig erst in der Umstellung neu oder wieder in die Fruchtfolge aufgenommen werden, sind

▸ Kleegras, Luzerne, andere Leguminosengemenge,
▸ Winterroggen, Dinkel (eventuell Nacktgerste, Nackthafer, Lein),
▸ Kartoffeln,
▸ Feldgemüse.

2.3 Grundsätze der Fruchtfolgegestaltung

2.3.1 Ackerflächenverhältnis

In einem **vierten Schritt** werden die geplanten Früchte so kombiniert, daß bestimmte Grundsätze der Fruchtfolgegestaltung eingehalten werden. Zur groben Orientierung dient das Akkerflächenverhältnis.

Es gibt überschlägig an, in welchem Umfang

▸ Leguminosen,
▸ Getreide,
▸ Hackfrüchte und
▸ Zwischenfrüchte

angebaut werden.

Der Anteil des **Leguminosenanbaus** (insbesondere Kleegras und Luzerne) steht in Zusammenhang mit der Dauergrünlandfläche. Ein zunehmender Anteil an Dauergrünland ermöglicht die Reduzierung der Feldfutterfläche. In bestimmten Grenzen läßt sich die Bodenfruchtbarkeit des Dauergrünlandes über das Futter bzw. die organischen Dünger auf die Ackerflä-

Tabelle 14 Ackerflächenverhältnis (Angaben in %) verschiedener Betriebsarten (FREYER, 1991)

Betriebstyp	Leguminosen	Getreide	Hackfrucht	Zwischenfrüchte
Milchviehbetrieb	30–50[1]	30–50	5–15	20–50
Marktfruchtbetrieb (gemischte Tierhaltung)	25–40[2]	40–60	10–20	20–50
Marktfruchtbetrieb (mit Schweinehaltung)	20–35[3]	50–60	15–25	40–60
Marktfruchtbetrieb (viehlos)	25–30[4]	40–60	20–30	40–60

[1] Vorwiegend Feldfutter. [2] Feldfutter und Körnerleguminosen. [3] und [4] Körnerleguminosen oder Feldfutter, Kleesaatgutvermehrung, Körnerleguminosen – jeweils zum Verkauf oder Grünbrache.

chen verteilen (»Das Grünland ist die Mutter des Ackerlandes«).

Dennoch ist die Fruchtfolge auf einen Anteil von ca. 25–30% Futterleguminosen angewiesen, um den notwendigen Stickstoff- und Humusbedarf innerhalb der Fruchtfolge zu decken, um ein Aushungern der Grünlandflächen zu vermeiden. Theoretisch dürfte den Ackerflächen nur soviel Stickstoff im organischen Hofdünger zugeteilt werden, wie die Leguminosen auf dem Grünland durch die N-Fixierung ihrer Knöllchenbakterien an N-Gewinn erzeugen.

Der **Getreideanteil** der Fruchtfolge wird zwangsläufig durch den Leguminosen- und eventuellen Hackfruchtanbau begrenzt. Dies kommt den Zielen des organisch-biologischen Landbaus, den Krankheits-, Schädlings- und Unkrautdruck durch weitgestellte Fruchtfolgen zu reduzieren, entgegen. Nicht umsonst empfehlen ältere Ackerbaubücher, den Getreideanteil in der Fruchtfolge möglichst auf 50% zu beschränken (z. B. HAASE, 1957).

Der **Hackfruchtanteil** muß aufgrund seiner stark humusabbauenden Eigenschaften begrenzt werden. Ein weiterer einschränkender Faktor ist das Auftreten von Fruchtfolgekrankheiten. Kartoffeln sollten auch unter konventioneller Bewirtschaftung nicht mehr als 25% an der Gesamtfläche einnehmen, um die Gefahr von Kartoffelnematoden zu begrenzen. Die Anbauflächen von Mais und Futterrüben werden bereits aus arbeitswirtschaftlichen Gründen (z. B. Handhacke bei Futterrüben) eingeschränkt bleiben.

Der Hackfruchtanteil wird demnach in Abhängigkeit von den Boden- und Klimaverhältnissen nur in Ausnahmefällen 25–30% übersteigen. RÜBENSAM und RAUHE (1968) geben an (allerdings unter konventionellen Verhältnissen), daß bei einem ausgeglichenen Verhältnis von Leguminosen zu Hackfrüchten die Erhaltung der Bodenfruchtbarkeit gewährleistet sei.

Der **Zwischenfruchtanbau** dient im organisch-biologischen Landbau der zusätzlichen Futtergewinnung, dem Sammeln von Stickstoff, der Bildung zusätzlicher Wurzelmasse, der Bodenbedeckung und Erhaltung der Gare. Außerdem können Zwischenfrüchte helfen, Nährstoffverluste durch Auswaschung zu verringern.

Jährlich sollte ein Teil der Ackerflächen mit Zwischenfrüchten angesät werden. Zur Risikominderung können Zwischenfrüchte als Untersaaten, Sommerzwischenfrüchte und als Winterzwischenfrüchte angebaut werden. Die Auswahl richtet sich nach dem Standort und der Folgefrucht (z. B. in trockenen Regionen Untersaaten, in feuchteren Sommer- und Winterzwischenfrüchte) (siehe Seite 117, Futterbau und Gründüngung). Bei Problemen mit Wurzelunkräutern hat jedoch die Stoppelbearbeitung Vorrang vor dem Zwischenfruchtanbau.

Man beachte in Tabelle 16 die herausragende Wurzelleistung von Landsberger Gemenge und Wickroggen, Winterzwischenfrüchten, die häufig in organisch-biologischen Betrieben angebaut werden.

2.3.2 Vorfruchtwirkung

Neben der Einhaltung eines bestimmten Ackerflächenverhältnisses spielt die Vorfruchtwirkung der einzelnen Früchte für die Abfolge der Kulturen eine bedeutende Rolle.

> *Der Vorfruchtwert ist die Summe mehrerer Eigenschaften der Pflanzen, so z. B. der Stickstoffleistung, des Durchwurzelungsvermögens, der im Boden hinterlassenen Wurzel- und Ernterückstände, der Bodenbeschattung und Unkrautreduzierung, des Wasser- und Nährstoffentzuges.*

Leguminosen (insbesondere Futterleguminosen) im Haupt- und Zwischenfruchtanbau sind gute Vorfrüchte, da sie

▸ Luftstickstoff binden und ihn den Nachfrüchten in langsam fließender Form zur Verfügung stellen,

▸ die physikalischen Eigenschaften des Bodens, insbesondere die Bodengare günstig beeinflussen,

Tabelle 15 Einfluß von Kulturpflanzen auf den Abbau der organischen Substanz (KÄMPF, 1978 in BACHTHALER, 1979)

Anbaufrüchte	Wirkung auf den Humus
Hackfrüchte, Gemüse, Ölfrüchte	Humuszehrer
Halmfrüchte	humusneutral
Leguminosen, Feldgras, Wiesen, Weiden	Humusmehrer

Tabelle 16 Wuchsleistung verschiedener Herbst- und Winterzwischenfrüchte (Faustzahlen der Landwirtschaft)

Pflanzenart	oberirdische Erntemasse dt/ha	Wurzelmasse dt/ha	Stoppelmasse dt/ha
Senf	16,3	7,0	2,1
Ölrettich	25,6	7,3	4,1
Sommerraps	27,3	11,1	3,5
Leguminosen-Gemenge	37,1	16,5	3,3
Einjähriges Weidelgras	23,8	18,5	6,0
Phacelia	29,3	18,5	4,8
Grünmais	47,0	21,7	9,4
Sonnenblumen	66,4	24,3	8,6
W-Raps oder W-Rübsen	46,0	24,6	9,8
Futterroggen	51,0	18,6	11,0
Wickroggen	82,9	21,5	15,1
Landsberger Gemenge	84,6	33,3	23,1
Welsches Weidelgras	94,4	36,7	19,3

▸ das Bodenleben anregen und
▸ den Boden mit Humus anreichern.
Die einzelnen Leguminosen unterscheiden sich jedoch in ihrem Vorfruchtwert erheblich.

Hinsichtlich der Ertragsbeeinflussung der Nachfrucht schneiden Futterleguminosen wesentlich besser als Körnerleguminosen ab (HEINZMANN, 1981; KAHNT, 1986).

Der günstige Vorfruchtwert kann geschmälert werden, wenn die Bestände lückig werden und verunkrauten, in Trockenregionen der Wasserhaushalt stark beansprucht wird oder bei zu feuchter Witterung Verdichtungen durch Maschinen (tägliches Futterholen) verursacht werden.
Hackfrüchte gelten als gute Vorfrüchte, da die intensive Pflegearbeit zur Unkrautreduzierung beiträgt; die Bodenbewegung bei der Ernte (beispielsweise bei Kartoffeln) fördert zusätzlich einen krümeligen, gut durchlüfteten Boden. Langfristig gesehen tragen sie jedoch zum Humusabbau bei (siehe auch Seite 82).
Getreide zählt zu den weniger guten Vorfrüchten, da es den Boden in einem schlechten Garezustand hinterläßt und von den Nährstoffvorräten des Bodens zehrt. Innerhalb der Getreidearten nimmt der Vorfruchtwert (insbesondere Bodenzustand) von Hafer über Roggen und Weizen zu Sommergerste ab (HAASE, 1957).

Grundsätze der Fruchtfolgegestaltung:
1. *Leguminosenanteil in der Fruchtfolge mindestens 25%, besser 33%.*
2. *Davon mindestens ein Jahr Futterlegumino-*
sen oder Grünbrache (Unkrautreduzierung).
3. *So oft wie möglich Zwischenfrüchte und Untersaaten (Leguminosen).*
4. *Günstig ist ein Hackfruchtglied in der Fruchtfolge (Unkrautregulierung).*
5. *Pflanzen mit langsamer Jugendentwicklung nach unkrautunterdrückende Bestände stellen.*
6. *Wechsel von Winter- und Sommergetreide.*

2.4 Fruchtfolge-Beispiele

Aus den oben beschriebenen Grundsätzen der Fruchtfolgegestaltung ergeben sich **typische Fruchtfolgen,** die den unterschiedlichen Standorten und Betriebsschwerpunkten angepaßt werden müssen.
In Betrieben mit **Schweine-** und **Hühnerhaltung** ist es schwierig, einen Anteil von mindestens 25–33% Leguminosen in der Fruchtfolge einzuhalten. Schweine nehmen zwar im beschränkten Maß Grundfutter auf, können aber nicht die angebauten Futterleguminosen (Kleegras, Luzerne) gänzlich verwerten.
Es bleibt nur die Alternative Grünbrache. Werden nämlich nur Körnerleguminosen (Ackerbohnen, Erbsen) in der Fruchtfolge eingeplant,
– fehlt die humusaufbauende Wirkung der Futterleguminosen,
– treten langfristig Unkrautprobleme auf (Disteln!),
– führt der außerbetriebliche Verkauf von Akkerbohnen und Erbsen (in größerem Umfang) zu N-Verlusten aus dem Betriebskreis-

Tabelle 17   Beispielsfruchtfolgen für organisch-biologische Betriebe

---

Milchviehbetrieb (6-gliedrige Fruchtfolge)
1. Kleegras
2. Kleegras
3. Winterweizen (Untersaat: Weißklee)
4. Hafer/Körnerleguminosen (Zwischenfrucht: Gemenge)
5. Kartoffeln/Futterrüben
6. Winterroggen (Untersaat: Kleegras)

Milchviehbetrieb (6-gliedrige Fruchtfolge)
1. Luzerne (-gras)
2. Luzerne (-gras)
3. Kartoffeln/Silomais
4. Sommerweizen (Untersaat: Weißklee-Weidelgras)
5. Körnerleguminosen/Feldfuttergemenge (Zwischenfrucht: Ölrettich, Senf, Phacelia, Sommerwicke)
6. Hafer/Braugerste (eventuell Untersaat: Luzerne)

Schweinemastbetrieb (5-gliedrige Fruchtfolge)
1. Kleegras/Grünbrache
2. Winterweizen (Untersaat: Weißklee)
3. Hafer-Erbsen Gemenge
4. Körnerleguminosen (Ackerbohne, Erbse, Lupine) Untersaat: Weidelgras
5. Wintergerste/Triticale

Viehloser Betrieb (3-gliedrige Fruchtfolge)
1. Grünbrache (Ackerbohnen, Alexandrinerklee, Perserklee, Weidelgras)
2. Winterweizen (eventuell Untersaat: Weißklee)
3. Roggen/Hafer/Kartoffeln

---

lauf (der größte Teil des gesammelten Stickstoffs befindet sich in den Körnern).

Viehlose Betriebe sollten in ihrer Fruchtfolge in der Regel mindestens alle 4 Jahre eine einjährige Leguminose anbauen. Der Zwischenfruchtanbau nimmt einen hohen Stellenwert ein. Er ist über einen gezielten Fruchtwechsel der Hauptfrüchte (Sommerung/Winterung) so weit als möglich auszudehnen. Auch in diesen Betrieben ist zu beachten, daß der Verkauf von Körnerleguminosen für den Betriebskreislauf zu hohen Verlusten an Nährstoffen führt. Falls die Möglichkeit zum Vertragsabschluß besteht, ist für die viehlosen Betriebe auch ein Leguminosenanbau zur Saatgutgewinnung sinnvoll; der Nährstoffexport ist hier geringer.

2.5 Umstellung der Fruchtfolge

Ist eine günstige Fruchtfolge für den Betrieb entwickelt, müssen Überlegungen angestellt werden, wie die bestehende konventionelle Fruchtfolge umgestellt wird.

In der Praxis hat es sich bewährt, die günstige Vorfruchtwirkung von Leguminosen (siehe auch Seite 82) zum Einstieg in die neue Fruchtfolge zu nutzen. Geht man von ⅓ Leguminosen in der Zielfruchtfolge aus, so erscheint es pflanzenbaulich sinnvoll, innerhalb von 3 Jahren sämtliche Flächen mit stickstoffliefernden Pflanzen zu bebauen und den Betrieb schrittweise umzustellen.

Aus verschiedenen Gründen ist dieser ideale Einstiegsweg nicht immer gegeben:

▶ Der Betrieb soll in einem Schritt umgestellt werden; die Zielfruchtfolge wird unabhängig von den Vorfrüchten in einem Schritt übernommen. Dies vereinfacht die Durchführung, ermöglicht frühzeitig den Einstieg in die Vermarktung und ist teilweise Bedingung zum Erhalt von Fördermitteln.

Bei Zwang zu einer solchen Vorgehensweise ist aber zumindest auf die Ausnutzung günstiger Vorfrüchte zu achten (siehe Seite 31).

▶ Zwei- oder mehrjähriger Futterbau vermindert die Flexibilität in der Organisation der Fruchtfolgeumstellung und verhindert den frühzeitigen Anbau von Leguminosen auf allen Flächen.

Der Anbau von Leguminosen als Einstiegskultur in die Umstellung ist generell zu empfehlen. Aus Gründen der Sicherung des Grundfutterangebotes kann es sinnvoll sein, in der Phase der Umstellung den Anteil an Futterleguminosen über das für den Zielbetrieb gewünschte Maß hinaus zu erhöhen.

2.6 Praxisbericht: Zehn Jahre Fruchtfolge-Erfahrung

Tabelle 18   Betriebsspiegel, Betrieb LINGEMANN

Allgemeine Betriebsdaten:	33 ha LN 4 ha Grünland 11 ha Ackerfutter 1 ha Kartoffeln 17 ha Getreide
	26 Kühe 15 Stück Jungvieh 1 Zuchtbulle
	Lage: 170–220 m ü. NN, Durchschnittliche Jahrestemperatur: 8,5 °C, Durchschnittlicher Jahresniederschlag: 600 mm, Durchschnittliche Bodenpunkte: 45, Bodenart: vorwiegend sandige Lehme aus Buntsandsteinverwitterung

Es ist für mich unmöglich, über die Fruchtfolgeentwicklung vollkommen isoliert zu schreiben. Sie ist eingebunden in sämtliche betrieblichen Veränderungen während dieser Zeit.

Die ersten drei Jahre nach der Betriebsumstellung auf organisch-biologischen Landbau waren ein vorsichtiges Vorantasten zur mehrgliedrigen Fruchtfolge – weg vom Rüben-Weizen-Gerste-System. Die Kartoffel feierte ihre Renaissance, Hafer und Akkerbohnen lockerten den angestrengten Rhythmus auf. Wir fanden aber noch kein Konzept, um den Boden in den Zustand zu versetzen, in dem er problemlos Erträge bringt. Ertragseinbußen und Unkrautprobleme machten uns zu schaffen.

Erst 1979 fingen wir mit zweijährigem Luzernegrasanbau an. Die Leguminosenfläche war inzwischen auf 6 ha ausgeweitet worden. Anfangs waren es nur 1,5 ha. Als Ausgleich wurde ackerfähige Wiese umgebrochen. Die Wirkung der Luzerne war beeindruckend. Im Gegensatz zu den einjährigen Kulturen hatte sie einen absolut Distel-verdrängenden Effekt mit 2–3 sicheren Ernten im Gefolge.

Der nächstliegende Gedanke war nun, den Luzerneanbau in die gesamte Rotation zu übernehmen. Mit diesem Futterangebot wären 13 Kühe überfordert gewesen. Es hatte zur Folge, daß die uns schon lästig gewordenen Getreidefresser (Ferkelaufzucht) aufgegeben wurden, mit dem Ziel, die Kuhzahl zu verdoppeln. Nun konnten wir den Futterbau so stark ausweiten, wie es unseres Erachtens für die Bodengesundheit nötig war. Die Bodenproben nach Dr. RUSCH bestätigten dies. Die qualitativ besten Ergebnisse wurden bei zweijähriger Bodenruhe erzielt. Der Gesamt-Ertrag an Marktfrüchten konnte gehalten werden, obwohl heute mehr Fläche durch den Futterbau in Anspruch genommen wird.

Ich möchte nun am Beispiel der **heute praktizierten Rotation** Beobachtungen und Probleme erläutern.

1. Jahr: Luzerne
2. Jahr: Luzerne
3. Jahr: Weizen (Zwischenfrucht)
4. Jahr: Roggen und Hackfrucht (Zwischenfrucht)
5. Jahr: Hackfrucht und Hafer (Untersaat)
6. Jahr: Weizen (Untersaat)

Die **Luzerne** mit geringen Mengen Lieschgras und Wiesenschwingel wird zum größten Teil in das vorjährige Getreide untergesät. Die restliche Fläche wird im Frühjahr eingesät mit Deckfrucht Hafer-Erbsen zur Schließung der Futterlücke im Juni. Andere Aussaattermine haben sich nicht bewährt. In feuchten Lagen kommt eine Mischung mit Rotklee zur Anwendung. Die Luzerne kann sich nach der Getreideernte gut entwickeln und geht mit 20–30 cm Wuchshöhe in den Winter. Sie bringt in beiden Nutzungsjahren 3 volle Schnitte mit sehr zeitigem ersten Aufwuchs. Der Luzerneumbruch erfolgt Mitte September mit der Fräse 3–5 cm tief und 10 Tage versetzt mit dem Pflug 15–18 cm tief.

Die **Weizenaussaat** schließt sich sofort in den letzten Septembertagen an, um freiwerdenden Stickstoff möglichst noch zu binden. Der Acker bedarf danach in der Regel keiner weiteren Maßnahme, außer der Ernte natürlich. Verschiedentlich durchgeführte Hack- und Striegelarbeiten hatten keinen sichtbaren Effekt. Untersaaten sind zwecklos.

Nach Grubber- und Rotoreggeneinsatz zur Stoppelbearbeitung werden bei folgender Sommerung Grobleguminosen zu **Futterrüben** und Landsberger Gemenge zu **Kartoffeln** angesät. Bei **Roggennachfrucht** haben Ausfallgetreide und Samenunkräuter die Chance, sich zu verausgaben. Bei trockener Witterung wird pfluglos mit Rotor- und Rüttelegge Roggen bestellt (noch im September), ansonsten mit Pflug und Rüttelegge (Mitte Oktober).

Die Grobleguminosen werden zur Grünfütterung im Spätherbst geerntet. Der Boden wird je nach Tongehalt noch im Herbst oder Frühjahr gepflügt. Die Gehaltsrübenaussaat auf 8 cm in der Reihe ist problemlos möglich. Die »Beikrautregulierung« dagegen im Bestand ist immer noch zermürbende Handarbeit.

Anders bei den Kartoffeln: Das Landsberger Gemenge hält im Frühjahr das Unkraut in Schach, auch noch 10 Tage über den Zeitpunkt des Umbruchs hinaus. Dieses Phänomen ist auch für den Möhrenanbau gut auszunutzen. Man bringt leichter die Geduld auf, um das Pflanzen der Kartoffeln bei günstigeren Bodenverhältnissen ab Anfang/Mitte Mai durchzuführen. Der Boden wird ja schon aktiviert und bringt bei günstigem Frühjahrswetter eine wohltuende Vornutzung des Ackers in Form von hervorragendem Viehfutter. Bei trockenem Wetter muß das Gemenge natürlich vorzeitig geschnitten werden.

Im nächsten Rotationsabschnitt erfolgen die gleichen Arbeitsabläufe, aber nur seitenvertauscht mit **Hafer** als Folge für Hackfrucht.

Das letzte Glied der Fruchtfolge ist ein Kompromiß an die Nachfrage am Markt. Wir versuchen, möglichst pfluglos den Stoppelklee und die Hackfruchtschläge für die Weizenaussaat herzurichten. Hier muß natürlich ebenso wie bei Hackfrüchten mit Stalldung und Jauche die Umsatztätigkeit im Boden angeregt werden. Ein nicht zu üppiger **Weizenbestand** ermöglicht einen lückenlosen Aufgang der Luzerne.

Diese Fruchtfolge, wahrlich ein langwieriges Etwas, hat bei uns im Betrieb schnell Konkurrenz bekommen:

1. Jahr: **Landsberger Gemenge, gefolgt von Grobleguminosen**
2. Jahr: **Weizen (Untersaat)**
3. Jahr: **Hafer (Untersaat)**
4. Jahr: **Roggen**

Landsberger Gemenge wird noch im August nach Pflugfurche gesät. Es stellt eine hervorragende Winterbedeckung dar und bringt Ende Mai große Mengen qualitativ hochwertiges Futter zur Silagegewinnung. Zu diesem Zeitpunkt hat man noch einmal die Möglichkeit, Stalldung sinnvoll zu verwerten und den Boden zu bearbeiten. Man muß schnell und wassersparend arbeiten ohne Pflug. Das Leguminosen-Gemenge ist im

September silierfähig und hinterläßt eine Bodenstruktur – einmalig! Da in dieser Haupt-frucht-Fruchtfolge weniger Stickstoff gesammelt wird, muß diese mit regelmäßigen Weiß- und Gelbkleeuntersaaten ergänzt werden. Auf schlechten Standorten entfällt das 3. oder 4. Fruchtfolgeglied.

Über die erwähnten Futterpflanzen im Haupt- und Zwischenfruchtanbau kann ein stabiles Ertragspotential erreicht werden.

Die große Schwierigkeit besteht darin, das einmal erreichte Niveau an Poren-volumen und biologischer Aktivität im Boden zu erhalten.

Die Erfahrung aus feuchten Jahren lehrt uns aber, daß Bodenstruktur und Ertragser-wartung mit einem Schlage zunichte gemacht werden können, sofern wir nicht mit un-serem Kapital, dem Boden, umsichtig umgehen.

CHRISTIAN LINGEMANN: bioland 6/85

3 Düngung
C. EMANUEL

3.1 Grundsätzliches zur Pflanzen-ernährung

3.1.1 Historische Entwicklung der Erkenntnisse

Schon lange vor der Entwicklung der modernen Naturwissenschaften machten sich Menschen darüber Gedanken, wie die wachsende Pflanze mit Nahrung versorgt wird. Bis zum Mittelalter umschrieb man die Versorgung der Pflanzen mit Nährstoffen mit einer Art »Lebenskraft, welche dem Boden innewohnt«. Als Düngemittel waren bis dahin nur Reststoffe aus dem Kreislauf des Lebens bekannt, z. B. Mist, organische Abfälle und Holzasche.

Erst mit der Entwicklung der Chemie fand man heraus, daß man mit bestimmten Salzen (z. B. Salpeter) das Pflanzenwachstum beschleunigen konnte. Diese Entdeckungen des 15./16. Jahrhunderts gipfelten dann Mitte des 19. Jahrhunderts in der Theorie JUSTUS VON LIEBIGS, der an den Landwirt die Forderung stellte, über den Nährstoffhaushalt seines Ackers wie ein Kaufmann Buch zu führen. Das heißt also, dem Boden durch das Pflanzenwachstum entzogene Nährstoffmengen sollen ihm zurückgegeben werden, um das Nährstoffreservoir des Bodens nicht zu verringern.

Erst RUDOLF STEINER sprach in seinem land-wirtschaftlichen Kurs zur Begründung der bio-logisch-dynamischen Wirtschaftsweise (1924) wieder davon, daß der wichtigste Faktor bei der Düngung die Verlebendigung des Bodens sein müsse.

Dieser Gedanke wurde auch bei der Begründung der organisch-biologischen Wirtschafts-weise wieder aufgegriffen.

Der Humanmediziner Dr. HANS-PETER RUSCH (1968) wurde mit seinem Buch »Boden-fruchtbarkeit – eine Studie biologischen Den-kens« zum Vordenker für die Zusammenhänge zwischen Bodenleben, Düngung und Nah-rungsqualität in der organisch-biologischen Wirtschaftsweise.

Er gewann die Erkenntnis, daß die Bakterien einer gesunden Darmflora des Menschen in den Nahrungspflanzen vorhanden sind, und zwar vor allem dann, wenn die Pflanzen ohne trei-bende wasserlösliche Mineraldünger angebaut und die Böden mit organischer Substanz ausrei-chend versorgt wurden. Er stellte fest, daß für ein gesundes Pflanzenwachstum ein »Kreislauf der lebendigen Substanz« vorhanden sein müsse. Demnach werden die im Betriebskreis-lauf anfallenden organischen Stoffe wie Wirt-schaftsdünger, Pflanzen- und Wurzelreste nicht vollständig mineralisiert, sondern können von der Pflanze als makromolekulare Zellbruch-stücke direkt wieder aufgenommen werden.

Diese Vorgänge sind auch wissenschaftlich anerkannt, aber ihre mengenmäßige Bedeutung bei der Pflanzenernährung ist umstritten (MENGEL, 1979).

Es ist einsichtig, daß diese Komponente der Pflanzenversorgung mit Nährstoffen nur Bedeutung haben kann, wenn genügend leicht abbaubare organische Substanz vorliegt. Die pflanzenaufnehmbaren Abbauprodukte der organischen Substanz treten nach RUSCH vor allem in der Abbauphase der sogenannten Plasmagare auf, die nach der wurzelfeindlichen Phase der Zellgare beginnt. Für die Neusynthetisierung von Baustoffen benötige die Pflanze Energie, die sie in Form von Kohlenhydraten über die Photosynthese erzeuge. Könne sie aber Energie einsparen, so werde sie mit weniger Aufwand die gleiche Wachstumsintensität realisieren. Die Pflanze könne mit einem erheblich geringeren Stoffwechselaufwand wachsen als z. B. eine Pflanze in Hydrokultur, die sich nur aus einer mineralischen Ionenlösung ernähre.

Die praktische Schlußfolgerung dieser z. T. etwas theoretischen Erkenntnisse lautet: Pflanzen benötigen zum gesunden Wachstum außer Nährionen und Mineralstoffen auch organische Substanz (»Vollwerternährung für die Pflanze«).

3.1.2 Aktive Nährstoffmobilisierung

Aber auch bei optimaler Kreislaufwirtschaft der lebendigen Substanz exportiert jeder organisch-biologische Betrieb je nach Betriebstyp eine gewisse Menge an mineralischen Substanzen aus seinem Betrieb heraus zu den Verbrauchern. Wie groß die aus dem Betrieb exportierten Nährstoffmengen im Durchschnitt sind, geht für verschiedene Betriebsformen aus den Angaben in Tabelle 19 hervor.

Aus dem großen Spektrum der Makro- und Mikronährstoffe sind hier nur Phosphor und Kali aufgeführt, weil diese Mineralien mengenmäßig am bedeutendsten sind.

Ist es nun notwendig, diese Mineralien (in Form von mineralischen Düngern) aus Lagerstättenvorräten immer wieder zu ersetzen, um das Nährstoffreservoir unserer Ackerböden aufrecht zu erhalten oder gibt es auch andere Lösungswege?

Alle unsere Böden und das darunterliegende anstehende Gestein enthalten mehr oder weniger große Mengen an nicht-pflanzenverfügbaren Nährstoffen. Tabelle 20 zeigt die Schwankungsbreiten dieser Gehalte in % und ihre Mengen in kg/ha auf 20 cm Krumentiefe bezogen.

Tabelle 20   Bodenvorräte an Phosphor und Kali nach SCHEFFER, SCHACHTSCHABEL (1989)

	P_2O_5	K_2O
Gew.-%	0,02–0,15	0,2–4,8
kg/ha bei 20 cm Krumentiefe	1 400–10 400	6 000–173 000

Nimmt man einen durchschnittlichen Gehalt von 10 000 kg Phosphor/ha und 100 000 kg Kali/ha an (was für den überwiegenden Anteil unserer Ackerböden zutrifft), so läßt sich aus dem Vergleich von Tabelle 19 und Tabelle 20 leicht erkennen, daß aus diesen Vorräten theoretisch jahrzehnte-, ja jahrhundertelang geschöpft werden könnte.

Man darf zudem diese 20 cm Krumentiefe nicht als ein statisches System betrachten, das sich mit der Zeit erschöpft, sondern muß bedenken, daß sich die Ackerkrume nach unten in das anstehende Gestein fortsetzt, welches die gleichen bzw. noch höhere Gehalte an diesen Nährstoffen aufweist.

Alle tonhaltigen Böden sind aufgrund des **Kaliumgehalts** in den Tonmineralien zu hoher Kalinachlieferung in der Lage. Daher ist es nicht verwunderlich, daß in 250 Versuchen (unter

Tabelle 19   Nettoentzüge an K_2O und P_2O_5 in verschiedenen Betriebssystemen (ALVERMANN, 1990)

Betriebstyp	Nettoentzüge/ha LN	
	P_2O_5	K_2O
reiner Milchvieh-Grünlandbetrieb mit Zukauf des Futtergetreides	+/– 0	+/– 0
Marktfrucht-Futterbaubetrieb; ca. 0,8 RGV/ha	20 kg	20 kg
extensiver Marktfruchtbetrieb – viehlos –	25 kg	20 kg
intensiver Marktfruchtbetrieb mit 30% Kartoffeln und Feldgemüse	30 kg	60 kg

konventionellen Bedingungen) auf sandigem Lehm, Lehm und Ton Kali-Düngung zu Getreide immer unökonomisch war; der Aufwand war höher als der Mehrertrag (SCHEFFER, SCHACHTSCHABEL, 1989).

Die Situation bei **Phosphor** ist etwas anders, da die Verfügbarkeit sehr stark vom Bodenzustand beeinflußt wird und eine Festlegung stattfindet. Auch bei vielen P-Düngungsversuchen wurden keine nennenswerten Mehrerträge durch Düngungssteigerungen erreicht. Gerade beim Phosphor zeigt sich häufig, daß eine Verbesserung der Bodenbelebung die Verfügbarkeit im Boden deutlich erhöht.

Zusammenfassend schreibt SCHELLER (1991), daß in vielen Versuchen ab den Schwellenwerten von 8 mg CAL-K_2O/100 g Boden und von 10 mg CAL-P_2O_5 die Düngung keine Ertragswirksamkeit zeige.

Diese fehlende Ertragswirksamkeit der mineralischen Dünger oberhalb niedriger Schwellenwerte ist nach seiner Meinung auf die **aktive Nährstoffmobilisierung der Pflanzen** zurückzuführen. Die Pflanzen beteiligen sich durch Wurzelausscheidungen und Symbiosen mit zahlreichen Organismen aktiv an der Erschließung der Nährstoffreserven.

Wurzelausscheidungen und ihre Funktion:
▸ *Abscheidung spezifischer Stoffe zur Verfügbarmachung und Komplexierung von Spurenelementen,*
▸ *Abscheidung von organischen Säuren: Mineralauflösung und Kaliumfreisetzung bei Glimmern und Feldspäten,*
▸ *Abscheidung von Enzymen für anorganisches und organisches Phosphat.*

SCHELLER (1991) betont zudem, daß die bekannten Lagerstättenvorräte nach »GLOBAL 2000« bei Kalium 84−430 Jahre und bei Phosphat 88−1659 Jahre, je nach prognostizierter Zuwachsrate des Verbrauchs, ausreichen würden.

Würden alle Landwirte der Erde die gleichen Düngeansprüche haben wie wir in den industrialisierten Ländern, so würden die Vorräte vermutlich kaum noch 80 Jahre reichen.

Vor diesem Hintergrund muß im organisch-biologischen Landbau mit seinem Anspruch, ressourcenschonend zu arbeiten, die aktive Nährstoffaneignung des Systems »Boden−Pflanze« unterstützt werden.

In der Praxis müssen all jene Maßnahmen ergriffen werden, die letztlich die Wachstumsbedingungen für die Pflanzen verbessern: Ausreichende Stickstoffversorgung und optimaler Wasser-, Luft- und Wärmehaushalt (SCHELLER, 1988).

In Abhängigkeit von den verschiedenen Standorten und den Betriebstypen (siehe auch Tabelle 19, Nettoentzüge an K_2O und P_2O_5) kann eine mineralische Düngung unter Umständen erforderlich sein:

▸ Bei **schweren, tonhaltigen Böden** können Nährstoffmangelsituationen für die Pflanzen auftreten, weil die Aktivität des Bodenlebens nicht ausreichend oder die Pflanzenwurzeln keine Luft erhalten. Hier muß zuerst die Bodenstruktur verbessert werden, um Mangelsituationen bei den Pflanzen zu vermeiden. Schwere Böden sollten ausreichend mit Kalk versorgt sein, um die Strukturstabilität der Böden zu erhöhen.

▸ Auf **leichten, sandigen Böden** mit sehr niedrigen Gehalten an Kali und Phosphat und Unterdeckungen in der Hoftorbilanz kann die Ausbringung von Düngern zu phosphor- und kalibedürftigen Kulturen in bestimmten Fällen notwendig sein (siehe Seite 91, Tabelle 21).

3.1.3 Innerbetrieblicher und globaler Nährstoffkreislauf

Um den Kreislauf der lebendigen Substanz im Betrieb in Gang zu halten, d. h., um im Boden immer genügend leicht zersetzliche organische Substanz zur Verfügung zu haben, ist es notwendig, den **innerbetrieblichen Nährstoffkreislauf** so geschlossen wie möglich zu halten. Dies betrifft sämtliche Nährstoffe; sowohl die mineralischen, bei denen Phosphor, Kali und Magnesium mengenmäßig am bedeutsamsten sind, als auch die nichtmineralischen wie Kohlenstoff und Stickstoff.

Die mineralischen Nährstoffe werden unter Mithilfe des Bodenlebens den Pflanzen zur Verfügung gestellt. Die aufgewachsene Pflanze wird zum Teil durch die Tiere im Betrieb verwertet, zum Teil verläßt sie den Betriebskreislauf als Marktfrucht. Ein weiterer Anteil des pflanzlichen Aufwuchses wird in Form von Ernteresten und Wurzelmasse direkt wieder dem Bodenleben zur Verfügung gestellt. Die vom Tier über die Pflanzen aufgenommenen Nährstoffe gehen wiederum zum Teil als Dünger im

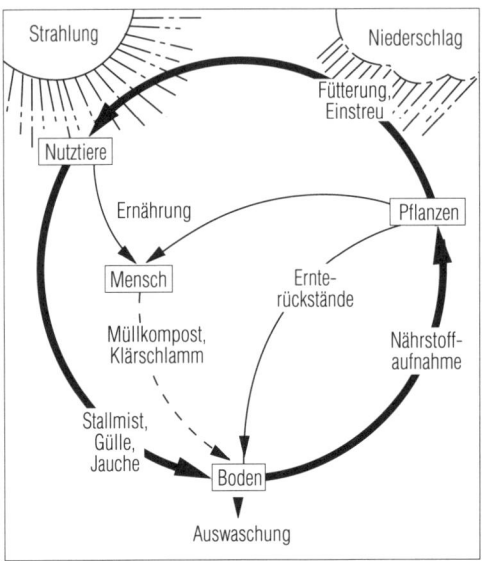

Abb. 27: Geschlossener Nährstoffkreislauf (VOITL, GUGGENBERGER, WILLI 1980).

Betriebskreislauf zum Boden zurück, zum Teil verlassen sie als Veredlungsprodukte den Betrieb. Ein Teil kann aber auch als Verlust den Betrieb verlassen, und zwar über Veratmungsverluste bei der Futterwerbung und als gasförmige oder flüssige Verluste bei der Handhabung der wirtschaftseigenen Dünger.

Nährstoffe, die als Verluste, als Marktfrüchte oder als Veredlungsprodukte den Betriebskreislauf verlassen, können in einen sogenannten **globalen Nährstoffkreislauf** eintreten.

▶ Zum Beispiel kann der Stickstoff aus gasförmigen Verlusten des Wirtschaftsdüngers in den Stickstoff der Erdatmosphäre übergehen und dann wieder durch Leguminosen gebunden werden und damit in den Betrieb zurückkehren. Das gleiche kann mit dem Kohlenstoff geschehen, der über die Veratmung als CO_2 den Betrieb verläßt und über die Kohlenstoffassimilation bei der Photosynthese wieder in den Betrieb zurückkommt. Diese Nährstoffrückführung ist immer mit Energieaufwand verbunden und ist nur bei den gasförmigen Nährstoffen wie N und C ohne weiteres möglich.

▶ Mineralische Nährstoffe, die aus dem Betriebskreislauf exportiert werden, gehen in den meisten Fällen unwiederbringlich verloren. Sie werden in Mülldeponien abgelagert oder gelangen in die Flüsse und von dort in die Meere, wo sie die bekannten Umweltpro-

bleme einer Nährstoffüberversorgung verursachen.

*Weitgehend geschlossene Kreisläufe durch Kopplung von Viehhaltung und Ackerbau, durch Verzicht auf die meisten mineralischen Dünger und durch bewußte Förderung aktiver Nährstoffmobilisierung sind daher ökonomisch **und** ökologisch sinnvoll.*

Gerade JUSTUS VON LIEBIG, der gerne als »Vater der Mineraldüngung« bezeichnet wird, hat sich viele Gedanken darüber gemacht, wie die mit dem Abwasser abfließenden Nährstoffe einer Stadt wie London wieder für die Landwirtschaft genutzt werden können. Voller Bewunderung hat er sich über die chinesische Landwirtschaft geäußert, in der die Fäkalienrezirkulierung seit Jahrtausenden eine nachhaltige Fruchtbarkeit der Böden sichert.

Aufgrund der hohen Schadstoffgehalte ist eine sinnvolle Nutzung von Müllkomposten und Klärschlämmen zur Nahrungsmittelproduktion heute leider nicht möglich. Lediglich durch die Getrenntsammlung von Grünmüll oder organischem Hausmüll können Düngemittel entstehen, die eine Alternative zur herkömmlichen Düngung darstellen könnten. Jedenfalls wird hier ein Schritt in die richtige Richtung getan, um durch konsequentes Recycling Nährstoffmangelsituationen zu vermeiden.

Bioland-Richtlinien Nr. 2.2.5:
Der Einsatz von Klärschlamm und Müllkompost ist verboten. Komposte aus Getrenntsammlung dürfen nur nach vorheriger Analyse auf Schadstoffe und Schwermetalle sowie nach Rücksprache angewandt werden.

3.2 Praxis der Düngung

3.2.1 Bodenuntersuchung

Um die Bodenfruchtbarkeit und damit die aktive Nährstoffmobilisierung zu fördern, muß die Struktur und der Garezustand des Bodens ständig verbessert werden. Ein gutes Werkzeug zur Überprüfung des Struktur- und Durchwurzelungs-Zustands stellt die **Spatendiagnose** dar (siehe Seite 71, Spatendiagnose). Aus ihr können gezielte Maßnahmen zu einer Verbesserung des Bodenzustandes abgeleitet werden.

Tabelle 21   Zugelassene Ergänzungsdüngemittel für organisch-biologische Betriebe

---

betriebsfremde organische Dünger
- Rindermist
- Schweinemist
- Schafs- und Ziegenmist
- Pferdemist

Der Einsatz von Gülle und Geflügelmist aus konventioneller Tierhaltung ist verboten. Betriebsfremde, organische Wirtschaftsdünger müssen einer sorgfältigen Kompostierung unterzogen werden. Sie sollten nur dann eingesetzt werden, wenn sie vom Rückstandsgehalt unbedenklich sind.
Die Gesamtmenge organischer Dünger darf (bezogen auf den N-Gehalt) die Menge nicht überschreiten, die einem Viehbesatz von 1,3 Dungeinheiten (DE) (= 2,0 Rindvieh GV) pro ha LN entspricht. Davon dürfen max. 0,5 DE betriebsfremde organische Dünger sein.

---

organische Ergänzungsdünger
- Verarbeitungsprodukte (z. B. Horn, Blut-, Knochenmehl, Rizinusschrot)

Die organischen Ergänzungsdünger sind nur zugelassen, sofern sie vom Rückstandsgehalt unbedenklich sind. Erlaubt sind nur organische Grundstoffe ohne Beimengung von chemischen Zusätzen.
Ihr Einsatz ist im *landwirtschaftlichen Betrieb* nicht sinnvoll, da die Kosten/kg N zum Teil weit über 5,– DM liegen. Ihre Verwendung kommt daher nur für *Gartenbau-Betriebe* in Frage (siehe Seite 180), wobei auch dort der Schwerpunkt der Versorgung mit organischem Dünger bei Komposten und Gründüngungspflanzen liegen muß, damit die Versorgung des Bodens mit organischer Substanz nicht mit der Zeit gefährdet wird.

---

mineralische Ergänzungsdünger
Diese Ergänzungsdünger sollten zu solchen Früchten gegeben werden, die für eine Düngung mit dem jeweiligen Nährstoff besonders dankbar sind. Eine Phosphor-Ergänzung sollte grundsätzlich zu Leguminosen oder auch zu Mais gegeben werden, eine Kali-Ergänzung ist zu Kartoffeln oder Rüben sinnvoll.

Düngerart	Gehalt	Nebenbestandteile	Anmerkungen
Kalkdünger Kohlensaurer Kalk (Kalkmergel mit Magnesium)	42–53% CaO	MgO in unterschiedlichen Mengen Tonminerale	Feinmahlung vorgeschrieben, besonders geeignet für leichte Böden
Konverterkalk mit Phosphat	42% CaO	4% P_2O_5 Spurennährstoffe	
Thomaskalk	42% CaO	6,5–8,5% P_2O_5 Spurennährstoffe	
Hüttenkalk	45% CaO	5% MgO, 2,3% Mn Spurennährstoffe	
Algenkalk	40–50% CaO	Spurennährstoffe	schnelle Wirkung
Gesteinsmehle z. B. Eifelgold	16% CaO	8,5% MgO Spurennährstoffe	
z. B. Pholin	14% CaO	mind. 20% MgO Spurennährstoffe	
Phosphatdünger Thomasphosphat	14% P_2O_5	45% CaO 2% MgO Spurennährstoffe	
Hyperphos	22–31% P_2O_5 (je nach Vermahlung)	33% CaO Spurennährstoffe	weicherdiges Rohphosphat, für saure Böden
Kalidünger Patentkali (Kalimagnesia)	30% K_2O	10% MgO	
Kaliumsulfat	50% K_2O		

Daneben sind im organisch-biologischen Landbau regelmäßige chemische Bodenuntersuchungen empfehlenswert, um

▸ *die pH-Werte zu kontrollieren,*
▸ *Veränderungen im Humusgehalt zu erkennen und*
▸ *die Entwicklung der Nährstoffgehalte über die Jahre zu verfolgen, also den Anteil der aktiven Nährstoffmobilisierung zu überprüfen.*

pH-Wert − Ursachen für niedrige pH-Werte und saure Bodenreaktionen können basenarme Ausgangsgesteine, zunehmende Umwelteinflüsse (saurer Regen) und Verluste an abpuffernden Kationen (Ca, Mg) sein. Durch organisch-biologischen Anbau (tiefwurzelnde Leguminosen, organische Düngung, verbesserte Bodenstruktur) kann die natürliche Versauerung unter hiesigen Klimaverhältnissen begrenzt, aber nicht in jedem Fall verhindert werden.

Kenntnisse über den pH-Wert und eine dem Standort und der Nutzung angepaßte Regulierung sind in jedem Fall erforderlich, da zu saure Bodenreaktion

▸ *das Bodenleben hemmt,*
▸ *die N-Bindung der Knöllchenbakterien blockiert,*
▸ *die Bodenstruktur zerstört und*
▸ *die Nährstoffverfügbarkeit verschlechtert.*

Für die Regulierung des pH-Wertes können die Empfehlungen der Bodenuntersuchung ohne Abstriche herangezogen werden, nur sollte bei größeren Abweichungen des pH-Wertes die Kalkaufdüngung auf mehrere Jahre verteilt werden, damit nicht höhere Mengen als 10 bis 15 dt/Jahr gegeben werden müssen. Je nach dem Grad der Versauerung können Gesteinsmehle oder Kalkdünger einen Ausgleich schaffen (siehe Seite 91, Tabelle 21, Zugelassene Dünger).

Humusgehalt − Die Bodenuntersuchung sollte eine Humusuntersuchung beinhalten, da dieser Wert eng mit einer Veränderung der Bodenfruchtbarkeit verbunden ist. Beobachtet man auf den Flächen Zunahme der Verschlämmung und Verkrustung sowie stärkeren Strukturzerfall und sinkt gleichzeitig der Humusgehalt über die Jahre ab, so kann dies ein Warnsignal sein.

Phosphor, Kali und Magnesium − Es ist wichtig, das Niveau des wasserlöslichen Anteils der Nährstoffe im Laufe der Jahre der organisch-biologischen Bewirtschaftung zu verfolgen.

Um die Nachlieferungsmöglichkeiten des vorhandenen Bodentyps bei bester biologischer Aktivität besser beurteilen zu können, wäre es sinnvoll, darüber hinaus die **Nährstoffgesamtgehalte** in der Krume zu bestimmen. Damit kann besser beurteilt werden, ob bei Annäherung des wasserlöslichen Nährstoffniveaus an die vorher genannten Grenzwerte eine Aufdüngung mit mineralischen Ergänzungsdüngern notwendig wird, was bei ärmeren Sandböden durchaus in Frage kommen kann, aber bei mittleren und schweren Böden, die in der Regel mit Phosphor und Kali sehr reichlich versorgt sind, eine ungenügende biologische Aktivität im Boden anzeigen würde.

3.2.2 Zugelassene Düngemittel

Bioland-Richtlinien Nr. 2.5:
Ziel der Düngung ist die harmonische Ernährung der Kulturpflanzen durch einen belebten Boden. **Aus dem Betrieb stammendes organisches Material bildet die Grundlage der Düngung.** Zur Ergänzung der wirtschaftseigenen Dünger und zum Ausgleich von Nährstoffverlusten aus dem Betriebskreislauf können betriebsfremde Wirtschaftsdünger, organische und mineralische Handelsdünger eingesetzt werden (Seite 91, Tabelle 21). Bei der Bemessung müssen Bodenvorräte mitberücksichtigt werden.

3.2.3 Stickstoffversorgung

Die Düngung der Pflanzenbestände mit **Stickstoff** geschieht über die Fruchtfolge (siehe Seite 80, Fruchtfolge). In der Rotation werden Leguminosen angebaut, die die Stickstoffversorgung sowohl der Leguminosen selber als auch der anderen Früchte sicherstellen. Dadurch ist der organisch-biologische Betrieb in der Lage, ohne Mithilfe der Düngemittelindustrie die Stickstoffversorgung seiner Pflanzen sicherzustellen. Die Fähigkeit der Leguminosen, den Stickstoff der Luft binden zu können, unterscheidet sie wesentlich von allen anderen Kulturpflanzen, die auf eine Stickstoff-Zufuhr von außen, sprich Düngung, angewiesen sind. Die Bindung des Luft-Stickstoffs wird von Bakterien (*Rhizobium* ssp.) durchgeführt. Die in den Wurzelknöllchen angesiedelten Bakterien stellen der Pflanze den gebundenen Luftstickstoff zur Verfügung und erhalten als Gegenleistung von ihr Assimilate. Die Knöllchen sind mit bloßem Auge an den Wurzeln zu erkennen (siehe Farbtafel 1, Knöllchenbakterien).

Die **Fixierungsleistung** der Leguminosen ist von vielen Faktoren abhängig:

- Bei ihrer Arbeit sind die Bakterien besonders auf Phosphor und Kalium angewiesen. Trotz des hervorragenden Aneignungsvermögens der Leguminosen für Mineralstoffe muß beim Anbau auf eine ausreichende Phosphor- und Kaliumversorgung geachtet werden.
- Für eine günstige Knöllchenentwicklung ist in der Regel ein pH-Wert über 6,0 notwendig; bei Sandböden reicht ein pH-Wert von 5,5.
- Für jede Leguminosenart gibt es spezifische Knöllchenbakterien. Der Einfluß der Rhizobien auf die Fixierungsleistung der Symbiose scheint recht groß zu sein. Vielfach wird daher empfohlen, nach einer längeren Anbaupause das Saatgut mit dem entsprechenden Bakterienstamm zu impfen. In einigen Versuchen wurde sogar die ständige Impfung vorgeschlagen, da die natürliche Infektion schwer einzuschätzen sei. In der Praxis hat sich diese Notwendigkeit des Impfens bislang jedoch nicht bestätigt (Ausnahme: Erstanbau von Sojabohnen).

Tabelle 22   Stickstoffgehalte [1]) der Gesamtpflanzen und der Ernterückstände verschiedener Leguminosenarten und -gemenge (zusammengestellt von Palme, 1990, verändert, nach Boguslawski, 1981 [1]; Heinzmann, 1981 [2]; Kahnt, 1983 [3]; Kahnt, 1986 [4]; Köhnlein und Vetter, 1953 [5]; Rheinwald und Kreuzer, 1943 [6]; Simon u. a. 1957 [7]; Wöhlbier, 1931 [8])

	Gesamt-Stickstoffgehalte kg N/ha	Stickstoffgehalte der Ernterückstände kg N/ha	N-Anteil der Wurzeln am Gesamtstickstoffgehalt der Pflanze (8) %	Quelle (siehe oben)
Hauptfruchtbau Luzerne	300–550	110–185	–	2, 3, 7
Rotklee	230–460	80–100	ca. 45	2, 3
Kleegras	160–340	55–150	–	4
Weißklee	160–240	100	ca. 28	2, 7
Ackerbohne	150–390	60– 80	ca. 8	2, 3
Erbse, Wicke	105–245	40– 60	2–5	2, 3
Lupine	210–450	65– 95	5–15	2
Zwischen-fruchtbau Rotklee	80–120	70– 95	–	3, 5
Weißklee	60–150	75–130	–	3, 5
Ackerbohne	80–140	25– 30	–	3, 5
Erbse, Wicke	50–140	25– 30	–	3, 4, 5
Lupine	40–160	–	–	6
Wickroggen	25– 40	30– 35	–	1, 5
Landsberger Gemenge	–	35	–	5
Untersaaten Rotklee	–	70–100	–	5
Weißklee	–	75–135	–	5

[1]) Die Zahlen geben nur grobe Anhaltswerte, da die Gehalte an Stickstoff in der Gesamtpflanze, den Ernterückständen und den Wurzeln laut Quellenangaben unterschiedlich bestimmt wurden. Sie zeigen die großen Schwankungsbreiten, die Relationen zwischen oberirdischen und unterirdischen Stickstoffgehalten und erklären den besseren Vorfruchtwert der Futterleguminosen gegenüber den Körnerleguminosen.

– Nach KÖPKE (1989) gibt es einen engen Zusammenhang zwischen dem Kornertrag von Körnerleguminosen und der Menge an symbiontisch fixiertem Stickstoff. KAHNT (1986) weist darauf hin, daß standortgeeignete Leguminosenarten und Anbauformen auszuwählen seien, um entsprechend große N-Mengen anzusammeln. Sommerwicken-Stoppelsaaten könnten in Trockenlagen noch 120–140 kg N/ha nach einer Getreideernte binden, Ackerbohnen sammelten unter gleichen Bedingungen höchstens 30–60 kg N/ha.

Tabelle 22 (Seite 93) zeigt die unterschiedlichen N-Gehalte verschiedener Leguminosen.

> *Der Nettobeitrag dieser Pflanzengruppe zur Stickstoffversorgung einer Fruchtfolge kann in sehr weiten Grenzen schwanken.*

Ein Ackerbohnenbestand, dessen Körnerernte als Marktfrucht den Betrieb verläßt, wird selten mehr als 30–50 kg N/ha liefern. Andererseits kann ein Kleegrasbestand unter optimalen Wachstumsbedingungen über 400 kg N/ha und Jahr liefern. Es ist also immer zu berücksichtigen, ob der gesamte Aufwuchs oder nur ein bestimmter Teil im Betrieb verbleibt. Weiter ist auch von Bedeutung, ob ein Teil des Aufwuchses im Betrieb als Futter verwertet wird und damit ein Teil des gebundenen Stickstoffs zur Nährstoffkonserve in Form von betriebseigenem Dünger wird, oder ob, wie z. B. bei einer Kleegrasgrünbrache, der gesamte gebundene Stickstoff auf der Anbaufläche verbleibt.

Die Aufstellung von **Stickstoffbilanzen** zur Überprüfung organisch-biologischer Betriebe ist angesichts der vielen Unsicherheitsfaktoren wenig sinnvoll. Nicht nur die Angaben der Sammelleistung verschiedener Leguminosen weichen stark voneinander ab, auch die Verluste (z. B. bei der Lagerung der organischen Dünger oder nach dem Umbruch von Leguminosen) sind kaum zuverlässig zu beziffern.

So wurde noch vor Jahren durch negative N-Bilanzen »bewiesen«, daß es unmöglich sei, die für den ökologischen Landbau typischen Fruchtfolgen erfolgreich zu praktizieren, während sie in der Praxis mit Erfolg funktionierten. Heute werden für dieselben Fruchtfolgen positive Bilanzen ausgerechnet; sie sollen jetzt für die Nitratprobleme verantwortlich sein (HERRMANN und PLAKOLM, 1991).

3.2.4 Leguminosenanbau und Nitratauswaschung

Verschiedene Untersuchungen belegen, daß der ökologische Landbau insbesondere bei gesamtbetrieblicher Betrachtung deutlich weniger zur Grundwasserbelastung mit Nitrat beiträgt als andere Landbewirtschaftungsformen (Verschiedene Autoren, siehe hierzu bei HESS, PIORR und SCHMIDKE, 1992).

Auf leichten Böden mit mildem Klima können jedoch nach Kleegras- oder Luzerne(gras)-Umbruch sowie nach Körnerleguminosen-Anbau Stickstoff-Verluste auftreten, besonders dann, wenn der Umbruch in mehreren Schritten erfolgt und sich eine Wiedereinsaat mit Stickstoff zehrenden Früchten verzögert. Die Verluste treten in Form von Nitratauswaschung in den Unterboden auf.

> *Strategien zur Reduzierung der Nitratausträge*
> ▶ *Anbau von Futter- und Körnerleguminosen in Gemengen mit Gräsern,*
> ▶ *Anbau von Gräseruntersaaten unter Körnerleguminosen,*
> ▶ *Verschieben des Umbruchtermins in den Spätherbst oder Winter,*
> ▶ *Anbau von Nachfrüchten/Zwischenfrüchten mit einem hohen vorwinterlichen Stickstoffentzug,*
> ▶ *Reduzierung der Bearbeitungsintensität zum Umbruch (nach HESS, PIORR und SCHMIDKE, 1992).*

Nicht selten gibt es aber in der Praxis Zielkonflikte zwischen den o. g. Strategien und anderen pflanzenbaulichen Aspekten: Beim **Umbruchtermin** z. B. wird am deutlichsten, wie sehr der »Charakter« des Bodens beachtet werden muß: Auf schweren Böden ist die trockene, gareschonende Herbstbearbeitung ein Muß, um im Frühjahr eine optimale Bodenaktivität und Mineralisierung erwarten zu können. Auf leichten Böden ist eine Verzögerung der Herbstmineralisierung durch eine spätere Pflugfurche möglich, da diese Böden den späten Eingriff bei feuchterem Boden eher tolerieren. Die Lehm- und sandigen Lehmböden bilden eine Mittelstellung, in denen nach der Devise: »Nicht zu früh, nicht zu naß« verfahren werden sollte (ALVERMANN, 1989).

3.2.5 Stallmist

Die Pioniere der organisch-biologischen Wirtschaftsweise forderten stets die schleierdünne

Ausbringung von Frischmist in den wachsenden Pflanzenbestand. Wenn die Feinverteilung wirklich gut gelingt und die Fläche ohne Verursachung größerer Druckschäden befahrbar ist, so ist dieses Verfahren erfolgreich, weil im Schatten des Pflanzenbestandes ein aktives Bodenleben die Nährstoffe schnell und somit ohne Verluste verarbeiten kann. Es ist aber nicht zu allen Zeiten möglich, Mist auf die Flächen zu bringen, so daß eine gewisse Lagerzeit notwendig wird.

Die **Lagerung des Mist** führt aber immer zu Kohlenstoffverlusten durch Veratmung zu CO_2 und zu gasförmigen Stickstoffverlusten als Ammoniak. **Veratmungsverluste** bei der Lagerung lassen sich auf zwei Wegen verhindern:

▶ Durch Verrottung in niedrigen, langen Mieten, wodurch ein zu starkes Anheizen des Atmungsprozesses verhindert wird, da die entstehende Wärme schneller abfließen kann. Vor allem auf biologisch-dynamisch wirtschaftenden Betrieben versucht man, durch Zugabe der Kompostpräparate die Verluste an N und C weiter zu verringern.

▶ Durch Verhinderung der Sauerstoffzufuhr, indem der Miststapel feucht und fest gehalten wird.

Aus arbeitswirtschaftlichen Gründen wird aber oft weder die eine noch die andere Methode konsequent durchgehalten, so daß man in aller Regel bei Festmist mit Veratmungsverlusten bis zu 40% des Kohlenstoffs rechnen muß.

Zur Verminderung der **N-Verluste in Form von Ammoniak** lassen sich vorteilhaft Zusatzstoffe einsetzen, die durch ihre große innere Oberfläche den Stickstoff binden. Am häufigsten kommt hier **Steinmehl** aus verschiedenen Herkünften zum Einsatz. Neben der Stickstoffbindung erfolgt dadurch auch noch eine Spurenelementanreicherung des Düngers. Zum Teil enthält Steinmehl auch nennenswerte Mengen an Phosphor, Kalium und Kalk. Wichtiger ist eine sehr feine Korngrößensortierung, weil damit die wirksame Oberfläche stark zunimmt. Am besten ist es, Steinmehl schon im Stall anzuwenden, was allerdings auf manchen Stallböden die Rutschgefahr stark erhöht.

Einige Landwirte haben gute Erfahrungen mit **Algenkalk** gemacht. Er hat durch seine poröse, organisch gewachsene Struktur auch bei nicht so feiner Korngröße eine sehr gute Aufnahmefähigkeit für Ammoniak und macht zudem die Stallböden nicht zur Rutschbahn. Außerdem ist sein Gehalt an marinen Spurenelementen wertvoll für den Ackerboden. (Am Rande sei erwähnt, daß Steinmehl und Algenkalk auch gut zur Mineralstoffergänzung in der Milchvieh- und Schweinefütterung verwendet werden können.)

Auch das **Einstreustroh** hat eine nährstoffbindende Wirkung sowohl durch seine Zellulosestruktur als auch durch seinen Kohlenstoffgehalt, der das zu enge C:N-Verhältnis des Kot-Harn-Gemisches erweitert. Auch hier gilt: Je größer die Oberfläche, desto besser die Wirkung. Mit der Strohmühle zerkleinertes Stroh ist deshalb vor allem stroharmen Betrieben zu empfehlen.

Zur Vermeidung von Nährstoffauswaschungen durch Niederschläge müssen **Mistmieten,** die nicht über eine Sammelgrube verfügen, unbedingt abgedeckt werden. Nur in sehr niederschlagsarmen Zeiten und Gebieten unter ca. 550 mm/Jahr ist dies nicht notwendig. Wie Versuche an der Universität Gießen zeigten, sind die Nitratwerte aus dem Sickersaft von Mistmieten minimal (DEWES, 1991). Viel bedeutender sind die Kaliverluste, die über 50% ausmachen können.

Ausbringung des Mist
▶ *Stallmistausbringung zur richtigen Jahreszeit (Winterende oder zeitiges Frühjahr, im Sommer nur zu starkzehrenden Zwischenfrüchten),*
▶ *Ausbringungsmengen genau festlegen und exakt einhalten (Nachwiegen und Nachrechnen der Streufläche),*
▶ *Streuer gleichmäßig beladen (gleichmäßiges Streubild erreichen),*
▶ *jährlich kleine Gaben möglichst breit, fein und gleichmäßig verteilen,*
▶ *Kopfdüngergaben schleierdünn bei kühler Witterung (gasförmige Verluste vermeiden, Voraussetzung gut entwickelte Bestände),*
▶ *Gaben vor der Saat sofort einarbeiten (nicht zu lange vor der Saat, um Auswaschungsverluste zu vermeiden),*
▶ *Mist nur so tief einarbeiten, wie eine Umsetzung unter Luftzutritt erfolgt (siehe auch Seite 76) (nach REDELBERGER, 1990).*

3.2.6 Jauche und Gülle

Eine Verdünnung von Jauche und Gülle mit Wasser bis zu 50% ist zu empfehlen.

In exakten Versuchen konnte in den Forschungsanstalten Aulendorf (Baden-Württemberg) und Kleve (Nordrhein-Westfalen)

(ERNST, 1991) nachgewiesen werden, daß die N-Verwertung aus Jauche und Gülle durch Wasserbeimengung erheblich verbessert werden kann. Das ist dadurch zu erklären, daß die Ammoniakmoleküle durch die Verdünnung nicht so stark entweichen, weil der Gasdruck in der Flüssigkeit vermindert ist.

Jauche und Gülle verursachen so durch die verringerte Konzentration auch keine Verätzungen mehr an Pflanzen- und Bodenleben. Der höhere Transportaufwand wird durch diese Vorteile mehr als ausgeglichen.

Jauche − In der Jauchegrube läßt sich die Verdampfung von Ammoniak durch eine Schwimmdecke aus kohlenstoffreichem organischem Material (z. B. Stroh oder Strohmehl) vermindern. Diese Decke kann mit Steinmehl oder Algenkalk angereichert werden.

Selbstverständlich sollte es sein, die Jauche mit ihrem hohen Anteil an leichtlöslichem Stickstoff und Kali nur zu wachsenden Pflanzenbeständen in kleinen Mengen (10−20 m³/ha) zu geben.

Gülle − Die Gülle hat in den vergangenen Jahren einen schlechten Ruf bekommen, weil sie als Synonym für Massentierhaltung, Überdüngung und Grundwasserverschmutzung gilt. Aber auch bei vernünftigem Viehbesatz bis 2 GV/ha auf organisch-biologisch wirtschaftenden Betrieben ist strohlose, unbehandelte Gülle nicht akzeptabel.

Wie Festmist und Jauche muß insbesondere Gülle mit **Steinmehl** oder **Algenkalk** angereichert werden. Auch hier sollte das möglichst schon im Stall geschehen, um den NH_3-Gehalt der Luft zu senken und damit auch die Gesundheit der Tiere zu fördern. Als Aufwandmenge sind ca. 5−10 dt/ha und Jahr, d. h. ca. 1−2 kg/GV und Tag, generell zu empfehlen, unabhängig davon, ob mit Gülle oder Festmist gearbeitet wird.

Beim Steinmehl ist wegen Sinkschichten in der Gülle und wegen Beschädigungsgefahr bei Schnecken- oder Drehkolbenpumpen unbedingt auf eine feine Korngrößensortierung (unter 50 μm) zu achten. Weiterhin sollte der Gülle mindestens 1 dt/GV und Jahr an Einstreu aus den Liegeflächen (möglichst Strohmehl) zugeführt werden. Das entspricht ca. 0,5 kg/GV und Tag bei 200 Stalltagen jährlich.

Ob eine zusätzliche **Intervallbelüftung** mit Rührpropeller oder Kompressor die Gülle verbessert, konnte wissenschaftlich nicht eindeutig nachgewiesen werden. Eine Belüftung ist auf jeden Fall nur dann sinnvoll, wenn sie mit einer kohlenstoffreichen Schwimmdecke kombiniert ist, damit das bei jeglicher Belüftung auftretende Ammoniakgas wieder gebunden werden kann.

Mit der Kombination von Belüftung und effektiver Schwimmdecke ist es möglich, den Ammoniakgehalt in der Gülle zu senken und damit die Gefahr der Verluste bei der Ausbringung zu verhindern. Bei Belüftung erwärmt sich die Gülle durch die Atmung der Bakterien, wie dies auch bei Verrottung von Stallmist der Fall ist. Auch hier sind Temperaturen über 20−30° C zu vermeiden, um die Ammoniumverluste gering zu halten. Dies ist bei der Behandlung der Gülle durch die Dosierung der Sauerstoffzufuhr und die Länge der Rührintervalle möglich. Die Veratmungsverluste an Kohlenstoff (CO_2-Abgabe) dürften bei der Gülle deshalb unter den Werten von Festmist liegen. Die bei der Verrottung entstehende Wärme ist wirtschaftlich kaum nutzbar.

4 Pflanzenschutz
S. PADEL

4.1 Grundsätzliches zum Pflanzenschutz

4.1.1 Bedeutung und Funktion von Schädlingen und Krankheiten

»Wenn wir einmal beobachten, welche Pflanzen in der unberührten Natur von Krankheiten befallen werden, so sind das meistens schwächliche und kränkliche Pflanzen.« Dies ist wohl ein Prinzip der Evolution: Das Gesunde überlebt, vermehrt sich und setzt sich durch, schwache Pflanzen werden von Krankheiten befallen.

Pilze, Bakterien, Viren, Milben und Insekten übernehmen im Pflanzenreich die Funktion der Gesundheitspolizei. »Erst wenn diese an sich nützlichen Helfer, diese Gesundheitspolizei zu mächtig wird und bei unseren Kulturpflanzen einen Ertragsausfall verursacht, dann können wir von Schädlingen sprechen.« In der ungestörten Natur kommen solche übermäßigen Vermehrungen normalerweise nicht vor, weil den Schädlingen natürliche Feinde gegenüberstehen (SCHMID, 1978). Probleme gibt es meist erst dann, wenn der Mensch eingreift, indem er z. B. Arten an ihnen zunächst fremden, anderen Standorten kultiviert, an denen spezifische Nützlinge fehlen.

Daher ist es notwendig, nach den Ursachen vermehrten Auftretens von Schädlingen oder Krankheiten zu fragen, denn in den Ursachen liegt oft der Schlüssel für eine vernünftige Regulierung des Befalls.

In der Humanmedizin weiß man um die Zusammenhänge von Krankheit und Ernährung, Krankheit und Streß. Ein Begründer des organisch-biologischen Landbaus, H. P. RUSCH, war Arzt und ist durch die Erkenntnis von Zusammenhängen zwischen Krankheit und Ernährung dazu gekommen, sich mit der Landwirtschaft und vor allem mit der Bodenfruchtbarkeit zu beschäftigen. Dahinter steht eine ganzheitliche Betrachtung von Mensch und Natur, ohne die wir auch den Pflanzenschutz im organisch-biologischen Landbau nicht verstehen.

4.1.2 Pflanzenschutz als »Kampf« dem Erreger?

Wir kennen den Pflanzenschutz hauptsächlich im Zusammenhang mit der »Bekämpfung« der Erreger. Dazu wurden und werden diverse synthetische Mittel entwickelt und angewendet. Die negativen Auswirkungen einzelner Mittel sind häufig beschrieben, bei der Entwicklung neuer Präparate wird versucht, bessere Umweltverträglichkeit etc. zu erreichen. Im Bereich der Resistenzzüchtung wurde versucht, Abwehrmechanismen von Pflanzen gegenüber bestimmten Schädlingen zu erforschen und solche Vorgänge züchterisch zu beeinflussen. Sogar gentechnische Verfahren werden heutzutage dazu benutzt.

Auch der sog. Biologische Pflanzenschutz beschäftigt sich hauptsächlich mit Verfahren zur Bekämpfung von Erregern, die sich durch eine höhere Umweltverträglichkeit auszeichnen.

Aber dieser »Kampf« gegen die Mikroorganismen ist nur schwer zu gewinnen, ihre Generationsfolgen sind schnell, Resistenzbildungen machen mehr und mehr Probleme, neue Schädlinge tauchen auf. Seit der Einführung des chemischen Pflanzenschutzes ist die Anzahl der Pflanzenkrankheiten, die bekämpft werden müssen, nicht gesunken, sondern erheblich gestiegen.

4.1.3 Förderung der Pflanzengesundheit

Deswegen versucht der ökologische Landbau einen anderen Weg: Der »Kampf« gegen die Natur verträgt sich nicht mit der Grundidee einer Landwirtschaft im Einklang mit der Natur.

> *Bei der Frage Pflanzenschutz im ökologischen Landbau geht es nicht darum, ein synthetisches Mittel gegen ein biologisches auszutauschen. Es geht darum, die Pflanzengesundheit zu fördern und nicht die Pflanzenkrankheiten zu bekämpfen.*

Wie alle ganzheitlichen Ansätze ist dies nicht mit einem Wundermittel zu erreichen, sondern das ganze System, der ganze Betriebsorganismus muß stimmen, weil die Pflanzengesundheit von vielen Faktoren abhängig ist (Abbildung 28).

> Bioland-Richtlinien Nr. 2.7.1:
> Ziel des organisch-biologischen Landbaus ist es, Pflanzen unter solchen Bedingungen zu erzeugen, daß ein Befall durch Schädlinge und Krankheiten keine oder nur geringe wirtschaftliche Bedeutung erlangt. Entsprechende Maßnahmen hierzu sind ausgewogene Fruchtfolge, geeignete Sortenwahl, standort- und zeitgerechte Bodenbearbeitung, mengenmäßig und qualitativ angepaßte Düngung, Gründüngung usw. Außerdem soll durch geeignete Vorrichtungen und Maßnahmen wie Hecken, Nistplätze, Feuchtbiotope usw. die Vermehrung von Nützlingen gefördert werden.

Durch vorbeugende Maßnahmen soll die übermäßige Vermehrung von Schädlingen vermieden werden. Die Betonung liegt auf der »übermäßigen Vermehrung«, die Anwesenheit von

Abb. 28: Maßnahmen zur Förderung der Pflanzengesundheit.

Schädlingen in geringer Zahl ist noch lange kein Grund zu Panik. Sie stellen oft die notwendige Nahrungsgrundlage für spezifische Nützlinge. So wurde in einem Versuch die rote Spinne im Obstbau dann zum Problem, wenn sie chemisch bekämpft wurde. Die Insektizidanwendung schwächte ihre spezifischen Feinde, Wanzen und Raubmilben stärker als die rote Spinne. Diese konnte sich nun ungestört vermehren und großen Schaden anrichten (REDENZ-RÜSCH, 1959).

Das Beispiel mag verdeutlichen, wie wichtig natürliche Feinde, sog. Nützlinge sind. Wenn die Schädlinge keinen Schaden verursachen, dann waren die Nützlinge erfolgreich; meistens merken wir es nicht.

Wir werden normalerweise erst dann aufmerksam, wenn eine größere Population von Schädlingen zu sehen ist. Es ist faszinierend, wie sich auch dann noch, ganz ohne unseren Eingriff, ein Gleichgewicht nur durch die Tätigkeit der natürlichen Helfer wieder einstellt. Gerade am Anfang der ökologischen Bewirtschaftung gehört eine gute Portion Vertrauen dazu, nicht, wie bisher gewohnt, zur Spritze zu greifen, sondern abzuwarten und zu beobachten.

4.1.4 Akute Probleme

Es soll nicht verschwiegen werden, daß in manchen Jahren große Schäden durch einzelne Krankheiten auftreten können. Vor allem im Bereich der Sonderkulturen Obstbau und Weinbau gibt es häufig Schädlings- und Krankheitsprobleme. Ist der Schaden erst einmal aufgetreten, ist es für vorbeugende Maßnahmen zu spät. Trotzdem sollte man nach den Ursachen für die aufgetretenen Krankheiten forschen und nicht nur nach Mitteln zur Bekämpfung.

Für den akuten Notfall stehen einige Mittel zur Verfügung, die im organisch-biologischen Landbau zugelassen sind. Viele dieser Präparate wirken nicht so durchschlagend, wie chemisch-synthetische Mittel. Einige Mittel sind nicht frei von problematischen Nebenwirkungen, deswegen wurde ihr Einsatz in den Bioland-Richtlinien auf bestimmte Kulturen begrenzt (siehe Seite 106, Zugelassene Pflanzenbehandlungsmittel).

Verläßt man sich im Pflanzenschutz lediglich auf diese Mittel, ohne den vorbeugenden Pflanzenschutz zu beachten, so sind Enttäuschungen vorprogrammiert. Werden Mittel eingesetzt, so ist es immer sinnvoll, einen kleinen Kontrollstreifen ohne Behandlung zu lassen oder mit

Wasser zu spritzen. Daran kann man viel lernen und beobachten, auch wenn es kein wissenschaftlicher Exaktversuch ist.

Wahrscheinlich wird derjenige enttäuscht, der hier Rezepte, ähnlich den Spritzempfehlungen erwartet. Bei vielen Krankheiten fehlen direkt wirkende Mittel; außerdem sind die Empfehlungen von verschiedenen Seiten häufig widersprüchlich.

> *Die Erfahrung vieler organisch-biologisch wirtschaftender Betriebe lehrt, daß auch ohne den gewohnten Griff zum Pflanzenschutzmittel erfolgreich Landwirtschaft betrieben werden kann.*

Eine genaue Kenntnis der Lebensweise der Nützlinge, aber auch der Schädlinge hilft, konkrete Maßnahmen zu entwickeln.

4.2 Förderung der Pflanzengesundheit

4.2.1 Gesunder Boden

> *Ein gesunder Boden ist die Voraussetzung für gesunde Pflanzen. Ein aktiver, belebter Boden hat krankheitsunterdrückende Eigenschaften, ein sog. »antiphytopathogenes« Potential. Dazu ist eine ausreichende Versorgung des Bodens mit organischer Substanz, optimale Durchlüftung und Wasserversorgung erforderlich. Ist der Boden dagegen verdichtet, schlecht durchlüftet, staunaß oder versauert, oder die Versorgung mit organischer Substanz nicht ausreichend, dann zeigt sich dies in kränklichen Beständen, denen die nötige Widerstandskraft fehlt.*

Im Boden (oder im Komposthaufen) spielen die Pilze eine besondere Rolle. Pilzsporen sind allgegenwärtig. Das ist auch notwendig, wenn große Mengen Laub und Pflanzenrückstände auf einmal verdaut werden müssen. Manche Pilzstämme bilden Toxine und antibiotikaähnliche Substanzen, die bodenbürtige Schaderreger direkt vernichten. Oder die Pflanzen nehmen solche Substanzen auf und können sich damit selbst besser schützen.

So wurde in Hannover (Institut für Pflanzenkrankheiten und Pflanzenschutz) festgestellt, daß Infektion mit *Mycorrhiza* nicht nur die Phosphataufnahme der Pflanze erhöht, sondern auch einen wesentlichen Beitrag zur Pflanzengesundheit leistet. Versuche mit Tomaten zeigten, daß durch die *Mycorrhiza*-Symbiose mit der Pflanzenwurzel die Widerstandsfähigkeit der Pflanzen gegen schädliche Wurzelpilze und Nematoden gesteigert wird. Bei Freilandversuchen mit Gurken wurden zwar die Pflanzen mit *Mycorrhiza*-Symbiose stärker mit Echtem Mehltau befallen, deren Ertrag war dennoch annähernd doppelt so hoch wie bei Gurken ohne Symbiose.

Weitere Vorteile von Mycorrhiza sind Schutz der Pflanzen vor Schäden durch niedrigen pH-Wert, durch Trockenheit und in Grenzen auch bei Salzstreß. Bestimmte Pseudomonadenstämme haben ähnliche Wirkungen (PHILIPP, 1988). Nach Untersuchungen der Universität Göttingen (Institut für Bodenkunde) weisen ökologisch bewirtschaftete Flächen einen höheren *Mycorrhiza*-Besatz auf.

4.2.2 Widerstandsfähige Pflanzen

Die Ernährung der Pflanze ist wesentlich an der Steuerung der Lebensvorgänge und so an der Ausbreitung von Pflanzenkrankheiten beteiligt (CHABOUSSOU, 1987). Der Gehalt an löslichen Substanzen im Pflanzensaft steht mit dem Befall durch Schädlinge und Krankheiten in engem Zusammenhang. Eine wesentliche Rolle spielt dabei der wasserlösliche Stickstoffdünger. Normalerweise steuern die Pflanzen durch ihre Wurzelausscheidungen aktiv die Nährstoffaufnahme. Sie fördern durch die Ausscheidungen von Zuckern oder Stärke bestimmte Mikroorganismen, die ihnen als Gegenleistung bestimmte Nährstoffe zur Verfügung stellen.

Durch mineralische N-Düngung wird die Bodenlösung mit großen Mengen Nitrat angereichert. Gegen seine Aufnahme kann sich die Pflanze nicht wehren; es gelangt mit dem Transpirationsstrom in die Pflanze. Andere Nährstoffe, die zum Aufbau stabiler Zellwände benötigt werden, kann die Pflanze gar nicht schnell genug mobilisieren. So wird vor allem durch zu hohe N-Gaben die Anfälligkeit für Mehltau und Blattläuse erhöht, da die Pflanzen eine schlechtere Zellwandstruktur haben. Aber auch Unterernährung mit Stickstoff macht Pflanzen krankheitsanfälliger. Deswegen sollte auf einen ausreichenden Leguminosenanteil in der Fruchtfolge geachtet werden.

Düngung muß ausgewogen sein und schwerlöslichen Nährstofformen soll der Vorzug gegeben werden.

4.2.3 Standort, Arten- und Sortenwahl

Viele Pflanzenkrankheitsprobleme lassen sich vermeiden, wenn die jeweiligen Kulturpflanzen**arten** am passenden **Standort** angebaut werden. Wird ein staunasser Grünlandstandort umgebrochen, so werden im Getreide vermehrt Pflanzenkrankheiten oder Unkräuter zum Problem werden. Kartoffelbau in geschützten Niederungslagen hat mehr Probleme mit Krautfäule als in windoffenen Lagen.

Außerdem sollen im Anbau die richtigen **Sorten** bevorzugt werden. Es geht nicht darum, Sorten zu bevorzugen, die gegen eine Krankheit besonders resistent sind, sondern vielmehr darum, solche Sorten zu vermeiden, die als besonders anfällig bekannt sind. So ist der Anbau mehltauresistenter Getreidesorten nicht erforderlich, da bei ausgewogener Düngung und Fruchtfolge der Getreidemehltau kein großes Problem darstellt. Ihr Anbau kann sogar nachteilig sein, wenn es sich dabei um Sorten handelt, die eine sehr geringe Wuchshöhe und ein geringes Wurzelwachstum haben.

Bevorzugt sollen solche Sorten angebaut werden, die über eine breite Resistenz gegen verschiedene Krankheiten verfügen.

Die am Standort bei organisch-biologischer Bewirtschaftung häufig vorkommenden Krankheiten sollten dabei berücksichtigt werden. Spektakuläre Resistenzen gegen einzelne Erreger neigen dazu, nach kurzer Zeit zusammenzubrechen, weil der Erreger sich verändert; Sortenwechsel kann dem vorbeugen. Die Beschreibenden Sortenlisten des Bundessortenamtes und regionale Sortenversuche, vor allem in niedrigen Intensitätsstufen, geben hier gute Anhaltspunkte.

4.2.4 Fruchtfolgegestaltung und Mischkulturen

Zum vorbeugenden Pflanzenschutz gehört auch die **Fruchtfolgegestaltung** und der Anbau von Mischkulturen. Darin spiegelt sich der Grundsatz wider, daß vielfältige Systeme stabiler als einseitige sind. Natürliche Ökosysteme enthalten immer mehrere Arten. Fruchtfolge ist der Kompromiß zwischen der Mischkultur vieler Arten, wie sie in der Natur vorkommt und der Notwendigkeit wenige, zum Teil nicht mischbare Kulturpflanzen anzubauen.

> *Die phytosanitäre Wirkung der Fruchtfolge beruht darauf, den Krankheitserregern durch eine Unterbrechung des Wirtszyklus ihre Lebensgrundlage für eine bestimmte Zeit zu entziehen.*

Bei einigen Kulturpflanzen lassen sich auch sinnvolle **Mischkulturen** anbauen: Bewährt haben sich Mischungen von Klee und Gras im Futterbau, von Hafer und Erbsen als Futtergetreide und der Anbau von Untersaaten bei Getreide und Mais.

Weniger bewährt haben sich Gemenge von Mais und Ackerbohnen oder die Mischkultur von Möhren und Zwiebeln im Feldanbau. Die gewünschten Gemenge lassen sich nicht gemeinsam drillen, pflegen oder ernten.

Die Krankheitsanfälligkeit der Arten in Mischkulturen ist geringer als in der Monokultur. So verringern sich die notwendigen Anbaupausen, wenn in einer Fruchtfolge Pflanzen in Mischkulturen angebaut werden: Der Rotklee als Gemengepartner im Kleegras kann schneller auf sich selbst folgen, als der Rotklee in Reinsaat.

Einen ähnlichen Effekt wie durch Mischkulturen kann man auch durch Toleranz gegenüber Unkräutern erreichen. In organisch-biologischen Kartoffelfeldern findet man häufig weißen Gänsefuß, der schwarz ist vor Blattläusen. Blattlausfressende Nützlinge finden hier die notwendige Nahrungsgrundlage.

In schweizerischen Versuchen wurde festgestellt, daß der Blattlausbefall in Problemgetreide bei höherem Verunkrautungsgrad geringer war. Der Parasitierungsgrad der Blattläuse, das heißt die Zahl der Blattläuse, die von Schlupfwespen oder anderen Nützlingen geschädigt waren, stieg mit steigendem Deckungsgrad der Unkräuter (FIBL, 1986). Ein sauberer Acker, so wie er im konventionellen Landbau erwünscht ist, ist also gar nicht immer erstrebenswert.

4.2.5 Saatzeitpunkt

Der Saatzeitpunkt sollte so gewählt werden, daß die klimatischen Ansprüche der Kulturpflanzen berücksichtigt werden. So kann z. B. zu frühe Saat im Frühjahr zu Auflaufkrankheiten führen, weil die Wachstumstemperaturen noch nicht erreicht sind. Die Jugendentwicklung ist verzögert und die Anfälligkeit für Krankheiten erheblich erhöht. Vor allem für wärmeliebende Pflanzen, wie z. B. Mais oder Buschbohnen, sollte der Saatzeitpunkt nicht zu früh gewählt werden.

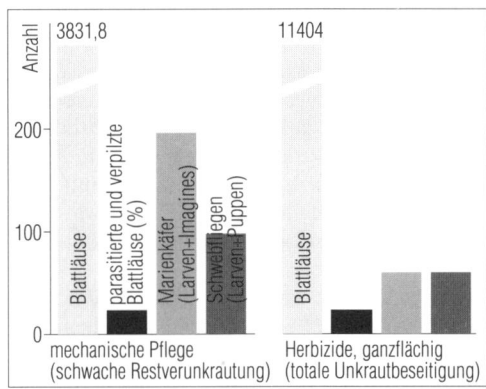

Abb. 29: Schwache Restverunkrautung (hier in Zuckerrüben) fördert Nützlinge und vermindert dadurch den Schädlingsbefall (KLINGAUF, 1984).

4.3 Förderung der Nützlinge

Ein Agrarökosystem ist dadurch gekennzeichnet, daß es sich ständig verändert. Erst wird der Boden bearbeitet, dann wachsen Pflanzen, es wird geerntet, wieder bearbeitet, andere Pflanzen folgen ... Zur Ausprägung eines stabilen Gleichgewichts sind diese sich ständig verändernden Bedingungen nicht gerade vorteilhaft. Anhand von einem Beispiel wurde ja bereits dargestellt, wie wichtig Nützlinge bei der Regulierung der Schädlinge sind (siehe Seite 98). Der Förderung natürlicher Feinde von landwirtschaftlichen Schädlingen sollte deshalb besondere Aufmerksamkeit gewidmet werden.

Nützlingspopulationen, ebenso wie Schädlingspopulationen unterliegen im Agrarökosystem vielfältigen Veränderungen. Neben natürlichen und klimabedingten Schwankungen in der Populationsdichte sind die wichtigsten Faktoren

Abb. 30: Hecken bieten Nahrung und Rückzugsmöglichkeiten für eine Vielzahl von Nützlingen.

das **Nahrungsangebot** und **Rückzugsmöglichkeiten.** Beides können wir durch Landschaftsgestaltung beeinflussen.

4.3.1 Wichtige Nützlinge

Krankheiten der Schädlinge – Dies sind Pilze, die auf Erregern oder Schädlingen leben und unterdrückend auf den Krankheitsausbruch im Kulturpflanzenbestand wirken. Dazu gehören **Entomophthora-Pilze,** die Blattläuse befallen und ganze Populationen zusammenbrechen lassen können oder **Trichoderma-Pilze,** die die Krautfäule-Erreger parasitieren. Meist leben diese Pilze in enger Vergesellschaftung mit ihrem Wirt; die Anwendung von Fungiziden schädigt sie.

Nützliche Parasiten – Dies sind meist Insekten, die ihre Entwicklung im oder am Schädling durchmachen. Dazu gehören die **Schlupfwespen.** »Es gibt kaum ein Insekt, das nicht von Schlupfwespen parasitiert wird« (BERLING, 1989). Von den Schlupfwespen werden z. B. *Trichogramma evanescens* gegen Maiszünsler und *Encarsia formosa* gegen Weiße Fliege im Gewächshaus in der biologischen Schädlingsbekämpfung eingesetzt.

Zu den Parasiten gehören auch die **Raupenfliegen,** die in verschiedenen Schmetterlingsraupen schmarotzen.

Beispiel: Blattlausparasiten
Mehrere Schlupfwespenarten (Hymenoptera, Aphidiidae) parasiteren Blattläuse, indem sie ihre Eier in jungen Blattläusen ablegen. Ein Weibchen belegt 200–1000 Blattläuse mit Eiern.

Abb. 31: Marienkäferlarven können in ihrem Leben 800, erwachsene Marienkäfer bis zu 4000 Blattläuse fressen.

Der Lebensraum sind blütenreiche Wiesenvegetation, die Weibchen überwintern in Rindenschuppen von Bäumen. Daher können sie durch Blütenpflanzen gefördert werden.

Spezielle Räuber – Dies sind solche Nützlinge, die sich auf einen Schädling spezialisiert haben. Dazu gehören **Schwebfliegen,** Arten von **Gallmücken** und **Marienkäfer.** Einige davon sind Blattlausräuber. Da sie zum Aufbau einer eigenen Population Blattläuse als Nahrung benötigen, können sie sich erst dann vermehren, wenn Blattläuse vorhanden sind. Eine große Vielfalt in der Agrarwirtschaft mit Kulturpflanzen oder Wildpflanzen, an denen Blattläuse leben, schafft die Nahrungsgrundlage für diese Nützlinge.

Beispiel: Schwebfliegen
Die Schwebfliegen sind Blütenbesucher und ernähren sich von Nektar und Pollen, die Larven leben räuberisch. Sie vertilgen bis zu 100 Blattläuse am Tag. Im Jahr werden 5–6 Generationen gebildet.

Beispiel: Marienkäfer
Der Marienkäfer ist wegen seiner nützlichen Eigenschaften vielfach zum Wappentierchen des ökologischen Landbaus geworden. Käfer und Larve sind räuberische Fleischfresser, ausgewachsene Käfer vertilgen 40–60 Blattläuse am Tag. Die Marienkäfer bilden 1–2 Generationen im Jahr aus.
Sie überwintern als Käfer unter Laub und können vor allem durch Unterschlupfmöglichkeiten in Form von Hecken und Ackerrandstreifen gefördert werden.

Räuber, die verschiedene Beutetiere haben – Dazu gehören **Spinnen, Florfliegen, Raupenwanzen, Weichkäfer, Laufkäfer** und **Kurzflügler.** Sie sind sog. Allesfresser; in Zeiten geringen Blattlausangebots können sie sich von anderen Beutetieren, z. B. Larven von Kartoffelkäfern, Schneckeneiern oder Weizengallmücken ernähren. Allesfresser können auch in Zeiten von Massenvermehrungen Schäden vermindern, da sie ihren Entwicklungszyklus unabhängig von ihren speziellen Beutetieren durchlaufen und praktisch »aus dem Stand« gegen in Massen auftretende Schädlinge vorgehen können.

Beispiel: Florfliegen
Florfliegen sind grünliche Netzflügler. Die Florfliegenlarve ist als der Blattlauslöwe bekannt, weil die flinken Larven regelrecht Jagd auf Blattläuse machen. Die Larven können im Lauf ihres Larvenstadiums 200–500 Blattläuse vertilgen, sie ernähren sich aber auch von Schildläusen, Spinnmilben, Fliegenlarven u. a.; auch die Florfliegen selbst leben meist räuberisch.
Die Florfliegen überwintern in frostfreien Schlupfwinkeln. Nach Winter sind sie ausgehungert und können durch Nektarangebot und Pollen oder Blattlausangebot gefördert werden.

Beispiel: Laufkäfer
Laufkäfer ernähren sich von Bodeninsekten, von Nacktschnecken, Drahtwürmern, Engerlingen, aber auch von Blattläusen u. v. a. In Mitteleuropa kommen 500 verschiedene Arten vor, in einer Größe von 2–42 mm. Sie können größtenteils nicht fliegen, haben aber große, flinke Beine. Fast alle besitzen einen kräftigen Farbglanz und jagen überwiegend nachts.
Sie gehören zu den nützlichsten Schädlingsvertilgern in unserem Agrarökosystem, wenn sie ausreichend Rückzugs- und Überwinterungsmöglichkeiten in Hecken, Feldrainen oder kleinen Erdhöhlen finden (siehe Farbtafel 2).

Auch bei den **größeren Tieren** finden sich einige, die Nützlinge in unserer Agrarlandschaft sind. Sie benötigen in der Regel Hecken oder Feldraine als Nist- und Unterschlupfmöglichkeiten:

▶ **Kriechtiere,** z. B. Erdkröten als Nacktschnecken-Vertilger,
▶ **Wirbeltiere,** wie Spitzmäuse, die Insekten fressen und Mauswiesel, die Feldmausfeinde sind,
▶ **Vögel,** die zu einem großen Teil Insektenfresser sind.

(Die Beispiele wurden nach BERLING, 1986 und 1989 zusammengestellt.)

4.3.2 Förderungsmöglichkeiten

Toleranz gegenüber Schädlingen und Unkräutern – Die aktive Nützlingsförderung geschieht im wesentlichen durch verbessertes Nahrungsangebot und durch die Schaffung von Rückzugsmöglichkeiten.
Nahrungsangebote sind zum einen, auch wenn man sich erst daran gewöhnen muß, die Schäd-

linge. Will man eine Population von Nützlingen fördern, so ist es notwendig, die Anwesenheit der Schädlinge zu tolerieren. Am Anfang dieses Kapitels wurde ja bereits dargestellt, daß ein Schädling erst dann zum Schädling wird, wenn er sich übermäßig vermehrt. Vor allem spezifische Nützlinge, wie die Marienkäfer, benötigen Schädlinge, um zu überleben und sich zu vermehren.
Viele der Nützlinge fressen Nektar und Pollen, wie z. B. die Schwebfliegen. So fördert ein zeitiges Pollenangebot im Frühjahr die Entwicklung der Schwebfliegenweibchen, die sich von Nektar und Pollen ernähren, und deren Eiablage in den ersten Blattlauskolonien, die im März/April auf Gehölzen auftreten. Die Larven fressen Blattläuse.
Gerade eine erste starke Generation im Frühjahr ist wichtig für den Aufbau weiterer Schwebfliegengenerationen. Also können wir sie dadurch fördern, daß wir Blütenpflanzen in der Fruchtfolge und bei der Landschaftsgestaltung berücksichtigen. Dazu sind auch blühende Pflanzen und Stauden zu nennen, die an Feldrainen oder auch als Beikräuter in den Kulturen selber stehen. Beikräuter sind gleichzeitig »Ausweichopfer« für saugende und beißende Schädlinge (siehe Farbtafel 2). Zu ihrer Förderung müssen wir nichts weiter tun, als sie wachsen zu lassen (siehe Seite 100, Abbildung 29).
Anlage von Blühstreifen – Dies ist eine einfache Möglichkeit, um Nützlinge anzuziehen, vor allem neben gefährdeten Pflanzen, wie z. B. den Ackerbohnen. Dazu wird einfach ein Streifen des Ackers nicht mit der Kulturpflanze, sondern mit einer Mischung aus Blühpflanzen eingesät (Tabelle 23). Die meisten Pflanzen wer-

Tabelle 23 Blühende Gründüngungspflanzen für Blühstreifen (Beispiele)

Kleearten: Rotklee, Weißklee, Inkarnatklee, Perserklee u. a.
Zottelwicke und Sommerwicke
Phacelia, die auch spät im Herbst noch blüht
Senf
Ölrettich
Sonnenblumen
Buchweizen
Kulturmalven
Öllein
Tagetes
Kapuzinerkresse
Wiesenkerbel
Schafgarbe

den als Untersaaten oder Zwischenfrüchte angebaut. Neben dem Effekt der Nützlingsförderung sind Blühstreifen schön fürs Auge und können auch eine gute Bienenweide sein (siehe Farbtafel 2).

Anlage von Feldrainen — Als Feldraine werden Streifen bezeichnet, die nicht mehr beackert werden, sondern nur gelegentlich gemäht werden. Feldraine sind Rückzugsgebiete für Nützlinge, wenn sie sich bei einem Fruchtwechsel auf dem Feld auf neue Kulturpflanzen einstellen müssen.

Zur Anlage von Feldrainen empfiehlt es sich, den Streifen mit einer extensiven Gräser- und Kräutermischung anzusäen und 1–2mal im Jahr zu mähen.

Anlage von Hecken und Feldgehölzen — Baumgruppen, Windschutzstreifen, Hecken und Feldgehölze erfüllen Aufgaben bei der Nützlingsförderung. Sie sind *Lebensraum* von Insekten, Vögeln, Kriechtieren und erhöhen die Artenvielfalt in der Agrarlandschaft. Auch manche nützlichen Säuger, wie z. B. der Igel, können sich in Hecken ansiedeln. Außerdem sind Hecken für viele Feldbewohner Rückzugsmöglichkeit, wenn auf dem Feld kein Pflanzenbestand Schutz vor Sonne, Wind und Wetter bietet. Laufkäfer z. B. ziehen sich an Baumstümpfen, Moos und unter der Rinde alter Bäume zurück.

Begünstigend wirken sich die Hecken und Feldgehölze auf Nützlinge deshalb aus, weil sie ein eigenes *Mikroklima* haben. Dies fördert die Artenzahl der Nützlinge und deren Aktivität. So wird z. B. die aktive Zeit der Laufkäfer ver-

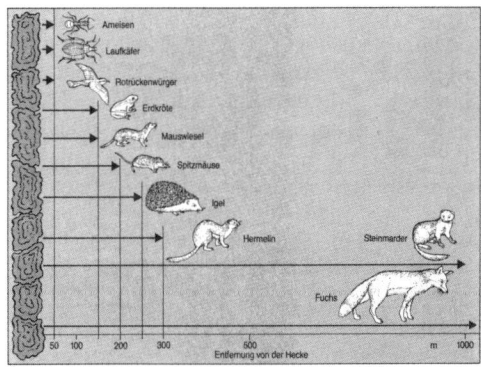

Abb. 33: Bewegungsräume von Heckenbewohnern (MIES, 1987).

längert. Im Frühjahr werden sie zuerst an den wärmeren Südseiten der Hecken aktiv, weil dort günstige Temperatur- und Feuchtigkeitsverhältnisse herrschen. Später ziehen sie sich an die feuchtere Nordseite zurück, bis in mittlerweile dichten Getreidebeständen ausreichend Feuchtigkeit für ihre Beutezüge vorhanden ist. Der Aktionsradius der Käfer reicht bis zu 40 m in die Felder herein (siehe Farbtafel 2).

Neben ihrer Wirkung als Blattlausfeinde lassen sich durch Laufkäfer Erfolge bei der Kartoffelkäferlarvenbekämpfung verzeichnen. Bei Untersuchungen in Bayern wurde festgestellt, daß bei mittlerem bis starkem Befall mit Kartoffelkäferlarven der Ernteausfall von 23–28% auf 8–13% verringert werden konnte (SCHERNEY, 1960).

Abb. 32: Baumstreifen in ausgeräumter Agrarlandschaft sichern Lebensraum für Insekten, Vögel, Kriechtiere; sie sind auch schön fürs Auge.

Abb. 34: Für die Heckenpflanzung sind eine gute Vorbereitung (Ackerwagen mit beschrifteten Fächern) und viele helfende Hände notwendig (Betrieb BOTH).

Bei der Anlage von Hecken sollte man natürlichen und durch die Bewirtschaftung bedingten Grenzlinien folgen. Die Wahl der Arten für eine Hecke oder Gehölz richtet sich nach den Boden- und Klimagegebenheiten. Es bietet sich an, Ecken mit schlechteren Bodenqualitäten oder Wasserproblemen für landschaftsgestaltende Elemente zu nutzen. Von TISCHLER (1980) wird behauptet, daß die Gefahr der Einschleppung von Unkräutern und Schädlingen aus Hecken als gering zu beurteilen ist.

Maßnahmen, die der Erhöhung der Artenvielfalt in der Landschaft dienen, wie z. B. vielfältige Fruchtfolgen, Anlage von Blühstreifen und Feldrainen, Anlage von Hecken, Feldgehölzen oder Feuchtbiotopen aber auch die extensive Bewirtschaftung einzelner Teilstücke sind Maßnahmen des vorbeugenden Pflanzenschutzes. Sie bieten Nützlingen Lebensraum und Nahrungsgrundlage und helfen somit, ein stabiles Gleichgewicht im Agrarökosystem aufzubauen.

Von vielen Bundesländern oder auch Landkreisen werden Förderungsprogramme zur Landschaftsgestaltung, zur Anlage von Hecken oder Feuchtbiotopen angeboten, die von ökologisch-wirtschaftenden Betrieben sinnvoll genutzt werden können (siehe Praxisbericht). Auskünfte erteilen die Landespflege- oder Naturschutzbehörden.

4.3.3 Praxisbericht: Praktizierter Naturschutz in einem organisch-biologischen Betrieb

Ich sehe auf den alten Bildern unseres Betriebes, wie es früher einmal ausgesehen hat: Da sind die alten Obstbaumalleen mit ihren weit ausladenden Baumkronen. Bilder von der Apfel- und Birnenernte – und jedes Jahr ein paar Bäume weniger, die moderner Technik und Fortschrittsgläubigkeit im Wege standen. Ähnlich erging es damals einer stattlichen Anzahl von kleineren Buschgruppen und Feldgehölzen. Was dann folgte, war eine Zeit der »ausgeräuberten« Kulturlandschaft.

Einen entscheidenden Impuls für die Neuanlage von Schutzpflanzungen gab die vor ca. 20 Jahren durchgeführte Flächenzusammenlegung in der Nachbargemeinde: Als abschließende Maßnahme zu dieser Flurbereinigung wurden ca. 24 000 Pflanzen verschiedener heimischer Feldgehölz-Arten auf einer Gesamtlänge von ca. 8 km in Form einer dreireihigen Schutzpflanzung angelegt.

Diese landespflegerische Maßnahme brachte mehrere Vorteile mit sich:

▶ Durch die Anpflanzung von Feldgehölzen in die ausgeräumte Landschaft war schon nach wenigen Jahren ein Landschaftsbild entstanden, das heute von vielen Nachbargemeinden mit Neid betrachtet wird.

▶ Schon 3 Jahre nach der Neuanpflanzung leistete diese Hecke, besonders für die vom Aussterben bedrohte Tier- und Pflanzenwelt, einen nicht zu ersetzenden Beitrag zum Artenschutz. Insbesondere die Wirkung durch die Vernetzung bereits bestehender Wald- und Buschinseln war nicht zu unterschätzen.

▶ Ein weiterer wichtiger Punkt war die Kleinklimaverbesserung im Umkreis der Hecke.

Das alles hat mich dazu veranlaßt, solche Schutzpflanzungen auch in meinem Pachtbetrieb anzulegen.

Unterstützt hat mich bei der Antragstellung auf Förderung und mit sonstigen wertvollen Hinweisen ein benachbarter Bioland-Betrieb, der im letzten Jahr einen Teil seiner Fläche im Rahmen des Biotopsicherungsprogrammes dem Naturschutz zur Verfügung stellte.

Der Antrag wurde im Januar bei der zuständigen Kreisverwaltung – Untere Landespflegebehörde – eingereicht. In ihm müssen die Vorbereitungskosten für die Pflanzstreifen, die Kosten für das Pflanzenmaterial, den Verbißzaun und das Pflanzen selbst, sowie die Folgekosten für das Freimähen in den ersten zwei Jahren im einzelnen erläutert werden. Das ist deshalb wichtig, weil eine solche landespflegerische Maßnahme vom

Land mit 80–100% der Kosten bezuschußt wird und die finanziellen Mittel früh genug im Landeshaushalt mit eingeplant werden müssen.

Bereits im Februar wurden die Pflanzstreifen tief gepflügt. Im März folgte auf die Saatbettbereitung und die Rückverfestigung des Bodens die Aussaat eines niedrigwachsenden Kleegras-Gemenges zur Begrünung des Pflanzstreifens. Durch ein mehrmaliges Abschlegeln dieses Gemenges verdichtet sich der Pflanzenaufwuchs zu einer dichten Narbe. Teilweise habe ich noch zusätzlich Phacelia mit eingesät. Die auf diese Weise entstandene Bienenweide konnte ich nach dem Abblühen mit dem Mähdrescher ernten.

Zwischenzeitlich hat die Bezirksregierung als Obere Landespflegebehörde die Bezuschussung dieser Maßnahme schriftlich bewilligt. Im September wurden die Angebote für das Pflanzmaterial, den Verbißzaun sowie für die sonstigen benötigten Dinge eingeholt.

Die erste handwerkliche Arbeit der Pflanzaktion begann im Oktober mit dem Bau einer Pfahlramme an dem Frontlader eines vorhandenen Schleppers. An einem alten Federzinkengrubber wurden drei Zinken verlängert, um eine Vormarkierung der drei Pflanzreihen vorzunehmen. Die Hauptarbeit während der Vorbereitung bestand in der Ausrüstung zweier Ackerwagen mit insgesamt 34 Fächern und deren Beschriftung, in denen die Pflanzen, nach Arten sortiert, transportiert werden sollten.

Ebenfalls Anfang Oktober wurde das gesamte Material für diese herbstliche Pflanzaktion bestellt. Anfang November erfolgte die Auslieferung der bestellten Pflanzen, die sofort in ein Gartengrundstück eingeschlagen wurden, um Wurzelaustrocknungen zu vermeiden.

Die 5000 Pflanzlöcher wurden mit dem Spaten ausgehoben. Eine Mechanisierung mit drei im Verbund montierten Erdbohrern erwies sich auf unseren mittelschweren Böden zwar als machbar, war aber aus pflanzenbaulicher Sicht nicht vertretbar. Maßgeblich beteiligt an dieser Pflanzaktion waren der BUND, der Hegering und eine Projektgruppe Berufshilfe des Arbeitsamtes. An fünf Tagen konnten ca. 80% der insgesamt 5000 Pflanzen in die Erde gebracht werden.

Gepflanzt wurden neben den schon vorkommenden Wild- und Feldgehölzen auch Wildfruchtbäume wie Schwarzer Holunder, Ebereschen, unveredelte Mostäpfel, unveredelte Mostbirnen, Speierling, Vogelkirschen, Hundsrosen, wilde Johannisbeeren, wilde Stachelbeeren, Schwarzdorn, Weißdorn und Rotdorn. Ziel war es, der heimischen Tier- und Pflanzenwelt einen möglichst vielseitigen und abwechslungsreichen Lebensraum zu bieten, und damit sowohl zu deren Wiederansiedlung als auch zur Verbreitung früher einmal vorhanden gewesener Feldgehölzarten beizutragen.

Die Heckenpflanzung wurde von der Öffentlichkeit und auch seitens der konventionellen Landwirtschaft positiv begrüßt. Auch Landwirte und Grundstückseigentümer, die nicht ökologischen Landbau betreiben, stellten ihre Fläche für die vorgeschriebene Mindestdauer von 25 Jahren für die Pflanzung – und damit für den Naturschutz – zur Verfügung.

Die Heckenpflanzung nimmt ca. 1% der LN meines 45 ha Ackerbaubetriebes in Anspruch. Die Förderung erfolgte im Rahmen des Biotopsicherungsprogrammes, das bundesweit aufgelegt ist.

Bleibt mir am Schluß noch der Wunsch, daß eine solche Pflanzaktion möglichst viele Nachahmer findet. Nutzen wir die Möglichkeit, unseren so wichtigen Lebensraum im Sinne der Schöpfungsverantwortung zu achten und zu bewahren.

WERNER BOTH, bio-land 1/91

4.4 Zugelassene Pflanzenbehandlungsmittel und -verfahren

Die wichtigsten Krankheiten und Schädlinge an Getreide, Kartoffeln, Leguminosen, Gemüse und Obst werden im Abschnitt »Spezieller Pflanzenbau« bei den einzelnen Kulturen beschrieben.

Bioland-Richtlinien Nr. 2.7.2:
Spezielle Bekämpfungsmaßnahmen mit zugelassenen Pflanzenbehandlungsmitteln sind erst dann anzuwenden, wenn alle Maßnahmen zur Aktivierung der boden- und pflanzeneigenen Abwehrkräfte und zur Standortgestaltung ausgeschöpft sind.

Pflanzenbehandlungs-, Pflanzenpflege- oder Pflanzenstärkungsmittel sind meist pflanzliche oder mineralische Präparate. Sie können selbst hergestellt werden oder als fertige Handelspräparate mit einem bis mehreren Wirkstoffen auf dem Markt bezogen werden.
Alle vorbeugenden Mittel haben gemeinsam, daß sie häufig gespritzt werden müssen, um eine Wirkung zu erzielen. Nach jedem Regen ist erneute Spritzung erforderlich.

Von vielen Mitteln liegen positive Erfahrungen, aber nur wenige abgesicherte Versuchsergebnisse vor.

Im Gegensatz zum Gemüse-, Obst- und Weinbau werden die unten aufgeführten Pflanzenbehandlungsmittel in der Landwirtschaft selten angewandt, da der Aufwand der vorbeugenden Spritzung im Vergleich zum Krankheitsschaden häufig zu groß ist. Lediglich bei der Krautfäule der Kartoffeln wird immer wieder mit Stärkungsmitteln experimentiert.
Immer mehr Hersteller preisen ihre vorbeugenden Präparate an, aber Vorsicht und kritische Auswahl ist geboten. Das Biowundermittel gegen alle Krankheiten und ohne Nebenwirkungen wurde noch nicht erfunden.

4.4.1 Mittel gegen Pilzkrankheiten

Bioland-Richtlinien Nr. 9.2.2, Mittel gegen Pilzkrankheiten:
▸ Algenmehle,
▸ Gesteinsmehle,
▸ Pflanzenpräparate (Schachtelhalm, Zwiebel, Meerrettich und dergleichen),

▸ Netzschwefel *,
▸ Kupferpräparate * (max. 3 kg/ha und Jahr reines Kupfer; wenn kupferhaltige Spritzmittel eingesetzt werden, muß der Kupfergehalt der Böden laufend durch Bodenuntersuchungen festgestellt werden),
▸ Milch- und Molkeprodukte.
Die mit * gekennzeichneten Mittel dürfen nur in Sonderkulturen eingesetzt werden.

Algenmehle (gestäubt oder besser gespritzt) fördern die Widerstandskraft gegen Pilzkrankheiten. Auch in Kombination mit anderen Mitteln möglich.
Gesteinsmehle können zur Vorbeugung gegen Pilzkrankheiten eingesetzt werden. Ihre Wirkung beruht im wesentlichen auf verändertem pH-Wert auf der Blattoberfläche.
Kompostextrakte werden gegen verschiedene Pilzkrankheiten mit wechselndem Erfolg erprobt. Dazu wird 1 Teil Reifekompost mit 4 Teilen Wasser überschüttet und nach 12 Wochen abgesiebt. Diese Lösung wird vorbeugend gespritzt. Gute Ergebnisse wurden auch mit Kompost als Bestandteil des Substrates gegen bodenbürtige Schaderreger erreicht (SCHÜLER, 1989; WELTZIEN, 1989).
Aromatische Pflanzenpflege − Ausgesuchte ätherische Öle, die vorbeugend zur Blattstärkung gespritzt werden.
Pflanzenpräparate − Brennessel, Schachtelhalm, Meerrettich, Zwiebel, Knoblauch, Knöterich haben pilzunterdrückende und pflanzenstärkende Wirkung; praktische Erfahrungen über deren Anwendung im Ackerbau liegen nicht vor.
In der Forschung wird derzeit auch mit sog. **Impfpräparaten** gearbeitet. Dabei werden abgeschwächte Erreger auf die Pflanzen gespritzt, um die Abwehrkraft zu erhöhen. In einzelnen Fällen wurden damit gute Erfolge erzielt, bisher sind aber keine entsprechenden Präparate auf dem Markt.
Kombinierte Pilzvorsorgemittel auf Kräuterbasis, mit Algenkalken und auch mit Schwefelbestandteilen, sind von verschiedenen Herstellern auf dem Markt.
Netzschwefel ist wirkungsvoll bei der Bekämpfung von Schorf und Echtem Mehltau, aber schädigend für Raubwanzen und teilweise Marienkäfer und Raubmilben. Die Wirkung gegen *Botrytis* und *Peronospera* ist weniger gut.
Kupferpräparate wirken gegen *Peronospera* bei Wein, Schorf und gegen Krautfäule der Kartoffel.

Milch- und Molkeprodukte wirken gegen Pilzkrankheiten, Viruserkrankungen an der Tomate und Blattläuse.

4.4.2 Mittel gegen tierische Schädlinge

Bioland-Richtlinien Nr. 9.2.3, Mittel gegen tierische Schädlinge:

▸ *Bacillus thuringiensis* (Bakterienpräparat),
▸ *Pyrethrum*-Blütenextrakt *,
▸ Emulsionen auf der Basis von Paraphin- und Pflanzenölen (z. B. Lein- und Sojaöl),
▸ Quassiaholz-Tee,
▸ Schmierseife und Mittel auf Seifenbasis,
▸ Brennspiritus,
▸ Gesteinsmehle.

Das mit * gekennzeichnete Mittel darf nur in Sonderkulturen angewendet werden.

Bacillus thuringiensis ist ein Bakterienpräparat, das von Insekten gefressen werden muß. Es wirkt vor allem gegen Raupen, wie Frostspanner, Gespinstmotten, Kohlweißlinge, Maiszünsler, Traubenwickler (Sauerwurm).
Ein Mittel gegen Kartoffelkäfer ist in der Entwicklung.
Pyrethrum-**Blütenextrakt** wird aus Chrysantemen gewonnen und wirkt als Kontaktgift gegen Blattläuse, Weiße Fliege, Kohlweißling, Spinnmilben. Als Handelspräparat wird es häufig mit Piperonylbutoxid formuliert, um die UV-Stabilität und damit die Wirkungsdauer zu erhöhen. *Pyrethrum*-Mittel sind für fast alle Insekten toxisch; sie sind fischgiftig und dürfen nicht auf blühende Pflanzen (Gefahr für die Bienen) und in der Nähe von Gewässern angewendet werden. Außerdem werden Nützlinge von *Pyrethrum* geschädigt. Aufgrund dieser vielen Nachteile wird immer wieder diskutiert, ob die Anwendung von *Pyrethrum*-Präparaten im ökologischen Landbau nicht generell verboten werden sollte.
Es hat keinen Sinn, *Pyrethrum*-Mittel vorbeugend einzusetzen, weil durch die geringe UV-Stabilität die Wirkungsdauer sehr kurz ist. Gänzlich verboten ist die Anwendung von synthetischen Pyrethroiden, auch wenn diese Wirkstoffe als naturnah angepriesen werden. Die großen Vorteile des natürlichen Pyrethrums (geringe UV-Stabilität, geringe Persistenz in der Umwelt) besitzen die Pyrethroide nicht.
Emulsionen auf der Basis von Pflanzenölen (Lein- und Sojaöl) wirken gegen Krankheiten und Schädlinge (vor allem Blattläuse) bei Obst.

Sie zerstören die schützende Wachsschicht auf der Insektenhaut oder verstopfen deren Atmungsorgane.
Quassiaholz-Tee ist ein altbekanntes Hausmittel auf der Basis eines Wasser-Spiritus-Auszuges, allerdings nur schwer erhältlich. Es wirkt gegen Blattläuse und Raupen und ist für alle Insekten ein tödliches Fraß- und Kontaktgift, für den Menschen gilt es als harmlos. Quassia-Holz (Bitterholz) stammt von Bäumen, die in Mexiko, Westindien oder Nordbrasilien wachsen.
Mittel auf Seifenbasis wirken gegen Blattläuse und Raupen. Angewendet werden sollte echte Kaliseife, d. h. flüssige Schmierseife, und zwar in 1−3%iger Lösung (100−300 g auf 10 l). Häufig wird auch die Kombination mit Brennspiritus empfohlen (0,5 l auf 10 l).
Brennspiritus löst die Wachsschicht, mit der viele Insekten geschützt sind, an, um die Schädlinge für andere Wirkstoffe angreifbarer zu machen.
Gesteinsmehle wirken gegen saugende und blattfressende Insekten; vor allem vertreibend. Dabei sollten die feinvermahlenen Präparate mit der Spritze ausgebracht werden. Sie haben gleichzeitig eine pilzhemmende Wirkung. Das Stäuben hingegen ist für den Anwender nicht ganz ungefährlich.
Präparate aus Essigbaum und Neem werden als Insektenmittel derzeit erforscht.
(Eine gute Übersicht über Praxiserfahrungen, wissenschaftliche Ergebnisse, Herstellerangaben und Preise gibt die jährlich erscheinende »Marktübersicht über alternative Pflanzenbehandlungsmittel für den Obstbau« vom Beratungsdienst Ökologischer Obstbau, siehe Kontaktadressen im Anhang.)

4.4.3 Biologische und biotechnische Maßnahmen

Gezielter Einsatz von Nützlingen ist im Freiland bisher nur gegen Maiszünsler und Apfel- und Pflaumenwickler mit *Trichogramma* erprobt. Hingegen gibt es im Gewächshaus diverse Anwendungsmöglichkeiten (z. B. *Encarsia formosa* gegen Weiße Fliege) (siehe Seite 186, Tabelle 54, Lieferbare Nützlinge).
Insektenfallen (Klebefallen, Farbfallen, Leimringe, Pheromonfallen) werden gegen verschiedene Schädlinge, überwiegend zur Flugkontrolle eingesetzt (Farbtafel 2).
Kulturschutznetze (feinmaschige Kunststoffnetze) sind sinnvoll bei Problemen mit Kohlfliege, Möhrenfliege, Zwiebelfliege, Lauch-

motten (siehe Farbtafel 7) (siehe Seite 184, Vliese und Netze im Gemüsebau).

Zum **Absammeln von Kartoffelkäfern** sind 2 Geräte auf dem Markt.

5 Unkrautregulierung
W. NEUERBURG

5.1 Ursachen beheben, statt Symptome bekämpfen

Treten in den Beständen vermehrt bestimmte Unkräuter auf, so ist dies in der Regel eine Folge falscher pflanzenbaulicher Maßnahmen. Es ist notwendig, die Ursachen dieser einseitigen Verunkrautung zu erkennen, wenn möglich, sie zu beheben und damit das Problem zu lösen.

Zwei **Beispiele:**

▶ Ein Landwirt bewirtschaftet einen Schweinemast-Ackerbaubetrieb seit einigen Jahren ökologisch. Die Fruchtfolge ist stark getreidebetont (ca. 80% der Ackerfläche). Daneben werden Hackfrüchte und Ackerbohnen angebaut, intensiv Zwischenfrüchte und Untersaaten eingeschaltet. Mit den Jahren nehmen die Unkrautprobleme, vor allem mit Disteln, zu.

▶ Eine Gruppe von Landwirten steigt in den Vertragsanbau ein. Der Abnehmer will »ungespritzte Ware«, mineralische N-Düngung ist zugelassen. Von den Betrieben werden Striegel eingesetzt, aber das Klettenlabkraut macht Sorgen: Es überwächst die Bestände und verursacht Probleme bei der Aufbereitung des Getreides.

Die Ursachen für die Unkrautprobleme sind leicht auszumachen: Im ersten Fall wird durch die mechanische Unkrautregulierung auf Wurzelunkräuter selektiert, die sich in der engen Getreidefruchtfolge gut ausbreiten können. Würde in diesem Betrieb Futterbau betrieben, könnte über den mehrmaligen Schnitt der Futterpflanzen die Distel reduziert werden. Die Konsequenz für den Betrieb: Er muß Rindvieh halten oder eine Grünbrache einschalten.

Im zweiten Fall besteht ein grundsätzlicher Denkfehler: Mechanische Unkrautregulierung im ökologischen Landbau ist immer in Verbindung mit vorbeugenden Maßnahmen zu sehen. Ursache des Klettenlabkrautproblems ist in der beibehaltenen mineralischen N-Düngung zu su-

chen, die die stickstoffliebende Klette einseitig fördert. Soll in den Betrieben erfolgreich Unkraut reguliert werden, müssen Fruchtfolge, Düngung, Bodenbearbeitung usw. auf den Wechsel von Herbizideinsatz zur mechanischen Unkrautregulierung abgestimmt werden: Es muß im System gedacht werden!

Im ökologischen Landbau werden keine unkrautfreien Bestände angestrebt. Ziel der Regulierungsmaßnahmen ist es, die Unkräuter so unter Kontrolle zu halten, daß sie eher produktionssteigernd als -hemmend wirken. Pflege- und Erntemaßnahmen sollen nicht übermäßig gestört werden. Deswegen spricht man von Unkraut- oder Beikrautregulierung statt von Unkrautbekämpfung oder -vernichtung!

*Unkräuter haben auch **positive Eigenschaften:***
▶ *Sie dienen Nützlingen als Lebensraum und Nahrungspflanzen,*
▶ *sie verhindern Erosion,*
▶ *sie verbessern die Bodenstruktur,*
▶ *sie erschließen Nährstoffe,*
▶ *sie dienen nach dem Absterben den Mikroorganismen als Nahrung,*
▶ *sie lockern Verdichtungen auf,*
▶ *sie binden Nährstoffüberschüsse,*
▶ *sie sind Zeigerpflanzen für Bodeneigenschaften.*

Ursachen für das verstärkte Auftreten einzelner Unkräuter können sehr vielfältig sein. Aus den Ursachen ergeben sich Hinweise auf wirkungsvolle vorbeugende und direkte Regulierungsmaßnahmen.

5.2 Vorbeugende Unkrautregulierung

5.2.1 Fruchtfolge

Unkräuter sind in ihren Keimzeiten, ihrem Wachstumsrhythmus und ihrer Vermehrung bestimmten Kulturpflanzen angepaßt.

So treten in **Wintergetreide** häufig Windhalm, Ackerfuchsschwanz, Kornblume, Mohn, in **Sommergetreide** Hederich, Ackersenf, Flughafer und Saatwucherblume sowie in **Hackfrüchten** Melde und Gänsefußarten, Knötericharten, Franzosenkraut und Nachtschatten auf (PETERS, 1987).

Daher ist die wirkungsvollste vorbeugende Regulierungsmaßnahme die Einhaltung einer vielseitigen, wohldurchdachten Fruchtfolge.

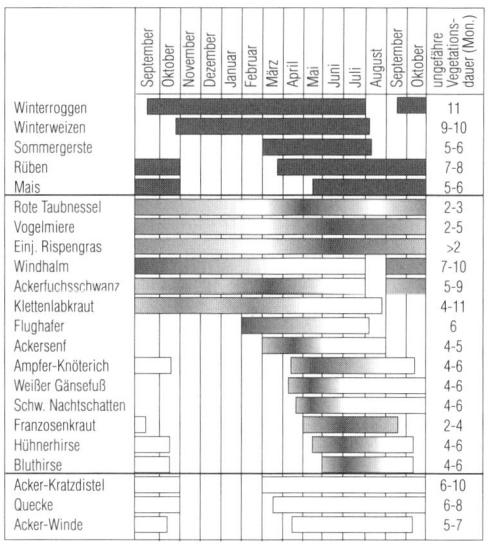

Abb. 35: Die Anpassung der Unkräuter an die Kulturpflanzen (Schattierung gibt die ungefähren Keimzeiten der Unkräuter an) (KOCH und HURLE, 1978, verändert).

Der Wechsel zwischen Futterbau, Hackfrüchten und Getreide, zwischen Sommer- und Wintergetreide, zwischen früher und später Hackfrucht verhindert das stärkere Auftreten einzelner angepaßter Unkrautarten. Monokulturen fördern eine einseitige Unkrautartenzusammensetzung mit Problemunkräutern, vielseitige Fruchtfolgen eine vielseitige Artenzusammensetzung (Abbildung 36). Solche Unkrautbestände lassen sich problemloser mechanisch regulieren.

Insbesondere der **Feldfutterbau** mit Kleegras oder Luzerne hat sich als wirkungsvolles Fruchtfolgeglied im ökologischen Landbau bewährt:

Abb. 36: Artenzahl von Unkräutern im ökologischen und konventionellen Anbau (HAMPL und HERRMANN, 1987).

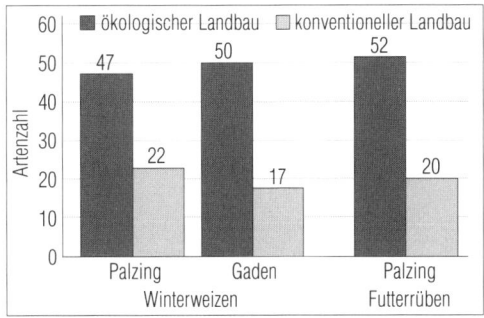

▶ Die Wirkung liegt in der Beschattung und dem mehrmaligen Schnitt, durch den die Unkräuter zurückgedrängt werden.

▶ Nicht unbedingt die Dauer des Anbaues (einjährig, überjährig, zweijährig, dreijährig) entscheidet über die unkrautunterdrückende Wirkung, sondern die Wüchsigkeit und Dichte der Bestände.

▶ Lückiges Kleegras kann z. B. zur Vermehrung der Quecke führen.

▶ Einjähriger Anbau reduziert eher Samenunkräuter, zweijähriger Anbau kann unter günstigen Bedingungen die Distel reduzieren.

▶ Im dritten Anbaujahr werden Bestände häufig so lückig, daß die Unkrautunterdrückung stark nachläßt.

▶ Im einjährigen Anbau haben sich vor allem schnellwüchsige Leguminosengemenge mit Perserklee und Alexandrinerklee bewährt.

Der **Zwischenfruchtanbau** trägt vor allem durch die notwendige Bodenbearbeitung, bei rechtzeitiger Aussaat und günstigen Witterungsbedingungen durch Beschattung und Schnitt zur Unkrautreduzierung bei. Vom Mähdrescher verteilte Unkrautsamen werden zum Keimen angeregt, die Pflanzen können sich aber gegen schnellwachsende Zwischenfrüchte nicht behaupten. Besonders bewährt haben sich Winterzwischenfrüchte wie Landsberger Gemenge oder Wickroggen in Kombination mit schnellwüchsigen Leguminosen-Sommerzwischenfrüchten (siehe Seite 127, Tabelle 33, Sommerzwischenfrüchte). Die zweimalige Bodenbearbeitung kann wesentlich zur Reduzierung von Wurzelunkräutern beitragen.

Untersaaten sind zur Unkrautunterdrückung nur in den wenigsten Fällen geeignet. Dichte Getreidebestände beeinträchtigen die Entwicklung der Untersaaten und führen zu lückigen Beständen, in denen sich die Quecke gut vermehren kann. Wird die Untersaat nach der Getreideernte stehen gelassen, entfällt die − vor allem Wurzelunkräuter reduzierende − Stoppelbearbeitung.

5.2.2 Bodenbearbeitung

Strukturschäden und Verdichtungen im Boden schwächen die Kulturpflanzen und fördern einzelne angepaßte Unkräuter (beispielsweise Disteln, Quecken, Windhalm, Kamille). In lockeren, garen Böden, die ausreichend mit Humus versorgt sind, entwickeln sich die Kulturpflanzen zügiger; Unkräuter werden zurückgedrängt. Die Verbesserung der Bodenstruktur trägt zusätzlich zum Abbau von Unkrautsamen bei.

Bei der Bodenbearbeitung haben sich folgende **Verfahren in der Praxis bewährt:**

▶ Die Stoppelbearbeitung trägt zur Reduzierung von Wurzelunkräutern wesentlich bei.

▶ Nach Bearbeitung der Stoppeln Unkräuter und Ausfallsamen keimen lassen, erneut bearbeiten und nochmals keimen lassen. Eventuell wiederholen (Unkrautkur).

▶ Auf eine wendende Bodenbearbeitung kann im Hinblick auf die Unkrautregulierung in der Regel nicht verzichtet werden. Die Bearbeitungstiefe muß auf die vorhandenen Unkräuter (Queckenrhizome, Verdichtungshorizonte) und die Bodenart abgestimmt werden.

▶ Eine Herbstfurche bietet den Vorteil, daß Unkräuter vor Winter auflaufen und abfrieren, Wurzelausläufer herausgearbeitet werden und über Winter absterben. Sie steht allerdings im Widerspruch zum Ziel einer möglichst ganzjährigen Bedeckung des Bodens. Auf leichten Böden besteht zudem die Gefahr der Nährstoffauswaschung.

▶ Im Frühjahr ist ein oberflächliches Vorarbeiten (Egge, Schleppe) vor der Saat sinnvoll, um die 1. Unkrautgeneration zum Keimen zu bringen.

5.2.3 Unkrautunterdrückende Bestände

Nicht zuletzt sind alle Maßnahmen zu ergreifen, die die Konkurrenzkraft der Kulturpflanzen stärken und eine Ausbreitung von Unkräutern verhindern:

▶ Saatzeit und Saattechnik müssen so gewählt werden, daß die Bestände schnell und lückenlos auflaufen.

▶ Optimale Bestandsdichten werden durch enge Reihenabstände und weite Abstände in der Reihe erzielt.

▶ Ein sicheres Auflaufen von z. B. Mais und Futterrüben wird durch spätere Aussaaten erreicht.

▶ Kartoffeln sollten bei ausreichend hohen Bodentemperaturen gelegt werden.

▶ Eine Kopfdüngung mit Gülle oder Jauche kann den Kulturpflanzen im Frühjahr einen Vorsprung vor dem Unkraut verschaffen.

▶ Beim Getreide sollten langstrohige Sorten bevorzugt werden.

▶ Lückige Kleegrasbestände müssen ggf. umgebrochen werden.

Wesentliche Maßnahmen für unkrautarme Bestände:

▶ *Wohldurchdachte, vielseitige Fruchtfolgen,*
▶ *angepaßte und zeitgerechte Bodenbearbeitungsmaßnahmen,*
▶ *schnell wachsende und unkrautunterdrückende Bestände,*
▶ *gezielte, rechtzeitige Regulierungsmaßnahmen.*

5.3 Direkte Unkrautregulierung

Nach der Saat der Kulturpflanzen können Unkräuter mit Hilfe von mechanischen und thermischen Regulierungsmaßnahmen zurückgedrängt werden; die heranwachsenden Bestände benötigen einen Wachstumsvorsprung. Im Getreide werden vorrangig **Striegel,** in Kulturen mit großem Reihenabstand **Hacken** und **Bürsten,** in Gemüsekulturen mit langsamer Jugendentwicklung und im Mais **Abflammgeräte** eingesetzt.

Eine **Kombination** der Verfahren ist möglich (z. B. Hacken und Striegeln bei Getreide, Abflammen und Hacken bei Mais, Abflammen und Bürsten bei Möhren). Die Kombination Hacke und Striegel hat sich z. B. bei schweren tonhaltigen Böden, auf denen der Striegel unbefriedigend greift und bei starker Verunkrautung mit striegeltoleranten Unkräutern (z. B. Wicken, Kamille) bewährt. Interessanterweise findet man auf Betrieben, die viehlos oder viehschwach wirtschaften, sehr häufig dieses kombinierte Unkrautregulierungsverfahren, da die unkrautreduzierende Wirkung intensiven Futterbaus fehlt.

Es empfiehlt sich, vorausschauend die notwendigen Geräte anzuschaffen. Oft wachsen die Unkräuter schneller als erwartet, und der optimale Zeitpunkt des Geräteeinsatzes ist schnell überschritten. Für fast alle Regulierungsmaßnahmen gilt, daß sich Unkräuter im Keimlings- oder Rosettenstadium am besten reduzieren lassen.

5.3.1 Hinweise zum Einsatz der Striegel

▶ Beim Striegeleinsatz gilt der alte Grundsatz: Bekämpfe (oder besser reduziere) das Unkraut, bevor du es siehst: Je früher gestriegelt wird, desto besser ist die Wirkung! Das Unkraut muß in einem Stadium erfaßt werden, in dem es verschüttet werden kann.

▶ Kleinsamige Unkräuter (Vogelmiere, Ehrenpreis) werden gut, großsamige, tiefkeimende

Tabelle 24   Übersicht über mechanische und thermische Unkrautregulierung

Verfahren	Fläche	Geräte	Arbeits-breiten	Fahrge-schwindigkeit	Arbeitsweise	Kulturen	Zeitpunkt	Nebenwirkungen	Arbeitszeitbedarf	Kosten
Striegeln (Eggen)	ganzflächig	Ackereggen Netzeggen Hackstriegel Striegel-eggen	bis 5 m }3–24 m	ca. 6 km/h ca. 12 km/h (abhängig von Kultur)	schüttende, krümelnde, reißende Wirkung; in erster Linie werden Unkräuter verschüttet, erst in zweiter Linie herausgerissen	Getreide Mais Ackerbohnen Erbsen Kartoffeln einige Gemüsearten	eng begrenzter Zeitraum wirkungsvoll → große Schlagkraft erforderlich; bei Getreide: Blindstriegeln zum Spitzen ab 2–3-Blatt-Stadium Auskämmen	die Bestockung des Getreides wird angeregt, Krusten werden aufgebrochen, die Belüftung und Erwärmung des Bodens verbessert, dadurch zügige Entwicklung der Kulturpflanzen	Getreide: 0,5–0,7 AKh/ha; empfindliche Kulturen höherer Arbeitszeitbedarf	Anschaffung: bei 6 m Arbeitsbreite 5000,– bis 9000,– DM Festkosten/Jahr: 300,– bis 500,– DM veränderliche Kosten/ha: 3,– bis 5,– DM
Hacken (Fräsen)	zwischen den Reihen	Scharhacken Rollhacken Reihenfräsen	üblicherweise 2–3 m (größere Arbeitsbreiten erhältlich)	4–5 km/h 8–12 km/h 4–5 km/h	hackende, schneidende (verschüttende) Wirkung, eventuell Schüttwirkung durch Häufelkörper, reißende und krümelnde Wirkung der angetriebenen Geräte	Kulturen mit großem Reihenabstand: Mais Kartoffeln Rüben Ackerbohnen Erbsen Gemüse, eventuell Getreide	weiterer Einsatzzeitraum als Striegel: sobald Kulturen Seitendruck der Hacke standhalten (Schutz vor Verschütten durch Scheiben) bis Reihenschluß bzw. Bodenfreiheit der Geräte	nicht so stark krümelnd wie Striegel, aber auch bessere Belüftung des Bodens und wachstumssteigernd; angetriebene Geräte krümeln sehr → Verschlämmungsgefahr	je nach Kultur und Empfindlichkeit 2–6 AKh/ha	Anschaffung: 6000,– bis 7500,– DM Festkosten/Jahr: 600,– bis 900,– DM veränderliche Kosten/ha: ca. 3,– DM
Bürsten	zwischen den Reihen	Reihen-Hackbürsten	1,5–3,5 m	3–5 km/h	herausreißende und -bürstende Wirkung; freibürsten der Unkrautwurzeln	vor allem Gemüsekulturen; Mais Rüben	früher als Hacke, sobald Reihen sichtbar bis Begrenzung durch Bodenfreiheit (25 cm)	Boden wird sehr fein gekrümelt, eventuell Verschlämmungsgefahr	je nach Arbeitsbreite und Kultur ca. 2–6 AKh/ha	Anschaffung: ca. 9200,– (1,5 m)
Abflammen	in der Reihe (ganz-flächig)	Abflamm-geräte	Einzelreihen bis 4,5 m	abhängig von Kultur und Technik ca. 2–4 km/h	durch Hitzeschock (50–70° C) (Pflanzenzellen platzen, Zelleiweiß gerinnt) Schädigung der Unkräuter	vor allem Gemüsekulturen; Mais Rüben	in nicht aufgelaufenen Gemüsereihen; Mais: Spitzabflammen (Streichholzstadium) Unterblattabflammen (ca. 20 cm); Rüben vor Auflaufen	Mikroorganismen leben wird nicht beeinträchtigt	bei Anbaugerät (mehrreihig) 1,5–2,0 AKh/ha Handgerät ca. 9 AKh/ha	Anschaffung: 8000,– bis 11 000,– DM Festkosten/Jahr: 800,– bis 1100,– DM veränderliche Kosten einschließlich Gaskosten/ha: 50,– bis 110,– DM

(Klettenlabkraut, Windenknöterich) schlechter und Wurzelunkräuter nicht reduziert.

▶ Wintergerste, Roggen und früh gesäter Winterweizen können noch im Herbst gestriegelt werden.

▶ Roggen als Flachwurzler nur vorsichtig striegeln.

▶ Hochgefrorene Bestände müssen im Frühjahr angewalzt werden; auch bei Verkrustungen verbessert das Walzen die Wirkung der Striegel.

▶ Leichte und gare Böden lassen sich besser striegeln als schwere, verkrustete und verschlämmte.

▶ Die Wahl des richtigen Gerätes richtet sich in erster Linie nach der Bodenart.

▶ Hohe Fahrgeschwindigkeiten verbessern die schüttende Wirkung der Geräte.

▶ Die Einstellung des Zinkendrucks muß sich nach der Empfindlichkeit der Getreidearten und -stadien sowie der Bodenart richten.

▶ Neben den Striegeln können auf schweren Böden leichte Ackereggen eingesetzt werden, die in erster Linie der Saatbettbereitung dienen. Sie haben gegenüber Striegeln den Vorteil, daß sie kräftig greifen, den Nachteil geringer Arbeitsbreiten und geringer Flächenleistung.

5.3.2 Hinweise zum Einsatz der Hacke

▶ Je früher bearbeitet wird, desto besser ist die Wirkung (Schutzscheiben benutzen).

▶ Ältere Unkrautpflanzen werden abgeschnitten, jüngere verschüttet; um erneutes An-

wachsen zu verhindern, bietet sich die Kombination mit dem Striegel an.

▶ Arbeitstiefe und Zinkenart müssen gezielt nach der Kulturart gewählt werden (exakte Tiefensteuerung, gefederte Zinken, in frühem Stadium Winkelmesser, später Gänsefußschare).

▶ Hacken von Getreide lohnt sich bei sehr schweren Böden, engen Getreidefruchtfolgen und Problemen mit striegeltoleranten Unkräutern.

▶ Wurzelunkräuter lassen sich mit der Hacke nicht erfolgreich bekämpfen. Disteln kommen bei zweimaligem Hacken zwar nicht zum Blühen, dehnen aber ihre Wurzelausläufer stark aus.

5.3.3 Hinweise zum Einsatz der Hackbürste

▶ Die Wachstumsstadien der Unkräuter sind weniger wichtig; die Bürste erwischt auch noch größere Unkrautpflanzen.

▶ Die Hackbürste ist auf allen Böden einsetzbar.

▶ Sehr nahes Arbeiten an die Kulturpflanze heran ist möglich: bei Möhren (mit Schutztunnel von 6 cm) bis auf 3 cm heran bürsten.

▶ Die Bürste zieht das Unkraut aus dem Boden heraus, anhaftende Erde wird von den Wurzeln abgeworfen, die Pflänzchen in den Reihen abgelegt.

▶ Geringe Fahrgeschwindigkeiten, geringe Umdrehungsgeschwindigkeiten und eine Einsatztiefe von 1,5 cm müssen eingehalten werden. Die ausgebürsteten Pflänzchen dürfen nicht mit Erde bedeckt sein.

Abb. 37: Kreiselnde Bewegung der Striegelzinken, um die verschüttende Wirkung zu erzielen.

Abb. 38: Auf schweren Böden, auf denen der Striegel nicht ausreichend greift, kann Getreide auch gehackt werden.

Abb. 39: Hackbürsten erlauben sehr nahes Arbeiten an den Kulturpflanzen.

Abb. 40: Abgeflammt wird in noch nicht aufgelaufenen Gemüsereihen.

5.3.4 Hinweise zum Einsatz von Abflammgeräten

▸ Je jünger das Unkraut, desto wirksamer ist das Abflammen (Orientierung an Leitunkräutern).

▸ Wirkung gegen Gräser ist gering; Wurzelunkräuter werden nur vorübergehend geschädigt.

▸ Unkräuter sollen trocken sein (Energieeinsparung).

▸ Nach der Saat der Kulturpflanze sollte möglichst lange gewartet werden, damit Unkräuter auflaufen können.

▸ In der Regel muß aber vor dem Auflaufen abgeflammt werden. Die Ermittlung des idealen Abflammzeitpunktes erfolgt, indem im Boden nachgegraben wird oder mit einem Vlies auf einer kleinen Fläche das Auflaufen verfrüht wird.

▸ Direktes Abflammen vertragen Mais und Zwiebeln.

▸ Zur Kontrolle der Abflammwirkung werden Unkräuter kurz zwischen Daumen und Zeigefinger gepreßt: Läuft diese Stelle dunkel an, war die Maßnahme erfolgreich.

▸ Der Boden muß möglichst feinkrümelig sein; nach dem Abflammen sollte er nicht bewegt werden, um die Gefahr erneuten Auflaufens von Unkräutern zu verhindern.

Zu diesem Thema siehe auch Seite 182, Thermische Unkrautregulierung im Gemüsebau.

5.4 Regulierung der Wurzelunkräuter

In vielen Betrieben treten nach einigen Jahren ökologischer Bewirtschaftung Probleme mit Wurzelunkräutern auf. Diese Problemunkräuter sind gefürchtet, da sie sich mit Striegel, Hacke und Abflammgerät nicht wirkungsvoll regulieren lassen. Um Wurzelunkräuter auf ein vertretbares Maß zu reduzieren, sind Kenntnisse der Biologie notwendig, aus der sich ein Bündel von Regulierungsmaßnahmen ergibt.

5.4.1 Ackerkratzdistel
ALVERMANN, 1988

Entwicklungsrhythmus der Distel:

▸ Sie breitet sich auf Ackerland vorwiegend über Wurzelausläufer aus.

▸ Diesen Weg der Vermehrung schlägt sie besonders dann ein, wenn ihr die Möglichkeit zur Blütenbildung (und damit zur Vermehrung über Samen) genommen wird (z. B. durch Distelstechen oder Hackarbeiten im Frühjahr).

▸ Die Wurzelausläufer werden um so kräftiger, je früher die Distel in der Vegetationsperiode gestört wird (da sie dann keine Reserven für die Blüte verbraucht) und je später und weniger sie in der zweiten Jahreshälfte gestört wird (da sie dann kräftig Reserven für's nächste Jahr sammelt).

Beispiel: Getreide (mit Hacken und Untersaat)
Im Frühjahr wird durch Hackarbeiten die generative Entwicklung der Distel unterbrochen – sie treibt Ausläufer, kommt nicht zur Blüte und sammelt bzw. spart dadurch Reserven. Wenn dann im Sommer/Herbst die Untersaat als Gründüngung stehen bleibt, wird die Distel nicht mehr durch eine Bodenbearbeitung gestört, sie sammelt – je nach Beschattungsvermögen der Untersaat – kräftig weiter Reservestoffe.

Das bedeutet, daß durch Getreideanbau in Kombination mit Hackarbeit und Untersaat die Distelentwicklung gefördert werden kann. Getreidebau, der die Distel in Schach halten soll,

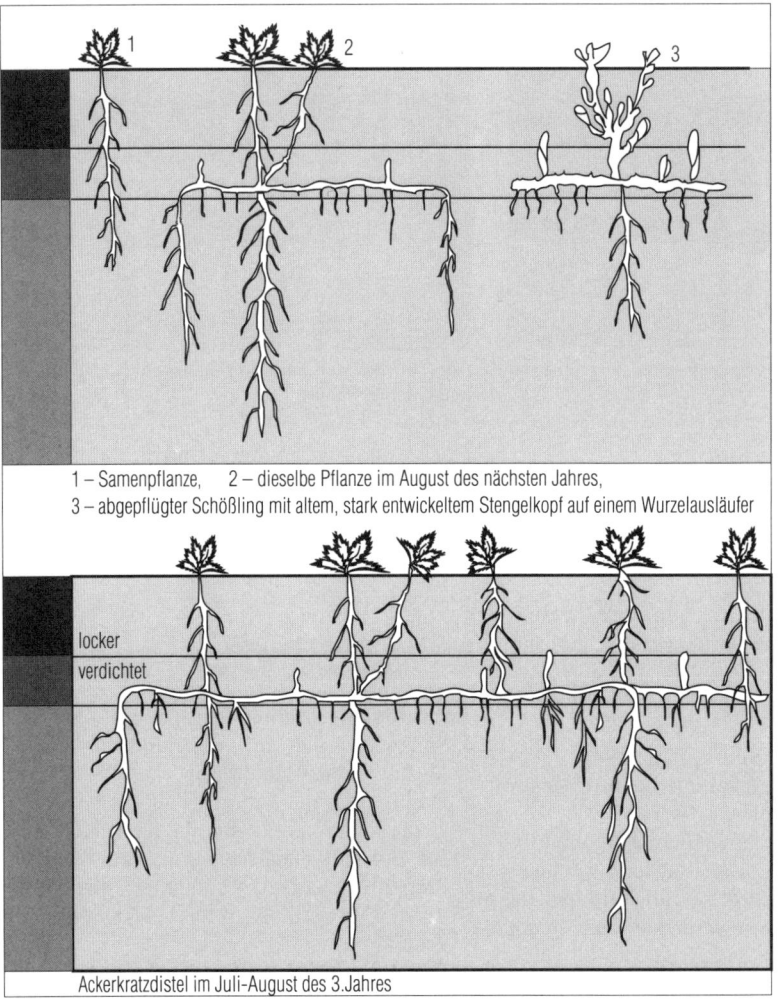

1 – Samenpflanze, 2 – dieselbe Pflanze im August des nächsten Jahres, 3 – abgepflügter Schößling mit altem, stark entwickeltem Stengelkopf auf einem Wurzelausläufer

locker
verdichtet

Ackerkratzdistel im Juli-August des 3.Jahres

muß die Möglichkeiten der Wurzelunkrautbekämpfung – Stören, Schwächen, Unterdrükken – in der richtigen zeitlichen Abfolge enthalten.

> *Die Devise muß heißen: »In der ersten Jahreshälfte so spät und so wenig wie möglich stören (die Blütenbildung kostet Kraft), in der zweiten Jahreshälfte die Regeneration der Pflanzen stören und unterdrücken.«*

Im Frühjahr werden die Samenunkräuter nur durch Eggen oder Striegeln (falls vertretbar) bekämpft. Die direkte Distelbekämpfung setzt dann frühestens im Schossen des Getreides durch Stechen ein. Noch besser hat sich das Ausziehen ab der Knospenbildung bewährt. Sollte dies nicht durchführbar sein, so muß man mindestens das Aussamen verhindern, indem man die Blütenköpfe bis spätestens zehn Tage nach dem Öffnen der Blüten entfernt.

Im Sommer bzw. Herbst wird sofort nach der Ernte eine Stoppelbearbeitung mit dem Schälpflug durchgeführt. Zusätzlich sollte dann noch eine »Unkrautkur« durch weitere Nachbearbeitung der Fläche erfolgen, wenn die wiederaustreibenden Disteln ca. fünf bis zehn Zentimeter hoch sind. Alternativ hierzu kann auch eine dicht beschattende Stoppelsaat (Ölrettich, Phacelia, Sommerwicke) eingesät werden, falls durch entsprechende Düngung oder Vorfrucht ein wüchsiger Bestand zu erwarten ist.

Für stark mit Disteln (aber auch anderen Wurzelunkräutern) verunkrautete Felder haben sich in der Praxis einige Möglichkeiten der effektiven Bekämpfung bewährt:

Tabelle 25 Effektive Regulierungsmöglichkeiten von Wurzelunkräutern (ALVERMANN, 1988)

1. Halbjahr	2. Halbjahr
Kleegras im zweiten Jahr nach einem späten ersten oder einem frühen zweiten Schnitt umbrechen	»Unkrautkur« und im Juli Einsaat einer dichten Zweitfrucht
Überwinternder Futterbau (Landsberger Gemenge) relativ spät geerntet	Umbruch, dichte Zweitfrucht (Ölrettich/Sommerwicke)
Frühjahrsaussaat einer wüchsigen **Grünbrache** (Ackerbohnen, Sommerwicken, Felderbsen)	Umbruch, dichte Zweitfrucht

5.4.2 Quecke

Die **Verbreitung der Quecke** erfolgt durch:

▶ Unterirdische Stengelausläufer (=Rhizome), die an den Knoten Wurzeln tragen und relativ seicht (10−15 cm tief) den Boden durchziehen. Die Quecke kann sich in kurzer Zeit über eine große Fläche ausdehnen (einige Meter Rhizomwachstum im Jahr; Rhizome von über 100 m mit mehreren hundert Halmen).

▶ Verunreinigtes Saatgut (z. B. Weidelgrassaatgut), Stallmist und auch Kompost.

▶ Verschleppen von Queckenrhizomen (die an Bodenbearbeitungsgeräten hängen bleiben) von einem Feld zum anderen.

▶ Zerkleinerte Stengelausläufer, die extrem regenerationsfähig sind. Durch Scheibenegge oder Fräse zerkleinerte Ausläufer von nur 1 cm Länge mit einem einzigen Knoten treiben aus und bilden erneut eine Pflanze.

▶ Aussamen (nur bei Neuansiedlung).

Die oberirdischen Teile der Quecke sterben im Spätherbst meist ab, der größte Teil der Rhizome überwintert. Im Frühjahr treiben die grünen Halme mit Hilfe der in den Rhizomen eingelagerten Reservestoffe aus. Im 3- bis 4-Blatt-Stadium ist das Reservestoffminimum in den Queckenausläufern erreicht, ab jetzt werden erneut überschüssige Zucker aus der Photosynthese der Blätter in die Rhizome eingelagert. Die Kenntnis dieses Entwicklungsrhythmus ist wichtig für die Bekämpfungsverfahren:

»Durch wiederholtes Vernichten der oberirdischen (grünen) Teile vor dem 4-Blatt-Stadium im Laufe eines Jahres kann die Quecke ausgehungert werden. Es ist aber wichtig, nicht zu lange zu warten, da die Erholung der Pflanzen ab dem 3-Blatt-Stadium sehr rasch vor sich geht. Bei der Bekämpfung durch Bodenbearbeitung ist darauf zu achten, daß entweder möglichst viele Rhizome bei trockenem Wetter an die Oberfläche gebracht werden, wo sie vertrocknen, oder möglichst klein zerteilt und möglichst tief in den Boden eingebracht werden, damit die aus den Rhizomenstückchen entstehenden Halme nicht genug Kraft haben, um bis an das Licht emporzuwachsen bzw. damit die Queckenhalme später austreiben und das Getreide einen Vorsprung hat.«
(HOLZNER, 1981)

Praxisbericht VON FINKENSTEIN (1984):
»Nach Räumung des Ackers wird sauber geschält und nachgearbeitet. Dabei sollen die Schälkörper vor allem auf schweren Böden breiter schneiden, als die Furche ist. Der Pflug geht hier leicht einmal aus der Richtung und dann dürfen auf gar keinen Fall zwischen den Scharen Streifen bleiben. Jetzt wird gewartet, bis die Quecke gerade im Begriff ist, wieder auszugrünen. Dann wird ein zweites Mal geschält, nur dieses Mal entsprechend tiefer, weil sonst der Pflug schiebt und nicht schneidet. Es folgt ebenfalls eine gründliche Nachbearbeitung. Ist die Quecke nach einiger Zeit erneut im Begriff auszugrünen, wird jetzt eine normale Winterfurche gemacht. Dabei muß unbedingt mit Vorschälern gearbeitet werden und die Körper müssen gut wenden.
Das Wesentliche bei der Prozedur ist die dreimalige gründliche Wachstumsunterbrechung, wobei die Intervalle so lang sein müssen, daß die Quecke im Begriff ist auszutreiben.«

Wie eine gelungene Queckenbekämpfung in der **Praxis** aussieht, beschreibt Bioland-Berater WELLER (1983) aus Bayern:

»Einer der von mir beratenen Betriebe hatte allergrößte Probleme mit Quecken. Aus diesem Grunde beschlossen wir im Frühjahr 1982, ein Getreidefeld umzubrechen, da man eigentlich mehr Quecken als Getreide sah. Zunächst wurde das Feld gepflügt und bearbeitet (die Queckenwurzeln und -rhizome sorgten erheblich für Verstopfung). Danach wurde ein Futterbaugemisch aus Erbsen, Hafer und einem relativ hohen Anteil von Sommerwicken ausgesät. Das Gemenge gedieh recht gut und konnte Ende Juli siliert werden.

Sofort nach dem Silieren wurde wieder gepflügt und somit der Boden nochmals gelockert und gleichzeitig die Quecke bekämpft. Sodann erfolgte nochmals die Einsaat eines Futterbaugemisches, nur diesmal mit anderen Pflanzen (Ackerbohnen mit Getreide und etwas Sommerraps bzw. Weidelgras). Dieses zweite Gemenge wurde im Herbst wieder siliert. Anschließend wurde das Feld ein drittes Mal gepflügt und beruhigt Weizen eingesät – die Quecken waren verschwunden. Durch das dreimalige Pflügen (Lockern und Queckenbekämpfung) und die beiden Futterbaubestände (sie verbessern einerseits die Struktur durch ihr immenses Wurzelwerk und lassen andererseits durch die dichte Beschattung die Quecke nicht mehr aufkommen) stellt die Quecke auf diesem Feld kein Problem mehr dar.«

Wichtige Faktoren einer erfolgreichen Queckenbekämpfung:

▶ *Queckenfreies Saatgut verwenden.*
▶ *Keine Queckenrhizome mit Bearbeitungsgeräten von Feld zu Feld transportieren.*
▶ *Bauernregel: Queckenbekämpfung in den Monaten ohne »R«. In den Monaten Mai bis August vertrocknen die Rhizome am sichersten.*
▶ *Je nach Bodenverhältnissen, Witterung und Vegetationsdauer mehrmals im Jahr bearbeiten (Pflug, Schälpflug) und Queckenrhizome zum Vertrocknen an die Oberfläche bringen (eher im Sommer).*
▶ *Durch tiefes Pflügen mit Vorschäler die Quecke vergraben (eher im Herbst).*
▶ *Stark verdrängende Futtergemenge anbauen.*
▶ *Die Quecke durch Schnitt vor dem 4-Blatt-Stadium aushungern.*
▶ *Vorsicht mit Untersaat (keine Stoppelbearbeitung) und mehrjährigem Klee- und Luzernegras. Gerade in lückigen Beständen kann sich die Quecke gut ausbreiten!*

5.4.3 Ampfer

Eine Verunkrautung mit Ampfer findet man sowohl auf Grünland (meist Stumpfblättriger Ampfer, siehe Seite 173, Ungras-, Unkraut-regulierung Grünland) als auch auf Ackerland (meist Krauser Ampfer).

Die Erstansiedlung von Krausem Ampfer auf vielen ökologisch bewirtschafteten Äckern erfolgt über verunreinigtes Kleesaatgut. Der Ampfer besitzt eine ausgeprägte Pfahlwurzel, die reich an Reservestoffen ist und sich selbst nach intensivem Zerkleinern regenerieren kann. Er bildet eine hohe Zahl von widerstandsfähigen, im Boden sehr langlebigen Früchten. Der Ampfer breitet sich sowohl vegetativ über die Wurzel als auch generativ über die Samen aus.

Regulierung des Ampfers (GRUEL, 1988):

▶ *Verwendung von speziell auf Ampferbesatz nachgereinigten Kleesaaten.*
▶ *Ausgraben der Ampferpflanzen bei feuchtem Boden (Wurzelstücke und Blütenstände unbedingt auch vom Feldrand entfernen; Wurzelstücke können wieder anwachsen, Blütenstände nachreifen und aussamen).*
▶ *Mehrmaliger Schnitt des mit Ampfer bestandenen Kleegrases schwächt die Ampferpflanzen, da wiederholt Blattmasse aus den Reservestoffen aufgebaut werden muß.*
▶ *Wurzelhals in ca. 7–10 cm Tiefe köpfen, umdrehen und tief vergraben. Beispielsweise schälen oder fräsen und anschließend tiefpflügen.*

6 Spezieller Pflanzenbau

1 Futterbau und Gründüngung
R. WINTER

1.1 Ziele des Futterbaus

Der Futterbau nimmt im organisch-biologischen Landbau eine zentrale Stellung ein, weil er Pflanzenbau und Tierhaltung verknüpft und die Grundlage für die Düngung schafft.

Mit dem Futterbau werden im wesentlichen zwei Ziele verfolgt:

▸ Der Futterbau ist Bestandteil einer ausgeglichenen Fruchtfolge. Dabei haben die Leguminosen wegen der **Stickstofffixierung** der Knöllchenbakterien eine zentrale Bedeutung. Der fixierte Stickstoff sorgt für den Proteingehalt im Futter und steht in den Ernterückständen der Nachfrucht zur Verfügung. Deshalb müssen auch in viehlosen Betrieben, die kein eigenes Futter benötigen, Leguminosenfutterpflanzen als Grünbrache oder Gründüngung angebaut werden.

▸ Zum anderen wird die Erzeugung von ausreichenden Mengen **wirtschaftseigenen Futters** angestrebt. Nur gute Futterqualitäten in ausreichender Menge ermöglichen hohe Leistungen in der Tierhaltung.

Die wichtigsten Futterpflanzen und gleichzeitig tragende Glieder von Fruchtfolgen im organisch-biologischen Landbau sind Kleegras und Luzerne, je nach Betrieb ein- oder mehrjährig genutzt. Zwischenfruchtanbau bietet die Möglichkeit, die Fruchtfolge aufzulockern und vielseitige Pflanzengemenge anzubauen, die sich je nach Bedarf zur Fütterung oder Gründüngung eignen.

Am Beispiel des Futterbaus wird deutlich, wie wichtig es ist, im Blick auf den gesamten Betriebsorganismus zu denken und zu handeln. Wenn es gelingt, das Futterangebot für die Tiere nachhaltig zu sichern und gleichzeitig eine ausgeglichene Fruchtfolge einzuhalten, kann von einem stabilen Betriebsorganismus gesprochen werden.

1.2 Gründüngung und Grünbrache

Gründüngung soll – wie der Name schon sagt – den Boden durch den Bewuchs mit grünen Pflanzen düngen. Dabei sind folgende Aspekte von Bedeutung:

▸ Durch Wurzelrückstände und eingearbeitete organische Rückstände wird der Boden mit Energie, mit »Futter« für das Bodenleben versorgt; durch die angeregte Mikroorganismentätigkeit wird gleichzeitig die Bodenstruktur stabilisiert.

▸ Leguminosen-Gründüngungspflanzen liefern Stickstoff, der von den Nachfrüchten genutzt werden kann.

▸ Viele Gründüngungspflanzen erhöhen durch Wurzelausscheidungen die Verfügbarkeit der Mineralstoffe im Boden.

Abb. 42: Kleegras und seine Wirkung (PIORR und HESS, 1987).

Unkraut-
bekämpfung
durch Be-
schattung
und Schnitt

Lieferung von
wirtschafts-
eigenem
Grundfutter

Verbesserung der
Bodenstruktur
durch Beschattung
und Durchwurzelung

Rückzugsmög-
lichkeit für
Nutzinsekten,
Bienenweide

Schutz vor Wind-
und Wassererosion

Humusmehrung
durch Blatt- und
Wurzelmasse

N_2-Fixierung durch
Knöllchenbakterien

Verhinderung der
Nährstoffauswaschung

Unterbodenlockerung
durch tiefreichende Pfahlwurzel

Verbesserung der
räumlichen und chemischen
Nährstoffverfügbarkeit

Nährstoffmobilisierung
aus dem Unterboden

Tabelle 26   Formen von Futterbau und Gründüngung

Nutzung	Arten
mehrjähriger Futterbau	
Kleegras	Rotklee, Weißklee, Deutsches Weidelgras, diverse Gräser
Luzernegras	Luzerne, diverse Gräser
1½jähriger Futterbau oder Grünbrache (Herbstaussaat)	
Kleegras	Rotklee, Welsches Weidelgras
einjähriger Futterbau oder Grünbrache (Frühjahrsaussaat)	
Kleegras	Perserklee, Alexandrinerklee, Einjähriges Weidelgras
Grünbrache	Lupinen, Ackerbohnen (Deckfrucht)
energiereiche Futterpflanzen	Futterrüben, Silomais, Getreide/Erbsen Ganzpflanzensilage
Winterzwischenfrüchte	
Landsberger Gemenge	Winterwicken, Inkarnatklee, Welsches Weidelgras
Wickroggen	Winterwicken, Grünroggen
Zweitfruchtnutzung (nach Winterzwischenfrucht)	
Leguminosengemenge	Ackerbohnen, Erbsen, Sommerwicken
Kruziferen, Stoppelrüben, diverse Gräser	
Sommerzwischenfrüchte	
Untersaaten	Weißklee, Gelbklee, Erdklee, Deutsches Weidelgras
Stoppelsaaten	Grobleguminosen, Kruziferen, Einjähriges Weidelgras

▶ Der Boden wird bedeckt und damit vor Witterungseinflüssen geschützt (Schattengare).

▶ Blühende Pflanzen dienen als Nahrungsgrundlage für nützliche Insekten.

Je nach Fruchtfolge erfolgt die Gründüngung als Zwischenfrucht oder auch als Hauptfrucht/Grünbrache (siehe auch Seite 175, Gründüngung im Gemüsebau).

1.3 Kleegrasgemenge

Im organisch-biologischen Landbau werden Klee und Gräser fast ausschließlich im Gemenge angebaut. Sie ergänzen sich hervorragend. Das intensive feine Wurzelwerk der Gräser trägt zusammen mit der Stickstoffbindung der Leguminosen wesentlich zum Aufbau eines fruchtbaren Bodens bei (siehe Farbtafel 1). Gemenge verringern die Gefahr der Kleemüdigkeit, sind in der Fütterung problemloser und führen weniger zu Blähungen. Ihr günstigerer Futterwert führt zu höherer Futteraufnahme.

1.3.1 Kleearten

Mehrjährige Arten

Rotklee *(Trifolium pratense)*: Hochwachsende Kleeart, für fast alle Standorte geeignet, auch in feuchten und kühlen Lagen. Besonders geeig-net zur Schnittnutzung. Durch den hohen Wasserbedarf scheiden lediglich leichte, trockene Böden aus. In Untersaaten können mitausgesäte Gräser fast vollständig unterdrückt werden, lediglich Welsches und Einjähriges Weidelgras können mithalten. Anbaupause von 4–5 Jahren zur Vermeidung der Kleemüdigkeit einhalten; bei Anbau im Gemenge sind erfahrungsgemäß auch kürzere Anbaupausen möglich.

Diploide und tetraploide Sorten sind vorhanden. Tetraploide Sorten sind sehr massenwüchsig, winterhart und besitzen eine höhere Resistenz gegenüber Kleekrebs als die diploiden Sorten. Geeignet für spezialisierte Futterbaubetriebe.

Weißklee *(Trifolium repens)*: Niedrigwachsend, paßt sich allen Standorten gut an (auch für leichte Standorte und trockene Lagen). Durch Ausläufer ist er trittfest und besitzt ein hohes Nachwuchsvermögen; relativ hohe Selbstverträglichkeit; besonders geeignet zur Beweidung; schließt Lücken der Narbe schnell.

Gute Erträge im Dauergrünland und im Feldfutterbau werden mit den Normaltypen erzielt. Ladinotypen weisen höheren Wuchs mit blattreicheren Erträgen auf. Nachteilig ist ihre geringe Winterhärte, daher eher für kurzlebige Gemenge in wintermilden Gegenden geeignet.

Schwedenklee *(Trifolium hybridum)* oder **Bastardklee** ist sowohl dem Rot- als auch dem Weißklee ähnlich. Ansprüche an Boden und Klima sind gering. Verträgt Feuchtigkeit und Nässe besser als Rotklee. Auf schweren Tonböden und leichten Standorten im Gemenge mit Rot- oder Weißklee zu empfehlen, etwas bitterer Geschmack, trittempfindlich.

Gelbklee *(Medicago lupulina):* Niedrigwachsender Klee der kalkreichen Standorte, verwandt mit der Luzerne, überdauert Trockenperioden; auf Böden mit hohem pH-Wert hervorragende Gründüngungspflanze, auch im Gemenge mit Weißklee. Stark schwankende Futtererträge, züchterisch wenig bearbeitet (siehe Farbtafel 3).

Einjährige Arten

Perserklee *(Trifolium resupinatum):* Hochwachsende, wärmeliebende Kleeart mit geringer Winterhärte. Durch weichen Stengel und hohe Schmackhaftigkeit von den Kühen gerne gefressen. Geeignet zum Anbau im Gemenge mit Einjährigem oder Welschem Weidelgras. Hohe Futtererträge, Ansaat unter Deckfrucht möglich (Ganzpflanzensilagen, Hafer/Erbse/Wicke-Gemenge).

Alexandrinerklee *(Trifolium alexandrinum):* Nicht winterharte Kleeart mit höheren Ansprüchen an Wärme und Feuchtigkeit als der Perserklee. Stengel dieser hochwachsenden Kleeart verholzt leicht, daher rechtzeitige Nutzung erforderlich.

Tabelle 27 Ansaatmischungen für die Grünbrache (ALVERMANN, 1988; PADEL/WUNDERLICH, 1989)

Variante	Mischung ca. kg/ha	Saatgutkosten ca. DM/ha	Besonderheit
Untersaat	z. B. 5 kg Weißklee 15 kg spätes Deutsches Weidelgras	70,– bis 140,–	billig, geringer Aufwand
Herbstaussaat (Mitte August bis Anfang September)	5 kg Zottelwicke 5 kg Inkarnatklee 6 kg Rotklee 2 kg Weißklee 10 kg spätes Welsches oder Deutsches Weidelgras	140,–	relativ sicher, nutzt Winterfeuchtigkeit gut aus
Frühjahrsaussaat I	5 kg Inkarnatklee 15 kg Perserklee 10 kg spätes Welsches oder Deutsches Weidelgras	120,–	einfache Frühjahrsaussaat
Frühjahrsaussaat II	100 kg Ackerbohne und/oder Blaue Bitterlupine 15 kg Perserklee 10 kg spätes Welsches oder Deutsches Weidelgras	250,–	hohe Leistung, zwei Saatgänge notwendig: Kleegras im 2. Drillgang Ackerbohnen: schwere Böden Lupinen: leichte Böden
Frühjahrsaussaat III	60 kg Peluschken 40 kg Sommer-Wicken 15 kg Einjähriges Weidelgras 6 kg Rotklee	230,–	Klee und Gras im 2. Drillgang, trockene Standorte, Vorsicht bei Erbsen in der Fruchtfolge; nicht überwinternd
Frühjahrsaussaat IV 1. Aussaat (April/Mai) 2. Aussaat (Ende Juli nach Abschlegeln und Umbruch der Vorsaat)	100–200 kg Grobleguminosen (Bohnen, Wicken, Erbsen, Lupinen) 15 kg Ölrettich 3 kg Phazelia 10 kg Welsches Weidelgras	150,– bis 300,– 100,– insgesamt bis 400,–	sehr teuer und aufwendig, Möglichkeit der **Quecken-** und **Distelbekämpfung!**

Tabelle 28   Saatstärken (in kg/ha) der Kleearten (nach KLAPP, 1971)

Art	Saatstärke		Untersaat im Getreide	Kampfkraft
	Reinsaat	Gemenge		
Rotklee	15–18	4–10	+	1
Weißklee	8–10	2– 6	++	3
Schwedenklee	8–10	2– 4	–	3
Inkarnatklee	25–30	10–20	––	
Gelbklee	20–25	8–10	++	
Perserklee	18–25	15–20	–	
Alexandrinerklee	25–35	15–25	––	
Erdklee	20–30	15–25	++	
Seradella	35–45		+	

++ = sehr gut, + = gut, –– = sehr schlecht, – = schlecht, 1 = hoch, 2 = mittel, 3 = gering.

Ein- und mehrschnittige Sorten im Handel.

Inkarnatklee *(Trifolium incarnatum):* Einschnittige, hochwachsende Kleeart; verschwindet fast vollständig nach dem ersten Schnitt. Starke Pfahlwurzel dringt tief in Boden ein. Überträger des Kleekrebses, daher Vorsicht in Rotkleefruchtfolgen; Bedeutung liegt im Winterzwischenfruchtanbau als Bestandteil des Landsberger Gemenges.

Erdklee *(Trifolium subterraneum):* Niedrigwachsend und sommerjährig; gewinnt als Untersaat zunehmend an Bedeutung; nach langsamem Auflaufen rasche Entwicklung; empfindlich gegen Licht- und Wasserkonkurrenz. Östrogenreiche Sorten zur Gründüngung, östrogenarme Sorten auch zur Futternutzung.

Seradella *(Ornithopus sativus):* Niedrigwachsende Leguminose mit geringen Standortansprüchen. Für sandige, saure Böden des luftfeuchten Klimas besonders geeignet. Bedeutung liegt im hohen Gründüngungswert auf sandigen Böden; Futternutzung möglich.

1.3.2 Futtergräser

Obergräser

Einjähriges Weidelgras *(Lolium multiflorum* ssp. *westerwoldicum):* Nicht winterhartes, sehr hochwachsendes Gras mit blattreichen Horsten. Hohe Ansprüche an Nährstoffversorgung; wird als Ammengras bei Grünlandansaaten verwendet (Deckfrucht); geeignet für kurzlebige Gemenge mit Perser- oder Alexandrinerklee; als Gründüngung besser geeignet als Welsches Weidelgras, da keine überwinternden Pflanzenteile.

Welsches Weidelgras *(Lolium multiflorum* ssp. *italicum):* Hochwachsend, schnellwüchsig, konkurrenzstark, große Bedeutung im Futterbau und der Gründüngung; 1–2jähriger Anbau, danach lückige Bestände; anspruchsvoll an Nährstoffversorgung; sehr anpassungsfähig an den Standort; geeignet zum Gemenge mit Rotklee.

Wiesenschwingel *(Festuca pratense):* Ausdauernd für mehrjährige Nutzung, vielseitig verwendbar, sehr winterhart, trittfest, besonders für Mähweide geeignet; frische bis feuchte Lagen, auch Moorstandorte, langsame Jugendentwicklung, weniger konkurrenzstark als Deutsches Weidelgras.

Wiesenlieschgras *(Phleum pratense):* Ausdauernd, bildet lockere Horste, relativ spätes Ährenschieben; unempfindlich gegen Kälte und Nässe, geeignet auch in rauhen Lagen, sehr winterhart, gut geeignet für Luzernegemenge.

Knaulgras *(Dactylis glomerata):* Ausdauernd und sehr anpassungsfähig an den Standort, auch für leichte, trockene Böden; trockenheitsresistent und konkurrenzstark, verlangt rechtzeitige Nutzung. Große Streubreite hinsichtlich Entwicklungsrhythmus zwischen den Sorten; für Mischungen sollten spätere Sorten bevorzugt werden.

Glatthafer *(Arrhenaterum elatius):* Ausdauernd und sehr hochwüchsig, mehrjährig, für warme, lehmige Böden, gut für Luzernegrasgemenge, zusammen mit Wiesenschwingel.

Wiesenfuchsschwanz *(Alopecurus pratensis):* Ausdauernd und sehr frühes Ährenschieben, geeignet für Wiesen in frischen bis feuchten Lagen, weniger im Feldfutterbau.

Untergräser

Deutsches Weidelgras *(Lolium perenne):* Ausdauernd und für alle Böden geeignet, bei ausreichender Wasser- und Nährstoffversorgung, mit Ausnahme von sehr trockenen Lagen; sehr trittfest, große Bedeutung im Dauergrünland und im Feldfutterbau.

Tetraploide Sorten bilden lockere Horste, ihr Anteil sollte nicht mehr als 25% im Dauergrünland betragen. Großes Sortenspektrum im Ährenschieben, späte Sorten besitzen gleichmäßigere Ertragsverteilung über das Jahr.

Wiesenrispe *(Poa pratense):* Ausdauerndes Gras für langjährige Nutzung besonders im Dauergrünland; wertvoll durch Trittfestigkeit und Mähverträglichkeit; durch langsame Jugendentwicklung in kurzlebigen Futtergemengen problematisch.

Rotschwingel *(Festuca arundinacea):* Ausdauerndes Gras mit großer Winterhärte, geeignet in Dauergrünlandmischungen für ärmere, leichte oder moorige Standorte, wo anspruchsvolle Arten wie Deutsches Weidelgras nicht sicher gelingen.

1.3.3 Anbau der Kleegrasgemenge

Saat – Klee und Gräser haben sehr feine Samen mit einem geringen Tausendkorngewicht. Die meisten Gräser sind Lichtkeimer, daher erfolgt die Saat flach (bis 1 cm). Für ein gutes Auflaufen ist ein feinkrümeliges Saatbett mit genügend Bodenschluß erforderlich, gegebenenfalls durch Anwalzen der Saat. Die Aussaat kann grundsätzlich vom Frühjahr bis Mitte August erfolgen (Kleesaaten). Gräser können je nach Klima noch später gesät werden. Wichtig ist eine ausreichende Vorwinterentwicklung, um Auswinterungen vorzubeugen.

Bewährt haben sich Blanksaaten nach der Getreideernte oder Untersaaten im Getreide. Sie ermöglichen im folgenden Jahr bereits eine volle Nutzung und können im Herbst noch eine Futternutzung liefern. Bei Blanksaaten im Frühjahr muß man, wegen der langsamen Jugendentwicklung, auf den ersten Schnitt verzichten. Aus Gründen der Fruchtfolge oder der Unkrautregulierung (Quecken etc.) können sie dennoch erforderlich sein. Eine frühzeitige Nutzung des ersten Aufwuchses fördert die Bestockung und führt zu dichteren Narben. Die Saatstärke für Gemenge liegt in der Regel zwischen 30 und 40 kg/ha. Bei Verwendung von tetraploidem Saatgut wird eher die höhere Saatmenge ausgebracht.

Boden und Düngung – Alle Kleearten bevorzugen pH-Werte des Bodens zwischen 5,5 und 7,0, die den Knöllchenbakterien ein optimales Wachstum ermöglichen. Lediglich der Weißklee ist etwas toleranter gegenüber niedrigen pH-Werten. Auch auf Sandböden ist die obere pH-Grenze von 5,5 einzuhalten. Alle Legumi-

Abb. 43: Kleeuntersaat unter Roggen.

Abb. 44: Luzerneuntersaat unter Braugerste.

nosen reagieren sehr empfindlich auf Bodenverdichtungen. Bodenschonende Bewirtschaftung von der Aussaat bis zur Ernte ist deshalb für erfolgreichen Kleegrasanbau notwendig. Eine Düngung mit P und K kann bei niedriger Versorgung sinnvoll sein und fördert besonders die Leguminosen.

Auswahl der Arten – Große Unterschiede bestehen bei den Klee- und Gräserarten hinsichtlich der Wuchshöhe, der Konkurrenzkraft, der Langlebigkeit und der Standortansprüche. Ebenfalls sehr unterschiedlich ist ihre Eignung für Schnitt oder Weidenutzung. In Mischungen sollten der Klee und die Gräser im Entwicklungsrhythmus zusammenpassen und sich nicht gegenseitig unterdrücken. Erhebliche Reifeunterschiede bestehen zwischen den einzelnen Arten und Sorten.

Bei der Zusammenstellung von Kleegrasmengen sind diese verschiedenen Gesichtspunkte zu berücksichtigen:

▶ Saatzeitpunkt und Nutzungsdauer,
▶ Nutzungsart Weide- oder Mähnutzung,
▶ Boden und Standort,
▶ Konkurrenz der Arten untereinander.

Nutzungsdauer, Nutzungsart − Für **einjähriges, nicht überwinterndes Kleegrasgemenge** sind Perser- oder Alexandrinerklee und die kurzlebigen Weidelgräser geeignet. Bewährt hat sich die Aussaat unter Deckfrüchten wie Grünhafer (100 kg/ha) oder unter Hafer/Erbsen/Wickengemengen. So ist beim ersten Schnitt ein höherer Futterertrag zu erwarten. Für Grünbrachemischungen ist Lupine oder Ackerbohne eine geeignete Deckfrucht.

In **1–1½jährigen Kleegrasgemengen** sollten Rotklee und Welsches Weidelgras enthalten sein, besonders wenn überwiegend Schnittnutzung erfolgt. Für **mehrjährige Nutzung** und bei geplanter Beweidung sind Weißklee und Deutsches Weidelgras geeignet: Sie erhöhen die Trittfestigkeit der Narbe und tragen wesentlich zur Ertragsbildung unter Beweidung bei. Ansonsten finden Rotklee, Welsches Weidelgras und je nach Standort auch Lieschgras, Wiesenschwingel oder Knaulgras Verwendung.

Konkurrenz der Arten − Hochwachsende, konkurrenzkräftige Futterpflanzen unterdrücken die langsamer wachsenden Mischungspartner. Eine starke Kampfkraft besitzen vor allem Rotklee und die Weidelgräser, die sich in den Beständen erfahrungsgemäß stark ausbreiten. Andere wertvolle Futtergräser sind durch ihre langsame Jugendentwicklung verdrängungsgefährdet.

Die **Kampfkraft** der einzelnen Arten ist in Tabelle 29 angegeben. Die ebenfalls angegebenen **kritischen Saatstärken** sollten in Gemengen nicht überschritten werden, da höhere Aussaatmengen zu keiner weiteren Ausdehnung im Bestand führt.

Die Nutzung hat einen entscheidenden Einfluß auf den Anteil einzelner Arten im Bestand, unabhängig von der ausgebrachten Saatmischung. Auf stickstoffbedürftigen Böden gedeiht der Rotklee besonders gut, intensive Beweidung kann zu einer stärkeren Ausbreitung des Weißklees bei gleichzeitiger Zurückdrängung der Obergräser führen. Durch gelegentliches Mähen oder eine Düngung im zeitigen Frühjahr mit Gülle oder Jauche lassen sich die Gräser fördern und der Kleeanteil zurückdrängen. Überwiegende Mähnutzung fördert die Obergräser und drängt den Weißkleeanteil zurück, der lichtbedürftig ist. Ein Schröpfschnitt im Frühjahr fördert die Bestockung und führt besonders bei Blanksaaten zu dichteren Narben.

In der Tabelle 30 sind einige Beispiele von Kleegrasgemengen aufgeführt. Sie dienen als Anhaltspunkt und können noch um weitere Arten ergänzt werden. Es empfiehlt sich, mit bewährten einfachen Mischungen anzufangen.

Die gleichzeitige Aussaat eines **Kräutergemen-**

Tabelle 29 Saatstärken (in kg/ha) von Gräsern (nach Klapp, 1971)

Gras	Kampf-kraft	kritische Saatstärke	Reinsaat-menge	Untersaat im Getreide bei Aussaat im	
				Herbst	Frühjahr
Einjähriges Weidelgras	1	20	30–40	––	+
Welsches Weidelgras	1	20	30–40	––	+
Bastard Weidelgras	1	20	30–40	––	+
Deutsches Weidelgras	1	15	30	+	++
Wiesenschwingel	3	15	30	++	+
Lieschgras	3	20	20	++	+
Knaulgras	1	20	30	++	+
Glatthafer	1	25	40–50	––	–
Wiesenfuchsschwanz	2	20	25	––	––
Wiesenrispe	3	20	20	–	–
Rotschwingel	3	20	30	–	+

+ = geeignet, ++ = gut geeignet, – = weniger geeignet, –– = nicht geeignet.
1 = stark verdrängt, 2 = mäßig verdrängt, 3 = durch wüchsige Mischungspartner gefährdet.

Tabelle 30 Ansaatmischungen (in kg/ha) für Kleegrasgemenge

Nutzung	Mischungsanteile	Bemerkungen
1jährig	15 kg Perser- oder Alexandrinerklee 10 kg Einjähriges Weidelgras 5 kg Welsches Weidelgras	ca. 100,–/ha; Schnittnutzung; eventuell Ansaat unter Deckfrucht
1–2jährig	10 kg Rotklee und 15 kg Welsches Weidelgras 5 kg Deutsches Weidelgras oder 20 kg Standard A 3	ca. 110,–/ha bei Weide zusätzlich 4 kg Weißklee
mehrjährig zur Herbstaussaat	8 kg Rotklee 4 kg Weißklee 5 kg Deutsches Weidelgras 10 kg Welsches Weidelgras 4 kg Wiesenschwingel 4 kg Wiesenlieschgras	ca. 160,–/ha Weide und Mahd
mehrjährig zur Frühjahrsansaat	10 kg Perserklee 6 kg Rotklee 2 kg Weißklee 5 kg Einjähriges Weidelgras 10 kg Welsches Weidelgras 5 kg Deutsches Weidelgras	ca. 160,–/ha
Landsberger Kleegras zur Herbstaussaat	15 kg Zottelwicke 10 kg Inkarnatklee 15 kg Welsches Weidelgras 6 kg Rotklee 4 kg Weißklee	ca. 220,–/ha Mischung von Kleegras und Winterzwischenfrucht; für leichte Standorte
Untersaaten	5 kg Weißklee 20 kg Deutsches Weidelgras oder 10 kg Erdklee 20 kg Deutsches Weidelgras	

ges (3 kg/ha) bestehend aus Wegwarte, Kümmel, Wiesenknopf, Schafgarbe u. a. hilft, die Schmackhaftigkeit zu erhöhen und Blähungen vorzubeugen. Allerdings können sich die mitausgesäten Kräuter in den ersten 1−2 Jahren nur schwer gegen die starkwüchsigen Mischungspartner durchsetzen.

1.3.4 Kleegras als Futtermittel

Die Erzeugung einer hohen Grundfutterqualität sollte im organisch-biologischen Landbau höchste Priorität haben. Sowohl im Hinblick auf hohe Milchleistungen aus dem Grundfutter, als auch hinsichtlich einer optimalen Verwertung der Erträge aus dem Futterbau ist eine sorgfältige Futterbergung unerläßlich. Hierbei kommen die praxisüblichen Verfahren der Heu- und Silagegewinnung zur Anwendung.

Durch den verstärkten Einsatz von Leguminosen in der ökologischen Futterwirtschaft ergeben sich jedoch einige Besonderheiten, die nachfolgend beschrieben werden. Die Mähgeräte dürfen nicht zu tief eingestellt werden (Schnitthöhe nicht weniger als 5−6 cm!), um einen schnellen Wiederaustrieb vor allem der Leguminosen sicherzustellen.

Heu − Durch den Leguminosenanteil kommt es bei Bodenheu leicht zu erheblichen Bröckelverlusten (25−40%). Deshalb sollte möglichst Belüftungsheu der Vorzug gegeben werden. Belüftungsheu weist eine höhere Energiekonzentration auf (bis zu 6,4 MJ NEL/kg TS) als Bodenheu (ca. 5,0−5,5 MJ NEL/kg TS) und ist ein wertvolles Futtermittel zur Erzielung hoher Grundfutterleistungen.

Silage − Die Herstellung von Silagen aus Leguminosen-Gras-Gemengen bereitet bei sorgfältiger Siliertechnik in der Regel keine Schwierigkeiten. Probleme können bei sehr hohen Leguminosenanteilen (hoher Eiweißgehalt) und gleichzeitig niedrigen Trockensubstanzgehalten auftreten. Anwelken auf 30–35% TS, sorgfältiges Zerkleinern des Erntegutes (Kurzschnittladewagen oder Häcksler) sowie ausreichendes Verdichten (Festfahren oder Pressen) sind die Voraussetzungen für problemlose Siliervorgänge. Bei ungünstigen Silierbedingungen kann der Einsatz von Silierhilfsmitteln auf der Basis von Milchsäurebakterien sinnvoll sein, die nach den Bioland-Richtlinien erlaubt sind.

Große Probleme können bei der Verfütterung verdorbener oder verschimmelter Silagen entstehen. Zur Vermeidung von Nachgärungen ist ein wöchentlicher Vorschub von ca. 1,5 m im Silostock einzuhalten. Danach sollte sich bereits die Anlage der Fahrsilos richten. Bei kleinen Beständen kann Rundballensilage eine Alternative sein.

Erntezeitpunkte – Zur Erzielung hochwertiger Qualitäten kommt es entscheidend auf den Rohfasergehalt des Erntegutes an. Hohe Rohfasergehalte bedingen ein Absinken der Energiekonzentration, was geringere Grundfutteraufnahmen durch die Kühe zur Folge hat. Auch im organisch-biologischen Landbau lassen sich hohe Milchmengen aus dem Grundfutter nur durch energiereiche Winterfutter erreichen (5,5–6,5 MJ/kg TS) (siehe auch Tabelle 83, Seite 248). Dafür ist ein Schnittzeitpunkt zu Beginn des Ährenschiebens der Gräser erforderlich. Da der Klee eine wesentlich höhere Nutzungselastizität besitzt, sollte sich der Erntezeitpunkt nach der Reife der Gräser richten, zumindest wenn entsprechende Grasanteile in der Mischung vorhanden sind.

1.3.5 Kleegras als Grünbrache

Kleegras ist aufgrund der beschriebenen Eigenschaften auch ein geeignetes Gemenge zum Aufbau viehloser Fruchtfolgen. In diesem Fall wird der Aufwuchs nicht verfüttert, sondern geschlegelt. Geeignet sind dazu Schlegelfeldhäcksler, die in unterschiedlichen Arbeitsbreiten (bis ca. 3 m) angeboten werden. Häufiges Schlegeln fördert die Entwicklung der Bestände, ist aber mit erheblichem Aufwand verbunden. Zu spätes Schlegeln kann zu einer sehr dichten Matratze von Grünmasse führen, die den Wiederaustrieb des Bestandes gefährdet. Generell sollte nicht tiefer als 5 cm geschlegelt

werden. Gelegentlich wird auch eine Nutzung des Kleegras als Heu, Silage oder Weide verkauft. In diesem Fall ist zu berücksichtigen, daß pro Nutzung ca. 100 kg K_2O/ha den Betrieb verlassen. Diese sollten in Form von Mist zurückgeliefert werden. Frühjahrsansaaten unter Deckfrucht werden zum ersten Mal geschlegelt, wenn die Lupinen oder Ackerbohnen zu blühen beginnen. Wird Grünbrache im Rahmen eines Förderungsprogramms durchgeführt, so sind die entsprechenden Bedingungen (Ansaatmischungen, Schlegeltermine) zu berücksichtigen.

1.4 Luzerne

Die Luzerne (Abbildung 45) wird gerne als »Königin der Futterpflanzen« bezeichnet. Sie liefert hohe Eiweißerträge je ha und hat eine sehr gute Verdaulichkeit, die auch nach der Blüte nur langsam abnimmt. Auf ihr zusagenden Standorten ist sie dem Kleegrasgemenge überlegen.

Standort – Die Luzerne hat hohe Ansprüche an den Standort. Sie gedeiht am besten im warmen, sonnenscheinreichen Klima auf tiefgründigen Lehm- oder Lößböden. Sie verlangt einen »warmen Kopf« und verträgt »keine nassen Füße«. Böden mit stauender Nässe oder Verdichtungen im Untergrund scheiden für den Anbau aus. Die Ansprüche an die Kalkversorgung sind hoch, der pH-Wert sollte nicht unter 6,5 liegen. Die extrem lange Pfahlwurzel von 2 m und mehr vermag auch tiefere Wasserschichten zu erreichen.

Saat – Der Anbau von Luzerne verlangt eine sorgfältige Aussaat, die Ansprüche an die Saatbettbereitung sind hoch. Die Luzerne ist empfindlich gegenüber zu tiefer Bearbeitung und ungenügend abgesetztem Saatbett. Auf Bodenverdichtungen reagiert die Luzerne sehr empfindlich. Anwalzen der Saat im Frühjahr sollte daher unterbleiben. Die Aussaat erfolgt 1–2 cm tief bei möglichst engem Reihenabstand.

Die Saat kann entweder als Blank- oder als Untersaat erfolgen, wobei das Gelingen der Ansaat im Vordergrund stehen sollte. Stark beschattende Deckfrüchte wie Hafer oder ein kräftiger Weizen scheiden aus. Bewährt hat sich die Ansaat unter Sommergerste oder unter einem frühräumenden Futtergemenge (Hafer/Erbse/Wicke). In Grenzlagen der Luzerne empfiehlt sich der Anbau im Gemenge mit

Tabelle 31 Ansaatmischungen (Saatstärke in kg/ha) und Kosten (in DM/ha) für Luzerne-Gras-Gemenge

Saatmischung	Saatstärke	Kosten	Bemerkungen
Reinsaat	30–35 kg Luzerne	ca. 300,–	
Luzerne-Gras-Gemenge	25 kg Luzerne 4 kg Wiesenschwingel 4 kg Wiesenlieschgras	ca. 220,–	für feuchtere Lagen
	25 kg Luzerne 5 kg Glatthafer 3 kg Knaulgras	ca. 220,–	für trockenere Lagen
Rotklee/Luzerne-Gras-Gemenge	20 kg Luzerne 4 kg Rotklee 10 kg Wiesenschwingel 4 kg Wiesenlieschgras	ca. 240,–	zum Herantasten an den Luzerneanbau, bei rotkleewüchsigen Standorten Gefahr der Luzerneunterdrückung!

Gras. Geeignet dazu sind Knaulgras, Glatthafer, Wiesenschwingel oder Wiesenlieschgras.

Pflege und Nutzung – Luzerne reagiert empfindlich auf zu tiefen Schnitt oder Verbiß. Ständige Schnittnutzung z. B. beim Grünfutterholen kann ihre Reserven erschöpfen, wenn sie nicht wenigstens einmal im Jahr zum Blühen kommt. Die Dauer der Nutzung beträgt meist 2–3 Jahre, danach geht der Luzerneanteil stark zurück. Gemenge aus Luzerne und Gras lassen sich im Blühstadium der Luzerne gut beweiden. Die Ernte ist als Heu (Reuter-, Boden- oder Belüftungsheu), als Grünfutterschnitt oder als Silage möglich. Silage sollte nur von Gemengen aus Luzerne und Gras gewonnen werden, ansonsten sind Probleme bei der Silierung zu erwarten. Erhebliche Bröckelverluste von 25–40% treten bei der Gewinnung von Bodenheu auf.

1.5 Winterzwischenfrüchte

Winterzwischenfrüchte gehörten früher zum festen Bestandteil in den Fruchtfolgen. Sie haben eine Reihe von Vorteilen, die für ökologische Betriebe von Bedeutung sind:

▶ Anbaumöglichkeit auf fast allen Böden, auch trocknen Sandböden,
▶ hohe und sichere Erträge durch optimale Ausnutzung der Winterfeuchte,
▶ früher Futteranfall im April/Mai,
▶ Erweiterung des Futterangebotes,
▶ gleichzeitige Gründüngungswirkung, gute Vorfrüchte.

Winterzwischenfruchtanbau verlangt eine sorgfältige Planung der Fruchtfolge, hinsichtlich der möglichen Nachfrüchte. Bei voller Futternutzung im Mai steht nur eine eingeschränkte Auswahl an Folgefrüchten zur Verfügung. Steht die

Abb. 45: Die Luzerne stellt hohe Ansprüche an den Standort, sie verlangt einen »warmen Kopf« und verträgt keine »nassen Füße«.

Tabelle 32 Winterzwischenfrüchte (Saatstärke in kg/ha, Kosten in DM/ha; in Anlehnung an RENIUS/ LÜTKE-ENTRUP, 1985)

Saatstärke	Saatzeit	Kosten	Bemerkungen
Landsberger Gemenge 30 kg Zottelwicke 20 kg Inkarnatklee 20 kg Welsches Weidelgras (siehe Farbtafel 3)	Mitte August bis Anfang September	ca. 230,–	höchste, sichere Erträge, alle Standorte, gutes Milchviehfutter, relativ späte Ernte ab Mitte Mai, hoher Wasserverbrauch, eingeschränkte Auswahl an Nachfrüchten
Wickroggen 60/80 kg Zottelwicke 120/100 kg Winterroggen	Mitte August bis Ende September	ca. 270,–	leichtere Böden Ernte 14 Tage vor Landsberger Gemenge, nicht nach Ährenschieben des Roggens ernten, sonst Verholzen
Grünroggen 180 kg Winterroggen	Ende September	ca. 180,–	spätsaatverträglich frühe Ernte ab Mitte April Grünfutter oder Silage
30 kg Zottelwicke 30 kg Inkarnatklee	Mitte August Anfang September	ca. 210,–	ideal als Gründecke
40 kg Welsches Weidelgras	Mitte August Anfang September	ca. 120,–	hohe Ansprüche an Düngung
12 kg Winterrübsen	Anfang bis Mitte September	ca. 45,–	sehr frühes Grünfutter Gründecke
10 kg Winterfutterraps	Mitte August bis Anfang September	ca. 35,–	frühes Grünfutter Nutzung vor Blüte

Gründüngungswirkung des Winterzwischenfruchtanbaus im Vordergrund, so erhöht sich die Zahl der möglichen Nachfrüchte, da früher umgebrochen werden kann.

Der hohe Wasserverbrauch, besonders auf trockenen Böden muß berücksichtigt werden. Nach zahlreichen Untersuchungen tritt bis Ende März kaum ein erhöhter Wasserverbrauch im Vergleich zur Brache auf. Erst mit dem üppigen Wachstum steigt der Wasserverbrauch rasch an und kann bis zu 100 mm betragen.

Als Nachfrüchte kommen die verschiedenen Hackfrüchte wie Mais, Kartoffeln, Kohlrüben und starkzehrende Gemüse in Frage. Zügige Zwischenfruchternte und rasche Bestellung sind Voraussetzung für gutes Ausnutzen der Vegetationszeit. Winterzwischenfruchtbau mit anschließendem Zweitfruchtfutterbau hat gute Wirkung als Unkrautkur auf Problemflächen.

Reinsaaten von Gräsern oder Kreuzblütern haben ein hohes Nährstoffbedürfnis. Daher sind im organisch-biologischen Landbau Gemenge von Leguminosen mit Gräsern oder Getreide vorzuziehen, die gleichzeitig auch bessere Vorfruchtwirkungen haben. Ebenso müssen die Saatzeiten eventuell den lokalen Gegebenheiten angepaßt werden. Eine gute Kombination von Zwischenfrucht und Kleegrasgemenge stellt das Landsberger Kleegras dar (siehe Seite 123, Tabelle 30, Ansaatmischungen für Kleegrasgemenge) (siehe Farbtafel 3).

1.6 Sommerzwischenfrüchte (Stoppelsaaten)

Zwischenfrüchte werden häufig zum Zweck der Gründüngung angebaut. Die positive Wirkung auf den Boden (Durchwurzelung, Stickstoffbindung, Bodenbedeckung) stehen dabei im Vordergrund. Doch auch für den Futterbau läßt sich Zwischenfruchtanbau nutzen.

Dem Anbau von Zwischenfrüchten (Stoppelsaaten) sind klimatische Grenzen gesetzt. Ein Futteraufwuchs benötigt ca. 8–10 Wochen Wachstumszeit bis zur ersten Nutzung und muß daher Anfang August ausgesät werden. Die Bestellung sollte direkt nach der Vorfrucht (1 bis 2 Tage nach der Getreideernte) erfolgen, um unproduktive Wasserverluste zu vermeiden.

Sorgfältige Aussaat hilft, einen sicheren Ertrag zu erzielen. Damit Ausfallgetreide noch keimen kann, sollte nicht tiefer als 12−15 cm gepflügt werden. Direktsaatmaschinen sind zur Zwischenfruchtbestellung gut geeignet. Mischungen sind im Ertrag sicherer als Reinsaaten.

> *Tiefwurzler sollten gemeinsam mit Flachwurzlern angebaut werden, um die gesamte Krumentiefe zu bewurzeln. Z. B.*
> − *Lupine mit Seradella,*
> − *Sommerwicke mit Ölrettich.*
> *Stickstoffsammler werden mit Gräsern oder Kreuzblütern gemischt, um den gesammelten Stickstoff zu konservieren, z. B.:*
> − *Sommerwicke mit Einjährigem Weidelgras,*
> − *Sommerwicke mit Futterraps.*

Auch der Zwischenfruchtanbau soll in der Fruchtfolge eingeplant werden und diese auflockern. Getreidestarke Fruchtfolgen benötigen Leguminosen, in kleereichen Fruchtfolgen können auch Gras/Kreuzblütler-Gemenge eingesetzt werden. Auf Unverträglichkeiten in der Fruchtfolge ist zu achten (siehe auch Seite 81, Ackerflächenverhältnis).

Mischungen zur Beweidung sollten Gräser enthalten. Dies fördert die Trittfestigkeit der Weide und die Verträglichkeit des Futters.

Zur Futternutzung geeignete Mischungen ergeben meist einen Grünfutterschnitt oder dienen der Weidenutzung. Wegen der häufig geringen Mengen an jungem eiweißreichem Futter mit geringem Trockensubstanzgehalt eignen sich Zwischenfrüchte nicht zum Silieren und sollten frisch verfüttert werden.

Weitere Früchte wie Sonnenblumen oder Ölrettich können auch zur Futternutzung angebaut werden. Sonnenblumen liefern bei geringen Niederschlägen und Aussaat bis Anfang August noch gute Futtererträge. Ölrettich kann noch nach der Blüte verfüttert werden, was besonders bei Futterknappheit interessant ist. Sind Kreuzblütler in der Mischung (Futterraps, Ölrettich), so darf ihre kritische Saatstärke von 1,5−2 kg/ha nicht überschritten werden, da sonst mit Reinbeständen zu rechnen ist.

1.7 Energiereiche Futterpflanzen

1.7.1 Mais

Mais galt im ökologischen Landbau lange Zeit als undenkbar. Hohe Nährstoffansprüche, problematische Unkrautregulierung und Bodenerosion schienen unüberwindbare Probleme zu sein. Im Gegensatz zu Kleegras, das günstige Vorfruchtwirkungen besitzt, benötigt Mais eine gute Vorfrucht.

Zur Auflockerung enger Futterbaufruchtfolgen mit hohen Kleegrasanteilen, besonders für viehstarke Betriebe, ist der Mais im ökologischen Betrieb aber geeignet. Vorteilhaft ist die hohe Energiekonzentration des Futters.

Tabelle 33 Sommerzwischenfrüchte (Saatstärke in kg/ha, Kosten in DM/ha; nach Renius/Lütke-Entrup, 1985)

Mischung	Saatstärke	Kosten	Aussaat bis spätestens	Bemerkungen
Perserklee und Einjähriges oder Welsches Weidelgras	15 20	ca. 120,−	Anfang August	hochwachsend, mehrschnittig, gutes Futter
Einjähriges Weidelgras und Futterraps	25 1,5	ca. 70,−	Anfang bis Mitte August	schnelles Futter für kleereiche Fruchtfolge
Einjähriges Weidelgras und Futtererbsen oder Sommerwicken	20 80 40	ca. 140,−	Anfang August	1. Schnitt nach ca. 8 Wochen, guter Grasnachwuchs, Bodenbedeckung
Sommerwicke und Futterraps	60 1,5	ca. 80,−	Anfang August	rasches Futter, gute Durchwurzelung
Sommerwicke und Futtererbse und Ackerbohne	30 30 60	ca. 150,−	Anfang August	gute Durchwurzelung, für leguminosenarme Fruchtfolgen, Grünfutter
Gelbe Süßlupine Seradella	80 15	ca. 180,−	Ende Juli	für leichte Böden, bei ausreichender Feuchtigkeit

Tabelle 34 Mechanische Unkrautregulierung im Mais (ALVERMANN, 1989)

Zeitpunkt/ Stadium	Abflammtechnik	
	ohne	mit
10 Tage vor Aussaat	Saatbett-bereitung	Saatbett-bereitung
vor Aussaat	Striegeln	–
1 Woche nach Aussaat	Striegeln	–
Streichholz-Stadium	–	Abflammen
3.–4. Blatt	Striegeln	–
ab 4. Blatt	1. Hacke	1. Hacke
ab 6. Blatt	2. Hacke	2. Hacke
30 cm Höhe	–	Abflammen
40 cm Höhe	Häufeln	3. Hacke

Abb. 46: Rollkuli im Mais: Auch Unkräuter in der Reihe können zugeschüttet werden.

Abb. 47: Auf leichten Böden mit geringem Unkrautdruck kann Mais eventuell nur mit Striegel und Hacke sauber gehalten werden.

Bodenansprüche – Standorte für Mais sollten sich im Frühjahr schnell erwärmen und zur mechanischen Unkrautregulierung sowie zur Ernte befahrbar sein. Leichtere Böden sind eher geeignet als schwerere Böden. Der geringe Wasserverbrauch von Mais ist in diesem Zusammenhang vorteilhaft.

Vorfrüchte, Düngung – Der Mais stellt hohe Anforderungen an Vorfrucht und Düngung. Ideal ist der Nachbau nach Kleegras, zumindest

aber nach einer Leguminosenzwischenfrucht. Düngung mit 300 dt Stallmist oder 20–30 m³ Gülle/ha. Nur wenn die Nährstoffversorgung gesichert ist, können zufriedenstellende Erträge erwartet werden.

Aussaat – Durch die Verwendung von ungebeiztem Saatgut sind beim Mais zwei Problembereiche zu beachten:

– Vogelfraß,
– Auflaufkrankheiten (Pilzbefall bei verzögertem Auflaufen).

Gegen Vogelfraß muß ausreichend tief gesät werden (6 cm). Um Auflaufkrankheiten zu vermeiden, sollte etwa 10 Tage später als ortsüblich gesät werden. So hat der Mais eine zügige Jugendentwicklung und ist konkurrenzstärker gegenüber Unkraut. Saatgut mit einer entsprechend niedrigeren FAO-Zahl ist zu verwenden.

Unkrautregulierung – Die Unkrautregulierung entscheidet über Erfolg oder Mißerfolg des Anbaus. Der Mais reagiert sehr empfindlich auf Konkurrenz durch Unkräuter in der Phase zwischen dem 2. und dem 10. Blatt (10–40 cm Wuchshöhe). Zum Hackeinsatz eignen sich besonders Sternhacken oder Rollkulis, die im Mais ein zügiges und sauberes Arbeiten ermöglichen. Die Unkrautregulierung kann je nach Standort, Flächenumfang und Unkrautdruck mit oder ohne Abflammen erfolgen.

Untersaat – Nach beendeter Unkrautregulierung empfiehlt es sich, eine Untersaat (siehe Farbtafel 3) auszubringen. Sie erhöht die Tragfähigkeit des Bodens zur Ernte und verringert die Erosion (siehe Seite 123, Tabelle 30, Ansaatmischungen für Kleegrasgemenge). Zur allgemeinen Förderung von Nützlingen ist die Einsaat von blühenden Pflanzen in die Maisschläge sinnvoll.

1.7.2 Futterrüben

Rüben sind in der Fütterung wertvoll durch ihre hohe Verdaulichkeit und Schmackhaftigkeit sowie ihren hohen Energiegehalt. Hohe mögliche Erträge lassen sie zu einem bedeutsamen Energiefuttermittel werden, wodurch Kraftfutter eingespart werden kann. Nachteilig ist die hohe Arbeitsbelastung bei der Unkrautregulierung, der Ernte und der Verfütterung. In Mais-Grenzlagen sind Rüben ertragssicherer als der Mais.

Bodenansprüche – Standorte für Futterrüben zeichnen sich durch eine gute Befahrbarkeit im Herbst zur Rübenernte aus. Auf sehr leichten Standorten kann die Wasserversorgung im Sommer ungenügend sein.

Vorfrucht, Düngung – Rüben haben sehr hohe Ansprüche an die Nährstoffversorgung, weshalb ihnen in der Fruchtfolge eine bevorzugte Stellung einzuräumen ist. Geeignet ist der Anbau nach Kleegras oder zumindest nach einer Untersaat. Der Anbau nach Getreide ist möglich, eine gute Versorgung mit organischen Düngern sollte dann gegeben sein (300 dt Stallmist).

Saat – Rüben benötigen ein Saatbett mit ausreichender Rückverfestigung. Die Verwendung von genetisch monogermen Saatgut erspart das Verziehen und kann exakter mit Einzelkornsämaschine erfolgen. So ist ein gleichmäßiger Feldaufgang zu erzielen. Als Risikoausgleich empfiehlt sich die Aussaat von doppelt soviel Pflanzen, wie später benötigt werden (halber Endabstand in der Reihe), um Ausfällen vorzubeugen. Von einigen Firmen werden Saatpillen ohne Beizmittel angeboten.

Sorten – Die Sortenwahl richtet sich nach den Erntebedingungen. Auf leichten und mittleren Böden können die Gehaltsrüben, die einen tieferen Sitz im Boden haben, angebaut werden. Für schwere Böden sind Rübensorten mit oliven- oder walzenförmigem Wuchs geeignet, die nicht weit in den Boden wachsen (Mittel- und Massenrüben).

Unkrautregulierung – Die kritische Phase ist die Jugendentwicklung vom Auflaufen bis zum Stadium der großen Rosette. Hier sind in der Regel 2–3 Durchgänge mit der Hand erforderlich. Mit der Maschine wird zwischen den Reihen gehackt. Der AK-Bedarf liegt somit bei wenigstens 100 h/ha, in ungünstigen Fällen auch darüber. Abflammen ist im Vorauflaufverfahren möglich, die Wirkung ist jedoch je nach Unkrautdruck und Geschwindigkeit des Auflaufens sehr verschieden. Zahlreiche Versuche zum Pflanzen von Futterrüben haben bisher noch nicht zu einem praxisreifen Verfahren geführt.

Ertragserwartung – Unter günstigen Bedingungen sind Erträge von 600 bis zu 800 dt Rüben möglich, womit enorme Flächenleistungen erbracht werden.

1.7.3 Kohlrüben (Steckrüben)

Kohlrüben werden sowohl zu Futter- als auch zu Speisezwecken angebaut. Im feuchten Klima auf ärmeren Sandböden sind sie den Futterrüben überlegen. Kohlrüben werden gewöhnlich Ende Mai, Anfang Juni gepflanzt, häufig nach Winterzwischenfrüchten. Direkte Saat erfordert einen erheblich höheren Handarbeitsaufwand zur Unkrautregulierung. Die gepflanzte Rübe verträgt nach dem Anwachsen (ca. 10 Tage nach dem Pflanzen) ein ganzflächiges Striegeln.

Die weitere Unkrautregulierung durch mechanisches Hacken und leichtes Häufeln ist unproblematisch und erfordert wenig Handarbeit. Kohlrüben besitzen eine relativ hohe Frostverträglichkeit (bis minus 8° C) und können daher noch spät im Herbst geerntet werden. Die Ertragserwartung liegt bei 300–600 dt Rüben, je nach Vorfrucht, Düngung und Witterung. Die eingeschränkte Lagerfähigkeit der Kohlrüben erfordert ein Verfüttern bis Anfang Februar.

1.8 Ganzpflanzensilagen (GPS) aus Getreide und Erbsen

Als Alternative zu Mais und Rüben oder zur Ergänzung der Ration eignen sich Ganzpflanzensilagen aus Getreide und Körnerleguminosen. In Frage kommen Gemenge aus Sommergerste oder Hafer und Erbsen (siehe Farbtafel 4). Im Vergleich zu Rüben oder Mais ist die Unkrautregulierung wesentlich einfacher und die Arbeitsbelastung geringer.

So läßt sich ein hoher Anteil im Anbau und in der Ration erreichen, was für größere Milchviehbetriebe interessant ist. Bei den Gemengen aus Getreide und Erbsen wird eine relativ hohe Energiekonzentration (5,5–5,8 MJ/kg TS) erreicht. Dagegen haben sich Ackerbohnensilagen wegen fehlender Schmackhaftigkeit und schlechter Siliereignung in der Praxis nicht bewährt.

Ganzpflanzensilagen mit Getreide sind gut zum Ausgleich eines Eiweißüberhangs in der Ration geeignet, da sie relativ geringe Rohprotein-Gehalte aufweisen. Fruchtfolgen mit einem hohen Anteil an Kleegras können durch den GPS-Anbau aufgelockert werden. Nachteilig sind die meist niedrigeren Futtererträge im Vergleich zu Mais oder Rüben.

Standort – Grundsätzlich ist der Anbau von GPS auf allen Standorten möglich, die sich zur Erzeugung von Sommergetreide eignen. Schwere Tonböden scheiden aus, ebenso Lagen, die zu extremer Frühsommertrockenheit neigen und nur unbefriedigende Sommergersteerträge erwarten lassen.

Vorfrüchte, Düngung – In der Fruchtfolgegestaltung sind Gemenge aus Getreide und Erb-

Tabelle 35   Erträge im ökologischen Futterbau

	Kleegras-Silage	Silomais	Rüben	Ganzpflanzen-Silage
% TS	25–45	25–30	14–15	20–30
MJ NEL/kg TS	5,0–6,4	6,0–6,5	7,2–7,5	5,5–6,2
% Rohprotein in der TS	10–25	8–10	8	8–12
% Rohfaser in der TS	24–30	25–30	7	22–28
m³ Silage/ha	30–50	30–40		25–35

sen wie Getreide zu behandeln. Sie können auch bei größerem Erbsenanteil den Leguminosenanbau (Kleegras) nicht ersetzen. Als Vorfrucht sollte wenigstens eine überwinternde Untersaat oder Zwischenfrucht stehen, Nachbau nach Kleegras ist vorteilhaft. Als Düngung empfiehlt sich eine Güllegabe (10–15 m³/ha) vor der Saat, oder eine Mistdüngung zur Vorfrucht. In die GPS läßt sich ein Kleegrasgemenge, das im selben Herbst oder auch im Folgejahr genutzt wird, gut untersäen. Da die Ernte etwa 14 Tage vor der Druschreife stattfindet, ist noch eine volle Nutzung des Kleegrases möglich.

Anbau – Die Ablage erfolgt etwas tiefer als bei Getreide üblich, um den Erbsen gerecht zu werden (4–6 cm). Untersaaten sollten in einem zweiten Arbeitsgang ausgebracht und wesentlich flacher gesät werden (1 cm), je nach Nutzungsdauer mit ein- oder mehrjährigem Kleegrasgemenge (siehe Seite 123). Die Unkrautregulierung erfolgt wie im Getreideanbau.

Gemengevorschläge:
80 kg Erbsen und 120 kg Gerste,
100 kg Erbsen und 100 kg Gerste.

Ernte – Die Ernte erfolgt etwa 14 Tage vor der Druschreife, gegen Ende der Teigreife. Exaktes Häckseln mit speziellen Häckslern ist notwendig, damit alle Körner angeschlagen sind (Einsatz einer Vielmesser-Trommel). Bei üppigen Untersaaten ist ausreichendes Abtrocknen des Bestandes notwendig, um TS-Gehalte von 25% in der Silage zu erreichen. Durch die relativ kurze Vegetationszeit von März bis Juli können keine maximalen Futtererträge erwartet werden. Erträge bis zu 35 m³/ha Silage sind möglich.

1.9 Planung der Futterwirtschaft

Gerade in der Umstellungszeit ist eine sorgfältige Planung der Futterwirtschaft unabdingbar. Zahlreiche Umstellungen waren in der Vergangenheit von Grundfutterknappheit begleitet, die bei sorgfältiger Planung hätten vermieden werden können.

Fast immer sinken in der Umstellung die Futtererträge und eine Erhöhung der Hauptfutterfläche je Tier ist erforderlich.

Dies geschieht entweder durch eine Erweiterung der Futterfläche bei gleicher Tierzahl oder durch eine Reduzierung des Viehbestandes. Bei der Abschätzung der zukünftigen Erträge sollte unbedingt auf die regionalen Erfahrungen zurückgegriffen werden und vorsichtig geplant werden. Futterplanung mit realistischen Ertragserwartungen sollte Bestandteil jeder Umstellungsplanung sein. Zusätzlich zur Grundfutterfläche muß auch die Kraftfutterfläche zur Verfügung gestellt werden.

Durch hohe kalkulatorische Deckungsbeiträge der Marktfrüchte im ökologischen Betrieb besteht die Gefahr, den Futterbau nicht mit ausreichender Menge in der Fruchtfolge zu berücksichtigen. Dies ist problematisch, da Ausgleich durch Zukauffutter nach den Richtlinien nur sehr begrenzt möglich ist. Vor allem, wenn eine hohe Grundfutterleistung der Kühe angestrebt wird, muß die dafür erforderliche Futtergrundlage (sowohl quantitativ als auch qualitativ) eingeplant werden. Ein ausreichend hoher Futterbauanteil in der Fruchtfolge erhöht auch die Ertragssicherheit der Marktfrüchte, da gute Vorfrüchte zur Verfügung stehen.

Hauptfutterfläche/GV – Die benötigte Futterfläche/GV ist eng an die Futtererträge gekoppelt. Erfahrungsgemäß werden für die Grundfutterversorgung bei Milchkühen 0,7–0,8 ha/GV benötigt, in günstigen Fällen auch weniger (0,6 ha/GV), bei sehr niedrigem Ertragsniveau mehr (bis 1 ha/GV).

Eine überschlägige Kalkulation der benötigten Grundfutterfläche und ein Vergleich mit ähnlich gelagerten ökologischen Betrieben bietet zum Abschluß der Futterplanung eine gute Kontrollmöglichkeit.

Abb. 48: Berechnung einer Futterbilanz (Beispiel).

Betrieb... *Meier* ...   Datum... *10.12.91* ...

<u>Futterbilanz</u>

Futterbedarf

Tierart	Stück	x MJ NEL/Stck	= MJ NEL gesamt
Milchkühe	*28*	x 25000	*700 000*
Färsenaufzucht Stück/Jahr	*11*	x 25000	*275 000*
Mutterkuh incl. Kalb		x 30000	
Bullenmast		x 20000	
Mutterschaf incl. Lämmer		x 4500	
Milchziege incl. Lämmer		x 4500	
....		x	
Gesamt-Futterbedarf			*975 000*

Futteranfall (netto)

Nutzung	ha	x MJ NEL/ha	= MJ NEL gesamt
Grünland extensiv, 1-2 Nutzungen 10000-15000 MJ NEL intensiv, gute Standorte 25000-35000 MJ NEL	*5* *12*	*15000* *25000*	*75000* *300000*
Kleegras mangelhafte Bestände, trockene Lagen bis 25000 MJ NEL gute Ackerstandorte, 3-4 Nutzungen bis 35000 MJ NEL sehr gute Erträge und Standorte 45000 MJ NEL und mehr	*15*	*35000*	*525000*
Futterrüben 400 dt = 30000 MJ NEL 600 dt = 47000 MJ NEL 800 dt = 63000 MJ NEL	*1*	*45000*	*45000*
Silomais 40000-50000 MJ NEL			
Ganzpflanzensilagen z.B. Gerste/Erbsen 30000-40000 MJ NEL	*6*	*30000*	*180000*
weitere Aufwüchse, Untersaat 10000-15000 MJ NEL			
....			
Futteranfall			*1125000*
- 10% Risikoabzug			*112500*
Gesamt-Futteranfall			*1012500*

Tabelle 36   Mögliche Fruchtfolgen bei verschieden hohen Futterflächenanteilen

% Futterbau in der Fruchtfolge	40%	60%	80%	100%
mögliche Fruchtfolge	Kleegras Kleegras Weizen + Untersaat Hafer Roggen + Untersaat	Kleegras Mais Hafer Kleegras Weizen	Kleegras Kleegras Mais/Rüben Hafer Ganzpflanzensilage	Kleegras Mais/Rüben Ganzpflanzensilage oder Kleegras Kleegras Mais/Rüben Ganzpflanzensilage

1.10 Fruchtfolgebeispiele für Milchviehbetriebe

In der Regel sollte auch nach der Umstellung die vorhandene Milchquote ausgenützt werden. Bei der Fruchtfolgeplanung ist die Milchquote je ha eine gute Hilfe. Die typischen Fruchtfolgen des organisch-biologischen Betriebes mit 40–60% Futterbau und ca. 40% Getreide sind dann anwendbar, wenn 2000 bis 3000 kg Milch/ha ermolken und für das Grundfutter 0,7–0,8 ha/GV benötigt werden. Bei einer Milchmenge von 5000 kg/ha und einem Futterflächenbedarf von 0,8 ha/GV wird dagegen fast die gesamte Betriebsfläche zur Grundfuttererzeugung benötigt. Steigt die zu erzeugende Milchmenge auf 6000 kg/ha, so müssen beständig gute bis sehr gute Futtererträge erzielbar sein, um die Tiere zu ernähren (Grundfutterfläche weniger als 0,6 ha/GV).
Hohe Milchmengen/ha lassen den Anteil für Verkaufsgetreide absinken und erfordern die gesamte Fläche zur Grundfuttererzeugung. In speziellen Fällen kann es vorkommen, daß die Futterfläche für eine ökologische Milchviehfütterung nicht ausreicht. Dann muß über eine Flächenerweiterung (Zupacht) oder eine Auslagerung der Jungviehaufzucht nachgedacht werden.
Die angeführten Beispiele beziehen sich ausschließlich auf die Grundfuttererzeugung. Für das benötigte Kraftfutter müssen zusätzliche Flächen eingeplant werden.

1.11 Wirtschaftlichkeit der Futtererzeugung

Die vielfältigen Leistungen des Futterbaus, die über die reine Futtererzeugung hinausgehen, lassen sich nicht so einfach geldmäßig bewerten. Der Wert für den gesamten Betrieb zeigt sich im Fruchtfolgedeckungsbeitrag (siehe Seite 40, Tabelle 4).

Tabelle 37   Erzeugungskosten einzelner Futterarten

	Kleegras-Silage		Silomais		Futterrüben		Gerste/Erbsen-Ganzpflanzensilage	
	3 Schnitte 60 dt TS	4 Schnitte 90 dt TS						
MJ NEL/ha	35 000	50 000	30 000	40 000	50 000	60 000	25 000	35 000
Düngung	50,—	50,—	200,—		150,—		100,—	
Saatgut	200,—	200,—	250,—		350,—		250,—	
Unkrautregulierung			150,—		1100,—		50,—	
variable Maschinenkosten	400,—	500,—	300,—		600,—		300,—	
Lohnmaschinen bei								
Saat			70,—		80,—			
Ernte	480,—	640,—	350,—				350,—	
Folie, Sonstiges	100,—	100,—	100,—				100,—	
variable Spezialkosten								
DM/ha	1230,—	1490,—	1420,—		2280,—		1150,—	
DM/10 MJ NEL	0,35	0,29	0,47	0,35	0,45	0,38	0,46	0,33

Für die praktische Betriebswirtschaft reicht es, sich über die Erzeugungskosten einzelner Futterarten Klarheit zu verschaffen.

Die variablen Kosten setzen sich im wesentlichen aus dem Saatgut- und Maschinenaufwand zusammen. Für wirtschaftliche Futtererzeugung im ökologischen Betrieb kommt es vor allem auf die Erzielung stabiler und hoher Erträge an. So können die vorhandenen Kosten besser verteilt werden. Die günstigsten Erzeugungskosten weist ein erfolgreicher Kleegras- oder Luzernefutterbau auf. Einzelbetrieblich muß entschieden werden, welche Futterarten darüber hinaus angebaut werden können. Tabelle 39 liefert dazu Anhaltspunkte.

2 Getreide
W. DREYER

Das Getreide hat im organisch-biologischen Landbau vom Anbauumfang her die größte Bedeutung. Die Brotgetreidearten Weizen und Roggen sind die beiden wichtigsten Getreidearten, aber auch Hafer für Haferflocken und Braugerste für »Bio-Bier« spielen eine zunehmende Rolle.

Das Getreide kann auf verschiedenen Wegen vermarktet werden: an Vertragsmühlen, gereinigt an Bäcker oder Hofkunden oder auch in verarbeiteter Form als Brot ab Hof.

Der Getreideanteil an den Ackerflächen nimmt in den meisten Betrieben nicht mehr als 50% ein (siehe Seite 81, Tabelle 14, Ackerflächenverhältnis verschiedener Betriebstypen): Dies bedeutet große Vorteile für die vorbeugende Gesunderhaltung der Getreidebestände und erleichtert die Unkrautregulierung.

2.1 Saatgut

Bioland-Richtlinien Nr. 2.6.2 und 3:
Wenn Zertifiziertes Saat- und Pflanzgut geeigneter Sorten aus ökologischer Erzeugung im Sinne der IFOAM-Richtlinien zur Verfügung steht, muß dieses verwandt werden. Ansonsten kann auf konventionell erzeugtes, ungebeiztes Saat- und Pflanzgut zurückgegriffen werden. Saat- und Pflanzgut darf nicht mit chemisch-synthetisierten Pflanzenschutzmitteln (Beizmitteln) behandelt werden.

Der Bioland-Verband informiert über das regionale Angebot an ökologisch erzeugtem Z-Saatgut. Dieses wird, zusätzlich zu den gesetzlichen Kontrollen noch auf Befall mit saatgutbürtigen Krankheitserregern, wie z. B. Brandsporen untersucht. Falls Z-Saatgut aus ökologischer Erzeugung nicht zur Verfügung steht, darf konventionell erzeugtes, ungebeiztes Z-Saatgut oder eigener Nachbau verwendet werden. Bei längerem Eigennachbau ist eine Untersuchung auf saatgutbürtige Krankheiten ebenfalls empfehlenswert.

2.2 Sorten

Bei der Sortenwahl sind bestimmte Kriterien zu berücksichtigen, die in der »Beschreibenden Sortenliste« des Bundessortenamtes zu finden sind. Nach Untersuchungen von STÖPPLER (1988, 1989) kann die Auswahl geeigneter Winterweizensorten nach folgenden Kriterien vorgenommen werden:

▶ Die Anforderungen der Verarbeiter an die Backqualität überprüfen. Wird das Getreide für die Herstellung von Vollkornmehl oder die industrielle Vollkornbrot- und Brötchenherstellung verwandt, müssen A-Sorten der höchsten Qualitätsgruppen angebaut wer-

Abb. 49: Dinkel kann reif geerntet oder milchreif zu Grünkern verarbeitet werden.

den. Dient das Getreide der Herstellung von Fein- und Mittelschrotbroten oder der handwerklichen und häuslichen Vollkornbrotherstellung, können auch ertraglich bessere A- und B-Sorten angebaut werden. Die Einstufungen der »Beschreibenden Sortenliste« sind übertragbar.

▸ Die Ergebnisse von regionalen Sortenversuchen, vor allem auf ökologischen Betrieben heranziehen. Zusätzliche Informationen aus der neuesten »Beschreibenden Sortenliste« und den Ergebnissen von Landessortenversuchen (vergleichbare Standortbedingungen, möglichst geringe Intensitätsstufen) entnehmen und die Erfahrungen anderer ökologischer Betriebe in der Region erfragen.

▸ Auf überdurchschnittliche bis große Wuchshöhe achten.

▸ Sorten mit hohen Tausendkorn- oder Einzelährengewichten (Körner/Ähre + Tausendkorngewicht) wählen. Sorten, die speziell eine hohe Bestandesdichte benötigen, scheiden aus, falls nicht sehr gute Wachstumsbedingungen erwartet werden.

▸ Gute Resistenzeigenschaften, vor allem gegen Gelb- und Braunrost, Spelzenbräune, Fusarium und Mehltau, je nach Krankheitsdruck der Region berücksichtigen.

In dieser Untersuchung von STÖPPLER über Winterweizen, wie auch in einer Arbeit von KÖLSCH (1988) über Winterroggen war das Ergebnis,

daß die modernen Sorten gegenüber den älteren Sorten ertragsstärker sind. Beide Arbeiten zeigen auch, daß die Ergebnisse aus der Beschreibenden Sortenliste auf den ökologischen Landbau übertragbar sind.

Ein ähnliches Vorgehen bei der Suche nach einer für den organisch-biologischen Landbau geeigneten Sorte läßt sich auch auf die anderen Getreidearten übertragen.

2.3 Aussaatmengen

Aussaatmengen sind oft von Region zu Region sehr unterschiedlich.

»Besondere« Aussaatmengen für den ökologischen Landbau gibt es nicht.

Als Orientierung empfiehlt sich eine Anlehnung an das ortsübliche Niveau. Auf Zuschläge bei Spätsaaten von Winterweizen und Winterroggen ist zu achten. Wenn im Frühjahr die Bestände zu dünn sind, so liegt das fast immer an einer mangelhaften Stickstoffversorgung, selten nur an zu geringen Aussaatmengen. Bei eigenem Nachbau sollte in jedem Fall die Keimfähigkeit überprüft werden.

Die Saatstärke hat nahezu keinen Einfluß auf den Kornertrag des Weizens (Tabelle 38).

2.4 Saattermin

Im ökologischen Getreidebau weichen die Aussaattermine für Wintergetreide oft von den konventionell üblichen ab. Während sich im konventionellen Landbau immer stärker der Trend zur Frühsaat bei Wintergetreide durchsetzt (Winterweizen und -roggen werden dann bereits ab September ausgesät), sind im ökologischen Anbau eher spätere Saattermine gebräuchlich:

▸ Auf allen Standorten geht der Unkrautdruck, insbesondere auch der Besatz mit Gräsern (Windhalm und Ackerfuchsschwanz) bei späterem Saattermin zurück.

▸ Auf allen leichten Böden, die für eine späte Bodenbearbeitung im Herbst geeignet sind, und auf denen vor Wintergetreide eine Gründüngung eingepflügt wird, verhindert eine Spätsaat (im November) eine zu starke unerwünschte Mineralisation von Stickstoff im Herbst.

Tabelle 38 Auswirkungen verschiedener Saatstärken bei Winterweizen auf den Kornertrag (Durchschnitt über drei Saatzeiten und zwei Sorten, Neu-Eichenberg 1986–88, STÖPPLER, 1989)

Saatstärke [1]	Keimpflanzen/m^2	Ähren/m^2	Körner/Ähre	Kornertrag
350	254	340	28,6	41,0 dt/ha
500	343	386	26,0	42,0 dt/ha
650	428	433	23,0	41,1 dt/ha

[1] Keimfähige Körner/m^2.

Auf allen lehmigen und tonigen Standorten muß der Saattermin so gewählt werden, daß auf jeden Fall die sichere Befahrbarkeit des Standortes bei ausreichend trockenem Boden gegeben ist. Ein zu nasser Boden bei der Aussaat kann auf diesen Böden zu deutlichen Ertragseinbußen führen.

Sommergetreide muß entsprechend den üblichen Saatzeiten bestellt werden. Aber auch hier ist unbedingt zu beachten, daß eine zu frühe Bodenbearbeitung bei zu nassem Boden wesentlich größere Ertragseinbußen bedeutet, als ein späterer Aussaattermin bei guten Bodenbedingungen.

2.5 Unkrautregulierung

Das wichtigste Gerät zur Unkrautregulierung im Getreidebau ist der **Striegel** (siehe Seite 110, Direkte Unkrautregulierung). Er kann entweder bis zum Spitzen des Getreides im Vorauflauf oder nach dem 3-Blattstadium eingesetzt werden. Im 1−3-Blattstadium sind die Getreidepflanzen gegenüber einem Verschütten sehr empfindlich. Neben der Unkrautregulierung wird gleichzeitig eine oberflächliche Lockerung und bessere Belüftung des Bodens erreicht.

Auf schweren, zur Verkrustung neigenden Böden und auf Ackerfuchsschwanzstandorten kommt oft zusätzlich zum Striegel die **Getreidehacke** zum Einsatz. Beim Hacken muß der Reihenabstand mindestens 17 cm betragen. Gehackt wird mit Einzelparallelogrammen. Dabei

sollte die Hackmaschine die gleiche Arbeitsbreite wie die Drillmaschine haben. Vom Hackmesser aus zur Reihe muß jeweils ein Abstand von 4 cm vorhanden sein, um Getreidewurzeln nicht zu stark zu beschädigen.

Bei Sommergetreide ist ein Striegeln im Vorauflauf für die Unkrautregulierung von größerer Bedeutung als im Wintergetreide. Besonderheiten bei den einzelnen Getreidearten sind auf Seite 136 aufgeführt.

2.6 Düngung

Auf den organisch-biologischen Betrieben sind in der Regel die Wirtschaftsdünger knapp. Deshalb stellt oft die einzige Düngung die Wirkung der Vorfrucht und der Fruchtfolge dar. Aus diesem Grund spielt der Anbau von **Leguminosen** als Hauptfrucht oder als Zwischenfrucht zur Düngung der Folgekulturen eine große Rolle. Durch die Umsetzung der nährstoffhaltigen Rückstände im Boden wird die Folgefrucht gedüngt.

Gülle oder **Jauche** können im Getreide zur Bestockung gegeben werden (10−20 m³/ha) und damit zur Verbesserung des Rohproteingehaltes beitragen, wenn sie auch bei guter Vorfrucht nicht immer ertragswirksam werden. Eine Düngung mit Mist zeigt erfahrungsgemäß vor allem bei Sommergetreide eine Ertragswirkung. Mist (gut verrottet) sollte dann möglichst vor dem Pflügen im Frühjahr gestreut werden.

Abb. 50:   Mechanische Unkrautregulierung bei Getreide.

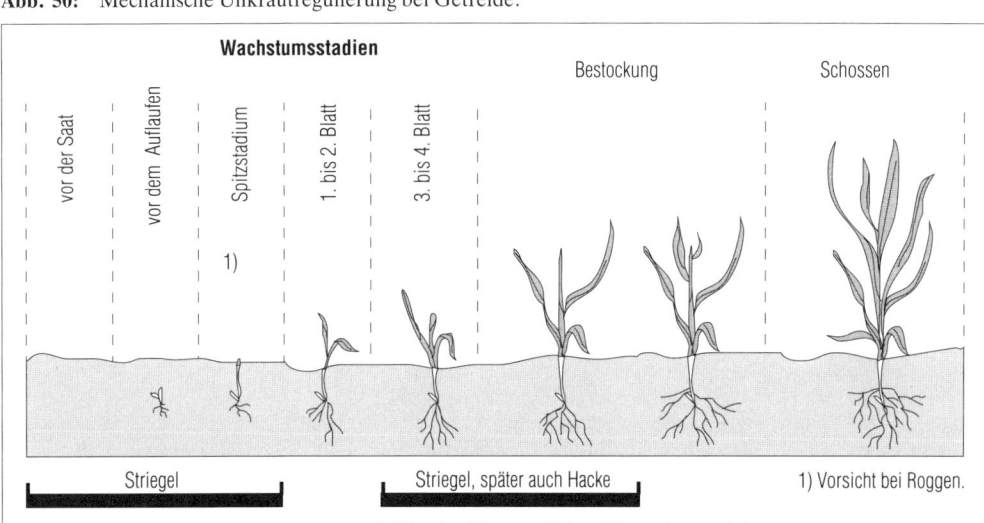

Abb. 51: Weizen ist die wichtigste und gefragteste, aber auch anspruchsvollste Getreideart.

2.7 Einzelne Getreidearten

2.7.1 Weizen

Winterweizen wird vor allem als Brotgetreide verwertet. Weizen verlangt eine gute Vorfrucht. In der Fruchtfolge steht er deshalb in der Regel nach Kleegras, Grünbrache oder Körnerleguminosenvorfrucht. Winterweizen sollte nur auf den typischen Weizenböden angebaut werden. Auf für Winterweizen zu leichten Böden ist eher ein Anbau von Sommerweizen möglich. Als einzige Getreidevorfrucht ist vor Weizen Hafer möglich.
Winterweizen verträgt von den Getreidearten das Striegeln am besten. Winterweizen kann deshalb im Frühjahr sehr scharf mit dem Striegel bearbeitet werden.

2.7.2 Roggen

Roggen ist eine genügsame Getreideart, die zugleich auch von allen Getreidearten die selbstverträglichste ist. Roggen hat von den Getreidearten die größte Konkurrenzkraft gegenüber Unkräutern. Typische Roggenstandorte sind

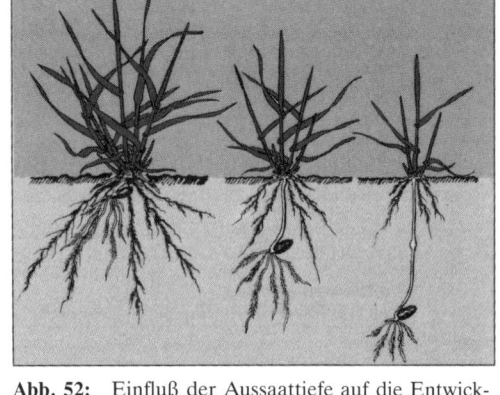

Abb. 52: Einfluß der Aussaattiefe auf die Entwicklung der Roggenpflanze (SEIFFERT, 1968).

die leichten Böden, auf schwereren Böden sind nur gute Erträge zu erzielen, wenn der Standort im Winter nicht zur Vernässung neigt. Roggen ist hier wesentlich empfindlicher als Weizen. Er verlangt unter den Getreidearten die flachste Aussaat (»Roggen will den Himmel sehen«). Eine Aussaattiefe von 1–3 cm ist unbedingt zu beachten. Da der Bestockungsknoten beim Roggen in 1 cm Tiefe liegt, sollte nur vorsichtig oder, falls es der Unkrautdruck zuläßt, möglichst gar nicht gestriegelt werden.
Die Verdoppelung der Saattiefe (beispielsweise von 2,7 auf 5,4 cm) verursacht einen Ertragsrückgang von 30% (Tabelle 40).

Tabelle 40 Bedeutung der Saattiefe für den Roggenertrag (LOCHOW; nach AUFHAMMER und FISCHBECK, 1973)

Saattiefe cm	Ertrag dt/ha
1,3	34,8
2,7	36,8
5,4	25,8
7,1	18,2

Tabelle 39 Steckbrief Winterweizen

Winterweizen	
Vorfrucht:	Kleegras, Körnerleguminosen, Hackfrucht, Grünbrache
Saatstärke:	400–450 Körner/m², ca. 180–220 kg/ha
Saattermin:	je nach Bodenart und -zustand
Reihenabstand:	in Abstimmung mit der Pflege
Unkrautregulierung:	Vorfrucht, Bestellung, Striegel, Hacke
Düngung:	Vorfrucht, Mist, Kompost, Jauche, Gülle
Saatgut:	Sortierung auf 2,5–2,8 mm
Sortenwahl:	langstrohig
	breite Resistenz: Rost, Fusarium, Spelzenbräune
	Qualität (mindestens B4)

In den »garen« Bodenbereichen sind die Bodenkrümel fest mit den Wurzeln verklebt (siehe Seite 71).

Farbtafel 1 – Boden/Leguminosen

Knöllchen an Leguminosen: »Stickstoffabriken« im ökologischen Landbau (siehe Seite 92).

Ein Blühstreifen neben dem Gemüseacker bietet Nützlingen Lebensraum und Nahrungsgrundlage (siehe Seite 102).

Laufkäfer sind wichtige Nützlinge: Sie fressen Nacktschnecken, Drahtwürmer und Engerlinge (siehe Seite 102).

Farbtafel 2 – Pflanzenschutz

Schwache Restverunkrautung fördert Nützlinge und vermindert dadurch den Schädlingsbefall (siehe Seite 100).

Gelbtafel: Die attraktive Wirkung der Farbe Gelb auf die meisten Insekten wird dazu genutzt, den Flug von Schädlingen zu kontrollieren (siehe Seiten 107 und 196).

Landsberger Gemenge (Winterwicken, Inkarnatklee, Welsches Weidelgras) nutzt die Winterfeuchtigkeit und liefert frühes Futter (siehe Seite 125).

Kleeuntersaat unter Mais bedeckt den Boden, verhindert Erosion und sammelt Stickstoff (siehe Seite 127).

Farbtafel 3 – Futterbau

5 Kleearten an einer Stelle: Rot-, Weiß-, Schweden-, Hornschoten- und Gelbklee (siehe Seite 118).

Braugerste mit Luzerne-Untersaat: Interessante Getreideart bei zunehmender Nachfrage nach »Öko-Bier« (siehe Seite 141).

Farbtafel 4 – Getreide

Mit Ähren-Fusarium befallene Partien sorgfältig trocknen, um der Mykotoxinbildung vorzubeugen (siehe Seite 145).

Ganzpflanzensilagen aus Getreide und Erbsen liefern ein energiereiches Futter und räumen das Feld früh (siehe Seite 129).

Tabelle 41   Steckbrief Winterroggen

Winterroggen	
Vorfrucht:	möglichst gut, Futterbau, Winterweizen
Saatstärke:	200–275 Körner/m², ca. 100–130 kg/ha
Saattermin:	so spät, wie es der Standort erlaubt
Saattiefe:	flach! 1–2 cm, gut abgesetztes, rückverfestigtes Saatbett
Pflege:	vorsichtiges Striegeln ab dem 4. Blatt
Düngung:	Mist/Kompost im Herbst, Gülle oder Jauche im Frühjahr
Ernte:	Roggen ist stark auswuchsgefährdet, bei Vollreife sofort ernten

2.7.3 Hafer

Hafer findet im ökologischen Landbau Verwendung als Schälhafer zur Flockenherstellung und als Futtergetreide. Beim Anbau als Schälhafer müssen die Ansprüche der Verarbeiter an die Sorte unbedingt berücksichtigt werden. Ein Hektolitergewicht von mindestens 54 kg ist erforderlich für die Abnahme.

Auf leichteren Standorten sollte die Aussaatstärke 120 kg/ha (= ca. 280 Körner/m²) betragen, weil ein dünner Bestand besser ernährt werden kann und bessere Hektolitergewichte erreicht. Auf besseren Standorten beträgt die übliche Aussaatstärke 140 kg/ha (= ca. 320 Körner/m²).

Hafer gilt unter den Getreidearten als Gesundungsfrucht. Er überträgt weder Halmbruch noch Schwarzbeinigkeit.

2.7.4 Gerste

Gerste wird für verschiedene Verwertungseinrichtungen angebaut, als Futter-, Speise- oder Braugerste. Wintergerste wird nur wenig angebaut, weil der erforderliche frühe Saattermin Probleme mit zu starkem Unkrautbesatz mit sich bringt. Gelegentlich wird auch Nacktgerste angebaut, die als Konsumgetreide nicht geschält werden muß.

Soll Gerste als Schälgerste angebaut werden, ist unbedingt eine Sortenabsprache mit dem aufnehmenden Händler erforderlich.

Braugerste wird normalerweise nur bei Vertrag mit einer Mälzerei angebaut. Von der Mälzerei werden auch die Sorten vorgegeben. Bei Braugerste müssen bestimmte Qualitätskriterien eingehalten werden (niedriger Eiweißgehalt, hoher Vollgerstenanteil). Eine gute Wasserführung des Standortes sowie eine verhaltene Stickstoffversorgung sind dafür Voraussetzung. Gerste, insbesondere Sommergerste hat nur eine geringe Konkurrenzkraft gegenüber Unkraut, noch empfindlicher ist die Nacktgerste. Das Striegeln im Vorauflauf ist deshalb von großer Wichtigkeit. Von der Vorfruchtstellung her stellt die Gerste keine besonderen Ansprüche (siehe Farbtafel 4).

2.7.5 Dinkel

Dinkel ist eine Kulturform des Weizens (siehe Abbildung 49, Seite 133). Im Gegensatz zum üblichen Nacktweizen ist der Dinkel nach dem Drusch bespelzt. Das Entspelzen, das sog. Gerben, findet nach der Ernte statt. Wird der Dinkel in der Milchreife geerntet, kann durch ein anschließendes »Darren«, einen besonderen Trocknungsvorgang, **Grünkern** erzeugt werden. Dinkel wächst auch auf nicht weizenfähigen Böden (zu naß, zu kalt) und stellt gegenüber dem Weizen geringere Vorfruchtansprüche. Er darf nicht zu gut mit Stickstoff ernährt werden, da er leicht lagert.

Tabelle 42   Steckbrief Hafer

Hafer	
Vorfrucht:	Getreide mit Zwischenfrucht, Untersaat, Grünlandumbruch etc.
Saatstärke:	280–320 Körner/m², ca. 100–140 kg/ha, niedrige Saatstärke ergibt hohes Hektolitergewicht
Saatzeitpunkt:	möglichst früh
Standort:	einigermaßen gesicherte Wasserversorgung
Pflege:	Anwalzen nach der Saat; Blindstriegeln; vorsichtiges Striegeln ab dem 4. Blatt
Qualität:	Hektolitergewicht über 54 kg/hl, Sortierung 2 mm, 15% Eiweißgehalt

Tabelle 43   Steckbrief Braugerste

Braugerste

Vorfrucht:	Getreide, Zwischenfrucht, nicht zu gut
Boden:	ausreichend sichere Wasserversorgung, zeitig befahrbar
Saatstärke:	250–300 Körner/m², ca. 140–180 kg/ha,
	frühe Aussaat (Ende März/Anfang April)
Pflege:	sorgfältige Saatbettbereitung, Anwalzen, Blindstriegeln, Striegeln im 4-Blattstadium
Düngung:	bei schlechter Vorfrucht Jauche
Ernte:	schonend, Keimfähigkeit bewahren
Qualität:	97% Keimfähigkeit, 90% Vollgerste (über 2,5 mm), max. 12% Eiweiß,
	Minderqualität: Preisabzüge, Ablehnung

2.7.6 **Praxisbericht** Grünkern

Ende Juli, Anfang August trennen sich die Wege für den Dinkel zur Abreife und den Dinkel für die Grünkernerzeugung.

Bei Beginn bis Mitte der Teigreife werden die Parzellen ausgesucht, die bei gleichmäßigem Reifezustand und genügender Korngröße die besten Voraussetzungen für den Grünkern bieten. Der optimale Druschzeitpunkt des grün zu erntenden Dinkels ist dann erreicht, wenn bei einer Druckprobe des einzelnen Spelzes zwischen Daumen und Zeigefinger keine Milch mehr austritt, der teigige Kern sich jedoch leicht ausdrücken läßt. Dieser Zustand des Dinkelkornes hält je nach Witterung nur sehr kurz an und begrenzt somit Erntezeitraum und Erntemenge des Grünkern.

Es darf nur soviel grüner Dinkel gedroschen werden, wie anschließend sofort gedarrt werden kann. Zu langes Lagern des bis zu 40% Feuchtigkeit enthaltenden Erntegutes führt nach 6–12 Stunden zu Braunfärbung, Säuerung, Gärung bis hin zur Schimmelbildung. Beim Drusch muß berücksichtigt werden, daß die weichen Körner weder verletzt noch gequetscht werden dürfen.

Unsere Darre entstand 1983/84 in Zusammenarbeit mit dem Bioland-Kollegen WALTER STURM. Nach langwierigen Überlegungen und vielen Besichtigungen der verschiedenen Darresysteme (Handdarre, Riedberg-Durchlauftrockner, Muldentrocknung) haben wir uns für den Bau einer eigenen Darre entschieden. Da die Handdarre sehr aufwendig ist und eine Ölbefeuerung nicht in Frage kam, entschlossen wir uns für den Umbau eines ausgedienten Betonmischers, dem zentral mit einem Gebläse über Buchenholzfeuer erhitzte Luft zugeführt wird.

Der Mischer sorgt während des Darrvorganges für eine ständige, gleichmäßige Durchmischung des Grünkerns, um eine bessere Trocknungsleistung zu erzielen. Außerdem würde der unbewegte Grünkern sonst bei den hohen Temperaturen verbrennen.

Sofort nach dem Drusch wird der Mischer über ein Förderband mit dem grünen Dinkel befüllt. Die Befüllmenge liegt bei 3,5–4 m³, was je nach Jahr und Witterung dem Ertrag von 0,75 ha entspricht.

Durch die Trocknung schrumpft das Volumen, unabhängig von der Ausgangsfeuchte, um 30–35%, wobei dann, je nach Qualität und Korngröße, ein Raumgewicht von 390–460 kg/m³ unterstellt werden kann.

Der Darrvorgang kann etwa in vier Abschnitte unterteilt werden:

▶ Am Anfang wird der grüne Dinkel langsam bei 50–70° C erhitzt; eine zu schnelle hohe Temperatur würde zu ungewünschter intensiver Braunfärbung führen.

▶ Nach etwa 1 Stunde wird die Temperatur auf 130° C erhöht und über 2–3 Stunden konstant gehalten, was bei der reinen Holzbefeuerung nur mit Buchenscheiten hinsichtlich der Temperaturführung Erfahrung und Fingerspitzengefühl verlangt.

▶ Anschließend wird für ca. 1 Stunde die Temperatur auf 60–40° C reduziert. Bei einer Korntemperatur von 40° C und einer Feuchte von 11% bis max. 13% wird die Darre entleert.

▶ Der vierte und letzte Abschnitt beinhaltet die Abkühlungsphase. Hierbei muß die Temperatur des Grünkerns kontrolliert werden, um ein zu starkes, nachträgliches Erwärmen des Kerns durch den Spelz mittels mehrmaligem Bewegen zu verhindern. Eine stärkere Erwärmung könnte auch hier noch zur Braunfärbung führen. Nach dem Abkühlen kann der Grünkern über Monate im Spelz gelagert werden, bis er in der Mühle gegerbt wird. Bei der Lagerung ist lediglich darauf zu achten, daß bei eventueller Belüftung die niedrige Kornfeuchte von 12–13% erhalten bleibt und eine Rückbefeuchtung durch feuchte Außenluft verhindert wird.

Da für die Grünkernerzeugung nur ein geringer Zeitraum (Beginn bis Mitte Teigreife) zur Verfügung steht und unsere Darre von zwei Betrieben genutzt wird, wird nicht selten rund um die Uhr gearbeitet.

Diejenigen Parzellen, die den geeigneten Zeitpunkt überschritten haben, reifen dann zu normalem Dinkel ab. Beim Drusch ist hier die brüchige Ährenspindel zu beachten. Die Haspeldrehzahl sollte deshalb reduziert werden, um Verluste zu vermeiden. Um zu verhindern, daß Körner aus dem Spelz gedroschen und dadurch beschädigt werden, sollte der Korb geöffnet werden.

Die großen Strohmengen schaffen einigen Mähdreschern Probleme, vor allem, wenn sie gehäckselt und gut verteilt werden sollen. Wir bergen deshalb meist das Dinkelstroh und benutzen es als Einstreu im Tieflaufstall.

In einer etwas arbeitsärmeren Zeit werden dann der Dinkel und der Grünkern in die Mühle gebracht, wo sie in einem speziellen Schälverfahren, dem Gerbgang, vom Spelz befreit werden. Zwischen zwei Mahlsteinen, deren Abstand exakt eingestellt werden muß, wird der Dinkel so lange gerieben, bis er sich vom Spelz löst, ohne dabei verletzt zu werden. Anschließend müssen Spreu und Dinkel oder Grünkern in der Reinigung getrennt werden. Die Spreu, deren Anteil immerhin ⅓ beträgt, wird gerne als Viehfutter verwendet.

Die vielen Arbeitsgänge, der hohe Zeit- und Arbeitsaufwand bei der Dinkel- und vor allem bei der Grünkernerzeugung rücken nun hoffentlich auch den oft nicht verstandenen höheren Preis in ein anderes Licht.

Wegen ihres Magnesium-, Phosphor-, Eisen- und Eiweißgehaltes sind Dinkel und Grünkern ein wertvolles Nahrungsmittel und eine Bereicherung für jeden Speiseplan.

MARKUS BORNEBUSCH, bio-land 2/88

2.7.7 Triticale

Triticale ist eine Kreuzung zwischen Weizen und Roggen. Triticale kann sowohl als Futter- als auch als Brotgetreide angebaut werden. Von den Ansprüchen an die Vorfrucht steht er dem Roggen nahe, von der Pflanzenernährung ist er eher wie Weizen zu behandeln.

2.8 Wichtige Getreidekrankheiten und Schädlinge
S. PADEL, B. WUNDERLICH

Gelbverzwergungsvirus (barley yellow dwarf virus)
Bedeutung: Tritt an fast allen Getreiden auf, kann vor allem in trockenen Jahren zu beträchtlichem Ernteausfall im Sommergetreide wegen Kümmerkorn führen.
Schadbild: Rotverfärbung des Fahnenblatts (nicht immer), verzwergte, gelbliche Pflanzen, im Wuchs zurück, aber meist erst kurz vor der Ernte deutlich zu erkennen. Verwechslungsgefahr mit anderen Krankheiten relativ groß.

Biologie: Wird im Herbst oder Frühjahr durch Blattläuse übertragen und schädigt die Leitgefäße der Getreidepflanze, so daß der Wassertransport behindert wird.

Vorbeugende Maßnahmen: Stoppelreste von befallenen Schlägen sorgfältig zur Verrottung einarbeiten. Durch Nützlingsförderung den Blattlausbefall verringern.

Direkte Bekämpfung: Keine.

Schneeschimmel (Fusarium nivale)

Bedeutung: Wichtigster Keimlingsparasit, insbesondere an üppig entwickelten Wintergetreidesaaten, unter Schneedecke.

Schadbild: Fehlstellen, Keimlinge sind korkenzieherartig verdreht. Das Pilzmycel ist weißlichrosafarben.

Biologie: Verbreitung durch Mycelwachstum unter geschlossener Schneedecke auf ungefrorenem Boden (Temperatur über $0°$ C). Die Übertragung geht von Strohresten oder befallenen Samen aus.

Vorbeugende Maßnahmen: Die Aussaat sollte nicht zu früh und zu tief erfolgen. Wichtig ist eine sorgfältige Einarbeitung der Ernterückstände. In Befallslagen sollte auf Getreidevorfrucht verzichtet werden. Saatgutreinigung über 2,5 mm, um Infektion über Saatgut zu verringern.

Direkte Maßnahmen: Keine.

Fußkrankheiten (Halmbruch und Schwarzbeinigkeit, Pseudocercosporella herpotrichoides und Gaeumannomyces graminis)

Bedeutung: Die beiden Fußkrankheiten treten bei engeren Getreidefruchtfolgen auf. Während in feuchtkühlen Klimaten auf schwereren Böden Halmbruch auftritt, ist auf leichteren Böden eher mit Schwarzbeinigkeit zu rechnen.

Schadbild: Fußkrankheiten werden häufig erst bemerkt, wenn in den Ähren partielle Taubährigkeit zu finden ist. Die Unterscheidung der Erreger ist problematisch. Am Halmgrund sind schon frühzeitig die folgenden Symptome zu erkennen. **Halmbruch:** Augenflecken = heller Hof mit dunkel ausgefranstem Rand an den Blattscheiden − sichtbar bereits am Ende der Bestockung, vor allem an weiter innen liegenden Blattscheiden. Die Halmbasis ist vermorscht. **Schwarzbeinigkeit:** Das Wurzelwerk verfärbt sich schwarz, Wurzelteile sterben ab.

Biologie: Der Halmbruch-Pilz überdauert mehrere Jahre auf Stoppelresten. Bei feuchtkühler

Witterung ($5-10°$ C) werden Pflanzen im Herbst oder im Frühjahr befallen. Weizen ist empfindlich, Roggen kaum. Bei der Schwarzbeinigkeit erfolgt die Erstinfektion über befallene Stoppel- und Wurzelreste.

Vorbeugende Maßnahmen: Sorgfältige Bodenbearbeitung und gute Bodendurchlüftung sowie organische Düngung. Ein aktives Bodenleben wirkt dem Erreger entgegen. Fruchtfolge: Getreideanteil verringern.

Direkte Bekämpfung: Keine.

Rostkrankheiten (Puccinia-Erkrankungen)

Bedeutung: Schäden treten vorrangig bei spät abreifenden und empfindlichen Sorten auf. Im Norden hat der Gelbrost, im Süden der Braunrost größere Bedeutung.

Schadbild: Auf und unter den Blattspreiten treten gelbliche oder dunkelbraune Pusteln auf. Bei starkem Befall kann Kümmerkorn auftreten.

Biologie: Die Verbreitung erfolgt auf lebendem Wirtsgewebe durch Sporenflug. Über Winter hält sich der Erreger an Ausfallgetreide.

Vorbeugende Maßnahmen: Anbau resistenter oder teilresistenter Sorten. Das Wintergetreide sollte nicht zu früh, die Sommerung nicht zu spät gedrillt werden.

Direkte Bekämpfung: Eventuell Wasserglas spritzen (10 l/ha).

Braunspelzigkeit (Septoria nodorum)

Bedeutung: Braunspelzigkeit tritt in sommerfeuchten Anbaulagen bei Sommer- und Winterweizen auf.

Schadbild: Keimlinge reagieren auf Befall mit Verbräunungen und Verkümmerung. Auf Blattspreiten treten längliche bräunliche Flecken auf. Auffällig sind die Bräunung der Spelzen, an denen auch braunviolette Punkte auftreten können − sichtbar kurz nach dem Ährenschieben.

Biologie: Die Infektion geht von infiziertem Saatgut oder befallenen Ernterückständen aus. Die Verbreitung im Bestand erfolgt über die Blattflecken.

Vorbeugende Maßnahmen: Gesunde und kräftig entwickelte Pflanzen sind weniger anfällig. Die Erstinfektion über Enterückstände kann durch sorgfältige Stoppelbearbeitung und eine weitere Fruchtfolge eingedämmt werden. Saatgutqualität mit Sortierung über 2,5 mm verhindert die Samenübertragung.

Direkte Bekämpfung: Keine.

Mehltau *(Erysiphe graminis)*
Bedeutung: Tritt vereinzelt in Beständen auf, führt nur bei empfindlichen Sorten oder bei starker Gülle- und Jauchedüngung zu stärkerem Befall. Der Bestand wächst in der Regel dem Mehltau davon.
Vorbeugende Maßnahmen: Weniger anfällige Sorten anbauen und die Düngung reduzieren.
Direkte Bekämpfung: Keine.

Ährenfusariosen *(Fusarium culmorum)*
(siehe Farbtafel 4)
Bedeutung: Neben Ertragseinbußen führen Ährenfusariosen zu Pilzbefall in Getreidesamen. Fusarien sind Mykotoxinbildner, Probleme an Getreide treten in der Regel aber nur bei unsachgemäßer Lagerung auf. Der Pilzbefall ist unter anderem verantwortlich für verminderte Keim- und Backqualität sowie herabgesetzte Fütterungseignung aufgrund von Mykotoxinen. Regenreiche Witterungsverhältnisse nach dem Ährenschieben fördern den Befall.
Schadbild: Es treten Wachstumshemmungen auf. Einzelne Ährchen sind taub und die Spelzen von einem lachsfarben-rötlichen Belag überzogen. Stark befallene Weizenkörner sind rötlich-weißlich gefärbt und schrumpelig.
Biologie: Der Befall erfolgt über befallene Ernterückstände oder Dauerfruchtkörper im Boden und über infiziertes Saatgut.
Vorbeugende Maßnahmen: Weite Getreidefruchtfolge und sorgfältige Strohverrottung. Saatgut über 2,5 mm Siebe sortieren, da kleine Körner geringere Triebkraft besitzen und die Übertragungsgefahr größer ist. Unempfindliche Sorten anbauen.
Direkte Bekämpfung: Mit Ährenfusarien befallene Partien sollten sehr sorgfältig getrocknet und gelagert werden, um die Gefahr der Mykotoxinbildung zu verringern.

Mutterkorn *(Claviceps purpurea)*
Bedeutung: Mutterkorn tritt bevorzugt in feuchtkühlen Jahren an Roggen auf. Die Überdauerungsorgane des Pilzes enthalten giftige Alkaloide. Die gesetzliche Grenze für Mutterkornanteil in Erntegut liegt bei 1,0 g Mutterkorn/kg Roggen in der Bundesrepublik Deutschland und bei 0,5 g Mutterkorn/kg Roggen auf EG-Ebene. Daher ist bei befallenen Partien sorgfältige Reinigung des Erntegutes erforderlich. Es kann sinnvoll sein, den äußeren Rand getrennt zu ernten und zu lagern, damit nicht das ganze Erntegut vom Mutterkorn gereinigt werden muß. Eine leistungsstarke Reinigung mit Auslesetisch ist erforderlich, um Bruchmutterkorn zu entfernen.
Schadbild: In reifen Roggenähren bilden sich zum Teil anstelle der Körner bis zu 5 cm lange, schmale, schwarzviolette Körper aus, die die Überdauerungsorgane des Pilzes darstellen.
Biologie: Die Überdauerungsorgane fallen vor oder während der Ernte auf den Boden oder werden durch verunreinigtes Saatgut ausgesät. Sie überwintern und bilden schließlich Fruchtkörper, die zur Zeit der Roggenblüte Sporen bilden. Die Sporen infizieren gesunde Roggenblüten.
Vorbeugende Maßnahmen: Sorgfältige Saatgutreinigung (auch Z-Saatgut kann Mutterkorn enthalten).
Direkte Bekämpfung: Keine.

Steinbrand bei Weizen *(Tilletia caries)*
Bedeutung: Die Krankheit ist ausschließlich samenbürtig. Probleme treten deshalb vor allem bei längerem Nachbau von eigenem Getreide in Befallslagen auf.
Schadbild: Erst beim Ährenschieben sind erste Symptome sichtbar; die Spelzen sind gespreizt und anstelle der Körner bilden sich Brandbutten, die einen Geruch von Heringslake haben.
Biologie: Die Brandbutten platzen beim Dreschen auf und die Sporen setzen sich in »Bärtchen« gesunder Weizenkörner fest, um bei der Aussaat zu keimen. In den Butten halten sich die Sporen jahrelang.
Vorbeugende Maßnahmen: Bei Nachbau Kontrolle des eigenen Saatgutes (im Labor), Bestandeskontrolle. Bei Befall sollte auf ungebeiztes Z-Saatgut ausgewichen werden, und alle Ernte- und Nacherntemaschinen sorgfältig gereinigt werden. Saatgutablage nicht zu tief (PIORR, 1990).
Direkte Bekämpfung: Versuche mit biologischen Beizverfahren (Heißwasserbeize, Beizen mit Kräuterextrakten) haben bisher nicht zu praktikablen Verfahren geführt.

Vorratsschädlinge im Getreidelager
Bedeutung: Wichtigste Schädlinge sind der Kornkäfer, die Mehlmotte, die Mehlmilbe.
Schadbild: Fraß an Körnern.
Vorbeugende Maßnahmen: Siehe Seite 147, Bekämpfung von Vorratsschädlingen.

2.9 Getreidelagerung

Nach der Umstellung kann normalerweise nur ein geringer Teil der Ernte direkt nach der Ernte an Händler oder Bäcker abgegeben werden, so daß man sich rechtzeitig um geeignete Trocknungs- und Lagermöglichkeit kümmern muß. Bei überbetrieblich genutzten Lagerhäusern muß jede Vermischung mit konventionellem Getreide ausgeschlossen sein.

Ernte und Vorreinigung − Grundvoraussetzungen für die verlustarme Lagerung ist ein sauberer Drusch (Mähdruscheinstellung) und die Vorreinigung des Getreides, um den Anteil an Fremdkörpern (Unkrautsamen, Grünteile und Bruchkorn) möglichst gering zu halten. Diese Fremdbestandteile besitzen (in der Regel auch nach der Trocknung) eine höhere Feuchtigkeit als das Getreide, so daß Schädlinge, Schimmelpilze und Bakterien für ihre Vermehrung optimale Bedingungen vorfinden und es so zur sogenannten »Nesterbildung« kommen kann. Nesterbildungen sind deshalb besonders gefährlich, weil sie wegen der niedrigen Wärmeleitfähigkeit von Getreide räumlich eng begrenzt bleiben und kaum wahrgenommen werden, in fortgeschrittenem Stadium jedoch zum schnellen Verderb der gesamten Partie führen können.

Trocknung − Die Lagerfestigkeit von gereinigtem Getreide über längere Zeit ist nur dann gewährleistet, wenn es einen Feuchtigkeitsgehalt von 15% oder darunter hat; nicht vorgereinigtes Getreide muß auf 13,5−14% getrocknet werden. Zu beachten ist, daß das Getreide in mehreren Gängen getrocknet wird, da es ansonsten bei der Abkühlung zu Kondensationserscheinungen im Lager kommt:
Getreide mit einer Feuchte von mehr als 20% darf maximal um 2−3% pro Trocknungsgang, Getreide mit weniger als 20% maximal um 2% pro Trocknungsgang herabgetrocknet werden. Trocknungstemperaturen für Saatgetreide sind für organisch-biologisch erzeugtes Getreide in jedem Fall einzuhalten, da viele Verbraucher Getreide als Sprossen und Keime verzehren und nur so die Lebendigkeit des Korns vollständig erhalten bleibt.

Belüftung − Bei der Belüftung ist zu beachten, daß die Gebläseleistung hoch genug ist, damit die Luft den gesamten Getreidestapel durchdringen kann. Andernfalls kommt es zu Kondensationsdecken in der Mitte des Getreidestapels.

▶ Je höher der Wassergehalt und die Temperatur des lagernden Getreides sind,
▶ desto stärker ist die Atmung des Getreides. Dabei kommt es zu einem Eiweiß- und Stärkeabbau. Außerdem wird Wasser freigesetzt und die Getreidetemperatur steigt an,
▶ desto günstiger sind die Lebensbedingungen für die auf jedem Getreide vorhandenen Schimmelpilze und Bakterien, die sich von der Grundsubstanz ernähren (muffiger, säuerlicher Geruch).

Bestimmte Schimmelpilze bilden außerdem Giftstoffe (Mycotoxine), die schwere Schädigungen der Gesundheit bei Mensch und Tier verursachen können, so daß verschimmeltes Getreide selbst für Futterzwecke ausgeschlossen werden muß.

Deshalb muß
▶ die Temperatur,
▶ der Wassergehalt,
▶ der Geruch und
▶ der Schädlingsbefall

regelmäßig kontrolliert und das Getreide bei Bedarf belüftet werden.

Ein Stechthermometer sollte zur Temperaturkontrolle auf jedem Betrieb vorhanden sein.

Am günstigsten sind Temperaturen des lagernden Getreides von 5−10° C; 20° C dürfen nicht überschritten werden.
Bei der Belüftung sind Getreidetemperatur, Lufttemperatur und relative Luftfeuchtigkeit zu berücksichtigen. Getreide ist hygroskopisch, d. h. es paßt seinen Wassergehalt an die relative Feuchtigkeit der umgebenden Luft an. Ist beim Belüften die Luft wärmer als das Getreide, so kühlt sie sich am Getreide ab; ihre relative Feuchtigkeit steigt. Bei stärkerem Abkühlen kann der »Taupunkt« unterschritten werden, so daß Feuchtigkeit aus dem Getreide kondensiert und dessen Wassergehalt erhöht wird.
Um ein Unterschreiten des Taupunktes zu vermeiden, gilt allgemein die **5° C-Regel:** Getreide darf erst dann belüftet werden, wenn die Luft mindestens 5° C kälter ist als das Getreide. Genauere Angaben sind den Belüftungstabellen zu entnehmen.

Reinigung der Silos − Eigentlich ist keinem Landwirt daran gelegen, daß sein Getreidelager von Kornkäfer, Getreidemotte und Mehlmilbe heimgesucht wird. Deshalb ist es kaum zu verstehen, daß der Reinigung der Silos so wenig Beachtung geschenkt wird. Es hört sich so simpel an, aber durch den Einsatz von Kehrschaufel und Besen könnte in den meisten Fällen ein Befall mit Schädlingen vermieden werden:

▶ Das Silo muß vollständig geleert und sämtliche Getreidereste müssen entfernt werden.

▶ Anschließend erfolgt eine gründliche Reinigung des Silos. Insbesondere bei den Fördereinrichtungen (Elevatorfüße, Klappkästen, Bögen, Leitungen mit einem Winkel unter 45°), den Innenverstrebungen und Ritzen bzw. Spalten ist Sorgfalt geboten. Deshalb muß auf jedem Betrieb, der Getreide lagert, ein *Industriestaubsauger* vorhanden sein (eine Investition von 150—200 DM, die sich lohnt). Mittels langer Saugschläuche lassen sich auch schwerzugängliche Bereiche reinigen.

▶ Nach dem Reinigen sollte das Silo mindestens einen Monat lang leerstehen, bevor Getreide neu eingelagert wird.

Die Bauweise der Silos kann die Lagerghygiene erheblich erleichtern. An den Silos sollten Ritzen und Spalten vermieden oder abgedichtet werden. Deshalb sind Nut- und Federbretter zum Bau von Getreidesilos nicht so gut geeignet. Bereits aus Nut- und Federhölzer erstellte Silos sind möglichst von innen mit dünnen Platten auszukleiden. Silos sollten auf gar keinen Fall im Ausdünstungsbereich von Ställen stehen, denn sowohl Temperatur und Feuchtigkeit als auch der Geruch beeinträchtigen die Lagerqualität. Darüber hinaus ist darauf zu achten, daß das Dach über dem Silo dicht ist. Andernfalls muß das Silo abgedeckt werden. Die Folie darf aber nicht direkt auf dem Getreide liegen, da es dadurch zu einer Schwitzschicht kommen kann.

Bekämpfung von Vorratsschädlingen — Sind Vorratsschädlinge aufgetreten, so darf entsprechend den Richtlinien die Entseuchung der leeren Silos nur mit einem **Naturpyrethrum** durchgeführt werden. Selbstverständlich muß zuerst eine gründliche Reinigung der Silos (siehe oben) durchgeführt werden. Naturpyrethrum ist ein Nervengift für alle Kaltblütler, wie z. B. Käfer und Motten, das nur eine kurze Wirkungsdauer (5—6 Stunden) besitzt. Die Behandlung muß daher in der Regel wiederholt werden.

Naturpyrethrum gibt es in drei Formen:
Flüssig: Spritzflüssigkeit 0,2—0,3%ig ansetzen.
Staub besitzt eine länger anhaltende Wirkung als die Spritzflüssigkeit; eine gleichmäßige

Ausbringung, insbesondere an schwerzugänglichen Stellen, ist aber schwieriger.
Selbstvernebler: Nebel verteilt sich wesentlich feiner und gründlicher als Spritzflüssigkeit, ist aber erheblich teurer.

Werden aber die aufgeführten Hinweise, besonders die regelmäßige Kontrolle und das gründliche Reinigen der Silos beachtet, so kann in den weitaus meisten Fällen ein Befall des Getreides mit Vorratsschädlingen verhindert werden. Wenn es dennoch zu einem Befall gekommen ist, sollte man sich direkt mit dem Käufer in Verbindung setzen, um das weitere Vorgehen gemeinsam abzuklären.

2.10 Getreideaufbereitung

Neben der Abgabe des ungereinigten (bzw. vorgereinigten) Getreides nehmen zahlreiche Landwirte die Möglichkeit wahr, mit dem Verkauf von gereinigtem Getreide (lose oder abgesackt) ein zusätzliches Einkommen zu erzielen. Die Reinigung muß eine Qualität haben, die den Bedürfnissen der Kunden gerecht wird. Während vor einigen Jahren noch üblich war, nur eine Saatgutreinigung zu verwenden, so reicht dies heute für eine Ware ohne bespelzte Körner, Mutterkorn und vor allem ohne Steine im Getreide nicht mehr aus. Die in Tabelle 47, Seite 148 genannte Anordnung von Reinigungsgeräten setzt sich als Standard durch.

Bevor man sich in die hohen Kosten einer Getreidereinigungsanlage stürzt, sollte man folgende Überlegungen anstellen:

▶ Lohnt es sich überhaupt, eine Anlage zu erwerben? Kann das Getreide nicht ebenso gut bei einem anderen Bioland-Betrieb mit einer entsprechenden Anlage oder bei einer Mühle gereinigt und abgepackt werden?

▶ Kommt man jedoch zu der Entscheidung, das Getreide auf dem eigenen Hof aufzubereiten, stellt sich die Frage, ob gemeinsam mit anderen Betrieben investiert werden soll bzw. die Größe der Anlage so geplant wird, daß ausreichend Kapazität für ein Lohnreinigen vorhanden ist.

2.11 Getreidevermarktung

Die Getreidevermarktung verläuft z. Z. auf folgenden Handelsstufen:

Tabelle 44   Bestandteile einer Getreidereinigungsanlage und ihre Wirkungsweisen (NEUERBURG, 1988)

	Bestandteile	Arbeitsweise	heraus-gereinigte Bestandteile	Bemerkungen	Preise in DM (ohne MwSt.) (abhängig von Leistung/Stunde)
Vorreiniger	Windreinigung, Ober- und Untersieb	Beseitigung von Leichtteilen durch Luftstrom; Sortieren durch Siebe	leichte Unkraut-sämereien, Streureste, Spreu, Schmacht-körner	Obersieb trennt Grobteile, Untersieb feine Teile ab; Stunden-leistung abhängig von Siebgröße	ca. 5 000
Saatgut-reinigung	Windreinigung, Ober- und Untersieb, Trieur (Zellen-ausleser)	siehe oben und Aussortieren nach Körner-länge	siehe oben und Bruchkörner und runde Unkrautsamen (Wicken!)		ca. 10 000 bis 20 000
Stein-ausleser	Schütteltisch, Ventilator	durch Vibration des Tisches und Luftstrom entmischen sich leichte und schwere Teile und können ge-trennt werden	Steine, Glas- oder Metall-Teile, Erdstücke	Steinausleser sind Zwei-Wege-Ausleser (leichte und schwere Bestandteile)	ca. 15 000
Tisch-ausleser (= Gewichts-ausleser)	schräggestellter Tisch mit quer über die Fläche verteilten Kanälen (zick-zackförmig)	Trennung nach Oberflächen-beschaffenheit (rauh oder glatt), nach Prall-fähigkeit und nach spezi-fischem Gewicht durch Schrägstellung des Tisches und Hubbewegung sowie die Kanäle	Abscheidung von Schmacht-körnern und tauben Ähren, Trennen bespelzter von unbespelzten Körnern, Trennen von verschiedenen Getreidearten, Heraussortieren von Mutterkorn	Tischausleser trennen Ware nach dem spezifischen Gewicht in jede beliebige Anzahl von Graduierungen zwischen schwer und leicht; 2 Typen von Tischaus-lesern: 1. Kammer-tischausleser, 2. Luftstrom-tischausleser	ca. 15 000 bis 30 000

Abgabe an:
▸ *Großhandel, Mühlen; (un)gereinigt, lose,*
▸ *Großhandel; gereinigt, gesackt,*
▸ *Bäckereien; gereinigt, lose,*
▸ *Bäckereien, Einzelhandel; gereinigt, ge-sackt,*
▸ *Kleinverkauf ab Hof,*
▸ *Verarbeitung in hofeigener Bäckerei.*

Welcher Weg der Getreidevermarktung genutzt wird, hängt zum einen von den vorhandenen Reinigungsmöglichkeiten ab, zum anderen von den persönlichen Neigungen des Betriebslei-ters, den Verkauf des Getreides zu organisie-ren.

In allen Fällen, in denen gereinigte Ware abge-geben wird, ist auf einen ausreichenden Reini-

Abb. 53: Deckungsbeiträge Getreide (Beispiele).

Betrieb.. *Schulze* ....   Datum.. *1.2.92* ....
Deckungsbeiträge pflanzliche Erzeugnisse

Verfahren		*Weizen*	*Weizen*	*Roggen*	*Hafer*	*Braugerste*
Ertrag	dt/ha	30	50	30	40	26
Preis	DM/dt incl. MWSt	90,-	90,-	90,-	83,-	100,-
Nebenertrag	dt/ha	5	5	5	5	4
Preis Nebenprodukt	DM/dt	50,-	50,-	50,-	60,-	55,-
Marktleistung	DM/ha	2950,-	4750,-	2950,-	3620,-	2820,-
Saatgut	DM/ha	200,-	200,-	150,-	140,-	140,-
Düngung 15dt Kalk à 7,-/dt	DM/ha	105,-	105,-	105,-	105,-	105,-
Trocknung 0,70 DM/dt	DM/ha	21,-	35,-	21,-	28,-	21,-
Sonstiges	DM/ha	100,-	100,-	100,-	100,-	100,-
Summe var. Kosten	DM/ha	426,-	440,-	376,-	373,-	366,-
Direktkostenfreier Ertrag	DM/ha	2524,-	4310,-	2574,-	3247,-	2454,-
var.Masch.-Kosten	DM/ha	290,-	290,-	315,-	330,-	330,-
Deckungsbeitrag	DM	2234,-	4020,-	2259,-	2917,-	2124,-
Akh/ha 2ha-Parzellen		25	25	25	27	27
Deckungsbeitrag/ Akh	DM	89,-	161,-	90,-	108,-	79,-

gungsstandard zu achten. Für die Liquiditäts-
planung der Betriebe ist es von großer Wichtigkeit, daß der Verkauf des Getreides sich eher an
den Terminen des Abnehmers orientiert, als an
den Verkaufswünschen des Landwirts. Z. T.
wird das vorjährige Getreide erst zur oder nach
der neuen Ernte verkauft.

2.12 Wirtschaftliche Aspekte

Getreide, vor allem Brotgetreide war in der
Vergangenheit die bedeutendste Marktfrucht
im ökologischen Betrieb. Viele Betriebe erzielten den überwiegenden Anteil ihres Betriebs-
einkommens aus Getreidebau und Getreidevermarktung. Mehrere Einflußgrößen auf die
Rentabilität des Getreidebaus sind festzustellen.
Erträge — Das Ertragsniveau im organisch-biologischen Getreidebau ist hauptsächlich von
Bodenqualität, Sortenwahl und Vorfrucht abhängig. Vergleichende Untersuchungen zwischen ökologischen und konventionellen Betrieben zeigen zwischen 60% und 80% des konventionellen Getreideertrags (Agrarberichte;

BÖCKENHOFF u. a. 1986; ALVERMANN und PA-
DEL, 1991), je nach Standort und Intensität der
konventionellen Bewirtschaftung (siehe Seite
40, Erträge im Pflanzenbau).
Für die Umstellungsplanung kann so anhand
des bisherigen konventionellen Ertrages und
Ertragserfahrungen von organisch-biologischen Betrieben auf vergleichbaren Standorten
eine Einschätzung der zukünftigen Ertragslage
gefunden werden. Es muß dabei berücksichtigt
werden, daß gute Getreideerträge nur bei ausreichender Vorfrucht erzielt werden können.
Der Ertrag ist neben dem Preis der wichtigste
Einflußfaktor auf die Rentabilität des Getreidebaus im organisch-biologischen Betrieb.
Preise — In der Vergangenheit war ökologisch
erzeugtes Getreide ein Nachfrageprodukt auf
dem deutschen Markt.
In den letzten 2 Jahren hat sich die Zahl der Betriebe und damit auch das Angebot an ökologisch erzeugtem Getreide stark erhöht, andererseits ist auch die Nachfrage gestiegen. Da
der Preis nicht durch die EG-Agrarpolitik, sondern durch den Markt bestimmt wird, ist eine
Prognose der zukünftigen Preisentwicklung
nicht möglich.

Betrieb: **Meier** Datum: **1.2.92**

Deckungsbeiträge pflanzliche Erzeugnisse

Verfahren	Einheit	Winterweizen Mühle	Winterweizen 80% Bäcker 20% direkt
Ertrag	dt/ha	40	40
Preis	DM/dt incl. MWSt	90,-	140,-
Marktleistung	DM/ha	3600,-	5600,-
Saatgut	DM/ha	200,-	200,-
Düngung	DM/ha	100,-	100,-
Trocknung	DM/ha	50,-	100,-
Sonstiges 1)	DM/ha		1000,-
Summe var. Kosten	DM/ha	350,-	1400,-
Direktkostenfreier Ertrag	DM/ha	3250,-	4200,-
var.Masch.-Kosten	DM/ha	300,-	270,-
Deckungsbeitrag	DM	2950,-	3930,-
Akh/ha **Feld Aufbereitung Vermarktung**		25,-	25,- / 27,-
Deckungsbeitrag/ Akh	DM	118,-	76,-

1) Aufbereitung 25,- DM/dt.

Abb. 54:
Deckungsbeiträge und Arbeitszeitbedarf bei zwei verschiedenen Vermarktungswegen von Weizen (PADEL/ NEUERBURG).

In vielen Betrieben wird zusätzlich das Getreide selbst gereinigt und ab Hof direkt an Endverbraucher abgegeben. Es kann aber nicht damit gerechnet werden, daß bei wachsendem Umfang des ökologischen Marktes die Ab-Hof-Vermarktung im gleichen Umfang zu realisieren sein wird. Umstellende Betriebe sollten deshalb sorgfältig prüfen, ob die Investition in Getreidereinigung und Aufbereitung gerechtfertigt ist (siehe Seite 148, Tabelle 44).

Variable Kosten – Im Gegensatz zur konventionellen Landwirtschaft spielen die variablen Kosten im ökologischen Getreidebau nur eine untergeordnete Rolle. Kosten für Saatgut und Düngemittel unterscheiden sich von Betrieb zu Betrieb nur geringfügig. Lediglich im Bereich der Maschinenkosten bestehen große Unterschiede und Einsparungsmöglichkeiten. Vor allem bei kleineren Betrieben muß geprüft werden, ob alle Arbeiten mit eigenen Maschinen durchgeführt werden müssen. Überbetriebliche Nutzung von Maschinen und Lohnunternehmer sind oftmals günstiger als eigene Investitionen.

Arbeitswirtschaft – Der Arbeitsanspruch im Getreidebau unterscheidet sich in der Erzeugung nur wenig von konventionellen Tabellenwerten. Statt mehrmaligem Spritzen und geteilten N-Gaben sind ein oder mehrere Gänge mit dem Striegel erforderlich; bis zur Ernte wächst das Getreide ohne weitere Behandlung. Für Ein- und Auslagern und nachgelagerte Arbeitsgänge wie Reinigen, Absacken fällt zusätzlich Arbeit abhängig von der Kapazität der Geräte an. Anhaltswerte liefern die Abbildungen 53 und 54 (Deckungsbeitrags-Beispiele für Getreide), genauere Planungszahlen können 2 Datensammlungen entnommen werden, die speziell für ökologische Betriebe herausgegeben wurden (KTBL, 1991, Hessisches Landesamt für Ernährung, Landwirtschaft und Landentwicklung, 1990).

2.13 Praxisbericht Getreidebau

Unser Hof, der Hauberg, liegt in der Flußmarsch der Eider an der Westküste Schleswig-Holsteins in Dittmarschen. Von unseren insgesamt 84 ha sind 72 ha Acker und 3 ha Grünland. Der Boden besteht aus sehr schweren Kalk- und Kleimarschen mit 70 bis 80 Bodenpunkten. Im langjährigen Mittel fallen 886 mm Niederschlag bei einer Jahresdurchschnittstemperatur von 8,3° C.

Auf dem Hauberg arbeiten neben meiner Frau und mir noch mein Vater und ein Landarbeiter. Die Tierhaltung beschränkt sich auf die Haltung von z. Z. 60 Mutterschafen plus Nachzucht.

Pflanzenbau – Vor der Umstellung wurden auf dem Hauberg nur ein bis drei Früchte angebaut. Die Umstellung begann 1982 und erfolgte in 3 Schritten. Heute sind es mindestens sieben. Obwohl der Betrieb annähernd viehlos ist, wurde die Fruchtfolge von Beginn an unter Einbeziehung eines einjährigen Kleegrases geplant. Da dieses in der Regel nur über einen Schritt genutzt wird, kommt es einer Grünbrache relativ nahe, deren Nutzen insbesondere für die Gare unverzichtbar ist. Unserer Erfahrung nach kann der Vorfruchtwert des Kleegrases zu Weizen gegenüber Ackerbohnen weit mehr als 10 dt/ha betragen.

Fruchtfolge:
1. Jahr: **Kleegras**
2. Jahr: **Winterweizen mit Weißklee-Untersaat**
3. Jahr: **Hafer-Erdklee-Gemenge/Leinsamen/Kopfkohl**
4. Jahr: **Winter-/Sommerweizen**
5. Jahr: **Ackerbohnen mit Gras-Untersaat**
6. Jahr: **Winterweizen mit Kleegras-Untersaat**

Fruchtfolge – Auf das Kleegras folgt Winterweizen, in den Weißklee untergesät wird. Nach diesem folgt ein Buntschlag mit Hafer-Erdklee-Gemenge, Leinsamen und Kopfkohl. Im 4. Jahr folgt Weizen, wobei hier sowohl Winter- als auch Sommersaat vorkommt. In Zukunft soll hier eventuell eine Grasuntersaat eingesät werden, um den Boden bis zur Einsaat der im nächsten Jahr angebauten Ackerbohne begrünt zu halten. In den Ackerbohnen wird ebenfalls Gras untergesät, da wir immer wieder einen Strukturzerfall im Boden feststellen können, wenn dieser während der Abreife der Ackerbohnen lange Zeit nur ungenügend geschützt ist. Das 6. und letzte Jahr der Fruchtfolge besteht erneut aus Weizen mit der Untersaat des Kleegrases.

War die Fruchtfolge zunächst mit Roggen im letzten Jahr geplant, so wurde hier, im wesentlichen aus Vermarktungsgründen, der Weizen hereingenommen, da wir die Bäckereien zusammen mit einem Landwirt beliefern, der auf seinen Böden keinen Weizen bauen kann. Der fruchtfolgemäßige Nachteil hält sich auf unserem Standort in Grenzen. Wurden zu Beginn noch Ackerbohnen und Erbsen angebaut, so verzichten wir heute auf die Erbse, da die Anbausicherheit auf unserem Standort eher geringer ist, Ernteprobleme immer wieder erheblich waren und die Unkrautregulierung nicht sicher gelang. Zudem hatten wir in der Nachfrucht immer wieder erhebliche Probleme mit Akkerfuchsschwanz, die nach Ackerbohnen nicht auftraten, so daß wir vermuten, daß die Erbse irgendeinen für dieses Gras sehr günstigen Faktor hinterläßt. Aber auch die Akkerbohne ist sehr problematisch, da sie zu spät reift und im Durchschnitt unbefriedigende Erträge bringt.

Bodenbearbeitung – Die Grundbodenbearbeitung wird im allgemeinen mit einem 2-Schichten-Pflug durchgeführt, wobei 10 bis 15 cm tief gewendet und bis zu 30 cm tief gelockert wird, je nachdem, wie der Bodenzustand es erfordert. Zur Sommerung wird oft bei Frost im Winter gepflügt, um einerseits den Acker möglichst lang begrünt zu erhalten und ihm andererseits im Frühjahr einigermaßen rechtzeitig bestellen zu können. Dieses Verfahren hat sich als sinnvoll erwiesen, da die Böden meist schon ab Oktober zu feucht für eine Bearbeitung sind und im Frühjahr ein guter Bodenzustand selten vor Mitte April erreicht wird.

Unkrautregulierung – Wir säen unser Getreide in 5-cm-Doppelreihen, zwischen denen ca. 18 cm Platz bleibt. So sind wir in der Lage, unser Getreide auch zu hacken bzw. zu meißeln. Dennoch ist der erste Arbeitsgang im Frühjahr ein Striegeln mit Netzegge oder Hackstriegel. Dies geschieht in der Sommerung als Blindstriegeln. Im direkten Anschluß daran werden Flächen, in denen der Unkrautbesatz es ratsam erscheinen läßt oder wo nur bei geringer Pflanzenschädigung ein Aufbrechen von Krusten mit dem Striegeln allein nicht gelang, mit der Hacke bei gleichzeitigem Striegeln bearbeitet. Die Lockerungswirkung auf den Boden überzeugt immer wieder und zudem haben wir hiermit eine wirkungsvolle Möglichkeit an der Hand, Flächen mit hohem Unkrautdruck im Griff zu behalten.

Gleichzeitig mit diesem Arbeitsgang werden meist die Untersaaten ausgebracht, wobei der Geräteträger die Hacke im Zwischenachsanbau führt, die Drillmaschine darüber aufgesattelt ist und die Saat auf die Hackwerkzeuge streut, während der hinten mitgeführte Striegel einerseits krümelt und andererseits die Saat einarbeitet. Soll die Untersaat erst später ausgebracht werden, so geschieht dies mit einem pneumatischen Düngerstreuer, wobei die Saat dann nachfolgend mit dem Hackstriegel eingearbeitet wird. Einer der Vorzüge der Ackerbohne liegt darin, daß wir hier in der Lage sind, Unkraut recht gut zu regulieren. In der Regel wird ein- bis zweimal gestriegelt und außerdem einmal gehackt, wobei beim letzten Arbeitsgang die Untersaat eingebracht wird.

Getreideaufbereitung – Das Getreide wird auf dem Betrieb selbst getrocknet. Unter normalen Bedingungen geschieht dies äußerst schonend in einer Lagerbelüftungstrocknung, allerdings steht auch eine Satztrocknung zur Verfügung, in der Getreidepartien, die mehr als ca. 18% Wassergehalt haben, erst einmal vorgetrocknet werden. Solche Partien sind mit der reinen Lagerbelüftungstrocknung kaum zu trocknen.

Im weiteren Verlauf des Jahres dient die Belüftungsanlage zusätzlich zur Kühlung des Getreides, um Schädlingsbefall vorzubeugen. Dies ist besonders wichtig, da die Lagersilos eigentlich niemals ganz leer sind, weil wir regelmäßig Getreide überlagern, um den Bäckereien kein erntefrisches Getreide liefern zu müssen, welches ihnen backtechnisch Probleme bereiten würde.

Wie auch bei den sonstigen Geräten, wird auch bei der Getreideaufbereitung versucht, soweit als möglich mit anderen Betrieben zu kooperieren. So wird auch das Getreide von einem anderen Bioland-Betrieb bei uns getrocknet, gelagert und gereinigt. Von einem weiteren Betrieb wird das Getreide gereinigt.

Vermarktung – In der Vermarktung wurde von Beginn an versucht, möglichst direkte Wege einzuschlagen. Da wir in einem strukturschwachen Gebiet liegen, recht große Mengen produzieren und keine allzuweit aufgefächerte Palette von Produkten haben wollten, haben wir zunächst begonnen, uns auf die Belieferung verschiedener Vollkornbäckereien und Naturkostläden zu konzentrieren. Dennoch wird heute ca. 10% des Getreides ab Hof verkauft, wobei eine weitere Steigerung allerdings nicht mehr erwartet wird.

DAVID WESTPHAL, bio-land 2/88

3 Kartoffelanbau
W. DREYER

Die Kartoffel ist die wichtigste Hackfrucht im ökologischen Landbau. Sie eignet sich ausgezeichnet für die Direktvermarktung und erbringt bei den derzeitigen Preisen in den meisten Jahren hohe Erlöse.

Laut den Agrarberichten der letzten Jahre werden im Durchschnitt in ökologischen Betrieben 4,6% der Ackerfläche (konventionelle Vergleichsgruppe: 1,8%) mit Kartoffeln bebaut. Im Vergleich zur konventionellen Landwirtschaft konzentriert sich der Anbau weniger auf spezialisierte Hackfruchtbetriebe, sondern wird aus
▶ Fruchtfolgegründen,
▶ Unkrautregulierungsgründen und
▶ Marktgründen
in den meisten (ca. 70%) ökologischen Betrieben, häufig auf kleineren Flächen betrieben (KÖLSCH und STÖPPLER, 1990).

3.1 Fruchtfolgestellung

Kartoffeln sollten in der Fruchtfolge möglichst nach einer Gründüngung stehen. Auf leichten Böden (Sand, lehmiger Sand) können dies z. B. Kleegrasuntersaaten in Getreide oder Zwischenfruchtgemenge mit Leguminosen sein; auf schweren Böden reicht als Vorfrucht Getreide mit einer Nichtleguminose als Zwischenfrucht aus, um keine zu hohen Nitratwerte in den Kartoffeln zu bekommen. Als Zwischenfrucht vor Kartoffeln ist Ölrettich empfehlenswert. Kreuzblütler wie Senf, Raps, Rübsen oder auch Phacelia sind als Wirtspflanzen für Nematoden, die den Rattle-Virus übertragen, nicht geeignet. Der Rattle-Virus verursacht Eisenfleckigkeit.

Der Umbruch einer Gründüngung zu Kartoffeln sollte auf allen Sandböden bzw. lehmigen Sanden erst im Frühjahr erfolgen, um eine gute Nährstoffversorgung zu gewährleisten.

3.2 Bodenbearbeitung

Zu Kartoffeln muß der Boden in trockenem Zustand gepflügt werden; bei feuchten und insbesondere lehmigen Böden besteht ansonsten die Gefahr der Klutenbildung. Folgen weitere Arbeitsgänge in der Pflanzbettbereitung, so muß auch hier auf einen ausreichend trockenen Boden geachtet werden.

Auf schwerem Boden sollte die Pflugfurche im Herbst erfolgen, um − durch eine Frostgare − einen feinkrümeligen, siebfähigen Boden zu bekommen. Ergibt sich keine ausreichende Frostgare, so ist oft der Einsatz zapfwellengetriebener Geräte zur Pflanzbettbereitung erforderlich. Auf leichten Böden kann in den durch Packer rückverfestigten Boden ohne weitere Arbeitsgänge gepflanzt werden.

3.3 Düngung

Eine gut entwickelte Gründüngungsvorfrucht reicht als Düngung zu Kartoffeln aus. Nur wenn aus Fruchtfolgegründen kein Anbau einer Zwischenfrucht möglich war, sollte mit Mist gedüngt werden. Der Mist muß gut verrottet sein und kann auf leichten Böden im ausgehenden Winter, auf schweren Böden im Herbst zur Pflugfurche ausgebracht werden. Mengen von 200 dt/ha sind für einen normalen Ertrag ausreichend, höhere Gaben können zu Qualitätseinbußen führen.

Bei den Grundnährstoffen ist vor allem auf eine ausreichende Kaliumversorgung zu achten. 200 dt Kartoffeln entziehen dem Boden ca. 120 kg K_2O. Auf Standorten mit niedrigen Bodengehalten empfiehlt sich die Düngung von Patentkali zu Kartoffeln (ca. 4 dt/ha). Natürlich ist die mineralische Düngung um den Wert zu reduzieren, den der Wirtschaftsdünger (z. B. Mist) mit einbringt. Eine gute Kaliumversorgung verringert das Risiko der Schwarzfleckigkeit und verbessert die Haltbarkeit bei der Lagerung.

3.4 Sorten

Der am stärksten ertragsbegrenzende Faktor im Kartoffelanbau ist in der Mehrzahl der Jahre das frühzeitige Absterben der Pflanzen durch einen Befall mit Krautfäule. Sorten mit einer hohen Resistenz gegenüber dieser Krankheit haben Ertragsvorteile gegenüber empfindlichen Sorten. Die »Beschreibende Sortenliste« und regionale Sortenversuche, möglichst unter den Bedingungen des ökologischen Landbaus, geben Auskunft über die Krankheitsanfälligkeit. Auf dunklen Sandböden sollte zusätzlich die Anfälligkeit für die Eisenfleckigkeit beachtet werden.

Erfahrungsgemäß ist aber die Nachfrage der Verbraucher viel entscheidender für die Sortenwahl als die Krankheitsresistenz. Lediglich im direkten Ab-Hof-Verkauf läßt sich bis zu einem gewissen Grad erklären, warum bestimmte Sorten angebaut werden. Empfehlenswert ist, bei anderen Bio-Bauern der Region oder auch bei konventionellen Betrieben, die im Ab-Hof-Verkauf tätig sind, nachzufragen, welche Sorten am Markt gängig sind. Zu beachten ist auch, daß es innerhalb der Bundesrepublik Deutschland große Unterschiede im Käuferverhalten (Bevorzugung bestimmter Sorten hinsichtlich ihres Kochverhaltens) gibt.

3.5 Vorkeimen und Auspflanzen

Vorkeimen (siehe Farbtafel 5 und Abb. 55)

> *Im ökologischen Kartoffelbau ist das Vorkeimen eine entscheidende Maßnahme zum Erreichen von sicheren Erträgen.*

In vielen Lagen und in vielen Jahren beendet die Phytophthora das Kartoffelwachstum. Durch Vorkeimen kann ein Wachstumsvorsprung (gegenüber nicht vorgekeimten Kartoffeln) von 10–14 Tagen erzielt werden. In Jahren mit frühem Einbruch der Phytophthora (Ende Juli) macht sich das Vorkeimen auch unter Berücksichtigung der damit verbundenen Mehrarbeit bezahlt. Auch bei einem einmaligen Zurückfrieren der Pflanzen durch Spätfröste bleibt der Wachstumsvorsprung der vorgekeimten Pflanzen erhalten.

Arbeitsgänge beim Vorkeimen:

▶ Einfüllen der Knollen in Vorkeimkisten 4 bis 6 Wochen vor dem angestrebten Pflanztermin (10–12 kg/Kiste).

▶ Kartoffeln erhalten einen »Wärmestoß«, dessen Länge sich nach der Temperatur und der Keimfreudigkeit der Knollen richtet (Temperatur 10–20° C). Angaben über das Keimverhalten enthält die Beschreibende Sortenliste.

▶ Nach dem ersten Sichtbarwerden der Keime wird die Temperatur auf ca. 8° C gesenkt; die Kartoffeln müssen jetzt belichtet werden (entweder mit Kunstlicht, in Vorkeimhäusern oder z. B. in Vorkeimkisten auf Ackerwagen stapeln und täglich ans Licht fahren, 8 Stunden Tageslicht sind ausreichend). Durch die Belichtung wird das Längenwachstum der Keime begrenzt. Als Ziel sollen 10–15 mm lange, lederartige und gefärbte Keime entstehen.

▶ Das Auspflanzen der vorgekeimten Kartoffeln kann halbautomatisch, direkt aus den Vorkeimkisten erfolgen. Beim vollautomatischen Legen vorgekeimter Kartoffeln mit speziellen Pflanzmaschinen werden die Knollen über ein Förderband dem Schöpfbechergurt zugeführt, um ein Abbrechen der Keime zu verhindern.

Auspflanzung, Pflanzgut – Beim Pflanzen sind nur gesunde, möglichst vorgekeimte Kartoffeln zu verwenden. Der Pflanzzeitpunkt ist von Bodenart und Klimaraum abhängig. Auf Standorten, die nicht spätfrostgefährdet sind, kann bereits Anfang April ausgepflanzt werden, auf schweren Böden und in durch Spätfrost gefährdeten Lagen ist ein Termin Mitte bis Ende April optimal. In jedem Fall sollte in einen ausreichend abgetrockneten Boden hinein gepflanzt werden. Bei einem Reihenabstand von 75 cm sollte der Abstand in der Reihe ca. 35 cm betragen (35 000–40 000 Pflanzen/ha). Sorten mit ausgeprägter Neigung zu Großknolligkeit oder Hohlherzigkeit sollten enger gepflanzt werden. Beim Pflanzen gilt die Regel, daß die Kartoffeln nicht tiefer gepflanzt werden dürfen, als die Knolle dick ist (bezogen auf die ursprüngliche Erdoberfläche vor dem Pflanzdamm).

Nach den Bioland-Richtlinien soll, wenn vorhanden, Pflanzgut aus ökologischer Erzeugung verwendet werden (siehe Seite 133, Bioland-Richtlinie 2.6.2). Wird aus diesem Grund Pflanzgut aus eigenem Nachbau verwendet, so ist darauf zu achten, daß der Bestand, von dem das Pflanzgut gewonnen wird, von viruserkrankten Stauden bereinigt wird. Von einigen Sorten wird inzwischen Z-Pflanzgut aus ökologischem Anbau angeboten. Da aber noch nicht ausreichend Zertifiziertes Pflanzgut zur Verfügung steht, wird häufig auch konventionell erzeugtes Zertifiziertes Pflanzgut verwendet.

Abb. 55: Ziel: 10–15 mm lange, lederartige und gefärbte Keime; von links nach rechts: Dunkelkeime bis gut vorgekeimte Kartoffeln.

3.6 Pflegemaßnahmen

Als »Standardgeräte« sind bei der mechanischen Unkrautregulierung in Kartoffeln die Netzegge und der Häufelpflug zu finden (bzw. der Häuflerstriegel als Kombinationsgerät).

Wenige Tage nach dem Pflanzen beginnt die Pflege, indem der flache Pflanzdamm hochgehäufelt wird. Dies ist gleichzeitig die erste Unkrautbekämpfungsmaßnahme. Danach wird je nach Witterung und Unkrautbesatz gestriegelt und gehäufelt. Diese Arbeitsgänge werden je 3−4 mal durchgeführt. Werden beide Arbeiten in einem Arbeitsgang erledigt, reichen weniger Durchfahrten aus.

Entscheidenden Einfluß auf die Effektivität der Maßnahmen hat das Stadium, in dem sich die Unkräuter befinden: Im sog. Fädchenstadium sind die Unkräuter am einfachsten zu bekämpfen. Das Pflänzchen hat dabei erst die Keimwurzel gebildet, aber noch keine Keimblätter. Mit dem Erscheinen der Laubblätter wird die Unkrautbekämpfung schwieriger.

Sind die Unkräuter zu groß geworden, kann der Einsatz einer Maschinenhacke sinnvoll sein. Treten Quecken auf, hat sich der Reihengrubber bewährt, ein Gerät, bei dem an Parallelogrammen Grubberzinken aufgehängt sind.

Auf schweren Böden kann der Einsatz einer Reihenfräse sinnvoll sein, um die Siebfähigkeit des Bodens bei der Ernte zu verbessern. Es ist sehr wichtig, auf einen ausreichend abgetrockneten Boden bei der Kartoffelpflege zu achten. Wird bei zu feuchtem Boden bearbeitet, kann es zur Klutenbildung kommen.

Im letzten Arbeitsgang wird ein möglichst großer Damm angehäufelt. Diese Maßnahme dient dazu, die Knollen ausreichend mit Erde zu bedecken, um eine Infektion der Knollen mit den Erregern der Kraut- und Knollenfäule zu vermeiden.

3.7 Kartoffelkrankheiten

Kraut- und Knollenfäule (Phytophthora infestans)

Bedeutung: Ist die bedeutendste Krankheit im organisch-biologischen Kartoffelanbau, weil bei einem frühen Absterben die Ertragsbildung aufhört, da die Assimilationsfläche fehlt.

Schadbild: Auf den Blättern zuerst große, gelbgrüne, wasserdurchzogene Flecke; weißlicher Pilzrasen an der Blattunterseite verfärbt sich später braunschwarz.

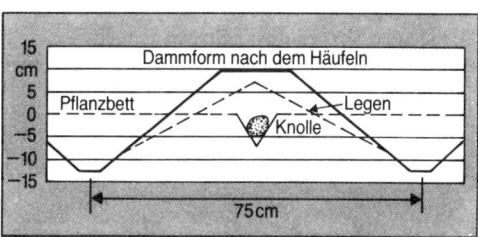

Abb. 56: Lage der Pflanzknolle im Damm (SCHOLZ, 1974).

Abb. 57: Arbeitsgänge und -werkzeuge für die mechanische Kartoffelpflege.

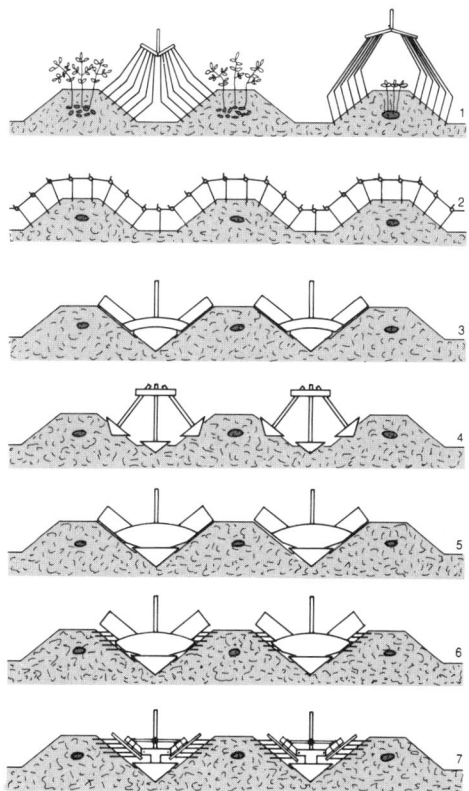

1 Reihenstriegel (links Furchenstriegel, rechts Dammstriegel),
2 Netzegge,
3 Häufelkörper,
4 Hackwerkzeuge,
5 Häuflerstriegel, Ausrüstung »Häufeln«,
6 Häuflerstriegel, Ausrüstung »Häufeln + Striegeln«,
7 Häuflerstriegel, Ausrüstung »Striegeln«.

Biologie: Die Überwinterung des Pilzes erfolgt in Mycelform in Kartoffelknollen. Infektionsquellen sind krankes Pflanzgut oder im Boden überwinternde Sporangien, die durch Wind und Regen auf das Laub gesunder Pflanzen gelangen. Die Ausbreitung wird durch feuchtwarme Witterung begünstigt.

Vorbeugende Maßnahmen:
▶ Krankes Pflanzgut absortieren,
▶ vorkeimen,
▶ harmonische Düngung,
▶ Anbau resistenter bzw. weniger anfälliger Sorten,
▶ Anbau in windoffenen Lagen, da das Kleinklima günstiger ist.

Direkte Bekämpfung (Maßnahmen im Versuchsstadium):
▶ Spritzen von Kompostextrakten,
▶ Spritzen von Magermilch (wöchentlich vor dem Befallsbeginn; 10 l auf 100 l Wasser; 400–600 l/ha).

Kartoffelkäfer (*Leptinotarsa decemlineata*)

Bedeutung: Durch Verlust der Blattmasse Hemmung der Knollenbildung, teilweise beträchtliche Ausfälle vor allem durch die Zwischengeneration.

Schadbild: Rand- und Lochfraß an den Blättern bis hin zum Kahlfraß während der gesamten Vegetation an den oberirdischen Pflanzenteilen. Käfer und Larven sind leicht zu erkennen.

Biologie: Die Käfer überwintern im Boden, erscheinen je nach Witterung ab Anfang April und fressen, sobald die Kartoffeln auflaufen. Nach 10–14 Tagen legen die Weibchen ihre gelben Eier an den Blattunterseiten. Eine Woche später schlüpfen die Larven, die sich nach 3 Wochen im Boden verpuppen.

Vorbeugende Maßnahmen: Auf den 1. Zuflug achten und diesen (eventuell selektiv die Befallsherde) bekämpfen (siehe unten), um die Eiablage zu vermeiden. Häufig verursacht erst die folgende Generation Larven und Jungkäfer bedeutenden Schaden. Laufkäfer einbürgern.

Direkte Bekämpfung:
▶ Absammeln mit der Hand oder mit Gerät,
▶ *Pyrethrum* nur im Notfall,
▶ *Bacillus thuringiensis* var. *tenebrionis* wird erprobt.

Viruskrankheiten an Kartoffeln (A,X,Y,M,S-Virus)

Bedeutung: vereinzelt treten befallene Pflanzen auf; Schaden in der Regel begrenzt.

Schadbild: Das Schadbild geht von Ader- oder Spitzenaufhellung bis hin zu Kräuselkrankheit, Blattrollvirus oder sog. Strichelkrankheit.

Biologie: Wichtigster Vektor in der Übertragung sind die Blattläuse. Es scheint ein Zusammenhang zur Ernährung mit Spurenelementen zu bestehen.

Vorbeugende Maßnahmen: Virusfreies Pflanzgut verwenden oder zur eigenen Vermehrung nur Augen pflanzen (Äugeln) und harmonische Düngung.

Direkte Bekämpfung: Wenn einzelne Stauden befallen sind, diese herausreißen und vom Feld entfernen.

Eisenfleckigkeit (*Rattle*-Virus)

Bedeutung: Die Eisenfleckigkeit ist fast immer auf den Befall der Kartoffel mit Tabak-Rattle-Virus zurückzuführen. Die Kartoffeln sind innen fleckig, eingesunkene Ringe auf der Schale deuten auf Befall, die Kartoffeln sind aber schwer auszusortieren. Nach längerer Lagerung sind die Ringe deutlicher pfropfenartig zu erkennen. Tritt vor allem auf anmoorigen und sandigen Böden mit hohem Porenvolumen auf. Die gesamte Ernte einer Sorte kann nicht mehr verkaufsfähig sein.

Schadbild: Stauden sind zurückgeblieben, rostbraune Flecken von wechselnder Größe im Fleisch der Kartoffel, pfropfenartige Ringe auf der Schale.

Biologie: Tabak-Rattle-Virus wird von freilebenden, d. h. nicht wirtsspezifischen Nematoden übertragen. Das Virus überlebt in verschiedenen Unkräutern, so daß starke Verunkrautung der Vorfrucht mit den Arten Vogelmiere, Hirtentäschel, Ackerstiefmütterchen und Franzosenkraut zu erhöhtem Befallsrisiko führen kann.

Vorbeugende Maßnahmen: Auf Verunkrautung der Vorfrüchte mit den Wirtspflanzen des Virus achten. Der Anbau von Ölrettich, Sommerraps (Perko) und Lupinen als Zwischenfrüchte wirkt eindeutig befallsmindernd, Senf, Phacelia, Winterraps oder Winterrübsen als Zwischenfrüchte sind eindeutig befallsfördernd (Abb. 58).

Wer auf entsprechenden Böden Kartoffeln anbaut, sollte also schon im Sommer auf den Kartoffelflächen des nächsten Jahres geeignete Zwischenfrüchte einplanen. Als weitere Maßnahme ist noch der Anbau von Sorten zu empfehlen, die in der Bundessortenliste als unempfindlich gegen Eisenfleckigkeit eingestuft werden.

Direkte Bekämpfung: Keine.

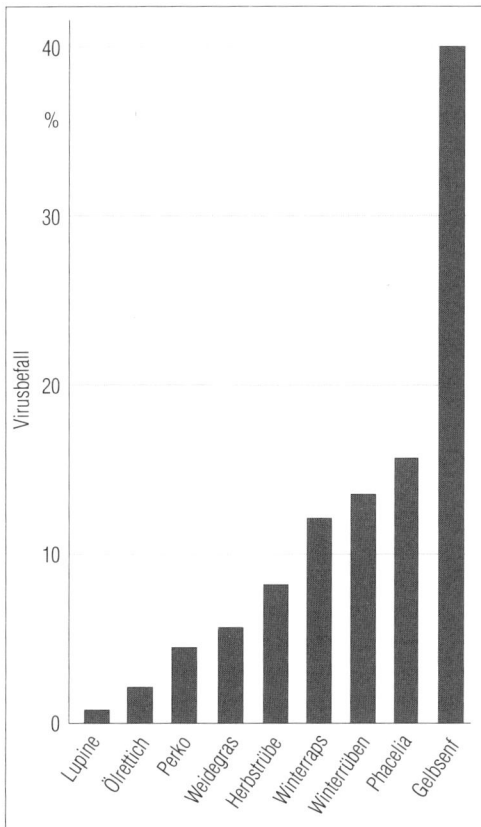

Abb. 58: Tabakrattle-Virusbefall an Gründüngungspflanzen (Heinicke, 1983).

Braunfäule (Phytophthora infestans)
Bedeutung: tritt im Lager auf.
Schadbild: Infizierte Knollen zeigen an der Oberfläche große, unregelmäßig geformte bleigraue Flecken, das darunterliegende Gewebe ist braun verfärbt.
Biologie: Die Übertragung erfolgt durch den Boden, nicht über die Stengel. Abschlegeln von befallenem Kraut kann sinnvoll sein, weil der Pilz nur auf den grünen Blättern wächst. Die Sporen werden durch den Boden eingewaschen oder gelangen bei der Ernte an die Knollen.
Vorbeugende Maßnahmen:
▸ Braunfäule unempfindliche Sorten,
▸ Knollenverletzungen beim Roden vermeiden,
▸ spät sortieren, weil dann befallene Knollen schon erkannt werden.
Direkte Bekämpfung: Keine.

3.8 Ernte

Bei der Ernte der Kartoffeln ist darauf zu achten, daß die Knollen eine ausreichende Schalenfestigkeit besitzen. Konventionell wird in der Regel eine chemische Krautabtötung vorgenommen, um sicherzustellen, daß die Knollen bei der Ernte schalenfest sind. Im ökologischen Kartoffelanbau müssen die Pflanzen, je nach Sorte, 3–4 Wochen vor der Ernte abgestorben sein.

Abb. 59: Einfluß der Tageszeit und Knollentemperatur auf den Anteil beschädigter Kartoffeln. (Häufig stimmen zur Haupterntezeit der Kartoffeln **die Zahlenwerte der Uhrzeit und der Knollentemperatur überein:** Die Beschädigungsgefahr der Kartoffeln ist in den Morgenstunden bei Einsatz eines Sammelroders besonders groß.)

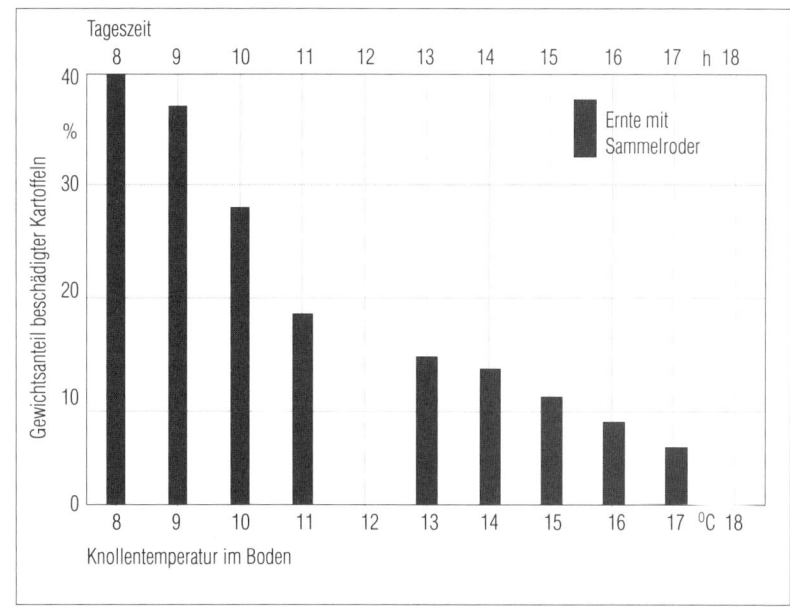

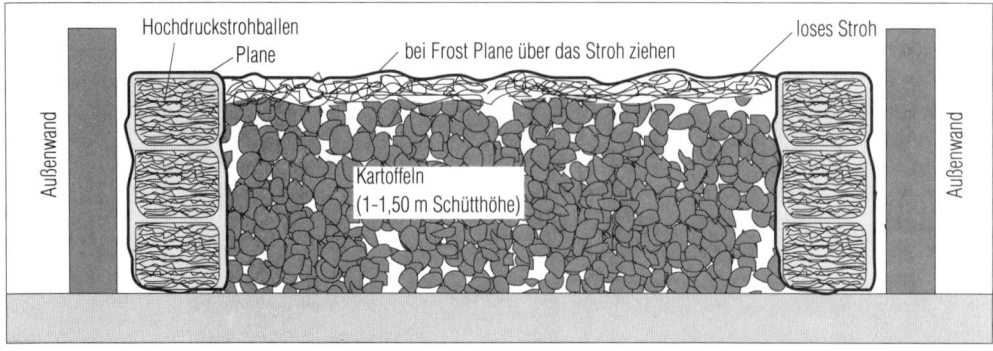

Hochdruckstrohballen
Plane
bei Frost Plane über das Stroh ziehen
loses Stroh
Außenwand
Außenwand
Kartoffeln
(1-1,50 m Schütthöhe)

Abb. 60: Lagerung der Kartoffeln bei Frostgefahr.

Entweder erfolgt dieses Absterben durch einen starken Befall mit Krautfäule oder durch die natürliche Abreife. Ist das Laub 3–4 Wochen vor der Ernte noch nicht abgestorben, muß es mechanisch abgeschlegelt werden. Erst wenn kein grünes Pflanzenteil mehr vorhanden ist, beginnt die Abreife der Knollen und damit die Ausbildung der Schalenfestigkeit. Kartoffeln, die nicht schalenfest sind, sind nicht für längere Zeit lagerfähig. Nur wenn, wie bei Frühkartoffeln, die Ware schnell verzehrt wird, können auch losschalige Knollen geerntet werden.

Von großem Einfluß auf die Kartoffelqualität ist die Temperatur bei der Ernte. Sie sollte als Minimum 12° C betragen, optimal sind Temperaturen über 15° C. Den Zusammenhang zwischen Knollentemperatur, Ernteverfahren und Knollenbeschädigungen zeigt Abbildung 59.

3.9 Lagerung und Vermarktung

Wenn die Kartoffeln bis zum Jahreswechsel (frostfreie Periode in Keimruhe) verkauft werden können, reichen einfache Lagermöglichkeiten aus, nicht jedoch, wenn bis in den April oder Mai hinein Qualitätskartoffeln verkauft werden sollen. Bevor aber auf dem eigenen Betrieb investiert wird, ist genau zu prüfen, ob nicht die Möglichkeit besteht, vorhandene Gemeinschaftslager zu nutzen oder gemeinsam mit benachbarten Landwirten ein Lager zu erstellen.

Einfache Haufenlager – Werden auf dem Betrieb zunächst nur geringe Flächen an Kartoffeln angebaut (0,5–1 ha) oder kann die Ernte größtenteils noch im Herbst bis zum Beginn des Winters abgesetzt werden, so ist ein Haufenlager sinnvoll. Es bietet sich eine Lagerung als

Feldmiete an oder eine Miete im festen Gebäude. Als Begrenzung können in beiden Fällen Hochdruckstrohballen dienen. Die Kartoffeln werden oben mit losem Stroh abgedeckt. Bei Frost muß zusätzlich eine Plane über die Kartoffeln gezogen werden.

Ohne zusätzliche Belüftung dürfen die Kartoffeln nur bis zu einer Höhe von 1,50 m aufgeschüttet werden. Kommen die Kartoffeln unter schlechten Bedingungen ins Lager (feucht, hoher Erdanteil), ist es auch bei dieser Lagerhöhe vorteilhaft, mit Dränschläuchen (200 mm Durchmesser) und Getreidegebläse die Kartoffeln trocken zu blasen.

Kann in festen Gebäuden Frost über die Wände in die Kartoffeln ziehen, ist eine Isolierung entsprechend Abbildung 60 vorzunehmen.

Nach diesem Verfahren lassen sich die Kartoffeln auch noch längere Zeit bei kühler Witterung lagern; da aber bei Frost das Lager nicht mehr geöffnet werden kann, scheidet es bei Zwang zur kontinuierlichen Marktbeschickung aus.

Lagerräume für langfristige Lagerung – Die Räume, in denen Kartoffeln gelagert werden, müssen gut isoliert sein, um im Winter keinen Frost im Lager zu haben, aber auch, um im Frühjahr bei ansteigenden Außentemperaturen die Temperaturen im Lager niedrig zu halten. Bei möglichen Dämm-Materialien (Polyurethan, Styropor, Steinwolle, Mauerwerk) sollte auf die Umweltverträglichkeit, z.B. FCKW-Freiheit in Polyurethan, geachtet werden.

Bei der **Kartoffelvermarktung** über den Handel müssen die Standards der Handelsklassenverordnung eingehalten werden. Nur beim Ab-Hof-Verkauf können auch Kartoffeln, die nicht dieser Verordnung entsprechen, verkauft werden (z. B. Über-, Untergrößen).

3.10 Wirtschaftliche Aspekte
S. PADEL

Organisch-biologischer Kartoffelanbau ermöglicht hohe Deckungsbeiträge pro ha, wenn die Kartoffeln in entsprechendem Umfang vermarktet werden können. Viele Betriebe beginnen mit dem Kartoffelanbau nach der Umstellung, aufgrund von Nachfragen ihrer Kunden. Bis zum Anbauumfang von ca. 1 ha ist dies in der Regel ohne größere Investitionen für Ernte und Lagerung möglich. Bei größeren Flächen ist schonende Rodetechnik und gute Lagermöglichkeit Voraussetzung für einen erfolgreichen Anbau.

Ertrag – Die Erträge liegen in der Regel bei 150–200 dt/ha (siehe auch Seite 40). Es ist nicht sinnvoll, Höchsterträge/ha anzustreben, da höhere Pflanzenzahlen und geringere Reihenabstände zu größeren Krankheitsproblemen führ-

ren. Statt dessen sollte lieber die Fläche erweitert werden.

Preis – In Abhängigkeit von der Vermarktung ist das Preisniveau unterschiedlich (siehe auch Seite 42). Bei Vermarktung über den Handel müssen die Qualitätsansprüche eingehalten werden.

Variable Kosten – Wichtig sind hierbei die Pflanzgutkosten; je nach dem, ob eigener Nachbau oder Zertifiziertes Pflanzgut verwendet wird, fallen unterschiedlich hohe Kosten an. Billiges zugekauftes Pflanzgut hat leider häufig mindere Qualität und führt zu schlechteren Erträgen. In einzelnen Fällen entstehen Kosten für mechanische Unkrautregulierung (Handhacke) oder Sammellöhne, wenn die maschinelle Regulierung nicht ausreichende Wirkung gezeigt hat. Den größten Einfluß haben sicherlich die Kosten für zusätzliche Mechanisierung, wie Pflanzmaschine, Roder, Lagerung. Gerade

Betrieb Schulze		Datum 1.2.92	
Deckungsbeiträge pflanzliche Erzeugnisse			
Verfahren	Einheit	Kartoffeln Großhandel	Kartoffeln Direktvermarktung
Ertrag	dt/ha	150	150
Preis	DM/dt incl. MWSt	60,–	80,–
Marktleistung	DM/ha	9000,–	12000,–
Saatgut	DM/ha	1500,–	1500,–
Düngung 15 dt Kalk ; 7 DM/dt	DM/ha	105,–	105,–
Trocknung Aufbereitung, Vermarktung	DM/ha	%	500,–
Sonstiges	DM/ha	100,–	100,–
Summe var. Kosten	DM/ha	1705,–	2205,–
Direktkostenfreier Ertrag	DM/ha	7295,–	9795,–
var.Masch.-Kosten	DM/ha	794,–	554,–
Deckungsbeitrag	DM	6501,–	9241,–
Akh/ha Ausbau + Sortieren Vermarktung		170,–	170,– 60,–
		170,–	230,–
Deckungsbeitrag/ Akh	DM	38	40

Abb. 61: Deckungsbeiträge Kartoffeln (Beispiele).

bei geringem Umfang des Anbaus ist hier sorgfältig zu prüfen, welche Arbeiten überbetrieblich vergeben werden können, bevor eigene Investitionen getätigt werden.

Arbeit – Der Arbeitsumfang liegt bei ca. 170–200 h/ha, davon fällt etwa die Hälfte für Sortieren und Abpacken (nicht termingebunden) im Winter an. Geeignete Räumlichkeiten, in denen im Winter frostfrei sortiert werden kann, sind erforderlich.

4 Körnerleguminosen

A. FRANZMANN

Die Körnerleguminosen oder Hülsenfrüchte gehören – wie der Name bereits sagt – zur Pflanzenfamilie der Leguminosen, auch Schmetterlingsblütler genannt. Zu den wichtigsten landwirtschaftlich genutzten Familienmitgliedern zählen neben Klee und Luzerne (Futterleguminosen) die **Ackerbohne, Erbse** und **Lupine** (Körnerleguminosen).

Leguminosen besitzen die Fähigkeit, den Stickstoff der Luft (mit Hilfe der Knöllchenbakterien) zur eigenen Stickstoffversorgung verwenden zu können (siehe Farbtafel 1). Dies unterscheidet sie wesentlich von allen anderen Kulturpflanzen, die auf eine Stickstoff-Zufuhr von außen, sprich Düngung, angewiesen sind (siehe Seite 92, Stickstoffversorgung).

Alle Körnerleguminosen zeichnen sich durch eine **ungleichmäßige Abreife** und das Auftreten größerer **Ertragsschwankungen aus:**

▸ Die Blühphase beginnt bereits, wenn das Längenwachstum der Pflanzen noch nicht abgeschlossen ist. Dieses Nebeneinander von Sproßwachstum und Blütenbildung führt zu einer relativ langen Blütezeit und verursacht die ungleichmäßige Abreife.

▸ Ferner unterliegen die Leguminosen in ihrer Entwicklung in starkem Maße Umwelt- und Witterungseinflüssen, auf die sie mit Ertragsschwankungen reagieren.

▸ Außerdem sind die Körnerleguminosen, da Stickstoff als Dünger ja billig zur Verfügung steht und Eiweißfuttermittel importiert werden können, im Anbau stark zurückgegangen und züchterisch nicht weiter bearbeitet worden.

Trotz dieser Nachteile des Körnerleguminosenanbaus werden sie als stickstoffsammelnde Pflanzen verstärkt in ökologischen Betrieben

angebaut. Zur Förderung des einheimischen Anbaus von Eiweißfuttermitteln werden für Körnerleguminosen Beihilfen gewährt.

In organisch-biologischen Betrieben werden Körnerleguminosen

▸ zur Vermarktung als Eiweißfuttermittel außerhalb des Betriebes,

▸ zum Verfüttern im Betrieb (Eiweißanteil im Kraftfutter),

▸ zum Anbau in Gemengen, die siliert werden und

▸ zur Gründüngung bzw. als Grünbrache angebaut.

4.1 Die Ackerbohne

In der deutschen Sprache sind viele verschiedene Namen wie Pferdebohne, Ackerbohne, Puffbohne, Dicke Bohne und Saubohne gebräuchlich. Die großkörnige Form *(Vicia faba major)* dient der menschlichen Ernährung, wohingegen die kleinkörnigen Formen *(V. faba minor)* hauptsächlich in der Tierfütterung eingesetzt werden. Die in der Landwirtschaft angebauten Ackerbohnen sind in der Regel Sommerformen der kleinkörnigen Form.

Fruchtfolge – Die Ackerbohnen haben einen hohen Vorfruchtwert. Sie entwickeln eine kräftige Pfahlwurzel mit zahlreichen Seitenwurzeln, die ein gutes Nährstoffaufschließungsvermögen besitzen.

Die Stickstofffixierungsleistung wird mit 100–400 kg N/ha angegeben. Dieser Stickstoff ist jedoch nicht vollständig und sofort im nächsten Jahr für die Nachfrucht pflanzenverfügbar. Im Falle der Körnernutzung stehen der Nachfrucht etwa 60–80 kg N/ha zur Verfügung, der restliche Stickstoff wird mit den Körnern geerntet (PALME, 1990).

Die Ackerbohne ist mit sich selbst unverträglich, so daß eine Anbaupause von 3–4 Jahren eingehalten werden muß.

Bodenansprüche – Aufgrund der langen Vegetationsdauer (150–180 Tage) und der großen Blattmasse besitzt die Ackerbohne, insbesondere in der Blühperiode und der anschließenden Fruchtbildung, einen hohen Wasserbedarf. Aus diesem Grund bevorzugt die Ackerbohne tiefgründige, feuchte Böden, die aber in der Tiefe gut durchlüftet sein müssen. Auf Sandböden unter 40 Bodenpunkten ist ein zufriedenstellender Anbau als Körnerfrucht in den mei-

Abb. 62: Mit der Hacke Ackerbohnen anhäufeln, um die Standfestigkeit zu erhöhen und Unkräuter in der Reihe zu verschütten.

sten Jahren ohne Beregnung nicht möglich. Da die Knöllchenbakterien einen neutralen pH-Wert bevorzugen, sollte der pH-Wert über 6 liegen, bei Sandböden bei 5,5.

Sorten – Bei der Auswahl der Sorten steht neben dem Reifezeitpunkt vor allem die Standfestigkeit im Vordergrund. Großkörnige Sorten haben Vorteile im Aufgang und in der Anfangsentwicklung. In jüngster Zeit zugelassene weißblühende, tanninarme Sorten bieten größere Verwertungsmöglichkeiten, da der Bitterstoffgehalt reduziert ist und sie deshalb von Schweinen und Geflügel besser vertragen werden.

Saatzeitpunkt – Der Zeitpunkt der Aussaat sollte so früh wie möglich liegen: Ende Februar bis Mitte März. Frühe Saaten sind in der Regel beim ersten Anflug der Läuse schon weiter entwickelt. Sind in dieser Zeitspanne keine idealen Bodenverhältnisse anzutreffen, ist es sinnvoller, bis in den April hinein zu warten. Ende April unter guten Bedingungen gesäte Ackerbohnen haben mit Sicherheit höhere Ertragserwartungen als im März bei schlechten Bodenbedingungen gedrillte. Die ungebeizten Samen können von pilzlichen Auflauferkrankungen befallen werden.

Saattiefe – Der Ertrag wird weniger von der

frühestmöglichen Saatzeit als vielmehr von der Saattechnik und Saatbettbereitung beeinflußt. Da die Ackerbohnen zur Keimung viel Wasser brauchen und vor Vogelfraß geschützt werden sollen, müssen sie 6–10 cm tief abgelegt werden. Diese tiefe Ablage wird entweder mit dem Einzelkornsägerät erreicht (Lohnunternehmer, Maschinenring) oder mit einer Drillmaschine, deren Schare beschwert werden. Durch eine ausreichende Saattiefe wird die Standfestigkeit verbessert und der Ertrag gesichert. Eine gleichmäßige Ablage der Körner ist als Voraussetzung für einen gleichmäßigen Aufgang wichtig.

Saatstärke –
Richtwert: 30–40 Pflanzen/m^2,
Reihenabstand: 30–50 cm.
Aufgrund der schwankenden Tausendkorngewichte (TKG) muß bei jeder Aussaat die Aussaatstärke neu berechnet werden.

Unkrautregulierung – Die Unkrautkonkurrenz muß bis zum Schließen der Reihen so gering wie möglich gehalten werden:

▸ Blind**striegeln**, bis die Keimlinge 1–2 cm unter der Bodenoberfläche sind.

▸ In der Zeit kurz vor und nach dem Auflaufen sind die Keimlinge sehr empfindlich, so daß sie in dieser Zeit durch Zinken nicht berührt werden dürfen.

▸ Ab dem 3-Blatt-Stadium kann wieder vorsichtig gestriegelt werden (bis zu einer Höhe von 25–30 cm). An sonnigen Tagen sollte nachmittags gestriegelt werden, da die Pflanzen eine niedrigere Turgeszenz aufweisen und unempfindlicher sind (Abb. 63).

Neben dem Striegel kann auch die **Maschinenhacke** oder die Rollhacke, die aus dem Maisanbau bekannt ist, eingesetzt werden (siehe Seite 128, Abbildung 46). Mit diesen beiden Hackentypen können die Ackerbohnen auch angehäufelt werden. Dadurch wird die Standfestigkeit verbessert und Unkrautpflanzen in der Reihe verschüttet. Mit dem **Reihengrubber** können Quecken in den Ackerbohnen wirksam bekämpft werden.

Untersaat – Eine Gras-Untersaat ist sinnvoll, um die Nitratauswaschung nach der Ernte der Ackerbohnen zu verhindern und den Stickstoff für die Nachfrucht im Wurzelhorizont zu halten. Die Einsaat sollte unmittelbar nach der letzten Maßnahme zur mechanischen Unkrautbekämpfung flach (1–2 cm) erfolgen. Dazu werden nur die Drillmaschinenschare zwischen den Bohnenreihen benutzt, die übrigen Schare werden hochgehängt, um die Bohnen nicht zu

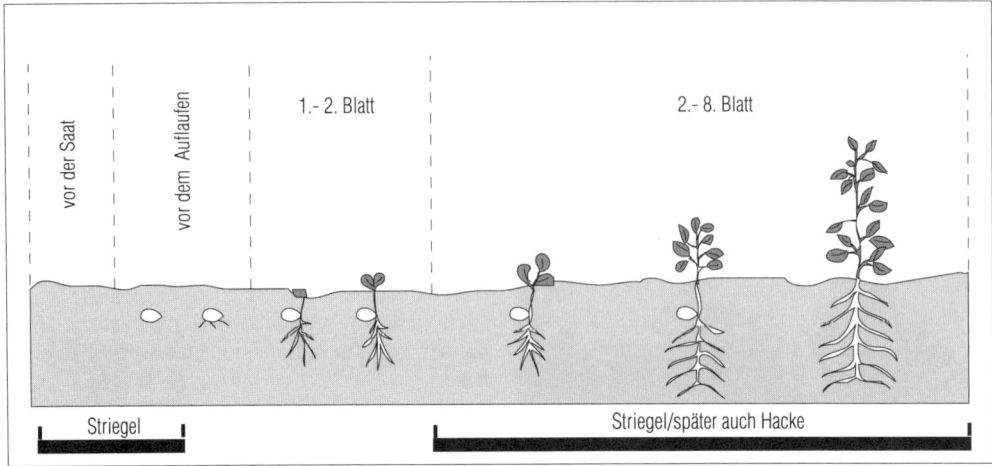

Abb. 63: Mechanische Unkrautregulierung bei Körnerleguminosen am Beispiel der Ackerbohne.

beschädigen. Ausgesät werden sollten spät schossende Gräser, die den Wuchs der Ackerbohnen nicht stören: z. B. 10−15 kg/ha spätes Welsches oder Deutsches Weidelgras.

Eine andere Möglichkeit ist die breitwürfige Ausbringung mit dem pneumatischen Düngerstreuer. Hier müssen wegen schlechter Auflaufbedingungen Saatmengen von 15−20 kg/ha ausgebracht werden. Bei breitwürfiger Ausbringung sollte anschließend gestriegelt oder flach gehackt werden.

Schädlinge der Körnerleguminosen −

Schwarze Bohnenlaus (Aphis fabae)
Bedeutung: Kann in einzelnen Jahren zu beträchtlichen Schäden führen (bis hin zum Totalausfall); vor allem wenn der Befall während der Blüte der Ackerbohne auftritt.
Schadbild: Auftreten zuerst versteckt zwischen den Gipfelblättern, dann an allen Pflanzenteilen schwarze Blattlauskolonien.
Biologie: Die Überwinterung erfolgt als Ei, selten als Larve an Schneeball und Pfaffenhütchen. Daraus schlüpft die Stammutter, diese gebiert lebende Junge, was zu schnellen Generationsfolgen führt.
Vorbeugende Maßnahmen: Eventuell Mischkultur mit Hafer; frühe Aussaat, damit die Bohne möglichst früh blüht. Nützlinge fördern (Vögel, Schlupfwespen, Laufkäfer u. a.). Häufig ist Verpilzung oder Parasitierung der Läuse und anschließendes Zusammenbrechen der Population zu beobachten.

Direkte Bekämpfung: Experimente mit verschiedenen zugelassenen Insektenmitteln mit wechselndem Erfolg.

Blattrandkäfer (Sitona lineatus)
Bedeutung: Der Rüsselkäfer mit gestreiften Flügeldecken verursacht Fraßschaden an den Blättern, er verringert die Assimilationsfläche. Die Larven fressen an den Knöllchen und können zur Schwächung der Pflanzen führen.
Schadbild: Typischer Blattrandfraß bei Erbsen, Ackerbohnen (aber auch Klee und Luzerne).
Biologie: Die Käfer überwintern in der Grasnarbe von Klee und Luzernefeldern und fliegen von da im Frühjahr in Erbsen und Ackerbohnen. In den folgenden 3 Monaten schlüpfen die Larven, die versuchen, zu den Knöllchen zu gelangen. Die neuen Käfer sind an Klee und Luzerne zu finden, wo sie auch überwintern.
Vorbeugende Maßnahmen: Nützlinge fördern; der Leguminosenanteil in der Fruchtfolge sollte nicht zu hoch sein.
Direkte Maßnahmen: Keine; Nematoden gegen Dickmausrüssler könnten Wirkung zeigen, aber Erfahrungen liegen nicht vor.

Ernte und Ertrag − Die Mähdruschreife ist erreicht, wenn sich Hülsen und Stengel schwarz verfärben. Werden die Ackerbohnen als Saatgut verwendet, dann müssen sie schon ab 18−20% Feuchtigkeit geerntet werden, da ansonsten durch die härteren und unelastischen Körner Körnerbruch und innere Beschädigungen entstehen können, die die Keimfähigkeit verringern.

Tabelle 45 Futterwert[1]) der Körnerleguminosen (SPERBER u. a., 1988; DLG-Futterwerttabelle)

Ackerbohnen	
Rohprotein	26,1 % (in der Frischsubstanz)
Lysin	1,7 % (in der Frischsubstanz)
Methionin/Cystin	0,48% (in der Frischsubstanz)
Umsetzbare Energie	12,54 MJ ME/kg
Netto-Energie-Laktation	7,14 MJ NEL/kg
Körnererbsen	
Rohprotein	22,6 % (in der Frischsubstanz)
Lysin	1,52% (in der Frischsubstanz)
Methionin/Cystin	0,52% (in der Frischsubstanz)
Umsetzbare Energie	13,68 MJ ME/kg
Netto-Energie-Laktation	7,54 MJ NEL/kg
Süßlupinen	
Rohprotein	40,4 % (in der Frischsubstanz)
Lysin	2,0 % (in der Frischsubstanz)
Methionin/Cystin	1,2 % (in der Frischsubstanz)
Umsetzbare Energie	12,54 MJ ME/kg
Netto-Energie-Laktation	7,26 MJ NEL/kg

[1]) **Futterwert:** *Körnerackerbohnen* können in der Fütterung von Rindern, Schweinen und Hühnern eingesetzt werden. Akkerbohnen besitzen einen um ca. 15% höheren Rohproteingehalt als Erbsen, jedoch einen bis zu 35% geringeren als Lupinen. Die Eiweißqualität ist geringer als die von Erbse und Lupine. Die Bitterstoffgehalte begrenzen ihren Einsatz in der Ration von Monogastriern, d. h. von Tieren mit einem einhöhligen Magen, z. B. dem Schwein.
Im Vergleich zu Lupinen und Ackerbohnen weisen *Erbsen* den geringsten Rohproteingehalt auf. Die Eiweißqualität ist jedoch höher als diejenige der Ackerbohnen. Aufgrund der geringen Bitterstoffgehalte können Erbsen auch an Monogastrier bis zu 30% in der Ration verfüttert werden.
Die *Süßlupine* enthält bis zu 55% mehr Rohprotein als die Ackerbohnen. Von besonderer Bedeutung ist die sehr hohe Eiweißqualität der Süßlupinen, die derjenigen der Sojabohne sehr nahe kommt. Aus diesen Gründen ergeben sich in der Tierfütterung des organisch-biologischen Betriebes besonders in der Hühner- und Schweinefütterung interessante Einsatzmöglichkeiten.

Beim Drusch ist auf folgende Besonderheiten zu achten:
▶ Weitere Ober- und Untersieböffnungen,
▶ stärkerer Reinigungswind,
▶ geringe Dreschtrommeldrehzahl und größerer Dreschkorbabstand.
Der Ertrag schwankt zwischen 15−45 dt/ha.
Lagerung − Ackerbohnen sollten mit einem Wassergehalt von ca. 14% gelagert werden; Saatgut mit 16%.

4.2 Die Körnererbse

Beim Anbau von Erbsen ist zwischen der vorwiegend weißblühenden, großkörnigen Erbse *(Pisum sativum)* und der hauptsächlich buntblühenden, kleinkörnigen Erbse *(Pisum arvense)* zu unterscheiden. Als Körnererbsen werden hauptsächlich die weißblühenden, großkörnigen Sorten angebaut. Im Gemengeanbau mit Getreide sowie für Grünfutter und Gründüngung werden die buntblühenden, kleinkörnigen Futtererbsen (andere Namen:

Felderbsen oder Peluschken) eingesetzt (siehe Farbtafeln 4 und 5).
Fruchtfolge − Die Körnererbsen haben einen hohen Vorfruchtwert. Die Pflanzen sind durch eine schwach entwickelte Pfahlwurzel und zahlreiche Nebenwurzeln, die ein gutes Wasser- und Nährstoffaneignungsvermögen aufweisen, gekennzeichnet.

> *Die Stickstoffanreicherung kann zwischen 100−250 kg N/ha schwanken. Davon stehen der Nachfrucht allerdings nur etwa 40−60 kg N/ha zur Verfügung (PALME, 1990).*

Nach anderen Leguminosen muß eine 4−5jährige Anbaupause eingehalten werden. Erbsen besitzen eine geringe Selbstverträglichkeit. Um die Übertragung von Fuß- und Welkekrankheiten zu vermeiden, dürfen Erbsen nur alle 6 Jahre angebaut werden.
Bodenansprüche − Körnererbsen bevorzugen mittelschwere bis leichte Böden mit ausreichendem Kalk- und Humusgehalt. Staunasse Böden sind für den Anbau auszuschließen.

Im Vergleich zur Ackerbohne ist die Erbse auf denjenigen Standorten ertraglich überlegen, auf denen die Ackerbohne unter Wassermangel leidet.

Die Unkrautunterdrückung der Erbsen ist sehr gering. Folglich muß durch Eggen und Hacken der Acker unbedingt unkrautarm gehalten werden:

Um eine günstige Knöllchenentwicklung zu gewährleisten, sollte der pH-Wert wie bei allen Leguminosen über 6 liegen; bei Sandböden bei 5,5.

Sorten – Die wichtigsten Kriterien bei der Auswahl von Körnererbsen sind die Höhe der Blattmasse (blattreich oder halb-blattlose) und der Reifezeitpunkt.

Für den Anbau von Körnererbsen in Reinkultur werden die weißblühenden und großkörnigen Sorten ausgewählt.

Im Gemengeanbau mit Getreide werden buntblühende Futtererbsensorten bevorzugt (siehe Farbtafel 4). Diese Sorten haben einen späteren Reifezeitpunkt, der mit dem Reifezeitpunkt des Getreides besser übereinstimmt. Für die Grünfutternutzung werden sehr spät reifende Sorten angebaut, die im Wachstum sehr lang sind und folglich einen hohen Grünmasseertrag bilden, die sogenannten Peluschken.

Aussaat und Saatzeit – Der Saatzeitpunkt liegt ein wenig später als bei der Ackerbohne: Mitte März bis April.

Saattiefe – Eine tiefe Ablage, 4–6 cm, soll den hohen Wasserbedarf während der Keimung gewährleisten und ferner das Korn vor Vogelfraß schützen. In der Praxis hat sich jedoch gezeigt, daß die Vögel häufig nicht den Samen herauspicken, sondern den Keimling abbrechen. Die durch das Abbrechen der Keimlinge bedingten Ernteausfälle können den Erbsenanbau in Gegenden mit hohem Vogelbesatz (Tauben und Saatkrähen) stark beeinträchtigen.

Saatstärke – 60–80 Pflanzen/m², einfacher oder doppelter Getreidereihenabstand. Aufgrund der stark schwankenden Tausendkorngewichte der verschiedenen Erbsenpartien muß bei jeder Aussaat die Aussaatstärke neu berechnet werden. Eine dichte Aussaat ist aufgrund langsamer Jugendentwicklung und geringem Durchsetzungsvermögen der Erbsen gegenüber Unkraut notwendig.

Auf unebenen und steinigen Flächen sowie auf leichten Sandböden ist ein Anwalzen nach der Saat zu empfehlen oder Steinelesen erforderlich, um einen störungsfreien Drusch der häufig sehr flach lagernden Erbsen zu gewährleisten.

Unkrautregulierung – Hierbei muß folgendes beachtet werden:

▶ Blindstriegeln, bis die Keimlinge 1–2 cm unter der Bodenoberfläche sind.

▶ Da die Keimlinge kurz vor und nach dem Auflaufen sehr empfindlich sind, kann erst ab dem 3-Blatt-Stadium wieder gestriegelt werden.

▶ Bei einem weiteren Reihenabstand (ab 18 cm) kann ab 5 cm Wuchshöhe gehackt werden.

Ernte und Ertrag – Zur Zeit der Reife sackt der Erbsenbestand in sich zusammen und bildet im günstigen Fall einen 25–30 cm hohen Teppich. Bei stark lagernden Beständen muß das Schneidwerk des Mähdreschers ganz zum Boden gesenkt werden. Spezielle Ährenheber sind vorteilhaft. Beim Drusch ist auf eine niedrige Trommeldrehzahl und auf einen weit gestellten Korb zu achten, damit wenig Körner zerschlagen werden. Das Erntegut sollte möglichst schnell und schonend auf 14% Wassergehalt getrocknet werden.

Das Ertragsniveau der Erbsen schwankt erheblich; es bewegt sich zwischen 15–40 dt. Besonders durch lagernde reife Bestände kann es zu hohen Ertragsverlusten kommen.

4.3 Die Süßlupine

Die Lupinen (siehe Farbtafel 5) zählen zu den jüngsten Kulturpflanzen und sind züchterisch erst wenig bearbeitet worden. Ursprünglich besitzen sie einen relativ hohen Gehalt an Bitterstoffen (Alkaloide). Jedoch gelang es Wissenschaftlern in den 30er Jahren alkaloidarme Formen, sog. Süßlupinen, zu selektieren und weiterzuvermehren. Für tierische und menschliche Nahrungszwecke eignen sich nur diese bitterstoffarmen Süßlupinen. Die preiswerteren Bitterlupinen werden für die Gründüngung eingesetzt.

Bei uns im Anbau befinden sich die Gelbe (*Lupinus luteus*) und die Weiße Süßlupine (*L. albus*). Während die Bitterlupinen einen Alkaloidgehalt von ca. 1% haben, gelten für die Süßlupinen folgende **Alkaloid-Grenzwerte:**

▶ Bei der Gelben Lupine kleiner als 0,06%,

▶ bei der Weißen Lupine kleiner als 0,04%.

Fruchtfolge – Die Vorfruchtwirkung der Lupinen ist günstig, besonders auf leichten Sandböden. Aufgrund ihres mechanischen Durchdringungsvermögens verbessern die Lupinenwurzeln für Nachfolgefrüchte die Durchwurzelbarkeit des Bodens. Darüber hinaus besitzen die Wurzeln ein gutes Nährstoffaufschließungsvermögen.

Der Rohfasergehalt der Wurzeln liegt etwa 5–10% höher als der vergleichbarer Leguminosen, d. h. der Stickstoff aus den Ernteresten wird nicht so schnell mineralisiert. Dies mindert, vor allem auf Sandböden, die Auswaschungsverluste von Stickstoff über Winter.

Die Stickstoffixierung kann zwischen 200 bis 450 kg N/ha betragen. Der Nachfrucht stehen etwa 65–95 kg N/ha nach Körnernutzung zur Verfügung (PALME, 1990).

Lupinen sind mit sich selbst *unverträglich* (Anbaupause von 3–4 Jahren).

Standortansprüche – Die Lupinenarten unterscheiden sich in ihren Standortansprüchen:
▶ Die **Weiße Lupine** ist die anspruchvollste in Bezug auf Boden und Klima, aber auch die potentiell ertragreichste. Ein erfolgreicher Anbau als Körnerfrucht ist nur in Gegenden möglich, in denen Körnermais ab FAO 270 oder Sonnenblumen mit Erfolg angebaut werden, da sie ein mildes Klima bevorzugt. Deshalb sollte sie nur südlich der Linie Münster/Bielefeld/Hameln/Salzgitter angebaut werden.
▶ Die **Gelbe Lupine** ist eine typische Pflanze der leichten, sauren und grundwasserfernen Sandböden und bevorzugt zur Abreife eher die kontinentalen Gebiete. In der älteren Literatur wird sie oft als das »Gold der Sandböden« bezeichnet. Sie gilt als die trockenheitsresistenteste Leguminosenart überhaupt.

Ein stark mit Wurzelunkräutern (z. B. Quecke) belasteter Standort eignet sich nicht zum Anbau von Lupinen zur Körnergewinnung. Aufgrund der fehlenden Bitterstoffe wird die gesamte Süßlupinenpflanze gerne von Wild gefressen, so daß Waldrandlagen vom Anbau ausgespart werden sollten.

Sorten – Als Folge des geringen Lupinenanbaus und der fehlenden Züchtungsforschung in den letzten Jahrzehnten werden zur Zeit nur eine gelbe und eine weiße Süßlupinensorte auf dem deutschen Markt angeboten. Bezüglich drei neuer Sorten aus der ehemaligen DDR gibt es noch keine Erfahrungen.

Aussaat und Saatzeit – Aufgrund der langen Vegetationszeit der Lupinen ist eine möglichst frühe Aussaat anzustreben:
▶ Weiße Lupine: Mitte März – Anfang April,
▶ Gelbe Lupine: Ende März – Mitte April.
Ein leichter Spätfrost ist erwünscht. Diese Vernalisation (Kälteschock) begünstigt einen frühen Blühbeginn und verkürzt die Blühdauer.

Saattiefe – Die Aussaattiefe beträgt 3 cm bei einem Reihenabstand von 15–30 cm, wobei der Grundsatz gilt: Je leichter die Böden, desto enger der Reihenabstand. Eine richtige und gleichmäßige Ablagetiefe in ein festes Saatbett fördert die spätere Standfestigkeit der Pflanzen, beugt Vogelfraßschäden vor und erleichtert einen späteren Striegeleinsatz.

Saatstärke –
▶ Weiße Lupine: 50 Pflanzen/m^2,
▶ Gelbe Lupine: 50–80 Pflanzen/m^2.
Aufgrund der unterschiedlichen Tausendkorngewichte der Weißen (TKG ca. 350 g) und der Gelben Lupine (TKG ca. 130 g) muß die Aussaatstärke genau berechnet werden.

Unkrautregulierung – Die Lupinen verweilen lange (bis Ende Mai) im Rosettenstadium und erst mit beginnendem Längenwachstum beschatten sie den Boden gründlicher. Folglich ist auf die Unkrautbekämpfung großer Wert zu legen. Die mechanische Unkrautregulierung beginnt mit dem Blindstriegeln. Nach dem Auflaufen wird gestriegelt und falls vorhanden auch die Reihenhacke eingesetzt. Dabei ist zu beachten, daß die Lupinenpflanzen empfindlich gegen Verschütten mit Erde sind. Ferner sollte das Striegeln und Hacken erst in den Nachmittagsstunden erfolgen, da die Pflanzen dann eine niedrigere Turgeszens aufweisen und unempfindlicher sind.

Schädlinge –
Lupinenwurzelfliege: Von den Larven werden die Triebe oder die Hauptwurzel ausgefressen; stark geschädigte Pflänzchen welken und gehen ein.
Bohnenfliege: Befall bleibt nicht allein auf Bohnen beschränkt, sie geht u. a. auch an Lupinen. Die Larven fressen Gänge in die Keimblätter, worauf die Keimpflanzen häufig zugrunde gehen. Direkte Bekämpfung ist nicht möglich.

Ernte und Ertrag – Der richtige Erntezeitpunkt ist grundsätzlich mit der Totreife der gesamten Pflanze erreicht. Wegen der ungleichen Abreife muß ein Mittelweg zwischen zu großem Kornverlust durch Aufplatzen oder Abbrechen der Hülsen bei spätem Drusch und zu feuchten, unreifen Körnern bei zu frühem Drusch gesucht

Betrieb....Schulze.... Datum....1.2.82....

Deckungsbeiträge pflanzliche Erzeugnisse

Verfahren	Einheit	Ackerbohnen	Erbsen
Ertrag	dt/ha	30	25
Preis	DM/dt incl. MWSt	50,-	50,-
Marktleistung	DM/ha	1500,-	1250,-
Saatgut	DM/ha	340,-	340,-
Düngung 15dt Kalk, 7 DM/dt	DM/ha	105,-	105,-
Trocknung 0,70 DM/dt	DM/ha	21,-	17,-
Sonstiges	DM/ha	100,-	100,-
Summe var. Kosten	DM/ha	566,-	562,-
Direktkostenfreier Ertrag	DM/ha	934,-	688,-
var.Masch.-Kosten	DM/ha	195,-	175,-
Deckungsbeitrag	DM	739,-	513,-
Akh/ha 2 ha Parzellen		14	11
Deckungsbeitrag/ Akh	DM	53,-	47,-

Abb. 64: Deckungsbeiträge Körnerleguminosen (Beispiele).

werden. Der Drusch sollte vorsichtig mit weitgestelltem Korb und verminderter Tourenzahl der Trommel vorgenommen werden. Die Haspel der Maschine sollte hochgestellt werden.
Eine Trocknung des Erntegutes ist immer notwendig. Die Lagerfähigkeit ist bei 14% Wassergehalt im Korn erreicht. Vor allem bei Unkrautdurchwuchs ist eine sofortige Vorreinigung und Trocknung des Erntegutes nötig.
Die Erträge der Gelben Lupine liegen bei ca. 10–25 dt/ha, die der Weißen Lupine bei 15 bis 35 dt/ha.

4.4 Wirtschaftliche Aspekte

Körnerleguminosen werden vor allem in Mähdruschfruchtfolgen angebaut, häufig von Betrieben, die nur einen geringen Viehbesatz haben. Sie werden entweder als Saatgut oder als Eiweißfuttermittel an den Handel oder an andere Betriebe verkauft.
Der **Preis** richtet sich nach der Verwertung. Für die Verwertung als Futtermittel wird eine Beihilfe gewährt. Diese soll den einheimischen Leguminosenanbau gegenüber Eiweißimportfuttermittel konkurrenzfähig machen und ist daher in ihrer Höhe vom Preisniveau für Eiweißfuttermittel abhängig. Normalerweise wird die Beihilfe über den Landhandel ausgezahlt. Für Selbstverfütterer kann die Beihilfe gewährt werden, wenn sie in einem Körnerleguminosenverein Mitglied sind und die Leguminosen direkt nach der Ernte eingefärbt oder geschrotet werden.

*Die **Erträge** der Körnerleguminosen schwanken stark, in einzelnen Jahren kann es sogar zu vollständigem Ausfall kommen.*

Abb. 65: Das Grünland muß einen ausreichenden Weißkleeanteil haben.

Zusätzlicher Wert der Körnerleguminosen ist ihr Vorfruchtwert, der allerdings dem Ackerfutterbau mit Kleegras deutlich unterlegen ist. Im Durchschnitt der Jahre sind mittlere Deckungsbeiträge zu erwarten.

Der **Arbeitsanspruch** unterscheidet sich nicht wesentlich vom konventionellen Landbau und liegt je nach Schlaggröße zwischen 10 und 25 AKh/ha und Jahr.

5   Dauergrünland

G. ALVERMANN

5.1 Bedeutung des Grünlandes im organisch-biologischen Betrieb

Im organisch-biologischen Betrieb wird in der Regel nur auf solchen Standorten Grünlandwirtschaft betrieben, die eine Ackernutzung aus unterschiedlichen Gründen nicht erlauben. Außerdem werden für Milchviehbetriebe Grünlandflächen als Weiden genutzt, da eine Trittfestigkeit und Tragfähigkeit der Narbe auch bei ungünstigen Witterungsverhältnissen gegeben ist. Auf ackerfähigen Standorten wird Grünland häufig umgebrochen und Ackerfutterbau betrieben, um die positiven Wirkungen des Ackerfutters als Bestandteil der Fruchtfolge ausnutzen zu können. Der Ackerfutterbau hat zudem auf den meisten Standorten ein höheres Ertragsniveau als das Grünland, so daß durch einen höheren Anteil an Ackerfutterbau Futterknappheit während der Umstellung vermieden werden kann.

Spezialisierte ökologische Grünlandbetriebe sind also nur auf typischen Grünlandstandorten, wie z. B. im Alpenvorland zu finden. Der Durchschnitt der ökologischen Betriebe hat einen Grünlandanteil, der ungefähr dem konventionellen Anteil an Grünland entspricht (Agrarberichte 1988–1991).

Zunehmende Bedeutung hat eine extensive Grünlandwirtschaft in der Landschaftspflege und im Naturschutz. In der Regel sind damit besondere Nutzungseinschränkungen verbunden, die sich zwar mit organisch-biologischem Landbau vereinen lassen, aber nicht prinzipiell mit den Bioland-Richtlinien übereinstimmen. So führen z. B. späte Mähtermine auch in der Grünlandwirtschaft eines organisch-biologischen Betriebes zu geringeren Erträgen und schlechterer Futterqualität.

Tabelle 46   Dauergrünlanderträge auf unterschiedlichen Standorten unter ökologischer Bewirtschaftung (Ökoring Niedersachsen, 1986/87; Ökoring Schleswig-Holstein, 1987/88; ERNST und HEITING, 1988; NEUGEBAUER, 1985)

Standort	Nettoertrag MJ NEL/ha	Futterertrag für ca. RGV/ha
Südniedersächsisches Hügelland (reliefbedingt/flachgründig)	17 000	0,7
Hochmoor, humoser Sand (Norddeutsche Tiefebene)	20 000	0,9
Schleswig-Holsteinisches Hügelland (reliefbedingt/tiefgründig)	26 000	1,1
Niedermoor, Seemarsch (Norddeutsche Tiefebene)	28 000	1,2
Versuch »Haus Riswick« (Flußmarsch/Niederrhein)	35 000	1,5
Voralpengebiet (niederschlagsbedingt/tiefgründig)	39 000	1,7

5.2 Erträge

Je nach Standort ist die Ertragsfähigkeit des Grünlandes unter organisch-biologischen Bedingungen sehr unterschiedlich. Typische Grünlandstandorte sind in der Bundesrepublik Deutschland z. B. grundwasserbeeinflußte Böden oder Regionen mit hohen Niederschlägen, flachen Krumentiefen und Hanglagen.

Ein wesentlicher Aspekt für die Umstellung von Dauergrünland ist die Kenntnis des durchschnittlich erzielbaren Ertrages. Die Erträge im Vergleich zu einer intensiven konventionellen Bewirtschaftung (durchschnittlich 200 kg Stickstoff/ha) resultieren aus der Güte des Standortes und der Narbenzusammensetzung. Je ungünstiger die natürlichen Standortvoraussetzungen sind, um so stärker ist der Ertragsabfall im Vergleich zu einer Bewirtschaftung mit Mineralstickstoff.

5.2.1 Ertragsfaktoren

Neben dem vorgegebenen Standort (Boden, Klima) beeinflussen die einzelnen landwirtschaftlichen Maßnahmen (Nutzung, Düngung, Pflege) die Zusammensetzung und Wüchsigkeit der Grünlandnarbe und somit den Ertrag in Qualität und Menge (siehe Farbtafel 6). Sie müssen auf den Standort abgestimmt werden.

5.2.2 Bedeutung des Weißklees

Der bestimmende Schritt bei der Umstellung der Grünlandbewirtschaftung ist der Verzicht auf Stickstoffmineraldünger. Wie im Ackerbau kann hierfür ein Ersatz nur durch einen ausrei-

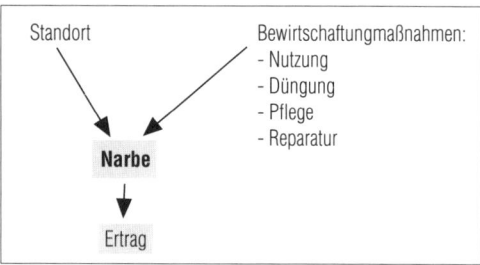

Abb. 66: Einflußfaktoren auf den Ertrag der Grünlandnarbe.

chenden Leguminosen- – speziell Weißkleeanteil in der Grünlandnarbe geschaffen werden. Dabei ist unter optimalen Bedingungen eine N-Fixierungsleistung des Weißklees möglich, die einer Stickstoffmineraldüngung von bis zu ca. 250 kg N/ha entspricht.

Förderung des Weißklees durch:
▶ *Nachsaat,*
▶ *intensive Nutzung,*
▶ *optimalen pH-Wert,*
▶ *Wasserregulierung,*
▶ *ausreichende P/K-Versorgung.*

Je nach Standort und Nutzung entwickelt sich der Weißklee sehr unterschiedlich. Entscheidend sind der jeweilige pH-Wert und der Luft-/Wasserhaushalt. Ein vernäßtes Hochmoor mit einem pH-Wert von 4,0 ermöglicht unter Umständen nur ein Zehntel der Leguminosenstickstoffsammlung eines tiefgründig, aufgekalkten Lehmbodens.

Hinzu kommen die Einflüsse der Bewirtschaftung. Weidenutzung begünstigt den Weißklee, da er viel Licht benötigt, während späte Schnittnutzung eher unterdrückend wirken kann.

Tabelle 47 Trockenmasseerträge (in dt/ha) und Stickstoffsammlung (in kg N/ha) durch Weißklee auf Grünland (TAUBE und KORNHER, 1990)

Jahr	Trockenmasseerträge		Stickstoffsammlung durch Weißklee
	ohne Klee/ 200 kg N	ohne Mineraldünger/ mit Weißklee	
1986	76 dt	70 dt	210 kg
1987	105 dt	108 dt	272 kg
1988	97 dt	99 dt	213 kg
Durchschnitt	92,6 dt	92,3 dt	232 kg

Standort: Sandiger Lehm/Parabraunerde. August 1984 Neuansaat einer Dauerweidemischung Standard G II ohne Weißklee bzw. mit 6 kg Weißklee. Düngung mit 200 kg Stickstoff mineralisch bzw. ohne Stickstoffdüngung. Nutzung jeweils in der »mittleren Weidereife«.

Hohe Gaben an Wirtschaftsdüngern können Weißklee unterdrücken.

Die früher verbreitete Empfehlung, auf die natürliche Verbreitung des Weißklee zu warten, hat sich in der Praxis nicht bewährt.

Durch gezielte Nachsaaten können leistungsfähige Sorten ausgebracht werden. Zusammen mit fördernden Bewirtschaftungsmaßnahmen führt dies schneller zu sicheren Futtererträgen (siehe Farbtafel 6).

5.3 Umstellung der Grünlandnarbe

Die Grünlandnarbe ist das jeweilige Abbild aus dem Zusammenspiel von Standort und Bewirtschaftungsmaßnahmen. Umstellung auf ökologische Bewirtschaftung heißt unter anderem Verzicht auf Stickstoffmineraldünger und Ersatz durch Leguminosenstickstoff. Die Bewirtschaftungsmaßnahmen werden also verändert und die Grünlandnarbe paßt sich an die veränderten Bedingungen an. Diese Anpassung kann durch Nachsaaten mit Klee und Gras entscheidend beschleunigt werden. Gleichzeitig werden mit gelungenen Nachsaaten Narbenschäden repariert, die durch unsachgemäße Bewirtschaftung entstanden sind.
Diese Fehler sollten bei der weiteren Bewirtschaftung natürlich abgestellt werden. Unter anderem sind dies:
▶ Narbenverletzungen durch Schnitt- und Heugeräte,
▶ unsachgemäße Anwendung von Mist und Jauche,
▶ nicht abgestimmtes Dünge- und Nutzungsniveau,
▶ einseitige Nutzung,
▶ mangelhafte Pflege.
Für erfolgreiche Reparaturmaßnahmen an der Grünlandnarbe ist die Wahl des richtigen Zeitpunkts entscheidend. Dieser wird bestimmt durch:
▶ Feuchtigkeit (zur Keimung der Nachsaaten),
▶ Wärme (zur Entwicklung der Nachsaaten),
▶ Konkurrenzkraft der Altnarbe.
Denkbar ist die Durchführung von Reparaturmaßnahmen bis Mitte April (Winterfeuchtigkeit) in Kombination mit den sonstigen Pflegemaßnahmen im Frühjahr oder im Juli/August (geringe Konkurrenzkraft der Altnarbe durch die »Sommerdepression«). Die Wahl des optimalen Zeitpunktes richtet sich nach den Standortverhältnissen. In Gebieten mit ausreichenden Sommerniederschlägen ist der Juli/August-Termin zu bevorzugen, in Trockengebieten eher der Termin im April.

5.3.1 Übersaat

Unter Übersaat versteht man das Ein- oder mehrmalige Ausbringen von Klee und Grassamen in Breitsaat z. B. mit dem Schleuderstreuer bzw. besser mit einem pneumatischen Exaktstreuer.
Die Übersaat erfordert keine speziellen Geräte und ist mit geringen Kosten verbunden (einmalige Anwendung bei 10 kg Saatgutaufwand/ha: ca. 50,– DM/ha). Übersaat kann deshalb mehrmals im Jahr durchgeführt werden. Das verbessert die Erfolgschancen.
Wegen der guten Konkurrenzkraft sollte Deutsches Weidelgras in der Übersaatmischung einen bedeutenden Anteil einnehmen. Die Übersaat kann sinnvoll sein, um einmalig Lücken in der Narbe zu schließen. Sie kann aber auch zur notwendigen Standardmaßnahme werden, wenn aufgrund ungünstiger Voraussetzungen eine dauerhaft stabile Narbe nicht erreicht werden kann. In Feuchtgebieten mit regelmäßigen Narbenverletzungen durch Tritt kann regelmäßige Übersaat die Stabilität der Narbe verbessern. Es sollte immer ein Saatpotential von erwünschten Futtergräsern vorhanden sein, um Lücken schnell zu schließen.

5.3.2 Durchsaat

Die Durchsaat oder klassische »Nachsaat« erreicht das Ziel der Narbenverbesserung sicherer als die Übersaat. Die Narbe wird durch einen mechanischen Eingriff aufgelockert, so daß der Bodenschluß für das Saatgut besser ist und die Konkurrenzkraft der Altnarbe herabgesetzt wird. Dieser mechanische Eingriff kann durch Eggen, kräftiges, mehrmaliges Striegeln (Vorsicht auf Moorböden) bei anschließendem Drillen mit Walze, oder durch eigens hierfür konstruierte Durchsaatmaschinen erfolgen.
Neben dem Deutschen Weidelgras sind Weißklee, Wiesenschwingel und Knaulgras zur Nachsaat geeignet.
Um etwas Wüchsigkeit in die Narbe zu bekommen können versuchsweise je ha 4 kg Rotklee, auf schwerem nassen Standort 2 kg Schwedenklee oder auf trockenem Standort 5 kg Hornschotenklee in die Mischung aufgenommen werden. Nach der Durchsaat muß eine frühe

Nutzung folgen, um den jungen Keimpflanzen Licht zur Entwicklung zu geben. Ein früher Silageschnitt mit 6−8 cm Schnitthöhe oder eine extensive Beweidung haben sich bewährt.

5.3.3 Neuansaat

Grünland-Umbruch und Neuansaat ist nur in wenigen extremen Fällen die richtige Lösung zur Umstellung, da hiermit zumindest auf den absoluten Grünlandstandorten oft größere Risiken als Chancen verbunden sind. Lediglich bei sehr unebener Narbe, bei starker Schädigung der Bodenstruktur oder bei starker Verunkrautung kann Neuansaat die richtige Lösung sein.

Für die Wahl der anzusäenden Dauergrünlandmischungen sind, je nach Nutzung, die offiziellen Mischungsempfehlungen brauchbar. Auf einen ausreichend hohen Weißkleeanteil ist zu achten. Eventuell 1−2 kg/ha Weißklee beimischen. Auch kann die Zumischung von 2 kg Rotklee bzw. 1 kg/ha Schwedenklee die Durchwurzelung und Wüchsigkeit in den ersten Jahren verbessern.

Für den Erfolg der Neuansaaten sind nicht besondere Mischungen von Klee und Gras entscheidend, sondern die Bedingungen und die Sorgfalt bei Umbruch und Neuansaat.

Sauberes Fräsen der Altnarbe, Umbruch mit dem Pflug, sorgfältige Saatbettbereitung und Drillsaat mit engem Reihenabstand und nachfolgender Walze sind hier Standard.

Eine Frühjahrsaussaat ist möglich, sie nutzt die Winterfeuchtigkeit gut aus. Im Durchschnitt der Jahre ist allerdings der Termin Ende Juli, Anfang August optimal.

Bei allen Vorteilen, die eine Ackerzwischennutzung von Dauergrünland verspricht (Unkrautbekämpfung, Gareaufbau), ist zu beachten, daß sie grundsätzlich zu Humusabbau führt. Es sind auf diese Weise die sog. »Hungerjahre« zu befürchten, so daß diese Variante der Grünlanderneuerung auf extrem verunkrautete Standorte beschränkt bleiben sollte.

5.4 Nutzung des Dauergrünlandes

Von sämtlichen Einflußfaktoren auf die Bestandeszusammensetzung und Leistungsfähigkeit der Grünlandnarbe übt die Nutzung den entscheidenden Einfluß aus. Mit der Art und

Intensität der Nutzung entscheidet sich, welche Pflanzen gefördert und welche verdrängt werden (siehe Farbtafel 6).

5.4.1 Schonende Bewirtschaftung und Nutzungsintensität

Grundsätzliche Voraussetzung ist eine schonende Vorgehensweise bei der Grünlandnutzung:

▸ Keine Trittschäden durch Beweidung bei zu feuchtem Boden,
▸ keine Narbenverletzungen durch zu flach eingestellte Schnitt- und Heugeräte,
▸ Schonung der Reservestoffe der Grünlandpflanzen durch Schnitthöhe von mindestens 5 cm und keine Überweidung (speziell im Herbst),
▸ Vermeidung von Verdichtungen durch Befahren bei zu feuchtem Boden.

Allgemein gilt weiterhin, daß der optimale Ertrag dann erreicht wird, wenn die Intensität der Nutzung genau dem Düngungsniveau und der Leistungsfähigkeit des Standortes angepaßt ist. Eine zu intensive Nutzung verschenkt Ertrag und vermindert die Durchwurzelung; eine zu extensive Nutzung verschlechtert die Narbe in Zusammensetzung und Dichte und ergibt eine geringe Energiekonzentration im Futter.

Die Intensität der Nutzung wird durch die Faktoren Nutzungsart, Nutzungshäufigkeit und Nutzungszeitpunkt bestimmt.

5.4.2 Beweidung

Auf den meisten Standorten dominiert Weißklee als Grünlandleguminose. Eine ausschließliche Beweidung oder Mähweide ist hier der reinen Schnittnutzung überlegen.

Um bei Beweidung den optimalen Kompromiß aus Narbendichte und Ertragsleistung zu fin-

Abb. 67: Einfluß der Nutzungsintensität auf die Bestandeszusammensetzung.

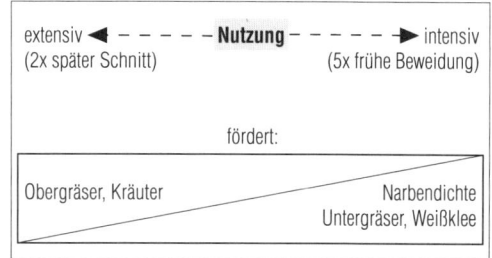

den, hat sich das Weidesystem »kurze Freßzeit (3–4 Tage) und lange Ruhezeit« bewährt. Die Tiere werden bei einer Bewuchshöhe von 17–20 cm auf die Koppel getrieben. Nach 3–4tägiger Nutzung bekommt die Koppel Ruhe, bis der Aufwuchs wieder die optimale Beweidungshöhe von knapp 20 cm erreicht hat. Die Herden- und Koppelgröße müssen hierbei aufeinander abgestimmt sein (ca. 5 a Koppelfläche/Kuh).

Weiterhin gibt es Weidesysteme, die durch eine sehr hohe Nutzungsintensität den Weißkleeanteil deutlich steigern können. Die Tiere werden beispielsweise bei ca. 10 cm Bewuchshöhe eingetrieben und verbleiben auf den entsprechend großen Parzellen gute 10 Tage (ca. 10 a Koppelfläche/Kuh). Dann bekommt die Koppel wieder Ruhe bis zur Wuchshöhe von 10 cm. Innerhalb einer Weidesaison kann so bei entsprechenden Voraussetzungen der Weißkleeanteil in der Narbe von wenigen Prozent auf über 25% angehoben werden. Die intensive Standweide liegt in ihrer Wirkung auf die Narbenzusammensetzung zwischen den beiden genannten Beweidungsverfahren.

Neben der Wirkung auf die Narbe und die Ertragsleistungen sollten bei der Auswahl des Weidesystems auch tiergesundheitliche Aspekte, wie z. B. die Parasitenvorbeuge, beachtet werden (siehe Seite 214).

5.4.3 Schnittnutzung

Grünlandnarben, die überwiegend gemäht werden, erreichen in der Regel nicht die gleiche Narbenstabilität wie Weideflächen. Es ist hier besondere Sorgfalt bei der Einstellung der Mähgeräte erforderlich, um Narbenschäden zu vermeiden.

Wenn aus bestimmten Gründen überwiegende Schnittnutzung nicht zu umgehen ist, bietet Frühjahrsvorweide (z. B. durch Färsen) die Chance, trotzdem eine gewisse Narbenstabilität zu erreichen. Die Vorweide (von Ende April bis Mitte/Ende Mai) verdrängt unerwünschte

Kräuter wie Hahnenfuß, Löwenzahn, Doldenblütler und sogar die Quecke durch selektiven Verbiß in dieser Zeit. Gleichzeitig wird die gesamte Narbe kurz gehalten und kann Reservestoffe für die ansonsten sehr erschöpfende erste Schnittnutzung sammeln. Ist nicht jedes Jahr eine Vorweide auf Schnittflächen möglich, so sollte sie zumindest periodisch eingeschaltet werden. Voraussetzung ist natürlich, daß die Narbe zum Zeitpunkt der Beweidung tragfähig ist.

Ebenfalls hilfreich ist es, auf reinen Schnittflächen ein periodisches Aussamen der Hauptbestandsbildner durch späten Schnitt zur Regeneration der Narbe zu ermöglichen. Dieses Vorgehen ist allerdings nur dann sinnvoll, wenn nicht zu viele unerwünschte Pflanzen vorhanden sind. Ansonsten ist eine periodische Nachsaat angebracht.

5.5 Düngung des Dauergrünlandes

5.5.1 Kalk und Grunddünger

Die Regulation des pH-Wertes ist eine Grundvoraussetzung aller sonstigen Bewirtschaftungsmaßnahmen. Jeder Standort hat einen für die langfristige Ertragsfähigkeit optimalen pH-Wert, der eingehalten werden sollte. Zur Regulation der witterungsbedingten Versauerung steht u. a. Kalkmergel zur Verfügung (siehe Seite 91, Tabelle 21, Zugelassene Dünger).

Die langfristige Nettonährstoffbilanz des Betriebes und der einzelnen Parzellen sollte darüber hinaus nicht vernachlässigt werden. Dauergrünland, das nur über Beweidung genutzt wird bzw. über Schnittnutzung mit vollständiger Rückführung des organischen Düngers, hat geringe Nettoexportraten von Phosphat, Kali, Magnesium. Häufige Praxis ist es allerdings, im Gemischtbetrieb organische Dünger stärker auf dem Acker einzusetzen. In solchen Fällen erfolgt ein dauernder Nährstoffexport vom Grünland zum Acker; die Nährstoffgehalte des Grünlandes gehen zurück. Die

Tabelle 48   Einfluß der Nutzung auf den Weißkleeanteil (LANDEWEER, 1990)

Nutzungsvarianten	4tägiges Umtreiben/ Eintreiben bei 17 cm Wuchshöhe	moderne Standweide/ Ø 8 cm Wuchshöhe	14tägiges Umtreiben/ Eintreiben bei 10 cm Wuchshöhe
Kleeanteil in der Narbe Anfang September:	11%	20%	34%

Nettoentzüge sollten dann durch Thomasphosphat und Patentkali ausgeglichen werden (siehe Seite 90, Praxis der Düngung).

5.5.2 Wirtschaftsdünger

Die wirtschaftseigenen Düngemittel fallen je nach Stallhaltungssystem in unterschiedlicher Konsistenz und Aufbereitungsform an (siehe auch Seite 94, Organische Dünger). Es ist eine direkte Nährstoffwirkung über pflanzenverfügbare Nährstoffe und eine indirekte Wirkung über Bodenbelebung bzw. Verbesserung der Narbenqualität und Durchwurzelung zu unterscheiden.

Abb. 68: Wirkung der Wirtschaftsdünger auf die Grünlandnarbe.

Jauche und Gülle – Sie sollten bei Schnittnutzung erst nach dem Durchgrünen ausgebracht werden, um die Narbe zu schonen.

Das Verdünnen mit Wasser (bis zu 1:1) verbessert die Stickstoffausnutzung und Narbenverträglichkeit am einfachsten.

Ist aus Gründen der Lagerkapazität oder Entfernung der Schläge Verdünnen mit Wasser nicht möglich, so kann durch Zugabe von Bentonit, Agriben, Impfen mit Kompost oder Belüftung versucht werden, die Narbenverträglichkeit zu verbessern.

Grundsätzlich sollten Jauche und Gülle nur bei bedecktem Wetter ausgebracht werden, um übermäßige Ammoniakverluste zu vermeiden.

In dieser Hinsicht ist die vorwiegende Anwendung zur ersten Nutzung optimal (kühle Witterung, siehe auch Seite 95).
Bei der Gülle kommt ein Nacharbeiten mit der Netzegge oder dem Striegel ca. 3 Tage nach dem Ausbringen hinzu, um die kleinen Grünlandpflanzen von anhaftenden Reststoffen zu reinigen. Dies ist besonders bei nachfolgender Beweidung wichtig, da ansonsten die Tiere das Futter nicht gut annehmen.

Festmist und Kompost – Der beste Grünlanddünger ist ein gut vererdeter Kompost, der fast zu jedem Zeitpunkt ausgebracht werden kann. Kompost fördert die Wurzelentwicklung und die Leguminosenwüchsigkeit und ist ein wichtiges Hilfsmittel zur Harmonisierung der Narbe. Allerdings setzt die Kompostbereitung freie Arbeitskapazität voraus. Auch frischer oder angerotteter Mist kann zu Grünland gedüngt werden; wichtig ist eine dünne Ausbringung, eventuell mit nachfolgender Striegelbearbeitung zur besseren Feinverteilung.

5.6 Pflege des Dauergrünlandes

Sämtliche Pflegemaßnahmen auf dem Dauergrünland haben zum Ziel, die für den Standort und das wirtschaftliche Ziel optimale Narbenzusammensetzung zu fördern bzw. zu erhalten.
Wasserregulierung – Sie bestimmt in Form von Grüppen, Gräben, Drainagen die Ertragsfähigkeit des Standortes. Der Weißklee ist auf dauernd nassen Standorten nicht durchsetzungsfähig, Verunkrautung ist häufig. Standorte, die aus ökologischen Gründen nicht entwässert werden können, müssen als extensive Flächen mit geringem Ertragspotential betrachtet werden.
Walzen – Die Bearbeitung von Dauergrünland, besonders von Schnittflächen mittels schwerer Wiesenwalze ist ursprünglich als Nachahmung der positiven Eigenschaften des Viehtritts eingeführt worden. U. a. wird die Bestockung der Gräser und die Narbendurchwurzelung gefördert. Das regelmäßige Verdichten und Einebnen der Narbe durch die schwere Walze wird um so wichtiger, je humoser bzw. mooriger der Standort ist. Walzen auf Moorböden ist eine Standardmaßnahme, während es auf schluffigen, dichtlagernden Mineralböden (Auen und Marschen) eher Schaden anrichtet.
Mit dem **Schleppen** und **Striegeln** der Narbe im Frühjahr werden im wesentlichen zwei Ziele verfolgt:
▶ Einebnen und Verteilen von Maulwurfshaufen und Kuhfladen (Schleppen),
▶ Bestockungsanregung der Gräser und Aufrauhen des Bodens zur Verbesserung des Gasaustausches (Striegeln).
Für Ziel 1 sind die bekannten Balken- oder Reifenschleppen geeignet. Für Ziel 2 sollte eine leichte Netzegge mit der klassischen Schleppe kombiniert werden. Aus dem Ackerbaubereich bekannte Striegeleggen sind für diesen Einsatz-

Tabelle 49 Einfluß des Walzens auf den Pflanzenbestand (Bestand in %, Ertrag in dt/ha) einer Moorwiese (KUNTZE, 1988)

Maßnahme	gute Gräser	Klee	Kräuter	Heuertrag
ungewalzt	38	2	32	35
zu viel gewalzt	40	5	32	39
richtig gewalzt	53	16	20	48

zweck ebenfalls geeignet. Es ist sinnvoll, beides zu kombinieren, da eine Belüftung der Narbe fast immer positiv ist.

Ungras-, Unkrautregulierung – Bei vorwiegender oder ausschließlicher Beweidung kann ein periodisches Nachmähen der Flächen das Ausbreiten unerwünschter Kräuter und Gräser regulieren.

5.7 Wirtschaftliche Aspekte der Grünlandbewirtschaftung

Ertrag – Die Wirtschaftlichkeit der Futtererzeugung auf dem Grünland hängt im wesentlichen vom Ertrag ab (siehe Seite 167, Tabelle 46). Bei hohem Ertrag wird jede erzeugte Futtereinheit (z. B. kStE oder MJ NEL) mit einem geringeren Anteil an den variablen und festen

Kosten belastet (siehe Seite 132, Wirtschaftlichkeit der Futtererzeugung). Nutzungsauflagen durch Naturschutzprogramme, wie z. B. späte Mähtermine, führen zu geringeren Erträgen und schlechterer Futterqualität. Die gewährten Beihilfen sollten deshalb so hoch sein, daß sie diese Ertragsausfälle ausgleichen.

Variable Kosten – Je nach Nutzung fallen unterschiedliche variable Kosten für die Futterwerbung an. Diese Kosten können aus normalen landwirtschaftlichen Kalkulationstabellen oder aus den eigenen Buchführungsunterlagen vor der Umstellung entnommen werden. Der Aufwand für N-Düngung entfällt nach der Umstellung, statt dessen müssen Saatgut und Maschinenkosten für die Nachsaat von Weißklee berücksichtigt werden.

Ökonomische Besonderheiten, die bei der Umstellung eines reinen Grünlandbetriebes zu berücksichtigen sind, sind auf Seite 47 im Kapitel »Der reine Grünlandbetrieb« dargestellt.

Tabelle 50 Ungras-, Unkrautregulierung

Ungras/Unkraut	entscheidende Maßnahme	sonstige Maßnahme
Scharfer Hahnenfuß	Wasserregulierung	Aussamen verhindern
Rasenschmiele/ Binsen		wiederholt tiefes Ausmähen
Sumpfschachtelhalm		–
Wiesenkerbel	frühe Beweidung/ Aussamen verhindern	Jauche, Gülle begrenzen
Löwenzahn		–
Stumpfblättriger und Krauser Ampfer	dichte Narbe	Aussamen verhindern, Mist und Gülle aerob aufbereiten, Ausstechen, Ausziehen Mitte Juni
Vogelmiere, Jährige Rispe		–

6 Gemüsebau
E. REINERS

6.1 Bedeutung des Gemüsebaus

Gemüse ist als Frischprodukt ein sehr wichtiges Erzeugnis im organisch-biologischen Landbau und wird daher in vielen Betrieben angebaut.

Oft wird in landwirtschaftlichen Betrieben während der Umstellung der Gemüseanbau neu aufgenommen, um die Angebotspalette zu erweitern, vorhandene Arbeitskapazitäten auszulasten oder Kulturen mit hohem Deckungsbeitrag zur Verbesserung der Rentabilität in den Betrieb zu integrieren.

Der Anbau von Gemüse findet sich deshalb in sehr verschiedenen Betriebstypen, von der spezialisierten Gemüsegärtnerei mit hohem Gewächshausanteil bis zum landwirtschaftlichen Betrieb, der nur wenige Gemüsekulturen großflächig anbaut. Dementsprechend ist die Intensität des Anbaus auch sehr unterschiedlich: Während der Marktgärtner seine in der Regel begrenzten Flächen ständig nutzt und nicht selten zwei oder mehr Kulturen pro Jahr hintereinander auf einem Beet anbaut, steht in der landwirtschaftlichen Fruchtfolge nur eine Gemüsekultur pro Jahr auf dem Feld.

6.2 Fruchtfolge und Anbauplanung

Findet der Feingemüseanbau als Betriebszweig im landwirtschaftlichen Betrieb statt, so können die Gemüsebauflächen innerhalb der landwirtschaftlichen Fruchtfolge mit im Hackfruchtschlag rotieren. Diese aus Fruchtfolgegesichtspunkten ideale Lösung stößt in der Praxis leider oft an Grenzen: Weil nicht alle Schläge bewässerbar sind, weil wegen Wildschäden die Gemüsekulturen eingezäunt werden müssen, und weil das pflegeintensive Gemüse nahe beim Hof angebaut werden soll, ergibt sich doch oft ein »ortsfester« Gemüseacker. Werden allerdings nur wenige Gemüsearten großflächig kultiviert, werden diese gemäß ihren Ansprüchen (z. B. Nährstoffe) mit in die Ackerfruchtfolge eingebaut.
Eine gute Möglichkeit für Marktgärtnereien, ihre Fruchtfolge zu entlasten, ist die Kooperation mit einem landwirtschaftlichen »Partnerbetrieb«, der zum Beispiel den Anbau von Kohl und Lagergemüse übernimmt.
Im folgenden sollen die für den organisch-biologischen Anbau von Gemüse wichtigsten Aspekte der Fruchtfolgegestaltung aufgeführt

werden. Bedingt durch die Erfordernisse des Marktes wird die Fruchtfolge aber nicht immer allen unten genannten Ansprüchen genügen können. Auch praktische Gesichtspunkte bestimmen die Fruchtfolge, besonders im kleinflächigen Anbau: Welche Kulturen passen zusammen unter eine Folien-/Vlies- oder Kulturschutznetzbahn, welche können gemeinsam bewässert werden etc.
Sehr wichtig ist die genaue Planung der Fruchtfolge für die kommende Vegetationsperiode, um möglichst vielen Aspekten gerecht zu werden. Diese Arbeit sollte in der ruhigeren Zeit im Winter vorgenommen werden. Die Führung von Schlagkarteien oder Beet-Belegungsplänen ist dabei unerläßlich. Da selten die Planungen bis in das letzte Detail dann auch verwirklicht werden können, muß die wirklich durchgeführte Anbaufolge festgehalten werden, um genaue Planungsunterlagen für das Folgejahr zu erhalten.
Vor allem **Neulinge im Gemüsebau** sollten sich für die Anbauplanung ein gutes Gemüse-Fachbuch (z. B. FRITZ und STOLZ, 1989) besorgen, aus dem die Ansprüche der einzelnen Kulturarten entnommen werden können. Die Planung des Anbaus orientiert sich am geschätzten Verkauf (*Was* soll *wann* verkauft werden?); anhand der Vegetationszeiten werden Saat- oder Pflanztermine sowie -umfang bestimmt. Aufzeichnungen über den Verkauf im ersten Jahr liefern wertvolle Hinweise für die folgende Planung (PADEL).
Fruchtfolgekrankheiten − Durch eine zu enge Aufeinanderfolge der gleichen Gemüseart oder verwandter Kulturen wird die Vermehrung von Pflanzenkrankheiten und Schädlingen gefördert (z. B. Kohlhernie, Salatfäulen, Nematoden, Gemüsefliegen).

Die für die einzelnen Gemüsearten empfohlenen Anbaupausen sollten eingehalten werden.

Speziell bei den Brassicaceen, zu denen sehr viele Gemüsearten zählen, wird das oft nicht einfach zu bewerkstelligen sein; bei zu enger Fruchtfolge sind die Probleme aber vorprogrammiert. Günstig auf die Pflanzengesundheit wirkt sich eine Gründüngung ebenso aus wie der gelegentliche Anbau von Getreide in der Gemüsefruchtfolge.
Auch in Gewächshäusern ist die Fruchtfolge oft zu einseitig, als Folge ist die Zunahme von Schäden durch bodenbürtige Schaderreger wie z. B. Sklerotinia und Fusarien zu beobachten. Obwohl die Zahl der anbauwürdigen Kulturen im Gewächshaus begrenzt ist, sollten alle Möglichkeiten eines Fruchtwechsels ausgeschöpft werden.

Nährstoffversorgung – Gerade bei der organischen Düngung, wo die Nährstoffe über einen längeren Zeitraum freigesetzt werden, muß die Fruchtfolge an den Nährstoffbedürfnissen der einzelnen Kulturen orientiert sein und längerfristig geplant werden, um eine vollständige Ausnutzung zu gewährleisten. Nach einer organischen Grunddüngung, was sowohl eine Stallmistgabe als auch der Umbruch einer leguminosenreichen Gründüngung sein kann, stehen zunächst die Starkzehrer wie Kopfkohl, Blumenkohl, Porree oder Sellerie. Danach folgen Kulturen mit geringeren Nährstoffansprüchen.

Zu berücksichtigen sind in diesem Zusammenhang auch die Ernterückstände der jeweiligen Gemüseart, die wiederum zur Nährstoffversorgung der Nachkultur beitragen.

Unkrautregulierung – Nicht zu vernachlässigen ist bei der Planung der Fruchtfolge auch der Aspekt, ob bei einer Kultur eine intensive Beikrautregulierung möglich ist und damit der Nachkultur ein Feld mit geringem Unkrautdruck zur Verfügung gestellt werden kann. Pflanzkulturen wie die meisten Kohlarten und Porree können sehr robust gehackt und gehäufelt werden. Auch die Kartoffel ist als unkrautreduzierende Kultur bekannt. Schnell den Boden bedeckende, bestandsschließende Arten sind hier ebenfalls günstig zu bewerten.

Gründüngung – Ihr kommt in der gemüsebaulichen Fruchtfolge eine besondere Bedeutung zu. Hier können Pflanzenarten angebaut werden, die sonst nicht kultiviert werden, wie Phacelia, die mit keiner Gemüseart verwandt ist, und vor allem die Gräser, die, besonders im Gemenge mit Kleearten, eine hervorragende Vorfrucht darstellen.

6.3 Gründüngung

Gerade im intensiven Gemüseanbau ist es notwendig, eine Gründüngung in die Fruchtfolge einzubauen.

Im Einzelfall kann es sogar sinnvoll sein, allein zu diesem Zweck die Betriebsfläche zu vergrößern. Eine Winterbegrünung der Felder sollte so häufig wie möglich vorgenommen werden. Da diese Flächen im Frühjahr erst später bearbeitet werden können, ist die überwinternde Gründüngung dort nicht möglich, wo Frühgemüse angebaut werden soll.

Zu beachten ist auch, daß üppige Gründüngungsbestände einen hohen Wasserverbrauch haben. Beispiel: Überwinterndes Landsberger Gemenge verbraucht einen großen Teil der Winterfeuchte, der Frühjahrsumbruch zerstört zusätzlich die Bodenschichtung und erschwert die Nachlieferung durch kapillaren Aufstieg. Die Folgekultur wird auf eine Zusatzbewässerung angewiesen sein.

Für die Einarbeitung von Gründüngung ist oft eine landwirtschaftliche Ackertechnik nötig. Die Bestände müssen gemäht oder besser noch zerkleinert (gehäckselt) und anschließend eingearbeitet werden. Besonders Gemenge mit Grasanteilen verlangen eine tiefe, saubere Pflugarbeit, damit z. B. Weidelgras nicht durchwächst und bei der Nachkultur stört. Eventuell müssen diese Arbeiten im Lohn vergeben werden.

6.3.1 Humusanreicherung

Beim Anbau von Gemüse wird der Boden intensiv und häufig bearbeitet, besonders bei dem Anbau von Kurzkulturen wie Radieschen, Kohlrabi und Salaten. Dadurch wird die Mineralisation angeregt und Humus abgebaut.

Je nach Intensität der Bearbeitung und Humusgehalt des Bodens kann mit einem durchschnittlichen jährlichen Humusabbau von 40 dt organische Trockenmasse/ha gerechnet werden, der ersetzt werden muß.

Ein Humusausgleich kann durch Stallmist- und Kompostgaben, aber auch durch den Anbau von Gründüngung erreicht werden.

Um allerdings einen längerfristigen Effekt zu erzielen, d. h. die Bildung von »Dauerhumus« zu erreichen, ist eine ausdauernde, mindestens ein- oder mehrjährige Gründüngung erforderlich; nur ältere, verholzte, ligninhaltige Pflanzenteile bilden stabile Humusformen. Ideal ist für diesen Zweck eine standortangepaßte Kleegrasmischung. Junge organische Substanz ist weich und wird schnell wieder umgesetzt (»Nährhumus«).

Eine Gründüngung, der zu wenig Entwicklungszeit zur Verfügung steht und die weniger als 10 dt/ha Trockenmasse produziert (Faustzahl: unter 20 cm Pflanzenhöhe), kann durch die Bodenbearbeitung bei der Saatbettvorbereitung und bei der Einarbeitung sogar eine negative Humusbilanz aufweisen. Allerdings sprechen häufig andere Gründe dafür, trotzdem auch kurzzeitig eine Gründüngung einzusäen.

Tabelle 51   Die wichtigsten Gründüngungspflanzen im Gemüsebau (Ökoring, verändert)

Frucht	Saatmenge	Kulturdauer	Saattiefe	Bemerkungen
Vorsaaten im Frühjahr (Vorsaaten ab Anfang März)				
Phacelia (Anfang Mai)	150–200 g/a	6–9 Wochen	1–1,5 cm	Bienenweide, gute Bewurzelung, verträgt keinen Frost!
Ackerbohne	1500 g/a	6–9 Wochen	8–10 cm	frosthart (frühe Saat)
Spinat	300–500 g/a	4–7 Wochen	1–2 cm	
halb- oder ganzjährige Gründüngung (Saat März bis Mitte August)				
Alexandriner und Perserklee (50:50)	300 g/a	6–9 Wochen	1–2 cm	frostempfindlich, rasch wachsend
Wicke, Erbsen und Hafer (25:25:50)	2000 g/a	8–12 Wochen	3–4 cm	gutes Gemenge (nicht vor Bohnen und Erbsen)
nicht winterharte Nachsaaten (Saat bis Anfang September)				
Platterbsen/ Grünschnitterbsen	1500–2500 g/a	6–9 Wochen	3–5 cm	auch als Untersaaten bei Kohl, Mais, guter N-Sammler
Sommerwicke	1000 g/a	6–8 Wochen	3–4 cm	erträgt Frühfröste, guter Stickstoffsammler
Sommerwicke und Hafer	600 g/a 400 g/a	8–12 Wochen	3–4 cm	kalkhaltige Böden, langsame Anfangsentwicklung
Bitterlupinen (bis Anfang August)	1800 g/a	9–10 Wochen	2–3 cm	Tiefwurzler, hoher Vorfruchtwert, für saure Böden
Phacelia	150–200 g/a	6–9 Wochen	1–1,5 cm	Bienenweide, gute Bewurzelung
Ölrettich (bis Anfang September)	300 g/a	5–8 Wochen	2–3 cm	sehr guter Tiefwurzeler
Saatsenf (bis Mitte September)	300 g/a	3–5 Wochen	1–2 cm	rasch wachsend, nicht zu häufig, nicht vor Kohlgewächsen
überwinternde Gründüngung (Saat bis Mitte Oktober)				
Zottelwicke (bis Anfang September)	800 g/a	bis Ende April	1–3 cm	geringe Ansprüche, Stickstoffsammler
Zottelwicke und Inkarnatklee (bis Anfang September)	400 g/a 150 g/a	bis Ende April	1–3 cm	N-reiche, niedrigwachsende Winterbegrünung
Zottelwicke und Roggen (bis Anfang September)	400 g/a 600 g/a	bis Ende April	1–3 cm	gute Bodenregeneration
Landsberger Gemenge (bis Mitte September)	600 g/a (20/20/20)	bis Ende April	2–3 cm	Humusaufbau, gut vor späten Kulturen
Winterroggen (bis Mitte Oktober)	1800 g/a	bis Ende April	1–3 cm	gut für spätere Saat im Herbst
Untersaaten				
Weißklee	150–250 g/a		0–1 cm	Boden schnell deckend, trittfest
Erdklee	400–600 g/a		1–2 cm	dicht, trittfest, abfrierend

6.3.2 Auflockerung der Fruchtfolge

Durch den Anbau von Gründüngung wird eine Auflockerung der Fruchtfolge erreicht, wenn Pflanzenarten benutzt werden, die sonst nicht oder kaum in einer Gemüsefruchtfolge zu finden sind. Neben der bekannten **Phacelia,** die mit keiner Gemüseart verwandt ist, sind besonders die Gräser zu erwähnen. Häufig angebaut werden **Grünroggen, Hafer** und **Weidelgräser,** zumeist zusammen mit weiteren Gründüngungspflanzenarten.

Bei der Auswahl der Gründüngungspflanzen müssen die Fruchtfolgeverträglichkeiten beachtet werden. Beispiele: **Brassicaceen** (die in der Regel schon als Marktfrucht zu häufig in der Fruchtfolge erscheinen) vermehren die Kohlhernie. Der **Ölrettich** gilt in dieser Beziehung als tolerant, kann aber die Rettichschwärze übertragen. **Phacelia** wird z. B. von *Phytophtora* befallen, **Sonnenblumen** sind anfällig für *Sclerotinia*.

6.3.3 Nährstoffspeicherung

Die Gefahr einer Nährstoffauswaschung ist im Gemüsebau besonders gegeben, weil die meisten Gemüsekulturen bis zum Erntezeitpunkt ein hohes Nährstoffbedürfnis haben und deshalb größere Restnährstoffmengen nach der Ernte im Boden vorhanden sein können.

Durch den Anbau von Gründüngungspflanzen können Nährstoffe, vor allem Nitrat-Stickstoff, biologisch konserviert und vor der Auswaschung durch Niederschläge, besonders im Herbst und Winter, geschützt werden.

Eine Nährstoffauswaschung ist unerwünscht, weil sie einerseits die Nährstoffe für Folgekulturen unerreichbar macht und andererseits das Grundwasser belasten kann.

Ideal geeignet für die Nährstoffkonservierung sind überwinternde, frostharte Pflanzenarten, die immer dann noch wachsen und Nährstoffe aufnehmen, wenn der Boden so warm ist, daß eine Mineralisation stattfindet; hier sind besonders die entsprechenden Gräser zu nennen.

Abfrierende Gründüngungspflanzen sind ebenfalls brauchbar, um eine gewisse Nährstoffkonservierung über Winter zu erreichen. Für diesen Zweck ist z. B. der **Ölrettich** als schnellwüchsige, tiefwurzelnde und relativ spätsaatverträgliche Pflanze geeignet. Die Zerkleinerung und Einarbeitung der abgefrorenen Grünmasse darf aber erst im Spätwinter erfolgen, weil bei zu zeitiger Bearbeitung die Mineralisierung angeregt wird und dann die Auswaschungsgefahr wieder gegeben ist.

Um eine nennenswerte Nährstoffaufnahme durch die Gründüngungspflanzen zu gewährleisten, darf die Saat im Spätsommer/Herbst nicht zu spät erfolgen. Die Pflanzen müssen genügend Pflanzenmasse und besonders auch Wurzeln ausbilden können, sonst ist der Effekt der biologischen Nährstoffspeicherung kaum gege-

ben. Bei einer günstigen Entwicklungszeit und entsprechenden Nährstoffvorräten im Boden können 80–100 kg N/ha von den Pflanzen über Winter festgehalten werden.

6.3.4 Unkrautunterdrückung

Im Hinblick auf die Unkrautentwicklung kann eine Gründüngung positive wie negative Effekte zeigen: Wenn nach einer sorgfältigen Saatbettbereitung die Gründüngungspflanzen schnell keimen, eine zügige Anfangsentwicklung zeigen und den Bestand schnell schließen, ist durchaus mit einer unkrautunterdrückenden Wirkung zu rechnen. Sich schlecht entwickelnde, lückige Bestände geben dagegen den Wildkräutern beste Möglichkeiten, sich auszubreiten. Aus diesem Grund müssen Gründüngungsschläge mit ähnlicher Sorgfalt vorbereitet und gepflegt werden wie Marktfruchtkulturen (Saatbettvorbereitung, eventuell Auflaufbewässerung etc.). Wurzelunkräuter wie Quecke und Disteln lassen sich durch eine Gründüngung alleine nicht reduzieren; mechanische Maßnahmen müssen vorausgehen, die dichte Gründüngungsdecke kann den Abschluß einer solchen »Unkrautkur« bilden.

6.3.5 Untersaaten

Untersaaten werden Gründüngungseinsaaten genannt, die zwischen bzw. unter stehende Marktfruchtbestände erfolgen. Dieses ist sowohl im Freiland wie im Gewächshaus möglich. Im Freiland bieten sich hierfür Kulturen an, die einen sehr weiten Reihenabstand aufweisen und den Bestand nicht oder sehr spät schließen, z. B. Stangenbohnen, Zuckermais oder Freilandtomaten. **Erdklee,** niedrige **Weißkleesorten, Platterbsen** und **Deutsches** oder **Welsches Weidelgras** sind als Untersaaten alleine oder im Gemenge geeignet. Gesät wird in die stehende Hauptkultur nach ein oder zwei Arbeitsgängen zur Unkrautregulierung. Der erhöhte Wasserbedarf solcher Bestände mit Untersaaten ist zu beachten.

Im Gewächshaus hat sich eine Untersaat in Kulturen wie Tomaten, Paprika oder Stangenbohnen nicht bewährt, weil die Nachteile überwiegen: Durch die Beschattung ist mit um 1–2 °C niedrigeren Bodentemperaturen als bei nacktem Boden zu rechnen, die Hauptkulturen stehen mit ihrem krankheitsempfindlichen »Fuß« in der feuchten Gründüngung, durch die verstärkte Verdunstung erhöht sich die Luftfeuchtigkeit und damit steigt das Risiko für Pilzkrankheiten. Die mechanische Unkrautregulierung ist nicht mehr möglich und Unkräuter breiten sich aus.

Wenn als Untersaaten **Leguminosen** verwendet werden, muß gewährleistet sein, daß der gesammelte Stickstoff nach der Einarbeitung von einer Nachkultur verwertet werden kann.

6.4 Nährstoffversorgung

> Bioland-Richtlinien Nr. 4.1.1:
> Die Gesamtmenge der im Freilandgemüsebau eingesetzten Wirtschaftsdünger und betriebsfremden, organischen Ergänzungsdünger darf 110 kg Stickstoff/ha und Jahr nicht überschreiten. Die besonderen Kulturbedingungen in Gewächshäusern erfordern eine speziell auf die jeweilige Kulturfolge abgestimmte Düngung, die Ausnahmen von der oben genannten Düngermenge notwendig machen können; in diesen Fällen sind unter besonders sorgfältiger Beachtung der Nitratproblematik höhere Düngermengen zulässig.

Gemüsekulturen haben einen hohen Nährstoffanspruch, der häufig nicht aus betriebseigenen Quellen gedeckt werden kann. Dies gilt in besonderem Maße für spezialisierte Gemüsegärtnereien, die in der Regel viehlos wirtschaften und nicht über eigenen Wirtschaftsdünger und Futterleguminosenanbau verfügen.

Mit dem Verkauf der Ernteprodukte verlassen große Nährstoffmengen den Betrieb.

Tabelle 52 Beispiele für kulturabhängige Nährstoffexporte

Kultur	marktfähiger Ertrag dt/ha	N kg/ha	P_2O_5 kg/ha	K_2O kg/ha
Weißklee	500	140	40	160
Kopfsalat	250	75	20	100

Aus diesem Grund müssen im intensiven Gemüsebau Nährstoffe von außen in den Betrieb zurückgeführt werden in Form von Wirtschaftsdüngern, organischen und mineralischen Handelsdüngern sowie Zukaufkomposten.

Für die Bemessung der Düngung im organisch-biologischen Anbau können keine allgemeinen

Regeln aufgestellt werden, da der Standort und alle weiteren betrieblichen Bedingungen im Einzelfall berücksichtigt werden müssen. Zu empfehlen sind auf jeden Fall regelmäßige Bodenuntersuchungen. Der **pH-Wert** ist durch regelmäßige Erhaltungskalkung stets im Optimalbereich der entsprechenden Bodenart zu halten.

Bei **Kalium, Phosphor** und **Magnesium** ist eine knapp mittlere Versorgungsstufe der Böden anzustreben, die Düngung kann dann am Bedürfnis der angebauten Pflanzenart und den jeweiligen Ernteerwartungen orientiert werden (siehe Seite 90, Bodenuntersuchung).

Die Höhe der **Stickstoffdüngung** wird sich ebenfalls nach der angebauten Kultur und der Höhe des erwarteten Ertrages richten. In einem ökologisch bewirtschafteten Boden, der eine gute Bodenstruktur aufweist und ein reichhaltiges aktives Bodenleben zeigt, kann die Stickstoffdüngung gegenüber den derzeitigen allgemeinen gemüsebaulichen Empfehlungen um 30% reduziert werden. Dies ist erfahrungsgemäß für einen quantitativ und qualitativ guten Ertrag durchaus ausreichend. Diese zurückhaltende Düngepraxis, bei der auf mengenmäßige Spitzenerträge bewußt verzichtet wird, wirkt sich positiv auf den Nitratgehalt des Erntegutes aus, und die Gefahr zu hoher Nitrat-Restmengen bei Kulturende ist ebenfalls verringert.

> Bioland-Richtlinien 4.1.1 und 2.5.7:
> Zur Kontrolle der Stickstoffdynamik im Boden wird die regelmäßige Durchführung von N_{min}-Untersuchungen dringend empfohlen. Die Düngung ist in Abstimmung auf den Standort und die jeweilige Kultur so zu gestalten, daß die Qualität der Erzeugnisse (ernährungsphysiologischer Wert, Geschmack, Haltbarkeit) insbesondere durch die Höhe der Stickstoffdüngung nicht nachteilig beeinträchtigt wird. In Hinblick auf Art, Höhe und Zeitpunkt der Düngung müssen Boden- und Gewässerbelastung durch Rückstände (Schwermetalle und Nitrat) vermieden werden.

Problematisch ist die Stickstoffversorgung oft im zeitigen Frühjahr, wenn die Böden noch kalt sind und die Mineralisation der organisch gebundenen Nährstoffe noch nicht in Gang kommen will. Darunter leiden vor allem die besonders nährstoffbedürftigen, anspruchsvollen Kulturen wie Frühblumenkohl. Neben dem

Einsatz von Flachfolie und Vlies, ist hier die Anwendung fein vermahlener, schnell wirkender organischer Dünger sinnvoll. Im organisch-biologischen Anbau muß, speziell im Frühjahr, mit verlängerten Kulturzeiten gerechnet werden.

Für die Düngung im **Gewächshaus** ist von großer Bedeutung, den Salzgehalt des Boden zu beobachten. Das aride Klima im geschützten Anbau kann zu einer Salzanreicherung im Oberboden führen, was bei der (im Gewächshaus jährlich anzuratenden) Bodenuntersuchung mit zu überprüfen ist. Die Quellen für Ballastsalze sind vor allem im Gießwasser zu suchen, aber auch bei den eingesetzten Düngemitteln. Während organische Handelsdünger als salzarm einzustufen sind, sind Mist und Mistkompost salzreich und von daher sehr kontrolliert einzusetzen.

6.4.1 Betriebseigene Nährstoffquellen

Neben den **Wirtschaftsdüngern** (Mist, Gülle, Jauche) bei eigener Tierhaltung trägt der **Anbau von Leguminosen** maßgeblich zur betriebseigenen Stickstoffversorgung bei. Eine Leguminosen-Gründüngung kann je nach Pflanzenart, Standzeit und Entwicklungszustand des Bestandes mit 50 bis weit über 200 kg N/ha hinterlassen, die der oder den Nachkultur/en zur Verfügung stehen (siehe Seite 93, Tabelle 22, Stickstoffgehalte verschiedener Leguminosenarten und -gemenge). Bei einem im Frühjahr angesätem Leguminosengemenge (z. B. Ackerbohne, Felderbse, Sommerwicke), das zum Zeitpunkt der Vollblüte geschnitten und eingearbeitet wird, kann je nach Üppigkeit des Bestandes 100–150 kg N/ha für die Nachkultur angerechnet werden.

Ernterückstände fallen im Gemüsebau in erheblichen Mengen an. Die Größenordnungen sind abhängig von Gemüseart, Ertragsniveau und Aberntungsrate. Bei Blumenkohl können sie z. B. 25 dt/ha Trockensubstanz betragen, was mit etwa 100 kg N, 35 kg P_2O_5 und 100 kg K_2O anzusetzen ist. Da es sich bei Ernterückständen um relativ junge Pflanzensubstanz handelt, ist davon auszugehen, daß die Nährstoffe im Sommerhalbjahr innerhalb von 12 Wochen mineralisiert werden und damit der Folgekultur zur Verfügung stehen.

Die Ernterückstände der Herbstkulturen müssen entweder sehr früh eingearbeitet werden, wenn eine Gründüngung noch folgen kann, oder sie sollten unzerkleinert bis zum Spätwin-

ter stehen bleiben. Auf diese Weise werden die Nährstoffverluste vermieden.

Die Stickstoffnachlieferung aus dem **Humusvorrat** des Bodens kann nur grob geschätzt werden. In der warmen Vegetationszeit können bei einem Humusgehalt des Bodens von 2% etwa 4 kg N/ha und Woche freigesetzt werden. Jede Bodenbearbeitung, jede Unkrauthacke ergibt einen Mineralisationsschub, was auch gezielt genutzt werden kann, um eine Kultur zu fördern.

Ernterückstände, Putzabfälle und weitere auf dem Betrieb anfallende organische Abfälle werden – eventuell zusammen mit Mist – kompostiert. Da die Gehalte je nach Ausgangsmaterial und Kompostierungsbedingungen stark schwanken, sollten betriebseigene Komposte auf Nährstoffe und, vor der Ausbringung im Gewächshaus, auf den Salzgehalt, untersucht werden. Für einen ungestörten Kompostierungsprozeß darf die aufgesetzte Miete nicht vernässen. Es ist ratsam, die Komposthaufen mit Folie oder speziellen Kompostvliesen abzudecken. Zum Schutz des Grundwassers muß das Eindringen von Sickersäften in den Boden verhindert werden.

Über die Beregnung können nennenswerte Stickstoffmengen ausgebracht werden, wenn das Bewässerungswasser höhere Nitratgehalte aufweist. Das ist bei der Düngung zu berücksichtigen.

6.4.3 Betriebsfremde Nährstoffquellen

Eine ideale Situation im Sinne eines ökologischen Kreislaufes wäre es, wenn die aus dem Betrieb herausgehenden Nährstoffe zumindest teilweise über Komposte wieder zurückfließen könnten. Leider ist dieses wegen der hohen Schadstofffrachten, den Müllkomposte aufweisen, bisher im großen Stil nicht möglich.

> Bioland-Richtlinien Nr. 2.2.5:
> Der Einsatz von Klärschlamm und Müllkompost ist verboten. Komposte aus Getrenntsammlung dürfen nur nach vorheriger Analyse auf Schadstoffe und Schwermetalle sowie nach Rücksprache angewandt werden.

Es zeichnet sich aber ab, daß zukünftig sehr schadstoffarme Komposte (z. B. aus Getrenntsammlungen oder Kompostierung von Gartenabfällen) zur Verfügung stehen.

Vor einer Anwendung müssen jedoch die kompostierten Ausgangsmaterialien bekannt sein, und der fertige Kompost muß auf anorganische (Schwermetalle) und organische Schadstoffe (Leitsubstanzen) untersucht werden. An die Qualität der Zukaufkomposte sind höchste Anforderungen zu stellen.

Selbstverständlich müssen von den verwendeten Komposten auch die pflanzenbaulich relevanten Größen bekannt sein, vor allem Nährstoffgehalte, pH-Wert und Salzgehalt. Komposte sind häufig reich an Kali und Phosphor, bei mäßigen Stickstoffgehalten und einem hohen pH-Wert.

Weit verbreitet ist der **Zukauf von Mist** durch Gemüsegärtnereien. Gaben von frischem oder kompostiertem Stallmist tragen zur Nährstoffversorgung und zur Bodenverbesserung bei. Mist oder Mistkompost eignen sich auch zum Mulchen länger stehender, nährstoffbedürftiger Kulturen (z. B. Tomaten, Zucchini, Rhabarber).

Darüber hinaus werden zur Nährstoffergänzung **mineralische und organische Handelsdünger** eingesetzt. Bei den mineralischen Düngern handelt es sich vor allem um Kalisulfat oder Kalimagnesia, um dem hohen Kalibedürfnis vieler Gemüsearten gerecht zu werden. Phosphorgaben sind über Knochenmehl, Thomasphosphat oder cadmiumarme Rohphosphate möglich (siehe auch Seite 92).

Tabelle 53   Organische Stickstoffdünger und ihre durchschnittlichen Nährstoffgehalte (in %)

Dünger	N	P_2O_5	K_2O
Blutmehl	14–15	1	unter 1
Hornmehl	10–12	unter 1	unter 1
Horngrieß	13–14	unter 1	unter 1
Hornspäne	13–15	unter 1	unter 1
Rizinusschrot	5,5–6	2–2,5	1–1,5
Rapsschrot	5,5	2,5	1,5

Je feiner organische Dünger vermahlen sind, desto schneller wirken sie. Durch die größere Oberfläche werden sie schneller von den Mikroorganismen angegriffen und aufgeschlossen. Blutmehl ist ein sehr schnell wirkender Dünger, der vor allem für die Startdüngung im Frühjahr und die Aufdüngung von Substraten verwendet wird. Die Hornprodukte gibt es in verschiedenen Fraktionen, vom feinen Mehl bis zu sehr groben Spänen.

Bei warmem Boden kann man davon ausgehen, daß Hornmehl in 6–8 Wochen 50% seiner Nährstoffe freigesetzt hat, Horngrieß in ca. 12 Wochen. Hornspäne sind ein ausgesprochener

Langzeitdünger. Rizinusschrot und Rapsschrot wirken mittelschnell. Die beiden zuletzt genannten Dünger sollten nicht für Anzuchterden verwendet werden und auch nicht unmittelbar vor Säkulturen ausgebracht werden, weil es zu Auflaufschwierigkeiten kommen kann. Bei Aussaaten sind Hornprodukte verträglicher.

Wenn organisch-mineralische Mehrnährstoffdünger verwendet werden sollen, muß gewährleistet sein, daß die mineralische Komponente den Richtlinien entspricht und nicht z. B. Harnstoff oder schwefelsaurer Ammoniak zugemischt wurden.

6.5 Unkrautregulierung

Die Beikrautregulierung ist im organisch-biologischen Anbau mit hohem Arbeitsaufwand verbunden, bei vielen Kulturen werden sich Handarbeitsgänge nicht vermeiden lassen.

Die Unkrautregulierung mit möglichst wenig Aufwand effektiv zu erledigen, entscheidet häufig über den Erfolg oder Mißerfolg einer Kultur.

Bei Pflanzgemüse im feldmäßigen Anbau (z. B. Kohl, Sellerie) fällt ein zusätzlicher Arbeitsaufwand von 50–150 h/ha für die Unkrautregulierung an. Im landwirtschaftlichen Anbau von Sägemüse (Möhren, Rote Bete, Zwiebeln) muß hierbei mit durchschnittlich 300 h/ha gerechnet werden. Die Schwankungsbreite bei der erforderlichen Arbeitszeit für die Unkrautbekämpfung ist gerade bei Sägemüse äußerst groß: Im Möhrenanbau werden je nach Unkrautdruck, Anbauintensität und Abflammerfolg von unter 100 bis über 800 h/ha genannt.

6.5.1 Vorbeugende Maßnahmen

Um den Aufwand für die Unkrautregulierung gering zu halten, kommt den vorbeugenden Maßnahmen eine besondere Bedeutung zu. Hier Versäumtes läßt die direkte Unkrautregulierung schnell sehr aufwendig werden.

Kurzzeitig brachliegende Felder sind von Zeit zu Zeit flach zu bearbeiten, um auflaufende Unkräuter zu stören. Länger nicht bebaute Flächen sollten mit einer dichten Gründüngung bestellt werden, wobei für ein schnelles Auflaufen und eine zügige Anfangsentwicklung gesorgt werden muß.

Abgeerntete Beete müssen sofort bearbeitet werden, damit das sich entwickelnde Unkraut nicht aussamen kann. Aus demselben Grund darf bei Gemüsearten, die mehrmals beerntet werden, nicht darauf gewartet werden, daß der letzte Kopf Salat erntereif geworden ist.

Einzelne sich stark entwickelnde Unkrautpflanzen, die alle Bekämpfungsmaßnahmen überstanden haben, dürfen nicht nur umgehackt, sondern müssen ausgerissen und vom Feld getragen werden. Zu beachten ist dabei, daß die Samen vieler Unkrautarten nachreifen, d. h. es werden noch keimfähige Samen gebildet, auch wenn die Pflanze zum Zeitpunkt der Hacke erst in der Vollblüte ist.

Fehler, die bei der vorbeugenden Unkrautregulierung gemacht werden, sind über Jahre hinaus spürbar:

1 Franzosenkrautpflanze entwickelt zum Beispiel leicht 10 000 Samen, 1 Vogelmierenpflanze 15 000 Samen und Weißer Gänsefuß 5000 Samen, die mehrere Jahre keimfähig bleiben.

Blühende oder samende Unkrautpflanzen gehören deshalb auch nicht auf den Kompost. Es sei denn, die Kompostpflege ist so vorbildlich, daß alle Teile des Komposts die Heißphase durchlaufen und damit ein Großteil der Samen keimunfähig werden.

Weiterhin kann durch eine intensive Saat- und Pflanzbettvorbereitung ein großer Teil des Unkrautdrucks von einer Kultur weggenommen werden. Hierzu wird das Feld vor der Saat oder der Pflanzung mehrmals möglichst flach bearbeitet. Zwischendurch müssen die Unkrautsamen genügend Zeit zur Keimung haben. Diese sehr effektive vorbeugende Maßnahme muß zeitlich im Kulturplan berücksichtigt werden.

6.5.2 Mechanische Unkrautregulierung

Mit der mechanischen Beikrautregulierung (Hacken, Häufeln, Striegeln, Fräsen, Bürsten) ist so früh wie möglich zu beginnen (siehe Seite 110, Direkte Unkrautregulierung und Tabelle 24). Die besten Erfolge werden erzielt, wenn das Unkraut noch gar nicht zu sehen ist oder sich gerade erst im Keimblattstadium befindet. Unabdingbar für ein rationelles Arbeiten sind standardisierte Reihenabstände im beetweisen Anbau und präzises, gut gepflegtes Werkzeug.

Hacken, Häufeln und Striegeln – Zum Hackgerät gehören Hohlschutzscheiben und eine Parallelogrammführung der Arbeitswerkzeuge. Die ersten Hackgänge werden bei empfindlichen Säkulturen mit Schutzscheiben durchge-

führt, später ist hier wie auch bei vielen Pflanzkulturen ein mehr oder weniger starker Häufeleffekt erwünscht.

Durch Häufeln wird zwischen den Reihen intensiv gearbeitet und in der Reihe werden die Unkräuter verschüttet. Zu den Kulturen, die das Häufeln gut vertragen, gehören bekanntlich die Kopfkohlarten, Blumenkohl und Brokkoli, Porree, aber auch Buschbohnen, Möhren und weitere Gemüsearten.

Der Striegel wird oft in jungen Kohlbeständen eingesetzt, wenn gezogene Jungpflanzen verwendet wurden. Wenn Jungpflanzen mit Ballen gepflanzt worden sind, ist der Striegeleinsatz nicht ratsam.

Fräsen und Bürsten – Die Reihenhackbürste ist ebenfalls ein gutes Gerät zur mechanischen Unkrautbekämpfung. Ein Vorteil dieses Geräts ist der gute Arbeitserfolg auch bei nicht idealen Wetterbedingungen, da die Wurzeln der Unkräuter gut von der anhaftenden Erde befreit werden und dadurch ein Wiederanwachsen erschwert wird. Nachteilig ist der hohe Arbeitsaufwand zum Verändern der Reihenabstände und die Tatsache, daß für ein einwandfreies Arbeiten ein sehr ebenes Beet nötig ist.

Besonders auf kleineren Betrieben sind Triebradhacken oder Babyfräsen mit verschieden breiten Fräswerkzeugen im Einsatz, um zwischen den Reihen die Unkräuter zu regulieren.

Abb. 69: Radhacke mit verschiedenen Arbeitswerkzeugen: Einfache, aber wirkungsvolle Technik.

Bei Arbeiten mit Fräsen ist, wie auch bei der Hackbürste, zu beachten, daß der Boden oberflächlich in seiner Struktur zerstört wird und bei nachfolgenden Niederschlägen zum Verschlämmen neigt. Der Boden darf nicht feiner zerschlagen werden als für den Bekämpfungserfolg nötig ist. Durch die Fahrgeschwindigkeit und die Einstellung der Geräte (z. B. Abstand Fräshaube zu den Fräsmessern) läßt sich die Intensität der Bearbeitung regulieren.

Handarbeit – Die handarbeitslose Beikrautregulierung ist theoretisch bei fast allen Kulturen möglich. Voraussetzung ist allerdings ein geringer Unkrautdruck, eine sorgfältige Saat- bzw. Pflanzbettvorbereitung und eine immer rechtzeitig durchgeführte mechanische Unkrautbekämpfung; bei Sägemüse kommt noch das termingerechte Abflammen hinzu. In der Praxis wird das aber meistens nicht so zutreffen, vor allem, da die mechanische Unkrautbekämpfung stark witterungsabhängig ist und nicht immer termingenau durchgeführt werden kann. Handarbeit in Form von Hacken und mehr oder weniger intensivem Jäten ist deshalb immer einzuplanen.

Eine Arbeitserleichterung bei manueller Unkrautbekämpfung kann die **Radhacke** (Abbildung 69) bieten, mit der schnell und präzise gearbeitet werden kann und die eine relativ große Flächenleistung ermöglicht.

Ob darüber hinaus mit einer Hacke oder einer Schuffel, mit starren oder pendelnden Werkzeugen gearbeitet wird, sollte je nach Bodenart und individuellen Vorlieben entschieden werden.

Auch bei allem besten Bemühen kommt es immer mal wieder vor, daß die Beikräuter wirklich zum Unkraut werden und eine Kultur in Miere und Melde unterzugehen droht. In so einem Fall sollte mit strengstem Maßstab abgewogen werden, ob es sich wirklich lohnt, eine Kultur mit großem (Handarbeits-)Aufwand zu retten, oder ob ein Unterarbeiten und Neubestellen nicht sinnvoller und wirtschaftlicher ist.

6.5.3 Thermische Unkrautregulierung

Abflammen – Der Anbau von Sägemüsearten im organisch-biologischen Anbau ist ohne die Abflammtechnik nicht denkbar. Sie wird vor allem im Vorauflauf bei langsam keimenden Gemüsearten wie Möhren, Rote Bete und Zwiebeln eingesetzt.

Das Prinzip beruht darin, daß die Unkräuter kurzzeitig so erhitzt werden, daß einerseits das Eiweiß in der Pflanzensubstanz zerstört wird und sich weiterhin durch die starke Erwärmung die Zellflüssigkeit ausdehnt und die Zellwände zerstört. Junge zweikeimblättrige Samenunkräuter sind auf diese Weise sehr gut zu bekämpfen. Gräser und ausdauernde Unkräuter werden dagegen nur in ihrer Entwicklung behindert, aber nicht zerstört.

Zunächst werden durch eine eventuell mehrmalige, flache Bodenbearbeitung die Unkräuter zum Keimen angeregt. Nach der endgültigen Saatbettbereitung bekommen die Unkräuter einige Tage Keimvorsprung, und danach werden die Kulturpflanzen gesät, möglichst ohne viel Erde zu bewegen (schmales Säschar). Bevor die Keimlinge der Kulturpflanzen den Boden durchstoßen, werden die bis dahin gekeimten und gewachsenen Unkräuter durch Abflammen zerstört.

Wichtig ist, den optimalen Abflammtermin zu nutzen, der *unmittelbar vor dem Durchstoßen* der Gemüsekeimlinge liegt. In der kritischen Zeit muß am besten zweimal täglich der Keimzustand kontrolliert werden. Wird zu früh abgeflammt, vermindert sich der Bekämpfungserfolg; sind die Gemüsepflanzen gekeimt und haben die Bodenoberfläche durchstoßen, ist ein Abflammen meist nicht mehr möglich.

Ein Verpassen des Abflammtermins kann über einige hundert Stunden Jät- und Hackarbeit pro Hektar mehr oder weniger entscheiden!

Zwiebelgewächse können noch nach dem Auflaufen abgeflammt werden: Der ideale Zeitpunkt ist das frühe Bügelstadium. Im nachfolgenden Peitschenstadium ist ein Abflammen nicht mehr ratsam, da der Vegetationspunkt der Zwiebelpflanze dann nicht mehr genügend geschützt ist und mit großen Ausfällen gerechnet werden muß.

Steckzwiebeln können abgeflammt werden, wenn sie eine Größe von etwa 3 cm erreicht haben, bis zu einer Größe von 15 cm. Überkopfabflammen ist dabei ebenso möglich wie die Arbeit mit schräg in die Reihe gerichteten Brennern. Im ersten Fall trocknen die vorhandenen Blätter von der Spitze her etwas ein, so daß eine Vermarktung als frühe Bundzwiebel nicht möglich ist. Die Ernte als Trockenzwiebel wird nur um einige Tage verzögert.

Auch **Zuckermais** läßt sich nach dem Auflaufen abflammen: Nach dem Spitzen kann abgeflammt werden, wenn der Mais 2–4 cm hoch ist. Hat der Mais eine Größe von ca. 20 cm erreicht, kann mit schräg gestellten Brennern von den Seiten her in die Reihe abgeflammt werden. In diesem Stadium ist die Pflanze durch die Umblätter vor der Hitze geschützt.

Der Einsatz der Abflammtechnik ist natürlich nur dann effektiv, wenn Unkräuter vorhanden und gekeimt sind. Notfalls muß nach einer Saatbettbereitung und vor der Saat der Gemüsekulturen das Feld beregnet werden, wenn natürliche Niederschläge fehlen und die Unkräuter wegen Wassermangels nicht auflaufen können. Um die Unkräuter und die Kulturpflanzen »auf den Punkt« auflaufen lassen zu können, gehört zur Abflammtechnik die Möglichkeit zur künstlichen Bewässerung dazu.

Auch der Saatzeitpunkt ist zu beachten: Sollen Möhren angebaut werden, und ist mit einer Verunkrautung mit Spätkeimern wie Franzosenkraut zu rechnen, empfiehlt es sich, den Saattermin (mit entsprechenden Sorten) möglichst in das späte Frühjahr zu verschieben, damit zum Abflammtermin auch diese Unkräuter gekeimt sind.

Bei schnell keimenden Gemüsearten wie Radieschen ist das Vorauflaufabflammen ebenfalls sinnvoll, wenn man nach der Saatbettbereitung den Unkräutern genügend Zeit zum Keimen läßt, bevor gesät wird. Manchmal wird auch erst flächig abgeflammt und unmittelbar danach gesät.

Erste Erfahrungen mit der für viele Gärtner neuen Abflammtechnik werden am besten mit einem einfachen und preiswerten Handgerät gemacht. Außerdem werden Schubkarrengeräte angeboten, und für den großflächigen Anbau stehen Traktor-Anbaugeräte bis 3 m Arbeitsbreite zur Verfügung.

Dämpfen – Eine weitere Möglichkeit der thermischen Unkrautbekämpfung ist das Dämpfen. Durch flaches Dämpfen (bis ca. 10 cm Bodentiefe) können die vorhandenen Unkrautsamen in der obersten Bodenschicht keimunfähig gemacht werden. Diese Methode wird auch im Freiland angewandt und könte durch neue Gerätetechniken wie das Haubendämpfverfahren auf intensiv genutzten Gemüseflächen Verbreitung finden.

Eine Überprüfung der Kosten-Nutzen-Relation muß dabei ergeben, ob die Dämpftechnik im Einzelfall rentabel ist, da sowohl die Anschaffung einer entsprechenden Einrichtung wie auch das Lohndämpfen mit hohen Kosten verbunden ist. Wird im Gewächshaus einmalig tief gedämpft, so kann der Effekt der Unkraut-

freiheit über mehrere Jahre bewahrt werden, wenn keine Samen eingetragen werden (z. B. durch Mist, Stroh, Kompost, eingeschleppte Erde) und peinlich genau gejätet wird, um jedes Aussamen zu verhindern.

6.5.4 Mulchen

Eine weitere Methode der Unkrautunterdrückung ist der Einsatz verschiedener Mulchmaterialien wie schwarze Folie, dunkles Vlies und verschiedene Papiere. Bei den Gewächshaus-Hauptkulturen hat sich das Mulchen in Kombination mit einer Tröpfchenbewässerung bereits im großen Stil bewährt. Im Freilandanbau ist der Einsatz der Mulchmaterialien bei länger stehenden, schwer unkrautfrei zu haltenden Kulturen wie Einlegegurken sinnvoll.

Da sowohl die Kunststoffmaterialien als auch die Mulchpapiere bei der Herstellung umweltbelastend sind, kann der Einsatz bei Kurzkulturen wie Salaten nicht empfohlen werden. Mulchfolie und Mulchvlies sollten mehrmals verwendet und danach dem Recycling zugeführt werden.

6.6 Pflanzenschutz

Zu diesem Thema siehe auch Seite 96, Kapitel Pflanzenschutz.

6.6.1 Vorbeugende Maßnahmen

Grundlage für die Gesunderhaltung der Gemüsekulturen ist die Schaffung optimaler Wachstumsbedingungen für die Pflanzen. Verdichtete, verschlämmte, humusarme Böden, unharmonische Düngung, zu hohe Salzkonzentrationen in Gewächshausböden, Wassermangel usw. sind Streßsituationen, auf die die Kulturpflanzen mit Wachstumsdepressionen und Anfälligkeit gegen Krankheiten und Schädlinge (»Schwächeparasiten«) reagieren.

> *Die gesündesten Pflanzen sind immer diejenigen, die ohne Stockung von der Aussaat über die Pflanzung bis zur Ernte zügig durchwachsen.*

Wichtig ist auch eine weitgestellte, durch den Anbau von Gründüngungspflanzen und, wenn möglich, Getreideanbau aufgelockerte Fruchtfolge, damit sich spezialisierte Schädlinge und Krankheitserreger nicht übermäßig vermehren können.

Durch landschaftsgestalterische Maßnahmen kann auch in der Gärtnerei das ökologische Gleichgewicht zwischen Nützlingen und Schädlingen gefördert werden (siehe Seite 100, Förderung der Nützlinge).

Manchmal hilft die Wahl eines geeigneten Standortes bei der Gesunderhaltung der Kulturen: Werden Möhren in freien offenen Lagen angebaut, halten sich die Probleme mit der Möhrenfliege in Grenzen, weil dieser Schädling höhere Luftfeuchte und Gebüsch braucht und windige Lagen meidet.

Weite Reihenabstände sind allgemein günstiger als zu dichte Bestände. Wenn der Wind durch die Reihen streichen kann und die Pflanzen nach Regen, Bewässerung und Tau schnell abtrocknen können, verschlechtern sich die Infektionsbedingungen für Pilzkrankheiten wie *Alternaria*, *Botrytis* und Falscher Mehltau.

Durch die Wahl geeigneter Sorten, die gegen bestimmte Krankheiten tolerant oder resistent sind, können ebenfalls Pflanzenschutzprobleme reduziert werden.

Ein Wort zur Mischkultur − Sicherlich gibt es eine gegenseitige Beeinflussung nebeneinander stehender Pflanzen durch Wurzelausscheidungen, Duftstoffe etc., und durch Mischanbau wird es Schädlingen erschwert, ihre Wirte zu finden. In der Praxis des Erwerbsanbaus wird trotzdem selten in Mischkultur angebaut. Der Nutzeffekt ist sehr schwach, und eine reihen- und beetweise Mischkultur erschwert die gezielte Düngung und Bewässerung sowie die maschinelle Ernte.

6.6.2 Vliese und Netze

Durch die Abdeckung mit Vliesen und Kulturschutznetzen werden Gemüsekulturen vor Schädlingen geschützt (siehe Farbtafel 7). Die im Frühjahr für Verfrühung und Frostschutz eingesetzten 17-g-Vliese halten auch Gemüsefliegen und weitere Schädlinge ab. In der wärmeren Jahreszeit werden die Klimaverhältnisse unter Vlies zu ungünstig, so daß im Sommer die Abdeckung mit Netzen vorzuziehen ist, die einen besseren Luftaustausch ermöglichen. In Lagen, in denen mit einem Auftreten der Kohl- und Möhrenfliege zu rechnen ist, ist der Anbau von vielen Kohlgewächsen und Doldenblütlern ohne zumindest zeitweise Abdeckung mit Vlies

oder Netz nicht möglich. Auch schädliche Schmetterlinge wie Kohlweißling und Lauchmotte werden abgehalten, und einige Betriebe verwenden Kulturschutznetze hauptsächlich zur Abwehr von Tauben. Gegen Läusezuflug, z. B. an Salat, werden zur Zeit spezielle leichte Netze getestet.

Da Kulturschutznetze bei pfleglicher Behandlung über viele Jahre haltbar sind, verteilt sich der zunächst hohe Anschaffungspreis (zwischen ca. 1,20 DM und 2,00 DM/m²) auf zahlreiche Kulturen, was dieses Betriebsmittel unbedingt rentabel macht.

6.6.3 Pflanzenschutzmittel

Neben dem allgemeinen, vorbeugenden Pflanzenschutz und den mechanischen Abwehrmaßnahmen stehen im organisch-biologischen Anbau auch direkte Bekämpfungs- und Abwehrmittel zur Verfügung. Beim Einsatz von diesen »Bio-Mitteln« müssen in jedem Fall die gesetzliche Zulassungssituation und die Anwendungsempfehlungen der Hersteller beachtet werden.

Die Zahl der auf dem Markt angebotenen Bio-Pflanzenschutzmittel sowie der Pflanzenstärkungs- und -pflegepräparaten ist heute sehr groß geworden. Im Erwerbsanbau wird immer abzuwägen sein, ob der Aufwand (Mittelkosten und Arbeitszeit für die Anwendungen) in einer sinnvollen Relation zu der gezeigten Wirkung steht.

In der Praxis verbreitet sind beispielsweise folgende Mittel, die erfahrungsgemäß eine ausreichende Wirkung zeigen (siehe auch Seite 106, Zugelassene Pflanzenbehandlungsmittel):

Mittel gegen Pilzkrankheiten − Gegen Echten Mehltau stehen Mittel auf der Basis von Soja-Lecithin und einem Extrakt aus dem Staudenknöterich zur Verfügung. Die Anwendung von Kupferspritzmitteln ist in begrenzter Aufwandmenge z. B. gegen *Septoria*-Blattfleckenkrankheit an Sellerie und *Phytophtora*-Krautfäule an Freiland-Tomaten möglich.

Mittel gegen Schädlinge − *Bacillus thuringiensis*-Präparate wirken gegen freifressende Schmetterlingsraupen. Mittel auf der Basis von Natur-Pyrethrum sind als Insektizide im Bioanbau zugelassen, werden aber wegen ihres breiten Wirkungsspektrums (Schädigung von Nützlingen) nur sehr zurückhaltend eingesetzt. Gegen Läuse und weitere Pflanzensauger ist ein Kaliseifen-Präparat im Handel.

6.6.4 Pflanzenschutz im Gewächshaus

In Gewächshäusern ist die Klimaführung der Kernpunkt des vorbeugenden Pflanzenschutzes.

Dieses ist bereits bei der Planung von neuen Gewächshäusern, besonders auch von Folienhäusern, zu beachten: Unbedingt müssen genügend große Lüftungsmöglichkeiten vorhanden sein, um die Luftfeuchtigkeit gering halten zu können und somit den Pilzkrankheiten vorzubeugen.

Einfache Folientunnel dürfen nicht zu schmal und niedrig ausgelegt werden, weil bei ausschließlicher Giebellüftung der geringe Querschnitt nicht genügend Luftaustausch zuläßt, besonders bei hohen Kulturen wie Tomaten. Auch die Länge der Folientunnel und -häuser muß an Luftvolumen und Lüftungsmöglichkeiten angepaßt sein. Es ist immer vorteilhaft, neben den Giebellüftungen weitere Lüftungsflächen wie Seiten- oder Firstlüftungen zur Verfügung zu haben.

Gewässert wird grundsätzlich morgens, damit die Kulturen bis zur Nacht abtrocknen können. Bei den Hauptkulturen wie Tomaten, Paprika, Auberginen und Stangenbohnen hat sich der Einsatz von Tröpfchenbewässerung in Kombination mit Mulchfolie bewährt. Hierdurch wird die Luftfeuchtigkeit im Gewächshaus deutlich reduziert. Zur Kontrolle der Bodenfeuchte und zur Bewässerungssteuerung dienen Tensiometer.

6.6.5 Einsatz von Nützlingen

Der gezielte Einsatz von Nützlingen (Tabelle 54) gehört ebenfalls zu den Standardmaßnahmen, vor allem bei den Gewächshaus-Hauptkulturen. Um diese Methode der Schädlingsbekämpfung sicher zu beherrschen, muß man sich mit der Biologie und den Klimaansprüchen der Schädlinge und der entsprechenden Nützlinge gut vertraut machen. Eine genaue Kontrolle der Kulturen auf das erste Auftreten von Schädlingen sowie später auf den Erfolg der Nützlingsaussetzung ist unbedingt erforderlich.

6.7 Saatgut und Sorten

Saatgut aus ökologischer Zucht und/oder Vermehrung steht bisher nur bei sehr wenigen Gemüsearten und nur in geringen Mengen zur Verfügung, Pflanzgut für Knoblauch und Steckzwiebel gibt es in begrenztem Umfang aus orga-nisch-biologischer Herkunft. In der Regel ist der Bio-Gärtner heute aber nach wie vor auf konventionelles Saatgut angewiesen.

Erfreulich ist, daß die Zahl der ungebeizt erhältlichen Sorten jährlich zunimmt; bei frühzeitiger Bestellung ist der größte Teil der praxisüblichen Sorten, häufig auch in pillierter Form, ungebeizt lieferbar. Bezugsschwierigkeiten gibt es allerdings oft bei besonderen Saatgutformen wie kalibriertem oder graduiertem Saatgut, oder wenn »in letzter Minute« eine ganz spezielle Sorte bestellt wird.

Das Spektrum der angebotenen Sorten ist bei vielen Gemüsearten unübersichtlich groß. Orientierungshilfe bei der Auswahl geeigneter Sorten sind neben eigenen Erfahrungen und dem Austausch mit Kollegen auch die Empfehlungen der Beratung sowie die Ergebnisse der Sortenprüfungen der verschiedenen Versuchsanstalten.

In der Praxis hat sich gezeigt, daß die allgemein als anbauwürdig beschriebenen Sorten auch im organisch-biologischen Anbau ein gutes Ergebnis zeigen.

Manchmal wird der Standpunkt vertreten, daß für den organisch-biologischen Anbau die alten Sorten besonders geeignet sind, und die neuen Züchtungen unbrauchbar seien. Sicherlich gibt es noch alte Sorten, die nach wie vor anbauwürdig sind, andererseits sind viele Neuzüchtungen aber echte Verbesserungen.

Die Frage, ob Hybriden angebaut werden sollen oder nicht, kann nicht generell beantwortet werden. Bei einer zunehmenden Zahl von Gemüsearten wird der Anbau von Hybriden unverzichtbar sein, bei anderen Arten, wie z. B. bei Möhren, stehen auch gute samenfeste Sorten zur Verfügung.

Bei der Sortenwahl ist neben der Ertragshöhe und der Ertragssicherheit von besonderer Wichtigkeit, daß eine Sorte in bezug auf Krankheiten und Schädlinge robust und widerstandsfähig ist (Toleranzen und Resistenzen). Ein weiteres hervorzuhebendes Kriterium sind die geschmacklichen Eigenschaften der verschiedenen Sorten. Von Bedeutung sind auch die wertgebenden und wertmindernden Inhaltsstoffe einzelner Sorten: carotinreiche Möhrensorten werden ebenso bevorzugt angebaut wie z. B. nitratarme Rote Bete-Sorten. Für den Anbau von hochwertigem Biogemüse müssen diese Sorteneigenschaften besonders beachtet werden.

Tabelle 54   Lieferbare Nützlinge (zusammengestellt nach Literatur- und Firmenangaben)

---

lieferbare Nützlinge

A   Florfliegen *(Chrysopa carnea)* gegen Blattläuse
B   räuberische Gallmücken *(Aphidoletes aphidimyza)* gegen Blattläuse
C   Schlupfwespen *(Encarsia formosa)* gegen Weiße Fliege
D   Raubmilben *(Phytoseiulus persimilis)* gegen Spinnmilben
E   Schlupfwespen *(Dacnusa sibirica)* gegen Minierfliegen
F   Schlupfwespen *(Diglyphus isaea)* gegen Minierfliegen
G   Raubmilben *(Neoseiulus barkeri)* gegen Thripse
H   Raubmilben *(Amblyseius cucumeris)* gegen Thripse
J   parasitäre Nematoden *(Heterorhabditis* ssp.) gegen Dickmaulrüßler
K   parasitäre Nematoden *(Steinernema bibionis)* gegen Trauermücken
L   Marienkäfer *(Cryptolaemus montrouzieri)* gegen Woll- und Schmierläuse an Zierpflanzen
M   Schlupfwespe *(Trichogramma evanescens)* gegen Maiszünsler
N   Schlupfwespe *(Aphidius matricaria)* gegen Blattläuse

Nützlingslieferanten
(in Klammern Lieferprogramm; dort nicht aufgeführte Nützlinge werden auf Nachfrage eventuell besorgt)

BASF Landwirtschaftliche Versuchsstation Limburgerhof, Postfach 220, 6703 Limburgerhof,
Tel.: 06236/680
(M)

Bionova, Thomas Belau, Gesellschaft für angewandte Biologie mbH, Josefstr. 102–103, 4040 Neuß,
Tel.: 02101/541071
(A, C, D, G, H)

Brinkmann B. V., Woutersweg 10, NL-2691 PR s'-Gravenzande, Tel.: 0031/1748/11333
(B, C, D, F, G, N)

Conrad Appel GmbH, Bismarckstr. 59, 6100 Darmstadt, Tel.: 06151/81051
(M)

Fachhochschule Weihenstephan, Institut für Gemüsebau, Lange Point, 8050 Freising 12,
Tel.: 08161/713366
(B, C, D, G, H)

Kleinwanzlebener Saatzucht AG (KWS), 3352 Einbeck, Tel.: 05561/3111
(M)

Koppert B. V., Veilingweg 64, NL-2651 BE Berkel en Rodenrijs, Tel.: 0031/1891/14044;
Vertriebsfirma: Jan Mertens B. V., Vergelt 3, NL-5991 RJ Baarlo, Tel.: 0031/4707/1606
(B, C, D, E, F, G, H, M)

W. Neudorff GmbH KG, Abt. Nutzorganismen, Postfach 1209, 3254 Emmerthal, Tel.: 05155/63263
(A, B, C, D, E, F, G, H, J, K, L, N)

Sautter und Stepper, Rosenstr. 19, 7403 Ammerbuch 5, Tel.: 07032/75501
(A, B, C, D, G, H, J, K, N)

Hatto Welte, Maurershorn 10, 7752 Insel Reichenau, Tel.: 07534/7190
(B, C, D, E, F, G, H, N)

Die Kundschaft organisch-biologischer Betriebe zeigt durchweg eine große Bereitschaft, Neuigkeiten auszuprobieren. Deshalb kann es gerade für direktvermarktende Betriebe interessant sein, zur Sortimentserweiterung auch unbekannte Gemüsearten und Spezialitäten wie beispielsweise Pastinaken, Pak Choi, verschiedene Speisekürbisse oder eine Palette von Würz- und Teekräutern anzubauen.

6.8 Jungpflanzenzucht

Im organisch-biologischen Anbau müssen die benötigten Jungpflanzen (siehe Farbtafel 7) entweder selbst im eigenen Betrieb angezogen oder aus anderen anerkannten Biobetrieben zugekauft werden. Bisher gibt es nur sehr wenige auf die Jungpflanzenanzucht spezialisierte Gärtnereien. Deshalb kann es regional, saisonal oder auf einige Kulturen bezogen zu Engpässen im Jungpflanzenangebot kommen. Die Anzucht im eigenen Betrieb ist trotz zum Teil unvollkommener technischer Einrichtungen die Alternative.

Eine organisch-biologische Gemüsejungpflanze ist dadurch gekennzeichnet, daß sie in einem ökologisch vertretbaren Substrat wächst und Düngung und Pflanzenschutzmaßnahmen den Grundsätzen des organisch-biologischen Anbaus entsprechen.

6.8.1 Substrate

Die in den Biogärtnereien verwendete Jungpflanzenerde besteht hauptsächlich aus den Grundbestandteilen Torf, Kompost und Rindenhumus.

Aus ökologischen Gründen (Erhaltung der Moore) soll dabei der **Torfanteil** möglichst gering gehalten werden. Welche Ausgangsmaterialien zu welchen Anteilen verwendbar sind, hängt vor allem von dem Anzuchtsystem ab. Erfolgt die Anzucht in Erdpreßtöpfen, muß der Torfanteil nach bisherigen Erfahrungen mindestens ⅔ des Volumens betragen. In Versuchen war unter Verwendung von Spezialkomposten sogar ein *Torfersatz* von über 50% möglich. Werden zur Anzucht Formplatten verwendet, verzichten manche Betriebe ganz auf eine Zugabe von Torf.

Die **Mischung betriebseigener Erden** erfordert sehr viel Erfahrung. Die Basis ist meist ein reifer Kompost, wobei gesunde Pflanzenkompo-

ste vorzuziehen sind. Mistkompost weist zu hohe Salz- und Nährstoffgehalte auf und ist deshalb als Grundsubstanz für Substrate ungeeignet. Kompost muß vor jeder Verwendung als Substratzuschlag auf Nährstoffe, pH-Wert und Salzgehalt untersucht werden. Mit Torf können die physikalischen Eigenschaften des Substrats (z. B. Porenvolumen, Wasserhaltekraft) verbessert, der pH-Wert gesenkt und der Salzgehalt vermindert werden. Mit Kalk wird der pH-Wert angehoben, die Nährstoffe werden unter Einberechnung der im Kompost etc. vorhandenen Mengen als Dünger zugegeben.

Zur Aufdüngung eignen sich z. B. Blutmehl, Hornmehl und Horngrieß als N-Dünger, Knochenmehl zur Phosphorversorgung, Kalisulfat oder Kalimagnesia sowie, falls erforderlich, Spurennährstoffe.

Rizinusschrot ist für Anzuchten nicht geeignet, die Nährstoffe aus groben Hornspänen kommen als langsam wirkende Düngerquelle der Jungpflanze nur in geringem Umfang zugute. Eine Zugabe von Ton/Tonmehl verbessert die Nährstoffspeicherkapazität, die Pufferung und die Wiederbenetzungsfähigkeit nach Austrocknung. Häufig ist es erforderlich, das Substrat vor der Verwendung zu dämpfen, um Unkrautsamen und eventuell auch Pflanzenkrankheitserreger abzutöten.

Die betriebseigene Mischung der Anzuchterde ist sehr arbeitsaufwendig und zeigt in der Praxis oft auch Mängel, weil sich z. B. die Eigenschaften des betriebseigenen Kompostes wegen seiner ungleichmäßigen Zusammensetzung stän-

Tabelle 55   Mischung einer Anzuchterde (Beispiel, ALPERS, 1991)

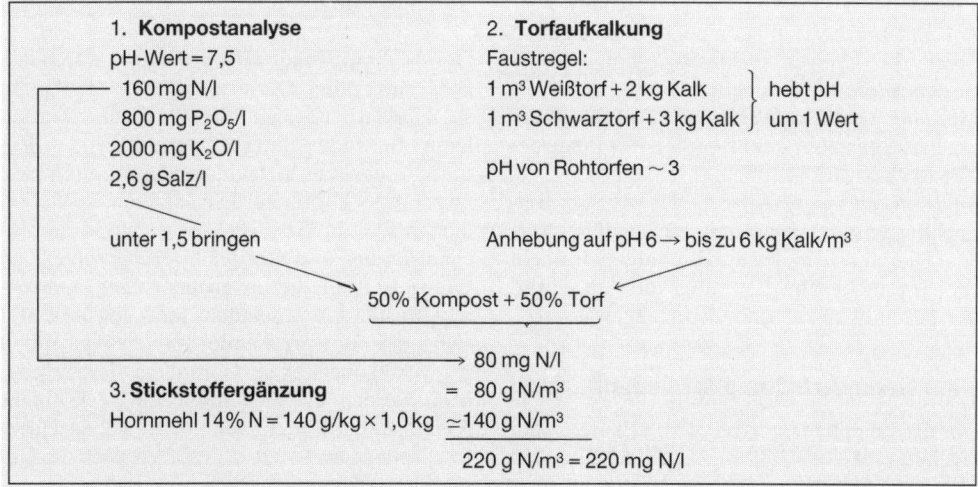

dig ändern, oder weil die Einmischung der Dünger nicht gleichmäßig genug gelingt.

Der Trend geht deshalb eindeutig zu fertigen Bio-Substraten, die mittlerweile von einigen Substratherstellern angeboten werden. Diese Erden haben standardisierte Eigenschaften und bestehen aus Schwarztorf, Weißtorf, Grünkompost und/oder Rindenhumus sowie eventuell einem Tonzuschlag. Werden von einem Betrieb größere Mengen eines Substrats benötigt, sind in der Regel auch Sonderwünsche in bezug auf die Mischungsverhältnisse und die Aufdüngung realisierbar.

Zu beachten ist auch hier, für welchen Zweck ein Substrat angeboten wird und wie hoch das Nährstoffniveau eingestellt ist. Bei einem Preßtopfsubstrat wird davon ausgegangen, daß der einzelnen Jungpflanze eine große, weil verdichtete Substrat- und damit Nährstoffmenge zur Verfügung steht. Wird mit kleinballigen Anzuchtsystemen gearbeitet, kann eine nachträgliche Aufdüngung des Substrates notwendig sein. Für sehr nährstoffbedürftige Anzuchten und Topferden zur Weiterkultur muß das Nährstoffniveau ebenfalls höher liegen. Da hierbei häufig der verfügbare Stickstoff die entscheidende Rolle spielt, hat sich eine Zumischung von 1–2 kg Hornmehl/m^3 in der Praxis bewährt.

Grundregel bei dem Umgang mit allen organisch aufgedüngten Substraten ist, daß diese vor der Verwendung warm gelagert werden müssen. In einem kalten Erdhaufen sind die Mikroorganismen nicht aktiv und die Nährstoffe werden nicht mineralisiert. Im Freien gelagerte Erde sollte in der kalten Jahreszeit einige Wochen vor der Verwendung an einen warmen Platz (Gewächshaus) geschafft werden. Entsprechend müssen bei betriebseigenen Erden die Dünger rechtzeitig genug eingemischt werden. Eine Anfeuchtung des Substrats mit warmem Wasser vor der Bereitung der Preßtöpfe oder dem Befüllen der Pflanzgefäße ist zusätzlich hilfreich.

Kulturen mit langer Anzuchtzeit wie zum Beispiel Porree müssen meistens nachgedüngt werden. Hierzu wird in der Praxis häufig Hornmehl oder Blutmehl sehr dünn über die Anzuchtkisten gestäubt und anschließend eingewässert.

6.8.2 Gesunderhaltung der Jungpflanzen

Um die Jungpflanzen gesund zu erhalten, sind Hygiene und Klimaführung die entscheidenden Faktoren. Der Kompost, der später in einer Jungpflanzenerde Verwendung finden soll, darf keine kranken Pflanzen enthalten. Andererseits hat sich gezeigt, daß die Zugabe von Reifkompost zu dem Anzuchtsubstrat die Widerstandsfähigkeit der Pflanzen gegen Krankheiten stärken und das Auftreten von bodenbürtigen Krankheiten verhindern kann.

Anzuchtgefäße müssen vor einer Wiederverwendung gereinigt werden, Holzkisten dürfen zur Anzucht nur einmal benutzt werden. Die Kulturbedingungen sollten stets luftig sein, damit die Jungpflanzen leicht abtrocknen können, weil sonst die Infektionsgefahr mit *Botrytis*, Falschem Mehltau etc. steigt. Überständige Jungpflanzen sind immer krankheitsgefährdet. Vor dem Auspflanzen ist gerade bei warm angezogenen Jungpflanzen darauf zu achten, daß sie genügend abgehärtet werden, damit sie unter Freilandbedingungen zügig anwachsen.

6.9 Arbeits- und betriebswirtschaftliche Aspekte

Arbeitswirtschaft — Bei der Umstellung eines Gemüsebaubetriebes auf organisch-biologische Wirtschaftsweise bzw. vor der Aufnahme des Betriebszweiges Gemüsebau in den landwirtschaftlichen Bio-Betrieb muß der arbeitswirtschaftliche Aspekt beachtet werden. Der Arbeitsaufwand für Anbau, Ernte, Aufbereitung und Vermarktung von Gemüse wird oft unterschätzt.

Der Gemüseanbau an sich ist bereits sehr arbeitsintensiv, und die Besonderheiten des ökologischen Anbaus erfordern darüber hinaus zusätzliche Mehrarbeit.

Der Mehraufwand wird vor allem durch die Beikrautregulierung verursacht, bei der häufig auf Handarbeitsgänge nicht verzichtet werden kann. Besonders in direktvermarktenden Betrieben, die eine Vielzahl von Kulturen in kleinen Sätzen kontinuierlich anbauen, sowie bei dem Anbau in Gewächshäusern stößt die Mechanisierung und Rationalisierung schnell an Grenzen. Aber auch im großflächigen landwirtschaftlichen Gemüseanbau muß gewährleistet sein, daß entsprechende Arbeitskapazitäten zur Verfügung stehen. Gerade im Gemischtbetrieb werden die Arbeitsspitzen im Frühjahr schnell unterschätzt, wenn z. B. neben Hackfruchtpflege und Heuschnitt auch noch die Gemüsebestellung und -pflege zu erledigen ist.

Im organisch-biologischen Anbau kann im Durchschnitt der Kulturen mit einem um 25–30% höheren Arbeitsaufwand gegenüber dem konventionellen Anbau gerechnet werden.

Die Unterschiede zwischen den einzelnen Gemüsearten sind dabei erheblich: Gering ist die Mehrarbeit z. B. bei Porree und Buschbohnen zu veranschlagen, dort liegt sie oft unter 10%. Bei diesen Kulturen fällt die Hauptarbeitsbelastung durch Ernte und Aufbereitung an, die im ökologischen Anbau nicht aufwendiger ist. Auch Salate verursachen nur geringen Mehraufwand. Sägemüse wie Möhren, Zwiebel und Rote Bete dagegen können 100% und mehr Arbeitsstunden zusätzlich benötigen, wobei die Unkrautregulierung der entscheidende Posten ist.

Bei diesen Betrachtungen ist außer acht gelassen, daß auch die Vermarktung im Biobereich häufig zusätzliche Mehrarbeit verursacht. Dies gilt nicht nur bei der bekanntermaßen aufwendigen Direktvermarktung, sondern auch bei dem Absatz über den Handel. In vielen Betrieben erfolgt derzeit die Vermarktung über mehrere verschiedene Absatzwege mit teilweise geringen Partiegrößen. Dies erfordert ein hohes Maß an Einsatz und zeitlichem Engagement.

Betriebswirtschaft – Nach der Umstellung auf ökologischen Anbau ist mengenmäßig mit geringeren Erträgen zu rechnen. Hinzu kommt ein höheres Kulturrisiko, da Krankheiten und Schädlinge in vielen Fällen nur vorbeugend bekämpft werden können. Insgesamt kann im Durchschnitt der Kulturen mit Erträgen gerechnet werden, die 20–30% unter den konventionellen Ertragserwartungen liegen, wobei die verschiedenen Gemüsearten wiederum sehr unterschiedlich zu bewerten sind.

Höherem Arbeitsaufwand, geringeren Erträgen und erhöhtem Kulturrisiko steht die Tatsache gegenüber, daß für Bioprodukte höhere Preise zu realisieren sind. Je nach Gemüseart, Absatzweg und regionaler Situation ist zur Zeit mit Mehrerlösen von 0 bis über 300% zu rechnen, im Durchschnitt wird der Bio-Aufschlag heute bei 50–100% liegen.

7 Obstbau
R. ORTLIEB

7.1 Einführung

Keine andere landwirtschaftliche oder gärtnerische Kultur stellt uns vor so große Probleme wie der ökologische Obstbau. Zu den hohen Investitionskosten für Neupflanzungen und einer relativ langen ertragslosen Anlaufzeit wird die Ernte schließlich von zahlreichen Krankheiten und Schädlingen sowie übers Jahr von Frost, Trockenheit oder Unwetter bedroht. Schäden können sich über Jahre hin auswirken, die Möglichkeit des »Entkommens« durch Fruchtwechsel wie bei anderen landwirtschaftlichen Kulturen entfällt, Krankheiten und Schädlinge finden den »ihren« Wirt immer wieder am selben Platz. Unsere Kenntnisse über den »richtigen« ökologischen Obstbau erweitern sich ständig, sind aber noch mangelhaft. Deswegen werden hier auch keine Patentrezepte gegeben.

Im ökologischen Obstbau besteht die schwierige Aufgabe,
▶ *möglichst jährliche, gleichmäßige Obsterträge von hoher innerer und äußerer Qualität zu erzeugen,*
▶ *unter Beachtung sortentypischer Widerstandskraft bzw. Anfälligkeiten,*
▶ *bei Beachtung geeigneter Standorte,*
▶ *durch Boden- und Pflanzenpflege im Rahmen der Richtlinien.*

7.2 Der Markt

Eine kontinuierliche, ganzjährige Versorgung mit einheimischem Obst aus kontrolliert biologischem Anbau ist z. Z. (noch) nicht gegeben, da die Erträge noch zu stark schwanken (Alternanz) und die Lagermöglichkeiten oft ungenügend sind.

Äpfel können ganzjährig sowohl im Direktverkauf, an Naturkostläden als auch über den Naturkosthandel verkauft werden. In Jahren mit starker Streuobsternte ist der Herbstverkauf gering, ein Kühllager ist notwendig, ein CA-Lager (Lagerung in kontrollierter Atmosphäre) wäre wünschenswert.

Da die Nachfrage nach ökologisch erzeugtem Obst in vielen Jahren größer als das Angebot ist, werden fehlende Mengen aus dem Ausland importiert. Daher ist es notwendig, diejenigen Früchte, die *hier* in guter Qualität erzeugt werden können, durch Verbesserungen in Anbau und Lagerung verstärkt anzubieten. Dem Kunden muß klargemacht werden, daß einheimisches Obst direkt und ohne aufwendigen Transport zu ihm gebracht werden kann.

Bio-Obstbauern werden immer einen höheren Anteil an Verwertungsobst haben als konventionelle Kollegen. Erhebliche Mengen gehen in die Mosterei. Bioland-Apfelsaft ist beliebt und regional gut eingeführt, so daß etliche Anbauer ihre eigenen Äpfel pressen lassen und den Saft selbst vermarkten. Einige Saftereien kaufen als Lizenznehmer Bioland-Äpfel getrennt auf, zur Herstellung firmeneigener Bioland-Säfte. Üblich ist auch das Brennen zu Obstler, seltener sind noch die Verarbeitung zu Mus, Dicksaft oder zu Dörrobst. Gerade letzteres wäre stark ausbaufähig, da der Markt für Trockenobst aus Kern- und Steinobst z. Z. fast ausschließlich vom Ausland bedient wird.

Der Markt für Steinobst und Beeren ist insgesamt kleiner, die Möglichkeiten der Verarbeitung sind aber noch größer. Für Säfte, Obstweine, Trockenobst, Marmeladen, Eingemachtes oder sogar Gefrorenes (Himbeeren!) vom Erzeuger in hochwertiger Qualität besteht heute auf jeden Fall Interesse beim Verbraucher.

Die Verarbeitung eigener Früchte bietet ebenfalls Perspektiven. Auch gewerbliche Verarbeiter haben zunehmend Interesse an organisch-biologischem Obst, vor größeren Anpflanzungen sollten jedoch entsprechende Verhandlungen geführt werden.

Der Frischmarkt für Beeren aus kontrolliertem biologischem Anbau ist durch die regionale Nachfrage und die Verderblichkeit der Ware begrenzt. Es ist ratsam, bescheiden anzufangen und dann, nach Marktlage und arbeitswirtschaftlichen Möglichkeiten, auszudehnen.

Für Erdbeeren und eventuell Himbeeren besteht natürlich auch die Möglichkeit für Selbstpflücker. Steinobst kann kurzzeitig im Kühllager gelagert werden und wird auch überregional gehandelt, frühzeitige Absprachen mit dem Handel sind bei größeren Partien aber immer sinnvoll.

Bei all den Möglichkeiten sollten wir uns immer bewußt sein, daß wir als Erzeuger den Einfluß auf die Vermarktung unserer Produkte nicht verlieren dürfen!

7.3 Äpfel

Von den 4 Obstarten Kernobst (Äpfel und Birnen), Steinobst (Kirschen, Zwetschgen, Pfirsi-

che u. a.), Beerenobst (Strauchbeeren, Erdbeeren) und Schalenobst (Nüsse) haben die Äpfel in Anbau und Verbrauch die größte Bedeutung.

Vier Problemkreise werden z. Z. hauptsächlich diskutiert:
▶ die Unterlagen- und Baumerziehungsfrage,
▶ die Standort- und Sortenwahl,
▶ die Baumzeilenbehandlung (Wasser- und Beikrautregulierung),
▶ die Abwehr von Krankheiten und Schädlingen.

7.3.1 Unterlagen und Erziehungsformen

Zur nüchternen, vorurteilsfreien Beurteilung der Frage, ob wir im organisch-biologischen Anbau große oder kleine Baumformen anstreben sollen, dient der folgende Vergleich.

Vorteile von großen Bäumen sind:
▶ Geringere Gestehungskosten/ha,
▶ längere Lebensdauer,
▶ bessere Standfestigkeit,
▶ bessere Nährstoff-Aufschließung,
▶ höhere Widerstandskraft (Läuse, Mehltau),
▶ Gras/Kräuter-Konkurrenz wird vertragen (Wasser),
▶ Mäuse-sicherer,
▶ mehr Lebensraum für »Mitbewohner« (erweitertes Ökosystem).

Vorteile von kleineren Bäumen sind:
▶ früher Ertragsbeginn,
▶ jährlich gleichmäßigere Erträge (Alternanzbrechung),
▶ erleichterte Pflege (Schnitt, Ausdünnung, Ernte),
▶ vorteilhafte Belichtung, Farbe und Größe,
▶ schneller zu ersetzen.

Ob nun die gewünschte Apfelsorte auf eine Sämlings-Unterlage (starkwüchsig), auf eine mittelstark wachsende oder auf eine schwachwüchsige Unterlage veredelt wird, hängt davon ab, welchen Zweck der Obstbau verfolgt bzw. wie intensiv Pflege und Nutzung sein sollen. Die oft gehörte Meinung, der Hochstamm sei die natürliche Wuchsform für Obstbäume, ist falsch. Die meisten Obstsorten würden − ohne Erziehung (Aufputzen) in der Baumschule − wie Büsche oder Hecken wachsen; der hohe Stamm war früher nötig, damit das Vieh darunter weiden und das Gras gemäht werden konnte.

Sämlings-Unterlagen oder stark wachsende Typen wie A 2, M 11, M 25 eignen sich besonders für den extensiven Anbau; in Kombination mit robusten Sorten auch für Mostobstanbau. Stark

Tabelle 56   Große Bäume auf stark- und mittelstark wachsenden Unterlagen

Nachteile	Lösungsmöglichkeiten
später Ertragsbeginn	viel binden, wenig schneiden
Alternanz (ungleiche Erträge)	Sommerschnitt, Ausdünnung, Bodenpflege, Befruchtersorten
hoher Pflegeaufwand	Bäume durch tiefes Aufspalten der Wuchskraft (Niederstamm) oder Zwischenveredlung, Schrägpflanzung, Astabbiegen u. ä. niedrig halten, nur auslichten
kleinere, schlechter belichtete Früchte	Sommerschnitt, Ausdünnung, Winter-Auslichtungsschnitt

wachsende Bäume können trotzdem für den intensiven Tafelobst-Anbau genutzt werden, wenn bestimmte Probleme (Tabelle 56) gelöst werden.

Natürlich sind all diese Maßnahmen unter Berücksichtigung der jeweiligen Sorteneigenschaften zu sehen. Wenn die Maßnahmen greifen, gelingt eine vorteilhafte Verbindung der ökonomischen und ökologischen Anforderungen.

Die **mittelstarken Unterlagen** wie MM 106, M 7, M 4 oder M 26 stellen einen Kompromiß zwischen der schwachwüchsigen M 9 und den starken Unterlagen dar. Besonders für schlechtere Böden und ertragreiche Sorten wie James Grieve, Idared oder Jonathan können solche Sorten/Unterlagen-Kombinationen sichere, hohe Erträge bringen. Vorsicht ist bei MM 106 mit Kragenfäule geboten – abhängig vom Standort und von der aufveredelten Sorte (besonders empfindlich ist die Cox-Orange-Gruppe). Bei M 26 ist eine Kombination mit stark wachsenden Sorten (Boskoop, Berlepsch) im Ertrag nicht immer befriedigend.

Erziehung – Schwach und mittelstark wachsende Bäume werden als Spindeln mit einer Mittelachse erzogen, bei M 9 als Schlanke Spindel (Pillar). Mittelstarke und starke Wuchsformen werden als Buschbäume mit Rundkrone

oder als Hecke, z. B. in 3-Ast-Längsrichtung gezogen. Für Hochstämme eignen sich Sämlingsunterlagen oder die Auslesen A 2, M 11 oder M 25.

7.3.2 Bodenpflege und Baumzeilenbehandlung

Oberstes Ziel jeder Düngung ist die Förderung der natürlichen Bodenfruchtbarkeit. Durch die im Obstbau übliche Mulchwirtschaft, durch Grasmulch und Holzhäcksel des Schnittgutes, ist ein natürlicher Stoffkreislauf gegeben.

Während der Umstellungszeit kann es zu Ertrags-Einbrüchen kommen, bis Bodenbelebung, Humus- und Nährstoffgehalt und Durchlüftung wieder in Ordnung kommen. Bei Jungbäumen oder bei sehr hohen Erträgen kann eine Zusatzdüngung durch organische Handelsdünger (Rizinus, Horn, Tierdünger) in die Baumzeile erforderlich sein. Bodenuntersuchungen, alle 2–5 Jahre, sind sinnvoll. Wie erfolgreich die Ganzflächen-Kompostierung mit Mist und Steinmehl – eingestreut im Stall – über die Jahre wirkt, zeigt das Beispiel aus dem Betrieb von ROBERT HARTMANN am Bodensee (Abbildung 70).

Um ein zügiges Wachsen der jungen Bäumchen zu ermöglichen, müssen Gräser und Kräuter in

Tabelle 57   Kleine Bäume, vor allem auf Unterlage M9

Nachteile	Lösungsmöglichkeiten
hohe Investitionskosten	Eigenanzucht der Bäume
geringe Standfestigkeit	Drahtanlage oder Einzelpfähle notwendig
geringeres Nährstoff-Aufschließungsvermögen und Wassermangel durch Gras-Konkurrenz	Pflanzreihe bearbeiten oder Tröpfchenbewässerung
anfälliger für Mehltau und Läuse Mäuse ärmere Biozönöse	öfters kontrollieren, mehr Pflegespritzungen, ausschneiden Kontrolle, Fallen Nistkästen, Sitzstangen, Ohrwurmverstecke anbringen, Einsaaten

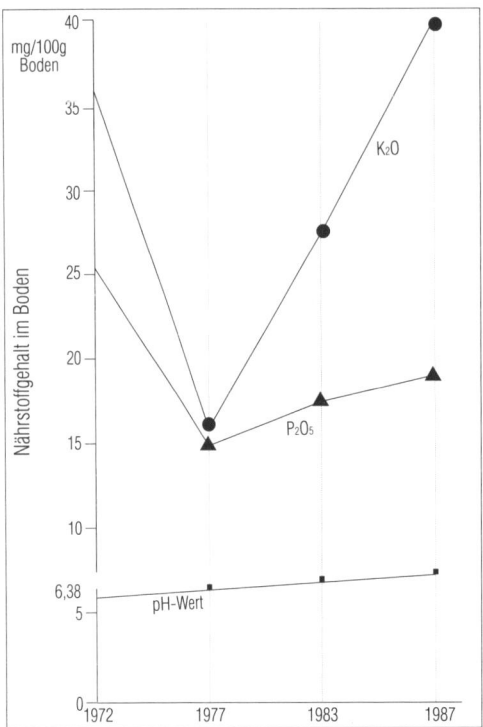

Abb. 70: Entwicklung der Nährstoffgehalte und des pH-Wertes im Boden einer Obstanlage nach der Umstellung auf organisch-biologischen Landbau (HARTMANN, 1988).

der Baumzeile in den ersten Jahren unterdrückt werden. Dies kann von Hand oder mit verschiedenen Anbaugeräten, z. B. mit dem MÜLLER-Schar, einer Scheibenegge oder einer speziellen Reihenfräse geschehen. Schwachwachsende Unterlagen müssen immer frei gehalten werden, es sei denn, eine Bewässerungsanlage (Tröpfchen) ist vorhanden. Bei stärkeren Baumformen kann das Gras später auch unter den Bäumen gemulcht oder gesenst werden.

7.3.3 Sortenwahl und Standort

Die Sortenwahl erfolgt im ökologischen Obstbau nach den Kriterien:
▶ *Widerstandsfähigkeit gegen die wichtigsten Krankheiten (Schorf!),*
▶ *Ertragsfähigkeit und Regelmäßigkeit,*
▶ *äußere und innere Qualität.*

In unseren Breitengraden spielt der **Apfelschorf** eine überragende Rolle. Dies bedeutet, daß sehr empfindliche Sorten bei Neupflanzungen nicht mehr berücksichtigt werden sollten.

Tabelle 58   Anfälligkeit verschiedener Apfelsorten für Schorf

> **sehr empfindlich:**
> Golden Delicius, Mutsu, Summerred, Gloster, Gala, Mantet, Jersey Mac.
> **relativ empfindlich:**
> Mac Intosh, Idared, Ingol, Jonagold, Elstar, Signe Tillisch, Gewürzluiken.
> **weniger empfindlich:**
> Alkmene, Berlepsch, Brettacher, Boskoop, Cox Orange Rtte., Discovery, Goldparmäne, Finkenwerder, Granny Smith, Holsteiner Cox, Ingrid Marie, James Grieve, Jamba, Jonathan, Karmijn, Melrose, Ontario, Oldenburg, Schweizer Orangen, Pohorka, Glocken, Zabergäu.
> **kaum empfindlich:**
> Akane, Biesterfelder Rtte., Jakob Fischer, Prinz Albrecht, Kaiser Wilhelm, Orangenburg u. a.
> **resistent:**
> Prima, Priam, Florina, Liberty u. v. a. Klone.

Sehr aufschlußreich für die Frage nach Ursachen der starken Schorfanfälligkeit vieler »moderner« Apfelsorten sind die Arbeiten von Prof. FEUCHT und Mitarbeitern an der TU München (Arbeitskreis Forschung, 1991).
Für die aktive Abwehr gegen Krankheiten wie auch Schädlinge sind im pflanzlich, biochemischen Bereich verschiedene **Phenole** verantwortlich. Diese Gerbstoffe können bei Angriffen (Verletzungen) bzw. Infektionen noch zusätzlich gebildet bzw. transportiert werden.

Abb. 71: Robuste Apfelsorte »Glockenapfel«, wenig empfindlich und lange lagerbar.

Schorfempfindliche Sorten enthalten wenig dieser speziellen Phenole, sie können sich daher auch schlecht gegen angreifende Sporen wehren. In diesem Fall nützen auch unsere Pflanzen-Pflegemittel wenig, wir müssen versuchen, jegliche Infektionen (durch Schwefel oder Kupfer) zu verhindern.

Es gibt Praxiserfahrungen, daß die aktive Pflanzenabwehr durch Bodenpflege (tiefes Lockern, Kompost) verbessert werden kann. Leider sind aber unsere Kenntnisse darüber noch sehr mangelhaft. Die erläuterten Zusammenhänge zeigen jedoch, wie wichtig die richtige Sortenwahl ist. Schließlich muß aber auch der **Markt,** d. h. der Verbraucher, bei der Sortenwahl gefragt werden: Gewünscht werden aromatische, farbige Äpfel mit ausgeglichenem Zucker/Säure-Verhältnis. Diese Wünsche erfüllen vor allem Elstar, Jonagold, Cox Orange und Gewürzluiken – leider gehören sie zu den schorfanfälligeren Sorten.

Ein weiteres wichtiges Auswahl-Kriterium ist die sortenbedingte **Lagerfähigkeit:** Besonders lang lagerbar sind die Sorten Glockenapfel, Gloster, Idared, Melrose, Brettacher, Jonagold, Granny Smith, Ontario, Zabergäu Rtte., Undine.

Standort – Selbstverständlich hängt der Schorfbefall auch stark vom jeweiligen Jahrgang und von der **Lage** ab.

Die geographische Lage, der Boden, die Umgebung (z. B. Wald, offene Flur) und das Mikroklima müssen berücksichtigt werden. Die Anfälligkeit für Krankheiten und Schädlinge kann für die selbe Sorte im selben Jahr an 2 verschiedenen Standorten sehr unterschiedlich sein. Sorten von südlicher Herkunft, wie Jonathan, Akane, Idared, Melrose oder Florina lieben warme, sonnige Standorte; ganz im Gegensatz zu Cox Orange, Alkmene, Boskoop oder Discovery. Die Cox-Orange-Gruppe braucht gute, kräftige, wasserhaltende Böden und möglichst keine Südlagen. Bestimmte Sorten, wie Ingrid Marie, Finkenwerder oder Holsteiner Cox, eig-

nen sich wesentlich besser für das maritime Klima Norddeutschlands, wärmebedürftige Sorten sind dort wenig geeignet.

Apfelsäume in Senken sind oft spätfrost-gefährdet und werden stärker von Pilzen, Schorf und Mehltau befallen. Auch Anlagen am Waldrand sind oft problematisch – wegen der schlechteren Abtrocknung droht Pilzbefall. Der Apfelblütenstecher kommt hier meist stärker vor als in offenen Lagen.

7.3.4 Abwehr von Krankheiten und Schädlingen

Pilzliche Krankheiten – Sind in einer Anlage, die umgestellt wird, viele empfindliche Sorten, so ist zu prüfen, ob Umveredlung oder Rodung und Neupflanzung notwendig werden. Dies gilt – auf jeden Fall längerfristig – für Golden Delicius und ähnlich empfindliche Sorten. Kurzfristig muß versucht werden, mit den in den Richtlinien zugelassenen Mitteln durch regelmäßige Spritzungen den Schorfbefall zu verhindern.

Tabelle 59 Zugelassene Pflanzenbehandlungsmittel gegen Pilzkrankheiten

Algenkalk,
Steinmehle,
Netzschwefel,
Grünkupfer (bis max. 3 kg/ha und Jahr),
pflanzliche Auszüge und Wasserglas

Die gefährlichen **Wintersporen** des Schorfpilzes können vom Austrieb Ende März bis Mitte/Ende Juni infizieren, d. h. in dieser Zeit ist für empfindliche Sorten ein dauernder Schutz notwendig.

Während Golden Delicius an schwierigen Standorten bei 15–20 Behandlungen noch nicht sicher schorffrei gehalten werden kann, reichen bei Jonathan, Alkmene, Discovery u. a. 5–10 Behandlungen aus; Akane oder Oldenburg können bei sehr guten Bedingungen sogar ohne Spritzungen fast schorffrei bleiben.

Tabelle 60 Spritzfolge-Beispiel zur Bekämpfung von Schorf

Wachstums-Stadium	Mittel
vor Austrieb:	Wasserglas oder Tonmineralien, Preicobact, 1–2%
vor Blüte:	Schwefel 0,7–0,5% (80%) oder Kupfer 0,1% (Rein-Kupfer)
Blüte:	Schwefel 0,3% oder Bio S
Nachblüte:	Schwefel 0,3–0,5%, eventuell in Mischung mit Wasserglas 0,2% oder mit Algenkalk und Bentonit
ab Juli:	Kräuterauszüge, Wasserglas, eventuell geringe Konzentration von Schwefel oder Bio S

Tabelle 61   Fördermaßnahmen für ein natürliches Gleichgewicht in der Obstanlage

natürliche, standortspezifische Begrünung,
Einsaaten mit Klee, Wildblumen, Kapuzinerkresse u. a.,
Randpflanzungen mit verschiedenen Gehölzen (Vogelschutz!),
nicht zu häufiges und nicht zu tiefes Mulchen (Mähen),
Aufstellen von Vogelsitzstangen,
Aufhängen von Meisennistkästen,
Anbringung von Ohrwurmverstecken,
Anlegen von Raupenleimringen im Oktober um die Stämme, um die Frostspanner-Weibchen
   abzufangen

Tierische Schädlinge – Während die pilzlichen Erkrankungen durch Sorten- und Standortwahl mit entsprechender Boden- und Pflanzenpflege bzw. Pflanzenschutz begrenzt werden können, helfen gegen tierische Schädlinge neben direkten, spezifischen Abwehrmaßnahmen vor allem räuberische Nützlinge. Es gilt also, das natürliche Gleichgewicht im Ökosystem Obstanlage zu fördern. Zum Aufbau einer vielfältigen Fauna – Insekten, Käfer, Spinnen, Vögel u. a. – ist eine vielfältige Flora mit blühenden Kräutern, Blumen und Gräsern in der Obstanlage Voraussetzung (siehe auch Seite 100, Förderung der Nützlinge).

Tabelle 62   Zugelassene Pflanzenbehandlungsmittel gegen tierische Schädlinge (siehe Seite 107)

Pyrethrum-Blütenextrakt,
Rotenon-Wurzelextrakt,
Paraffin- und Pflanzenöle,
Quassiaholzextrakte,
Schmierseife,
Spiritus

Biotechnische Maßnahmen – Sie gewinnen ständig an Bedeutung: Farbtafeln, bestrichen mit Leim, fangen bestimmte Schmetterlinge (**Kirschfruchtfliege**) oder die **Apfelsägewespe**

Tabelle 63   Beispiele für Kontrollen, vorbeugende und direkte Bekämpfungsmöglichkeiten

Apfelblütenstecher *(Antonomus rubi)*

Befallslagen:	besonders Waldrandlagen
Auftreten:	März/April, bei Temperaturen deutlich über 10 °C
Kontrollmethode:	Klopfprobe mit Fangtrichter
Schadensschwelle:	deutlich über 40 Käfer/100 Äste
vorbeugende Abwehr:	?
Bekämpfung:	Pyrethrum + Seife, 0,15 % + 0,3 % bei mind. 10–15 °C, möglichst abends

Obstmade *(Laspeyresia pomonella)*

Befall:	nach Jahrgang, Sorte und Lage sehr unterschiedlich
Auftreten:	Ende Mai bis September, meist 2 Generationen
Kontrolle:	mit Lockstofffallen
vorbeugende Abwehr:	durch Meisen und Spechte (Nistkästen), durch Geruchsüberdeckung (Seife, Wermut)
Bekämpfung:	mit Granulosevirus, Verwirrung mit Pheromonen, Zehrwespe

Mehlige Apfellaus *(Dysaphis plantaginea)*

Befall:	direkt nach Blüte, Triebkrümmungen, Lausäpfel über 10 °C, besonders an Jungbäumen
Kontrolle:	visuell
Schadschwelle:	über 1 % der Triebe befallen
vorbeugende Abwehr:	Förderung der Nützlinge, wie Marienkäfer, Florfliegen, Schwebfliegen, Gallmücken und Wanzen durch vielfältige Blütenpflanzen, vorsichtiger Schnitt, wenig N-Düngung
Bekämpfung:	Ausschneiden ausgerollter Triebspitzen, Spritzungen mit Seife und Spiritus (2 % + 1 %) oder Neudosan, eventuell Pyrethrum + Seife

ab. Verbreitet ist auch das Aufhängen von Lockstoffallen mit Sexuallockstoff und Leimboden für die männlichen Falter der **Obstmade.** Diese Methoden dienen hauptsächlich der Überwachung und Prognose, sichere Bekämpfungserfolge sind damit nicht möglich.

Die gezielte Ansiedlung von Feinden der **Blutlaus** und der **Roten Spinne** ist dagegen erfolgreich. Die Blutlaus-Zehrwespe *(Aphelinus mali)* kann mit Holzstückchen aus Anlagen, die schon besiedelt sind, in blutlausbefallene Bäume gebracht werden. Raubmilben können ebenfalls aus besiedelten Anlagen im Frühjahr und Sommer mit Jungtrieben zur neuen Wirkungsstätte gebracht werden. Sind diese Räuber genügend eingebürgert, dann halten sie die genannten Schädlinge meist unter der Schadensschwelle.

Grundsätzlich muß in der Obstanlage **laufend beobachtet und kontrolliert** werden. Visuelle Kontrollen, Klopfproben, Bestimmung und Auszählung von Kleinstlebewesen können durch sachkundige Berater erfolgen, aber auch von Praktikern erlernt werden.

7.4 Birnen

Die Ausführungen zu Kontroll- und Pflegemaßnahmen bei Äpfeln gelten natürlich auch für Birnen und andere Obstgehölze. Die **Sortenfrage** spielt neben dem **Standort** ebenfalls wieder eine herausragende Rolle.

Tabelle 64 Empfindlichkeit der Birnensorten

sehr empfindlich, auch für Holzschorf (»Grind«) »Gute Luise«
empfindlich: Alexander Lukas (Spätschorf!), Williams Christ, Charneux u. a.
mäßig empfindlich: Gellerts Butterbirne, Clapps Liebling, Pastorenbirne, Gräfin von Paris, Trevoux, Tongern
wenig empfindlich: Bunte Juli, Clairgeau, Bristol Cross, Conference, Bosc's Flaschenbirne, Condo, Lebruns Butterbirne, Vereinsdechants, Higland u. a.

Die Sorten der beiden ersten Gruppen sollten gemieden werden. Möglicherweise kann die Liste mit geeigneten Sorten aber bald ergänzt werden, da zur Zeit Sortenprüfungen mit resistenten neuen Kreuzungen (gegen Schorf und Feuerbrand) durchgeführt werden.

Birnenpflanzungen sollten nur an warmen Standorten und auf guten, tiefgründigen Böden erstellt werden.

Virusfreie Bäume auf Unterlage Quitte A oder BA (Provence) sind für den organisch-biologischen Anbau geeignet. Schwachwüchsige, ertragreiche Sorten können auch auf Sämlings-Unterlage gepflanzt werden; die schwachwüchsige Quitte C kommt nur für beste Böden in Frage.

7.5 Steinobst

Sauer-, Süßkirschen, Pflaumen und Zwetschgen haben in unseren Breiten eine beachtliche Anbau-Bedeutung, während Pfirsiche, Aprikosen oder Nektarinen nur vereinzelt in klimatisch günstigen Regionen angebaut werden.

7.5.1 Sauerkirschen

Ein zentrales Problem ist die Bekämpfung der **Monilia-**Krankheit. Dieser Pilz infiziert in der Blüte und blockiert die Wasserleitbahnen, so daß ganze Äste nach der Blüte absterben, besonders nach einer »verregneten« Blüte. Leider ist die »Schattenmorelle« sehr anfällig; weniger empfindlich ist die »Schwäbische Weinweichsel« oder »Beutelsbacher Rexelle«.

Schlecht abtrocknende Standorte sind zu meiden, ansonsten muß eine vorbeugende, verhütende Bekämpfung während der Blüte erfolgen. Schwefelspritzungen, 2–3 mal mit maximal 0,3% haben eine pilzhemmende Wirkung, allerdings ist Vorsicht wegen Blütenschäden geboten. Versuche mit gutem Erfolg wurden mit »Neudo-Vital« (Fettsäuren + Kräuter) oder »Ulmasud« (magnesiumhaltige Tonerde) gemacht.

Gegen Frostspanner-Raupen kann »*Bacillus thuringiensis*« eingesetzt werden, allerdings nicht unter 15 °C und am besten mit Zuckerzusatz zur Fraßstimulanz für die Raupen.

Schnitt – Zu starker Rückschnitt fördert die Lausbesiedlung und mindert den Ertrag, daher genügt nach dem Kronenaufbau ein Auslichtungsschnitt.

7.5.2 Süßkirschen

Sie benötigen durchlässige Böden, aber keine triebfördernde N-Düngung.

Frühe Sorten sind madenfrei; ab der 3. Kirschwoche legt die **Kirschfruchtfliege** ihre Eier an die reifenden Früchte ab. Daraus entwickeln sich die Maden. Das Abfangen mit Gelbtafeln (leimbeschichtet) ist bislang ziemlich unsicher. Für die Flugkontrolle und Befallsprognose sind die Gelbtafeln nützlich (siehe Farbtafel 2). Bei Hühnerhaltung unter den Bäumen wurde eine Befallsminderung festgestellt; dies gilt auch für andere Obstbaumschädlinge.

Neue Unterlagen wie Weiroot, Gisela oder GM ergeben kleinere, schwächer wachsende Bäume und damit neue Perspektiven für Süßkirschen. Das Platzen der Früchte und Frost in der Blüte stellen aber immer noch große Risiken dar.

7.5.3 Pflaumen, Zwetschgen, Mirabellen, Renecloden

Sie zeichnen sich durch ihren Formenreichtum und die vielfältigen Verwendungsmöglichkeiten aus. Neben dem Frischverzehr ist die Zwetschge eine ideale Dörrfrucht, aber auch zu Kuchen, Mus, Marmeladen oder fürs Zwetschgenwasser eignen sich diese Früchte. Probleme im Anbau sind leichter zu lösen als beim Kernobst, aber **Scharka-Virus, Läuse, Sägewespe** oder die **Pflaumenmade** (Wickler) können genug Ärger bereiten.

Da das Virus auch bei »virusfrei«-Pflanzgut nicht vollständig ausgeschlossen werden kann, sollten heute in Befallgebieten nur noch scharkatolerante Sorten angepflanzt werden, wie z. B. »Bühler«, Ersinger, Cazcaks.

Frühsorten, vor »Bühler« reifend, werden kaum von Maden befallen. Mittelfrühe und späte Sorten haben immer Befall, meist jedoch in erträglichem Maß. Wurmige Früchte reifen früher und fallen vorzeitig vom Baum. Eine Flugkontrolle der Kleinschmetterlinge ist mit Lockstofffallen möglich.

Mit den heute angebotenen schwächer wachsenden Unterlagen 655/2, Isthara oder Pixi kann ein frühzeitiger Ertragsbeginn erreicht werden; Bäume auf Myrobalane, St. Julien A oder auf eigener Wurzel sind aber standfester und langlebiger.

7.6 Strauchbeeren

Zu den Strauchbeeren gehören die Ribes-Arten **Stachelbeeren, Rote** und **Schwarze Johannisbeeren** und deren Kreuzungen, wie z. B. Josta, sowie die Rubus-Arten **Himbeeren** und **Brombeeren** und deren zahlreiche Bastarde.

Dazu kommen etliche seltenere Arten wie **Heidelbeeren, Japanische Weinbeere** oder **Aronjabeere.** Gerade im ökologischen Beerenanbau bestehen noch große Möglichkeiten, besonders im Hinblick auf die Verarbeitung zu Säften, Marmeladen, Pulpe, Beerenwein oder zum Einfrieren.

Grundsätzlich muß man sich darüber im klaren sein, daß Flachwurzler sehr negativ in Wuchs und Ertrag auf Gras- und Unkrautkonkurrenz im Wurzelbereich der Pflanze reagieren. Zur Regulierung dieser Nährstoff- und Wasserkonkurrenz gibt es mehrere Möglichkeiten:

> ▸ *Hacken, von Hand oder maschinell mit Tastarm,*
> ▸ *Mulchen, also abdecken mit Rinde, Stroh oder Holzhäcksel,*
> ▸ *Pflanzung in (gelochte) Schwarzfolie,*
> ▸ *Ausmähen mit der Sense, Motorsense oder mit Schwenkscheiben am Mulchgerät,*
> ▸ *Abflammen.*

Meist ist eine Kombination dieser Maßnahmen, jede zur richtigen Zeit, erforderlich.

7.6.1 Rote Johannisbeeren

Für den organisch-biologischen Anbau eignen sich robuste, wüchsige Sorten (Farbtafel 7).

> *früh:* Jonkheer v. Tets,
> *mittel:* Roter, Rolan,
> *spät:* Rondom, Rovada, Heinemanns Spätlese

Die sehr aromatische Sorte Red Lade wächst zu schwach und ist empfindlich für Blattkrankheiten.

Jährliche Humusversorgung und detaillierter, jährlicher Rückschnitt sind wichtig, Spritzungen sind nicht unbedingt notwendig. »Rondom« spaltet gern genetisch auf, unfruchtbare Pflanzen sollten gerodet werden. Die **Blattfallkrankheit** kann während feucht-warmer Witterungsperioden mit Schwefel-Kräuter-Mitteln gebremst werden. Vorsicht bei später Anwendung wegen Spritzflecken!

7.6.2 Schwarze Johannisbeeren

Für die mechanische Ernte zur Saftherstellung braucht man gut schüttelbare, kurztraubige Sorten. Für Handernte in Schalen für den Frischmarkt sind langtraubige Sorten besser. »Titania« eignet sich gut für beide Verwendungszwecke und ist nicht empfindlich gegen Blattkrankheiten wie Säulenrost oder Mehltau.

Dies gilt auch für die Sorte »Ometa«. Anfällige Sorten sollten möglichst nicht gepflanzt werden, so z. B. »Lissil«, »Black Reward«.

Spät blühende Sorten sind weniger gefährdet durch Blütenfrost, z. B. »Phoenix«.

Wenn **Gallmilbenbefall** (übergroße Rundknospen im Frühjahr, die nicht austreiben) festgestellt wird, dann sollten diese Knospen ausgepflückt und fortgebracht werden. Die anderweitig empfohlenen Spritzungen zur Befallsminderung mit NAB (**N**etzschwefel, **A**lgenkalk, **B**entonit) können in warmen Lagen leicht zu Verbrennungen und Blattfall durch den Schwefelanteil führen. Entsprechende Versuche sollten nur an wenigen Testpflanzen mit geringem Schwefelanteil gemacht werden.

7.6.3 Stachelbeeren

Standort – Bis in mittlere Höhenlagen, aber nur spätfrostsichere Lagen. Die Sortenwahl im organisch-biologischen Anbau hängt eng mit der sortenspezifischen Widerstandfähigkeit gegen die bedeutendste Krankheit, den **Stachelbeermehltau**, zusammen:

sehr empfindlich:
Grüne Kugel, Achilles,
empfindlich:
Rote Triumph,
mäßig empfindlich:
Hönings Grühbeste Gelbe, Weiße Neckartal, Weiße Triumph,
resistent:
Invicta, Rokula, Rolonda, Reflamba

Sorten der ersten Gruppe sollten gemieden werden; am besten pflanzt man die neuen mehltauresistenten Sorten. Für die anderen Sorten sind bis zu 8 Mehltauspritzungen notwendig, sobald ca. 20 °C überschritten werden. Der Mehltau-Pilz ist mit Schwefel, Soja-Lecithin und Kräuterauszügen zu verhindern.

7.6.4 Himbeeren

Wilde Himbeeren gedeihen an Waldrändern und auf Lichtungen; daraus lassen sich die Standortansprüche und Kulturbedingungen ableiten. Der **Standort** spielt bei Himbeeren für die Ausprägung der positiven oder negativen Eigenschaften eine ganz entscheidende Rolle. Durchlässige, humose Böden sind Voraussetzung, schwere, nasse Böden müssen gemieden werden; viel Humus und Bodenabdeckung braucht diese Pflanze.

Windschutz ist vorteilhaft. Waldrandlagen sind wegen des vermehrten Auftretens von Himbeerkäfer und Blütenstecher problematisch.

Die Winterfrosthärte ist für angepaßte Sorten gut (bis −20 °C), Himbeeren sind nicht blütenfrostgefährdet. Trotzdem ist die Himbeere eine sehr arbeitsaufwendig und anspruchsvolle Kultur mit hohem Risiko.

Sorten – Für den organisch-biologischen Anbau werden Sorten gebraucht, die außer guten Ertragseigenschaften, hoher Pflückleistung und ansprechendem Aroma gute Krankheits-Resistenz-Eigenschaften aufweisen. Dabei ist auf Rutenkrankheiten, Wurzelkrankheiten, Virosen und Grauschimmel zu achten.

Pflanzgut – Nur gute, ausgelesene Klone der Sorten, möglichst virusfrei, lohnen den Anbau. Auch hier ist darauf zu achten, daß keine Wurzelkrankheiten (Phythophtora-Arten) mit dem Pflanzgut eingeschleppt werden. Meristemvermehrte Pflanzen bzw. deren 1. Nachkommen aus selektiertem Material sind empfehlenswert. Während der Blüte muß auf **Blütenstecher** und **Himbeerkäfer** kontrolliert werden, bei starkem Befall hilft Pyrethrum + Seife.

Neben robuster Sorte und gut abtrocknendem Standort ist das frühe Auslichten der Jungruten wichtig zur Vermeidung von **Rutenkrankheiten.** Dasselbe gilt für die **Botrytis-Fruchtfäule,** diese wird außerdem durch zu hohe N-Versorgung gefördert. Bei Strohabdeckung in der Reihe muß vorher ein N-Ausgleich durch organische N-Düngung erfolgen.

7.7 Erdbeeren

Von der Kulturtechnik her paßt der Erdbeeranbau oft besser zum Gemüsebau. Die wichtigsten Voraussetzungen für einen erfolgreichen organisch-biologischen Anbau sind:

▸ eine gute Fruchtfolgegestaltung (Wechsel),
▸ durchlässige, humose Böden,
▸ gesundes Pflanzgut,
▸ die richtige Sorte auf dem richtigen Standort,
▸ angepaßte Kulturtechnik.

Standort – Erdbeeren gehören nicht auf schwere, staunasse Böden; dort besteht große Gefahr für Wurzelfäule. Eingeschlossene, dämpfige Lagen sind gefährlich wegen Grauschimmelbefall, bei einigen Sorten auch wegen Mehltau. Waldrandlagen sind auf längere Sicht problematisch wegen bevorzugtem Auftreten des Erdbeer-Blütenstechers. Gut geeignet sind humose, leichtere Böden und freie Lagen.

Tabelle 65 Eignung von Himbeersorten für den organisch-biologischen Anbau (geordnet nach Reifezeit)

Sorte	Reifezeit	Ertrag	Pflück-leistung kg/h	Aroma	Frucht-fäule	Wurzel-fäule	Ruten-krankheit	Virosen
Malling Promise	früh	∅	+	+	−	∅	−	−
Willamette	früh	+	∅	+	+	+	+	+
Veten	früh	∅	+	−	∅		∅	−
Rusilva	mittel	+	+	∅	∅		+	++
Zefa 2	mittel	∅	+	+	∅	−	−	∅
Himbo-Star	mittel	+	+	++	∅	∅	∅	−
Meeker	mittel	∅	+	+	+	+	+	+
Rutrago	spät	+	+	+	−		Frost	++
Schönemann	spät	+	+	∅	+	−	+	−
Glen Prosen	spät	+	+	+	∅		−	+

− = schlecht; ∅ = mittel; + = gut; ++ = sehr gut

Sorten − Das Sorten-Karussell hat sich in den letzten 10 Jahren sehr schnell gedreht. Von den aktuellen Sorten ist »Tenira« allgemein zu empfehlen. »Senga Sengana« ist auf Grund der Anfälligkeit der Früchte für den Grauschimmel *(Botrytis cinerea)* sowie wegen der weichen, kleinen Früchte für den Handel nicht geeignet, die Pflanze selbst ist allerdings sehr ackerfest und das Aroma sehr gut. Die z. Z. viel gepflanzte »Elsanta« kann versuchsweise auf besten Böden angebaut werden, es muß aber mit Ausfall durch verschiedene Wurzel-Pilzkrankheiten gerechnet werden. Die anderen Sorten sind, je nach Lage, mehr oder minder geeignet. Als Sommer- bzw. Herbstsorten (Remontierende) kommen »Ostara« und »Rapella« in Frage, wobei letztere mehltauempfindlich ist, aber eine höhere Pflückleistung ergibt (Abbildung 73).

Pflanzgut − Es ist sehr wichtig, daß das Pflanzgut von selektierten Mutterpflanzen (möglichst auf Neuland) abstammt. Ideal wären Pflanzen aus ökologischer Vermehrung, die auf Erdbeermilben und Wurzelfäulen untersucht worden sind. Pflanzen aus konventionellen Vermehrungsbetrieben werden intensiv chemisch gespritzt, u. a. gegen Wurzelfäulen, wobei aber dann die Pilzsporen, z. B. der **»Roten Wurzelfäule«** unerkannt verschleppt werden können. Frigo-Pflanzen sind problemloser im Anwachsen und bringen im 1. Ertragsjahr Vollerträge, müssen aber länger gehackt werden und sind oft empfindlicher für Wurzelkrankheiten. Für kleinere Pflanzungen sind getopfte Pflanzen, eingetopft nach der Ernte und Anfang August gepflanzt, ein sicherer Weg zu hohen Ersterträgen. Grünpflanzen ohne Erde sollten so früh wie möglich (August) gepflanzt werden, bei un-

Abb. 72: Lockere, reichtragende Erdbeerbestände mit Stroheinlage und Bewässerung.

Abb. 73: Remontierende (»Immertragende«) Erdbeeren und Brombeeren im September, marktgerecht verpackt, je 10 × 500 g, Schalenware.

Tabelle 66 Eignung von Erdbeersorten für den organisch-biologischen Anbau (geordnet nach Reifezeit)

Sorte	Reifezeit	Ertrag	Pflück-leistung kg/h	Aroma	Frucht-fäule	Festig-keit	Wurzel-fäule	Sonstiges
Earlyglow	sehr früh	−	∅	+	++	+	++	Frost
Elvira	früh	+	+	∅	∅	−	+	Mehltau
Confitura	früh	∅	+	+	+	∅	−	Verarbeitung
Splendida	früh	∅	∅	+	+	∅	+	Mehltau
Elsanta	mittelfrüh	+	++	∅	+	++	−	
Korona	mittelfrüh	+	+	++	−	∅	−	
Tenira	mittel	+	∅	+	+	+	∅	Milben
S. Sengana	mittel	++	∅	++	−	−	−	Verarbeitung
Tago	mittel	∅	+	+	+	+	−	
Bogota	spät	+	+	∅	+	+	+	
Malling Pandora	sehr spät	+	+	+	+	∅	+	selbststeril

− = schlecht; ∅ = mittel; + = gut; ++ = sehr gut

geeignetem Wetter (Hitze!) sollte man aber lieber warten.

Fruchtfolge − Grundsätzlich muß überlegt werden, ob ein- oder mehrjähriger Anbau betrieben werden soll. Pflückleistung und Beerenqualität sind im 1. Jahr am besten, aber die Kosten sind auch am höchsten. Nur wirklich gesunde Bestände auf guten Böden lohnen ein weiteres Standjahr. Nach dem Einarbeiten der Pflanzen im Juli/August nach dcm ersten oder zweiten Jahr kann im Herbst als Nachfrucht Wintergetreide gesät werden.

Als Vorfrucht eignet sich das »Landsberger Gemenge« oder eine andere Mischung mit Leguminosen. Senf wird oft als Zwischenfrucht eingesät. Auch Einsaaten in den stehenden Bestand zur Bodenbedeckung und Nährstoffspeicherung im Winterhalbjahr sollten vermehrt versucht werden. Geeignet sind z. B. Ackerbohnen oder Senf, im September gesät, so daß die Pflanzen nicht mehr zu groß werden und abfrieren.

Kulturtechnik − Die größte Arbeitsbelastung, nach der Ernte, bringt das Hacken mit sich. Zwischen den Reihen kann mit der Handfräse, dem Hackgerät am Traktor oder der Anbau-Reihenfräse gearbeitet werden. Die Pflanzreihe muß 4−6mal von Hand gehackt und ge-

säubert werden. Laufende Kontrolle ist notwendig, um den richtigen Termin nicht zu versäumen! Die Stroheinlage soll um die Blütezeit erfolgen (Abbildung 72).

Danach nicht mehr hacken, vor der Ernte eventuell nochmal von Hand ausgrasen. Nach der Ernte tief lockern (Risser) sowie Stroh und Ranken einfräsen. Bei robusten Sorten und starken Beständen kann das alte Laub nach der Ernte abgemäht werden, keinesfalls dürfen jedoch die Pflanzenherzen verletzt werden. Die Pflanze bildet dann wieder mehr junges, assimilationsfähiges Laub und eventuell größere Früchte im 2. Jahr. Bei mehltauempfindlichen Sorten oder schwachen Beständen ist dies aber nicht zu empfehlen.

Wichtig ist die Düngung nach der Ernte, Richtwert sind ca. 50 kg N/ha. Geeignet sind Komposte, Rizinusschrot, Hornmehl.

Spritzungen mit Netzschwefel oder Kräuterextrakten oder Kombinationspräparaten vor der Blüte und nach der Ernte haben in Versuchen zu einem besseren Blattstand geführt. Geeignete Sorten- und Standortwahl und ein luftig gehaltener Pflanzenbestand lassen die Fruchtfäulen aber meist gar nicht zum Problem werden. Stark triebfördernde Frühjahrsdüngung soll aus diesem Grund auch vermieden werden.

7 Grundlagen der Tierhaltung

1 Zur Entwicklung der Beziehung zwischen Mensch und Tier

A. IDEL

»So kam der Mensch auf den Hund«, betitelte KONRAD LORENZ 1950 sein so erfolgreiches Buch. Dabei interessierte ihn nicht nur die Stammesgeschichte der Vierbeiner, sondern auch, wie der einzelne Mensch zu »seinem« Hund kommt. Betrachten wir Mensch und Hund, empfinden wir oft Ähnlichkeiten im Gesicht (in der Mimik), in der Figur und besonders auch im Verhalten. Und indem wir vergleichen, liegt es uns nahe, zu vermenschlichen. Hunde blicken treu, dümmlich, verschlagen, intelligent, lustig, träumerisch oder auch nachdenklich. Und häufig rechtfertigt die Erfahrung solche Beschreibungen. Deutlich wird daraus, daß wir unsere Hunde beobachten, uns Zeit nehmen und sie interpretieren. »Bello hat wohl schlecht geträumt«, vermuten wir und sind vielleicht bereit, an diesem Tag darauf Rücksicht zu nehmen . . .

Wie aber kommt der Bauer auf die Kuh, das Schwein, das Schaf? Spielt Sympathie dabei eine Rolle? Oder Ähnlichkeiten in Mimik, Figur oder Verhalten? Und wenn schon nicht das *einzelne* Tier unter solchen Aspekten ausgewählt worden ist, was spielte denn dann eine Rolle bei der Entscheidung für eine bestimmte *Art?*

»Ich habe überhaupt keinen Bock auf Kühe«, meinte HEINER, Landwirt mit einem 50 ha-Betrieb, zu mir. »Aber bei dem Grünlandanteil bleibt mir ja gar nichts anderes übrig, ein Glück, daß SILKE mit dem Melken so gut klar kommt.« »Auch ich hätte die Kühe schon längst abgeschafft«, pflichtet HAUKE, Pächter auf einem 70 ha-Betrieb, ihm bei, »aber wir sind auf das Milchgeld angewiesen. Und Bullen, nee Bullen wären auch nix für mich.« Da ist er sich ganz sicher und auf meine Nachfrage meint er, »ohne Tiere wär' mir einfach viel lieber«.

Tierhaltung ist ein natürlicher Bestandteil einer landwirtschaftlichen Kreislaufwirtschaft und im organisch-biologischen Landbau ist dieser Kreislaufgedanke besonders wichtig. Muß aber deswegen jeder einzelne Hof nach der Umstellung Tiere halten?

Von vielen Befürwortern des organisch-biologischen Landbaus wurden die Tiere in der Vergangenheit einseitig als Mistproduzenten und Futterverwerter betrachtet. Man diskutierte über das Bodenleben und über den notwendigen Viehbesatz zum Erhalt der Bodenfruchtbarkeit, aber die Tiere selbst und ihre Lebensbedingungen wurden in vielen Fällen einfach vergessen. Manche langjährigen Biobetriebe waren (und sind) von artgemäßer Tierhaltung noch sehr weit entfernt. Viele kritische Anmerkungen von Tierärzten und Tierschützern zu den Richtlinien des ökologischen Landbaus haben in den letzten Jahren zu einer vermehrten Diskussion der Tierhaltungsrichtlinien geführt, aber arbeitswirtschaftliche Erleichterungen für den Menschen erscheinen zum Teil mit den wissenschaftlichen Erkenntnissen zu artgerechter Tierhaltung im Widerspruch zu stehen.

In dieser kontroversen Diskussion spielt sicherlich die zunehmende Entfremdung zwischen dem Menschen und seinen Nutztieren eine entscheidende Rolle. Sie ist über die Jahrhunderte gewachsen bis hin zur extremen Betrachtung der Tiere als »Produktionsmittel« in der Massentierhaltung des 20. Jahrhunderts. Der *Mensch* plant und baut Ställe, stellt Futterrationen zusammen, ruft den Tierarzt und schafft damit den Tieren im täglichen Umgang artgemäße oder weniger artgemäße Lebensbedingungen. Der menschliche Einfluß auf Gesundheit, Wohlbefinden und Leistung der Tiere ist offensichtlich und wird inzwischen wissenschaftlich erforscht.

Die Haltungsbedingungen für Tiere werden durch die Einstellung des Menschen zu seinen Tieren entscheidend beeinflußt; eine Veränderung dieser Einstellung ist deshalb Grundlage für eine Veränderung ihrer Haltungsbedingungen. Bevor in den folgenden Kapiteln Ergebnisse und praktische Erfahrungen zur artgerechten Tierhaltung im ökologischen Betrieb dargestellt werden, soll deshalb die Entwicklung der Beziehung zwischen Mensch und Tier betrachtet werden.

Und wie kamen unsere Urahnen in grauer Vorzeit auf das Tier? Seit KONRAD LORENZ über die Domestikation, d. h. über die planmäßige Zähmung und Züchtung des Hundes geschrieben hat, ist emsig weitergeforscht worden. Die heute landwirtschaftlich genutzten Tiere kamen nur durch Jagen und Fangen in die direkte Nähe des Menschen. Tierhaltung begann also mit dem Wildfang, der vielleicht teilweise gezähmt wurde, mit dem aber nicht gezüchtet worden war, ehe er verspeist wurde. War ein Wildfang tragend, bot dies die Möglichkeit, das Jungtier schon frühzeitiger zu zähmen. Um es aber früh von der Mutter wegnehmen zu können, mußte diese melkbar sein.

1.1 Zur Geschichte der Domestikation

Erstmals gelang es Menschen vor rund 10 000 Jahren, Tier*gruppen* aus einigen Wildpopulationen an sich zu binden. Die Haltung und Zähmung *einzelner* Individuen allein führt noch nicht zur Domestikation. Erst mit der gelenkten Zuchtwahl begann der Weg vom Wildtier zum Haustier. Zucht setzt die Verfügungsgewalt über beide Geschlechter voraus.
Sicherlich zählten Zahmheit und Zähmbarkeit zu den wichtigsten Voraussetzungen, wobei kleinere Tiere leichter zu zähmen waren. Andere Eigenschaften ergaben sich zwangsläufig als entscheidende Selektionskriterien: So bedingte mangelnde Futtergrundlage Genügsamkeit und es lag in der Natur der Sache, daß Zucht nur mit Tieren möglich war, die trotz Gefangenschaft paarungsbereit und fruchtbar waren.
Unsere Kenntnis über die Stammesgeschichte und Domestikation der Haustiere und ihre Bedeutung für die Kulturgeschichte der Menschen ist noch recht lückenhaft. HERRE und RÖHRS bieten 1990 in ihrem Buch »Haustiere zoologisch gesehen« eine Zusammenfassung des aktuellen Forschungsstandes. Demnach bestehen unterschiedliche Auffassungen bereits bezüglich der Frage, ob jeweils Ackerbau − und somit Seßhaftigkeit − der Domestikation von Tieren vorausging, oder ob diese den Ackerbau nicht letztlich mitbedingt hat. Aber auch, wenn Ackerbau für einige Gegenden als die ursprünglichere Landwirtschaftsform nachgewiesen werden kann, muß dies nicht für andere Gegenden auch gelten.
Einige Haustierforscher nehmen an, daß der Beginn der Domestikation unter Zwang erfolgte, da die Bevölkerungszahlen zunahmen, während die Wildtierbestände durch die Jagd abnahmen.
(Wir können ja einmal versuchen zu erahnen, welche Schlüsse auf unsere Kultur wohl jemand zieht, der in einigen tausend Jahren auf der Suche nach der Vergangenheit in den Erdschichten des 20. Jahrhunderts wühlt.)
Ca. 10 000 Jahre alte Knochen von Schafen und Ziegen werden als älteste Reste von Haustieren angesehen. Für das Schwein gilt ein 8 500 Jahre alter Knochenfund als gesichert. In Europa übertrafen Hausschweine die kleinen Wiederkäuer dann an Zahl, wenn ihre Futtergrundlage − Waldweide − günstig war. Für die Domestikation von Rindern werden zusätzlich religiöse Gründe verantwortlich gemacht. Sie sollen erst vor 7 000 bis höchstens 8 000 Jahren in den Hausstand überführt worden sein. Nutzungen wie Melken, Tragen und Ziehen sind seit 4 000−5 000 Jahren nachgewiesen.
Indem die Menschen Zeit beim Nahrungserwerb sparten, konnten sie ihre geistigen Fähigkeiten viel besser entwickeln. So verfügen Hochkulturen grundsätzlich über Haustiere und Kulturpflanzen.
Bei den anfänglichen Rassebildungen dürften weniger theoretische Zuchtziele als naturgegebene Bedingungen selektierend gewirkt haben. Lange Zeit hatte die Zucht von Landrassen z. B. bei Rindern keine weitere Spezialisierung erfahren. Denn sie wurden gleichzeitig als Trag-, Zug-, Fleisch- und Milchtiere genutzt. Es kann aber angenommen werden, daß scheinbare Äußerlichkeiten wie Augen (der Blick) und Fellfarben sowie persönliche Neigungen und feindselige Einstellungen die Zucht beeinflußt haben.
Grundsätzlich dürfte ein geringer Nährstoffbedarf eine um so größere Rolle gespielt haben, als es noch keinen Futterbau − und somit auch keine Winterfutterbergung − gab. Und weiterhin lag es in der Natur der Sache, daß Nachkommen derer, die sich gut fortpflanzten, in der Folge zahlenmäßig am häufigsten vertreten waren.
Bei Römern und Griechen ist eine entwickelte Haustierzucht nachgewiesen. Daß dies auch mit einer Wertschätzung des Viehs verbunden war, läßt sich an der Häufigkeit und der Art und Weise ihrer Erwähnung durch die griechischen und römischen Geschichtsschreiber und Dichter erkennen. Demnach sollen in den von Römern besetzten Gebieten Mitteleuropas züchterische Verbesserungen durch bessere Hal-

tungsbedingungen sowie konsequentere Selektion verbunden mit Importen aus dem Mutterland erzielt worden sein.

In unseren Breiten findet die Tierzucht dann erst wieder im Mittelalter Beachtung. Im 18. Jahrhundert hatte sich England zum bedeutendsten Zuchtland entwickelt und seine Landwirtschaft brachte leistungsfähigere Tiere hervor als der Kontinent, wo statt konsequenter Züchtung mit bodenständigen Tieren seit dem Ende des 18. Jahrhunderts landfremde Tiere eingeführt worden waren. Bei unverändert ärmlicher Fütterung konnten solche Versuche keinen Erfolg haben.

Sie bewirkten aber, daß um 1900 im alten Bayern fast sämtliche regionalen Landrassen durch Verdrängung ausgestorben waren. Demgegenüber gibt es in Großbritannien noch heute 28 Hausrinderrassen, mit denen z. T. auch in der Bundesrepublik Deutschland weitergezüchtet wird. Die wenigen in der Bundesrepublik Deutschland erhalten gebliebenen Landrassen – wie z. B. das Hinterwälder Rind im Schwarzwald – können nur durch staatliche Unterstützung vom Aussterben bewahrt werden.

Die Entdeckung und Beschreibung von Vererbungsgesetzen in der Mitte des 19. Jahrhunderts durch GREGOR MENDEL schlug sich anfangs nicht in der Zucht nieder, sondern sorgte für Streit und das Aufkommen weiterer heftig umstrittener Vererbungstheorien. Erst mit Beginn des 20. Jahrhunderts begannen die MENDEL'schen Erkenntnisse langsam Einfluß auf die Zucht zu nehmen.

Wurde die Zucht anfangs vorwiegend durch naturbedingte Gegebenheiten bestimmt, unterlagen diese nun zunehmend dem Einfluß des Menschen.

Im frühen Mittelalter boten Wälder, Auen und Brachwiesen reichliche Futterflächen für Rinder. Aber der Ausbau der Getreidewirtschaft brachte magere Jahrhunderte; denn der Rückgang der Futterbasis führte nicht zu einer Anpassung der Viehzahl, vor allem weil Dünger für das Getreide benötigt wurde. Die Stallfütterung beschränkte sich bis zur Einführung der Sense im 12. und 13. Jahrhundert auf Laub, Stroh und Tannenzweige.

Während die Landwirtschaft hauptsächlich durch Ackerbau geprägt war, entstanden in dieser Zeit die ersten nur auf Vieh spezialisierten Gehöfte. Diese sog. Schwaigen wurden aus der Umgebung mit Getreide beliefert. Die Entwicklung der spätmittelalterlichen Wiesenwirtschaft mit Heugewinnung ersparte den Tieren aber im Stall nicht den Hunger, wenn dürren Sommern entbehrungsreiche Winter folgten.

Allgemein unterlagen die Tiere bei Stallhaltung nach Einschätzung von FRANZ HUBER (1988) »ruinösen Bedingungen«.

In seinem Buch »Unsere Tiere im alten Bayern« wird er genauer. Demnach boten feuchtes Mauerwerk, mangelnde Lüftung, fehlende Beleuchtung, modrige und verschimmelte Holzteile und Platznot den Boden für Infektionskrankheiten. Aus dieser Zeit stammt der Begriff »Schwanzvieh«, denn häufig war das Vieh im Frühjahr nur durch Ziehen am Schwanz aus dem Stall herauszubekommen und als wichtigste Voraussetzung auf Seiten der Tiere nennt HUBER (1988) das »Ertragen des Hungers«.

Das Winterfutter des Wald- und Waldrandbewohners Schwein bestand früher aus Bucheckern oder Eicheln. Der Geschmackssinn der Fleischkonsumenten konnte zwischen diesen beiden Mastrichtungen unterscheiden, deren Fleisch manchmal sogar ungleiche Preise hatte. Das dänische Wälderschwein des Mittelalters wuchs langsam und wurde erst mit 3 Jahren schlachtreif. Aber der Rückgang der Waldbestände und damit auch der Waldweiden durch den Schiffsbau veränderte diese traditionelle Haltung besonders gegen Ende des Mittelalters. Neuartige Futtermittel wurden von den Tieren häufig nicht gut vertragen und verwertet. Enorme Verluste waren die Folge.

Durch die Einschränkung der alten Futtergrundlage wurde die langsame Reifung der Schweine zum Problem. Ein schnelleres Erreichen der Schlachtreife schien wirtschaftlich geboten. Länder, die Mastschweine exportierten, orientierten sich bei der Bestimmung von Zuchtzielen an ihren bedeutendsten Absatzgebieten. So wurden junge fette Hausschweine von Dänemark nach Deutschland exportiert, die zunehmend schwerer gezüchtet wurden, da der Fettbedarf in der menschlichen Ernährung zunahm. Als Deutschland zur Stärkung der inländischen Produktion die Grenzen für dänische Schweine dicht machte, mußten diese groß und fleischreich werden, da der britische Markt als neues Hauptabsatzgebiet es so verlangte.

1.2 Gering-Schätzung der Tiere

Die Frage, ob, und wenn ja, in welchem Maße jemals Sympathie bei der Auswahl und Domestikation von Arten und der Entwicklung von Rassen eine Rolle gespielt hat, werden wir vermutlich nie endgültig beantworten können. Es wird aber zu untersuchen sein, was Sympathie wirklich ist; das schließt vor allem die Frage nach den Bedingungen, unter denen sie entsteht, mit ein. So kommt HARRIS (1974) in seinem Buch »Cows, Pigs, Wars and Wiches« (»Kühe, Schweine, Kriege und Hexen«) zu dem Schluß, daß Schweine immer dann geachtet und gemocht wurden, wenn sie unter den *gegebenen* ökologischen Bedingungen gut gediehen; »paßten« sie hingegen nicht, sank die Achtung vor ihnen und wurde manchmal sogar zur Verachtung.

»Eine der weitestgehenden Forderungen an die Tauglichkeit (. . .) ist seine Genügsamkeit und seine Fähigkeit, leiblichen Genüssen zu entsagen. Nicht etwa, daß er sich nicht sattessen oder satttrinken solle – im Gegenteil (. . .). Essen und Trinken hält Leib und Seele zusammen (. . .). Die Entsagungsfähigkeit hat sich auch weiter auszudehnen auf das Herabsetzen etwa vorhandener Ansprüche an Geselligkeit, an den Verkehr mit gleichaltrigen oder gleichartigen Genossen.«

Reizarmut, Einheitsfutter, mangelnder Sozialkontakt – handelt es sich um einen Auszug aus einer brandaktuellen Schweinehaltungsverordnung? Mitnichten: der Text ist fast 100 Jahre alt und stammt aus dem 1896 erschienenen Buch »Der Landwirtschaftslehrling«. Daß solches Leben zum Hadern mit dem Schicksal führt, war auch dem Autor nicht fremd: »Dagegen gibt es nur ein Mittel und das besteht darin, sich solche dummen Gedanken aus dem Sinne zu schlagen, täglich auf dem Posten zu sein, die Verhältnisse zu nehmen, wie sie sind; das Gegrübele darüber, wie sie sein könnten, verrät Schwachheit des Charakters (. . .).« Von einem Menschen, der nicht nur hinter vorgehaltener Hand, sondern in (Lehr-)Buchform solche gutsherrliche Gesinnung preisgibt, sind kaum Gefühle und Gedanken zur artgerechten Tierhaltung zu erwarten.

Denn die Geringschätzung des in der Landwirtschaft arbeitenden Menschen und seiner Arbeit ist mit der Geringschätzung der in der Landwirtschaft genutzten Tiere verbunden.

Die »Nützlichkeitsgedanken waren von keinem ethischen Empfinden belastet«, resümierte HUBER (1988). Aus mangelnder Wertschätzung der Tiere entwickelte sich Mißachtung: »Wenn zwischen dem 16. und 18. Jahrhundert in einem Brief an ein hohes Amt oder an eine vornehme Person vom Vieh die Rede war, dann war es unumgänglich, vor das Wort Vieh ein ›S. V.‹ oder ›Redo‹ zu setzen: Der gute Ton der Zeit verlangte diesen mit ›Entschuldige das schlimme Wort‹ oder ›mit Respekt gesagt‹ übersetzbaren Zusatz (. . .). Der Stadtmensch mußte im Umgang mit dem meist schmutzigen Vieh in überheblicher Manier seine Geringschätzung demonstrieren (. . .).«

Der Lebensraum für das »leichtfüßige, intelligente und gesellige Tier« (HUBER, 1988) war nun ein Stall ohne Jaucheabfluß: »Das Schwein ist äußerst unreinlich und liegt unbekümmert in dem mit eigenem Kot besudelten Stall, wälzt sich mit größtem Wohlbehagen in jeder garstigen Pfütze und frißt die unflätigsten Sachen« (aus einem Lehrbüchlein aus dem Jahre 1798, zitiert nach HUBER, 1988). So entstehen Vorurteile . . . und es wird gleichzeitig deutlich, warum nur robuste und anspruchslose Vertreter derber Landschläge überhaupt eine Überlebenschance hatten.

Demgegenüber wurden Körner- und andere Früchte als »das liebe Getreide« oder »unsere lieben Feldfrüchte« bezeichnet.

Galt den Ägyptern und Griechen die Kuh als ehrwürdig, kam es im deutschfranzösischen Rechtsraum im Spätmittelalter zu einer Hochzeit der Tierprozesse. CHRISTEL SIMANTKE schreibt 1989: »Rinder und Schweine wurden für begangene Missetaten gehängt, erwürgt, lebendig begraben, verbrannt, erschlagen, enthauptet, ertränkt oder verstümmelt (. . .). Das schädigende Tier wurde bestraft, um das Böse aus der Welt zu schaffen.« Das Sinnbild des »Sündenbocks« dürfte hier beschrieben sein.

1.3 Tierhaltung nach der Umstellung

Und heute – in den 90er Jahren des 20. Jahrhunderts?

Das Verhältnis der Menschen zu den Tieren – auch in den ökologischen Betrieben – ist geprägt von den jahrhundertealten Vorurteilen und Zwängen.

Höfe werden von Generation zu Generation weitergegeben, mit ihnen die Tiere, die Ställe und häufig die Einstellungen. Zumindest scheint es so.

Artgerechte Tierhaltung spielte bei der Umstellung auf ökologischen Landbau gar keine oder zumindest keine vorrangige Rolle. Das mag daran liegen, daß Investitionen im Tierstall meistens langfristig sind. (Vielleicht ist nicht lange vor der Umstellung ein neuer Spaltenbodenstall gebaut worden.) Erweiterte, vielfältige Fruchtfolgen mit zusätzlichen und anderen Arten und Sorten lassen sich von einem auf das andere Jahr realisieren. Gebäude und Inneneinrichtungen sind demgegenüber gar nicht so schnell austauschbar: Die Anbindevorrichtung ist nach der Umstellung die selbe und die Hochleistungskuhherde auch. Der geringere Fleischkonsum der Biokunden und die häufig schwierigen Vermarktungsmöglichkeiten für Milch und Fleisch motivieren nicht zum intensiven Nachdenken über artgerechte Tierhaltung. Außerdem: Ein erfolgreicher Ackerbauer muß nicht zwangsläufig erfolgreich im Stall sein.

So hat sich nach der Umstellung auf vielen Betrieben für die Tiere — außer anderem Futter — nichts geändert. Im Gegenteil, ungewohnte Energiegehalte und Energie : Eiweiß-Verhältnisse ließen den Tierarzt anfangs häufig öfter auf den Hof rufen als zuvor. Und dennoch waren die ersten Jahre von der Hoffnung begleitet, die Gesundheitsprobleme würden sich nach und nach von selbst lösen. Aber in den meisten Betrieben gab es mit Fruchtbarkeit, Eutergesundheit und Klauen keine grundlegenden Änderungen.

Nur langsam setzt sich die Erkenntnis durch, daß zu dem organisch-biologisch erzeugten Futter auch noch geänderte Zuchtziele und Haltungsbedingungen kommen müssen.

So gehörte z. B. medikamentöses Trockenstellen der Kühe so lange zum Normalfall (Alltag), daß es auch nach der Umstellung häufig gar nicht in Frage gestellt wurde. Und obwohl die Bodenfruchtbarkeit Dreh- und Angelpunkt ökologischen Denkens ist, hat es Jahre gedauert, bis die Auswirkungen medikamentöser Tierbehandlungen nicht nur wegen der Rückstände in Lebensmitteln problematisiert, sondern auch als Bedrohung für den Boden erkannt wurden: Antibiotika und Antiparasitarika wirken in Mist, Gülle und Jauche weiter, so

daß Bodenlebewesen von ihnen abgetötet oder gegen sie resistent werden können.

Auch das sog. Milchfieber wurde weiterhin als gottgegeben angesehen, und es wurde kaum über seine — auch fütterungsbedingten — Ursachen und die Vermeidung nachgedacht. Nach SIMANTKES »Betrachtungen zur Beziehung zwischen Menschen und Rindern« ist es aber

»einfacher, technische Einrichtungen zu verändern, als das eigene Verhalten und die Einstellung zum Tier«.

Wenn aber Geld *und* Zeit knapp sind, muß jemand viel Gefühl und Überzeugung haben, damit er sich nachhaltig (!) mit *Tiergesundheit* und *Wohlbefinden* beschäftigt, falls nicht allein ökonomische Gründe, wie Krankheiten, Tierarztkosten, geringere Preise für »behandeltes Fleisch«, ihn zu Veränderungen treiben.

In der modernen Landwirtschaft wird Zeit gespart, indem die Verweildauer der Menschen im Stall auf ein Minimum reduziert wird. Der Mensch im Stall zählt Kopfhörer zu seiner Berufskleidung und verläßt sich nicht auf *seine* Sinne. Computergesteuerte Sensoren sollen sie ersetzen, für deren Bedienung und Auswertung zeitraubende Abendkurse belegt werden . . .

Der Mensch im Stall erinnert derweil an die 3 berühmten Affen, die nichts sehen, nichts hören und nichts sagen wollen, und er verbietet sich darüber hinaus noch einen weiteren Sinn: das *Riechen*.

Denn daß Ammoniak das menschliche Auge zum Tränen bringt, wird oft verdrängt, ebenso wie der Husten. »Top agrar« — immer der Zeit etwas voraus — berichtet im Juni 1991 über einen Schweinemäster, der jahrelang unter Husten, Erkältungen und Kopfschmerzen litt. Erst ein Kuraufenthalt auf einer Insel ließ ihn zu der Erkenntnis kommen: »Ein Zusammenhang mit dem Aufenthalt im Stall war eindeutig.« Und Mäster DIETER K. zog die Konsequenz. »Seit dem letzten Sommer betritt er den Stall nur noch mit einem Atemschutzgerät (. . .). Mit seiner Berufsgenossenschaft verhandelt er z. Z. über eine Kostenbeteiligung.« (Fazit: Schweine haben keine Lobby und deshalb auch keine Chance, Bronchitis und Atemnot durch Schadgase und Staub als Berufskrankheit anerkannt zu bekommen . . .)

Welche Tiere würden wir denn halten wollen, wenn wir so könnten, wie wir wollten? Diese

Das Vorkeimen der Kartoffeln ist eine entscheidende Maßnahme zum Erreichen sicherer Erträge (siehe Seite 154).

Farbtafel 5 – Kartoffeln/Körnerleguminosen

Gelbe Lupinen: »Gold der Sandböden«, trockenheitsresistente Leguminosenart; für die Fütterung interessant wegen hoher Eiweißqualität (siehe Seite 164).

Erbse Rosa Krone: Bunt blühende, kleinkörnige Erbse für den Gemengeanbau mit Getreide (siehe Seite 163).

Die Bewirtschaftung bestimmt die Zusammensetzung des Grünlandes: 15 Jahre organisch-biologisch bewirtschaftet (links, Anfang Juli). Dieselbe Grünlandfläche direkt daneben, 5 Jahre nach Rücknahme in konventionelle Bewirtschaftung (rechts, Anfang Juli) (siehe Seite 170).

Farbtafel 6 – Grünland

Gezielte Grünlandnachsaat fördert den Weißkleeanteil: Anschlußfehlstelle bei der Grünlandnachsaat mit normaler Drillmaschine, nach 1. Schnitt vor Beweidung (siehe Seite 169).

Rote Johannisbeeren am Strauch, robuste Sorte »Rondom« (siehe Seite 196).

Farbtafel 7 – Obst- und Gemüsebau

Zur Abwehr von Kohlfliege, Schmetterlingen, Tauben und weiteren Schädlingen wird Chinakohl mit Kulturschutznetzen abgedeckt (siehe Seite 184).

Anzucht von Gemüsejungpflanzen in einer Bioland-Gärtnerei (siehe Seite 186).

Henne auf einem Sammelgelege in einem Familien-
nest mit loser Einstreu (siehe Seite 276).

Wühlen gehört zu den natürlichen Verhaltensweisen
des Schweins (siehe Seite 263).

Farbtafel 8 – Tierhaltung und Fütterung

Hier wächst die fertige Kraftfuttermischung aus Hafer, Gerste, Erbse und Wicke heran (siehe Seite 243).

Frage werden wir vor dem Hintergrund der Erfahrungen beantworten, die wir bisher mit unterschiedlichen Tierarten und -rassen gemacht haben. Und vielleicht haben die Schweine unserer jüngsten persönlichen Vergangenheit wirklich gestunken, denn gegen Vollspaltenboden und Gülle bleibt auch das reinlichste Schwein chancenlos.

So ist unser persönlicher Erfahrungshorizont wesentlich von den Rationalisierungsentscheidungen der vergangenen 20 Jahre geprägt.

Stinkende, schreiende Schweine, die sich gegenseitig blutig beißen und die schon bei ein bißchen Anstrengung der Herztod ereilt, das trägt zu keinem positiven Image bei. Mit agressiven und »tumben« Bullen, die gegenseitig Urin schlürfen, ergeht es uns kaum anders; von kannibalischen Hühnern ganz zu schweigen.

Obwohl die Tierhaltung sinnvoller Bestandteil einer landwirtschaftlichen Kreislaufwirtschaft ist, muß nicht jeder Betrieb Tiere halten.

Wichtiger wiegt der Anspruch, daß Tiere nur halten soll, wer das auch wirklich möchte, wer einen »Draht« zu ihnen hat und sie auch riechen mag. Wer z. B. Schweine »nicht riechen« kann, sollte Haltungsbedingungen schaffen, unter denen sie ganz anders riechen. Und wem auch das »stinkt«, der sollte es ganz lassen.

1.4 Probleme mit der Tiergesundheit und Lösungsansätze

Die wissenschaftliche Betrachtung der natürlichen Verhaltensgewohnheiten unserer Tiere liefert uns Lösungsansätze für Probleme mit der Tiergesundheit. Kühe z. B. sind Lauftiere und noch heute wird 75% der Zugarbeit auf der Welt durch Kühe geleistet.
Daß Kühe Lauftiere sind, vergessen wir oft bei den **Klauen.** Diese Geringschätzung hat sich besonders durch mangelnde Berücksichtigung der Klauengesundheit in der Zuchtwahl ausgewirkt. Selbst bei guter Klauenpflege – und wer macht die schon? – gleiten viele Tiere besonders beim Aufstehen aus. Oft ist das Standende nicht nur glatt, sondern auch abfallend, da vom Zahn der Zeit benagt. Solche Haltungsbedingungen sind eine Zumutung. Übersehen wird zudem, daß so neben Gelenks- und Klauen-

erkrankungen auch die Gefahr von Strichverletzungen durch die Kuh selbst oder durch andere Kühe zunimmt.
Die zunehmende Zahl von Laufställen hat die Forderung nach einem generellen **Enthornen** der Kühe laut werden lassen. Aus züchterischer Sicht wird dabei übersehen, daß sich eine Herdenstruktur während der kurzen Nutzungsdauer und bei großer Fluktuation nur schwer entwickeln kann. Schnellere Abhilfe wäre aber bautechnisch zu schaffen, denn schmale Gänge, z. T. noch schmalere Tore und unstrukturierte Ecken (auch Sackgassen) beschwören Konflikte geradezu herauf. Da das Enthornen aber nicht die Anzahl, sondern die Auswirkungen der Auseinandersetzungen verringert, muß auch hier die Ursachenbeseitigung Vorrang haben.
Ökonomische Gründe standen hinter jeder Rationalisierungsentscheidung im Tierstall.
Klassisches Beispiel: die **Kastenstände** für ferkelnde und säugende Sauen. Der ökonomische Grund für die Einführung dieser Kastenstände hieß Ferkeltotliegen, und außerdem läßt sich eine Sau, deren Vorderteil immer vorne und deren Hinterteil immer hinten steht, leichter füttern und misten. Die Nachteile der Kastenstände wurden – wie meistens – erst nach und nach sichtbar. Die züchtungsbedingte Schwere der Sauen und ihre damit verbundene mangelnde Behändigkeit führte zwar nicht mehr so häufig zum Totliegen der Ferkel. Die systembedingte Bewegungslosigkeit vor, während und nach der Geburt verursacht aber Euter- und Gebärmutterentzündungen sowie Milchmangel, die seit über 10 Jahren unter dem Namen MMA-Komplex (Mastitis, Metritis, Agalaktie) tiermedizinische Lehrbücher füllen und bäuerliche Portemonnais löchern.
Verlängerte Geburten erhöhen das Infektionsrisiko für die Sau. Da sie zudem immer und insbesondere mit ihrer Scheide in ihrem Kot liegt, haben Coli-Bakterien häufig leichtes Spiel bei der Infektion von Geburtswegen und Gesäugen. In vielen Betrieben gehört es deshalb schon zur Routine, rund um die Geburt Sulfonamide, Chloramphenicol und auch andere Medikamente zu verabreichen. Trotzdem lassen sich diese Coli-Infektionen häufig nicht verhindern, und da sie meistens mit Milchmangel verbunden sind, ist der MMA-Komplex eine häufige Ursache für Anfälligkeit und auch Sterblichkeit der Ferkel.
So sind es nun wieder ökonomische Gründe, die insbesondere holländische Institute nach

Alternativen zur Kastenhaltung suchen lassen. Und auch in der Bundesrepublik Deutschland gibt es z. B. im Schleswig-Holsteinischen Futterkamp entsprechende Forschungsansätze, wenn auch »intern«, wie es bisher noch heißt. Noch vor Jahren wäre belächelt worden, wer – womöglich aus Mitleid mit der Sau – Kritik an der Kastenhaltung geäußert hätte.

Ökonomische Gründe führten zu Entscheidungen, die häufig gar nicht die gewollte Wirkung zeigten, die aber unseren Erfahrungshorizont – unsere Erlebnisse mit Tieren in der Landwirtschaft – entscheidend beschränkten und prägten, bis hin zu dem Bild der stinkenden, langweiligen Schweine.

Es gibt – meist ältere – konventionell wirtschaftende Bauern, die ihren ansonsten in Anbindung gehaltenen Sauen **Auslauf** ermöglichen, wenn diese krank sind: »Das hilft gegen Fieber.« Stimmt, getan wird aber erst etwas, wenn das Kind in den Brunnen gefallen ist, obwohl bekanntlich eine Vielzahl von Krankheiten Darmträgheit als Ursache *und* als Folge hat. In der Bewegung liegt eine entscheidende Voraussetzung zur Anregung der Darmtätigkeit. Eine stockende Darmpassage begünstigt die Vermehrung pathogener *Escherichia coli*-Bakterien.

Um dem zuvorzukommen, wurde in der ehemaligen DDR bei allen Umstallungen Glaubersalz verabreicht, da kaum Antibiotika zur Verfügung standen. Eine gute Möglichkeit zur Anregung der Darmtätigkeit und Unterstützung der Mikroflora bei kranken Schweinen ist in Betrieben mit Rinderhaltung das Verfüttern von frischem Rinderkot und darin leicht aufgeweichtem Stroh. Gerade bei Sauen, die gar kein Futter mehr anrühren, wirkt das appetitanregend. Aber das Wissen um alte Erfahrungen wird dünner.

Ein Dilemma zeigt sich bei **Eutererkrankungen,** deren Anzahl nach aktuellen Statistiken in ökologisch wirtschaftenden Betrieben höher liegt als in konventionellen. Ein Grund liegt häufig in dem Anspruch, den Einsatz von Antibiotika zu reduzieren und nicht sofort mit starken Mitteln zu arbeiten. Demgegenüber steht aber die Tatsache, daß die Aggressivität und Schnelligkeit von Eutererkrankungen insbesondere bei Hochleistungskühen in den vergangenen Jahren rasant zugenommen hat. Und ein Herabsetzen der Intensität kann in diesem Fall nicht bei der Behandlung, sondern muß bei der Leistung beginnen. Da die hohen Leistungen aber der Erfolg der einseitigen Selektion auf Hochleistung der vergangenen 20 Jahre sind, sind die Kühe »genetisch zur Leistung gezwungen«.

Eine Umorientierung auf die Zuchtziele Tiergesundheit und Lebensleistung erfordert Geduld und Zeit, insbesondere bei Tierarten mit langen Generationsintervallen wie dem Rind. In vielen Fällen ist ein Abwarten bei Euterentzündungen gefährlich, da die Erkrankung manchmal schon innerhalb eines Tages irreparable Schäden hervorrufen kann. Zumindest wird die Krankheitsdauer durch ein Abwarten häufig verlängert. Aber auch in mangelnder persönlicher und mangelnder wissenschaftlicher Erfahrung mit Medikamenten, die alternativ zur Antibiotikatherapie eingesetzt werden, liegt ein Grund für die relativ höhere Zahl von Euterbehandlungen. Hier besteht großer Forschungsbedarf.

1.5 Tierzucht

Wissen und Erfahrungshorizont sind aber nicht nur bezüglich der *Haltung,* sondern auch bezüglich der *Zucht* begrenzt.

Häufig wissen wir nur, *daß* der Bulle A das Gen B trägt und die Eigenschaft B vererbt, und fällen auf *dieser* Grundlage weitreichende Entscheidungen. Und die derzeitigen Forschungsschwerpunkte (Gen- und Biotechnik) verstellen, indem sie eine Unzahl an Detailerkenntnissen hervorbringen, geradezu den Blick für das Ganze.

Während wir die Vorteile der **Künstlichen Besamung** nutzen, übersehen wir z. B., daß jedes Jahr 10–20% der Besamungsbullen einzig deshalb aus der Zucht genommen werden, weil ihr Sperma nicht die Anforderungen an die Tiefgefriertauglichkeit erfüllt.

Auch über die Auswirkungen der **Inzucht** wissen wir zu wenig, außer, daß der extreme Einsatz einzelner Bullen spätestens dann zu großen Problemen führt, wenn er über das gewünschte Leistungspotential hinaus auch Überträger von Erbkrankheiten ist. Häufig werden solche Gefahren erst nach Generationen deutlich. In den 40er Jahren wurden beim Roten Dänischen Milchvieh zunehmend lebensuntaugliche Kälber geboren. Das verantwortliche Gen war Jahre zuvor durch einen einzelnen, aber sehr gefragten Bullen in die Population eingebracht worden, wurde aber erst sichtbar, als immer mehr Träger des Gens miteinander gekreuzt wurden.

Die zunehmende Berücksichtigung einzelner Leistungsspitzentiere verstärkt die Gefahr der Verbreitung solcher Erbfehler. In den letzten Jahren ist beim Braunvieh jedes 10. Tier zum Träger der Anlagen für die Arachnomelie (Spinnengliedrigkeit, Veranlagung zur Brüchigkeit der Knochen) geworden. Da auch diese rezessive Krankheit nur ausbricht, wenn *beide* Eltern die Eigenschaft an ihren Nachkommen vererbt haben, soll dies in Zukunft durch Gendiagnostik am Embryo geprüft werden, um ihn dann gegebenenfalls zu eliminieren. Dies ist *keine* Ursachenvermeidung, sondern bewirkt bestenfalls eine Begrenzung des Schadens.

Die Bedeutung der Inzucht ist zudem noch wenig erforscht. Bei den verschiedenen Tierarten gibt es die unterschiedlichsten Fortpflanzungsstrukturen − von der Einehe bis hin zu dem *neuen* Rudelführer, der nicht nur im Vorgänger, sondern auch in dessen jungem Nachwuchs Gen-Rivalen für sein eigenes Erbgut sieht und sie tötet. Mit einem gut/schlecht Raster allein läßt sich das Thema Inzucht nicht erfassen.

Über die Einheitshochleistungsrassen sind **bodenständige Rassen** zunehmend in Vergessenheit geraten. Nun wirbt die Gentechnik damit, sie könne in Genbanken zum Überleben der vom Aussterben bedrohten Rassen beitragen. Aber Landrassen sind notwendiger Bestandteil der Landschaft, die sie mit geprägt haben. Lagern sie tiefgefroren in Genbanken, stagniert ihre Entwicklung, während sich ihre ehemalige Umgebung verändert.

Wer den Erhalt bestimmter Kulturlandschaften, wie z. B. der Heide oder auch des Schwarzwaldes fordert, müßte auch dafür Sorge tragen, daß die Tierrassen erhalten bleiben, die diese Landschaften mitgestaltet haben. Tiere in ökologisch wirtschaftenden Betrieben müssen betriebsverträglich und standortangepaßt sein. Daher bieten sich für bestimmte Gegenden auch bestimmte Rasen an.

Dennoch gilt für Grenzstandorte wie auch für jeden anderen Standort, daß die Tiere und Menschen zueinander passen müssen.

Man kann nicht grundsätzlich von jedem ökologischen Betrieb erwarten, daß er zur Erhaltung bedrohter Rassen beiträgt, denn auch die Mentalität muß stimmen. Die Unterschiede allein

zwischen so bekannten Rinderrassen wie Schwarzbunt, Rotbunt, Charolais, Limousin, Angler und Fleckvieh sind enorm: bedächtig, quirlig, ruckartig, geschmeidig, hellwach, interessiert, schnell, gelassen − wer verschiedene Rassen in einem Betrieb hat, entwickelt in der Regel Vorlieben. In einigen Fällen führt dies sogar zu einer Umgestaltung der Herde.

In der Vergangenheit wurde ab und zu von Universalrassen für den ökologischen Landbau geträumt. Die konventionelle Landwirtschaft hat mit den Hochleistungsrassen der Schwarzbunten oder der Holstein Friesian scheinbar so eine Universalrasse. Es zeigt sich deutlich, daß die extreme Angepaßtheit an das Zuchtziel Hochleistung auf Kosten der allgemeinen Anpassungsfähigkeit erreicht wurde.

Erst Vielfalt innerhalb und zwischen den Rassen kann für jeden Betrieb passende Rassen hervorbringen.

Wenig verständlich erscheint auch die Vorstellung von speziellen Öko-Hybriden. Denn in der **Hybridzucht** gelten die Zuchttiere nicht mehr als Vertreter ganzer Rassen, sondern nur noch als Produktionsfaktoren auf einer bestimmten Stufe zum Mastendprodukt. Besonders in der Hühnerhaltung stellt sich diese Frage aber vielleicht schon deshalb, weil die Rassenvielfalt bei keiner anderen Tierart so eingeschränkt worden ist. Wer aber an Hybride denkt − und sei es innerhalb der Strukturen der ökologisch wirtschaftenden Betriebe −, entfernt sich extrem von ganzheitlichen Zielvorstellungen. Auch der zwischen den einzelnen Produktionsstufen notwendige Transport ist äußerst fragwürdig, bezogen auf den Streß für die Tiere, sowie den Energieverbrauch und das Verkehrsrisiko.

1.6 Schlußgedanken

Die Vorstellung des Schweinemästers, der nur für Minuten den Maststall betritt und dies nur noch mit Atemschutzgerät, ist Sinnbild der zunehmend raumgreifenden **Entfremdung.** Sie begegnet uns auch im Rinderstall, wenn Kühe dem Trend entsprechend eher an ihrem Euter als an ihrem Gesicht erkannt werden. »Das Euter ist die Kuh« betitelte folgerichtig bereits vor einigen Jahren ein großer Pharma-Hersteller seine Werbung für antibiotikahaltige Euterinjektoren.

War früher alles besser? Nein, auch in der Vergangenheit haben Menschen ihre Tiere zum Teil kaum faßbaren Haltungsbedingungen ausgesetzt. Aber eben deshalb verfügen wir heute über wertvolle Erfahrungen darüber, *wie* sich diese Bedingungen auswirken. Wir haben die Wahl: Wir können unsere Sinne weiterhin an teure Sensoren abgeben oder eine Forschungrichtung fordern und fördern, in der menschliche Sensibilität und Sensitivität unersetzbar sind und bleiben sollen.

Die Erforschung der ökologischen Tierhaltung ist eine relativ junge Wissenschaft, einige ihrer Ergebnisse sind in den folgenden Kapiteln beschrieben. Genauso wichtig sind auch die Erfahrungen einzelner Betriebe, die neue Wege in der Tierhaltung gehen. Alte Biobetriebe und neue Umsteller stehen gemeinsam mit den Wissenschaftlern und Beratern vor der Aufgabe, eine artgemäße und ökologische Tierhaltung zu entwickeln und zu erproben. Dazu gehören auch weitere Untersuchungen zur Beziehung Mensch-Tier.

2 Tiergesundheit und Tierbehandlung

S. PADEL

2.1 Vorbeugen statt Behandeln

Ähnlich wie Pflanzen müssen auch Tiere vorbeugend gesund gehalten werden. Die Behandlung mit (alternativen) Medikamenten sollte erst dann erfolgen, wenn die Vorsorge versagt hat und Tiere erkranken. Deshalb werden nun einige Beispiele aufgeführt, durch welche Maßnahmen die Gesundheit der Tiere und ihre Abwehrkräfte gefördert werden können. In den folgenden Kapiteln zur Haltung, Zucht und Fütterung von landwirtschaftlichen Nutztieren werden die einzelnen Punkte genauer dargestellt.

Die Gesundheitsvorsorge für Säugetiere beginnt mit der Aufnahme der Kolostralmilch. Diese enthält Abwehrstoffe der Mutter für das Kalb oder Ferkel, angepaßt an die jeweilige Keimflora im Stall und in der Umgebung. Die Darmwand des Kalbs ist in den ersten Stunden nach der Geburt besonders durchlässig für die großen Antikörper. Bei der ersten Kolostrumaufnahme innerhalb der ersten 3 h nach der Ge-

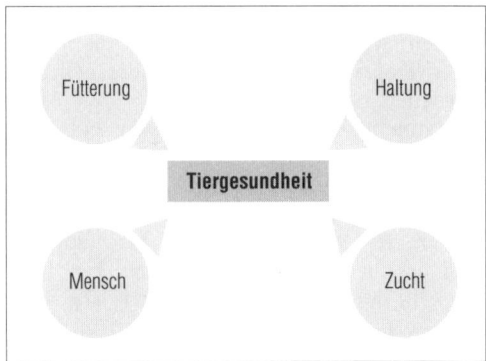

Abb. 74: Einflußfaktoren auf die Tiergesundheit.

burt werden deutlich mehr Antikörper im Blut der Kälber gefunden, als bei Kälbern, die Kolostrum erst 12 h nach der Geburt aufgenommen haben (Abbildung 75). Deshalb sollte nach der Geburt auf rechtzeitige und ausreichende Kolostrumaufnahme von mindestens 2 l innerhalb der ersten 12 Stunden geachtet werden.

In der folgenden Zeit wird die Gesundheit der Kälber wesentlich von Haltung und Fütterung beeinflußt (siehe Seite 251, Kapitel Jungviehaufzucht). Unter ungünstigen Haltungsbedingungen treten wesentlich öfter Durchfall- und Atemwegserkrankungen auf. Auch die richtige Tränketemperatur, die Verwendung von Nuckeleimern und die Qualität der Futtermittel etc. können die Anfälligkeit für Durchfallerkrankungen erheblich reduzieren.

Abb. 75: Erste Kolostrumaufnahme und Immunglobulingehalt im Blutserum von Kälbern am 1. Lebenstag (AIKENS, 1976, nach BOEHNCKE, 1985).

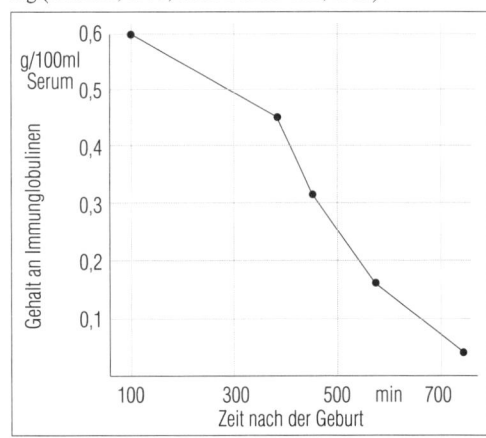

Was für das Kalb gilt, gilt auch für die Kuh. Ihr kompliziertes Verdauungssystem erfordert richtige Fütterung, um Stoffwechselerkrankungen zu vermeiden. Hohe Kraftfuttergaben z. B. führen zu chronischer Pansenübersäuerung mit Folgen für die Gesamtgesundheit des Tieres.

Tiergerechte und leistungsangepaßte **Fütterung** *ist Gesundheitsvorsorge für die Milchkuh*

(siehe auch Seite 241, Abschnitt Fütterung).

Besonders in der Endphase der Trockenstehzeit ist eine knappe Calcium-Fütterung sinnvoll, um die Regulationsmechanismen des Calciumstoffwechsels zu wecken. Bei zu reichlicher Ca-Versorgung tritt das sog. Milchfieber häufiger auf, ein akuter Ca-Mangel im Blut vor, während oder nach der Geburt. Akute Behandlung ist durch Ca-Infusion mit oft spektakulärem Erfolg möglich, aber durch verbesserte Fütterung läßt sich das Risiko für Milchfieber deutlich reduzieren.

Bei bestimmten Rassen tritt Milchfieber gehäufter auf als bei anderen. Daran zeigt sich deutlich, daß auch die **Zucht** negative Auswirkungen auf die Gesundheit haben kann. Unsere modernen Fleischschweine leiden oft an Kreislauf- und Gelenksschwäche. Die einseitige Zucht auf Fleischfülle hat zu negativen Eigenschaften für die Gesundheit der Tiere geführt. Eine Veränderung bestimmter Zuchtziele ist daher zur Verbesserung der Gesundheitssituation der Tiere unumgänglich.

Die **Haltung**sbedingungen haben ebenfalls Einfluß auf die Gesundheit der Tiere. Neben akuten Verletzungen können sie dazu führen, daß die Tiere unnötigem Streß ausgesetzt sind. Streß kann z. B. durch große Unruhe im Stall oder durch ständige Rangauseinandersetzungen hervorgerufen werden und beeinflußt das Immunsystem negativ. Streß kann aber auch durch Langeweile, d. h. durch fehlende Möglichkeiten zur Aktivität, verursacht werden. Ein Tier unter Streß hat weniger Möglichkeiten, sich mit Krankheitserregern auseinanderzusetzen, als ein Tier in angepaßter, artgerechter Umgebung. Streß kann aber auch zu direkten Erkrankungen, wie z. B. Magengeschwüren bei Tieren führen. Auch Kuhtrainer sind ein Streßfaktor für das Tier. Sogar, wenn sie ausgeschaltet sind, beruht ihre Wirkung auf einer ständigen Angst der Tiere vor dem Stromstoß, und Angst ist ein Streßfaktor.

Wichtig ist auch die **Betreuung und Behandlung durch den Tierhalter.** In Ställen mit über 30 Kühen trat häufiger Mastitis auf, als in Ställen mit 6–10 Kühen. In Streßsituationen für den Tierhalter (durch Arbeitsspitzen) tritt besonders gehäuft Mastitis auf (HEGEMANN, 1976, und RABOLD, 1980, zitiert nach BOEHNCKE, 1985). Umgekehrt gefolgert muß

gute Betreuung und ruhiger Umgang mit den Tieren förderlich für deren Gesundheit und Wohlbefinden sein.

Bei Umbaumaßnahmen zur Rationalisierung und Zeitersparnis im Stall ist das folgende zu bedenken: Vor allem in größeren Beständen mit automatischen Abläufen kann häufig die Tierbeobachtung nicht mehr mit der regelmäßigen Arbeit im Stall verbunden werden. Zeit für Beobachtungs- und Kontrollgänge durch den Stall muß dann zusätzlich eingeplant werden. Solche Beobachtungsgänge sollten das Tierverhalten genauso berücksichtigen, wie die Funktionsfähigkeit der Stalleinrichtungen und das Stallklima.

Um Veränderungen im Tierverhalten frühzeitig zu erkennen, ist es sinnvoll, wenn die Beobachtung über einen gewissen Zeitraum von *einer* Person ausgeführt wird. Vor allem bei der Luftqualität kann man ruhig von der eigenen Nase ausgehen. Wenn die Schadgaskonzentration im Stall so groß ist, daß einem nach kürzerem Aufenthalt bereits die Augen brennen, dann ist sie auch für die Tiere unangenehm, die sich den ganzen Tag dort aufhalten, zumal die Schadstoffkonzentration am Boden in der Regel noch höher ist als in Höhe der menschlichen Nase.

Häufige Behandlung mit **Chemotherapeutika** führt in der Regel zur Verschlechterung und nicht zur Verbesserung des allgemeinen Gesundheitszustandes; Medikamente haben Nebenwirkungen für die Tiere. So wird durch die Behandlung mit Antibiotika auch die Darmflora zerstört. Seit reichliche Anwendung von Medikamenten in unseren Ställen üblich ist, hat sich der Gesundheitszustand der Nutztiere eher verschlechtert als verbessert. Zusätzlich zu alten und neuen Seuchen gibt es die sog. Faktorenkrankheiten. Sie werden beim Zusammentreffen haltungsbedingter Faktoren von sonst in der Regel harmlosen Erregern verursacht. Teil des Problems sind die immer häufiger auftretenden Resistenzprobleme gegenüber Antibiotika, Desinfektionsmitteln und Entwurmungsmitteln (BOEHNCKE, 1986).

Weitgehender Verzicht auf Chemotherapeutika ist deshalb, so widersprüchlich es klingen mag, auch eine Maßnahme der Gesundheitsvorbeuge.

Aber alle vorbeugenden Maßnahmen werden nicht vor den Ausnahmefällen schützen, in denen Tiere akut oder chronisch erkranken und behandelt werden müssen. Eine Behandlung sollte auch durchgeführt werden, wenn unnötiges Leiden der Tiere vermieden werden kann. In solchen Fällen wird es häufig ratsam sein, sich auf Rat und Erfahrung eines **Tierarztes** zu verlassen. Immer mehr Tierärzte haben Kenntnisse in naturgemäßen Verfahren der Tierbehandlung. Meistens sind sie außerdem bereit, Hinweise zur Verbesserung der Haltungsbedingungen zu geben.

Vor allem konventionelle Medikamente, wie Antibiotika und Chemoterapeutika, sollten nur nach Verschreibung durch den Tierarzt gegeben werden. Bei der Verwendung solcher Medikamente ist besondere Vorsicht geboten, weil Rückstände die Qualität der tierischen Produkte und die Umwelt beeinträchtigen können. Die gesetzlichen Wartefristen sind deshalb unbedingt einzuhalten; längere Wartefristen können sinnvoll sein.

Wenig sinnvoll ist es, Kälber mit der Milch von Antibiotika-behandelten Kühen zu tränken. Die Kälber erhalten damit eine geringe Antibiotikagabe, die erhöhte Resistenzbildung bestimmter Erreger zur Folge haben kann. Müssen die Kälber dann selbst mit Antibiotika behandelt werden, so schlagen dieselben Mittel häufig schlechter an.

Zusätzlich belasten die Ausscheidungen (Kot und Harn) behandelter Tiere den Betriebskreislauf mit Rückständen. Die Fäkalien behandelter Tiere werden langsamer abgebaut, die Folgen für die Umwelt sind bisher nur in Einzelfällen erforscht worden.

Wichtig ist über alle durchgeführten Behandlungen ein genaues **Stalltagebuch** zu führen. Grundsätzlich ermöglicht eine genaue Aufzeichnung der Häufigkeit und des Verlaufs von Krankheiten entscheidende Voraussetzungen zur Vermeidung von Auslösern. Auch die Tages- oder Nachtzeit des Ausbruchs muß vermerkt werden. Häufig zeigt sich beim Fachsimpeln, daß entscheidende Details in Vergessenheit geraten sind. Gerade diese sind wichtig, wenn Erfahrungen mit alternativer Behandlung an andere Kollegen weitergegeben werden.

Bioland-Richtlinien 3.4.1–3.4.3:
Die Gesundheit und Fruchtbarkeit der Nutztiere wird durch geeignete Haltung, Fütterung und Zucht nachhaltig verbessert. Müssen dennoch Medikamente eingesetzt werden, so ist Naturheilmitteln und homöopathischen Medikamenten absoluter Vorrang bei der Behandlung von kranken Tieren einzuräumen.

Eine Behandlung mit konventionellen Medikamenten ist unter folgenden Umständen erlaubt:

▶ Um Leben zu erhalten,
▶ um unnötiges Leiden eines Tieres zu vermeiden.

Eine prophylaktische, d.h. vorbeugende Behandlung mit synthetischen Medikamenten ist nicht zulässig. Der Einsatz von Trockenstellern, Hormonen zur Brunst- und Geburtsstimulation und Beruhigungsmitteln für den Transport ist generell nicht möglich. Die Parasitenbekämpfung ist bis auf weiteres mit herkömmlichen Medikamenten erlaubt. Über die Tierbehandlung ist ein Stalltagebuch zu führen.

2.2 Beispiele für vorbeugende Maßnahmen

2.2.1 Parasitenvorbeuge beim Rind

Wurmerkrankungen werden immer dann zum Problem, wenn eine große Zahl Tiere auf relativ kleiner Fläche gehalten wird. Da es keine homöopathischen oder »alternativen« Behandlungsmittel mit ähnlicher Wirkung wie die herkömmlicher Medikamente gegen Wurmerkrankungen gibt, muß besonderer Wert auf vorbeugende Maßnahmen gelegt werden.

Vor allem gezieltes Beweiden oder Mähen einzelner Flächen ist eine außerordentlich effektive Art, um den Infektionsdruck gering zu halten.

Erklärtes Ziel des organisch-biologischen Landbaus ist es, den Einsatz konventioneller Medikamente so gering wie möglich zu halten und, wenn machbar, ganz auf sie zu verzichten. Dies gilt auch für sämtliche Wurmmittel, die wegen ihrer hochgradigen Wirksamkeit und damit Gefährlichkeit eigentlich im organisch-biologischen Landbau nichts zu suchen haben.

Vor allem die Ausscheidungen wurmbehandelter Tiere stellen ein großes Problem für den gesamten Betriebskreislauf dar. Die Bakterienflora und die Mistkäfer werden geschädigt, was zu Abbauproblemen des Mistes führt. Gerade die in neuerer Zeit eingesetzten Allroundmittel, die sowohl gegen innere als auch äußere Parasiten wirksam sind, sind hier besonders bedenklich.

Treten akute Wurmprobleme auf, die sich nicht durch vorbeugendes Management bekämpfen lassen, so sollte zuerst eine **Kotprobe** analysiert werden. Je nach Befund können dann spezifisch wirksame Mittel eingesetzt werden. Mittel, die im Magen verbleiben und einen zweimonatigen Langzeitschutz bewirken, sind eine prophylaktische Maßnahme und daher im organisch-biologischen Landbau nicht zulässig.

Die größten Probleme treten im norddeutschen Raum mit **Magen-Darm-** und **Lungenwürmern** auf. Von beiden gibt es jeweils verschiedene Arten, die alle einen ähnlichen Lebenszyklus haben. Zur vollständigen Entwicklung benötigen diese den Wiederkäuer als Wirt. Fehlt der Wiederkäuer, brechen die Populationen spätestens nach einem Sommer zusammen.

Die Parasiten überwintern als Larven (Dauerstadien) im Magen-Darmtrakt oder in der Lunge von Rindern, Schafen oder Pferden. Im Frühjahr kommt es zu erneuter Aktivität und damit verbundenen Ausscheidungen von Wurmeiern auf der Weide. Diese entwickeln sich über verschiedene Larvenstadien zu infektionsfähigen Larven, die wiederum von den Tieren aufgenommen werden und erneut Eier ausscheiden. Ein geringerer Teil der Larven überwintert im Feld und ist im Frühjahr ebenfalls Grundlage für neue Infektionen.

Wichtig zu wissen ist, daß **Jungtiere,** die zum ersten Mal auf die Weide kommen, besonders ansteckungsgefährdet sind. Im weiteren Leben entwickeln die Tiere eine **Immunität** und können somit dem Parasitendruck besser widerstehen. Bereits **ab der 2. Weideperiode** und besonders bei Kühen treten erfahrungsgemäß kaum noch Probleme mit Magen-Darm- oder Lungenwürmern auf.

Die größte Aufmerksamkeit muß daher dem Schutz der Kälber, Lämmer oder Fohlen gewidmet werden. Kälber, die zusammen mit ihren Müttern auf der Weide laufen, sind weniger gefährdet.

Die Parasiten sind jeweils auf eine Tierart spezialisiert, obwohl Rinder, Schafe und Pferde von Magen-Darm- und Lungenwürmern befal-

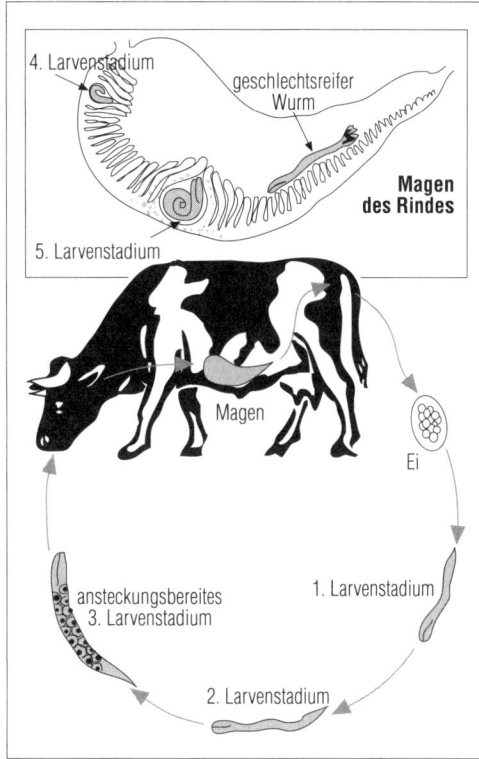

Abb. 76: Entwicklungs-Kreislauf der Magen-Darm-Würmer (AID, 1992).

len werden. Das wechselnde **Beweiden mit unterschiedlichen Tierarten** kann somit erheblich zur Reduzierung des Parasitendrucks beitragen. Wenn möglich, sollte daher abwechselnd mit Rindern, Schafen oder Pferden geweidet werden. Natürlich müssen dabei entsprechende Ruhezeiten eingehalten werden, z. B. 1. Weideperiode mit Rindern, 2. Weideperiode mit Schafen.

Der organisch-biologische Landbau hat durch seinen notwendigen Ackerfutterbau (Kleegras in der Fruchtfolge) ideale Voraussetzungen, um die Parasitenproblematik in Griff zu bekommen. Welche Flächen als sauber und sicher oder als problematisch anzusehen sind, zeigt die Tabelle 67.

Es wird deutlich, daß die wirksamste Maßnahme in einem gezielten Weidemanagement besteht. Das Abwechseln von Weide und Mahd auf den Grünlandflächen und ein gezieltes Auftreiben von Kälbern und Jungrindern auf saubere Flächen sind die entscheidenden Voraussetzungen für ein Auskommen ohne Medikamente.

Tabelle 67   Infektionsdruck von Weideflächen

Zustand	Beweidung mit **Rindern**		Beweidung mit **Schafen**	
	vor 15. 7.	nach 15. 7.	vor 1. 7.	nach 1. 7.
sauber	Neuansaat, Mähnutzung	Schafweide, keine Rinder	Neuansaat, letztes Jahr Rinder	keine Schafe, nur Rinder im selben Jahr
sicher	Kälber ab Juni des Vorjahres	erste Weideperiode nur ältere Rinder	keine Lämmer im letzten Frühjahr	keine Schafe im selben Jahr
unsicher	Kälber und Rinder im Vorjahr ab Austrieb	Kälber und Rinder im selben Jahr	im Vorjahr unbehandelte Lämmer	erste Hälfte Lämmer

Tabelle 68   Weidemanagement Kälberkoppel (Unterteilung in 3 Teilstücke)

1. Teilstück	2. Teilstück	3. Teilstück
Kälberweide bis Mitte Juli	Mähen	Mähen oder Schafe
Mähen oder Schafe bis Mitte Juli	**Kälberweide** ab Mitte Juli	Mähen
Mähen	Mähen oder Schafe	**Kälberweide** nächstes Jahr

Wo darauf geachtet wird, daß keine Stand- oder Umtriebsweide auf ständig gleichen Flächen vorgenommen wird, und wo für Kälber jeweils saubere Flächen ausgewählt werden, ist praktisch ohne Wurmmittel auszukommen. Beispiele für ein solches Weidemanagement ohne Wurmmittel finden sich in den Tabellen 68 und 69.

Eine Kälberkoppel, die jedes Jahr nur mit Kälbern oder Rindern bestückt wird, stellt ein hohes Infektionsrisiko dar. Um dem vorzubeugen, ist es sinnvoll, solche Koppeln in 3 Teilstücke zu unterteilen und jeweils nur ein Drittel mit Kälbern zu beweiden. Die beiden restlichen Drittel werden entweder gemäht oder von anderen Tierarten genutzt. Mitte Juli erfolgt dann der Umtrieb auf das 2. Drittel. Im nächsten Jahr kann mit dem letzten Drittel ein vollständig sauberer Teil beschickt werden.

Tabelle 69   Weidemanagement Rindviehherde (Umtreiben im Lauf des Jahres)

Dauergrünland			
Koppel A	1. **Weide**	2. Schnitt	3. Schnitt
Koppel B	1. Schnitt	2. **Weide**	3. Schnitt
Kleegras			
Koppel C	1. Schnitt	2. Schnitt	3. **Weide**

Im Frühjahr wird eine Koppel beweidet, die im letzten Jahr möglichst lange keine Rinder mehr gesehen hat. Nach dem ersten Schnitt erfolgt ein Umtrieb auf eine vorher gemähte Fläche, um dann im August auf Kleegrasflächen oder Untersaaten auszuweichen (Tabelle 69).

Wenn diese vorbeugenden Maßnahmen nicht ausreichen, dann muß behandelt werden. Dabei ist aber zu beachten, daß nicht planlos behandelt wird, um den Medikamenteneinsatz so gering wie möglich zu halten. Die Abbildung 77 oben zeigt, daß dort, wo **keine Maßnahmen** (auch keine vorbeugenden) ergriffen werden, sich der **Infektionsdruck rasant hochschaukeln** kann. Ein gewisser Besatz an Wurmeiern im Frühjahr auf der Weide führt zu einer Ansteckung der Tiere, was wiederum eine Ausscheidung von Eiern zur Folge hat. Diese entwickeln sich zu Larven, die von den Tieren aufgenommen werden, der Befallsgrad steigt, ebenso der Parasitendruck auf der Weide.

Ebenso **problematisch** ist eine **planlose Behandlung** (Abbildung 77 Mitte), die keine Verringerung des Parasitendrucks zur Folge hat. Es erfolgt nur ein Abtöten der Parasiten im Tier. Mit der Futteraufnahme ist jedoch eine umgehende Neuinfektion verbunden.

Eine **gezielte Behandlung von Parasiten** ist nur in den Fällen gegeben, wo 2–3 Tage nach der Behandlung auf eine saubere Weide umgetrieben wird (Abbildung 77 unten). Hierbei werden

Abb. 77 Oben:
Auswirkungen
verschiedener
Bekämpfungsmaß-
nahmen gegen
Magen-Darm-
Würmer: keine
Maßnahmen, AID,
1992.

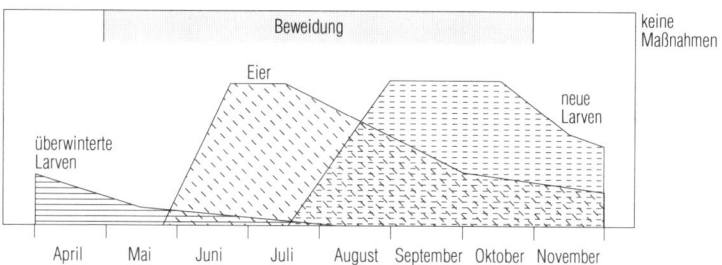

Mitte: Planlose
Behandlung gegen
Magen-Darm-
Würmer.

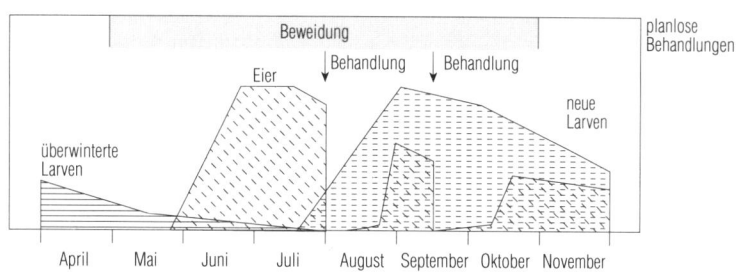

Unten: Planmäßige
Behandlung von
Magen-Darm-
Würmern mit
Umtrieb auf
andere Weide.

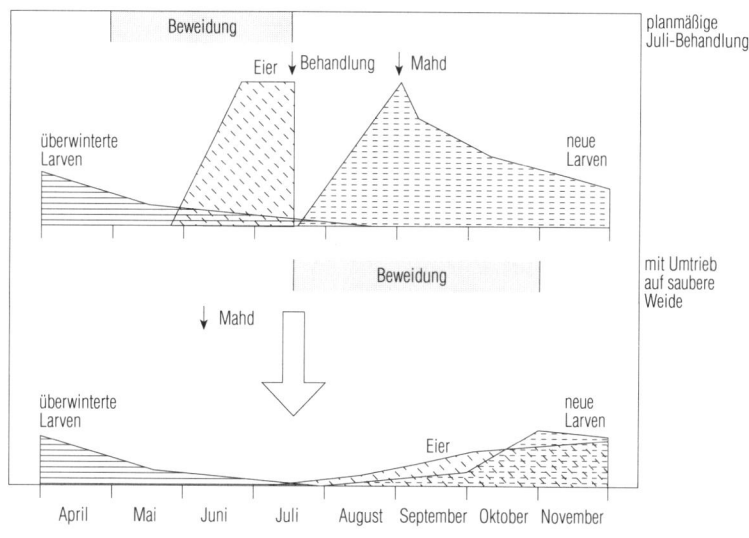

die Parasiten im Tier abgetötet und die noch vorhandenen Eier auf der befallenen Koppel ausgeschieden. Eine Neuinfektion wird dadurch vermieden, daß eine saubere Weide bestückt wird. So kann die Behandlung auf einen einzigen Medikamenteneinsatz im Jahr reduziert werden.

2.2.2 Euterentzündungen und Trockenstellen

Zur Grundausstattung eines Milchviehbetriebes sollte das Zubehör für den Schalmtest gehören. Zum einen ist dieser Test ein Muß vor dem Trockenstellen, zum anderen sollte er bei den geringsten Verdachtsmomenten angewandt werden, um eine äußerlich gesunde Kuh als tatsächlich krank erkennen zu können. In diesem frühen Stadium der Euterentzündung liegt im häufigen Ausmelken oft eine ausreichende The-

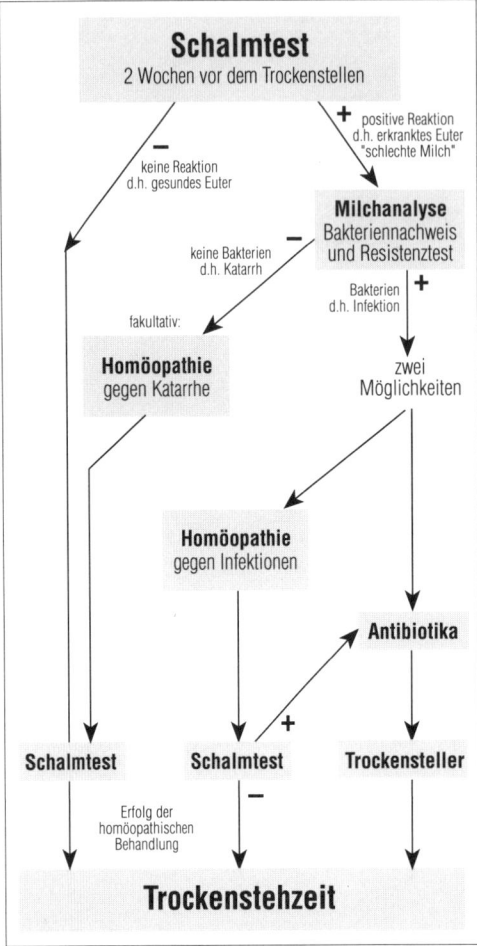

Abb. 78: Planmäßiges Trockenstellen (MATREAUX, 1990).

eine Selektion der hartnäckigsten Bakterienstämme. *Über*dosierung belastet die Tiere unnötig.

Mindestens die Hälfte der Behandlung ist aber immer noch **Handarbeit:** Das häufige Ausmelken – in schweren Fällen nicht mit der Maschine.

Trockenstellen – Verborgene Euterentzündungen werden in der Trockenstehzeit häufig nicht rechtzeitig erkannt, da die tägliche Kontrolle durch das Melken fehlt. Die fehlende Milchmenge bewirkt zudem eine geringere Nährstoffgrundlage für die Bakterien. Auch dadurch können Entzündungen länger unentdeckt bleiben und sich erst in der nachfolgenden Laktation auswirken. Das fehlende Ausmelken der Erreger infolge einer Infektion führt bei Trockenstehern nicht selten sogar zu einem Verlust eines ganzen Viertels.

Dagegen bleibt eine Mastitis bei einer laktierenden Kuh und rechtzeitiger Behandlung häufig ohne längerfristigen Schaden. Fast in allen konventionellen Betrieben werden heute generell prophylaktisch Trockensteller verabreicht. Nach der Umstellung auf organisch-biologischen Landbau ist prophylaktische Behandlung jedoch nicht mehr erlaubt, deswegen müssen andere Wege gegangen werden.

Nur gesunde Euter dürfen trockengestellt werden.

Erste Hinweise auf problematische Kühe geben die monatlichen Berichte der Milchkontrolle. Mit dem Schalmtest ist es außerdem jedem Landwirt möglich, die Qualität der Milch bezüglich der Zellzahlen zu bestimmen. Dies sollte etwa 10 Wochen vor dem Abkalbetermin, d. h. ca. 2 Wochen vor dem endgültigen Trockenstellen erfolgen. Ist die Milch einwandfrei und erfolgt keine Reaktion auf den Schalmtest, kann das Euter ohne Probleme in Ruhe gelassen werden. Eine regelmäßige tägliche Kontrolle des Euters mit der Hand auf mögliche Verhärtungen sollte nach dem Trockenstellen selbstverständlich sein. So kann auf – trotzdem eintretende – Entzündungen schnell reagiert werden.

Ist die Milchqualität nicht einwandfrei und der Schalmtest positiv, verbleiben noch 2 Wochen Zeit, um die Euterentzündung zu behandeln. Eine Milchprobe sollte auf die Existenz von Bakterien untersucht werden. Wenn keine alternative Verfahren im Betrieb bereits erprobt

rapie. Unbestrittene Erfolge werden mit homöopathischen Mitteln bei Eutererkrankungen erzielt. Die Schwierigkeit besteht in der Auswahl geeigneter Mittel. Hierin fehlen sicherlich noch zahlreiche Erfahrungen. Dies sollte aber niemanden davon abhalten, in Zusammenarbeit mit aufgeschlossenen Tierärzten weitere Erkenntnisse zu sammeln.

Nicht immer wird im organisch-biologischen Betrieb die Anwendung von Antibiotika vollständig vermieden werden können. Ein gewisser Respekt vor dem Gebrauch von Antibiotika darf nicht dazu führen, diese fehlerhaft anzuwenden. Richtige Anwendung erfolgt genau nach den Angaben auf dem Beipackzettel. *Unter*dosierung oder zu kurze Anwendungszeiten führen zu verstärkter Resistenzbildung durch sind, werden diese Bakterien mit herkömmlichen Medikamenten behandelt. Die Erstellung eines Antibiogrammes zur Ermittlung eventueller Resistenzen wird empfohlen. So können mögliche Resistenzen erkannt und das richtige Mittel ausgewählt werden. Nach der Behandlung kann die Kuh als geheilt angesehen werden, allerdings empfiehlt sich in diesem Fall ein gezielter Einsatz eines langwirkenden Trockenstellers, um einem Rückfall vorzubeugen.

Häufiges Argument für die Verwendung von Trockenstellern ist die zu **hohe Milchleistung** der Kühe. Ideal wäre eine Milchleistung von 7−10 Litern täglich, bevor das Euter in Ruhe gelassen wird. Eine Umstellung in der Fütterung auf eiweißarmes Grundfutter (Heu) ohne Kraftfutter bewirkt schon eine erhebliche Milchmengenreduzierung.

Von einer Fütterung nur mit Stroh und Wasser kann allerdings bei den heutigen Hochleistungskühen nur abgeraten werden. Die Verringerung der Milchmenge kann auch durch homöopathische Mittel unterstützt werden. Phytolacca D 1 (Kermesbeere) bewirkt nach Aussage zahlreicher Praktiker und Tierärzte eine bedeutende Milchmengensenkung. Empfohlen wird dieses homöopathische Mittel zur 2 mal täglichen Gabe von 1 ml direkt auf die Zunge während fünf Tagen.

2.3 Naturgemäße Verfahren in der Tierbehandlung

Gemeinsam ist den meisten naturgemäßen Verfahren ein ganzheitlicher Anspruch. Die Krankheit ist nicht die Summe der Symptome, sondern eine Störung des Gesamtorganismus. Daher muß der Gesamtorganismus behandelt werden und nicht nur ein Organ. Die Behandlung soll die Selbstheilungskräfte des Organismus aktivieren.

In der Regel haben Naturheilverfahren weniger bedenkliche Nebenwirkungen. Dies sollte allerdings nicht dazu führen, sie unbedenklich und ständig einzusetzen. Ein gesunder Organismus benötigt nicht dauernd Medikamente. Naturheilverfahren zeichnen sich weiterhin dadurch aus, daß sie keine schädlichen Nebenwirkungen auf die Umwelt haben und in der Regel keine Wartezeiten nach einer Behandlung benötigen.

Zu den wichtigsten Naturheilverfahren, die auch im Bereich der Tierbehandlung eingesetzt werden, gehören die Homöopathie, Akupunktur, Phytotherapie und Hausmittel.

2.3.1 Homöopathie

Homöopathie ist eine in der Human- und Veterinärmedizin verwendete Heilmethode, die auf den im 18. Jahrhundert lebenden Dr. SAMUEL HAHNEMANN zurückgeht. Grundlage der Behandlung ist das Prinzip, daß Ähnliches mit Ähnlichem geheilt werden kann. Wenn eine Substanz im gesunden Körper bestimmte Symptome hervorruft, so ist sie das richtige Medikament für den Patienten, der die gleichen Symptome zeigt. So ist z. B. Bienengift das geeignete Mittel, um Insektenstiche oder ähnliche Erkrankungen wie Nesselfieber zu heilen. Aufgrund dieser Erkenntnis wurden von HAHNEMANN und anderen Homöopathen Arzneimittelprüfungen mit gesunden Menschen durchgeführt.

Es entstanden sog. **Arzneimittelbilder.** Ein Arzneimittelbild enthält Beobachtungen über äußerliche und innere Symptome, die während der Prüfung aufgetreten sind. So ruft z. B. *Nux vomica*, die Brechnuß, am gesunden Menschen Übelkeit und Kopfschmerz hervor und kann daher zur Behandlung bei diesen Symptomen eingesetzt werden.

Da bei der Behandlung mit den Ursubstanzen häufig drastische Nebenwirkungen auftraten, wurde von HAHNEMANN die Methode der Verdünnung und Potenzierung entwickelt. Die Ursubstanzen, entweder ein Pflanzensaft, ein Tiergift oder mineralische Substanzen, werden in einer Trägersubstanz (in der Regel Alkohol oder Milchzucker) verschüttelt oder verrieben. Entscheidend ist die Art des Verschüttelns oder Verreibens, damit die Heilinformation der Ursubstanz an die Trägersubstanz übergeht. Was das für Informationen sind und wie sie übermittelt werden, ist unklar. Die Wirkung der Substanzen kann jedoch heute nicht mehr bestritten werden; die Heilerfolge beweisen sie, viele Experimente belegen sie.

Die sog. **klassische Homöopathie** verwendet in der Regel ausschließlich *ein* Medikament zur Behandlung, meist in hohen Potenzen. Dadurch soll verhindert werden, daß sich die Wirkungen unterschiedlicher Medikamente im Körper überlagern. Die Kunst besteht darin, die Symptome genau zu beobachten und das richtige, dazu passende Medikament zu finden. Nur dann tritt der Heilerfolg ein.

In der Humanmedizin wird auch mit dem Computer gearbeitet. Arzneimittelbilder sind systematisiert, in Datenbanken eingespeichert und können mit den Symptomen verglichen wer-

Tabelle 70: Konstitutionstypen beim Rind (TORP, 1992)

homöopathisches Mittel	Konstitution (Körperbau, Temperament, Verhalten)
Nux vomica	häufigster Typ beim Rind;
	Neigung zu Verdauungsstörungen durch Überfressen, Futterumstellung etc., Durchfall oder Verstopfung, typisch ist das ständige Drängen auf Kot;
	alles verlangsamt, Störungen hervorgerufen durch Streß, unphysiologische Körperhaltung der Tiere;
	besondere Wirkung auf Verdauungsorgane, Leber, Bewegungsapparat;
	Kuh hat ein reizbares Temperament; scheint ruhig, zeigt bei Berührung plötzliche, unerwartete Reaktion, auch aggressiv, wird dann bei intensiverem Kontakt wieder ruhiger
Calcium carbonicum	großrahmig, Hängebauch, Bullenkopf, starke Behaarung, schwache Eutervene, Auftreibungen an Sprung- und Karpalgelenken;
	wenig krankheitsanfällig, keine hohen Leistungen;
	Neigung zu Eiterungen, Gebärmutterentzündungen mit milchigem Ausfluß;
	Tier ist willig, aber auffällig stur; gutes Zureden führt am ehesten zum Erfolg
Phosphor	Leitkuh, die keine andere neben sich duldet;
	übersensibel und nervös (HF), schlank bis mager, Hüfthöcker hervortretend;
	bei Brunst hält sie die Milch auf, Neigung zu Mastitiden v.a. durch Zugluft;
	Tiere verausgaben sich mit hoher Leistung, steile Laktationskurve, erkranken dann an Stoffwechselstörungen (Acetonämie);
	Berührung des Kopfes oder Untersuchung der Maulhöhle nicht ohne Ruhigstellung möglich, äußerst spritzempfindlich;
	haben ständig auffällig dünnen Kot, Husten mit Kotabgang
Calcium phosphoricum	Typ zwischen Calcium carbonicum und Phosphor: Feiner und zierlicher als Calcium carbonicum; gute Brunsterscheinungen, extrem unruhig;
	Neigung zu Verdauungsstörungen, besonders bei Futterumstellung
Pulsatilla	ängstlich und furchtsam, beim Herantreten aber sanft und umgänglich, will Streicheleinheiten, leckt den Untersucher;
	Bindegewebsschwach mit hängendem Euter, setzt Harn und Kot oft im Liegen ab;
	Brunst wenig ausgeprägt, Schleim ist nur im Liegen zu sehen, oft verlängerte Brunst, ohne Eisprung (Follikelatresie); Neigung zu subklinischen Mastitiden, zu Beginn des Melkens dicklich-gelbliches Sekret, dann normale Milch;
	Gebärmutterentzündungen mit reichlich dicklichen gelb-grünlichen Absonderungen, nicht wundmachend
Sepia	höheres Alter, faltige Haut, Hängebauch, lang hängendes Euter, lange, schlaffe Zitzen, Schamlippen ausgeleiert, ohne Elastizität;
	stumpfsinnig, kein Interesse an Nachbartieren, Tier beleckt sich nicht mehr, daher ist das Fell am Brustkorb filzig, struppig und verdreckt;
	Kot läuft aus dem After und verschmutzt die vulvonale Region; neigt zu Urovagina und zum Scheiden- und Gebärmuttervorfall
Silicea	Abmagerung ohne ersichtlichen Grund, Haarkleid stumpf, Klauen brüchig oder Überwachstum, Temperament ausgeglichen, etwas ängstlich, Tiere sind mager, aber dickbäuchig;
	Bereitschaft zu Infektionen, große Erkältlichkeit, Eiterungen jeglicher Art;
	Mittel zur Behandlung chronischer Krankheiten und Stoffwechselentgleisungen
Graphites	fett, frostig und verstopft, träge, Haut trocken;
	typische Futtermittel werden abgelehnt, andere mit unnatürlicher Gier gefressen;
	Neigung zu Limax und Panaritium;
	regelmäßige Brunst, nehmen aber nicht auf, nach der Brunst unspezifischer Ausfluß

den. Allerdings kann dies nicht die Erfahrung eines guten Homöopathen ersetzen.

Wird das richtige Medikament in der richtigen Potenz gefunden, so können Heilreaktionen oft sehr schnell und deutlich sichtbar eintreten. Treten keine Reaktionen ein, so ist in der Regel die Wahl des Mittels falsch gewesen. Im Verlauf der Krankheit kann es erforderlich sein, das Medikament zu wechseln, da sich die Symptome verändert haben. Regelmäßige Beobachtung und Kontrolle des Patienten ist erforderlich.

In der Tierbehandlung besteht das Hauptproblem darin, die für den Menschen entwickelten Arzneimittelbilder auf die Nutztiere zu übertragen. Häufig wird deshalb mit sog. Konstitutionstypen gearbeitet; das sind Tiertypen, die von ihrem Körperbau, Temperament und Verhalten einem bestimmten Arzneimittelbild ähneln und deren Konstitution daher mit dem entsprechenden Mittel verbessert werden kann (siehe Tabelle 70).

Die Medikamente werden den Tieren entweder ins Maul oder in die Nasenlöcher geträufelt oder unter die Haut gespritzt. Wer selbst mit der homöopathischen Behandlung bei seinen Tieren beginnen will, sollte sich zuerst an die sog. bewährten Indikationen halten.

Tabelle 71: Bewährte homöopathische Indikationen beim Rind

Erkrankung	homöopathisches Mittel
Panaritium	Tarantula D6
akute Mastitis	Phytolacca C 30 und eventuell Typ. Fiebermittel
Erleichterung der Geburt	Caulophyllum C 30
biologische Einleitung der Geburt bei Übertragung	Caulophyllum D3, D6 + Pulsatilla D 4
Aufziehen der Milch zu Beginn des Melkens	Chamomilla C 200

Das sind Medikamente, die sich für bestimmte Krankheiten bei vielen Behandlungen bewährt haben. Jedes homöopathische Mittel muß aber im Prinzip exakt nach der jeweiligen Symptomatik verordnet werden. Die in Tabelle 71 vorgeschlagenen Mittel können daher nur für erste Testversuche nützlich sein; eine Wirkung muß nicht in jedem Fall eintreten.

Inzwischen sind auch einige Bücher zur homöopathischen Behandlung von Tieren veröffentlicht worden (MAC LEOD und WOLTER, 1985; BOERICKE, 1986; RAKOW, 1988; WOLTER, 1991). Die sog. **Komplexmittel-Therapie** verwendet Mischpräparate aus verschiedenen bekannten

Mitteln für eine bestimmte Krankheit, meist in niedrigerer Potenz. Die Auswahl des Medikaments erfolgt nach der schulmedizinischen Diagnose der Krankheit. Auch als Tierarzneimittel kommen mehr und mehr solche Komplexmittel auf den Markt. Sie können von – in der Homöopathie – unerfahrenen Landwirten und Tierärzten verwendet werden. Die breite Mischung dieser Medikamente führt allerdings zu Überlagerungen der Symptome und erschwert die Diagnose für die Anwendung von Einzelmitteln. Wenn ein Einzelmittel gefunden werden kann, so ist dies dem Komplexpräparat vorzuziehen.

Alle homöopathischen Medikamente sollten nur im Zusammenhang mit vorbeugenden und gesundheitsfördernden Maßnahmen verabreicht werden. Auch homöopathische Arzneimittel sind Arzneimittel und sollten deshalb nicht bedenkenlos eingesetzt werden. Einer ihrer Vorteile, z. B. in der Mastitisbehandlung, liegt darin, daß keine Rückstandsprobleme auftreten und keine Wartezeiten eingehalten werden müssen.

2.3.2 Akupunktur

Akupunktur ist eine chinesische Heilmethode, eine der ältesten Therapieformen in unserer Welt. Genauso wie die Homöopathie geht sie von einem ganzheitlichen Bild des Patienten aus. Es werden Einstiche mit Nadeln an festgelegten Hautpunkten durchgeführt, um Störungen der energetischen Ströme im Körper zu beseitigen.

Auch für die Akupunktur gilt, wie für die Homöopathie, daß mehr und mehr Experimente ihre Wirksamkeit belegen, wenn auch der genaue Wirkmechanismus noch nicht wissenschaftlich geklärt werden konnte. Die Akupunktur findet vor allem in der Behandlung der Pferde immer häufiger Anwendung.

Die Anwendung im Betrieb sollte allerdings unter Anleitung einer erfahrenen Person erfolgen, da das Auffinden der richtigen Akupunkturpunkte bei den Tieren genaue Kenntnis über die Lage und Wirkung dieser Punkte und Erfahrung im Umgang mit den Nadeln erfordert.

2.3.3 Phytotherapie (Pflanzenheilkunde) und Hausmittel

Es würde zu weit führen, alle Kräuter und Naturheilmittel hier aufführen zu wollen, die in der Tierbehandlung bekannt sind. Dazu gehören die Anwendung von Heilerde, Obstessig,

Kampfersalbe, Leinsamen oder Kamillentee genauso wie Medikamente auf Kräuterbasis gegen bestimmte Krankheiten.

Viel Wissen wird mündlich von Landwirt zu Landwirt weitergegeben. Viele Krankheiten lassen sich erfolgreich behandeln. Neben speziellen Naturheilmitteln für die Behandlung von Tieren können auch sog. Hausmittel aus der Humanmedizin Anwendung finden.

3 Artgerechte Tierhaltung
S. PADEL

Bioland Richtlinien 3.1.1:
Die Tierhaltung ist in der Regel ein notwendiges Bindeglied im Kreislaufgeschehen eines organisch-biologischen Betriebes. Die Gesundheit und Leistungsfähigkeit der Tiere wird durch artgerechte Haltung, Fütterung, geeignete Rassen und Zuchtmethoden erhalten und nachhaltig verbessert.

Für viele landwirtschaftliche organisch-biologische Betriebe ist die Viehhaltung ein wichtiger Betriebszweig; viehlose organisch-biologische Betriebe sind selten, wenn auch ihre Zahl in den letzten Jahren stetig gestiegen ist. Je nach der Betriebsstruktur (Milchquote, Futtervorräte, Gründlandanteil, Fleischvermarktungsmöglichkeiten usw.) und den Neigungen der Hofangehörigen wird der Viehbesatz unterschiedlich sein. In einigen Betrieben wird als Folge der Umstellung wieder Viehhaltung zur Nutzung des anfallenden Kleegrasfutters in den Betrieb aufgenommen oder ihr Umfang wird erweitert. In jedem Fall muß für die Tiere vor oder während der Umstellungszeit ein artgerechtes Haltungssystem geschaffen werden. Dabei sollten nicht nur die technischen und wirtschaftlichen Gesichtspunkte bei der Planung ausschlaggebend sein, sondern vor allem die Lebensbedingungen der Tiere Beachtung finden.

Bioland Richtlinien 3.1.2:
Artgerechte Tierhaltung ist eine Selbstverständlichkeit in jedem Betrieb. Die Aufstallung muß so beschaffen sein, daß die Tiere nicht unnötig in ihren Verhaltensgewohnheiten und Bewegungsabläufen behindert werden. Dazu gehören ausreichend Bewegungs- und Ruheraum, Einstreu, natürliches Licht, Schatten, Windschutz, frische Luft und frisches Wasser. Bei Um- und Neubauten dürfen keine Vollspaltenböden gebaut werden. Vorhandene Vollspaltenböden müssen bis zum 31. 12. 1994 umgebaut werden. Neuumsteller müssen ihre Tierhaltung bei der Vergabe des Anerkennungsvertrages gemäß den Richtlinien umgestellt haben.

Anzustreben ist ein Haltungssystem, das den Tieren Gesundheit, Wohlbefinden und artgemäßes Verhalten ermöglicht und Verhaltensstörungen und daraus sich ergebende Schäden, Schmerzen und Leiden verhindert (BARTUSSEK, 1988). Da Tiere nicht sprechen können, um uns ihre Bedürfnisse mitzuteilen, müssen andere Wege gefunden werden, um Aussagen über ihr Wohlbefinden und die Tiergerechtigkeit eines Stallhaltungssystems machen zu können (Tabelle 72).

Tabelle 72 Parameter zur Beurteilung des Befindens der Nutztiere in verschiedenen Haltungssystemen (RIST, 1982)

veterenärmedizinische Parameter haltungsbedingte Abgänge haltungsbedingte Verletzungen (z. B. Brüche, Schürfungen, Prellungen) haltungsbedingte Erkrankungen (Infektions-, Invasions- und Stoffwechselkrankheiten)
physiologische Parameter veränderte Puls- und Atemfrequenz Blutparameter (Hormone, Enzyme)
ethologische Parameter Appetenzverhalten (Suchverhalten) haltungsbedingter Ausfall verschiedener Verhaltensweisen (z. B. Bewegung, Stehen, Ruhen, Liegen, Nesteiablage, Sandbaden) Verhaltensstörungen (z. B. Stereotypien, Pseudoverhalten, Handlungen am Ersatzobjekt, Leerlaufhandlungen)

Haltungsbedingte Abgänge und sichtbare Verletzungen, wie z. B. des Euters und der Gelenke bei zu kurzer Standlänge sind offensichtliche Hinweise auf Fehler im Haltungssystem. Es ist verwunderlich, daß sie nicht in jedem Fall sofort zu Veränderungen im System führen (Tabelle 73).

Auch wenn bestimmte Krankheiten häufig im Stall auftreten, ist oft ein Zusammenhang mit dem Haltungssystem festzustellen. So leiden z. B. Kälber in ungünstigen Haltungssystemen doppelt so häufig an Durchfall und Lungenerkrankungen, wie in günstigen Haltungsbedingungen (DIRKENS, 1974. zitiert nach BOEHNCKE, 1985). Neben veränderten Puls- und Atemfrequenzen erlauben vor allem Veränderungen im Verhalten der Tiere eine fundierte Aussage über die Tiergerechtigkeit.

Weitere Hinweise geben uns die Studien und Veröffentlichungen der Verhaltensforscher (Nutztierethologen). Grundlage ihrer Arbeit ist das Verhalten der Nutztiere in natürlicher Umgebung. Dies hat sich durch Domestikation und Züchtung kaum verändert, verwilderte Haustiere leben wieder weitgehend so wie ihre wildlebenden Vorfahren (verschiedene Autoren nach BARTUSSEK, 1988). Beobachtet wird dabei das Bewegungs- und Klimabedürfnis der Tiere (Temperatur, Licht, Sonne und Wind), das Freßverhalten, das Sozial- und Sexualverhalten.

Durch Vergleiche des Verhaltens der einzelnen Nutztierarten in freier Wildbahn und im Stall können Haltungssysteme auf ihre Artgerechtigkeit überprüft oder neue artgerechte Stallformen entwickelt und erprobt werden. Je beengter der Lebensraum des Tieres ist, d. h. je weniger Bewegungsfreiheit es besitzt (z. B. im Anbindestall), desto mehr muß der Mensch das Umfeld auf die Funktion und die Bedürfnisse des Tieres abstimmen (RIST u. a., 1987).

Stimmen einzelne Umweltfaktoren mit dem Wesen und den Bedürfnissen des Tieres nicht überein, so reagieren die Tiere darauf mit Unfruchtbarkeit, chronischen Krankheiten und Verhaltungsstörungen, wie z. B. Kannibalismus.

So betrug die Dauer der Geburt bei angebundenen Sauen im Durchschnitt 50 min/Ferkel, während die in der Gruppe gehaltenen Sauen nur 27 min/Ferkel benötigten. Angebundene Sauen erkranken zudem häufiger an MMA (siehe auch Seite 209) und benötigen öfter Wehenspritzen zur Aktivierung der Wehentätigkeit (SOMMER, 1979, zitiert nach BOEHNCKE, 1985). Eine nicht artgemäße Haltung kann auf diese Weise schnell durch erhöhte Ausfälle und höhere Tierarztkosten zur unwirtschaftlichen Alternative werden, auch wenn sie zu Beginn kostengünstiger oder arbeitswirtschaftlich vorteilhafter aussieht.

Artgerechte Tierhaltungsformen werden im einzelnen im Kapitel 8 (Seite 233) aufgeführt.

4 Tierbesatz und Fütterung
S. PADEL

4.1 Tierbesatz

Ziel organisch-biologischer Landwirtschaft ist eine standortangepaßte Tierhaltung, eingegliedert in einen weitgehend geschlossenen Betriebskreislauf. Am einfachsten läßt sich dieses Ziel erreichen, wenn ein Hof nur soviel Tiere hält, wie er Futtermittel erzeugen kann. Damit werden die Nachteile und Risiken von Futtermitteleinkäufen in den Betrieb vermieden. Eine Flächenbindung der Tierhaltung verhindert Massentierhaltung mit allen Nachteilen für Gesundheit und Wohlbefinden der Nutztiere

Tabelle 73   Anteil der Verletzungen (in % verletzter Tiere) bei Milchkühen in verschiedenen Haltungssystemen (60 Betriebe; GROTH, nach HÖRNING, 1990)

| | Anbindung mit Kurzstand | | Laufstallsysteme | | |
	eingestreut mit Stufe	strohlos Gitterrost	Tieflaufstall	Boxenlaufstall planbefestigt	Spaltenboden
Gliedmaßen (gering)	2	26	0	0,1	2
Gliedmaßen (schwer)	2	7	0	0,6	0,7
Rumpf (gering)	38	43	0	6	
Rumpf (schwer)	2	9	0	2	
Zitzen	1	10	0	0,1	

und bei guter landwirtschaftlicher Praxis kann die Belastung der Umwelt vermieden werden.

> **Bioland-Richtlinien 3.2.1:**
> Der Viehbesatz orientiert sich in erster Linie an der eigenen Futtergrundlage. Bei Zukauf von Futter aus AGÖL-Betrieben müssen mindestens 50% aus dem eigenen Betrieb stammen.
> Bei Geflügel, Schweinen und Pferden können 100% des Futters aus AGÖL-Betrieben zugekauft werden, falls keine eigene Futtergrundlage besteht (in Sonderkultur- und reinen Grünlandbetrieben); der Umfang der Geflügel- oder Schweinehaltung darf in diesem Fall 2 DE (Dungeinheiten) nicht überschreiten. Die DE/ha-Grenze muß beachtet werden.
> Werden Futtermittel zugekauft, so ist ein maximaler Tierbesatz von 1,3 DE/ha Betriebsfläche (entspricht 2 GV/ha) bei Rauhfutterfressern, und 1,0 DE/ha bei Geflügel und Schweinen zugelassen.

Tabelle 74   Viehbesatz (in GV/ha) nach Dungeinheiten (DE), (Bioland-Richtlinie 9.3)

Der Tierbesatz orientiert sich an der Dungeinheit. Eine Dungeinheit entspricht 80 kg N und 70 kg P_2O_5.

Tierart (GV)	DE/Stück	Stück/DE
Zuchtbulle (1,2)	0,8	1,25
Kühe (1)	0,7	1,5
Rinder über 2 Jahre (1)	0,7	1,5
Rinder 1–2 Jahre (0,7)	0,5	2
Kälber 0–1 Jahr (0,3)	0,2	5
Schafe über 1 Jahr (0,1)	0,07	15
Schafe bis 1 Jahr (0,05)	0,03	30
Ziegen (0,08)	0,05	18
Mastschweine		
(je 100 kg)	0,14	6
Zuchtsauen	0,33	3
Legehennen	0,01	100
Junghennen	0,005	200
Masthähnchen	0,003	300
Mastenten	0,006	150
Mastputen	0,01	100

In der Umstellung ist deshalb häufig die Verringerung des Viehbesatzes erforderlich, was für viele Betriebe erhebliche Veränderungen in der Betriebsstruktur erforderlich macht. 1,0 DE/ha sind 6 Mastschweine (je 100 kg) oder 100 Legehennen/ha (Tabelle 74).

Soll das Futter für 6 Mastschweine ausschließlich selbst erzeugt werden, so ist dafür bei schlechter Futterverwertung (1:4) und mittleren Erträgen (25 dt/ha) die Fläche von 1 ha erforderlich.

Bessere Futterverwertung und höhere Erträge vermindern die erforderliche Fläche. Betriebswirtschaftlich betrachtet müssen demzufolge 6 Mastschweine mit den Deckungsbeiträgen aus dem Pflanzenbau von 1 ha verglichen werden. Oft ist eine Verlagerung der Betriebsschwerpunkte während der Umstellung von Veredlung hin zu Gemüseproduktion oder Direktvermarktung die Folge.

Zukauf von Futtermitteln ist immer gleichzeitig Nährstoffimport in den Betriebskreislauf.

Bis zu einem gewissen Umfang (ungefähr soviel, wie der Betrieb Produkte verkauft) kann dies positive Wirkung haben, aber die zuträgliche Grenze für Vieh und Umwelt ist schnell erreicht. Beispiele für diese Probleme sind

▶ der sogenannte Güllekathar bei Milchkühen, eine Folge überreichlicher Kaliversorgung und

▶ Umweltprobleme in Luft (vor allem NH_4) und Grundwasser in Gebieten mit hoher Veredlung auf der Basis von zugekauften Futtermittel (wie z. B. in der Region Südoldenburg).

Die Nährstoffe, die in Form von Gülle unsere Umwelt belasten, stammen aus Futtermitteln, die in anderen Ländern erzeugt werden, in denen zum Teil Flächen für die Nahrungsmittelerzeugung fehlen.

Der hohe Zukauf von Futtermitteln ist außerdem ein Kostenfaktor für den Betrieb.
In der heutigen spezialisierten Landwirtschaft sind auf viehhaltenden Betrieben hohe Viehbesätze die Regel, die nur mit Hilfe von Zukaufsfuttermittel erzeugt werden können. Während bei Rauhfutterfressern und in der Milchviehhaltung in der Regel überwiegend Kraftfutter zugekauft wird, so wird Schweinehaltung und Hühnerhaltung auf vielen Betrieben ausschließlich auf der Basis von Zukauffuttermitteln betrieben. Um diesen Betrieben trotzdem Umstellungsmöglichkeiten zu geben, ist Futterzukauf in begrenztem Umfang gestattet (siehe Bioland-Richtlinie 3.2.1).

4.2 Fütterung und Futterzukauf

Neben der Haltung ist die Fütterung der Bereich, in dem der Mensch wesentlich auf die Gesundheit der Tiere Einfluß nehmen kann. Ähnlich wie für den Menschen schafft eine vollwertige und ausgeglichene Ernährung die Voraussetzung für gute Gesundheit. Bei Nutztieren ist zusätzlich noch die zu erbringende Leistung in die bedarfsgerechte Ernährung mit einzubeziehen.

Für alle Tierarten stehen dazu als Hilfsmittel Futterbedarfstabellen zur Verfügung, in denen die **Gehalte der Futtermittel** und der zusammengestellten Ration an Energie, Eiweiß etc. mit dem Bedarf der Tiere verglichen werden können. Dabei ist zu bedenken, daß solche Futterbedarfstabellen nur Anhaltspunkte liefern. Tiere reagieren je nach Alter, Rasse und Individuum unterschiedlich. Sie fressen unterschiedlich häufig und unterschiedlich viel und nehmen demnach auch unterschiedlich viel Nährstoffe auf.

Da die Inhaltsstoffe von Futtermitteln stark schwanken können, ist es erforderlich, sie auf ihre Gehalte untersuchen zu lassen.

Grobe Abweichungen von den Futternormen belasten in der Regel das Tier; kleine Fehler können die meisten Tiere bei vielfältigen Rationen ausgleichen. Auslauf oder Weidegang und Stroheinstreu sind zusätzlich hilfreich. So können Kühe in eingestreuten Ställen Rohfasermangel in der Ration durch die Aufnahme von Streustroh ausgleichen. Hühner mit Auslaufhaltung decken einen Teil ihres Bedarfs an essentiellen Aminosäuren durch Würmer und Insekten. Es ist sinnvoll, sich mit der Verdauungsphysiologie der Tiere zu beschäftigen, um die wesentlichen Vorgänge besser zu verstehen.

Rationsberechnung kann sorgfältige Tierbeobachtung und regelmäßige Kontrolle nicht ersetzen.

Die **Qualität der Futtermittel** ist von großer Bedeutung für die Gesundheit der Tiere und für die Qualität der tierischen Produkte. Hier schließt sich der Kreislauf im Betrieb. Von vielen Betrieben wird berichtet, daß sich der Gesundheitszustand der Herde nach der Umstellung verbessert hat. Ähnliches zeigt sich auch in mehreren Versuchen, in denen je eine Tiergruppe mit ökologisch und konventionell erzeugten Futtermitteln gefüttert wurde. In allen Versuchen waren die Gesundheit und Fruchtbarkeit der ökologisch gefütterten Tiere besser als die der Vergleichsgruppe (AEHNELT und HAHN, 1973; GOTTSCHWESKI, 1975; STAIGER, 1986).

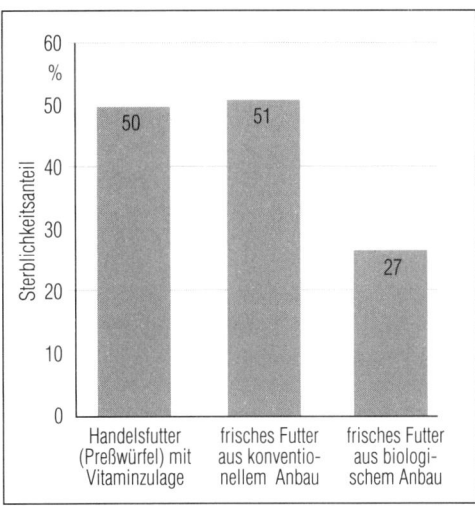

Abb. 79: Überlebensrate von Kaninchen (ausgedrückt als Sterblichkeitsrate der Jungen/Wurf) in Abhängigkeit von der Futterart (GOTTSCHWESKI, 1975).

Von daher sollte jeder Betrieb versuchen, die Tiere möglichst weitgehend mit selbsterzeugten Futtermitteln oder Futtermitteln bekannter Herkunft zu ernähren.

Es versteht sich von selbst, daß an Tiere keine verdorbenen Futtermittel verfüttert werden sollen. Futtergetreide muß genauso sorgfältig getrocknet und gelagert werden wie Konsumgetreide. So kann der Gefahr der Mykotoxinbildung mit der Folge von Mykotoxingehalten in Milch und Fleisch vorgebeugt werden.

Um Belastungen der tierischen Produkte und des Betriebskreislaufes zu vermeiden, sollten keine Futtermittel verfüttert werden, die mit **Schadstoffen** belastet sein könnten. Extraktionsschrote können z. B. Rückstände der chemischen Extraktionsmittel enthalten, die fast überall in der Ölherstellung eingesetzt werden. Eine Belastung von Importfuttermitteln mit chlorierten Kohlenwasserstoffen ist nicht auszuschließen; diese werden dann z. B. in der Milch oder im Fett wiedergefunden. Im Sinne der Vorbeugung ist es sinnvoll, auf zugekaufte Futtermittel, deren möglicher Schadstoffgehalt unbekannt ist, zu verzichten, um kein Risiko einzugehen.

Die Bioland-Richtlinien enthalten für alle Tierarten eine **Positivliste** der erlaubten − konventionell erzeugten − Zukaufsfuttermittel, ebenso wie den Prozentsatz des zulässigen Zukaufs konventioneller Futtermittel. Diese sind in den Abschnitten Fütterung für die einzelnen Tierarten wiedergegeben. Mit diesen Komponenten lassen sich für alle Tierarten bedarfsdek-kende Rationen zusammenstellen. Beispiele dazu sind in den Kapiteln 8 Abschnitt 1.2, 2.2 und 3.2 aufgeführt. In der Vergangenheit sind bei diesen Futtermitteln keine Probleme mit Schadstoffen aufgetreten.

> Bioland-Richtlinien 3.2.2:
> Es ist eine erklärte Zielsetzung des orga-nisch-biologischen Landbaus, den Futter-zukauf nicht ökologischer Erzeugung nach und nach ganz durch ökologisch erzeugte Futtermittel zu ersetzen. Da zur Zeit noch nicht alle Futtermittel aus ökologischer Er-zeugung verfügbar sind, darf ein bestimm-ter Prozentsatz konventioneller Futtermittel, bezogen auf den Trockensubstanzgehalt des Futters, eingesetzt werden.

In der Praxis ist meistens eine gemischte Futter-grundlage anzutreffen. Grundfuttermittel wer-den in der Regel kostengünstig selbst erzeugt. Nur bei Ertragsverlusten wird zugekauft, um Futterengpässe auszugleichen. Getreide und Körnerleguminosen werden sowohl im eigenen Betrieb verfüttert als auch als Futtermittel ge-handelt. Nur in sehr geringem Umfang (haupt-sächlich für Hühner) werden bisher den Richtli-nien entsprechende Fertigmischungen oder Er-gänzungsfuttermittel angeboten. Bei der Um-stellung muß geklärt werden ob das Futter sel-ber gemischt oder lohnverarbeitet wird.

4.3 Mineralstoffversorgung

In der herkömmlichen Fütterung ist heute eine Rationsgestaltung ohne Mineralfutter kaum noch denkbar. Die Umstellung sollte dazu ver-anlassen, diese Praxis kritisch zu überdenken. Die Mineralstoffgehalte der Futtermittel hän-gen stark von der Düngung ab. So wird durch überreichliche Kaliversorgung (hohe Güllega-ben) die Natriumaufnahme der Pflanzen behin-dert und damit der Natriumgehalt des Futters gesenkt. Ähnlich wirkt sich reichliche Stick-stoffdüngung negativ auf die Magnesiumauf-nahme der Pflanze aus. Durch Wechsel der Düngung bei Umstellung auf organisch-biologischen Landbau verändert sich demzufolge auch der Mineralstoffgehalt der Futtermittel. Außerdem ändert sich durch die Umstellung in der Regel die Artenzusam-mensetzung der Futtergemenge. Beides be-wirkt eine veränderte Mineralstoffversorgung.

Nicht jede Ration muß zwangsläufig durch Mineralfutter ergänzt werden.

Eine Analyse der Rationskomponenten und eine Berechnung der Futterration liefert An-haltswerte für die Versorgungslage, aber bei der Festlegung der Mineralstoffnormen wurde ein deutlicher Sicherheitszuschlag vorgenommen, um Unterversorgungen zu vermeiden. Eine Kuh scheidet z. B. bei 20 kg Milchleistung mit der Milch am Tag ca. 24 g Calcium aus, die Mineralstoffempfehlung liegt bei 90 g. Dies würde einer Calciumverwertung von lediglich 24% entsprechen, eine Verwertung von 40−50% ist anzunehmen. Außerdem können die Tiere durch ihre körpereigenen Regula-tionsmechanismen gewisse Mängel in der Ra-tionsgestaltung ausgleichen. Bei geringer Na-triumversorgung wird z. B. die Ausscheidung von Natrium durch Harn und Speichel erheb-lich reduziert, so daß der Speichelgehalt und Harngehalt als Anzeichen für die Versorgungs-lage der Tiere herangezogen werden kann. Für die praktische Rationsgestaltung gilt, daß *Über*versorgung mit Mineralstoffen genauso bedenklich ist wie *Unter*versorgung, weil sie zur Ermüdung der körpereigenen Regulationssy-steme führt, z. B. zu Milchfieber. Weiterhin ist neben der absoluten Menge an Mineralstoffen vor allem bei Kühen das richtige Verhältnis der Mineralstoffe von entscheiden-der Bedeutung (siehe auch Seite 250, Mineral-stoffversorgung der Kühe).

Vielfältig zusammengestellte Rationen sind auch vielfältiger in ihren Mineralstoff- und Vitamingehalten.

Wenn erforderlich, können zur Ergänzung des Mineralstoffgehaltes der Ration Futterkalke, Gesteinsmehle, Hefepräparate, Algenkalk, Mineralfutter auf Kräuterbasis oder herkömm-liche Mineralstoffvormischungen verwendet werden (nach Bioland − Richtlinien 9.4.4). Vormischungen dürfen keine Zusatzstoffe, wie z. B. Leistungsförderer enthalten. Dabei ist auf die oben genannten Punkte wie die Gefahr der Überversorgung und die richtigen Verhältnisse zu achten. Auch Vitaminpräparate sind nach den Bioland-Richtlinien einsetzbar. Bei guter Futterquali-tät, frischem Grünfutter und Auslauf mit Son-nenlicht ist allerdings eine zusätzliche Vitamin-versorgung nicht in jedem Fall erforderlich.

4.4 Tierzukauf

Müssen Tiere zugekauft werden, so sollten in erster Linie umliegende ökologische Betriebe angesprochen werden. Tiere, die unter ähnlichen Bedingungen aufgewachsen sind, haben weniger Schwierigkeiten sich an z. B. grundfutterbetonte Rationen oder Freilaufhaltung zu gewöhnen. Dies ist vor allem bei der Aufzucht von Milchkühen bedeutsam, die langfristig unter diesen Bedingungen gehalten werden sollen. Zur Mast dürfen Tiere nur bis zu einem bestimmten Alter zugekauft werden, um die Belastung des Fleischs mit Rückständen aus der konventionellen Lebenszeit so gering wie möglich zu halten.

Mit steigender Zahl an Betrieben steigt auch das Angebot an Tieren, so daß bei ausreichender Planung des Bedarfs in der Regel keine Engpässe auftreten. Lediglich bei Geflügel wird konventioneller Zukauf bei größeren Beständen erforderlich sein, da es bisher keine organisch-biologisch arbeitenden Aufzuchtbetriebe gibt.

Bioland-Richtlinien 3.5.1:
Der Tierzukauf ist nur aus AGÖL-Betrieben erlaubt. Ausgenommen hiervon sind Zuchttiere und Geflügel, soweit keine geeigneten Tiere von solchen Betrieben bezogen werden können.

5   Energiesparende Technik im Stallbau
C. EMANUEL

5.1 Biogasanlagen

Bei der Photosynthese wird Sonnenenergie in der Biomasse eingebaut, d. h. Kohlendioxid und Wasser werden zu energiereichen Kohlenhydraten umgewandelt, die für Pflanzen und Tiere, aber auch für den Menschen als Energiequelle zur Verfügung stehen. Soll aus diesen Substanzen wieder Energie gewonnen werden, so werden sie unter Freisetzung von Energie wieder zu Kohlendioxid und Wasser oxidiert. Diese Energiegewinnung kann durch einen anaeroben Abbau (ohne Luftzufuhr) der Biomasse geschehen, durch die Methangärung.

Biogas gehört zu den erneuerbaren Energiequellen. Zusätzlich zur Energiegewinnung bietet Biogas in der Güllebehandlung einige Vorteile:

▸ Im Verlauf des Abbaus der organischen Substanz in der Biogasanlage werden auch Krankheitskeime und Unkrautsamen abgebaut, d. h. es kommt zu einem Hygienisierungseffekt.
▸ Im Biogasverfahren behandelte Gülle ist besser pflanzenverträglich. Durch den teilweisen Abbau der organischen Substanz enthält die Gülle weniger Schleim- und Klebstoffe und verursacht deshalb an den Pflanzen auch bei trockenem Wetter und hohen Temperaturen keine Ätzschäden.
▸ Darüber hinaus enthält Gülle nach der Behandlung weit weniger Geruchsstoffe, so daß die Umweltbelastung aufgrund der üblen Gerüche praktisch ganz wegfällt.

Über die Höhe der Nährstoffverluste bei und nach der Ausbringung gibt es sehr unterschiedliche Meinungen. Nachteilig für die Humuswirtschaft ist allerdings der Verlust von organisch gebundenem Kohlenstoff in der Gülle. Außerdem können die schnell aufnehmbaren Nährstoffe eher zur Überdüngung führen als dies bei Stallmist möglich ist.

Prozeßablauf und Bedingungen – Grundsätzlich wird zwischen absätzigen- und Durchfluß-Anlagen unterschieden. Für Festmist sind praktisch nur absätzige Anlagen einsetzbar, wenn nicht der Festmist nach dem Transport aus dem Stall in einer Vorgrube mit Jauche und Spülwasser verflüssigt wird. Wenn Gülle Futterreste und Stroh enthält, hat sich die Durchflußanlage bewährt, die mit einem mechanischen Rührwerk ausgerüstet ist.

Heute werden die Anlagen durchweg mit einem Gasdom ausgerüstet, so daß der Güllestand über dem Deckenniveau des zylindrischen Behälters liegt. Dadurch wird das Austrocknen der sich in jedem Fall bildenden Schwimmdecke verhindert, welches bei früheren Anlagen zu sehr großen Schwierigkeiten führte. Bei Rindern fallen pro GV 50 l Gülle/Tag an, bei größeren Strohmengen bis zu 75 l mit einem TS-Gehalt von ca. 10%.

Gasmengen und Faulzeiten – Je nach Art der Gülle schwanken die Gasmengen und die Schnelligkeit der Gasbildung erheblich. Nach bisherigen Praxiserfahrungen kann man von Gasmengen bis zu 0,6 m³/kg ausgehen. Beim Durchflußverfahren hängt die produzierte Gasmenge, wie die Abbildung 51 zeigt, von der Verweildauer der Gülle im Gärbehälter ab, und damit vom täglichen Zufluß und der Behältergröße. Die Abbaurate der organischen Substanz beträgt bei Rindern etwa 40% und bei

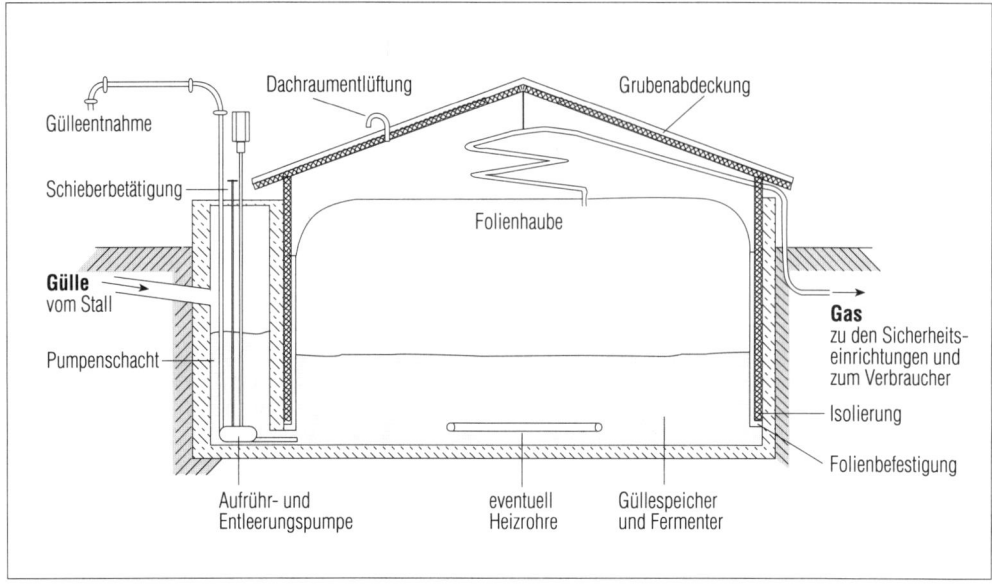

Abb. 80: Funktionsschema einer Endlageranlage (KTBL, 1983).

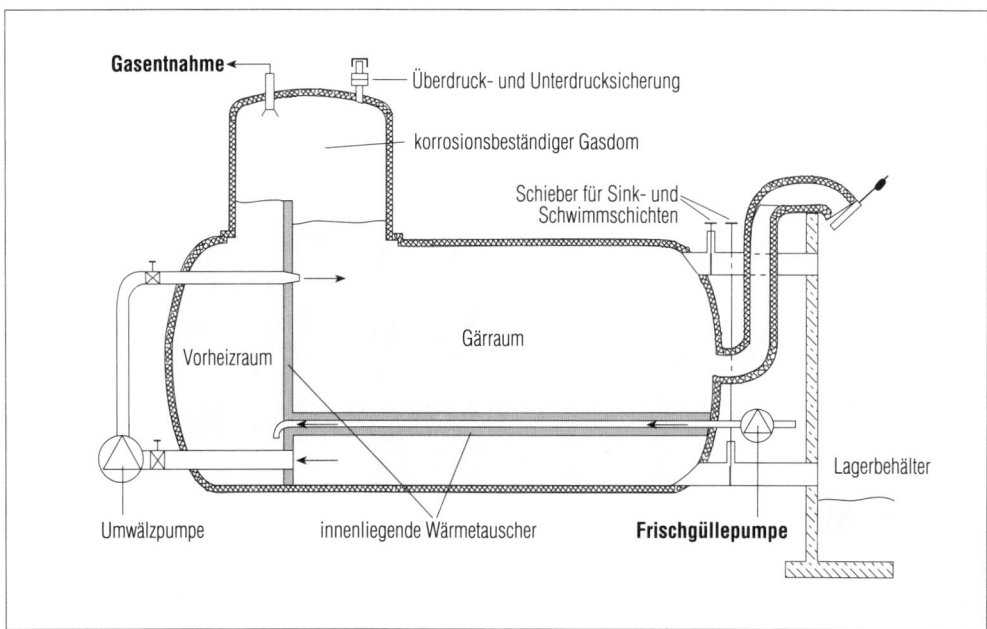

Abb. 81: Funktionsschema einer Durchflußanlage (KTBL, 1983).

Schweinen und Hühnern bis zu 55%, je nach Verweildauer im Gärbehälter.

Gasqualität und Brennwert – Der Methangehalt von Biogas liegt in der Regel zwischen 60 und 70%, sein Heizwert ist geringer als der von Erdgas. 1 m³ Biogas entspricht ca. 0,6 l Heizöl. Der hohe Gehalt an Wasserdampf macht eine

Trocknung des Gases notwendig, was am besten durch Kondensierung in einem Zwischenlager mit Grundablaß geschieht.

Bei Verwendung des Gases in Verbrennungsmotoren scheint auch eine Entschwefelung notwendig zu sein. Die Erfahrungen sind hier noch widersprüchlich.

Tabelle 75 Anfallende Gasmengen in Abhängigkeit vom Faulgut (KTBL, 1983)

| Faulgut | bei vollständiger Ausfaulung | | | | Gemenge in % der Gesamtmenge nach Faulzeit von Tagen | | |
| | Gasmenge bezogen auf | | Faulzeit in Tagen | Gehalt CH₄ | | | |
	Gesamt-Trockenmasse m³/kg	organische m³/kg		%	10	15	20
Rinderkot	0,237	0,315	117	80	24	36	48
Schweinekot	0,257	0,415	115	81	40	57	68
Stroh 30 mm lang	0,357	0,383	123	80	29	38	45
Stroh 2 mm lang	0,393	0,423	80	81	51	67	77
Kartoffelkraut	0,526	0,606	53	75	85	90	92
Zuckerrübenblätter	0,456	0,501	14	85	99	100	100
Gras	0,490	0,557	24	84	87	96	99

Gasverwendung – Nur kontinuierliche Verwendung des Gases über das ganze Jahr macht die Biogasproduktion wirtschaftlich; Gaslagerung verteuert die Anlage. Im landwirtschaftlichen Familienbetrieb ist nur dann eine sinnvolle Gasverwendung möglich, wenn außer der Heizung im Winter auch noch im Sommer eine kontinuierliche Gasabnahme etwa durch eine Brennerei oder ähnliches vorhanden ist. Da in den letzten Jahren die Elektrizitätswerke den Kleinerzeugern von Strom immer bessere Preise zugestehen mußten, ist heute die Erzeugung von Strom in Kraft-Wärme-Kopplung ein interessantes Verfahren.

Leistungsdaten und Investitionsgrößen – Aufgrund der Ergebnisse von verschiedenen Pilotanlagen kann man für Rindergülle folgende Faustzahlen annehmen:

Gärbehälter 1,5 m³/GV
Gasproduktion von 1,5–2,5 m³/GV und Tag

Damit kann dann die täglich nutzbare Energie auf Werte um 10 kWh/GV und Tag und zum Teil noch darüber liegen. Die Investitionen pro GV liegen zwischen 2000 und 3000 DM. Dabei kommt es sehr auf die Kosten der Gasverwertung an.
Wird anstatt der einfachen Verbrennung Verstromung gewählt, so müssen für die Kosten der Gasverwertung 50000–100000 DM kalkuliert werden. Durch Eigenleistung können die Kosten gesenkt werden, so daß eine vollständige Anlage inclusive Verstromung für unter 3000 DM/GV zu erstellen ist. Die Ammortisation einer solchen Anlage muß in jedem Einzelfall berechnet werden.

5.2 Solare Lufterwärmung für Trocknungszwecke

Bauweise von Sonnenkollektoren – Der Einsatz von solarer Lufterwärmung bietet sich für Trocknungszwecke in der Landwirtschaft an, da die Ernte meistens zur Zeit der höchsten Sonneneinstrahlung erfolgt. Geeignete Luftkollektoren müssen preiswert herzustellen sein und gleichzeitig dauerhaft und genügend leistungsfähig sein. Die Investitionskosten für das Solarheizsystem sollten deutlich unter 100 DM/m² liegen, damit die Anlage wirtschaftlich ist.
Jeder Luftkollektor besteht aus einem Absorber, der die Wärmestrahlung absorbiert und einem System von Schalungen bzw. Kanälen, durch die erwärmte Luft abgesogen werden kann. Durch geeignete Zuluftöffnungen kann frische Luft nachströmen. Als Schalung können Holz, aber auch Hartfaserplatten verwendet werden, durch die die Luft direkt einströmen kann.
Es sind zwei grundlegende Bauarten vor allem im Wirkungsgrad zu unterscheiden, unter praktischen Bedingungen sind viele Variationen und Abwandlungen denkbar:

▶ Einfache Kollektoren mit dunkler Absorberfläche aus Ziegeln, Blech etc. Die Luft wird unter dem Absorber abgesogen. Bei einem Luftstrom von 100–150 m³/m² und h und bei max. 5 m/s beträgt der Wirkungsgrad 30–35%. Die Anlagen sind anfällig gegen Wind.
▶ Kollektoren mit klarer Abdeckung der Absorberfläche aus Glas, Kunststoff oder Folie. Die Luft wird über den Absorber abgezogen und es entsteht ein sog. Treibhauseffekt. Der Wirkungsgrad bei gleichem Luftstrom liegt bei 50–60%.

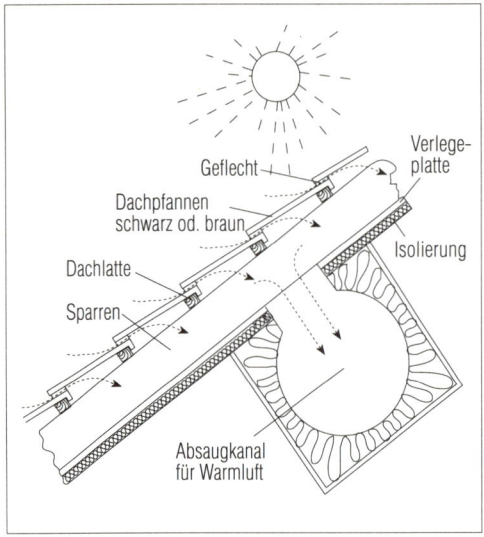

Abb. 82: In das Dach integrierter Dachziegelkollektor (SCHULZ u. a. o. J., Landtechnik Weihenstephan).

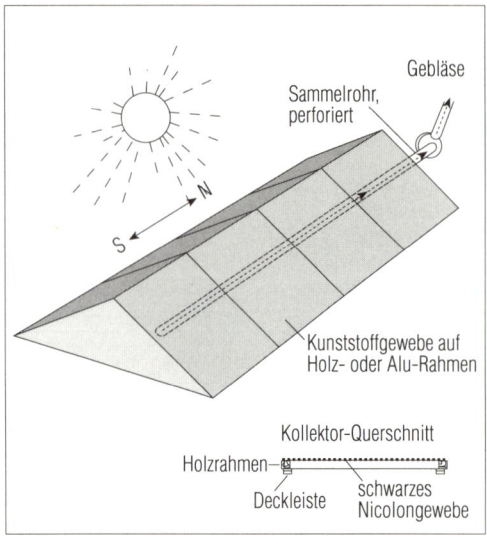

Abb. 83: Freistehendes Solarzelt (SCHULZ u. a. o. J., Landtechnik Weihenstephan).

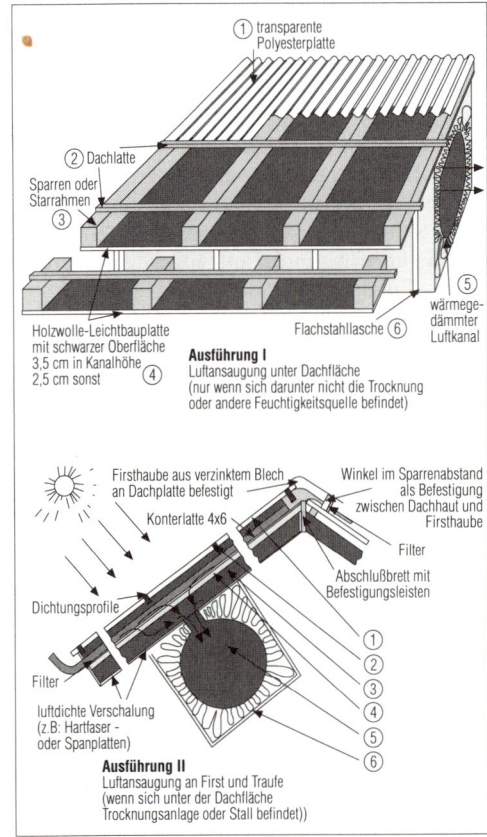

Abb. 84: Selbstbau-Warmluftkollektor (SCHULZ u. a. o. J., Landtechnik Weihenstephan).

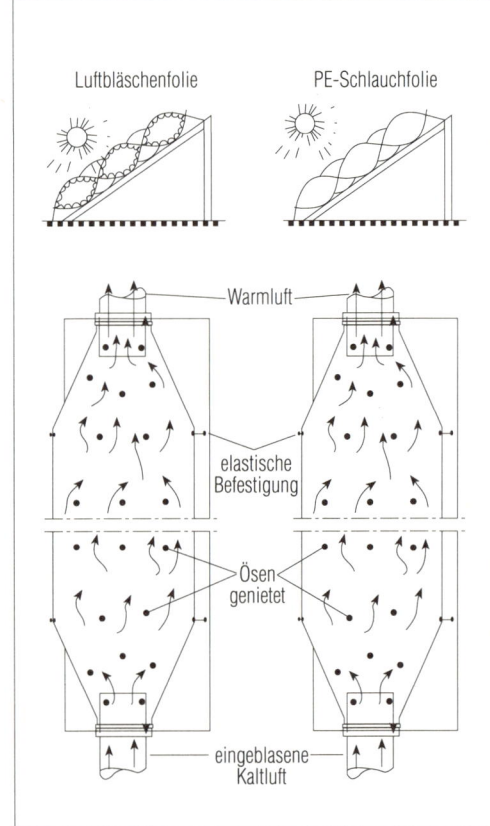

Abb. 85: Luftmatratzenkollektor (SCHULZ u. a. o. J., Landtechnik Weihenstephan).

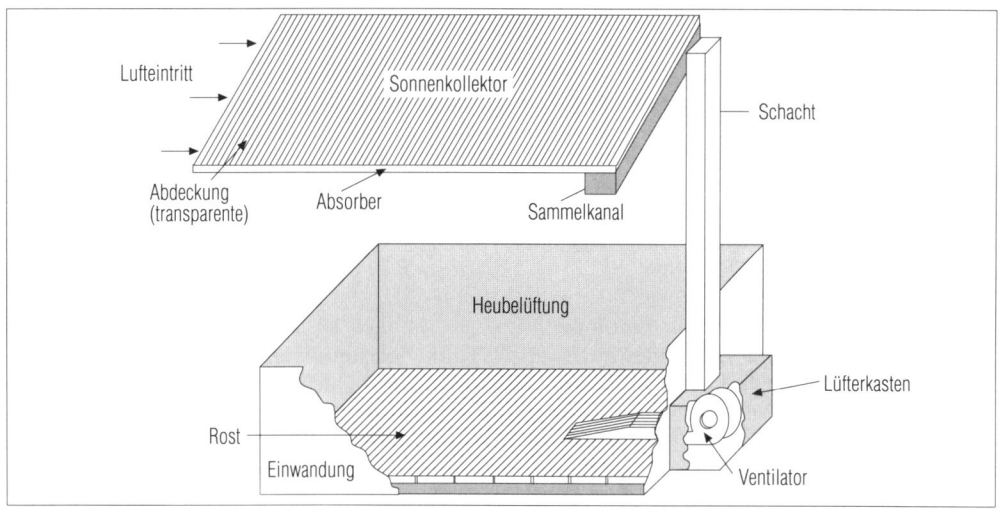

Abb. 86: Heubelüftungsanlage (Bauschema Kantonale Landwirtschaftliche Schule Flawil).

Beide Kollektorbauweisen können freistehend im Gelände oder als Teil eines Gebäudedachs gebaut werden, je nach den vorhandenen Möglichkeiten. Von den freistehenden Bauweisen ist vor allem das sog. Solarzelt aus schwarzem Kunststoffgewebe auf einfacher Holzkonstruktion zu erwähnen. In den Abbildungen 82−85 sind verschiedene Beispiele von Kollektorbautypen zu sehen, die je nach Gebäude und Zweck erstellt werden können.

Die Kollektorfläche sollte am besten nach Süden zeigen. Bei ca. 30−40% Neigung des Daches lassen sich mit den Himmelsrichtungen auch Kompromisse eingehen, je nach vorhandenen Dachflächen.

Heu-Unterdachtrocknung − Die Heuqualität kann durch Unterdachtrocknung erheblich verbessert werden, vor allem in Gebieten mit über 700 mm Niederschlag ist eine Lufterwärmung zur Verringerung der Trockenzeiten sinnvoll. Dann kann das Heu nach kurzen Feldtrocknungszeiten bereits eingefahren werden. So läßt sich die Qualität des Heus verbessern und die Bröckelverluste verringern; vor allem bei hohem Leguminosenanteil gewinnt dies an Bedeutung. Für die Unterdachtrocknung mit Warmluft gibt es verschiedene Systeme, die zum Einsatz von Solaranlagen unterschiedlich gut geeignet sind.

Bei der **Durchlauf-** oder **Kastentrocknung** wird das Heu an anderer Stelle getrocknet, als es endgültig gelagert wird. Daher muß der Trocknungsprozeß innerhalb einiger Stunden abgeschlossen sein. Diese Systeme benötigen einen hohen Energieaufwand pro Zeiteinheit und sind deshalb zur Kombination mit solarer Lufterwärmung wenig geeignet.

Die **Lagertrocknung** ermöglicht eine Verteilung des Energieeinsatzes auf eine längere Zeitspanne und eignet sich daher am besten für solare Lufterwärmung.

Bei Bau einer Anlage sollte folgendes beachtet werden. Die Seiteneinwandung muß ringsum und zum Boden hin luftdicht sein. Sie muß durch ein Fachwerk den Seitendruck des Heus aufnehmen (unten stärker als oben). Ca. 35 cm über dem Boden wird ein ganzflächiger Dachlattenrost in Form von Paletten angebracht. Zur besseren Reinigung sollte er herausnehmbar sein. Die Grundfläche sollte rechteckig mit einem Verhältnis der Seiten von weniger als 1 : 1,5 sein. Eine günstige Höhe ist 3−5 m, für die Unterbringung des Verteilgebläses ist ein 1,5 m hoher Freiraum erforderlich. Greifereinlagerung führt bei Welkheu (50−60% Feuchte) zu ungleichmäßiger Lagerungsdichte und damit zu hohen Luftverlusten und ungleichmäßiger Trocknung.

Die Anlage soll so ausgelegt sein, daß die Einlagerung von Welkheu mit 50−60% Feuchte nach 0,5−1 Tag Bodentrocknung möglich ist. Bei 3−5 m Lagerhöhe liegt das **Raumgewicht** des Heus bei **1 dt/m³**. Für 50 GV, die je 10 kg am Tag fressen und das 200 Tage lang, werden demnach 1000 dt oder 1000 m³ benötigt.

Die benötigte Kollektorfläche ist vom spezifischen Volumenstrom des Kollektors und der Trocknung und von der Grundfläche der Trocknung abhängig. Soll das Gebläse mit der Luft aus dem Kollektor ohne Bypass auskommen, muß die Kollektorfläche im Idealfall 3–4mal größer sein als die Trocknungsgrundfläche. Für eine Anlage mit 200 m² Grundfläche würden demnach ca. 700 m² Kollektorfläche benötigt. Das ist in der Praxis nicht immer zu realisieren; es werden auch mit der 2–3fachen Fläche schon gute Resultate erreicht, wenn man mit der Einfuhrfeuchte etwas niedriger bleibt.

Auf der Suche nach dem richtigen Ventilator kommt es darauf an, wieviel m³ Luft/h oder s der Ventilator bei einem bestimmten zu erwartenden Widerstand noch durch den Heustapel drücken kann. Der Widerstand oder Gegendruck ist von der Grundfläche in m², der Einlagerungshöhe, aber auch von der Zusammensetzung des Futters abhängig. Bei der Auswahl eines geeigneten Gerätes sollten Fachleute zu Rate gezogen werden.

Bei der **Unterdachtrocknung von Rundballen** ist zu beachten, daß die Nachtrocknung von gepreßtem Heu grundsätzlich schwieriger ist, als die Trocknung von losem Heu. Außerdem kann das Heu in Rundballen erst später gepreßt werden, als bei Losebergung, was die Bröckelverluste erhöhen kann. Von den Investitionen und dem Arbeitsbedarf ist die Rundballentrocknung allerdings der Loseheukette überlegen, da in der Regel keine besonderen Fördereinrichtungen angeschafft werden müssen. Den besten Trocknungserfolg bringen die **Haubentrockner** (Abbildung 87).

Geht man von einem durchschnittlichen Nutzen von 15 DM/dt durch den Futtermehrwert, 5% Abschreibung, 5% Zinsanspruch und 2% Unterhalt aus, so dürfen die Baukosten 125 DM/zu trocknender dt nicht überschreiten, damit die Anlage noch wirtschaftlich ist. Für den Kollektor sind dabei Kosten von ca. 60 DM/m² zu kalkulieren, allerdings mit starken Schwankungen, je nach Bauart. Zusätzlich müssen noch Luftkanäle und Ablade- und Belüftungstechnik kalkuliert werden. Eine Anlage mit einer Gesamtkapazität von 1000 dt Heu darf demnach nicht mehr als 125 000 DM kosten. Für konkrete Bauvorhaben ist empfehlenswert, auf die ausführlichen Anleitungen der Landtechnik Weihenstephan zurückzugreifen.

Getreidetrocknung – Auch in der Getreidetrocknung sind Lagerbelüftungstrocknungen für den Einsatz von Solarenergie am besten geeignet. In Satztrockneranlagen sind in der Regel zu große Warmluftmengen in zu kurzer Zeit erforderlich, vor allem bei schlechtem Erntewetter. Da hinsichtlich seiner Qualität Brotgetreide sehr empfindlich ist, ist Solartrocknung nur für Futtergetreide empfehlenswert. Bei billiger Bauweise der Kollektoren kann der Bedarf an Heizöl aber reduziert werden.

Abb. 87: Haubentrocknung für Rundballen (Schulz u. a. o. J., Landtechnik Weihenstephan).

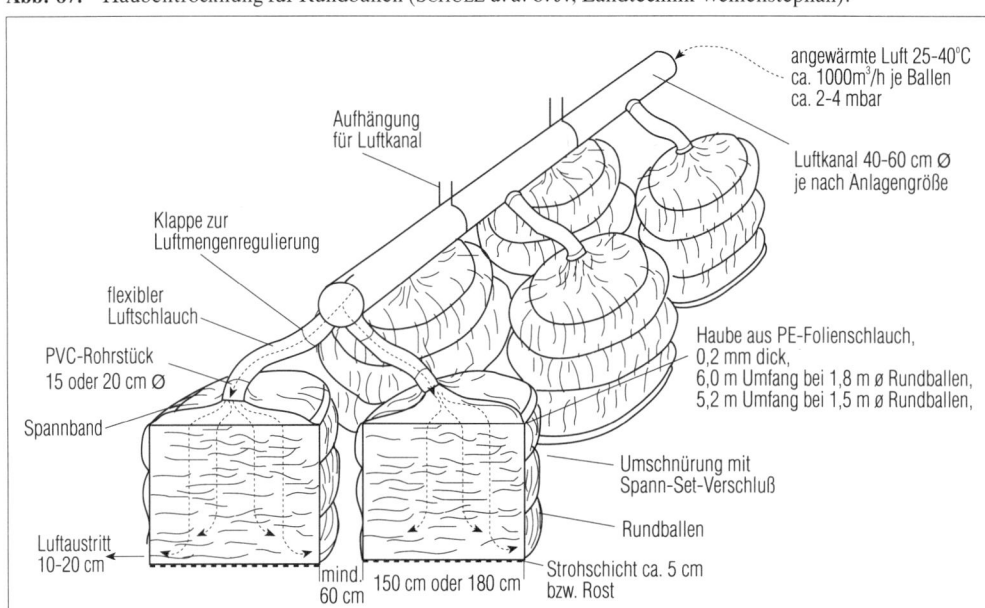

8 Spezielle Tierhaltung

1 Rindviehhaltung

J. BERGER

Als guter Rauhfutterverwerter erfüllt das Rind die Aufgabe, den Kreislauf zwischen Boden, Pflanze und Tier wieder zu schließen. Das Rind steht nicht in Nahrungskonkurrenz zum Menschen, da es von Futtermitteln ernährt werden kann, die der Mensch nicht verträgt. Vor allem Kleegras und Leguminosen sind wichtige Futterpflanzen für Rinder und haben bei der Gestaltung der Fruchtfolgen eine besondere Bedeutung. Das Endprodukt, der Rindermist, ist aufgrund der Bakterientätigkeit im Darm des Rindes sehr wertvoll und fast für alle Pflanzen gut verträglich.

Rund zwei Drittel aller landwirtschaftlichen Betriebe in der Bundesrepublik Deutschland halten Milchvieh, und auch für viele organisch-biologische Betriebe ist die Milchviehhaltung das Hauptstandbein. Viele Gebiete mit absolutem Grünland und Grenzertragsstandorte können oft nur mit Milchviehhaltung rentabel genutzt werden. In ökologischen Betrieben ohne Milchvieh werden oft Mutterkühe oder Mastrinder gehalten, um das anfallende Grundfutter zu verwerten und Rindermist zu erhalten.

Einen großen Teil ihrer Zeit verbringen Menschen auf einem rinderhaltenden Betrieb mit ihrem Vieh, besonders mit den Milchkühen. Um so verwunderlicher ist es, daß in der Vergangenheit dem Milchvieh im ökologischen Landbau so wenig Beachtung geschenkt wurde. Man wird dem Vieh nicht gerecht, wenn man es nur als Kleegrasverwerter und Mistproduzent betrachtet.

Lange Zeit erwirtschafteten Betriebe in der Tierhaltung den größeren Teil ihres Einkommens ohne Zuschläge für die ökologische Erzeugung, da erst in den letzten Jahren vermehrt Molkereien Biomilch separat verarbeiten und höhere Preise zahlen. Im Gegensatz zu den Einnahmen aus der Pflanzenproduktion und aus der Mast liefert Milchvieh eine ständige Einnahmequelle und trägt so zur Liquidität des Betriebes bei. Je mehr Molkereien Biomilch getrennt verarbeiten und vermarkten, desto größer wird auch die Notwendigkeit, in der

Zucht, Haltung, Fütterung und Tierbehandlung eine Alternative zur herkömmlichen Haltung zu entwickeln. In der Fleischvermarktung werden erst langsam Strukturen entwickelt. Von vielen Betrieben wird aber berichtet, daß artgerechte Haltung die beste Werbung für die Direktvermarktung sei.

In den folgenden Abschnitten werden die natürlichen Verhaltensweisen des Rindes und die Physiologie der Wiederkäuerverdauung dargestellt sowie praktische Haltungsverfahren geschildert.

1.1 Rinderställe

1.1.1 Natürliche Verhaltensweisen des Rindes

Rangordnung – Das Rind ist ein Herdentier mit stark ausgeprägter Rangordnung. Diese Rangordnung gewährleistet, daß Kompetenzschwierigkeiten nicht stets erneut zum Kampf führen (SAMBRAUS, 1978). Die Stellung in der Rangordnung eines Tieres hängt vom Alter, Geschlecht, Länge der Hörner sowie der Körpergröße ab. Rangniedere Tiere weichen ranghöheren aus, um Auseinandersetzungen zu vermeiden. Sie können die Stärke des Gegners wohl anhand der Statur gut einschätzen. Wenn sich gewachsene Herden frei bewegen können, werden durch dieses Verhalten Rangauseinandersetzungen weitgehend vermieden und Sozialverhalten wie z. B. gegenseitiges Belecken, überwiegt weitaus.

Zwischen den Tieren gibt es eine sogenannte **Ausweichdistanz.** Je nach Stellung der sich begegnenden Tiere in der Rangordnung ist der Abstand unterschiedlich groß. Bei etwa gleichgestellten Tieren, wie z. B. bei Jungtieren, ist der Abstand kaum ausgeprägt, zu älteren rang-hohen Tieren kann er mehrere Meter betragen. Wird diese Distanz von einem rangniederen Tier unterschritten, so fassen die ranghöheren Tiere dies als Provokation auf, und es kann zur Drohung oder zu Kampfhandlungen kommen. Lediglich für Sozialkontakte ist ein Unterschreiten der Ausweichdistanz gestattet.

Häufige Zu- und Abgänge von Tieren innerhalb einer Milchviehherde beeinflussen das Herdengefüge negativ und Auseinandersetzungen und Rangkämpfe nehmen zu. Auch wenn aufgrund baulicher Gegebenheiten, enger Gänge oder Sackgassen das Ausweichverhalten nicht möglich ist oder wenn die Tiere über einen längeren Zeitraum fixiert waren, nehmen die Auseinandersetzungen und Rangkämpfe und damit die Gefahr für Verletzungen zu.

Auf- und Abliegen — Rinder haben einen sehr arttypischen Bewegungsablauf; um sich hinzulegen oder aufzustehen, holen sie durch Gewichtsverlagerung mit der gesamten Körpermasse Schwung. Bei unbehindertem Hinlegen wird der Schwung hinten zur Seite abgefedert, beim Aufstehen wird durch Aufschaukeln und einen Schritt nach vorne Schwung geholt (Abbildungen 88 und 89). Für den Ablegevorgang wird stets ein weicher Untergrund gewählt, da innerhalb des Bewegungsablaufes das gesamte Körpergewicht auf den eingeknickten Gelenken lastet und ein harter Untergrund zu Schmerzen und Schäden an den Gelenken führen würde.

> *Anbindevorrichtungen oder Liegeboxen sollten so beschaffen sein, daß unbehindertes Aufstehen und Abliegen möglich ist.*

Abkalben — Kurz vor dem Abkalben sondert sich die trächtige Kuh von der Herde ab und bringt ihr Kalb allein zur Welt. Durch diese Isolation entsteht eine enge Bindung zwischen Neugeborenem und Mutter. Die Mutter leckt ihr Kalb nicht nur trocken, sondern nimmt auch die gesamte Nachgeburt auf. Die Einrichtung einer **Abkalbebox** entspricht also durchaus den natürlichen Bedürfnissen des Rindes. Die Abkalbebox sollte in Hörentfernung zum Stall liegen, damit das Tier den Kontakt zur Herde nicht vollständig verliert.

Bewegung — Die Möglichkeit zur artgemäßen Bewegung ist ein zentraler Punkt der Bioland-Richtlinien. Aufstallungen, in denen sich die Tiere weitgehend frei bewegen können, sind deshalb zu bevorzugen. Vollspaltenböden sind untersagt bei einer Umbaufrist bis zur Anerkennung des Betriebes. Die Liegeflächen sind mit Einstreu zu versehen und müssen so beschaffen sein, daß die Tiere in ihren Verhaltensgewohnheiten und Bewegungsabläufen nicht unnötig behindert werden.

> Bioland-Richtlinien 3.1.4:
> Rindvieh muß nach Möglichkeit Sommerweide oder Auslauf im Freien erhalten.

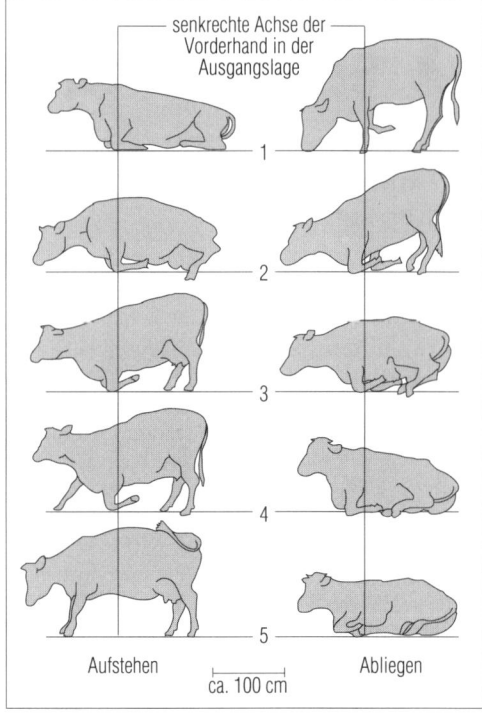

Abb. 88: Aufstehen und Abliegen (KÄMMER und SCHNITZER, 1975, nach BARTUSSEK, 1988).

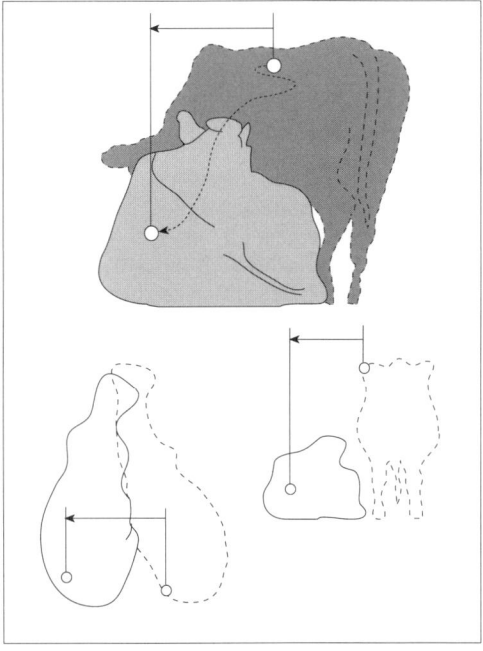

Abb. 89: Seitliche Bewegung des Hüfthöckers beim unbehinderten Abliegen (KÄMMER und SCHNITZER, 1975, nach BARTUSSEK, 1988).

Fressen – Das natürliche Freßverhalten ist das Grasen. Dabei geht die Kuh langsam vorwärts und der Kopf beschreibt einen Kreisbogen (von ca. 60°). Fressen die Tiere im Stall, so ist bei der Troggestaltung zu berücksichtigen, daß sie keinen Vorwärtsschritt beim Fressen ausführen können, weshalb der Trog etwas erhöht sein soll (SAMBRAUS, 1978).

Klima – Der natürliche Lebensbereich des Rindes ist der Steppen- und der Waldrand. Hieraus leitet sich die hohe Toleranz gegenüber Kälte, geringe gegenüber Hitze und mittlere gegenüber Wind ab. Der optimale Temperaturbereich für Kühe liegt bei 0–20 °C. Wegen der geringen Hitzetoleranz muß Rindern bei Sommerweide der Zugang zu Schattenplätzen möglich sein. Natürliches Licht, Sonnenstrahlung sowie tages- und jahreszeitige Rhythmen haben einen wichtigen Einfluß auf das Wohlbefinden der Tiere. Sie haben positive Wirkung auf Haut-, Stoffwechsel- und Hormonhaushalt sowie Sexualfunktionen. Deshalb ist den Tieren unbedingt Weidegang oder als Minimum Zugang zu einem offenen Laufhof zu gewähren.

Komfortverhalten – Die Hautpflege ist von besonderer Bedeutung. Rinder können nahezu alle Teile ihres Körpers belecken, wenn sie nicht angebunden sind. Teile, die das Tier nur mit den Klauen erreichen kann, werden bevorzugt bei der sozialen Körperpflege durch andere Tiere beleckt. Wenn Tiere im Anbindestall gehalten werden, kann der Halter die Neigung der Tiere zur Körperpflege nutzen, um durch Bürsten und Kraulen das Verhältnis zum Tier zu verbessern. In Laufställen wird ein Bürstenbogen gern angenommen (SAMBRAUS, 1978).

Stallbauten sind meistens sehr kostenintensiv und binden den Betrieb über einen längeren Zeitraum an eine einmal gefundene Lösung. Deshalb sollten besonders Neu- und Umbauten gut geplant sein und gerade den Aspekt der artgerechten Bewegung mit einbeziehen. Aus dem gleichen Grund ist es auch bei Betriebsumstellung oder nach Gewinnen neuer Erkenntnisse schwierig, diese kurzfristig umzusetzen. Doch auch innerhalb eines bestehenden Stallsystems sind oft eine Reihe von kleinen Verbesserungen hinsichtlich Artgerechtigkeit und Bewegungsmöglichkeit der Tiere zu erreichen. Langfristig müssen eventuelle hohe Baukosten jedoch auch im Verhältnis zu den finanziellen Verlusten durch Euter, Klauen und Beinschäden sowie Fruchtbarkeitsstörungen, die durch ungünstig gebaute Ställe entstehen, gesehen werden.

1.1.2 Der Anbindestall

Der überwiegende Teil gerade kleinerer Milchviehherden wird in Anbindeställen gehalten (80–85 %). Um einen Anbindestall tiergerechter zu gestalten, sollte den Tieren ganzjährig ein Auslauf in Form eines Laufhofes und im Sommer Weidegang ermöglicht werden. Bei der Gestaltung der Stände ist zu beachten, daß die Tiere individuell und nach Rassen unterschiedlich groß sind.

Demzufolge ist die erforderliche Standlänge, Breite etc. unterschiedlich. Eine Anbindehaltung kann durchaus so eingerichtet werden, daß die Tiere in ihren Bewegungsabläufen beim Aufstehen und Abliegen nicht behindert werden. Hierbei spielen die Möglichkeiten zum Aufschaukeln und die Kopffreiheit eine große Rolle. Im Kurzstand ist bei gegebener Kopffreiheit artgemäßes Abliegen und Aufstehen möglich, wenn die **Anbindung** einen Bewegungsraum von 0,28 × Rh (= horizontale Rumpflänge) für das Schultergelenk (ca. 40–50 cm) läßt (RIST, 1987).

160 cm lange Kühe benötigen demnach eine Anbindung, die nach vorn und hinten 45 cm Spiel hat. Möglich sind Gelenkhalsrahmen oder locker gespannte Ketten- bzw. Nylonbänderanbindungen. Im Mittellangstand legen sich die Tiere oft quer, da sie den abgesperrten Freßbereich für ihren Bewegungsablauf nicht nutzen können.

> Bioland-Richtlinie 3.1.4:
> In Anbindeställen müssen Standbreite, Standlänge und Anbindetechnik artgerechtes Aufstehen, Ablegen und Fressen ermöglichen. Elektrische Kuhtrainer sind verboten.

Bei der Standlänge kann von folgender Formel ausgegangen werden:
Optimale Standlänge = 97% der horizontalen Rumpflänge + 20 cm Sicherheitsabstand (RIST u. a., 1987). Für Tiere mit 135–160 cm horizontaler Rumpflänge beträgt die Standbreite 110 bis 120 cm.

Bein- und Euterschäden treten dann vermehrt auf, wenn im Kurzstand die **Standlänge** nicht mehr für die Körpergröße der Tiere ausreichen. Durch Zuchtbemühungen in den letzten Jahren ist die Körpergröße der Tiere z. T. erheblich größer geworden, so daß die Standlängen vielfach nicht mehr ausreichen. Um allen Tieren eines Bestandes eine optimale Standlänge zu gewähren, hat sich ein konischer Verlauf der Standflächen bewährt. Die kleinen Kühe werden auf kürzeren Ständen als die größeren Kühe aufgestallt.

Die Standbeschaffenheit sollte für das Stehen griffig fest sowie für das Liegen weich, wärmedämmend und trocken sein. Dies wird nach wie vor am besten durch eine Strohschicht auf Beton erreicht. Wichtig ist dabei, daß das Standende besonders trittfest ist, um ein Ausgleiten über die Kotstufe hinaus nach hinten zu vermeiden. Ein besonders rutschfester Belag am Standende oder eine Begrenzung für die Strohmatte kann verhindern, daß die Einstreu vom Standende heruntergetreten wird und das Standende dadurch hart und rutschig wird.

Der **Futtertrog** und die Anbindevorrichtung soll so gestaltet sein, daß das Tier 55 cm bzw. 65 cm seitlich von seiner Mittelachse den Trog gut leeren kann. Der tiefste Punkt des Troges sollte sich mindestens 6 cm, besser 10−15 cm über der Standfläche des Tieres befinden. Der tierseitige Trogrand sollte nicht höher als 30 cm und möglichst weich sein, damit die Kuh im Liegen ihren Kopf darauf legen kann. Die tiergerechtere Lösung ist ein Futtertischtrog (im Gegensatz zum Hochtrog), so kann die Kuh beim Aufstehen den Kopfschwung ausnutzen.

Im Anbindestall ist eine leistungsgerechte Fütterung nur möglich, wenn Leistungsgruppen gebildet werden und *nicht* hochleistende Tiere neben Trockenstehenden angebunden sind.

1.1.3 Laufställe

Laufställe sind gekennzeichnet durch die getrennten Funktionsbereiche von Fressen, Melken und Liegen. Es kann durchaus auch eine räumliche Trennung dieser Funktionsbereiche vorgenommen werden. Da Rinder dem Herdentrieb unterliegen, ist es wichtig, daß für jedes Tier ein Freßplatz und Liegeplatz vorhanden ist, damit alle Tiere gemeinsam fressen und ruhen können (RIST, 1987).

Alle Laufstallsysteme kommen dem **Bewegungsbedürfnis** der Tiere entgegen, jedoch bringt die Bewegungsfreiheit auch Probleme mit sich. Das bereits beschriebene Ausweich- und Distanzverhalten erfordert viel Platz. In beengten Laufställen kommt es zu verstärkten Rangauseinandersetzungen, wenn rangniedere Tiere durch bauliche Gegebenheiten keine Möglichkeiten zum Ausweichen haben. Aufgrund vorhandener Rangbarrieren laufen die Tiere in solchen Ställen sehr wenig. Die Anzahl der Rangauseinandersetzungen hängt neben den Gangbreiten und baulichen Gegebenheiten auch sehr stark vom Herdengefüge ab. Abbildung 92 (Seite 238) links als ein Vorschlag aus der Verhaltensforschung (RIST, 1987) zeigt eine Laufstallanordnung, die auf das natürliche Ausweich- und Distanzverhalten der Rinder besonders zugeschnitten ist und keine Gänge und Engpässe aufweist. Abbildungen 92 Mitte und rechts stellen in der Praxis verbreitete Stallformen dar, in denen natürliche Verhaltensweisen berücksichtigt werden (z. B. Rundlauf).

Bei heute üblichen Gangbreiten von 350 cm für Freß-/Laufgänge und 250 cm für reine Laufgänge werden die Tiere in der Regel **enthornt,** da ansonsten die Anzahl und der Grad der Verletzungen zu hoch ist. Die Anzahl der Rangauseinandersetzungen wird durch das Enthornen

Abb. 90: Offenfront-Laufstall mit breitem Freßlaufgang als Spaltenboden und dahinterliegender Tiefstreuliegefläche.

Abb. 91: Eingestreute Liegeboxen mit freitragenden Abtrennungen werden gut angenommen.

jedoch nicht verringert, lediglich die Verletzungsgefahr nimmt ab.

Enthornen ist nur eine Symptombekämpfung, da die Ursachen der Auseinandersetzungen in fehlenden Ausweichmöglichkeiten liegen. Laufgänge sollten deshalb immer als Rundlauf angelegt werden und keine Sackgassen bilden. Engpässe sollten dabei möglichst vermieden werden und Stalltüren über die gesamte Gangbreite zu öffnen sein. Sollen in einem Laufstall Rinder mit Hörnern gehalten werden, ist es unbedingt erforderlich, daß die Tiere ihre individuelle Ausweichdistanz einhalten können. Freß-Laufgänge müssen dann z. B. bei einer Ausweichdistanz von 3 m mindestens 5,5 m breit sein. Bei ausreichendem Platzangebot im Laufstall (mind. 6 m²/Tier) traten nach RITTER (1961) mit behornten Kühen von deutschem Fleckvieh keine Verletzungen auf.

> Der **Gesamtflächenbedarf** in Laufstallsystemen beträgt bei
> Mastvieh ca. 3,0–5,0 m²,
> Jung- und Milchvieh ca. 4,0–6,5 m²,
> behornten Rindern ca. 6,0–8,0 m²
> (BARTUSSEK, 1988).

Besonderes Augenmerk ist im Laufstall auf die **Laufflächen** zu legen, da Ausgleiten und Grätschen bei Rindern oft zu nicht reparablen Schäden führt. (Dies gilt grundsätzlich auch für Anbindeställe.) Ideal ist eine trockene und rutschfeste Laufläche. Bei planbefestigten Laufflächen ist es besonders wichtig, die anfallende Flüssigkeit durch gute Drainage schnell abzuführen und die Oberfläche rauh zu halten.

Damit Betonböden durch das Abschieben mit Falt- oder Flachschieber oder Traktor nicht rutschig werden, sollten sie nur mit einer Gummikante am Entmistungsgerät abgeschoben werden. Für langfristige Trittfestigkeit ist ein Belag mit Gußasphalt besser geeignet, da das Naturbitumen elastisch bleibt und der mechanischen Belastung besser standhält (HÖRNING, 1990). Geringe Einstreu der Laufflächen kann auch nur bei rauhem Untergrund die Rutschgefahr mindern. Betonflächen müssen regelmäßig neu aufgerauht werden. Leichte Neigung der Laufflächen kann die Drainage und damit die Trittfestigkeit erheblich verbessern.

Bei **Spaltenböden** ist auf gute Verarbeitung und Verlegung zu achten. Flächenspaltenelemente, auch als Langlochperforierung ausgeführt, haben den Vorteil, daß die Perforierung häufiger unterbrochen ist, wodurch das lange Ausgleiten an ununterbrochenen Spalten verhindert wird. Den arbeitswirtschaftlichen Vorteilen des Spaltenbodens steht entgegen, daß Rinder auf ihm nicht so sicher gehen. Die Punktbelastung der Klauen ist zum Teil erheblich, was zu erhöhten Klauenverletzungen führt. Je größer das Verhältnis von Auftrittsfläche zum durchbrochenen Anteil ist, desto geringer ist die Verletzungsgefahr, aber desto stärker nimmt die Verschmutzung zu.

Außerdem sollte man auch die Qualität des Düngers bei Stallneubauten in die ganzheitliche Überlegung miteinbeziehen.

Natürlicherweise nehmen Rinder ihr Futter in ständiger Fortbewegung beim Weiden auf. Außerdem besteht Futterneid untereinander. Deshalb sollte je Tier auch ein **Freßplatz** und ein Freßgitter, besser noch ein Fangfreßgitter vorhanden sein, da die Tiere sonst stark seitlich drängen, häufig ihren Platz wechseln und schwächere Tiere benachteiligen. Kurzzeitiges Einfangen im Freßgitter vermindert die Konkurrenz. Trogform bzw. Futtervorlage müssen so gestaltet sein, daß die Tiere nicht nur zu bestimmten Mahlzeiten, sondern rund um die Uhr Futter aufnehmen können. Futtertische ohne Trog sind von Nachteil, da die Tiere das Futter bei der Aufnahme auf dem Futtertisch verteilen und dann nicht mehr erreichen.

Die Einrichtung von **Liegeboxen** bietet den Vorteil, daß die Tiere sehr sauber gehalten werden können. Durch Einstreu und eventuell einer hinteren Streuschwelle kann der Liegebereich tiergerecht ausgestaltet werden. Bei wandständiger Anordnung der Boxen ist auf genügend Kopffreiheit zu achten, um artgemäßes Aufstehen zu ermöglichen. Die Boxenbreite und -abtrennung sollte so sein, daß das seitliche Abfedern möglich ist, ohne Verletzungen der Hüfthöcker (Abbildung 89, Seite 234). Für große Rassen sind deshalb Mindestmaße von 120 cm × 240 cm erforderlich. Die Abtrennungen sollten im hinteren Bereich freitragend sein.

Der **Freßliegeboxenlaufstall** bietet sich vor allem als Umbaumöglichkeit für vorhandene Anbindeställe an. Im Vordergrund steht hierbei die Errichtung eines Melkzentrums. Die Boxen, die direkt zum Futtergang angebracht werden, ermöglichen den Tieren Ruhe beim Fressen und genügend Platz als Liegeboxen. Durch die Doppelfunktion (Liegen und Fressen) werden die Boxen stärker beansprucht, besonders die vordere Begrenzung und die Einstreu. Um

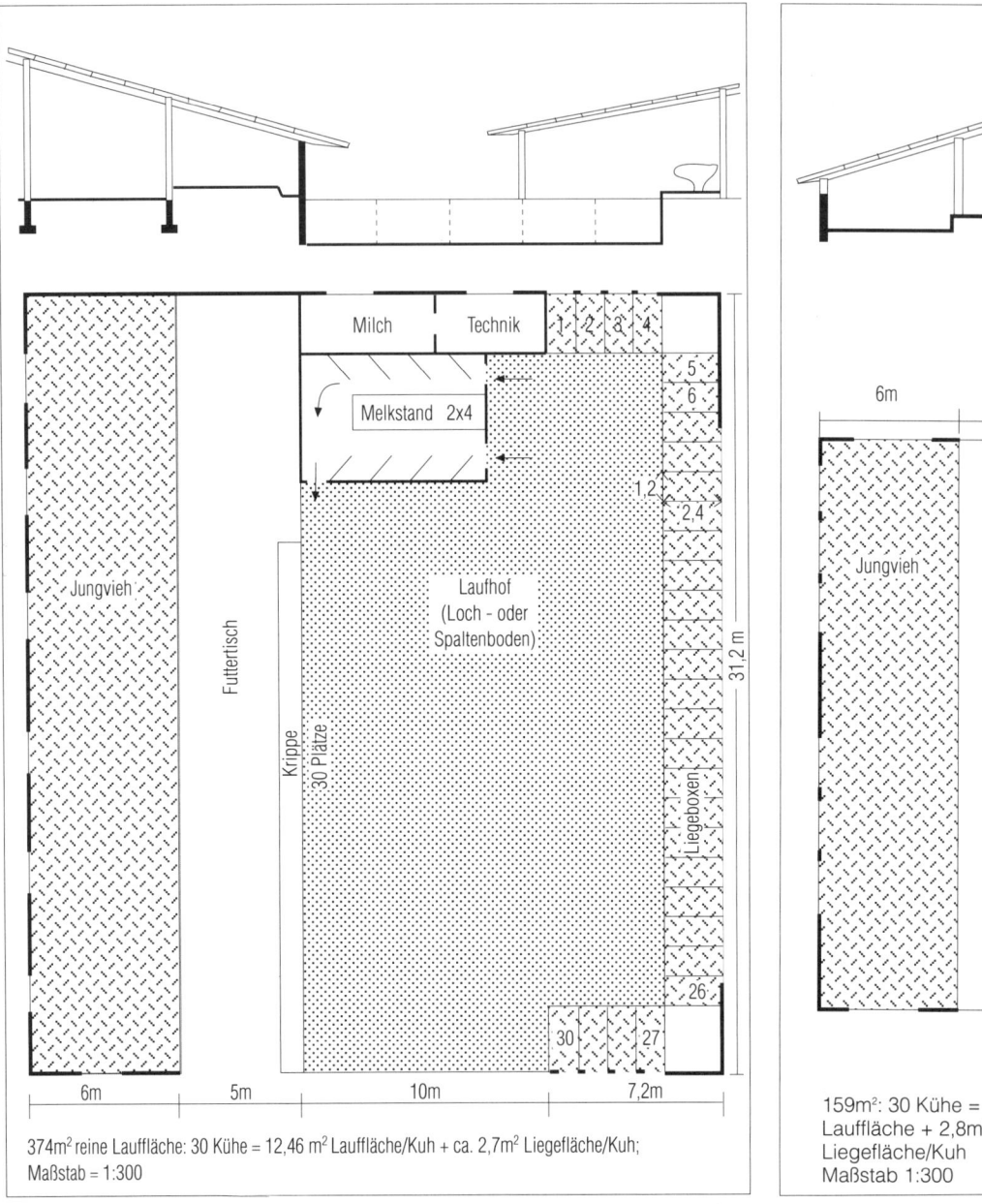

374m² reine Laufläche: 30 Kühe = 12,46 m² Laufläche/Kuh + ca. 2,7m² Liegefläche/Kuh;
Maßstab = 1:300

159m²: 30 Kühe =
Laufläche + 2,8m²
Liegefläche/Kuh
Maßstab 1:300

Abb. 92 Links: Offenfront-Liegeboxenstall ohne Laufgänge (Rist, 1987, verändert).

Mitte: Dreireihiger Liegeboxenstall, Laufgänge weitgehend als Rundlauf.

Rechts: Laufstall mit Liegefläche:
1 Tieflaufstall mit Freßlaufgang als Spaltenboden,
2 Tretmiststall, Freßlaufgang planbefestigt, asymmetrischer Faltschieber.

Fußnote zu 92 Mitte und rechts: Die Maße leiten sich aus den heute üblichen, als tiergerecht geforderten Mindestmaßen ab: 350 cm Breite für Freßlaufgänge, 250 cm für reine Laufgänge, 70 cm Freßplatzbreite, 120 × 240 cm für wandständige Box, 120 × 230 cm für gegenständige Box, 10–15 cm Futterkrippenhöhe, 50 cm Futterkrippenbreite, Schenkellänge für Tretmist mindestens 6 m. Futtertischbreite befahrbar, ohne Freßschalen mindestens 4 m Stall in Abbildung 92 links und Mitte können auch mit planbefestigten Gängen und Faltschieberentmistung ausgeführt werden.

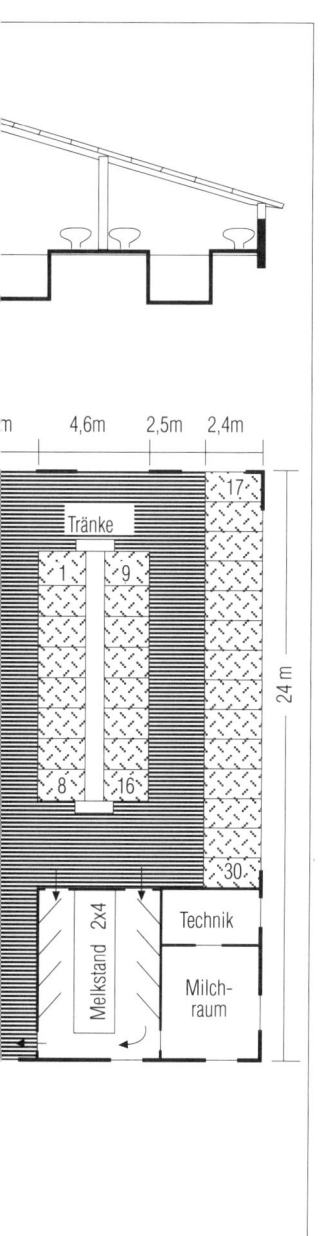

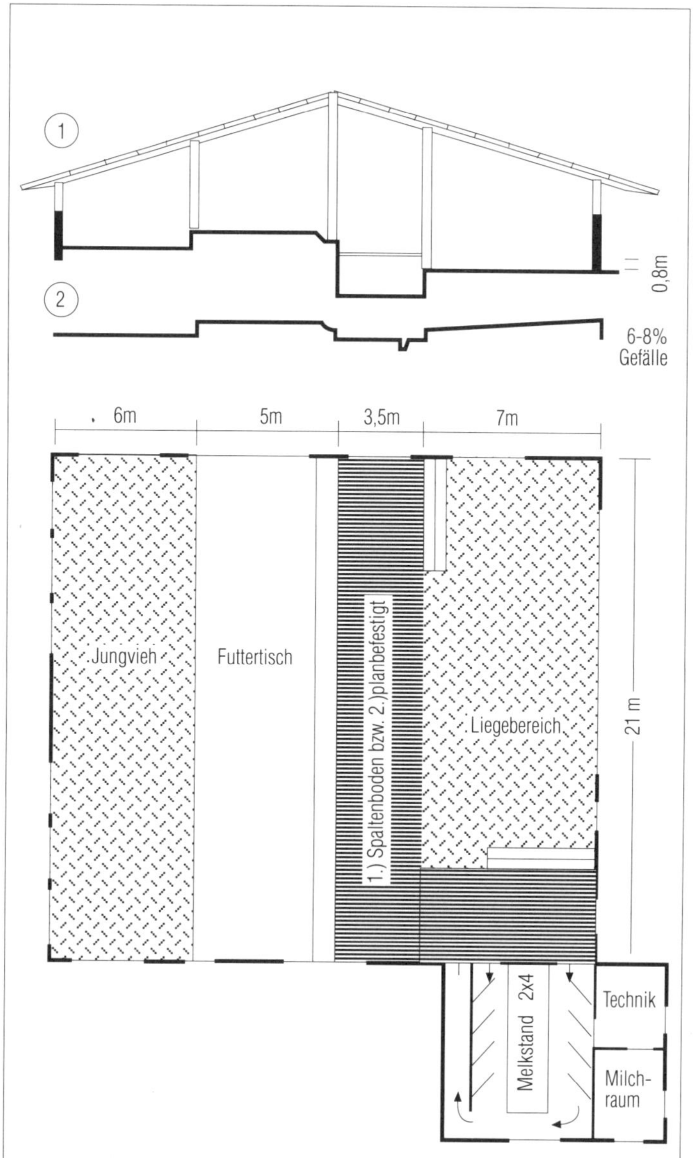

1)

2)

0,8 m

6–8% Gefälle

4,6m 2,5m 2,4m

6m 5m 3,5m 7m

Tränke

17

1 9

8 16

30

24 m

Melkstand 2x4

Technik

Milch-raum

Jungvieh Futtertisch

1.) Spaltenboden bzw. 2.)planbefestigt

Liegebereich

21 m

Melkstand 2x4

Technik

Milch-raum

220m²: 30 Kühe = 7,35m² Liege- und Lauffläche/Kuh
Maßstab 1:300

die Tiere sauber zu halten, sind sie in der Länge sehr knapp bemessen. Der tägliche Weg zum Melkstand ermöglicht den Tieren zusätzliche Bewegungsfreiheit. Ist noch ein Laufhof vorge- sehen, ist das für die Tiere ein weiterer Vorteil.

Die Abtrennung trockenstehender Kühe sowie die Einrichtung von Abkalbebuchten (mind. 25–40 cm) sind möglich.
Ist genügend Stroh vorhanden (ca. 10–12 kg Stroh/Kuh und Tag), so bietet sich als günstige

Alternative der **Tieflaufstall** an, da er eigenleistungsfreundlich erstellt werden kann. Als Liegefläche werden hier 4 m²/Kuh kalkuliert. Überlegungen hinsichtlich der Mistlagerkapazität sowie Ausmisthäufigkeit (Tieflaufstall mit nur einer Stufe oder mehreren Stufen) müssen einbezogen werden. Da es schwierig ist, die Tiere ausreichend sauber zu halten, ist der Tieflaufstall für Milchvieh weniger geeignet. Die benötigten Strohmengen werden nur wenige Betriebe selbst erzeugen können. Ein zusätzlicher Freß-/Laufgang zum reinen Tieflaufstall mit festem Untergrund ist für den Klauenabrieb erforderlich.

Der **Tretmiststall** benötigt geringere Einstreumengen als der Tieflaufstall. Kennzeichnend ist die schräge Liegefläche (6–10% Gefälle), die an der höchsten Stelle eingestreut wird. Der Mist wird durch den Tritt der Tiere in Fließbewegung in Richtung des Gefälles gehalten. Im Freßlaufgang wird er regelmäßig mit dem Traktor oder durch Entmistungsanlagen entfernt.

Die Einstreumenge beträgt **4–6 kg**/Tier und Tag. Wichtig für das Funktionieren sind hierbei die Schenkellänge, Einstreuart, Fütterung, Bodenbeschaffenheit und Belegdichte. Verringert sich die Belegdichte oder werden leichtere Tiere gehalten, so kann es zu Schwierigkeiten bei der Mistförderung kommen.

Bei der Verwendung des Tretmiststalls als Milchviehstall ist besondere Sorgfalt erforderlich, um ausreichende Sauberkeit der Euter zu gewährleisten. Das System wird jedoch von einigen Betrieben inzwischen mit Erfolg als Kuhstall betrieben. Auch hier benötigen die Kühe einen planfesten Freßbereich (Klauenabrieb), der regelmäßig (2mal am Tag) entmistet wird. Es sollen mindestens 3,5 m² Liegefläche/Kuh vorgesehen werden und die Liegefläche muß 5–6 m tief sein, da die ersten 2 m stark verschmutzt sein können. Gut strukturiertes Futter, demzufolge feste Kotkonsistenz verbessert die Sauberkeit der Tiere.

Der Platzbedarf/Tier ist höher als in Boxenlaufställen, aber niedriger als im Tieflaufstall. Durch die fehlenden Boxenabtrennungen erhöht sich der Platzbedarf pro Tier für das Ruhen. Wird nicht genügend Platz angeboten, so werden rangniedere Tiere häufig aufgetrieben. Der Tretmiststall kommt für Jungvieh nicht in Frage, da dessen Auftrittsgewicht zu gering ist, um die Strohmatte von der Liegefläche zu treten. Bei Neubau muß mit Kosten von ca. 6 000–10 000 DM/Kuhplatz (inclusive Melktechnik) gerechnet werden.

Tieflaufställe und **Tretmistställe** sind für Mastvieh sowie Mutterkuhherden besonders geeignet. Sie sind im Gegensatz zu Boxenlaufställen mit Gülletechnik sehr eigenleistungsfreundlich und kostengünstiger. Bei Umbaulösungen im Altgebäude, wo keine Güllekanäle gegraben werden können, sind sie eine diskussionswürdige Alternative.

Für alle Tiere sollte ein **Auslauf** angelegt werden, der das ganze Jahr für die Tiere zugänglich ist. Auf den Auslaufflächen anfallendes Regenwasser und Jauche müssen aufgefangen werden. Ein einfaches Dach mindert den Flüssigkeitsanfall und ein leichtes Gefälle erhöht die Trockenheit der Fläche.

Bei der Stallplanung muß berücksichtigt werden, wieviel Stroh im Betrieb zur Einstreu zur Verfügung steht. Die **Einstreumengen** sind abhängig von der Anzahl der Stalltage und von der Stallform: Tiefstreustall > Tretmiststall > Anbindestall > Boxenlaufstall sowie der Art der Einstreu (Langstroh > Häckselstroh > Sägespäne > Strohmehl).

Umbau des Anbindestalls oder Neubau? – Auch bei kleinen Herden kann aus Gründen der Tiergerechtigkeit und der Arbeitswirtschaft ein Umbau vom Anbindestall zum Laufstall sinnvoll sein. Dabei muß geprüft werden, welche Altgebäude sich in das neue Stallkonzept einbeziehen lassen. So kann z. B. der Altstall zur Liegehalle werden oder der Melkstand läßt sich im Altgebäude unterbringen. Der Freßplatz kann im Freien unter einem Vordach untergebracht werden, wenn keine im Winter gefrierenden Futtermittel verabreicht werden. Wenn die Tiere dabei Wege zurücklegen müssen, um bestimmte Funktionsbereiche zu erreichen, so ist das kein Hinderungsgrund: Das Rind ist ein Lauftier.

Hat man sich für einen Neu- oder Umbau eines Stalls entschieden, so ist es unbedingt notwendig, sich bei anderen Betrieben zu informieren. Vor allem über neue Stallsysteme, wie den Tretmiststall gibt es wenig Literatur, so daß der Erfahrungsaustausch auf diesem Gebiet besonders wichtig ist. Auch bei der Auswahl ökologisch vertretbarer Baumaterialien für kostengünstiges Bauen und gute klimatische Verhältnisse im Stall herrscht noch Informationsbedarf. Die Materialien sollten dabei unbedenklich im Sinne von Schadstoffabgabe etc. sein. Außerdem ist es sinnvoll, die Möglichkeiten energiesparender Techniken wie Milchwärmerückgewinnung, solare Trocknung etc. in die Neubauüberlegungen miteinzubeziehen.

1.2 Fütterung

Die Rindviehfütterung ist der Bereich, wo der Mensch neben den Zucht- und Haltungsverfahren die größten Einflußmöglichkeiten auf Leistungsfähigkeit und Wohlbefinden der Tiere hat. Im Gegensatz zu den erst über einen lägeren Zeitraum erreichbaren Verbesserungen in der Zucht und Haltung kann auf die Fütterung kurzfristig Einfluß genommen werden. Das wesentliche Ziel der Rindviehfütterung im organisch-biologischen Landbau ist die Ernährung der Tiere mit wirtschaftseigenem Grundfutter. Dies hat mehrere Gründe:

▷ Das Rind als Rauhfutterverwerter kann mit Futtermitteln ernährt werden, die für den Menschen und für andere Allesfresser ungeeignet sind.
▷ Aus Fruchtfolgegründen erforderlicher Feldfutterbau mit Kleegras kann verwertet werden.
▷ Hohe Grundfutteranteile in der Ration und daraus resultierende hohe Grundfutterleistungen sind eine tiergerechte Fütterung und gleichzeitig die wirtschaftlichste Art der Milcherzeugung.

Hohe Leistung aus dem Grundfutter anzustreben, hat sich in den letzten Jahren in vielen Empfehlungen für Milchviehfütterung durchgesetzt. So gesehen besteht kein großer Unterschied zwischen organisch-biologischer und konventioneller Milchviehfütterung. Lediglich in der Verwendung von Kraftfutter bestehen Unterschiede. Im Rahmen des konventionellen Zukaufs dürfen keine handelsüblichen Milchleistungsfutter eingesetzt werden. Vor allem Importfuttermittel finden keine Verwendung.

Diese Rahmenbedingungen organisch-biologischer Rindviehfütterung erfordern eine vielfältige und fein abgestimmte Futterbau- und Rationsplanung im Betrieb. Da der überwiegende Anteil der Ration aus Grundfutter besteht, muß dieses in ausreichender Menge und Qualität zur Verfügung stehen. Gerade die Futtermenge hat in der Vergangenheit umstellenden Betrieben große Probleme bereitet; die Futtererträge gehen zurück und die Kühe nehmen mehr Grundfutter auf, wenn Kraftfutter reduziert wird. Außerdem ist ein Ausgleich schlechter Grundfutterqualität über zusätzliche Futtermittel nur sehr begrenzt möglich.

1.2.1 Zur Physiologie der Wiederkäuerverdauung

Die Besonderheit der Wiederkäuer ist eine Symbiose mit Bakterien im Vormagen, dem sog. Pansen. Der Pansen ist ein körpereigener Gärraum, der ca. 200 l faßt, und einen Anteil von 80% am Gesamtmagenvolumen beim erwachsenen Rind ausmacht. Die Pansenbakterien sind in der Lage, schwer verdauliche Futterstoffe aufzuschließen und zu verwerten. Diese Vergärung und Vorverdauung beginnt mit dem Zerkleinern und Einspeicheln sowie dem Wiederkauen des Futters.

Auf diese Weise ist die Kuh, bzw. sind die Wiederkäuer generell in der Lage, sich ausschließlich von Rauhfuttermitteln zu ernähren. Auch die sich ständig erneuernde Bakterienmasse im Pansen steht der Kuh als hochwertige Eiweißquelle zur Verfügung. Eine Kuh wird also in erster Linie indirekt über das Füttern der Bakterien in ihrem Pansen ernährt. Um eine höchstmögliche Grundfutterverwertung zu erreichen, gilt es, die Bakterientätigkeit zu fördern. Die Bakterien arbeiten am besten bei einem ihnen angenehmen und gleichbleibendem Milieu im Pansen.

Einfluß der Fütterung auf Pansenmilieu und -funktion − Voraussetzung für eine gute mechanische Pansenfunktion (Durchmischen des Panseninhaltes) und für die Wiederkautätigkeit der Kuh ist ein Mindestanteil an grob strukturiertem Futter. Der Strukturwert eines Futtermittels ist nicht identisch mit dem Rohfasergehalt. Entscheidend ist die physikalische Struktur oder die Grobfaserigkeit des Futters. Auch mit dem Trockensubstanzgehalt eines Futtermittels steigt der Strukturwert an. Strukturwirksame Futtermittel sind Heu, Stroh und Silagen mit hohem TS-Gehalt.

*Eine wiederkäuergerechte Ration sollte mindestens **10% strukturierte Rohfaserfuttermittel** enthalten.*

Der **pH-Wert** in der Pansenflüssigkeit wird durch die Zusammensetzung, Verdaulichkeit und Verdauungsgeschwindigkeit der einzelnen Futtermittel beeinflußt. Ein möglichst gleichbleibender pH-Wert von 6−7 ist günstig für die Bakterienflora. Bei der Verdauung entstehen Säuren, diese werden durch den Speichel abgepuffert, der Puffersubstanzen enthält. Je strukturierter das Futter ist, desto besser wird es eingespeichelt und wiedergekaut.

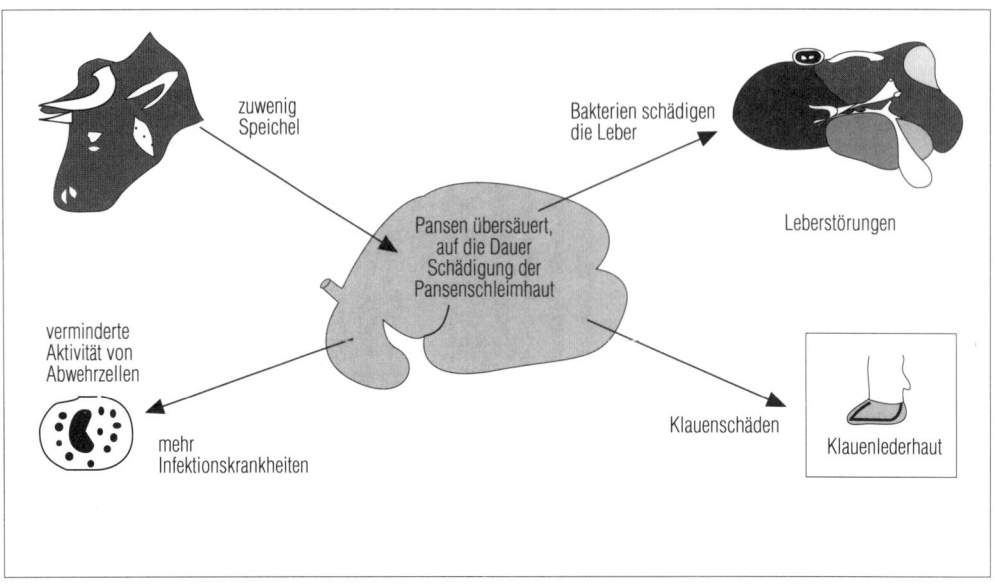

Abb. 93: Folgen chronischer Kraftfutterüberfütterung (BOEHNCKE, 1985).

Getreide mit geringem Strukturwert bewirkt eine rasche Absenkung des pH-Werts im Pansen. Diese Übersäuerung (pH < 6) kann zu Schädigungen der Pansenschleimhaut führen, was zu erhöhter Belastung des gesamten Stoffwechsels der Kuh führt (Abbildung 93). Klauenschäden, schlechtere Aktivität des Immunsystems, Leberstörungen und verringerter Speichelfluß sind die Folgen.

Eine Milchviehration sollte nicht mehr als 4−6 kg Schrot/Tag enthalten. Die tägliche Schrotmenge sollte auf möglichst viele kleine Portionen verteilt werden.

Die **Verdaulichkeit** und Passagegeschwindigkeit der einzelnen Futtermittel beeinflussen das Pansenmilieu. Ist die Verdaulichkeit zu gering, steigt die Verweildauer im Pansen und die Futteraufnahme sinkt (Leistungsminderung). Ist die Verdaulichkeit zu hoch, kann das Pansenmilieu durch rasche pH-Wert-Verschiebung gestört werden. Leichtverdauliche Kohlenhydrate wie Getreide bewirken eine pH-Wert-Senkung, sie sollten deswegen immer in kleinen Portionen und möglichst gequetscht verfüttert werden. Junger Klee, ebenfalls hoch verdaulich, bewirkt hingegen einen raschen pH-Wert-Anstieg.

Das **Futterprotein** wird im Pansen zum größten Teil in Ammoniak (NH_3) abgebaut. Dies wird wiederum zum Aufbau von Bakterieneiweiß benötigt. Der abgestorbene Teil der sich ständig erneuernden Bakterienmasse dient so der Kuh als hochwertige Eiweißquelle. Daher stellen Wiederkäuer keine besonderen Ansprüche an die Qualität des Futterproteins.

Zum Aufbau der Bakterienmasse wird **Energie** benötigt. Liegt Energiemangel in der Fütterung vor, führt dies zu vermindertem Bakterienwachstum und somit zu Eiweißmangel der Kuh und zu geringen Milcheiweißgehalten.

Bei Eiweißüberschuß und Energiemangel in der Fütterung entsteht ein NH_3-Überschuß im Pansen. Dieses NH_3 gelangt in den Blutkreislauf und wird in der Leber entgiftet und als Harnstoff ausgeschieden. Eiweißüberfütterung vor allem bei Energiemangel belastet die Leber und kann zu erhöhten Milchharnstoffgehalten und Fruchtbarkeitsstörungen führen.

Auch die **Abbaubarkeit des Futterproteins im Pansen** spielt besonders für hochleistende Kühe eine Rolle. Überhöhte Gehalte von leicht abbaubarem Protein, die im Grünfutter und in Grünfutterkonserven vorhanden sind, führen zu einem stärkeren NH_3-Überschuß, der unter hohem Energieaufwand in der Leber entgiftet wird. Der anfallende NH_3-Überschuß hemmt das Wachstum der Pansenbakterien und gelangt über die Blutbahn in die Leber. Dort wird er in Harnstoff umgewandelt und entweder ausgeschieden (Überschußsituation) oder über den Speichel in den Pansen zurückgeführt (Mangelsituation). Ein höherer Anteil von nicht im Pansen abbaubarem Protein in der Ration vermindert den Ammoniaküberschuß im

Tabelle 76 Abbauraten (in %) des Futterproteins im Pansen (HELLER und POTTHAST, 1990)

Futtermittel	Abbaubarkeit des Proteins
Weide, Kleegras sowie deren Silagen und Heu, Ackerbohnen und Getreide	ca. 85%
Maissilage	ca. 75%
Heißluft Trockengrün, Körnermais	ca. 65%
Biertreber	unter 50%

Pansen und verbessert gleichzeitig die Eiweißversorgung der Kuh. Ab einer Milchleistung von mehr als 25 kg/Tag sollte die Abbaubarkeit des Futterproteins im Pansen im Durchschnitt der Ration unter 75% liegen.

Eine Futterumstellung sollte nach und nach über einen Zeitraum von mindestens 2 Wochen vorgenommen werden, da die verschiedenen Bakterienstämme auf bestimmte Futtermittel spezialisiert sind. Dieser Zeitraum ist für eine Anpassung der Bakterienflora an neue Futtermittel erforderlich.

1.2.2 Futtermittel für Rindvieh

Grundfutter − Höchstmögliche Leistung aus dem Grundfutter kann nur erreicht werden, wenn ausreichend Grundfutter in hoher Qualität vorhanden ist. So einfach das klingt, ist trotzdem gerade in der Umstellung Futterknappheit ein weit verbreitetes Problem. Deshalb ist eine genaue Bedarfsabschätzung und Futterbauplanung besonders wichtig (siehe Seite 131, Abbildung 48). Durch gute Futterqualität (über 5,8 MJ NEL) und durch vielseitige Rationen läßt sich die Grundfutteraufnahme und damit die Grundfutterleistung steigern (Tabelle 77).

Bei der **Heufütterung** läßt sich diese Qualität in der Regel nur mit Unterdachtrocknung langfristig sicherstellen. Heu ist vom Gehalt an strukturierter Rohfaser der Silage überlegen und wird von den Kühen gerne gefressen. Für kleine

Betriebe ist von Vorteil, daß keine aufwendige Technik für die Futterlagerung und Futtervorlage benötigt wird. Um gute Futterqualität zu erreichen, darf nicht zu spät geschnitten werden.

Silage ist in niederschlagsreichen Gebieten in der Qualität dem Heu überlegen und weist geringere Ernteverluste auf. Bei guter Silagetechnik lassen sich auch aus leguminosenreichen Gemengen gute Silagen herstellen (siehe Seite 123, Kleegras als Futtermittel). Extrem frühe Schnittermine führen zu wenig strukturiertem Futter.

Als **Leistungsfuttermittel (Kraftfutter)** kommen in erster Linie Getreide und Körnerleguminosen zum Einsatz (siehe Farbtafel 8). Sie sollten gequetscht verabreicht werden, da sie so besser gefressen, Staubverluste vermieden werden und auch die Verdauungsgeschwindigkeit im Pansen etwas herabgesetzt wird. Zum Quetschen von Leguminosen-Getreide-Mischungen ist eine Quetsche mit Vorbrecher erforderlich. Gequetschtes Getreide kann auch in Futterautomaten verfüttert werden, wenn die Förderwege nicht zu lang und nicht zu steil sind. Am besten wird dann die Quetsche auf gleicher Höhe wie die Transponderbeschickung angebracht, z. B. über dem Melkstand.

Getreide- und Körnerleguminosen liegen im Energiegehalt zum Teil deutlich höher als konventionelles Milchleistungsfutter der Energiestufe II (6,4 MJ NEL, siehe Tabelle 78). Die hohe und rasche Verdaulichkeit dieser Futter-

Tabelle 77 Abhängigkeit der Futteraufnahme bei Heu von der Qualität und daraus berechnete Grundfutterleistung (BURGSTALLER, 1986)

Heuqualität	Rohfaser (% in der TS)	Verdaulichkeit der org. Substanz (%)	Heuverzehr (kg TS/Tag)	MJ NEL/ kg TS	kg FCM/Kuh und Tag
vorzüglich	25	73	14,0	5,85	14,6
sehr gut/gut	30	68	12,6	5,20	9,5
mäßig	33	63	10,7	4,80	5,0
schlecht	35	53	8,1	4,30	−0,9

Tabelle 78 Kraftfuttermischungen (Anteile in %) für Milchkühe (WINTER, 1991, nach DLG-Futterwert-tabelle, verändert)

Futterbestandteile	Rohprotein	Energie	Rohprotein – %-Anteil									
	%	MJ NEL	11%		13%		15%		18%		20%	21%
Ackerbohnen	26	7,14	10			25	20	40	40	30	40	40
Erbsen	22,5	7,54		15	30		20			30	20	20
Gerste	9	7,25	30	30	15	25	30	30	20	20	10	10
Weizen	9	8,00	30	20	20	20			10			
Hafer	9	6,27	30	40	30	30	30	30	20	20	20	15
Roggen	9	7,57										
Grünmehl												
Luzerne	21	5,74							10		10	10
Gras	22	6,00										
Biertreber	22,7	5,28										
Bierhefe	44,8	6,25										5
Rohprotein %			10,7	11,5	12,6	13,2	15,1	15,8	17,0	18,2	19,7	21,5
Energie MJ NEL/kg Frischsubstanz			7,1	7,4	6,8	7,0	6,9	6,9	6,9	7,1	6,9	6,9
Rohfaser %			7,3	8,3	7,1	8,1	8,7	9,2	10,0	8,4	10,4	9,9

mittel ist nicht wiederkäuergerecht. Sie sollten deshalb nur als Ergänzung (5–10 dt/Kuh und Jahr) und in möglichst kleinen Portionen von maximal 2–3 kg gefüttert werden.

Verschiedene Fütterungsversuche haben ergeben, daß auch Tiere mit genetisch hohem Leistungsvermögen bei niedrigen Kraftfuttergaben und guter Grundfutterversorgung beachtliche Leistungen erbringen und keine vermehrten Krankheitsanfälligkeiten zeigen (siehe Seite 253, Wirtschaftlichkeit der Milcherzeugung).

Körnerleguminosen weisen einen hohen Rohproteingehalt auf (siehe Seite 163, Tabelle 45, Futterwert der Körnerleguminosen). Sie sind deshalb besonders als Ergänzung zu proteinarmen Grundfuttermitteln geeignet. Ackerbohnen enthalten allerdings für die Wiederkäuerverdauung giftige Stoffe und dürfen deshalb max. bis 2 kg/GV und Tag gefüttert werden. Durch die Mischung von verschiedenen Getreiden und Körnerleguminosen lassen sich Kraftfutter mit unterschiedlichem Energie- oder Eiweißgehalt zusammenstellen (Tabelle 78).

Zwischen Grund- und Leistungsfuttermittel sind **Ganzpflanzensilage, Maissilage** und **Futterrüben** einzuordnen. Sie sind energiereiche Grundfuttermittel, die aber einen hohen Anteil leichtlöslicher Kohlenhydrate aufweisen und deshalb physiologisch ähnlich wie Getreide zu einer pH-Wert-Verschiebung im Pansen führen können, wenn ihr Anteil in der Ration zu hoch wird.

Auch **Abfallkartoffeln** können an Rindvieh verfüttert werden, bis zu 10 kg am Tag brauchen nicht gedämpft zu werden. Gute Kombinationsmöglichkeiten sind im Abschnitt Winterfütterung (Seite 249) beschrieben.

Bioland-Richtlinien 3.3.1 und 9.4.1:
In der Rindviehfütterung muß vor allem gutes und rohfaserreiches Grundfutter aus dem eigenen Betrieb eingesetzt werden. Die Ration sollte Heu, Gärheu oder Futterstroh enthalten. Im Sommer muß die Ration aus überwiegend Grünfutter, möglichst Weidegang bestehen. Zusätzlich dürfen max. 10% konventionelle Futtermittel eingesetzt werden.

Erlaubte konventionelle Futtermittel in der Rindviehfütterung (max. 10%, bezogen auf den TS-Gehalt):
– Heu, Grassilage,
– Leguminosen,
– Leinsamen, Leinkuchen, Leinexpeller,
– Apfeltrester aus Streuobstwiesen,
– Biertreber,
– Bierhefe.

1.2.3 Besonderheiten der Leguminosenfütterung

Systembedingt fällt im ökologischen Landbau ein größerer Anteil Leguminosen für die Fütterung an, Rotkleegras oder verschiedene klee-haltige Gemenge als Ackerfutter oder Weiß-kleegras vom Dauergrünland. Außerdem finden den Körnerleguminosen als Bestandteil von Ganzpflanzensilagen oder als Kraftfutterkomponenten Verwendung.

Neben den bekannten pflanzenbaulichen Vorzügen bieten Leguminosen durchaus auch Vorteile in der Fütterung, aber es gilt einige Besonderheiten zu beachten. Klee als Grundfutter hat bei gleicher Verdaulichkeit eine höhere Verdauungsgeschwindigkeit als Gras (Tabelle 79). Die hohe Verdauungsgeschwindigkeit bewirkt eine höhere Passagegeschwindigkeit des Futters im Pansen, diese wiederum erhöht die Grundfutteraufnahme.

Tabelle 79 Verdaulichkeit und Verdauungsgeschwindigkeit einiger Futtermittel (ORSKOV, 1987)

Futtermittel	Verdaulich-keit %	Geschwindig-keit h
gutes Gras	70	18–24
guter Klee	70	12–18
schlechtes Heu	55	30–40
Stroh	40	45–55

Rohfasergehalt – Rotklee hat vor Erscheinen der Blütenstände einen Rohfasergehalt von deutlich unter 20% (Tabelle 80). In diesem Stadium sollte er nur gleichzeitig mit rohfaserreichen Futtermitteln gefüttert werden, damit der Rohfasergehalt der Gesamtration mindestens 20% beträgt.

Anders als bei Gräsern steigt bei Leguminosen der Rohfasergehalt mit zunehmendem Alter nicht so stark an. Die Kleearten sind deshalb nutzungselastische Futterpflanzen und lassen mehr Spielraum für die Wahl des Nutzungszeitraums.

Blähsucht – Klee enthält sog. Saponine, die eine schaumige Gärung des Panseninhaltes auslösen können. Treffen mehrere Risikofaktoren, wie Strukturmangel, Rohproteinüberschuß und hoher Kleeanteil zusammen, ist die Gefahr des Aufblähens (Tympanie) gegeben. Durch das Aufschäumen des Panseninhaltes verschließt sich die Schlundröhre, so daß die entstehenden Gärgase den Pansen stark aufblähen. Im akuten Fall führt dies innerhalb kurzer Zeit zum Tod. Neben der Beachtung und Ausschaltung der genannten Risikofaktoren darf zur Vermeidung der Blähsucht der Kleeanteil der Ration deshalb maximal 50% betragen. Die Neigung zum Blähen ist am stärksten bei Beweidung und nimmt ab bei Schnittnutzung und Konservierung des Futters.

1.2.4 Praktische Rationsgestaltung

Rationsberechnung – Eine falsche Einschätzung der Inhaltsstoffe von Grundfuttermitteln ist die häufigste Ursache für Fehler in der Rationsgestaltung. Besonders Gras- und Kleegrassilagen oder Heu weisen sehr stark von Schnitt zu Schnitt und Jahr zu Jahr schwankende Inhaltsstoffe auf (Tabelle 83, Grundfutteranalysen organisch-biologisch wirtschaftender Betriebe).

Deshalb ist Rationsberechnung nach Tabellenwerten nicht aussagefähig, zumal die Tabellenwerte unter konventionellen Bedingungen gewonnen wurden. Eine Analyse der wichtigsten Rationskomponenten liefert Werte für eine bedarfsgerechte Fütterung durch richtige Kombination der vorhandenen Futtermittel und Ergänzung mit geeigneten Leistungsfuttermitteln.

Ob ein Futtermittel für die Milchviehfütterung in seinen Gehalten an Rohprotein und Energie ausgeglichen ist, kann an dem Quotienten aus Rohprotein durch Energie abgelesen werden. Dieses Verhältnis sollte nach KIRCHGESSNER (1987) betragen:

Tabelle 80 Rohfasergehalt (in %/kg Trockenmasse) von Leguminosenfuttermitteln (DLG-Futterwerttabelle, 1991)

1. Aufwuchs	Weide (extensiv)	Rotklee	Luzerne
vor der Knospe bzw. vor Ähren-Rispenschieben	20,9	15,1	19,5
in der Knospe bzw. Ähren-Rispenschieben	24,7	20,6	25,7
Beginn – Mitte Blüte	28,3	25,3	29,6
Ende Blüte	31,1	29,8	34
überständig	34	–	–

Abb. 94: Vielseitige Kleegrasgemenge mit Weißklee sind auch als Ackerweide nutzbar.

▶ *Für trockenstehende Kühe*   *14−17,*
▶ *für Milchleistungen bis 15 kg*   *20,*
▶ *für Milchleistungen von mehr*
  als 25 kg   *21−23.*

Zur Überprüfung der berechneten Ration sollten regelmäßig folgende Dinge beachtet werden:
▶ *Auswiegen der Futterkomponenten,*
▶ *Freßverhalten und Wiederkautätigkeit beobachten,*
▶ *Milchleistung und Inhaltsstoffe,*
▶ *Tiere bezüglich Kotkonsistenz, Fell und Futterzustand beobachten,*
▶ *Erfassen des Fruchtbarkeits- und Gesundheitszustandes.*

Sommerfütterung durch Weidegang − Von allen Futtermitteln bietet das Dauergrünland die größte Artenvielfalt und die beste und häufig

kostengünstigste Grundlage für eine ausgewogene Wiederkäuerernährung. Weidegang ermöglicht den Tieren naturgemäße Futteraufnahme und fördert gleichzeitig den für das Dauergrünland besonders wichtigen Weißklee. Wo immer möglich, sollte deshalb Weidegang durchgeführt werden (siehe Seite 168, Förderung des Weißklees).

Ein vielseitiges Dauergrünland kann im Sommer als alleinige Futtergrundlage dienen. Da die **Energie**dichte in jungem Weideaufwuchs sehr hoch ist, können gute Kühe allein durch die Steigerung der Grundfutteraufnahme ihren Bedarf für höhere Milchleistung decken.

Wenn auch der Rohfasergehalt von jungem Weideaufwuchs den Ansprüchen der Wiederkäuer genügt, so gerät bei Beweidung doch als erstes der Faktor **Struktur** ins Minimum. Ein Strukturausgleich in Form von Heu, gutem Futterstroh oder auch Ganzpflanzensilage (GPS) oder Silomais ist darum bei Weidegang oft erforderlich.

Bei speziell für Beweidung angesätem Ackerfutter mit höherem Klee- und Rotkleeanteil ist häufig auch der **Rohfasergehalt** zu niedrig (Tabelle 80).

Der **Rohproteingehalt** im Aufwuchs von ökologisch bewirtschaftetem Dauergrünland liegt trotz höheren Weißkleeanteilen Untersuchungen zufolge fast 2−3% niedriger als von vergleichbaren konventionellen Aufwüchsen. Lediglich bei sehr jungen Beständen und im Herbst besteht dennoch die Gefahr der Rohproteinüberversorgung und der nicht ausreichenden Rohfaser- und Strukturversorgung.

Getreide als Energieausgleichsfutter kann nur dann gefüttert werden, wenn gleichzeitig strukturiertes und rohfaserreiches Futter die zunächst knappen Faktoren Struktur und Rohfa-

Tabelle 81   **Beispielration für Sommerfütterung**

Futtermittel	Aufnahme frisch kg	TS kg	Roh-faser g	Roh-protein g	Energie MJ NEL	Mineralstoffe Ca g	P g	Quotient RP:MJ = 1:
Weide (extensiv)								
1. Aufwuchs jung	59	10,00	2090	1510	67,4	73	45	22
Heu	3	2,6	689	291	14	13	7	20,8
Hafer	2	1,76	198	216	14,7	2,2	6	14,7
Gesamtration	64	14,36	2977	2017	96,1	88	58	
abzüglich:		20,7%						
Erhaltungsbedarf (650 kg LG)				480	37,7			
(Mineralstoffbedarf Erhaltung + 20 kg Milch)						90	59	
reicht für kg Milch				18	18,4			

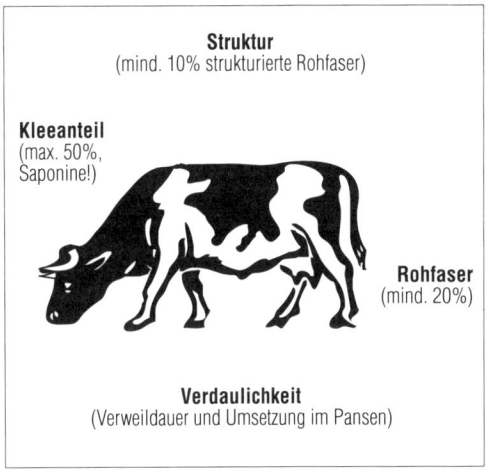

Struktur
(mind. 10% strukturierte Rohfaser)

Kleeanteil
(max. 50%,
Saponine!)

Rohfaser
(mind. 20%)

Verdaulichkeit
(Verweildauer und Umsetzung im Pansen)

Abb. 95: Die wichtigsten Kennwerte und Richtzahlen für eine wiederkäuergerechte Milchviehration.

sergehalt einer Weideration ausgleicht. Um einen durchschnittlichen Rohfasergehalt von gut 20% zu halten, müssen bei nur 2 kg Getreide schon 3 kg Heu gefüttert werden. Besser als Getreide sind daher energiereiche Grundfuttermittel wie GPS oder Silomais zum Ausgleich

von Rohproteinüberhang geeignet. Auch gutes Wiesenheu hat häufig Gehalte von deutlich unter 10% Rohprotein und ist dann ebenfalls als Ausgleichsfutter geeignet.

Die Beispielration in Tabelle 81 ist bei einer mittleren Trockenmasseaufnahme von knapp 15 kg für etwa 18−20 kg Milch ausgeglichen, sowohl im Rohprotein:Energie-Verhältnis als auch in den Mineralstoffen Calcium und Phosphor. Ein höherer Anteil an energiereichem Getreide ist bei dieser Ration weder tiergerecht noch sinnvoll, da der Weideaufwuchs ein Verhältnis von Rohprotein:Energie von 22 hat, welches den Anforderungen für höherleistende Kühe genau entspricht.

Eine besondere Schwierigkeit der Weiderationsgestaltung liegt darin, daß die Gehalte an Rohprotein und Mineralstoffen je nach Standort und Narbenzusammensetzung extremen Schwankungen unterliegen. Erfahrungsgemäß steigt das Ca:P-Verhältnis zugunsten von Calcium mit zunehmendem Anteil von Leguminosen und Kräutern in der Narbe. Anhaltswerte liefern Grundfutteranalysen von auf gleichen Flächen gewonnenen Futterkonserven sowie gelegentlichen Grundfutteranalysen des Wei-

Tabelle 82   Richtzahlen für Nähr- und Mineralstoffversorgung von Milchkühen (DLG, 1991)

	Gewicht	Trocken-masse-aufnahme	Roh-protein	NEL	Ca	P	Na	Mg
	kg	kg	g	MJ	g	g	g	g
Erhaltungsbedarf	550		450	33,3	22	22	7	11
	650	12−16	500	37,7	26	26	9	13
	700		525	39,9	28	28	10	14
trockenstehende Kühe 6.−4. Woche vor dem Kalben	630[1]		1070	46,7	42	34	12	16
3. Woche bis zum Kalben	660[1]		1160	50,7	58	43	15	19
Bedarf für 1 kg Milch (4,0% Fett)			85[2]	3,17	3,2	1,7	0,6	0,6
Erhaltung + 5 kg Milch	650	12	920	53,4	42	34	12	16
+ 10 kg Milch	650		1350	69,4	58	43	15	19
+ 15 kg Milch	650		1780	85,3	74	51	18	22
+ 20 kg Milch	650		2200	101,1	90	59	22	25
+ 25 kg Milch	650		2630	117,0	106	68	25	29
+ 30 kg Milch	650		3050	132,8	122	76	28	32
+ 35 kg Milch	650		3480	148,7	138	84	31	35
+ 40 kg Milch	650	22	3900	164,6	154	93	34	38

[1]) Bei leichteren bzw. schwereren Kühen sind je 50 kg Gewichtsunterschied 25 g Rohprotein und 2,2 MJ NEL ab- bzw. zuzurechnen. Bei Änderung des Milchfettgehaltes sind je 0,1% Fett 0,04 MJ NEL/kg Milch zu- bzw. abzuziehen.

[2]) Bei 3,5% Fett liegt der Bedarf je kg Milch bei 82 g, bei 4,5% Fett bei 88 g Rohprotein.

Tabelle 83 Grundfutteranalysen organisch-biologisch wirtschaftender Betriebe in verschiedenen Bundesländern (1990)

	Proben	Energie MJ NEL	Rohprotein %	Rohfaser %
Kleegras 1. Schnitt				
NRW[1]	14	5,6	14,2	27,2
(min.–max.)		(5,0–6,2)	(11,7–16,6)	(20,9–30,4)
RP[2]	6	5,4	14,2	28,6
SH und N[3]	26	5,8	12,8	27,3
(min.–max.)		(4,8–6,6)	(8,8–17,3)	(20,6–34,1)
Durchschnitt		**5,6**	**13,7**	**27,7**
Kleegras 2. Schnitt				
NRW	14	5,6	16,0	26,0
(min.–max.)		(5,2–6,01)	(11,4–18,7)	(21,9–30,9)
RP	3	5,4	13,8	28,6
SH und N	21	5,2	14,8	27,2
(min.–max.)		(4,5–5,9)	(9,8–20,7)	(27,2–20,4)
Durchschnitt		**5,4**	**14,9**	**27,3**
Kleegras 3. und 4. Schnitt				
SH 1990		5,2	18,1	27,0
(min.–max.)		(4,9–5,5)	(17,2–19,0)	(25,6–28,4)
Grassilage vom Grünland 1. und 2. Schnitt				
SH und N	14	5,4	15,6	28,5
(min.–max.)		(6,1–5,9)	(12,0–19,0)	(23,4–35,0)
Heu				
FREYER 1991	8	5,1	8,3	29,0
1. Schnitt RP	11	5,2	8,2	34,1
2. Schnitt RP	5	5,3	12,3	31,5
SH 1990		5,3	11,3	29,1
(min.–max.)		(4,6–5,9)	(9,9–12,3)	(25,1–29,4)
Durchschnitt		**5,2**	**10,0**	**30,9**

[1] Nordrhein-Westfalen: Futteranalysen des AK Ökologischer Landbau in Rheda Wiedenbrück.
[2] Rheinland-Pfalz in: TIEX und KALLAGE, 1991.
[3] Schleswig-Holstein und Niedersachsen in: WINTER, 1991.

deaufwuchses. Da exakte Rationsberechnungen für eine Sommerfütterung durch den hohen Schwankungsbereich schwierig sind, steigt die Bedeutung einer genauen Tierbeobachtung. Freßverhalten, Wiederkautätigkeit und Futterzustand der Tiere sollten ständig beobachtet werden und die Rationsgestaltung daraufhin überprüft werden.

Sommerstallfütterung – Sommerstallfütterung ist nach den Richtlinien nur da erlaubt, wo Weidegang überhaupt nicht möglich ist. In jedem Fall muß den Tieren dann ein Auslauf im Freien möglichst ganztägig angeboten werden. Bei einem solchen System ist die Vorlage von Grün-

futter im Stall der Verwendung von Futterkonserven über das ganze Jahr auf jeden Fall vorzuziehen.

Verwendung finden alle Arten von Ackerfutter und Futter vom Grünland. Tägliches Futterholen ist aus Gründen der Frischheit des Futters der längeren Lagerung vorzuziehen. Je vielfältiger das Angebot an Arten und Gemenge, desto länger kann die Sommerstallfütterung ausgedehnt werden. Hauptproblem beim täglichen Futterholen ist der Nutzungszeitpunkt, da das Futter selten zum optimalen Zeitpunkt geschnitten werden kann. Auch hier können kleereiche Gemenge eine Alternative sein, da sie über eine große Nutzungselastizität verfügen. Bei der Zusammenstellung der Rationskomponenten verfährt man ähnlich wie beim Weidegang. Drastische Futterumstellungen sollten vermieden werden, damit sich die Pansenflora an das veränderte Futtermittel anpassen kann.

Winterfütterung – Die Nährstoffkonzentration der Grundfuttermittel nimmt durch den Konservierungsvorgang und durch den z. T. späteren Nutzungszeitpunkt ab. Eine sorgfältige Rationszusammenstellung ist deshalb Voraussetzung für die leistungsgerechte Fütterung. Mit Hilfe von Mengenerfassung und Analysen der wichtigsten Winterfuttermittel ist es möglich, größere Schwankungen bei den Nährstoffgehalten durch eine Winterfutterplanung mit sinnvoller Kombination und Ergänzung der vorhandenen Futtermittel auszugleichen (siehe unten). Futteranalyse und Rationsberechnung werden von vielen Beratern des organisch-biologischen Landbaus durchgeführt. Durchschnittliche Inhaltsstoffe von Kleegrasuntersuchungen sind in der Tabelle 83 dargestellt. Die Tabelle zeigt, wie groß die Unterschiede in den Inhaltsstoffen von Betrieb zu Betrieb und Jahr zu Jahr sein können.

In der Beispielration (Tabelle 84) bedarf die Kleegrassilage eines Energieausgleichs. An dem Quotienten aus Rohprotein- und Energiegehalt von 28 ist dies deutlich abzulesen. Der Rohproteinüberhang ist bei Futterkonserven des Dauergrünlandes z. B. Wiesenheu deutlich geringer, in der Beispielration ein Rohprotein:Energie-Verhältnis von 1:20,5. Je höher also der Anteil von eiweißreichen Ackerfuttermitteln in der Ration ist, desto notwendiger wird ein Energieausgleich.

Dieser Ausgleich sollte über energiereiche Grundfuttermittel wie GPS, Mais oder Futterrüben vorgenommen werden, da diese wiederkäuergerechter und auch preiswerter als Kraftfutter sind. Erfahrungsgemäß reicht ein Anteil von 2–4 kg Trockenmasse energiereicher Grundfuttermittel in der Ration aus, um bei sonst guten Futterqualitäten Rationen für 15–20 kg Milch aus dem Grundfutter zusammenzustellen.

Es kann aber nicht davon ausgegangen werden, daß in jedem Fall durch die Leguminosen zu hohe Rohproteingehalte im Futter vorliegen. In Rheinland-Pfalz (und Nordrhein-Westfalen) wurde festgestellt, daß der Rohproteingehalt unter dem Landesdurchschnitt der Grassilagen liegt und auf einzelnen Betrieben Rohproteinmangel in der Ration zu finden war (Tiex und Kallage, 1991). Auch in der Fütterungsberatung in Schleswig-Holstein konnte festgestellt werden, daß in einzelnen Fällen die Eiweißversorgung allein aufgrund der Silage nicht ausreichend war (Winter, 1990). In diesem Fall muß ein rohproteinreiches Ergänzungsfutter eingesetzt werden (Tabelle 78, Seite 244, Kraftfuttermischungen für Milchkühe).

Um einen optimalen Rohfasergehalt von 20–23% in der Gesamtration zu erhalten, ist es wichtig, die vorhandenen Grundfuttermittel richtig zu kombinieren. Eine Kuh, die viel Nährstoffe aus dem Grundfutter aufnehmen soll, darf nicht mit Stroh vollgestopft werden, um Strukturfutter zu erhalten. Besser ist der Einsatz von GPS, etwas später geschnittener Grassilage oder Heu. Durch regelmäßige Futtervorlage (die Kuh muß 24 h am Tag fressen können, wenn sie will) und durch gute

Tabelle 84   Beispielsration für Winterfütterung

Futtermittel	Aufnahme frisch	TS	Roh-faser	Roh-protein	Energie	Mineralstoffe Ca	P	Quotient
	kg	kg	g	g	MJ NEL	g	g	RP:MJ = 1:
Kleegrassilage	23	10	2600	1600	56,3	88	32	28,4
Heu	3	2,6	690	290	14,1	13	7	20,5
Futterrüben Geh.	15	2,25	150	180	17,1	6	4,5	10,5
Hafer	2	1,7	204	218	12,5	2,2	6,2	
Gesamtration	43	16,5	3644	2288	100	109	49,7	
abzüglich:			22					
Erhaltungsbedarf (650 kg LG)				480	37,7			
(Mineralstoffbedarf Erhaltungsbedarf + 20 kg Milch)						90	59	
reicht für kg Milch				21	19,6	+19 g	–10 g	

Schmackhaftigkeit der Futtermittel läßt sich der Appetit der Kühe und damit die Grundfutteraufnahme steigern.

Kombinationsmöglichkeiten energie- bzw. rohproteinreicher Grundfuttermittel:

Futterrüben (ca. 7% Rohfaser)	mit Heu oder gut strukturierter Gras- und Kleegrassilage (ca. 26% Rohfaser)
Silomais (ca. 20% Rohfaser)	mit Gras- und Kleegrassilagen oder Heu mittelfrüh geschnitten (22–24% Rohfaser)
Ganzpflanzensilage (ca. 27% Rohfaser)	mit jungen Gras- und Kleegrassilagen oder Heu (ca. 22% Rohfaser)

Fütterung von Färsen – Kühe sind erst mit 6–7 Jahren ausgewachsen und erreichen erst dann ihr volles Futteraufnahmevermögen. Deshalb kann eine Kuh in der 1. und 2. Laktation weniger Futter aufnehmen. Sie benötigt außerdem noch einen Teil der Nahrung für ihren eigenen Körperaufbau. Von diesen Tieren sollten keine Höchstleistungen verlangt werden, will man sie zu langlebigen Kühen heranwachsen lassen.

Die Kraftfuttergaben sind entsprechend dem niedrigeren Futteraufnahmevermögen zu reduzieren. Bei Versorgung mit gutem Grundfutter können sie so zu leistungsfähigen, langlebigen Kühen heranwachsen. Gute Milchkühe sind auch an der Leistungssteigerung in den ersten drei Laktationen zu erkennen, sie erreichen erst dann ihre besten Laktationsleistungen.

Fütterung trockenstehender Kühe und Futterversorgung nach dem Kalben – Eine Kuh benötigt für den Erhaltungsbedarf bei mittlerer Milchleistung weniger Nährstoffe als für die Milcherzeugung. Bei gutem Grundfutter besteht deshalb die Gefahr, daß trockenstehende Kühe, obwohl ihr Futteraufnahmevermögen durch die Hochträchtigkeit eingeschränkt ist, überversorgt werden. Es ist weniger gefährlich, wenn stark abgemolkene Kühe in der Trockenzeit wieder zunehmen, als wenn normalgewichtige Tiere vor dem Abkalben verfetten. Dies führt zu Geburtsschwierigkeiten und Stoffwechselkrankheiten zu Beginn der Laktation.

In der Zeit nach dem Abkalben ist die Kuh besonderen Belastungen ausgesetzt. Die Hormone verändern sich und die gesamten Stoffwechselfunktionen müssen umgestellt werden, Umsatz und Milchbildung stehen jetzt wieder im Vordergrund. Die Futteraufnahme steigt nur allmählich im Verhältnis zur Milchleistung.

Deshalb ist die Kuh meistens im 1. Drittel der Laktation nährstoffunterversorgt. Ein Ausgleich dieses Energiedefizits durch hohe Kraftfuttergaben würde zu starken Stoffwechselbelastungen, Verschiebung des Pansen pH-Werts führen.

Aber auch hohe Mobilisierung von Körperfett belastet den Stoffwechsel. Für die Fruchtbarkeit (Nachgeburtsverhalten) ist es wichtig, daß die Rückbildung des Uterus möglichst schnell erfolgt. Der Uterus enthält Nährstoffe, die zur Energieversorgung der Kuh beitragen. Um die Rückbildung zu fördern, soll die Kuh mit reichlich gutem Grundfutter, aber nur mit sehr geringen Mengen Kraftfutter (in den ersten Tagen ganz ohne) angefüttert werden (STORHAS, 1988).

Rationskontrolle – Alle Rationsberechnungen liefern nur Anhaltswerte bezüglich Rohprotein-, Rohfaser- und Energieversorgung der Tiere. Die Verdaulichkeit, die Umsetzung im Pansen und ähnliches spielen ebenso eine wichtige Rolle. Weiterhin ist zu beachten, daß das Futteraufnahmevermögen von Kühen je nach Rasse, Alter, Laktationsabschnitt und Kraftfutterversorgung erhebliche Unterschiede aufweist. Eine Rationsberechnung kann daher die genaue Beobachtung der Tiere nicht ersetzen. Wichtig ist es, durch Nachwiegen zu überprüfen, ob die Tiere die in der Rationsberechnung vorgesehenen Mengen auch tatsächlich fressen. Die Kotkonsistenz liefert Hinweise auf die Rohfaserversorgung und anhand der Milchinhaltsstoffe, vor allem des Milcheiweißgehaltes, läßt sich deutlich die Energieversorgung der Tiere erkennen. Fällt der Eiweißgehalt unter 3%, so sollte die Fütterung kontrolliert werden.

1.2.5 Mineralstoffversorgung der Kühe

Hohe Klee- und Kräuteranteile führen zu hohen Calciumgehalten im Futter, das Verfüttern eines Ca-reichen Mineralfutters ist selten erforderlich. Die Mineralstoffnormen liefern einen Anhaltswert für ausreichende Versorgung (siehe Seite 226, Mineralstoffversorgung). Vor allem Kühe verlangen Nährstoffe im richtigen Verhältnis zueinander, die Aufnahme im Darm wird dadurch günstig beeinflußt. Günstig ist ein Ca:P-Verhältnis von 2:1. Die hohen Ca-Gehalte der Leguminosen verlangen daher zur Ergänzung eher ein phosphorreiches Mineralfutter. Das K:Na-Verhältnis sollte ca. 10:1 betragen. Die Natriumversorgung kann über das Anbieten von Lecksteinen und Viehsalz sichergestellt werden. Die Kühe nehmen nur soviel Na auf, wie sie benötigen.

Calcium-Gehalte und Milchfieber – Die hohen Calcium-Gehalte einiger klee- und kräuterreichen Futtermittel sind für trockenstehende Kühe problematisch. Um die Ca-Mobilität nach dem Abkalben zu fördern, sollten die Tiere in der Trockenstehzeit wenig Ca erhalten. Die Gehalte einiger Grundfuttermittel sind jedoch so hoch, daß sie allein schon zu einer Ca-Überversorgung führen können. Ein Ausweichen auf Futter von grasreichem Grünland und Heu oder Futterstroh ist in diesen Fällen unbedingt anzuraten, um die Anfälligkeit für Milchfieber zu senken.

1.3 Jungviehaufzucht

In der Kälber- und Jungviehaufzucht wird der Grundstein für Langlebigkeit, Fruchtbarkeit und Wiederstandsfähigkeit der späteren Milchkuh gelegt.

> Bioland-Richtlinien 3.3.1:
> Die Aufzucht geschieht bis zur 8. Woche mit betriebseigener Vollmilch. Für Betriebe ohne eigene Milch ist Kälberaufzucht zur Rindermast mit Milchaustauscher ohne Antibiotikazusatz möglich.

Muttermilch ist die natürliche und für das Gedeihen der jungen Kälber weitaus beste Ernährungsgrundlage, deshalb ist die Ernährung bis zur 12. Woche mit Vollmilch vorzuziehen. Für die Immunisierung und Wiederstandsfähigkeit der Neugeborenen kommt der frühzeitigen Aufnahme von Kolostralmilch besondere Bedeutung zu (siehe Seite 212, Abbildung 75, Erste Kolostrumaufnahme und Immunglobulingehalt im Blutserum von Kälbern). Der direkte Kontakt zwischen Kuh und Kalb in den ersten Stunden und Tagen in einer Abkalbebucht ist sicherlich der Idealfall, da das Kalb so in vielen Portionen Kolostralmilch direkt vom Euter aufnehmen kann.

Besonders bei tieferen Eutern ist das Neugeborene aber zum Teil nicht in der Lage, selbständig in den ersten Stunden die Zitzen zu finden. Darum sollte auch in der Abkalbebucht die Geburt und die besonders wichtige Aufnahme von Kolostralmilch beaufsichtigt werden. Die Vorteile dieser Mutter-Kind-Einheit werden jedoch mit einer intensiven Prägung und Bindung

erkauft, die bei der Trennung dann oft zu wochenlanger Unruhe von Kuh und Kalb führen. In der freien Wildbahn erfolgt das natürliche Absetzen erst mit ca. 12 Monaten.

Beim Tränken sollten besonders in den ersten Tagen mehrmals kleine Mengen (1,5–2,0 l) verabreicht werden, da der Labmagen noch nicht mehr fassen kann und ein Überlaufen von ungeronnener Milch in den Dünndarm Durchfall auslöst.

> *Für eine optimale Gerinnung sollte die Trinkgeschwindigkeit durch Nuckeleimer herabgesetzt werden und die Milch **nicht** verdünnt sein, da Wasserzusatz die Gerinnungsfähigkeit herabsetzt. Ebenso ist eine Milchtemperatur von 38°C unbedingt einzuhalten.*

Später können dann ca. 3,5 l zweimal täglich verabreicht werden.

Nach 1 Woche sollte gutes Kälberheu und möglichst gequetschtes Getreide sowie frisches Wasser angeboten werden, um die Tiere an feste Futterstoffe zu gewöhnen und die Entwicklung der Vormägen zu fördern. Ab der 8. Woche kann bei guter Annahme der festen Futterstoffe die Milchmenge langsam reduziert oder nach und nach auf Magermilch umgestellt werden. Durch möglichst hochwertige und vielfältige Beifütterung von u. a. frischem Grün, Möhren, kleine Mengen Futterrüben sowie Kraftfuttermischungen mit Leinsamen, läßt sich eine gute Jugendentwicklung und ein möglichst ungestörter Übergang zu festen Futterstoffen erreichen.

Um dem Bewegungsdrang der Tiere gerecht zu werden, sind schon ab der 2. Woche Gruppenbuchten sinnvoll. Dem gegenseitigen Besaugen kann durch Nuckeleimer, Einfangen im Freßgitter während der Tränke und anschließender Vorlage des übrigen Kälberfutters entgegengewirkt werden. Kälberställe sollen hell, trocken und zugfrei sein. Kaltes und trockenes Stallklima wird gut vertragen, gefährlich ist dagegen warmes und feuchtes. Weidegang ist auch für Kälber förderlich, sollte aber nur in ausschließlich dafür vorgesehenen trockenen Kälberweiden erfolgen, um einen Parasitenbefall vorzubeugen (siehe Seite 214, Parasitenvorbeuge beim Rind).

Ab ungefähr 1 Lebensjahr hat sich die Wachstumsgeschwindigkeit soweit verlangsamt und das Futteraufnahmevermögen ist so weit gestiegen, daß die Jungrinder ausschließlich mit Grundfutter ernährt werden können. Ab diesem Alter stellt Weidegang im Sommer für die Tiere in der Regel eine vollwertige Ernährung sicher. Da die Zuchtrinder später fruchtbare Milchkühe werden sollen, dürfen sie nicht gemästet werden (schwere Abkalbung usw.), sondern auch für sie ist eine ausgewogene und wiederkäuergerechte Ernährung wichtig.

1.4 Milchviehzucht für den ökologischen Landbau

Gibt es angesichts der immer weiter fortschreitenden Methoden der modernen Rinderzucht spezielle Zuchtziele für den ökologischen Landbau? Embryotransfer und Genmanipulation sind durch die Richtlinien des ökologischen Landbaus ausgeschlossen. Der allgemeine Trend in der Rinderzucht scheint jedoch dahin zu gehen, alle biotechnisch machbaren Verfahren anzuwenden. Der Zusammenschluß vieler kleiner Besamungsgenossenschaften zu größeren Zuchtunternehmen ist deshalb erforderlich. Die Verantwortung für die Zuchtziele liegt damit nicht mehr beim Betrieb, sondern beim Zuchtverband.

Mit Hilfe der Zuchtwertschätzung sollen möglichst früh die neuesten Leistungsvererber bestimmt werden. Tiere, die in dieser »Progressiven Rinderzucht« hochbewertet werden, erzielen auch die höchsten Verkaufspreise. Durch das System der Indexbewertung schneiden frühreife Tiere mit sehr hohen Erstleistungen besonders gut ab. Dies hat wohl auch dazu beigetragen, daß im Durchschnitt keine 3 Laktationen Nutzungsdauer mehr erreicht werden.

Anhand der vorangegangenen Ausführungen über Haltung und Fütterung lassen sich die wichtigsten Zuchtziele unter ökologischen Rahmenbedingungen, nämlich Langlebigkeit, Fruchtbarkeit und hohe Grundfutterleistung ableiten.

Dies alles sind auch Merkmale einer wirtschaftlichen Kuh (siehe Seite 253, Wirtschaftlichkeit der Milcherzeugung). Die Merkmale, die in der Wirtschaftlichkeit der Milchviehhaltung den größten Einfluß haben, sollten auch in der Züchtung vorrangig berücksichtigt werden. Allerdings ist hierbei eine *langfristige* Wirtschaftlichkeitsbetrachtung erforderlich.

Milchlebensleistung als Zuchtziel – In der Bundesrepublik Deutschland existieren zur Zeit zwei Arbeitsgemeinschaften von Züchtern, die sich als erklärtes Ziel eine Zucht auf Lebensleistung gesetzt haben. Dies sind die 1983 gegründete »Bayrische Arbeitsgemeinschaft Rinderzucht auf Lebensleistung« und die 1988 in Ostwestfalen gegründete »Arbeitsgemeinschaft Lebenslinie«.

Selektion nach Milchlebensleistung und konsequente Linienzucht ist eine von Prof. BAKELS begründete Zuchtmethode. Grundlage sind 3 bzw. 4 Linien (Kuhfamilien), in denen Lebensleistungen zwischen 80 000 und 120 000 kg Milch gehäuft auftreten. Eine Kuh, die eine Milchlebensleistung von z. B. 100 000 kg erbracht hat, muß vital und fruchtbar gewesen sein und eine gute Konstitution gehabt haben, sonst wäre sie nicht so alt geworden und hätte so viel Milch erbracht. An einer solchen kann man ablesen, wie eine Kuh mit hoher Lebenskraft und hoher Leistungsfähigkeit aussieht.

Milchlebensleistung ist also ein umfassendes Zuchtziel, der Kuh selbst bleibt überlassen, wie sie diese Leistung erbringt. Ob sie braun oder schwarz, dick oder dünn ist, hat nur nebensächliche Bedeutung. In der Regel wird man allerdings die folgenden Merkmale bei solchen Kühen feststellen können.

Als spätreife Rinder setzen sie mit verhaltenen Erstlaktationsleistungen und zum Teil mit niedrigen Inhaltsstoffen ein. Je höher die Leistungssteigerung in den ersten 3 Laktationen ist, desto konstitutionsstärker ist ein Tier. Auch die Anpassungsfähigkeit, z. B. Schwankungen der Milchinhaltsstoffe, ist ein Zeichen für Konstitutionsstärke.

Die Laktationskurve verläuft eher flach, so daß diese Tiere nicht so stark unter Nährstoffunterversorgung in der Laktationsspitze leiden, dafür aber ausdauernder sind und nicht so schnell in der Milchleistung abfallen. Eine flache Laktationskurve ist Voraussetzung, um hohe Grundfutterleistungen zu ermelken.

Im Exterieur unterscheiden sich diese Kühe häufig durch einen leicht durchgebogenen Rücken mit hochliegendem Kreuzbein. Anatomisch gibt es hierfür gute Gründe, nämlich einen größeren Geburtskanal und eine statisch bessere Belastung der Klauen als bei einem geraden Rücken und niedrigem Kreuzbein (POSTLER, 1989).

Dies alles sind Merkmale, die eine Kuh eher unauffällig machen, da sie weder durch hohe Erstlaktation noch durch extreme Laktationsspitzen oder Fruchtbarkeits- und Stoffwechselstörungen auffällt. Will man in seiner Herde nach diesen Gesichtspunkten selektieren, kann es, besonders weil es sich um langfristige Betrachtungen handelt, interessant sein, die Milchkontrollergebnisse graphisch auszuwerten.

Problematisch ist die gleichzeitige Züchtung auf hohe Milch- und Fleischleistung im selben Tier. Die Eigenschaften Fruchtbarkeit und Milchbildung gegenüber Fleischansatz sind geschlechtlich unterschiedlich ausgeprägt. Milchbetonte Kühe haben sehr stark ausgeprägte weibliche Eigenschaften, während der Fleischansatz eine männlich geprägte Eigenschaft ist. Dies wirkt sich auf den Hormonhaushalt der Tiere aus. Deshalb ist es oft schwierig, beide Eigenschaften in einem Tier zu vereinen. Das heißt aber auch, daß bei der Zuchtselektion spezielle geschlechtliche Eigenschaften berücksichtigt werden können. So können männliche Tiere einer milchbetonten Rasse durchaus gut bemuskelt sein und weibliche Tiere einer Fleischrasse dennoch typische weibliche Merkmale wie Fruchtbarkeit, geringe Bemuskelung aufweisen.

Die wichtigsten Ziele einer Zucht unter ökologischen Rahmenbedingungen hohe Fruchtbarkeit und gute Grundfutterverwertung sowie die geschlechtliche Ausprägung bestimmter Eigenschaften gelten sowohl für Milch als auch für fleischbetonte Zuchtrichtungen.

1.5 Wirtschaftlichkeit der Milcherzeugung

Ein so bedeutender Betriebszweig wie Milchviehhaltung sollte regelmäßig auf seine Wirtschaftlichkeit hin überprüft werden. Grundsätzlich stehen hierbei Ökonomie und Ökologie nicht im Widerspruch, denn eine artgemäße Fütterung mit überwiegend Grundfutter verursacht auch die geringsten Futterkosten/kg Milch.

Eine Berechnung der **Futterkosten** kann bezogen auf den Energiegehalt vorgenommen werden. Berücksichtigt werden die variablen Grundfutterkosten (Saatgut, Düngung, Siloplanen etc. und variable Maschinenkosten; siehe Seite 132, Tabelle 37, Erzeugungskosten einzelner Futterarten). Eine solche Berechnung ist ausreichend, um unterschiedliche Futtermittel eines Betriebes im Hinblick auf ihre Wirtschaftlichkeit miteinander zu vergleichen. Um die Wirtschaftlichkeit des Futterbaus im Vergleich zu anderen Verfahren zu berechnen, müssen alle anfallenden Kosten berücksichtigt werden. Zusätzlich zu den genannten Kosten sind dies die einzelbetrieblichen festen Maschinenkosten (Abschreibung) je ha und Kosten der Flächennutzung (Tabelle 85).

Der große Schwankungsbereich der Grundfutterkosten hängt dabei neben der einzelbetrieblich unterschiedlichen Maschinenausstattung, welche sich in den festen Maschinenkosten niederschlägt, sehr stark von den Flächenkosten ab. Im Dauergrünland sind hier Kosten in Höhe des bezahlten oder erzielbaren Pachtpreises anzusetzen. Im Ackerfutterbau kann die Orientierung ebenfalls am Pachtpreis erfolgen, wenn der Kleegrasanteil sich im pflanzenbaulich notwendigen Rahmen bewegt. Werden durch Ausdehnung des Ackerfutterbaus Marktfrüchte verdrängt, müssen gegebenenfalls entgangene Nutzungskosten kalkuliert werden, wodurch die Flächenkosten enorm ansteigen können.

Futtergetreide, z. B. Hafer, Gerste, Erbsen im Durchschnitt 7 MJ/kg, verursachen bei einem Einkaufspreis von 60 DM/dt (+ MwSt.) Kosten von ca. 0,95 DM/10 MJ. Vergleicht man die vollständigen Kosten des Grundfutters (0,35 bis 0,85 DM/10 MJ) mit den Kosten von Leistungsfuttermitteln (Kraftfutter), so ist die ökonomische Überlegenheit der Grundfutter deutlich.

Eine grundfutterbetonte Fütterung ist für den organisch-biologischen Betrieb die wirtschaftlichste Form der Milcherzeugung.

Tabelle 85 Vollkosten der Grundfuttermittel (Schwankungsbereich)

Ertrag	MJ	25000	–	50000
feste Maschinenkosten	DM/ha	200	–	400
Flächenkosten (Pacht oder entgangene Nutzung)	DM/ha	300	–	1500
betriebliche Kosten	DM/10 MJ	0,20	–	0,38
+ variable Grundfutterkosten	DM/10 MJ	0,15	–	0,47
Grundfutterkosten	DM/10 MJ	0,35	–	0,85

Tabelle 86 Milchleistungen in Abhängigkeit von der Rasse und dem Kraftfuttereinsatz (HAIGER, SÖLKNER und WETSCHEREK, 1986)

Rasse	Kriterium	Kraftfutter mit	ohne	Differenz
Fleckvieh	Anzahl Laktationen	52	50	
	kg FCM	4623	4178	+445
	kg Kraftfutter	542	0	+542
Holstein/Friesian	Anzahl Laktationen	68	60	
	kg FCM	6115	5566	+549
	kg Kraftfutter	881	0	+881
Differenz	kg FCM	+1492	+1388	
	kg Kraftfutter	+ 399	0	

Die **Effizienz des Kraftfuttereinsatzes** wird im allgemeinen deutlich überschätzt. Für die Berechnung von Rationen oder Grundfutterleistungen wird ein Verhältnis von einem kg Kraftfutter der Energiestufe 2 zu zwei kg Milch zugrunde gelegt. In einem Fütterungsversuch von HAIGER, SÖLKNER und WETSCHEREK (1986), in dem eine Zweinutzungsrasse mit einer milchbetonten Rasse in Gruppen mit und ohne Kraftfuttereinsatz verglichen wurden, konnte jedoch nur ein Verhältnis von unter einem kg Milch/kg Kraftfutter festgestellt werden (Tabelle 86). Auch die landläufige Meinung, daß gerade milchbetonte Rassen nicht ohne Kraftfutter auskommen, konnte in diesem Versuch widerlegt werden. Die Holstein Frisian-Tiere gaben ohne Kraftfutter fast 1 400 kg mehr Milch als Tiere der Zweinutzungsrasse. Die sehr guten Grundfutterleistungen in dieser Versuchsanlage sind sicher auch auf gute Grundfutterqualitäten zurückzuführen. Daß bei rechnerischer Unterversorgung mit Kraftfutter, aber guter Grundfutterversorgung keine vermehrten gesundheitlichen Störungen

auftreten, wurde auch in einem 5-jährigen Fütterungsversuch in Haus Riswick (Landwirtschaftskammer Rheinland) festgestellt (Tabelle 87). Betrachtet man die Kraftfuttersteigerung von Gruppe zu Gruppe in Höhe von jeweils ca. 5 dt im Verhältnis zur Milchleistungssteigerung, so wird die rapide abnehmende Effizienz des Kraftfuttereinsatzes deutlich. Da für 1 kg Kraftfutter Kosten von mindestens 0,70 DM zu veranschlagen sind, ist jedes kg, das nicht mindestens zu einer Milchleistungssteigerung von 1 kg führt, unwirtschaftlich. Zusätzlich ist eine solche Fütterung nicht artgerecht (siehe oben).
Einige wichtige Leistungs- und Kostengrößen der Milchviehhaltung aus einer **betriebswirtschaftlichen Auswertung** von 15 ökologisch wirtschaftenden Milchviehbetrieben aus Norddeutschland sind in der Tabelle 88 zusammengestellt.
Die Leistungsdaten belegen, daß mit ökologischer Milchviehhaltung durchaus akzeptable Ergebnisse zu erzielen sind. Im Vergleich zu konventioneller Bewirtschaftung ist jedoch eine

Tabelle 87 Einfluß der Kraftfuttermenge auf Milchleistung und Milchinhaltsstoffe sowie Grundfutterleistung (KLÜNTER und SPIEKERS, 1987, verändert)

		Gruppe A	Gruppe B	Gruppe C	Gruppe D
Anzahl Kühe		24	24	24	24
Kraftfutter/Kuh und Jahr	kg	885	1421	1933	2420
Milchleistung/Kuh und Jahr	kg	5569	6176	6376	6437
Milch aus Grundfutter	kg	3600	3100	2100	1100
	%	(65)	(50)	(33)	(17)
Milchfett	%	3,84	3,84	3,83	3,86
Milcheiweiß	%	3,27	3,29	3,39	3,42
Kraftfutter kg/kg Milch [1]	1:	–	1,13	0,39	0,13

[1] Verhältnis von zusätzlich verabreichtem Kraftfutter zur Milchleistungssteigerung.

Tabelle 88 Kennwerte aus betriebswirtschaftlichen Auswertungen von 15 ökologisch-wirtschaftenden Milchviehbetrieben in Norddeutschland (Wirtschaftsjahr 1989/90)

Kennzeichen		Schwankungsbereich		Durchschnitt
		20% untere Werte	20% obere Werte	
Hauptfutterfläche	ha/Kuh	0,54	0,93	0,67
Milchleistung	kg FCM/Kuh	4219	6642	5284
Milchpreis	DM/kg	0,72	0,95	0,84
Grundfutterleistung	kg FCM/Kuh	2247	4184	3221
Kraftfutter, Energiestufe II	dt/Kuh	3,7	19	11,3
Bestandsergänzung	DM/Kuh	407	820	615
Tierarzt	DM/Kuh	44	197	107
DB I/Kuh		3094	4528	3775

größere Hauptfutterfläche/Großvieheinheit erforderlich. In Schleswig-Holstein wurde hier im Durchschnitt ein Unterschied von 0,2 ha/GV festgestellt, wobei durch unterschiedliche Standortverhältnisse (siehe Seite 130, Hauptfutterfläche/GV) große Schwankungen auftreten (WINTER, 1991). Bei höherem Bedarf an Grundfutterfläche wird je Flächeneinheit weniger Milch erzeugt; die Intensität/ha sinkt. Ob unter solchen Umständen wirtschaftlich Milcherzeugung durchgeführt werden kann, hängt von den Flächenkosten für die extensiven Futterflächen ab. Zu bedenken ist, ob bei fehlender Futterfläche ein vorhandenes Milchkontingent erfüllt werden kann.

Eine weitere wichtige Einflußgröße auf die Wirtschaftlichkeit ökologischer Milcherzeugung ist der **Milchpreis.** Dieser hängt neben dem Gehalt an Inhaltsstoffen im wesentlichen vom Vermarktungsweg ab. Ungefähr die Hälfte der in der Tabelle 88 ausgewerteten Betriebe vermarktet an eine Molkerei, die die Milch zu einem Bioprodukt verarbeitet und den Erzeugern einen Zuschlag zwischen 5 und 20 Dpf/kg Milch zahlt.

Mit einer Grundfutterleistung von 3 200 kg im Schnitt und einer Gesamtleistung von knapp 5 300 kg wird der deutlich größere Anteil der Milch aus Grundfutter ermolken. Der Kraftfutteraufwand umgerechnet auf dt eines Milchleistungsfutters der Energiestufe II ist mit 11,3 dt im Schnitt/Kuh und Jahr zwar deutlich niedriger als der durchschnittliche Kraftfuttereinsatz konventionell wirtschaftender Betriebe, aber dennoch für ökologische Rahmenbedingungen relativ hoch. Wie auch die Spannbreite der durchschnittlichen Grundfutterleistung zeigt, liegen hier durchaus noch Reserven für eine verbesserte Wirtschaftlichkeit der organisch-biologischen Milchviehhaltung.

Weiterhin entscheidend für die Wirtschaftlichkeit der Milchviehhaltung ist die **Nutzungsdauer.** Eine längere Nutzungsdauer verringert nicht nur die Bestandsergänzungskosten ganz erheblich, sondern bedeutet gleichzeitig, daß die im Schnitt älteren Kühe ein höheres Grundfutteraufnahmevermögen haben und höhere Grundfutterleistung erbringen. Außerdem wird weniger eigene Nachzucht benötigt, was eine bessere Zuchtselektion erlaubt und Zuchtrinderverkauf ermöglicht.

1.6 Praxisbericht:
Milchviehhaltung auf einem Vorzugsmilchbetrieb

Am unteren Niederrhein bewirtschaften meine Frau und ich zusammen mit meinen Eltern und einem Auszubildenden einen 17 ha-Betrieb mit 16 Milchkühen und einem Teil der Nachzucht. Vorzugsmilchproduktion und eine intensive Direktvermarktung sichern trotz weniger günstigen natürlichen Bedingungen die Wirtschaftlichkeit des Betriebes. Etwa 6 ha der Betriebsfläche sind absolutes Grünland, auf den verbleibenden Ackerflächen wird neben je 1 ha Roggen, Weizen und Kartoffeln auch Futterbau betrieben.

Die leichten, zum Teil anmoorigen Sandböden danken eine aufbauende Fruchtfolge mit stabilen Erträgen. Eine ausreichende Futtergrundlage ist nicht zuletzt Voraussetzung für eine leistungsbezogene Fütterung unserer Kühe.

Da ein wesentlicher Teil unseres Einkommens aus dem Verkauf der Vorzugsmilch erzielt wird, legen wir auf Haltung, Pflege und Fütterung der Milchkühe sowie auf Hygiene bei der Gewinnung der Milch besonderen Wert. Die schwarzbunten Kühe danken uns diese intensive Betreuung mit einer Leistung von durchschnittlich 6 000 kg FCM/Kuh und Jahr, wobei mehr als 4 000 kg Milch im Jahr aus dem Grundfutter gewonnen werden. Als Futterpflanzen werden neben 2-jährigem Kleegras Landsberger Gemenge, Rüben, Ackerbohnen und Hafer angebaut. Kleegras und Landsberger Gemenge werden zum Teil als Heu (kalte Belüftungstrocknung) und zum Teil als Frischfutter zur Sommerzusatzfütterung genutzt.

Bei der Gewinnung von hochwertigem Heu ist neben einem sauberen Schnitt (durch einen Doppelmessermähbalken) eine schonende Behandlung Voraussetzung. Bei dem letzten Wenden wird ganz bewußt langsam gefahren, um Bröckelverluste zu reduzieren. Den Schnittzeitpunkt wählen wir so früh wie möglich. Wider Erwarten wurden keine überhöhten Eiweißgehalte festgestellt. Bei der Wahl des Schnittzeitpunktes richten wir uns danach, ob der Aufwuchs noch als Frischfutter gefressen werden würde, dann ist der optimale Zeitpunkt noch nicht überschritten. Auf diese Weise haben wir in den letzten Jahren Energiegehalte von durchschnittlich 6 MJ NEL erreicht, wobei der Rohproteingehalt mit 95 g/kg TS relativ niedrig lag.

Ein Gemenge aus Hafer, Gerste und Erbsen wurde als Ganzpflanzensilage geerntet. Das gern gefressene Futter hat Gehalte von 5,8 MJ NEL und 113 g Rohprotein/kg TS. Neben der problemlosen Ernte und einer sehr guten Untersaat überzeugte uns die positive Wirkung auf die Kotkonsistenz der Tiere von diesem Verfahren.

Alle Kleegrasflächen, die nicht zur Winterfuttergewinnung genutzt werden, dienen im Sommer als Frischfutter, das jeweils morgens und abends zum Melken zugefüttert wird. Dabei stellen wir fest, daß durch die Beifütterung die Tiere eine sehr konstante Leistung zeigen und außerdem die Gesamtfutteraufnahme erheblich gesteigert wird. Zusätzlich wird durch eine Frischfuttergabe das schwankende Grasangebot auf der Weide ausgeglichen.

Die Grünlandflächen werden neben der Schnittnutzung ausschließlich als Standweide genutzt. Ruhige Tiere, eine feste Grasnarbe und ein hoher, gleichmäßiger Kleeanteil bestätigen diese Form der Grünlandnutzung. Zu Weide und Frischgras wird im Sommer lediglich an die Tiere mit einer Tagesleistung von mehr als 20 kg Milch/Tag noch 1 kg Hafer – Gersten – Schrot gefüttert.

Tabelle 89   Besatzstärken der Weideflächen (in GV/ha) auf dem Betrieb BÜSCH unter Berücksichtigung von Frischgraszufütterung

Zeitraum	GV/ha
Mai–Mitte Juni	4,5
Mitte Juni–Ende Juli	3
Anfang August–Ende September	2,5
Oktober–Abtrieb	1,5–2

In der Winterfutterperiode wird an Hand von Futteruntersuchungen eine Ration aus Heu, Rüben, Ackerbohnen und Hafer zusammengestellt. In der Regel weisen die Rationen einen geringen Energieüberschuß auf und reichen für eine Leistung von ca. 25 kg Milch. Bei Betrachtung des Mineralstoffgehalts fällt auf, daß insgesamt relativ niedrige Werte auftreten, aber bei Natrium eine deutliche Unterversorgung auftritt. Wir gleichen diese Unterversorgung durch die Zufütterung von Viehsalz aus. Daneben wird noch Mineralfutter nach Bedarf und Kräuterpulver gegeben.

Grundprinzip der Fütterung ist, daß eine ausgeglichene Ration gegeben wird, die aber nie mehr als 3 kg Getreide und Ackerbohnen enthält. Je nach Leistung und individueller Veranlagung der Tiere wird die Fütterung nach Augenmaß korrigiert. Hochleistende Kühe werden sicherlich unterversorgt, zeigen aber keine negativen Erscheinungen, was ihre Gesundheit angeht. In der Regel wird bis zu 6mal am Tag Futter vorgelegt, um den Kühen Gelegenheit zu geben, ständig frisches Futter zu fressen.

Neben einer sorgfältigen Fütterung gehören meiner Meinung nach noch einige andere Maßnahmen zur tiergerechten, leistungsorientierten Milchviehhaltung. So werden alle Kühe mehrmals in der Woche geputzt, um die Haut vom aufliegenden Staub zu befreien. Falls erforderlich (besonders bei hochleistenden, viel schwitzenden Tieren), werden einzelne Tiere ab und zu zusätzlich abgewaschen. Wenn die Zeit es zuläßt, lassen wir die Kühe auch im Winter auf einem befestigten Auslauf nach draußen. Die Bewegung an der frischen Luft fördert die Vitalität und beugt Haltungs- und Euterproblemen vor.

Bei der Haltung der Tiere in unserem Betrieb versuchen wir alle Bedingungen, auf die wir Einfluß haben, so zu gestalten, daß die Tiere sich möglichst wohl fühlen. Den dafür benötigten hohen Arbeitseinsatz danken uns die Tiere durch ausgeglichen hohe Leistungen. Die Kuh als Glied im Nährstoffkreislauf verlangt eine genauso intensive Betrachtung wie der Boden, dessen Wertes wir uns meist viel bewußter sind. Eine gewissenhafte Ehrfurcht vor den uns anvertrauten Geschöpfen scheint mir wichtiger zu sein, als ein leistungsorientierter Umgang mit den Tieren, weil die Kühe die Leistung bei ordentlicher Behandlung von selbst erbringen und wir sie nicht erzwingen müssen.

JOHANNES BÜSCH, bio-land 2/90

1.7 Rindermast

Viele Betriebe, die keine Milchquote haben, stehen vor der Entscheidung, andere Verfahren der Rindviehhaltung im Betrieb durchzuführen, um das anfallende Grundfutter von Grünland und Ackerfutterbau verwerten zu können. Rindfleischerzeugung auf Milchviehbetrieben dient der Verbesserung der Angebotsvielfalt oder der Nutzung von Futterüberschüssen.

Grundsätzliche Unterschiede bestehen zwischen den Verfahren der Mutterkuhhaltung und der Rindermast, innerhalb der Mast kann zwischen verschiedenen Gruppen von Tieren unterschieden werden. Auf vielen praktischen Betrieben ist eine Mischung der verschiedenen Verfahren anzutreffen.

Alle Formen der Rindermast müssen grundsätzlich als extensive Form der Flächennutzung betrachtet werden, da der zu erzielende Gewinn/ha Grundfutterfläche verhältnismäßig niedrig ist. Investitionen für die Rindermast müssen daher sorgfältig überlegt werden, hohe Abschreibungskosten können die Gewinnmöglichkeiten langfristig schmälern.

Höhere Einkommen in der Rindermast lassen sich in der Regel nur über eine möglichst direkte Vermarktung erreichen, für die Engagement, Anlaufzeit und einige Investitionen erforderlich sind.

Fütterung – Die Grundlagen der Rindviehfütterung und alle geeigneten Futtermittel wurden ab Seite 241 beschrieben. Mastrinder und Mutterkühe stellen aufgrund der geringeren Leistung keine so hohen Ansprüche an die Nährstoffkonzentration im Futter wie die Milchkühe. Für anspruchslose Rassen, wie z.B. Highlands oder Galloways, kann die Nährstoffkonzentration der Futtermittel (z.B. Kleegrassilage) zu hoch sein; als Folge verfetten die Tiere zu schnell.

Für Mastbullen kann die Nährstoffkonzentration im Futter für hohe tägliche Zunahmen unter Umständen nicht ausreichend sein. Allerdings sollten zu hohe tägliche Zunahmen nicht angestrebt werden, da sie häufig mit schlechterer Fleischqualität verbunden sind. Je langsamer das Tier wächst, desto besser ist die Qualität. In der Regel lassen sich Mastrinder mit geringen Kraftfuttergaben oder ganz ohne den Einsatz von Schrot füttern.

Das billigste und einfachste Sommerfutter für Mastrinder ist sicherlich die Weide. Lediglich ältere Mastbullen sollten im Stall gehalten werden, wenn die Weiden in der Nähe von Wohngebieten, Straßen, Wander- oder Spazierwegen liegen. Sommerstallfütterung sollte dann überwiegend mit Grünfutter erfolgen.

Als Winterfutter ist für kleine Bestände die Heuwerbung günstiger als Silage in Fahrsilos oder Flachsilos, da die Anschnittflächen der Silos und täglicher Vorschub zu gering sind. Die Technik der Heuwerbung ist in der Regel nicht so aufwendig und damit ebenfalls kostengünstiger. Rundballensilage oder Großpackensilage kann eine Alternative sein, allerdings sind die Kosten pro Ballen verhältnismäßig hoch.

Der jährliche Nährstoffbedarf der verschiedenen Tiere ist in Tabelle 90 zusammengestellt. Die Versorgung sollte weitgehend aus dem Grundfutter erfolgen. Mutterkühe benötigen wenig (0,5 dt/Tier und Jahr) oder überhaupt kein Kraftfutter. Den jungen Kälbern sollte im Kälberabteil gutes Heu und Kälberschrot (0,25 dt/Tier) angeboten werden. Auch Mastrinder können mit wenig Kraftfutter gehalten werden, wenn ausreichend Grundfutter zu Verfügung steht. Die Gesamtmenge an Kraftfutter sollte möglichst nicht mehr als 5−6 dt/Tier betragen.

Haltung − Die möglichen Stallformen sind ab Seite 233 beschrieben. Für alle Formen der Rindermast sind Tiefstreu- oder Tretmistställe gut geeignet und können oft kostengünstig in Altgebäuden untergebracht werden. Auch der Außenbereich kann in die Stallplanung z. B. zur Fütterung mit einbezogen werden. Für Mutterkühe ist grundsätzlich Laufstallhaltung gegenüber der Anbindehaltung vorzuziehen, da so der Kontakt zwischen Müttern und Kälbern ungestörter stattfinden kann. Für die Kälber sollte ein sog. Kälberschlupf eingerichtet werden, in dem sie zugefüttert werden können.

1.7.1 Mutterkuhhaltung

Bei diesem Verfahren werden Kühe gehalten, die ihre eigenen Kälber aufziehen, Verkaufsprodukt ist das Kalb. Dies wird entweder als Fleisch vermarktet (Milchmastkalb) oder an andere Betriebe zur Mast abgegeben. Auf einigen Betrieben werden die abgesetzten Kälber auch vollständig ausgemästet. Vorteil der Mutterkuhhaltung gegenüber der Rindermast ist das geschlossene und artgemäße System. Die risikoreiche und arbeitsintensive Aufzucht zugekaufter Kälber entfällt und verringert das Verlustrisiko. Die Krankheits- und Parasitenresistenz der Saugkälber ist besser als von abgesetzten Kälbern. Nachteilig ist der »unproduktive« Futterbedarf der Muttertiere.

Mutterkuhhaltung genießt hohe Beliebtheit beim Verbraucher, so daß in der Direktvermarktung höhere Preise durchgesetzt werden können. Ein jährlicher Abkalberhythmus mit Winterstallkalbung im Dezember oder Januar hat sich bewährt. Die Abkalbung sollte in eigenen Abkalbebuchten erfolgen, wo sich der Kontakt zwischen Mutter und Kalb ungestört ausbilden kann. Für Winterkalbung spricht die bessere Betreuungsmöglichkeit im Stall. Außerdem kommen die Kühe dann auf die Weide, wenn der Milchbedarf der schon etwas größeren Kälber steigt und nehmen gutes Futter für die Milchbildung auf. Der Kalbetermin wird aber auch von der Deckpraxis abhängen. Bei künstlicher Besamung ist es ratsam, die Tiere noch im Stall zu decken.

Tabelle 90   Nährstoffbedarf verschiedener Verfahren der Rindermast in kStE (KTBL, 1991)

Haltungsverfahren	Nährstoffbedarf
Mutterkuhhaltung	
Mutterkuh inclusive Kalb	2300
Mast von Bulle oder Färsen nach dem Absetzen (500 bzw. 400 kg)	1000
Aufzucht einer Färse	1600
Rindermast	
Mastbullen (500 kg, 1000 g/Tag)	ca. 1500
Mastfärsen (450 kg, 700 g/Tag)	ca. 1500
Mastochsen (450 kg, 700 g/Tag)	ca. 1500

Geeignete Rassen − Die Muttertiere einer Mutterkuhrasse sollen leicht kalben, gute Muttereigenschaften aufweisen, bei Weidehaltung einigermaßen zahm bleiben und ausreichend Milch für das Kalb produzieren. Zu hohe Milchleistung ist nicht erwünscht, da dann leicht Euterprobleme auftreten. Deswegen sind reine Milchrassen in der Regel als Muttertiere nicht so gut geeignet.

Kleinrahmige Kühe, wie z. B. Deutsches Angus, haben einen geringeren Eigenfutterverbrauch und werden deshalb oft gegenüber großrahmigen Kühen bevorzugt. Die Kälber großrahmiger Fleischrassen, wie z. B. Charolais, nehmen in der Regel aber besser zu und lassen sich leichter an andere Betriebe zur Weitermast verkaufen. Weiterhin muß die Rasse in Abstimmung mit der geplanten Vermarktung ausgewählt werden.

Von einigen Betrieben werden auch sog. Gebrauchskreuzungen aus Fleisch- und Milchrassen oder aus 2 Fleischrassen mit unterschiedlichen Eigenschaften eingesetzt. Die extensiven britischen Rassen (Highlands, Galloways, Welsh Black etc.) haben zur Zeit so hohe Zuchttierpreise, daß eine wirtschaftliche Haltung kaum durchzuführen ist.

1.7.2 Rindermast

Im Gegensatz zur Mutterkuhhaltung, bei der alle Kälber selbst erzeugt werden, wird die Rindermast in der Regel mit zugekauften Kälbern durchgeführt. Eine Mischung stellt die sog. Färsenvornutzung dar, in der Mastfärsen einmal abkalben, aufgefüttert werden und dann als junge Kühe verkauft werden. Das Hauptproblem der Rindermast ist die Beschaffung von geeigneten Kälbern, die entsprechend den Richtlinien von anderen anerkannt ökologischen Betrieben stammen müssen. Meistens muß eine neue Gruppe aus verschiedenen Ställen und daher mit verschiedenen Krankheitsstämmen zusammengestellt werden, Durchfallerkrankungen gerade in den ersten Wochen können zum erheblichen Problem werden. Die Anfälligkeit für Parasiten ist groß. Zur Aufzucht können Betriebe, die über keine eigene Milch verfügen, Milchaustauscher ohne Antibiotika einsetzen.

Für Bullenkälber und für Kreuzungskälber mit Mastrassen werden in der Regel höhere Preise verlangt. Für extensivere Mast kann deshalb durchaus auch der Zukauf von weiblichen Kälbern zur Färsenmast interessant sein.

Geeignete Rassen − Zur Rindermast sind alle sog. Fleischrassen, aber auch Milchrassen und Kreuzungskälber geeignet, die täglichen Zunahmen schwanken von Rasse zu Rasse. Wer Kälber zukauft, hat nicht immer die Wahl. Zur extensiveren Weidemast sind Ochsen im Vergleich zu Bullen gut geeignet. Sie wachsen etwas langsamer, stellen geringere Ansprüche an die Futterqualität, haben aber in der Regel bessere Fleischqualität und können auch mit weiblichen Tieren zusammen weiden.

1.7.3 Wirtschaftlichkeit der Rinderfleischerzeugung

Die Rentabilität der Rindfleischerzeugung ist stark von den Gegebenheiten auf dem Betrieb abhängig und kann deshalb nicht pauschal kalkuliert werden. Außerdem wird Rindfleischerzeugung mit unterschiedlichen Zielen für den Gesamtbetrieb durchgeführt, Verwertung von Restfutter oder Verbesserung des Vermarktungsangebots etc. (siehe oben).

Soll die Rindfleischerzeugung ein wesentliches finanzielles Standbein für den Betrieb sein, so ist sorgfältige Kalkulation und sind geringe Festkosten erforderlich. Außerdem werden in der Regel Investitionen im Vermarktungsbereich (eigener Fleischzerlegeraum) erforderlich sein, um das Fleisch mit Mehrpreis vermarkten zu können.

Wie gering die Rentabilität sein kann, zeigt Tabelle 91. In diesem Betriebsvergleich wurden Betriebe mit unterschiedlichen Verfahren der Rindfleischerzeugung verglichen. In der Regel wurde eine gemischte Vermarktung, z. T. ab Hof, z. T. an Metzgereien mit gesonderter Verarbeitung für Bioprodukte, und z. T. durch den konventionellen Handel, durchgeführt. Die benötigte Hauptfutterfläche pro GV schwankte zwischen 0,8 und 1,0 ha/GV. Bei durchschnittlichen Festkosten und Kosten der Arbeitserledigung pro Betrieb von 1970 DM (Wirtschaftsjahr 89/90) kann von einer Kostendeckung durch die Rindviehhaltung nicht ausgegangen werden.

In der Abbildung 96 sind Beispiels-Deckungsbeiträge für die verschiedenen Verfahren der Rindfleischerzeugung mit Direktvermarktung zusammengestellt. Es wurde zugrundegelegt, daß im Rahmen der Direktvermarktung die anteiligen Kosten für Schlachten, Zerlegen etc. direkt den Kunden in Rechnung gestellt wurden. Man erkennt den deutlich höheren Anteil der Grundfutterkosten bei der Mutterkuh. Billigeres Grundfutter würde sich hier deutlicher auswirken als in der Haltung von Mastbullen oder Mastfärsen.

Tabelle 91 Mittlere direktkostenfreie Erlöse in DM/ha Grundfutterfläche verschiedener Verfahren der Rindermast gegenüber Milchviehhaltung (Ökoring Schleswig-Holstein)

Wirtschaftsjahr	Rinderhaltung DM/ha	Milchviehhaltung DM/ha
89/90	932,80	3525,00
88/89	929,00	3172,00
87/88	723,20	3538,40

Betrieb... *Schulze* Datum... *1.2.92*

Deckungsbeiträge tierische Erzeugnisse

Verfahren	Einheit	Mutterkuh	Mastbulle	Mastfärse
verkauftes Fleisch	kg	145	220	200
Preis	DM/kg	16,-	12,-	12,-
Marktleistung	DM	2320,-	2640,-	2400,-
Bestandsergänzung	DM	440,-	350,-	300,-
Kraftfutter	DM	45,- (0,75 dt)	300,- (5 dt)	150,- (2,5 dt)
Mineralfutter	DM	25,-	25,-	25,-
Tierarzt	DM	30,-	30,-	30,-
Deckgeld, Besamung	DM	30,-	—	—
Sonstiges	DM	110,-	110,-	110,-
Summe variable Kosten	DM	680,-	815,-	615,-
Direktkostenfreier Ertrag	DM/Tier	1640,-	1825,-	1785,-
Grundfutterbedarf	kStE	2252	1175	1337
Grundfutterkosten/kStE	DM/kStE	0,30	0,30	0,30
Grundfutterkosten	DM	676,-	352,50	401,10
Deckungbeitrag	DM/Tier	964,-	1472,50	1383,90

Abb. 96: Deckungsbeiträge für Verfahren der Rindfleischerzeugung mit Direktvermarktung (Beispiele).

1.8 Praxisbericht:
Rindviehhaltung im Stall und auf der Weide

Unser Pachtbetrieb liegt im Coburger Land und wurde bisher als reiner Ackerbaubetrieb genutzt. Nach unserer Pachtübernahme im Jahr 1989 und der Umstellung haben wir uns entschlossen, Mutterkuhhaltung zu betreiben. Dazu haben wir den ehemaligen Kuhstall in einen Tiefllaufstall umgebaut. Ein Tretmiststall kam aus Kostengründen nicht in Frage.

Stallhaltung – Da das ehemalige Stallgebäude über 10 Jahre zweckentfremdet war, waren weder Freßplätze, Tränken, Abtrennungen noch die Jauchegrube funktionsfähig. Ein befahrbarer Stichfuttertisch von 4 m Breite wurde betoniert; für Großballen und Siloblöcke sind breite Futtertische nötig. Entsprechend der Stalldeckenabstützung durch Pfeiler waren die Abtrennungen vorgegeben. Die Aufteilung erfolgte in 6 Buchten, mit je 5–6 Freßgittern und 10 m Tiefe. Die Entmistung erfolgt einmal jährlich nach der Winterstallzeit mit dem Frontlader. Die Grundfläche für 31 GVE und 10 Saugkälber beträgt 290 m². Sechs Abteilungen zu 45 m² sind vorhanden und ein Kälberschlupf von 20 m².

Je Rind sollte ein Freßplatz von 60–70 cm vorhanden sein. Für Saugkälber bietet sich eine Heuraufe im Kälberschlupf an. Der Kälberschlupf muß in einem geschützten zugluftfreien Stallteil untergebracht sein, zu dem nur die Kälber Zugang haben. Sichtkontakt zu den Mutterkühen sollte bestehen. Für den Freßbereich sollten Selbstfangfreßgitter oder Fangfreßgitter vorhanden sein. Damit ist eine individuelle Tierfütterung möglich und die Tierpflege und Tierbehandlung erleichtert. Je Stallabteil ist ein Zugang zu einem Tränkbecken vorhanden. Bei Neu- und Umbauten sollten Wasserleitung aus Frostgründen im Erdreich verlegt werden, auch die Installation von frostfreien Tränkebecken ist empfehlenswert.

Für die Rindfleischkunden unterscheidet sich ein geräumiger, mit Stroh eingestreuter Laufstall äußerst positiv von den sonst verbreiteten Ställen. Die Stroheinstreumenge beträgt 6–8 kg/GV und Tag. Bei dieser Strohmenge kommen wir ohne Jauchegrube aus, viel mehr Einstreu verschlechtert die Mistqualität.

Die Materialkosten für den Umbau lagen bei ca. 6 000 DM Gesamtkosten (Tabelle 92), für den Umbau wurden ca. 200 Arbeitsstunden in Eigenleistung erbracht. Kalkuliert man die Eigenleistung mit 15 DM/h, so ergeben sich Umbaukosten von 33 DM/m² Laufstallfläche.

Tabelle 92   Kosten des Stallumbaus auf dem Betrieb NORDENBERG/REUTER

Maßnahme	Kosten
Beton für Futtertisch und Stallboden	600,– DM
Mauersteine und Mörtel	500,– DM
Bodenfliesen für Krippe 5,–DM/m²	90,– DM
Wasserleitung und Tränkebecken	300,– DM
Rundhölzer für die Abtrennungen	Waldarbeit
Selbstfangfreßgitter je 110,– DM	3300,– DM
Befestigungen für Abtrennungen und Freßgitter	200,– DM
Anstriche Mistbereich	100,– DM
Beleuchtung	150,– DM
Maschinenkosten	200,– DM
Waschbecken und Warmwassergerät	180,– DM
zusammen	6000,– DM
Umbaukosten/GV	ca. 200,– DM
Kosten/GV mit Arbeit (200 Akh × 15,– DM)	280,– DM
Gesamtkosten/m² Laufstallfläche	33,– DM

Weidehaltung – Unser Grünland wurde vorher nur als Mähwiese genutzt. Eine komplette Neueinzäunung wurde nötig. Aus Kostengründen entschieden wir uns für zweidrähtigen E-Zaun als Außenzaun und eindrähtigen Wanderdraht zur Unterteilung. Die Wanderzäune können auch in der Beweidung des Ackerfutterbaus und der Zwischenfrüchte eingesetzt werden. Da unser Grünland an Bachläufen liegt, können die Tiere aus den Gewässern getränkt werden. Der zweidrähtige E-Zaun wird ungefähr alle 5 m von einem Holzpfahl gehalten. Holzpfähle können aus Waldholz selbst hergestellt werden. Angespitzt werden sie ca. 30 cm in den Boden geschlagen. Auf diese Weise entstehen für den Außenzaun Kosten von ca. 1 DM/m. Bei unserer Weidenutzung fallen ca. 300 m Außenzaun/ha und somit Zaunmaterial für 300 DM an.

Die übrigen Kosten sind in Tabelle 93 zusammengestellt. Sie wurden auf 20 ha Gesamtweidefläche umgelegt, da sie auch auf in der Beweidung des Ackerfutterbaus benutzt werden. Bei 12% Afa und 5% Unterhalt fallen Kosten von 64 DM/ha Grünlandweidefläche und Jahr an. Die Investitionen in die Weidewirtschaft wurden aus dem Bergbauernprogramm unterstützt.

Tabelle 93   Kosten der Weideausrüstung auf dem Betrieb NORDENBERG/REUTER

Maßnahme	Kosten
Weidezaungerät mit 12 V Batterie	650,– DM
Zaungriffe für Tore	50,– DM
Kleinteile	100,– DM
Weidetränke (Pumpe)	400,– DM
Wanderzaun eindrähtig 1000 m	250,– DM
insgesamt	1450,– DM

Da wir noch keine eigenen Tiere hatten, kauften wir im ersten Pachtjahr von einem Bioland-Betrieb vier Ochsen im Alter von 6 Monaten. Es waren Schwarzbunte HF-Tiere, die von einer Ammenkuh aufgezogen worden waren. Nach 2 Sommern Weidemast im Alter von 25 Monaten hatten sie ein Gewicht von durchschnittlich 610 kg erreicht. Die Sommerfütterung bestand aus Weide, wobei in unserem 2. Jahr bedingt durch die Trockenheit die Futtergrundlage etwas knapp war. Die Winterfütterung bestand aus Heu, Anwelksilage, Stroh und 2 kg gequetschtem Ausputzgetreide/Tier.
Bei Ochsen muß man darauf achten, daß sie in ihrer Wachstumsphase gut gefüttert werden, damit die Tiere nicht verfetten. Die Mastendgewichte sind den Bullen vergleichbar. Die Zunahmen sind etwas schlechter als bei Bullen, der Haltungsaufwand ist aber entsprechend geringer. Gemischte Herden, Mutterkühe, Kälber und Ochsen können gemeinsam auf der Weide gehalten werden. So kann im Sommer der Stall vollständig leer stehen, die Investitionen in den Ladewagen fürs tägliche Futterholen wird gespart. In der Schlachtkörperqualität nehmen es Weideochsen mit den besten Fleischbullen auf, die ihr ganzes Leben im Stall verbringen müssen. Dies konnte sogar unser skeptischer Metzger bestätigen, der noch nie zuvor Weidetiere geschlachtet hatte.
Wir haben durch Werbung, einen Tag der offenen Tür, einen Hofprospekt unsere Kunden geworben. Die Weidehaltung war für uns in diesem Gebiet, in dem üblicherweise nur Stallhaltung betrieben wird, die beste Reklame. Bei einer Ausschlachtung von ca. 50% benötigen wir 12 Kunden/Tier, um alles verkaufen zu können. Die Portionen betragen ca. 25 kg; Schlachtung, Verarbeitung und Verkauf erfolgt in unserem Namen in einer Fleischerei im Nachbarort. Diese Dienstleistungen kosten ca. 550 DM/GV. Die Eigeninvestitionen in eine eigene Schlachteinrichtung und den Ärger mit den Behörden konnten wir uns so ersparen. Obwohl wir uns erst vor 2 Jahren hier niedergelassen haben, haben wir als Ortsfremde viele einheimische Kunden gefunden. Für unseren sonst stark auf Getreide ausgerichteten Betrieb bietet die Fleischvermarktung eine kleine Risikoabsicherung gegenüber zukünftigen Schwankungen auf dem Getreidemarkt.

A. NORDENBERG und W. REUTER, bio-land 3/91

2   Schweinehaltung

M. BALDENHOFER

Bisher spielte die Schweinehaltung im organisch-biologischen Betrieb keine bedeutende Rolle. Ein Grund dafür ist die Nahrungskonkurrenz zwischen Mensch und Schwein. Beide sind »Allesfresser« und ernähren sich gerne von Getreide. Aufgrund des Nachfrageüberhangs auf dem Getreidemarkt hatte deshalb im ökologischen Landbau Schweinehaltung hauptsächlich die Funktion der Abfallverwertung. Außerdem waren viele traditionelle Kunden des organisch-biologischen Landbaus eher vegetarisch orientiert oder aßen kein Schweinefleisch. Jetzt erkennen andere Kunden und fleischverarbeitendes Gewerbe zunehmend Mängel in der Fleischqualität. Es wird von dieser Seite vermehrt Interesse an organisch-biologisch erzeugtem Schweinefleisch gezeigt. Dies könnte zu einer Veränderung in der Nachfrage führen. Derzeit ist die Schweinemast häufig durch unsichere Absatzmöglichkeiten an Metzger und demzufolge unsichere Rentabilität gekennzeichnet. Bevor in diesem Bereich größere Investitionen getätigt werden, ist deshalb eine genaue Analyse des potentiellen Marktes und der eigenen Produktionsverfahren erforderlich.

2.1 Schweineställe

2.1.1 Natürliche Verhaltensweisen des Schweines

Schweine sind **Herdentiere,** die ihre aktive Tagezeit mit Erkunden, Wühlen und Fressen verbringen. In der Schweinerotte leben mehrere Sauen mit ihren Jungtieren mehr oder weniger zusammen, während die älteren Eber eher Einzelgänger sind. Fremde Tiere werden aggressiv abgewiesen. Die hochträchtige Sau sondert sich vor der Geburt der Ferkel von der Rotte etwas ab, baut ein Nest und legt darin eine Liegemulde an, in der die Ferkel geboren werden. Für die Ferkel ist es ein geschützter und warmer Ort, wo sie gerne beieinander liegen (RIST, 1987).

Innerhalb dieser Gruppe gibt es, ähnlich wie bei Rindern, eine soziale Rangordnung. Diese dient dazu, Kampfhandlungen und Rangauseinandersetzungen zu verringern. Wenn Tiere sich wiedererkennen, weichen rangniedere dem ranghöheren Tier aus. Bei der Wiedererkennung spielt das Sehen und Hören eine wichtige Rolle.

Wesentlich für das natürliche Verhalten von Schweinen ist ihr **Spiel- und Erkundungstrieb.** Ferkel, aber auch ältere Tiere, erkunden ihre Umgebung und zeigen ausgeprägtes Spielverhalten, wenn sich die Umgebung dazu eignet. Stroheinstreu bietet neben einer Liegefläche auch Beschäftigungsmaterial zum Beißen, Kauen und Erkunden.

Von Gebiß und Gewohnheit ist das Schwein ein **Allesfresser.** Wildschweine ernähren sich von allen möglichen Wurzeln, Obst, Gras und Laub, aber auch Eicheln und anderen Waldfrüchten. Sie verschmähen auch tierisches Futter, wie Insekten, Larven oder Würmer nicht. Beim Wildschwein werden Erkundungstrieb und Fressen meistens gleichzeitig befriedigt. Beschränkt sich beim Hausschwein die Fütterung auf

2 × 10 min am Tag, so bleibt das Erkundungsverhalten durchs Füttern unbefriedigt. Durch die regelmäßige Vorlage von Rasensoden oder Humuserde können Schweine ihren Wühltrieb ausleben. Sie nehmen dabei ein Darmpflegemittel auf und der Eisenbedarf von Ferkeln kann gedeckt werden.

Entgegen seinem Ruf ist das Schwein ein reinliches Tier. Es entfernt sich zum Koten oder Harnen von der Gruppe und kotet niemals in das Wurf- oder Schlafnest. Schweine als standortgebundene Tiere legen **Kotplätze** meist in der Nähe ihrer Tränkeplätze an. Deshalb sollte auch im Stall die Tränke im Kotgang angebracht werden. Auch die ferkelführende Sau entfernt sich zum Ausscheiden kurzzeitig vom Nest. Ist sie angebunden, so versucht sie den Kot zurückzuhalten und kann auf diese Weise haltungsbedingt Verstopfung bekommen.

Der natürliche **Liegeplatz** der Wildschweine ist ein Nest, in dem alle Artgenossen zusammenliegen. Rangunterschiede spielen beim Liegen, anders als bei Rindern, keine Rolle. Der Liegeplatz sollte eher dunkel sein. Durch Stroh kann erreicht werden, daß die Gruppe sich ein Nest bauen kann. Bei Kälte liegen die Tiere darin sogar übereinander. Lediglich im Sommer benötigen die Schweine eine große Liegefläche, um sich durch den Kontakt mit dem Boden abkühlen zu können.

Als Kühlung ist auch das **Suhlen** oder Baden zu sehen. Schweine befeuchten gerne ihre Haut mit Schlamm oder Wasser und erreichen so Kühlung. In Versuchen von STOLBA (1986) suchten Schweine bei Temperaturen über 18 °C die Suhle auf. Außerdem scheuern sich Schweine gerne, da sie nicht durch Lecken etc. alle Körperteile erreichen können. Kühlmöglichkeit durch Dusche oder Suhle und Scheuermöglichkeiten sollten deshalb Bestandteil einer Schweinebucht sein (siehe Farbtafel 8).

Bioland-Richtlinien 3.1.5:
Alle Schweine müssen Zugang zu einer eingestreuten Liegefläche haben, Vollspaltenböden sind ausgeschlossen. Sauen sollten maximal 14 Tage fixiert werden, die Anbindung ist ausgeschlossen. Leere Sauen, niedertragende Sauen und Jungsauen sollen in Gruppen mit der Möglichkeit von Auslauf gehalten werden. Absatzferkel dürfen nicht auf Flatdecks oder in Ferkelkäfigen gehalten werden. Das Zähneabkneifen und Schwänzekupieren ist untersagt.

Für viele Betriebe wird aufgrund dieser Bestimmungen in den Richtlinien nach einer Umstellung eine Veränderung in der Aufstallung erforderlich; die erforderlichen Umbaukosten werden dabei wesentlich davon abhängen, welche Elemente der alten Stalleinrichtung weiter genutzt werden können.

2.1.2 Der möblierte Familienstall

Der möblierte Familienstall ist ein Schweinehaltungssystem, das von 2 Verhaltensforschern nach Beobachtung aller Verhaltenselemente der Hausschweine in einem Freigehege entwickelt wurde. Alle diese beobachteten Verhaltensweisen sollen im möblierten Familienstall realisiert werden können. In der natürlichen Umgebung gibt es keine Unterschiede zwischen Mast und Zucht. Eine gemeinsame Haltung von Zucht- und Masttieren würde demnach dem Verhalten der Hausschweine im Freilandgehege entsprechen. Die Abbildung 97 zeigt die wesentlichen Elemente der Gestaltung und Einrichtung, die Tiere können alle für sie wichtigen Lebensbedürfnisse wie Wühlen, Brechen, Graben, Nestbau usw. ausleben.

Wesentlich ist die Haltung der Schweine in Familien und die Unterteilung des Stalles in verschiedene Bereiche: Freßplatz, Liege- und Nestbereich, Aktivitätsbereiche und Mistgang. Pro Familie werden 4−6 Sauen gehalten. Die Ferkel bleiben bis zur Schlachtreife in der Gruppe. Der Eber wird nur zeitweise, 3 Wochen nach der Geburt der Ferkel für jeweils 6 Wochen, zur Gruppe geführt und wechselt nach dieser Zeit zur nächsten Familie.

Angestrebt wird eine Laktationsbrunst. Vermutlich wird durch das bessere Aktivitätsangebot dieses eher erreicht als in herkömmlichen Haltungssystemen. Eine bestimmte Mindestgröße der Rotte (4 Sauen) und massive Abtrennungen (im Gegensatz zu Gitterabtrennungen) zwischen den Arealen sind erforderlich, um die Ferkelreize für die Sau zu reduzieren. Durch das Phänomen der natürlichen Brunstsynchronisation können die Sauen einer Gruppe zur gleichen Zeit in die Rausche kommen (STOLBA, 1986). Lediglich für den Zeitraum des Ferkelns bis ein paar Tage danach wird die Sau, nachdem sie sich zum Ferkeln abgesondert hat, innerhalb des Liegebereiches ihrer »Wohnung« separiert, damit die anderen Sauen sie nicht stören. Die

Abb. 97: Der möblierte Familienstall für Schweine (STOLBA, 1986).

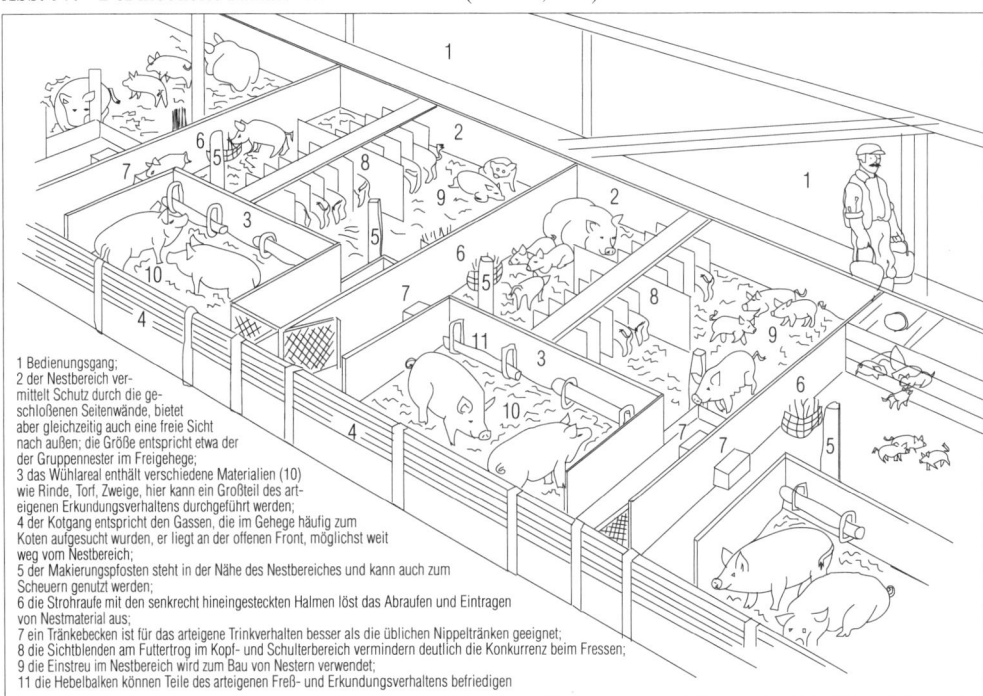

1 Bedienungsgang;
2 der Nestbereich vermittelt Schutz durch die geschlossenen Seitenwände, bietet aber gleichzeitig auch eine freie Sicht nach außen; die Größe entspricht etwa der der Gruppennester im Freigehege;
3 das Wühlareal enthält verschiedene Materialien (10) wie Rinde, Torf, Zweige, hier kann ein Großteil des arteigenen Erkundungsverhaltens durchgeführt werden;
4 der Kotgang entspricht den Gassen, die im Gehege häufig zum Koten aufgesucht wurden, er liegt an der offenen Front, möglichst weit weg vom Nestbereich;
5 der Makierungspfosten steht in der Nähe des Nestbereiches und kann auch zum Scheuern genutzt werden;
6 die Strohraufe mit den senkrecht hineingesteckten Halmen löst das Abraufen und Eintragen von Nestmaterial aus;
7 ein Tränkebecken ist für das arteigene Trinkverhalten besser als die üblichen Nippeltränken geeignet;
8 die Sichtblenden am Futtertrog im Kopf- und Schulterbereich vermindern deutlich die Konkurrenz beim Fressen;
9 die Einstreu im Nestbereich wird zum Bau von Nestern verwendet;
11 die Hebelbalken können Teile des arteigenen Freß- und Erkundungsverhaltens befriedigen

Abb. 98: Säugende Sau im Familienstall: Sau und Ferkel können sich frei bewegen.

Masttiere werden durchschnittlich mit 90 kg (= 151 Lebenstage) aus der Gruppe genommen und verkauft. Als Platz werden für eine Sau mit 10 Nachkommen nach STORHAS 28,5 m² benötigt. Sollen die Masttiere weiter ausgemästet werden, so wird mehr Platz benötigt. Eine andere Möglichkeit besteht darin, die Endmast in einem anderen Stall durchzuführen.

Die durchschnittlich erzielten Leistungen in solchen Systemen können sich sehen lassen: 2,4 Würfe/Jahr und 21 fertige Masttiere/Sau und Jahr bei einer täglichen Zunahme von 603 g und einer Futterverwertung von 1:2,8 (STOLBA, 1986). Trotzdem gab es mit der ursprünglichen Stallkonzeption von WOODGUSH und STOLBA einige Probleme mit dem Totliegen der Ferkel.

Arbeitswirtschaftlicher Nachteil war, daß die Futtertröge nicht an einem Futtergang angeordnet werden konnten.

In der Praxis ist der Familienstall daher bisher noch relativ wenig verbreitet. In der Schweiz wird zur Zeit von WECHSLER, SCHMIDT und MOSER (1991) an einer Weiterentwicklung des Familienstalls für praktische Verhältnisse gearbeitet. Für denjenigen Landwirt, der in der Schweinehaltung etwas neues ausprobieren will, bietet der möblierte Familienstall ein weites Feld. Außerdem lassen sich bestimmte Möblierungselemente (Abbildung 97) auch gut in andere Haltungsformen integrieren.

2.1.3 Haltung von Zuchtsauen

Abferkelbuchten für Zuchtsauen – Das Mutterschwein sollte sich in der Abferkelbucht frei bewegen können. Die Bucht hat einen eingestreuten Liegeplatz, sowie einen Freß- und Kotplatz für die Sau. Die laktierende Sau hat das Bedürfnis, mit dem Kopf den Kontakt zu den Ferkeln zu bewahren. Deshalb ist die beheizte Ferkelkiste vor dem Kopf des Muttertieres anzuordnen. Neben der Ferkelkiste wird ein separater Freßplatz für die Ferkel vorgesehen, an dem Ferkelfutter und Ferkelerde aufgenommen werden kann. Die Trennung zwischen Kot- und Liegeplatz wird von den Schweinen eingehalten, wenn der Abstand zwischen beiden groß genug ist.

Abb. 99: Grundriß und Isometrie der Abferkelbucht für eine frei bewegliche Muttersau.

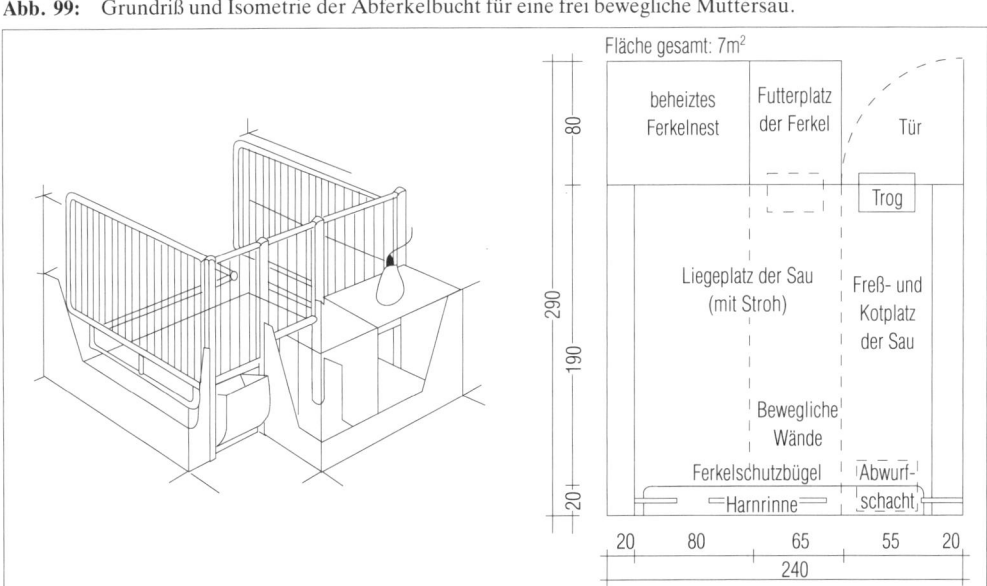

Abb. 100: Betonierter Auslauf für Sauen: Bei jeder Witterung nutzbar.

Abb. 101: Hüttenhaltung von Sauen senkt die Kosten und wirkt sich positiv auf die Tiergesundheit aus.

Deshalb sollte die Abferkelbucht durch einen Auslauf, der auch als Kotplatz dienen kann, ergänzt werden. An allen Buchtenwänden werden Abweiser angeordnet, der Platzbedarf beträgt 7 m². Auch wenn die Fixierung der Sau nach den Richtlinien noch für 14 Tage erlaubt ist, so zeigt die Praxis, das das Erdrücken der Ferkel bei ausreichendem Platzangebot kein großes Problem darstellt.

Vierflächenbucht für tragende Sauen − Gruppenhaltung von niedertragenden Sauen entspricht dem natürlichen Verhalten. Daher sollten stabile Gruppen von 5−6 Sauen zusammengestellt werden. Die Haltung in einer Vierflächenbucht mit Auslauf ist die günstigste Lösung. Die Bucht ist unterteilt in Einzelfreßstände, einen Liege- und Kotplatz und einen Auslauf. Die Einzelfreßstände verhindern Rangkämpfe beim Fressen. Außerdem kann so kontrolliert werden, daß jede Sau das ihr zustehende Futter erhält. Der Auslauf ermöglicht Bewegung, die sich positiv auf die Fruchtbarkeit und Gesundheit auswirkt.

Auslauf für Sauen − Besondere Ansprüche an Boden und Klima stellt die Schweineweide nicht. Die Einzäunung der Koppel erfolgt am günstigsten mit einem Elektrozaun mit 2 Stacheldrähten in 20 und 40 cm Höhe. Schweine müssen an den Elektrozaun gewöhnt werden, dies geschieht am besten in einer gesonderten zusätzlich mit Knotengitter gesicherten Parzelle. Der Flächebedarf beträgt zwischen 500 und 1000 m²/Schwein, bei ausreichender Weidefläche sind Nasenringe nicht erforderlich. Dem Tier muß die Möglichkeit geboten werden, sich vor Sonne und Regen in einem Unterstand (0,7−1 m²) zu schützen.

Eine Suhle wirkt sich günstig auf die Tiergesundheit aus. Die Einrichtung eines betonier-

ten Auslaufs (ca. 10 m²/Sau) bietet die Möglichkeit, die Sauen trotz feuchtem Wetter oder Pflegearbeiten auf der Weide nach draußen zu lassen, Suhle und Futterplatz können dort angebracht werden. Zur Kontrolle des Parasitenbefalls sind regelmäßiger Wechsel der Weideflächen und Kotuntersuchungen ratsam.

Hüttenhaltung von ferkelführenden Sauen − Als weitere alternative Haltungsform soll noch kurz die in England vielfach praktizierte Hüttenhaltung (Abbildung 101) von ferkelführenden Sauen angesprochen werden. Dabei werden die Sauen ganzjährig im Freien gehalten. Sie ferkeln in speziellen, transportablen Hütten ab. Die Ferkel bleiben die ganze Säugezeit in der Hütte. Nach ein- bis zweijähriger Besetzung sollten die Flächen gewechselt werden, um den Parasitendruck nicht zu hoch werden zu lassen. Grundsätzlich läßt sich folgendes feststellen:

▸ Die Produktivität ist bei Freilandsauen verglichen mit den Stallhaltungssauen etwas niedriger (ein abgesetztes Ferkel/Jahr).

▸ Die Futterkosten sind etwas höher, die Tierarzt-, Energie- und Gebäudekosten sind niedriger, so daß die Gesamtkosten/Ferkel geringer sind.

▸ Freilandherden erfordern insgesamt geringe Kapitalkosten.

Die Freilandhaltung wirkt sich positiv auf die Tiergesundheit aus, lediglich der Parasitenbefall kann zum Problem werden, aber hierzu liegen keine konkreten Erfahrungen vor. Voraussetzung für die Freilandhaltung ist eine allmähliche Gewöhnung; spezielle Rassen sind nicht erforderlich (MEYER, 1989).

Aufzuchtställe − Als Ferkelaufzuchtställe haben sich die sog. KOOMANS-Aufzuchtbuchten bewährt (Abbildung 102). Dabei werden die Ferkel in einem anfänglich geschlossenen Nest

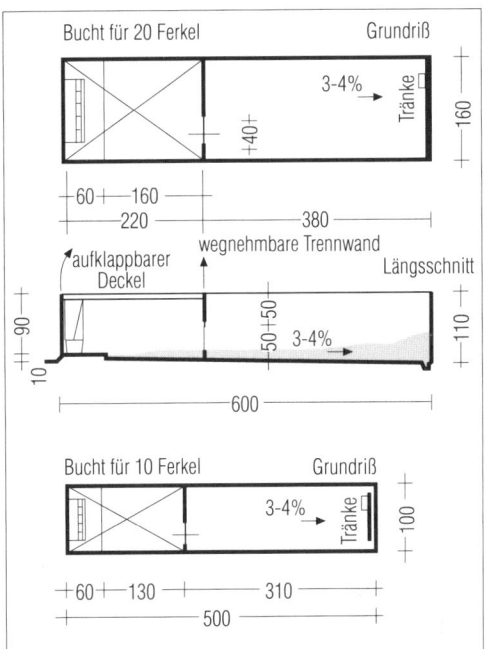

Abb. 102: KOOMANS Aufzuchtbuchten für 10 bzw. 20 Ferkel (Maße in cm).

gehalten, später werden Trennwand und Dek-
kel entfernt. Die Gesamtbuchtenfläche beträgt
pro Ferkel bis ca. 25 kg Gewicht ca. 0,5 m², die
Ferkelkiste ohne Freßpodest ist 0,13 m² groß.

2.1.4 Haltung von Mastschweinen

Bei der Mast sind Tiefstreuställe (wenn möglich
als geschützter Offenfrontstall) geradezu ideal.
Der Strohbedarf beträgt hierbei 1,5–1,9 kg/Tier
und Tag. Steht weniger Stroh zur Verfügung, so
kann der Stall auch als Vierflächenbucht mit
Liegplatz, Freßplatz, Mistgang und Auslauf
ausgeführt werden.
In Offenfrontställen sollte der Boden im Liegebereich mit Isolierplatten versehen werden.
Der Mistgang stellt die Verbindung zwischen
Liegefläche und Auslauf dar. Für bis zu 100 kg
schwere Tiere wird eine Liegefläche von 0,5 m²
benötigt, der Freßbereich benötigt ebenfalls
0,5 m². Der Auslauf ist mit 0,9 m² reichlich bemessen und kann ganz oder teilweise überdacht
werden, um den Regenwassereintrag zu vermindern. Im Auslauf können auch Sprühein-
richtungen angebracht werden (RIST, 1987). In
geschlossenen Schweineställen ist auf gute Lüftung besonderer Wert zu legen.

2.2 Fütterung

*Der Futteraufwand ist wichtigster Faktor der
Produktionskosten und entscheidet in der
Schweinehaltung über Erfolg oder Mißerfolg.*

In der Vergangenheit wurde in ökologisch wirtschaftenden Betrieben die Mast vorwiegend
mit billigen Abfallprodukten wie Ausputzgetreide, Sortierabfällen von Kartoffeln und Gemüse durchgeführt.
Häufigster Fehler solcher Rationen ist die unzureichende Eiweißergänzung. Als Folge nehmen
die Schweine nicht richtig zu und verfetten zu
früh. Das Endprodukt Schweinefleisch läßt sich
aufgrund zu hoher Fettanteile, trotz der organisch-biologischen Qualität nicht an Metzger
vermarkten. Besondere Aufmerksamkeit muß
daher, neben der Auswahl von Tieren mit guten
Qualitätseigenschaften, auf bedarfsgerechte
und trotzdem kostengünstige Fütterung gelegt
werden.

2.2.1 Zur Physiologie der Monogastrier-
verdauung

Im Gegensatz zum Rind hat das Schwein ein
Verdauungssystem mit einhöhligem Magen,
ähnlich wie der Mensch. Das Schwein muß daher alle für die Eiweißsynthese benötigten essentiellen Aminosäuren mit dem Futter aufnehmen; es werden hohe Ansprüche an die biologische Wertigkeit des Eiweißes gestellt.
Es kann also durchaus sein, daß das Schwein
zwar genügend Rohprotein erhält, es aber
trotzdem nicht vollständig verwerten kann, weil
bestimmte Aminosäuren fehlen. In der Fütterung auf einem organisch-biologischen Betrieb
muß daher versucht werden, durch geschickte
Kombination der verfügbaren Futtermittel ein
ausgeglichenes Aminosäuremuster der Gesamtration zu erreichen.

2.2.2 Futtermittel für Schweine

Bioland-Richtlinien 3.3.3 und 9.4.2:
Mastschweinen und Zuchtschweinen ist
Grundfutter anzubieten. In der Schweinefütterung dürfen maximal 15% konventionell
erzeugte Futtermittel eingesetzt werden.
Zusätzlich zu den für Rindvieh einsetzbaren
konventionellen Futtermitteln dürfen in der
Schweinehaltung Magermilch, Magermilchpulver, Milchprodukte und Kartoffeleiweiß
eingesetzt werden.

Weizen — Er ist sehr energiereich, hochverdaulich und sehr bekömmlich und kann bis zu 60% in der Ration eingesetzt werden.

Gerste — Sie ist das klassische Schweinefutter, kann unbegrenzt verfüttert werden. Gerste hat guten Einfluß auf die Schlachtqualität.

Roggen — Ebenfalls gutes Schweinefutter, energiereicher als Gerste und Hafer. Auch bei Anteilen von bis zu 40% leidet die Schmackhaftigkeit der Ration nicht. In der Zucht können bis zu 20% eingesetzt werden. Vor allem bei Ausputzroggen ist auf Pilzbefall und auf Mutterkorn zu achten (Steifbeinigkeit).

Hafer — Besonders für Zuchtschweine ist Hafer ein wertvolles Futtermittel, aufgrund des höheren Rohfasergehalts. Geschälter Hafer und Futterhaferflocken können als Diätfutter verwendet werden. Wegen des hohen Fettgehaltes und Einfluß auf die Speckqualität sollten nicht mehr als 30% Hafer in der Ration enthalten sein.

Triticale — Er kann eine Alternative für Betriebe sein, die auf leichteren Böden Schweinefutter erzeugen wollen. Die Anspruchslosigkeit des Roggens wurde züchterisch mit der Qualität des Weizens kombiniert. Daher ist Triticale ein gutes Energiefutter, daß ebenfalls unbegrenzt in der Ration eingesetzt werden kann.

Ackerbohnen — Sie sind ein wichtiges, wirtschaftseigenes Eiweißfutter. Das Eiweiß ist in seiner Aminosäure-Zusammensetzung nicht ausgeglichen, der Lysingehalt ist ausreichend, aber die Methionin- und Cystingehalte sind zu niedrig. Manche Sorten haben zu hohe Bitterstoffgehalte und werden nicht so gut vertragen. Als alleinige Eiweißquelle vor allem in der Anfangsmast nicht empfehlenswert.

Erbsen — Sie sind hochverdaulich und werden gern gefressen. Der Futterwert ist dem der Ackerbohnen ähnlich, auch Erbsen haben als alleinige Eiweißquelle zu wenig Methionin und Cystin. In der Mast sind bis zu 20% in der Ration möglich.

Süßlupinen — Sie sind ein eiweißreiches Wirtschaftsfutter, allerdings mit hohem Rohfasergehalt, aber guter Eiweißqualität. Der Anteil in der Ration sollte nicht über 5% betragen (Rohfasergehalt, Bitterstoffe!), da sonst Appetitmangel, Durchfall und Blähungen auftreten können.

Bierhefe — Sie ist ein hochwertiges Eiweiß, enthält außerdem Vitamin B und diverse Mineralstoffe (Phosphor, Eisen, Mangan, Zink, Kobalt). Aufgrund der Methionin- und Cystingehalte ist Bierhefe eine gute Ergänzung zu Körnerleguminosen- und Getreiderationen für Sauen und Ferkel.

Magermilch — Dieses vollwertige Eiweißfuttermittel ist ähnlich wie Bierhefe gut zur Ergänzung von Leguminosen geeignet. Zur Verbesserung der Ration kann Milchpulver oder frische Magermilch eingesetzt werden, wenn sie kostengünstig bezogen werden kann.

Grasgrünmehl — Es ist gut geeignet für tragende Sauen. Es hat einen relativ hohen Protein- und Mineralstoffgehalt und ist als Komponente in Getreidemischungen für Zuchttiere interessant.

Kartoffeln — Der Futterwert der Kartoffel ist von ihrem Stärkegehalt abhängig. Sie sollten aus Gründen besserer Futteraufnahme und Futterverwertung gedämpft und/oder siliert werden. Das Verfahren des Rohsilierens ist in der Erprobung, Praxiserfahrungen liegen noch nicht vor. In der Anfangsmast können bis zu 20%, in der Endmast bis zu 50% der Ration aus Kartoffeln bestehen.

Mais — Er ist sehr energiereich und enthält mehr Gesamtnährstoffe als Gerste. Allerdings kann Mais das Fettsäurenmuster des Specks verändern und sein Anteil sollte daher nicht über 40% in der Ration betragen. Maissilage sollte aufgrund des hohen Rohfasergehalts nur in geringem Umfang eingesetzt werden, Corn Cob Mix (CCM) kann mit höheren Gehalten verfüttert werden.

Karotten — Sie haben eine gute Wirkung auf die Verdauung und wirken appetitanregend. Ihr hoher Karotingehalt wird in der Zucht geschätzt, deshalb sind für Sauen täglich bis zu 2 kg günstig in der Ration.

Gehaltsrüben — Sie sind als Saftfutter gut geeignet. Zuchtsauen können bis zu 10 kg Rüben am Tag fressen, Mastschweine können bis zu 40% Rüben in der Ration (TS) erhalten.

Kleegrasgemenge — Man kann es gut an Schweine verfüttern, wenn es früh geschnitten wird. Das Futter kann sowohl frisch als auch als Trockengrün oder Silage an die Tiere verfüttert werden und stellt eine gute Eiweißquelle dar. Mastschweine können ca. 10% der Ration (bezogen auf den TS-Gehalt) verwerten. Kleegras ist in der Regel ein billiges Futter und ist vor allem für Mastschweine gleichzeitig Beschäftigung und Sättigungsfutter.

Mineralstoffe — Ob eine Ergänzung der Ration mit Mineralstoffen erforderlich ist, läßt sich anhand einer überschlägigen Rationsberechnung feststellen. Neben Calcium, Phosphor und Natrium sollten dabei auch Eisen, Kupfer und

Zink berücksichtigt werden. Die erlaubten Mineralfuttermittel sind auf Seite 226 aufgeführt. Zur Deckung des Eisenbedarfs von Ferkeln ist die Verfütterung von Rasensoden oder Komposterde geeignet.

2.2.3 Fütterung der Zuchtsauen

Es ist bekannt, daß Zuchtsauen relativ gute Grundfutterverwerter sind. Sie werden auch in herkömmlichen Betrieben mit Grundfutter versorgt, wenn sich dies arbeitswirtschaftlich bewerkstelligen läßt. Daher lassen sich Zuchtsauen verhältnismäßig gut in die Organisation eines organisch-biologischen Betriebes eingliedern.

Fütterung der tragenden Sau − Grundsätzlich sollten Sauen während der Trächtigkeit verhalten gefüttert werden, da Verfettung zu Geburtsschwierigkeiten führen kann. Sauen können während der Trächtigkeit mit viel wirtschaftseigenem Grundfutter gefüttert werden. Durch eine hofnahe Schweineweide ist die gesündeste und billigste Grundfutterversorgung gewährleistet. Als Weideform ist die Umtriebsweide der Standweide vorzuziehen, da die kontinuierliche Lieferung von jungem eiweißreichem und rohfaserarmem Gras wichtig ist und der Parasitendruck durch Weidewechsel verringert wird. Der Weideflächenbedarf/Tier ist von der Intensität der Beweidung abhängig und schwankt je nach Bodenart, Klima und Wasserversorgung zwischen 500 und 1000 m²/Schwein.

Alt- und Jungsauen können 15−20 kg Gras, Läufer ca. 9 kg Gras am Tag fressen. Bei einer Grasaufnahme von 12 kg wird der Eiweißbedarf nach Menge und Qualität gedeckt. Zum Energieausgleich sind je Tier und Tag bis zur 12. Trächtigkeitswoche 0,5 kg Getreideschrot und 30 g Mineralfutter mit hohem Na-Gehalt (ca. 10% Natrium) notwendig. Die Schrotbeifütterung wird bis zum Abferkeln auf 2,5 kg/

Tier und Tag gesteigert. Weidehaltung wirkt sich gleichzeitig positiv auf die Fruchtbarkeit und Tiergesundheit aus.

Wo Weidehaltung nicht möglich ist, wird die Grünfütterung im Stall durchgeführt. Dafür kommen Wiesenschnitt, Klee und Luzerne und deren Gemenge in Frage. Im Winter kann das Grundfutter aus Silage, Futterrüben, CCM oder geringen Mengen gutem Heu bestehen. Bei der Fütterung von Kartoffeln ist die Menge zu begrenzen, damit die Tiere nicht verfetten.

Fütterung der säugenden Sau − Die säugende Sau hat durch ihre Milchleistung einen höheren Nährstoffbedarf. An säugende Sauen sollten nur geringe Mengen Grundfutter verfüttert werden, damit die Nährstoffkonzentration in der Ration nicht zu gering wird. Die Tabelle 94 zeigt die Nährstoffansprüche in Abhängigkeit von der Ferkelzahl. Wie alle Futternormen sind auch diese Zahlen nur Anhaltswerte, die aber gerade für den unerfahrenen Schweinehalter eine wertvolle Hilfestellung sein können. Nicht nur wegen der Kosten, sondern auch wegen der Gefahr der Verfettung sollte sich die Futtermenge nach Ferkelzahl richten. Die Tabelle 95 zeigt zwei Beispielrationen für säugende Sauen mit 10 Ferkeln und ihre durchschnittlichen Nährstoffgehalte.

Fütterung der Ferkel − In der ersten Woche reicht das Nährstoffangebot in der Milch zur vollständigen Deckung des Nährstoffbedarfs der Ferkel. Dabei ist darauf zu achten, daß die Ferkel möglichst früh (in den ersten Stunden nach der Geburt) in ausreichender Menge Kolostrum aufnehmen. Sie enthält Immunstoffe und aktiviert die Tätigkeit von Magen und Darm.

Anstatt der prophylaktischen Spritze können Grassoden, Grabenaushub oder Kompost in der Einstreu zur Deckung des Eisenbedarfs eingesetzt werden.

Danach müssen die Tiere zugefüttert werden,

Tabelle 94 Empfehlungen der DLG für die tägliche Nähr-, Mineral- und Wirkstoffversorgung von Sauen

	Umsetzbare Energie MJ	Rohprotein g	Lysin g	Calcium g	Phosphor g	Natrium g	Vitamin A I.E.	Vitamin D₃ I.E.
säugend								
8 Ferkel	54	650	32	45	30	12	22 000	2 750
10 Ferkel	64	800	40	45	30	12	22 000	2 750
12 Ferkel	72	920	46	50	35	12	22 000	2 750
Absetzen bis Decken	29	300	13	20	13	5	10 000	1 250

Tabelle 95   Futterrationen für säugende Sauen mit 10 Ferkeln (Beispiele, Angaben in %)

Futtermittel	Ration I (Sommer)	Ration II (Winter)
frisches Kleegras	22	–
Grünmehl, jung	–	8
Ackerbohnen	20	–
Erbsen	–	30
Weizen	40	15
Gerste	–	40
Hafer	10	–
Bierhefe, getrocknet	5	4
Mineralfutter	3	3
Summe	100%	100%

weil Eiweiß- und Energie der Sauenmilch nicht mehr vollständig ausreichend sind. In der Tabelle 96 sind einige in der Praxis erprobte Mischungen für Ferkelfutter aufgeführt. Die empfohlenen Gehalte für Rohprotein werden zum Teil unterschritten, allerdings sollte die Mischung nicht weniger als 12 MJ und 170 g Rohprotein, davon mindestens 5% Lysin enthalten.

Absetzen der Ferkel – Das Absetzen von der Sau ist für die Ferkel eine erhebliche Belastung. Auf keinen Fall sollte Absetzen, Stallwechsel und Futterumstellung zur gleichen Zeit vorgenommen werden. Das Absetzen sollte frühestens nach 6 Wochen erfolgen; weniger Pro-

bleme mit Durchfall und Ödemerkrankungen gibt es allerdings beim Absetzen nach 8–9 Wochen (GRANZ u. a., 1990; HAIGER, 1988; diverse Praktikererfahrungen).

2.2.4 Fütterung der Mastschweine

Bei der Fütterung der Mastschweine ist es sinnvoll, tägliche Zunahmen von 500–600 g anzustreben. Es hat sich gezeigt, daß höhere Zunahmen zu Einbußen in der Fleischqualität führen können. Der Nährstoffbedarf der Mastschweine liegt im Mittel der Mast bei 28 MJ und 350 g Rohprotein. Es wird von einer mittleren Futteraufnahme von 3 kg und zusätzlich 1–2 kg Grünfutter ausgegangen.

Die Schweine werden in der Praxis auf etwa 120–130 kg in der Dauer von 4–5 Monaten gemästet. Bis zum Erreichen dieses schlachtreifen Endgewichts muß besonders darauf geachtet werden, daß die Tiere nicht zu stark verfetten. Der Einsatz eines Vormastfutters mit 17,5% Rohprotein, 10,5 g Lysin und 12,2 MJ ME/kg im Gewichtsabschnitt von 30–60 kg wirkt bei guten täglichen Zunahmen der Verfettung entgegen. Im Hauptmastfutter, im Gewichtsabschnitt von 60–120 kg kann der Rohproteingehalt auf 16% gesenkt werden.

Mit dieser Nährstoffkonzentration im Mastfutter läßt sich eine Futterverwertung von 1:3,5 und ein Futterverbrauch von 3,25–3,75 dt/Tier erreichen. Bei höherem Anteil Grundfutter in der Ration läßt sich der Futterbedarf noch ver-

Tabelle 96   Auf Betrieben erprobte Futtermischungen für Ferkel (Angaben in %)

	Mischung 1	Mischung 2	Mischung 3
Futtermittel			
Gerste	12	8,5	32
Hafer	–	8,5	–
Weizen	45	28	15
Roggen	–	–	10
Getreide	57	45	57
Ackerbohnen	10	10	10
Erbsen	–	41	19
Leguminosen	10	51	29
Bierhefe	10	–	10
Milchaustauscher	20	–	–
Mineralfutter	3	4	4
Kennwerte g/kg Futter			
Umsetzbare Energie (MJ) (12,6[1])	12,7	12,7	12,6
Rohprotein (g) (195)	180	170	175
Lysin (g) (10,5)	9	10,1	10,1
Cystin + Methionin (g) (6,5)	4,8	4,5	4,8

[1] Die in Klammer stehenden Werte werden angestrebt.

ringern und die Schweine sind ruhiger, weil sie sich an Grundfutter satt fressen können.

Getreide-Körnerleguminosen Mast – Häufigstes Verfahren in der Praxis ist die alleinige Mast mit Getreide und Körnerleguminosen. Um das Aminosäuremuster auszugleichen, ist die Beimischung von Bierhefe oder Magermilchpulver sinnvoll. Aufgrund des Gehalts an Bitterstoffen und der oft schlechten Trocknungsqualität wurde früher empfohlen, nicht mehr als 30% Körnerleguminosen in der Ration zu verfüttern. Bei der Wahl bitterstoffarmer Sorten und sorgfältiger Trocknung werden heute aber auch gute Erfahrungen mit höheren Anteilen in der Ration gemacht (Tabelle 97). Wird ausschließlich vermarktungsfähiges Brotgetreide eingesetzt, verteuern sich die Rationen um ca. 8 DM/dt.

Tabelle 97 Praxiserprobte Schweinemast-Rationen auf der Basis von Getreide und Körnerleguminosen

Mischung 1	Kennzahlen/kg Futter
35 % Weizen[1] 13 % Hafer 20 % Roggen[1] 15 % Ackerbohnen 10 % Erbsen 3,5% Milchpulver 3,5% Mineralfutter	12,7 ME (MJ) 148 g Rohprotein 7,6 g Lysin tägliche Zunahmen: 600 g Kosten der Mischung: 72,25 DM/dt
Mischung 2	Kennzahlen/kg Futter
33 % Weizen[1] 40 % Gerste 20 % Ackerbohnen 3,5% Bierhefe 3,5% Mineralfutter	12,48 ME (MJ) 148 g Rohprotein 7,17 g Lysin tägliche Zunahmen: 600 g Kosten der Mischung: 70,20 DM/dt

[1] Ausputzgetreide.

Kombinierte Fütterung, Kartoffelmast – In der Mast mit Kartoffeln hat sich das Verfahren der sog. kombinierten Fütterung bewährt. Als Ergänzung zu Kartoffeln wird 1 kg (bei stärkereichen Knollen) oder 1,5 kg (Speisekartoffelabfällen etc.). Beifutter eingesetzt. Kartoffelmast kann mit etwa 30 kg einsetzen. Über die ganze Mastperiode wird das gleiche Beifutter verfüttert. Der zunehmende Nährstoffbedarf wird über steigende Kartoffelgaben gedeckt, dazu ist Dämpfen oder Silieren der Kartoffeln erforderlich. Kartoffeln werden dann in der Regel zur

freien Aufnahme angeboten. Das Beifutter sollte je kg 220 g Rohprotein und 12 MJ Energie enthalten. Der Lysingehalt von 11 g ist durch die Verwendung von Ackerbohnen oder Erbsen leicht sicherzustellen. Die ausreichende Versorgung von Methionin oder Cystin wird durch geringe Anteile Milchpulver oder Futterhefe sichergestellt.

Tabelle 98 zeigt einen Mischungsvorschlag für ein Beifutter. Tabelle 99 zeigt eine weitere Ration mit Kartoffeleinsatz. Nachteil der Kartoffelrationen ist der hohe Arbeitsaufwand durch das Dämpfen. Bezogen auf die Gesamtration verursacht die Ration in Tabelle 98 Kosten von 30 DM/dt, bzw. 45–50 DM/dt, wenn verkaufsfähiges Brotgetreide eingesetzt werden muß. Die Ration in Tabelle 99 mit etwas geringerem Kartoffeleinsatz verursacht Kosten von 40 DM/dt bzw. 55–60 DM/dt bei der Verwendung von Brotgetreide.

Tabelle 98 Mischungsvorschlag für ein Kartoffelmast-Beifutter [1]

Futtermischung	Kennzahlen/kg Futter
25% Ackerbohnen 25% Erbsen 10% Bierhefe 4% Mineralfutter 1% Kohlensaurer Kalk	12,4 MJ Umsetzbare Energie 220 g Rohprotein 13,5 g Lysin 6 g Methionin + Cystin Kosten der Ration ca. 30 DM/dt

[1] Bei einem Futterverbrauch von 130 kg Beifutter und 600–800 kg Kartoffeln können Zunahmen von 600 g erreicht werden.

Tabelle 99 Futterration für kombinierte Kartoffelmast [1]

Futtermischung	Kennzahlen/kg Futter
50% Kartoffeln 15 % Weizen[2] 5 % Roggen[2] 4,5% Hafer 15 % Ackerbohnen 8 % Erbsen 2,5% Mineralfutter	12,15 MJ Umsetz- bare Energie 152 g Rohprotein 7,8 g Lysin Kosten der Ration ca. 40 DM/Tier

[1] Ausreichend für 600 g Zunahmen.
[2] Ausputzgetreide.

Resteverwertung – Die geringste Nahrungskonkurrenz zum Menschen stellt das Schwein als Resteverwerter dar. Reste eines Gemischtbetriebes sind dabei Ausputzgetreide, aussortierte Kartoffeln und eventuell Gemüseabfälle. Zusätzlich können Futtergetreide, vor allem Hafer, Körnerleguminosen und Kleegras für die Mastschweine eingeplant werden.

Die Inhaltsstoffe der Reste können sich stark unterscheiden, deshalb wird eine Kalkulation der Ration dringend empfohlen, um eine ausreichende Eiweißversorgung sicherzustellen. Kann Magermilch oder Molke verfüttert werden, treten damit erfahrungsgemäß weniger Probleme auf. Auch die reglemäßige Beifütterung eines eiweißreichen Ergänzungsfutters aus z. B. Körnerleguminosen und Futterhefe könnte Abhilfe schaffen.

Wenn zur Ergänzung der Ration bestimmte Komponenten, wie z. B. Körnerleguminosen von anderen Betrieben zugekauft werden sollen, so ist rechtzeitige Bestellung notwendig. Sollen Essensreste oder Küchenabfälle verfüttert werden, so ist neben dem Einhalten der gesetzlichen hygienischen Bedingungen unbedingt Absprache mit dem Verband wegen der Futterzukaufsregelungen erforderlich.

2.3 Rassen und Zuchtmethoden

Hauptproblem der heute verwendeten Schweinerassen ist die Tendenz zu schlechter Fleischqualität.

Mit der Zunahme der Rückenmuskelflächen und Fleischanteile erhöhte sich der Anteil der Qualitätsmängel und der streßbedingten Ausfälle bei Mast und Transport.

In konventionellen Zuchtprogrammen wird deshalb versucht, mit der Einkreuzung von streßresistenten Linien dem PSE-Fleisch entgegen zu wirken. Ob diese Bemühungen, bei weiterer einseitiger Selektion auf Fleisch:Fett-Verhältnis und Verteilung der Teilstücke erfolgreich sind, bleibt abzuwarten. Die Verwendung von Tieren aus Schweinezuchtprogrammen ist deshalb für ökologische Betriebe nicht ratsam. Es gibt keine Universalrasse, die den Anforderungen des ökologischen Marktes gerecht wird. Gezielte Züchtung oder Forschung, wie z. B. von Prof. BAKELS für die Rinderzucht, hat in der Schweinezucht für den Bereich des ökologischen Landbaus nicht stattgefunden. Für den organisch-biologischen Betrieb wünschenswert ist ein robustes Schwein, das ausschließlich mit wirtschaftseigenen Futtermitteln, möglichst auch mit Grundfutter gefüttert werden kann. Das Muttertier soll langlebig und fruchtbar sein und gute Muttereigenschaften

aufweisen. Das Masttier soll gute tägliche Zunahmen haben. Das Fleisch sollte ausreichend intramuskuläres Fett haben, ohne daß die Tiere zu schnell verfetten, und es soll feinfaserig, aromatisch und von dunkler Farbe sein.

Die ausschließliche Verwendung von alten Rassen, wie z. B. Angler Sattelschwein, Schwäbisch-Hällisches Sattelschwein, Rotes Weideschwein, hat den Nachteil, daß die Tiere in der Regel unter normalen Haltungs- und Fütterungsbedingungen zu schnell verfetten und sich das Endprodukt nicht vernünftig verkaufen läßt.

Unter Berücksichtigung der verfügbaren Rassen kann aus praktischen Erfahrungen folgendes abgeleitet werden:

▸ Ausreichende Fleisch- und Speckqualität bei reinrassigen DL (Deutsches Landschwein) und DE (Deutsches Edelschwein).

▸ Gute Fleisch- und Speckqualität bei sogenannten Gebrauchskreuzungen. Die Elterntiere werden reinrassig gehalten, als Ferkel werden Kreuzungstiere von z. B. Schwäbisch-Hällischen mit DL oder DE; AS (Angler Sattelschwein) Sauen mit Belgischen Landebern gemästet.

▸ Gute Erfahrungen wurden auch mit Dreirassenkreuzungen gemacht. Sehr gute Qualitäten erreichte die Kreuzung aus (DE×DL) × Hampshire; gute Qualitäten aus einer Dreirassenkreuzung DL × Duroc und Wildschwein, wobei der Wildschweinanteil jedoch nicht über 20% betragen sollte, da die Tiere sonst zu schnell verfetten.

Soll im eigenen Betrieb selektiert werden, so sollte man die Verteilung der Teilstücke am Tier unberücksichtigt lassen und lediglich Fleischqualität und Wurf- bzw. Mastleistung züchterisch bearbeiten (HAIGER, 1988).

> Bioland-Richtlinien 3.5.4:
> Der Ferkelzukauf ist ab 1991 nur noch aus ökologischen Zuchtbetrieben (AGÖL) erlaubt. Zugekaufte Zuchttiere dürfen erst nach 6 Monaten als Schlachtvieh verkauft werden. Zugekaufte Ferkel müssen 6 Wochen bei der Sau gewesen sein und dürfen nicht schwerer als 25 kg sein.

2.4 Transport und Schlachtung

Alle Bemühungen zur Erzeugung guter Fleischqualität durch Fütterung und Züchtung können bei Schweinen durch Streß bei Transport und Schlachtung negativ beeinflußt werden. Die

Fleischqualität der Schweine leidet durch die Streßhormone. Es werden mehr zuckerhaltige Verbindungen im Muskel bereitgestellt, diese führen nach der Tötung des Tieres zu sehr schneller Säurebildung im Muskel, die Folge ist PSE-Fleisch. Statt ausschließlich auf streßresistente Schweine zu züchten, ist es sinnvoll, den Streß der Schweine bei Transport und Schlachtung so gering wie möglich zu halten. Den geringsten Streß hat das Schwein, das alleine von einer ihm bekannten Person zum Metzger geführt wird.

Es sollte beim Verladen oder vor dem Schlachten vermieden werden, Tiere fremder Gruppen miteinander zu mischen, weil dies zu erhöhtem Sozialstreß führt. Vor dem Verladen müssen die Tiere zwar ausreichend Wasser erhalten, jedoch 12 h lang kein Futter. Beim Verladen verringern eine ruhige Atmosphäre, trittsichere Rampen mit Seitenbegrenzung und geringer Neigung, keine Verwendung von Elektrotreibern die Aufregung für die Tiere. Auf dem Transportfahrzeug sollten alle Tiere nebeneinander liegen können, das Fahrzeug sollte möglichst ruhig fahren und vor allem im Sommer keine langen Pausen machen.

Nach dem Transport vor dem Schlachten sollten die Schweine Gelegenheit haben, sich auszuruhen, allerdings wieder nur zusammen mit ihnen bekannten Tieren einer Gruppe. Die Schlachtung selbst soll dann mit ausreichender Betäubung ruhig, aber zügig erfolgen. Ob diese Anforderungen ein kleiner Verarbeitungsbetrieb oder ein Schlachthof besser erfüllt, kann nicht generell beantwortet werden, sondern muß in der jeweiligen Region ausprobiert werden.

2.5 Wirtschaftlichkeit der Schweinefleischerzeugung

Wesentlichen Einfluß auf die Rentabilität der Schweinefleischerzeugung haben Futterverbrauch und Futterverwertung, da das ökologisch erzeugte Futter vergleichsweise teuer ist. Gerade unter solchen Bedingungen sind regelmäßige Kontrolle der Rationen und Zunahmen erforderlich, um eine wirtschaftliche Mastschweineerzeugung sicherzustellen. Wenn durch den Einsatz von Grundfutter oder die Verwendung von Abfällen ohne allzugroßen Mehraufwand die Futterkosten gesenkt werden können, so ist dies vorteilhaft für die Rentabilität.

Entscheidende Bedeutung für die Wirtschaftlichkeit hat auch der Schweinefleisch-**Preis**. Das Interesse vieler Metzger ist groß, aber sie sind nicht bereit, 5,50 DM oder 6 DM/kg Schweinefleisch zu bezahlen. Anhand des Kalkulationsbeispiels läßt sich erkennen, daß zu geringeren Preisen kaum organisch-biologisches Schweinefleisch erzeugt werden kann. In der Vergangenheit haben deshalb wenig Betriebe Schweinehaltung im größeren Umfang praktiziert. Üblich war eher eine kleine Schweinehaltung mit Hausschlachtung und Direktvermarktung, wodurch bessere Preise erzielt werden konnten.

Die Tabelle 100 zeigt ein Kalkulationsbeispiel für Schweinemast, dem folgende Annahmen zugrunde liegen: Teilmechanisierte Ställe mit maximal 50 Mastplätzen, die Schweine werden in 5,5 Monaten von 25 auf 120 kg gemästet, erreichen eine durchschnittliche Futterverwertung von 1:3,6 und tägliche Zunahmen von 575 g. Der Marktpreis wird auf der Basis der geschlachteten Vermarktung ermittelt, d. h. bei 80% Ausschlachtung ergibt sich ein Hälftengewicht von 96 kg, das derzeit auf der Großhandelsstufe in Abhängigkeit von der Qualität mit ca. 6 DM bezahlt wird.

Tabelle 100   Kalkulationsbeispiel Deckungsbeitrag Mastschweine[1])

Posten	DM/Einheit
96 kg × 6 DM/kg Marktleistung	576,00
Ferkel 25 kg × 5,75 DM/kg	142,50
Futter 3,6 dt × 72 DM/dt	259,00
Energie, Stallgeräte, Wasser	25,00
Sonstiges	30,00
Zinsanspruch	7,00
variable Kosten DM	463,50
Deckungsbeitrag DM/Schwein	112,50
Akh-Anspruch: 4 Akh	

[1]) Bei 5,5 Monaten Mastperiode und 1,8 Umtrieben ist ein Deckungsbeitrag von 202,50 DM/Stallplatz und Jahr möglich.

Auch die Rentabilität der Ferkelerzeugung unter den Bedingungen des organisch-biologischen Landbaus hängt stark von Futterkosten und Absatzmöglichkeiten für die Ferkel ab. Durch Einsatz von ökologisch erzeugtem Futtergetreide fallen Mehrkosten in der Fütterung an, die durch einen höheren Preis für die Ferkel ausgeglichen werden müssen. Wenn ein Betrieb mit intensiver Sauenhaltung umstellen will, so muß, neben dem Viehbesatz, geprüft werden, wieviel organisch-biologisch erzeugte Ferkel in der Region abgesetzt werden können.

Die Umstellung der Fütterung auf Futtermittel organisch-biologischer Herkunft ist nur für die Muttertiere empfehlenswert, die auch als organisch-biologische Produkte (Ferkel oder Mastschweine) abgesetzt werden können. Ansonsten kann Aufgabe oder Verringerung der Veredlungswirtschaft und Ersatz durch andere Betriebszweige langfristig rentabler für den Gesamtbetrieb sein.

2.6 Praxisbericht:
Sauen- und Mastschweinehaltung mit Angler Sattelschweinen

Der hier beschriebene Betrieb wurde 88/89 auf organisch-biologischen Landbau umgestellt. Der Marktfrucht-Veredlungsbetrieb hat eine Größe von 52,7 ha mit einer durchschnittlichen Bodengüte von 50 Punkten. Er liegt östlich von Bad Segeberg und zeichnet sich durch 3 Schwerpunkte aus: Brotgetreide, Industriegemüse und Schweinehaltung.

Mit der Ernte des ersten Getreides aus dem Nulljahr im Herbst 1988 wurde der Schweinebestand entsprechend den Bioland-Richtlinien umgestellt. Der Bestand umfaßt heute einen Fleischeber und 20 Angler Sattelschwein-Sauen, die zum Teil schon vor der Umstellung im Betrieb gehalten wurden. Die Angler Sattelschwein-Sauen zeichnen sich durch gute Muttereigenschaften, Robustheit und gutes Grundfutteraufnahmevermögen aus. Letzteres ist gerade bei modernen Rassen häufig sehr gering.

Die drei genannten Eigenschaften sind im Hinblick auf die Haltung und Fütterung im ökologischen Landbau von Vorteil, außerdem ist das Angler Sattelschwein eine erhaltenswerte Rasse. In Reinzucht ergibt das Angler Sattelschwein jedoch kein Mastendprodukt, das sich gut vermarkten läßt. Der moderne Kunde erwartet nämlich auch beim Bioland-Schlachter eine wohlschmeckende und zugleich nicht zu fette Fleischqualität. Um ein fleischbetontes Mastendprodukt zu erzeugen, werden AS-Sauen mit einem Fleischeber der Rasse Belgisches Landschwein gekreuzt. Damit wird ein Magerfleischanteil von 53% erreicht. Das Fleisch ist somit nicht zu fett, aber wohlschmeckend. Es hat sich herausgestellt, daß ein Mastendgewicht von ca. 100 kg am geeignetsten ist, die Wünsche des Schlachters und des Endkunden optimal zu befriedigen. Fleischqualität und die Größe der einzelnen Fleischpartien (z. B. Karbonaden) sind ausgewogen.

Rund 380 Ferkel werden pro Jahr erzeugt. Davon verbleiben ca. 150 zur Mast im eigenen Betrieb, weitere 200 werden an einen Bioland-Betrieb in der näheren Umgebung verkauft, der Rest geht an Hobbymäster.

Die Futtergrundlage besteht aus Gerste, Hafer, Weizen, Ausputzgetreide, Ackerbohnen und Kleegrassilage in Rundballen. Hierzu kommt eine Vormischung aus Weizenkleie, Bierhefe, Futterkalk, Mineralstoffen und Molkepulver, die in der Mischung bei Sauen und Mastschweinen 4% und bei Ferkeln 8% beträgt (Tabelle 101).

Die Kleegrassilage sollte möglichst jung gewonnen werden und nicht zu stark anwelken, damit ein optimaler Gärungsprozeß im Rundballen gewährleistet ist. Ein Rundballen wiegt ungefähr 600 kg und reicht für 3 Tage.

Die Sauen werden entweder in Gruppenbuchten oder in Freß-Liegeboxen in Ebernähe gehalten. Weidegang findet vormittags statt, da die Schweine zu viel Sonnenlicht meiden und nachmittags lieber im zugfreien, schattigen Stall liegen. Zum Abferkeln kommen die Sauen die ersten 8–10 Tage in Abferkelstände, später in geräumige Buchten. Während der sechswöchigen Säugezeit findet kein Weidegang statt. Pro Jahr wird eine Entwurmung und eine Impfung durchgeführt. Weitere Medikamente kommen nicht zum Einsatz.

Die Eisenversorgung der Ferkel ist durch ein reichhaltiges Angebot von Grassoden ab dem 3. Lebenstag gesichert, auf das Abkneifen der Zähne wird verzichtet. Die Ferkel

Tabelle 101   Fütterung der Schweine im Betrieb Stoltenberg

Hofmischung	Sauen/Mast %	Ferkel %	
Weizen	25	30	
Hafer	25	25	
Gerste	25	16	
Ackerbohnen	21	21	
Vormischung	4	8	
Futterbedarf für die Hofmischung	Stück	pro Tier (dt)	Gesamtfutterbedarf
Sau	20	7	140
Eber	1	7	7
Mastschwein	150	3	450
Ferkel	380	0,25	95
Hofmischung gesamt			692
Grundfutterbedarf an Grassilage			
Sau (+ Weidegang)	20	20	400
Mastschweine	150	2	300
Grassilage gesamt			700

werden ab dem 8. Lebenstag bis zum Verkauf ad libitum gefüttert. Die Futterautomaten werden 2 × täglich beschickt, um Brückenbildung zu vermeiden. Für Sauen, Ferkel und Mastschweine steht Wasser zur freien Aufnahme zu Verfügung.

Nach dem Absetzen bleiben die Ferkel noch eine Woche in der gewohnten Umgebung. Danach folgt die Umquartierung in Aufzuchtbuchten mit Gruppen von ca. 15 Ferkeln einheitlicher Größe. Dort bleiben die Ferkel bis zum Verkauf oder bis zur Umstallung in den Maststall. Das Verkaufsgewicht der Ferkel liegt zwischen 24 und 30 kg. Die Bezahlung erfolgt nach Gewicht, die ersten 20 kg werden mit 6 DM/kg in Rechnung gestellt, das restliche Gewicht mit 4 DM/kg.

Die Mastschweine werden in Gruppen zu sechs im ehemaligen Kuhstall in dänischer Aufstallung mit reichlich Einstreu gehalten. Die Fütterung erfolgt 2 × täglich von Hand. Neben der Hofmischung wird Kleegrassilage zur vollständigen Sättigung gegeben. Bei einem Schlachtgewicht von 110 kg betragen die täglichen Zunahmen durchschnittlich 640 g bei einer Futterverwertung von 1:3,6.

Direktvermarktung ab Hof ist aufgrund der Marktferne nur begrenzt möglich und beschränkt sich auf den Verkauf von Schweinehälften, die auf Wunsch der Kunden bei einem Schlachter zerlegt werden. Die Schweine werden von uns zum Schlachttermin angeliefert. Alles weitere bespricht dann der Kunde vor Ort mit dem Schlachter. Der Preis/kg beträgt 7,50 DM/kg inclusive MwSt. für ein nach den Wünschen des Kunden zerlegtes Schwein.

Der weitaus größere Teil wird an einen Bioland-Schlachter in Hamburg verkauft. Das Schlachten übernimmt ein kleiner Schlachtereibetrieb in ca. 30 km Entfernung. Den Transport führen wir selbst durch, um eine möglichst streßfreie Fahrt für die Tiere zu garantieren. Wenn möglich, werden die Tiere am Abend vor dem Schlachten dort angeliefert, der weitere Transport erfolgt per Kühltransporter. Durch diese Methode erhält der Ladenschlachter eine einwandfreie Qualität. Die Abrechnung erfolgt nach Schlachtgewicht, das Fleisch wird für 6,20 DM/kg (inclusive MwSt.) verkauft, die Schlachtkosten trägt der Erzeuger. Die Erzeugung von qualitativ hochwertigem Bioland-Schweinefleisch ist möglich; für die Vermarktung muß aber noch viel getan werden. Die Bauern selbst sind gefordert, Gespräche mit Schlachtern und Verarbeitern zu führen, um den Absatz zu fördern und vielen Verbrauchern den Genuß von hochwertigem Fleisch zu ermöglichen.

ROLF STOLTENBERG, bio-land 3/91

3 Hühner- und Geflügelhaltung

F. DEERBERG

Die Geflügelhaltung ist der Bereich, der fast vollständig aus der bäuerlichen Landwirtschaft in die industrielle Tierhaltung verlagert wurde. Auf diese Weise wurden in der Vergangenheit große Mengen Eier zu geringem Preis produziert. Mehr und mehr Kunden verlangen aber jetzt Eier, die mit einer artgemäßeren Tierhaltung produziert werden. Besondere Beliebtheit beim Verbraucher hat die Freilaufhaltung oder Haltung mit Auslauf gegenüber ganzjähriger Stallhaltung.

Spezielle Qualitätsprogramme für artgemäße Tierhaltung, wie z. B. Neuland oder die Banderole vom Verein gegen tierquälerische Massentierhaltung sind entwickelt worden, in denen allerdings der Fütterung geringere Bedeutung als bei ökologischer Erzeugung beigemessen wird.

Die Geflügelhaltung, vor allem die Legehennenhaltung, bietet in der Regel eine gute Möglichkeit zum Einstieg in die Direktvermarktung und eröffnet den Zugang zu einer Stammkundschaft. Gerade für Betriebe, die sonst keine Frischprodukte anbieten, kann die Erzeugung von Eiern die Möglichkeiten der Direktvermarktung verbessern.

Neben der Haltung muß ein organisch-biologischer Betrieb, der Geflügel erzeugen will, auch die Fütterung gemäß den Richtlinien des ökologischen Landbaus umstellen. Noch stärker als das Schwein ist Geflügel, vor allem das Huhn, auf Futterpflanzen angewiesen, die in direkter Konkurrenz zu menschlicher Ernährung stehen. Auf die Futterrationsgestaltung wirkt sich diese Konkurrenz vor allem durch den hohen Preis der Brotgetreide aus. Dem steht der Anfall eines Hofdüngers mit hoher Nährstoffkonzentration, aber geringer Pflanzenverträglichkeit gegenüber. Auch die Geflügelhaltung wird im organisch-biologischen Betrieb als flächengebundene Tierhaltung betrachtet (siehe auch Seite 233, Abschnitt Tierbesatz).

3.1 Hühner- und Geflügelställe

3.1.1 Natürliche Verhaltensgewohnheiten des Huhns

Wie fast alle Haustiere sind Hühner Tiere mit einer ausgeprägten **sozialen Rangordnung.** Die Tiere erkennen sich an der Kopfform wieder und können zwischen 40 und 250 andere Tiere im Gedächtnis behalten. Innerhalb der Herde werden Gruppen gebildet. Bei verwilderten Haushühnern umfaßt die Gruppe in der Regel 4–6 Hennen und einen dominanten Hahn. Für die Stallhaltung sind Hähne nicht unbedingt erforderlich; die Anwesenheit von einem Hahn für 30 Hennen wirkt aber beruhigend und aggressivitätsmindernd (FÖLSCH, 1986).

Die **Nahrungsaufnahme** ist wichtig für das Sozialleben der Hühner, die Tiere nehmen das Futter gemeinsam auf. Sie werden dabei durch akustische Signale der anderen Hennen (Picken, Scharren, Kratzen), aber auch durch Laufgeräusche der Fütterungseinrichtungen zum Fressen angeregt. Die Futteraufnahme wird durch Struktur und Farbe beeinflußt; der Geschmackssinn ist bei Geflügel nicht sehr differenziert ausgeprägt. Picken und Scharren gehören zum Fressen, auf dem eingestreuten Stallboden ist dies möglich. Besser ist allerdings die Einrichtung eines Auslaufs, der als Freilandauslauf oder als überdachter Pavillon ausgeführt werden kann. Im Auslauf kann den Hühnern eine begrenzte Menge des Futters als ganze Körner gegeben werden.

Hühner sind Vögel, auch wenn diese Tatsache allzuoft in Vergessenheit gerät. Neben Laufen und Gehen gehören **Flattern** und **Fliegen** genauso zu den arteigenen Verhaltensweisen. Auch das Flügelstrecken und Federschlagen ist ein arteigenes Verhalten des Huhns, sie benötigen dazu ausreichend Platz.

Wenn es dunkel wird, suchen die älteren Tiere zum **Ausruhen** normalerweise die unteren Äste von Bäumen auf. In der Stallhaltung sollte diesem Verhalten, dem sogenannten Aufbaumen durch das Anbringen von erhöhten Sitzstangen Rechnung getragen werden. Die Lichtsteuerung muß so eingestellt sein, daß den Tieren eine ausreichende Ruhezeit ermöglicht wird (mindestens 8 Stunden/Tag).

Zum **Eierlegen** bevorzugen Hühner ein dunkles geschütztes Nest mit weichem und verformbarem Bodenmaterial (siehe Farbtafel 8).

Das sog. **Komfortverhalten** der Hühner beinhaltet Sand-, Staub- und Sonnenbaden. Vor allem das Sand- und Staubbaden erfüllt dabei für die Hühner auch wichtige hygienische Aufgaben. Der Besatz mit Ektoparasiten kann durch das Staubbaden erheblich vermindert werden. Im Stall oder im überdachten Auslauf sollten trockene Sand- und Staubbademöglichkeiten angeboten werden (Abbildung 108, Seite 281).

Hühner suchen Schutz gegen Feinde aus der Luft. Im Auslauf müssen deshalb **Unterschlupfmöglichkeiten** vorhanden sein, die Schutz gegen Feinde und Schatten bieten, sofern nicht rascher Zugang zu den Stallgebäuden besteht.

> Bioland-Richtlinien 3.1.6:
> Hühner dürfen nicht in Käfigen gehalten werden... Der Stall muß so beschaffen sein, daß die Tiere scharren und sandbaden können und die Eier in Nester abgelegt werden. Die Nachtruhe muß mindestens 8 Stunden ohne künstliches Licht betragen.

3.1.2 Stallbau und Klima

Im Gegensatz zu Rindern und Schweinen stellen Hühner sehr hohe Ansprüche an die **Temperatur** im Stall. Dies ist nicht verwunderlich, da unser Haushuhn vom Bankivahuhn aus Indien abstammt. Gleichzeitig muß eine gute Luftqualität ohne Zugluft sichergestellt werden. Für ausreichende Temperatur während des Winters ist ein Besatz von etwa 10 kg Lebendgewicht/m² ausreichend. Wird eine Besatzdichte von 1,5–2,5 kg Lebendgewicht/m³ überschritten, so ist Zusatzlüftung erforderlich, um die Schadgaskonzentration und Luftfeuchtigkeit regulieren zu können.

Bei der **Lüftung** ist auf gleichmäßige Verteilung der Öffnungen über die Stallfront zu achten, außerdem soll die Frischluft nicht direkt auf die Tiere fallen, sondern langsam in den Stall eintreten und sich dabei erwärmen. Die Zuluftöffnungen müssen im Querschnitt an die Lüftungsrate angepaßt sein, damit keine Zugluft entsteht. In der Tabelle 102 sind die wichtigsten Stallklimadaten für Geflügelarten zusammengestellt.

Wie für alle Tierarten so sollen auch Hühner **Tageslicht** erhalten. Dies läßt sich entweder durch große Fenster oder durch Lichtplatten, Kuppeln, Lichtschächte etc. erreichen. Für gute Legeleistungen ist eine ausreichende Lichtstärke von ca. 30 Lux/m² erforderlich. Wenn hierfür Zusatzbeleuchtung erforderlich ist, so sollte eine Lichtquelle mit Infrarotanteil gewählt werden.

3.1.3 Freiland- und Auslaufhaltung

Freilandhaltung ist eine artgerechte Form der Legehennenhaltung. Diese Form der Haltung ist angemessen, wenn genügend Fläche zur Verfügung steht. Wenn ohne Umtrieb die Grasnarbe grün bleiben soll, wird ein Flächenbedarf von 20 m²/Tier benötigt. Bei zu kleinem Auslauf treten erhebliche Probleme durch erhöhten

Tabelle 102 Optimale Stallklimadaten für Geflügel

Tierart	Alter	Stalltemperatur °C	Kleinklima [1]
Hühner			
Küken	1. Woche	20	32
	5.–8. Woche	16–18	18–20
Junghennen	9.–20. Woche	12–20	–
Lege- und Zuchthennen	ab 22. Woche	12–18	–
Mastküken	1. Woche	25	32
	2. Woche	25	30
	ab 4. Woche	20	–
Puten			
Küken	1. Woche	22–24	34–36
	2. Woche	18–22	32–34
	ab 7. Woche	18–20	
Enten			
Küken	1.–2. Tag	20	28
	3. Tag	18	26
	ab 12. Tag	20	–
Gänse			
Küken	1.–2. Tag	20	25
	3.–6. Tag	18	22

[1]) Kleinklima = Temperatur unter der Wärmequelle in Kopfhöhe der Küken.

Abb. 103: Überdachter Pavillon als Alternative zum Freilandauslauf.

Parasitendruck und möglicher Nährstoffbelastung des Grundwassers durch Auswaschung auf. Der Flächenbedarf für die Auslaufhaltung kann verringert werden, wenn der Auslauf in mindestens 2, besser 3 Abteile unterteilt wird, die abwechselnd genutzt werden (5–10 m²/Tier). Vorweide mit Schafen verbessert die Qualität der Grasnarbe.

Eine Alternative stellt ein überdachter eingezäunter Pavillon für die Hühner dar. Dieser kann entweder als alleiniger Auslauf oder als Schlechtwetterauslauf für die Hühner genutzt werden (Abbildung 103).

Auch wenn die Tiere ganzjährig Auslauf haben, so verbringen sie doch einen großen Teil ihrer Zeit im Stall. Deshalb ist auf die Gestaltung des Stallraumes mit Legenestern, Kotgruben und Sitzstangen und auf ein angemessenes Klima im Stall Wert zu legen.

3.1.4 Volierenhaltung

Steht nicht genügend Fläche zum regelmäßigen Auslauf zur Verfügung, so muß der Stall so gestaltet werden, daß alle arteigenen Verhaltensweisen ausgelebt werden können. Nach diesem Prinzip wurde die sog. Volierenhaltung entwickelt. Vor allem in der Schweiz ist diese Haltung weit verbreitet, seit durch das schweizerische Tierschutzgesetz dort die Käfighaltung verboten wurde.

Die Voliere nutzt den gesamten Stallraum durch hochgelegte Einrichtungen, wie z. B. Sitzstangen aus. So kann pro m² Stallgrundflä-

che eine größere Zahl Hennen (10 und mehr pro m²) gehalten werden, als bei reiner Bodenhaltung (6–7 Tiere/m²). Über einer mit Drahtgeflecht abgedeckten Kotgrube werden Sitzstangen in verschiedenen Höhen angeordnet. Durch die Abdeckung der Kotgruben wird ein direkter Kontakt der Tiere mit dem Kot und damit die Ansteckungsgefahr mit Parasiten verhindert.

Etwa 25–33% der Bodenfläche wird als eingestreuter Scharraum eingeplant. Die Einstreu sollte trocken und pulverig sein, dazu darf die Luftfeuchtigkeit nicht über 80% betragen. Die Einstreu besteht aus Stroh, Kompost und Sand. Die Einstreuschicht darf nicht zu dick sein, damit die Tiere beim Scharren ihre Krallen am Boden abwetzen können.

Abb. 104: Artgemäße Einrichtung eines Hühnerstalls: Rechts mit erhöhten Sitzstangen versetzt in unterschiedlichen Ebenen, links Nester.

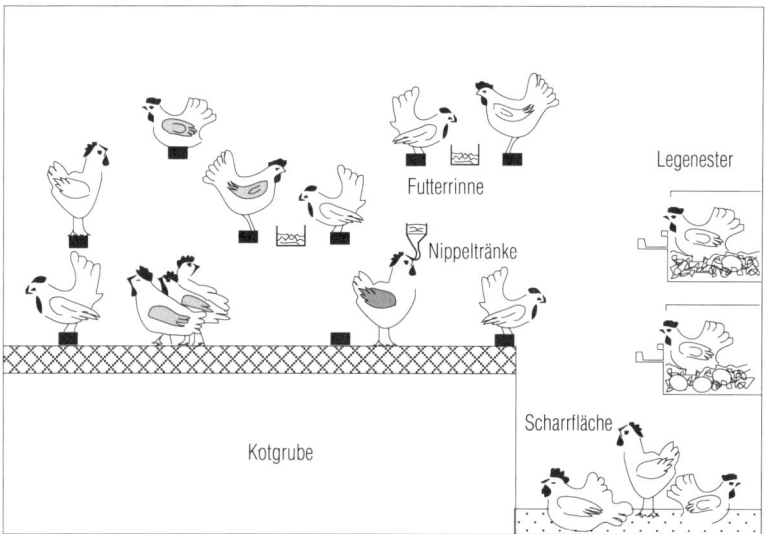

Abb. 105: Vorschlag einer Volierenhaltung (RIST, 1987).

Die Futter- und Tränkeeinrichtungen sollten so angebracht werden, daß das Futter nicht verschmutzt oder feucht wird und so seine Qualität einbüßt. Die Wasserversorgung muß auch bei Frost im Winter funktionsfähig bleiben. Um den Arbeitsaufwand gering zu halten, sind zwischen den Sitzstangen mechanisch beschickte Futtertröge angeordnet.

Die Eiersammlung kann in Tunnelnestern bei großen Beständen automatisch erfolgen. Für die Einstreu in den Nestern hat sich Dinkelspelz sehr bewährt.

Ein hochklappbarer Gitterboden ermöglicht die mechanische Entmistung der Kotgruben mit dem Frontlader, oder es werden Kotbänder unter den Sitzstangen angebracht. Die Abbildung 105 zeigt einen einfachen Vorschlag für die Gestaltung eines Volierenstalls.

Intensive Formen der Volierenhaltung können Besatzdichten bis zu 15 Tieren/m² und 5,6 Tieren/m³ erreichen und stellen damit eine Alternative zur Käfighaltung auch für konventionelle Tierhalter dar (Abbildungen 106 und 107).

3.1.5 Haltung von sonstigem Geflügel

Bioland-Richtlinien Nr. 3.1.7:
Die Haltung von Enten, Gänsen und anderem Geflügel muß mit natürlichem Auslauf erfolgen.

Für die Haltung von Wassergeflügel ist eine Bademöglichkeit für die Gefiederpflege und zum Ausleben arteigener Verhaltensweisen wichtig. Ist kein Teich, Bachlauf oder See in erreichbarer Nähe, so müssen künstlich Bademöglichkeiten geschaffen werden.

An die Gestaltung des Stallraumes stellen Enten und Gänse nicht so große Ansprüche wie Hühner. Die wichtigsten Temperaturdaten sind in der Tabelle 102, Seite 277 zusammengestellt. Hierin ist ersichtlich, daß lediglich die Küken besondere Ansprüche an die Stalltemperatur stellen (siehe Praxisbericht Seite 290).

3.2 Fütterung der Legehennen

3.2.1 Ethologische und physiologische Grundlagen

Wie bereits auf Seite 276, im Abschnitt Natürliche Verhaltensgewohnheiten des Huhns erwähnt, hat das Fressen für die Hennen eine wichtige soziale Funktion. Die Tiere werden durch die Freß- und Pickgeräusche anderer Tiere zum Fressen angeregt. Die Futteraufnahme der Hennen wird ferner wesentlich durch Struktur (Form und Größe) und Farbe des Futters beeinflußt. So werden große und kantige Teilchen besser wahrgenommen als feine, staubartige Partikel. Kräftig gefärbtes oder feuchtes Futter wird lieber gefressen als bleiches Futter. Der Geschmackssinn des Geflügels ist nicht sonderlich gut ausgebildet.

Hühner haben einen sog. Muskelmagen. Die mechanische Zerkleinerung des Futters findet nicht mit Hilfe von Zähnen, sondern aus-

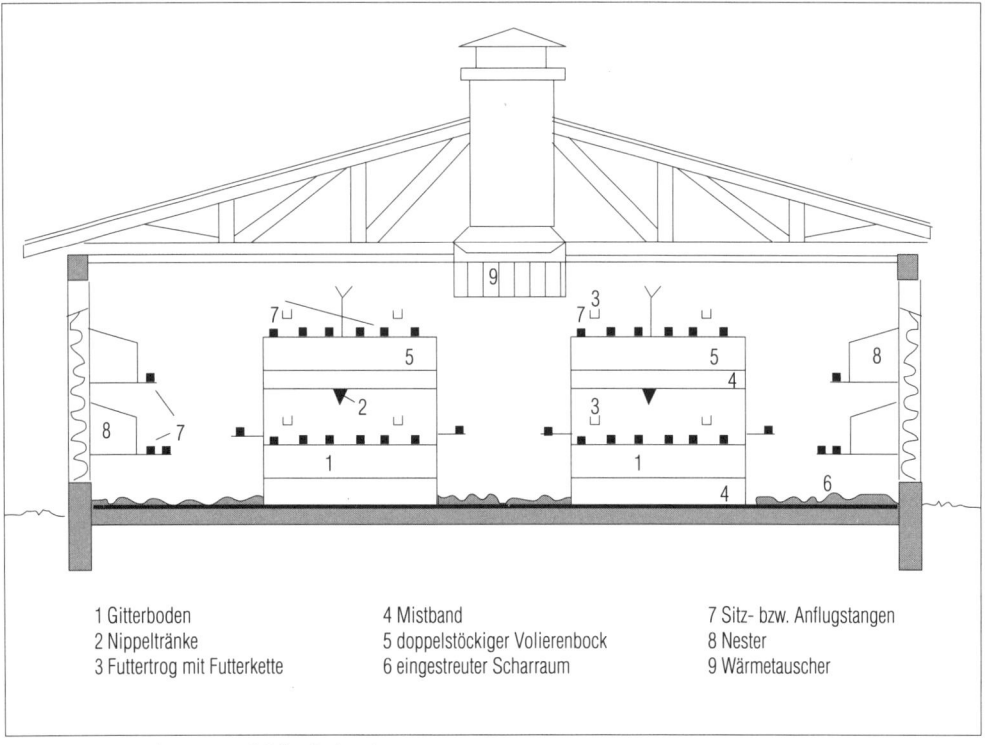

1 Gitterboden	4 Mistband	7 Sitz- bzw. Anflugstangen
2 Nippeltränke	5 doppelstöckiger Volierenbock	8 Nester
3 Futtertrog mit Futterkette	6 eingestreuter Scharraum	9 Wärmetauscher

Abb. 106: Legehennenstall Rihs-Boleg 1.

Abb. 107: Legehennenstall Kliba-Voletage.

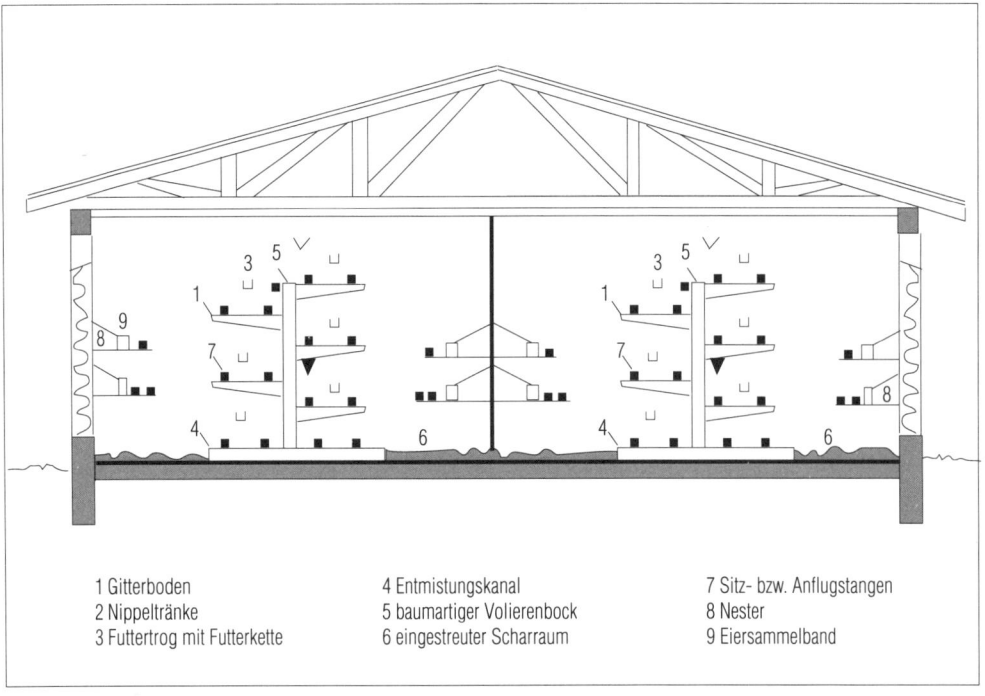

1 Gitterboden	4 Entmistungskanal	7 Sitz- bzw. Anflugstangen
2 Nippeltränke	5 baumartiger Volierenbock	8 Nester
3 Futtertrog mit Futterkette	6 eingestreuter Scharraum	9 Eiersammelband

schließlich im Magen statt. Um Körnerfutter besser aufschließen zu können, nehmen Hühner gerne Sand oder feine Kieskörner auf. Werden ganze Körner gefüttert, sollte den Hühnern deshalb Grit angeboten werden. Außerdem haben Hühner einen vergleichsweise kurzen Verdauungstrakt und sind deshalb auf höhere Nährstoffkonzentrationen im Futter angewiesen. Ähnlich wie Schweine müssen sie die essentiellen Aminosäuren mit dem Futter aufnehmen.

Das genetische Potential von Hybrid-Legehennen ermöglicht eine Legeleistung von ungefähr 300 Eiern/Henne und Jahr. Um solche Leistungen erbringen zu können, müssen die Nährstoffe Energie, Eiweiß, Mineralstoffe und Vitamine in ausreichender Menge aufgenommen werden. Mit zunehmendem Leistungsniveau und abnehmendem Lebendgewicht steigen dabei die Ansprüche an die Zusammensetzung der Futterkomponenten. Schwergewichtige Hühner bei geringer Legeleistung sind also unempfindlicher gegenüber Fütterungsfehler, als leichte Tiere bei hohem Leistungsniveau (Abbildung 109). Bei der Auswahl der Tiere und der Haltung sollte diese Tatsache mitberücksichtigt werden.

3.2.2 Futtermittel für Legehennen

Getreide – Es wird vornehmlich als Energieträger in der Ration von Legehennen im Bereich von 40–60% eingesetzt. Geeignet sind *Weizen, Gerste, Hafer, Roggen, Mais* und *Triticale*. Der Anteil an Triticale oder Mais sollte nicht mehr als 30–35% der Ration, der an Hafer und Gerste nicht mehr als 20% betragen. Roggen sollte bei Junghennen nicht mit mehr als 20%, bei älteren Tieren nur bis maximal 35% in der Ration vertreten sein. Die Tiere sollten allmählich an den Roggen gewöhnt werden.

Körnerleguminosen – Sie sind Energie- und Eiweißträger in der Ration und können bis zu 30% der Futtermischung ausmachen, wobei der Anteil durch eine oder mehrere Körnerleguminosen abgedeckt werden kann. Es empfiehlt sich, mindestens 2 Komponenten zuzumischen. In Frage kommen *Ackerbohnen, Futtererbsen, Süßlupinen, Wicken* und ganze *Sojabohnen* (keine Extraktionsschrote).

Eiweißergänzung – Sie ist erforderlich, weil die bisher genannten Komponenten für Hühner nicht die erforderliche Menge an essentiellen Aminosäuren zur Verfügung stellen. Zur Ergänzung sind *Maiskleber, Bierhefe, Mager-*

Abb. 108: Legehennen beim Scharren und Sonnenbaden im überdachten Auslauf.

milchpulver, Leinkuchen, Sesamexpeller, Sonnenblumenkerne und *Rapsexpeller* geeignet.

Mineralstoffe – Der Bedarf an Mineralstoffen für Legehennen liegt in einem Bereich von 7–10% der Ration, wobei die Calciumversorgung den größten Teil ausmacht. Zur Verminderung der Staubfraktion im Futtermittel sollten die Mineralstoffe nicht ausschließlich feinvermahlen vorliegen. Dies kann durch die Verwendung von geperltem Futterkalk erreicht werden.

Fette – Sie können als Energielieferanten in der Ration eingesetzt werden und scheinen zusätzlich positive Effekte auf den Futterverbrauch zu haben.

Vitamine – Die für die Dotterfarbe entscheidenden Carotinoide kommen zum Teil aus den Getreide- und Eiweißkomponenten der Ra-

Abb. 109: Eiweißbedarf (in g Rohprotein/MJ Umsetzbare Energie im Futter) von Legehennen in Abhängigkeit von Legeleistung und Lebendgewicht (KIRCHGESSNER, 1987).

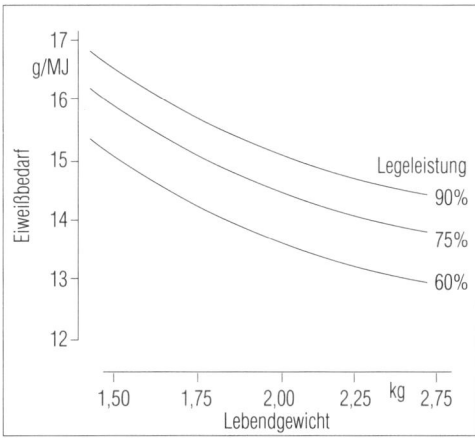

tion. Eine gezielte Ergänzung durch stärker carotinhaltige Komponenten ist jedoch angebracht. Hierfür können Kräutermischungen und Grünmehle verwendet werden. Ihr Anteil sollte nicht mehr als 5−6% der Mischung ausmachen, um den Rohfasergehalt von 5% des Futters nicht zu überschreiten.

Angaben über einige wichtige Komponenten für Rationen von Legehennen und deren Inhaltsstoffe sind z. B. im Ökoring-Beratungsordner (Versuchs- und Beratungsring, 1991) aufgeführt.

3.2.3 Rationsgestaltung und Futterherstellung

Mit den betriebseigenen und/oder zugekauften Komponenten sollte eine Futterration zusammengestellt werden, die die wesentlichen Anforderungen einer Mischung für Legehennen erfüllt (Tabelle 103).

> **Bioland-Richtlinien 3.3.4 und 9.4.3:**
> In der Geflügelfütterung dürfen maximal 20% konventionelle Futtermittel eingesetzt werden. Enten, Gänsen und Puten ist Grundfutter anzubieten.
> Zusätzlich zu den für Schweine zugelassenen Futtermitteln (siehe Seite 267) dürfen Grünmehl, Maiskleber, Melasse, Futterkalk und Muschelkalk eingesetzt werden.

Rechnerisch lassen sich mit den genannten Komponenten zwar viele Rationen für Legehennen zusammenstellen, jedoch ist die Art und physiologische Qualität der einzelnen Komponenten ebenfalls von großer Bedeu-

Tabelle 103 Richtwerte von Futterinhaltsstoffen für Legehennen mit einem Körpergewicht von etwa 1,6 kg

Umsetzbare			
Energie	MJ/kg Futter		11,5
Rohprotein	g/kg Futter		190
Rohfett	g/kg Futter		30 −40
Rohfaser	g/kg Futter		50 −60
Lysin	g/kg Futter		7 − 9
Methionin	g/kg Futter	mind.	3
Cystin	g/kg Futter		3
Calcium	g/kg Futter		30 −40
Phosphor	g/kg Futter		5 − 5,5
Natrium	g/kg Futter		1 − 1,5

tung. Es ist daher immer ratsam, die Mischung nicht nur auf Inhaltsstoffe zu überprüfen, sondern auch die Vielfalt der Nährstofflieferanten zu berücksichtigen.

In der Tabelle 104 ist ein Beispiel für eine Futterration für Legehennen aufgeführt, die auf dem Versuchsbetrieb für alternativen Landbau der Gesamthochschule Kassel in Neu-Eichenberg entwickelt wurde und von mehreren Praxisbetrieben eingesetzt wird.

Die Art der Aufbereitung der Futterkomponenten wird durch das Fütterungssystem beeinflußt. Das Futter muß bei automatischen oder halbautomatischen Anlagen so beschaffen sein, daß es gute Fließeigenschaften aufweist und durch den Transport keine Entmischung des Futters stattfindet. Dies kann durch die Beigabe von Öl oder Melasse erreicht werden. Aufgrund der Vorliebe der Hennen für strukturiertes Futter sollte der Mahlvorgang mit Sieben von 5,5−8 mm erfolgen, dies schont außer-

Tabelle 104 Beispielsration für Legehennen

Komponente	Preis (DM/dt)		Anteil	Futterkostenanteil (DM/dt)	
	1988	1991[1])	(%)	1988	1991[1])
Futterweizen	70	65	44,5	31,15	28,92
Ackerbohnen	70	65	8	5,60	5,20
Futtererbsen	70	65	18	12,60	11,70
Grünmehl	50	50	5	2,50	2,50
Maiskleber	240	150	11,5	27,60	17,25
Speiseöl			2	2,00	2,00
Melasse	40	40	1,5	0,60	0,60
Perlkalk	40	40	7,5	3,00	3,00
Vormischung[2])	168	140	2	3,36	2,80
Futtermittelpreis (inklusive MwSt.)				88,40	74,23

[1]) Preisänderungen aufgrund geänderter Angebots- und Nachfragesituation.
[2]) Mineralstoffe, Spurenelemente, Vitamine.

dem den Motor beim Schroten von Körnerleguminosen. Futterkomponenten mit hohem Spelzanteil können ganz oder teilweise in die Einstreu gegeben werden, damit die Fließfähigkeit des Futters nicht zu sehr beeinflußt wird.

Die Futterkomponenten müssen im einwandfreien Zustand sein (keine Verpilzung, keine Schädlinge oder sonstige Verunreinigungen). Enthält die Mischung leicht verderbliche Komponenten, so ist das Futter entsprechend trocken und dunkel zu lagern. Bei einer Zwischenlagerung in Vorratssilos ist bei der Entnahme die Qualität des Futters zu kontrollieren. Ferner sollten Silos von Zeit zu Zeit ganz geleert werden und auf ihre Sauberkeit hin überprüft werden. Futtereinrichtungen im Außenbereich sollten überdacht werden, um eine Vernässung des Futters zu vermeiden.

3.2.4 Fütterungsverfahren für Legehennen

Grundsätzlich muß für Legehennen zwischen einer Trocken- und Naßfütterung unterschieden werden. Welches Fütterungsverfahren durchgeführt wird, ist von der Bestandesgröße, von den Futtermitteln und von den betrieblichen Möglichkeiten zur Futteraufbereitung abhängig.

Naßfütterung – Sie wird in der Regel bei Kleinhaltungen angewendet. Durch Naßfütterung können Komponenten mit geringem TS-Gehalt, z. B. Molke oder Magermilch, in der Ration eingesetzt werden. Der bröckelige Brei wird von den Tieren gerne und in größeren Mengen aufgenommen. Die Nährstoffkonzentration kann deshalb geringer sein als in einem Trockenfutter. Große Sorgfalt muß bei der Naßfütterung auf die Reinigung der Futterschalen verwendet werden. Diese müssen von Futterresten peinlich sauber gehalten werden, weil ansonsten die Gefahr von Geflügelerkrankungen durch verdorbenes Futter gegeben sind. Der Brei sollte für jede Fütterung frisch angerührt werden.

Alleinfütterung – Dies ist ein Verfahren der Trockenfütterung. Die Tiere bekommen dabei ein Futter, das alle Nährstoffe in ausreichender Menge und entsprechendem Verhältnis enthält. Das Futter wird als Mehlfutter angeboten und kann durch Körnergaben (maximal 20% der Ration) zum Scharren und Picken ergänzt werden.

Kombinierte Fütterung – Den Tieren wird ein Ergänzungsfutter zur freien Verfügung angeboten. Zusätzlich erhalten sie Körnerfutter. Das Ergänzungsfutter ist in seiner Nährstoffkonzentration (mindestens 20% Rohprotein und ca. 11 MJ Umsetzbare Energie) auf den Anteil an Körnerfutter abzustimmen. Das Körnerfutter muß rationiert und getrennt vom Konzentrat angeboten werden, in der Regel in die Einstreu. Ferner müssen den Hennen Grit und Muschelschalen zur freien Verfügung angeboten werden.

Nachteil der kombinierten Fütterung ist die Gefahr einseitiger Futteraufnahme, wodurch die Herde auseinander wächst und Legeleistung und Eigewicht unbefriedigend sind.

Phasenfütterung – Sie ist im Prinzip eine verbesserte Form der kombinierten Fütterung. Hier werden den Tieren die verschiedenen Komponenten abwechselnd im bestimmten Rhythmus angeboten.

3.3 Betreuung und Kontrolle

Hühner sind sehr empfindliche Tiere und reagieren auf Fehler in Haltung und Fütterung zum Teil mit erheblichen Leistungsdepressionen oder Schäden, wie z. B. Federpicken. Durch regelmäßige Kontrollgänge durch den Stall und durch sorgfältige Beobachtung der Tiere kann manches Problem frühzeitig erkannt und beseitigt werden, bevor es zu größeren Ausfällen kommt.

Bei einem Kontrollgang sollten als erstes die Tiere aus einer Deckung heraus beobachtet werden, um das Verhalten der Tiere ohne fremden Einfluß sehen zu können. Es ist sinnvoll, wenn diese Beobachtungen über einen längeren Zeitraum von der gleichen Person durchgeführt werden. Augen und Ohren dieser Personen werden geschult und Veränderungen im Verhalten werden schneller erkannt.

Danach erfolgt ein Gang durch den Stall. Dieser führt zu einer persönlichen Konfrontation mit dem Stallklima, das auch für den Menschen angenehm sein sollte. Dabei sollten Luftführung, Luftgeschwindigkeit (Zugluft), relative Luftfeuchtigkeit und die Schadgaskonzentration berücksichtigt werden. Für kurze Zeit können suboptimale Bedingungen geduldet werden, nach längerer Zeit treten in der Regel Probleme auf. So kann z. B. eine zu hohe Schadgaskonzentration in der Luft zum vermehrten Auftreten von Atemwegserkrankungen führen.

Im Hühnerstall zeigt der Zustand der Einstreu die relative Luftfeuchtigkeit. Die Einstreu muß so trocken sein, daß die Tiere darin Staub- und Sandbaden können. Wird die Einstreu aufgrund zu hoher Luftfeuchtigkeit feucht, so ist die Gefahr der Infektion für die Tiere durch in der Einstreu befindliche Erreger erheblich größer. Feuchte Einstreu wird außerdem von den Tieren nicht so gut angenommen und durchgemischt, dadurch steigt das Infektionspotential weiter. Die Hühner können ihren gewohnten Verhaltensweisen nicht mehr nachgehen, die Nervosität und Aggressivität nehmen zu, was bis zu Kannibalismus und Federpicken führen kann.

Auch der Auslauf muß regelmäßig kontrolliert werden. Der Außenbereich um das Schlupfloch herum muß trocken und sauber sein, weil sonst zuviel Dreck in die Einstreu hereingeschleppt wird (Infektionsrisiko). Auch der Zustand der Grasnarbe muß überprüft werden. Verdichtete und verkotete Kahlstellen stellen ebenfalls ein Infektionsrisiko dar. Die Einzäunung muß auf ihre Wirksamkeit gegen Bodenfeinde überprüft werden.

Auch die Tränken sind regelmäßig auf ihre Funktionsfähigkeit und Sauberkeit hin zu überprüfen. Der Stall sollte in regelmäßigen Abständen gereinigt und entmistet werden. Dies kann sowohl während als auch am Ende einer Legeperiode erfolgen. Nach Ausstallung einer Gruppe ist eine gründliche Reinigung vorzunehmen, um die Startbedingungen für die neue Gruppe zu verbessern.

3.4 Rassen und Zuchtprogramme

Die Anbieter von Geflügel haben die unterschiedlichen Nutzungsrichtungen, Eiererzeugung und Mast konsequent voneinander getrennt. Die Hühnerzuchtfirmen bieten fast nur noch Hybridtiere an, die zur eigenen Weiterzucht nicht geeignet sind. Lediglich Rassegeflügel stellt hier eine Alternative dar, bei dem sowohl Ein- als auch Zweinutzungstypen angeboten werden.

Ähnlich wie bei Schweinen gibt es bisher keine speziellen Zuchtprogramme für ökologische Geflügelhalter. Die Hybridzuchtfirmen in der Hennenzucht nehmen auf die Interesen des Ökologischen Landbaus keine Rücksicht. Ähnliches ist auch bei der Putenzüchtung zu beobachten. Die Zuchtziele der Rassegeflügelzüchter stimmen wiederum nicht unbedingt mit einer wirtschaftlichen Geflügelhaltung überein.

In diesem Dilemma muß jeder Betrieb seine eigene Entscheidung treffen. Vergleiche zwischen Rassegeflügel und Hybriden in Bezug auf die Legeleistung werden nicht mehr durchgeführt.

Als Anhaltswert mag dienen, daß für eine wirtschaftliche Eierproduktion mindestens eine Legeleistung von 220 Eiern/Jahr bei einem Futterverbrauch von 40 kg Alleinfutter und einem durchschnittlichen Eigewicht von mindestens 55 g erforderlich ist.

Tabelle 105   Nutzungsmöglichkeiten der Geflügelarten und Rassen

Geflügelart	Nutzungsmöglichkeit	
	Eierproduktion	Fleischproduktion
Hühner Körpergewicht bis 2 kg	Birkenfarbiger Niederrheiner Rebhuhnfarbiger Rheinländer Weißes Leghorn Hellfarbige Reichshühner	–
Körpergewicht über 2 kg	Amrocks Australorps Rhodeländer	Amrocks Sussex, hell New Hampshire
Gänse	Italiener Gans Rheinische Vierleger Höckergans	Emdener Gans Toulouser Gans Pommersche Gans
Enten	Indische Laufente Khaki-Campbellente Pekingente Hochbrutflugenten	Pekingente Rouenente Sachsenente Aylesburyente Flugenten

In den meisten Betrieben mit umfangreicherer Hühnerhaltung werden Hybriden gehalten, da die Beschaffung von größeren Mengen Rassegeflügel zu gleicher Zeit Probleme macht.

Bei der Haltung von Gänsen und Enten kommt der Rasseauswahl und damit dem Rassegeflügel eine entscheidende Bedeutung zu. Durch die Auswahl der Rasse kann die Haltung den jeweiligen betrieblichen Gegebenheiten angepaßt werden.

3.5 Wirtschaftlichkeit der Legehennenhaltung

Aufgrund der geringen Bedeutung der Legehennenhaltung in der konventionellen, bäuerlichen Landwirtschaft wird dies nach der Umstellung fast immer ein neuer Betriebszweig sein. Wenn also die Einrichtung einer Legehennenhaltung auf dem Betrieb geplant wird, so sollte zunächst überlegt werden, welche Ziele damit erreicht werden sollen.

Eine kleine Legehennenhaltung kann sich durch die Verbesserung der Direktvermarktung *aller* betrieblichen Produkte durch ein attraktives Frischprodukt insgesamt positiv auf das Gesamtergebnis des Betriebes auswirken, auch wenn die Legehennenhaltung selbst nur geringe Deckungsbeiträge erwirtschaftet.

Bei der Legehennenhaltung als einem wesentlichen Standbein des Betriebes muß gleichzeitig die Vermarktung für größere Mengen Eier aufgebaut werden. Dann können auch größere Einkommensbeträge erwartet werden. In beiden Fällen müssen Eier kontinuierlich vorhanden sein. Dazu sind mindestens 2 Altersgruppen erforderlich, wenn kein Eiertausch mit anderen Betrieben stattfinden kann.

In Abhängigkeit vom Vermarktungsweg entscheidet sich die Frage der erforderlichen Eigewichte. Für eine kleine Hofkundschaft spielt das Eigewicht eine untergeordnete Rolle, da die Eier unsortiert zum Durchschnittspreis abgegeben werden können. Für eine größere Vermarktung ist Sortierung unumgänglich. In diesem Fall ist die Sortierung und damit die Anzahl verkaufsfähiger Eier entscheidend für die Rentabilität des Verfahrens.

Kleinere Bestände mit Direktvermarktung können demnach durchaus auf Rassegeflügel zurückgreifen. Größere Bestände mit Belieferung von Handel sind auf eine hohe Legeleistung (mindestens 260 Eier/Jahr) und ein

durchschnittliches Eigewicht von ca. 60 g angewiesen. Dies wird in der Regel am sichersten mit Legehybriden erreicht.

3.5.1 Kosten für Einrichtung und Stallbau

In der Tabelle 106 sind die wichtigsten Kosten für Einrichtung und Stallbau zusammengestellt. Wird ein Stall neu gebaut, so kann die Gebäudehülle mit 20–30 DM/Hennenplatz die Hälfte der Gesamtkosten ausmachen.

Tabelle 106 Einrichtungs- und Stallbaukosten von Bodenhaltungsställen (in DM/Hennenplatz)

Bauelement	Kosten
Stallgebäude	20–30 DM
Isolation	10–15 DM
Inneneinrichtung[1]	ca. 10 DM
überdachter Auslauf (Pavillon)	5–10 DM
stationärer Auslauf 2 m hoch (10 m² /Henne)	5– 8 DM
jährliche Fixkosten bei Umbau bei Neubau	ca. 2,45–2,75 DM ca. 4,90–5,50 DM

[1] Gebrauchte Mechanisierung.

Daher ist es sehr sinnvoll, den vorhandenen Gebäudebestand auf seine Nutzungsmöglichkeiten als Geflügelstall zu überprüfen und eventuell durch Isolationsmaßnahmen einen tiergerechten Stall zu erstellen. Isolationskosten liegen mit 10–15 DM/Hennenplatz niedriger als Neubaukosten. Durch die Verwendung von Gebrauchsmaterialien bei der Inneneinrichtungen können die Kosten noch weiter gesenkt werden. Bei Umbau ergeben sich so jährliche Fixkosten von 2,45–2,75 DM/Hennenplatz, was bei einer Legeleistung von 240 Eiern jedes Ei mit 1,02–1,15 Dpf belastet. Bei Neubau beträgt die Belastung 2,04 bzw. 2,29 Dpf/Ei.

3.5.2 Futterkosten

Die Futterkosten machen in der Regel 50–66% der Produktionskosten für ein Ei aus. Bei einer den Richtlinien des organisch-biologischen Landbaus entsprechenden Fütterung kann der Anteil noch höher liegen, da die erlaubten Futterkomponenten zum Teil relativ teuer sind (Tabelle 104, Seite 282, Beispielration für Legehennen). Durch gemeinschaftlichen Einkauf mit anderen Betrieben können günstigere

Tabelle 107 Deckungsbeiträge Legehenne (Beispiele)

Legeleistung	%	65	85
Eier	Stück	237	310
Verluste (18%)	Stück	42 Eier	56 Eier
Verkaufspreis (DM/Ei)	DM	0,35	0,35
Marktleistung (DM/Huhn)	DM	**68,25**	**88,90**
Junghenne (1,5 Jahre, 12 DM/Tier)	DM		8,00
40 kg Alleinfutter (74,23 DM/dt)	DM		29,69
Energie, Wasser, Maschinen	DM		1,45
Tierarzt, Medikamente etc.	DM		0,40
Verpackungskosten	DM		5,00
Stallumbau + Auslauf	DM		2,75
Kosten insgesamt	DM/Huhn		**47,29**
Deckungsbeitrag	DM/Huhn	**20,96**	**41,61**

Preise für Zukaufskomponenten erzielt werden. Der Preis der dargestellten Standardmischung lag ca. 33% über konventionellem Alleinfutter für Legehennen.
Bei einer Legeleistung von 85% entstehen so Kosten von 14 Dpf/Ei, bei einer Legeleistung von 65% 18 Dpf/Ei. Ein deutlicher Einfluß der Legeleistung auf die Futterkosten/Ei ist hier erkennbar. In der Tabelle 107 sind durchschnittliche Deckungsbeiträge für Legehennen bei unterschiedlichen Legeleistungen aufgeführt.

3.5.3 Nutzungsdauer und Verluste

Die mögliche Nutzungsdauer wird durch den Gesundheitszustand der Hennen, die Legeleistung, die Vermarktungssituation für Eier und Suppenhühner sowie die Wiederbeschaffungskosten bestimmt.
Für eine wirtschaftliche Hennenhaltung darf die Legeleistung nicht unter 50% fallen. Je nach Nutzungsdauer fallen die anzurechnenden Kosten für die Junghenne unterschiedlich aus. Bei hohem Wiederbeschaffungspreis für Rassegeflügel oder bei drastischem Leistungsabfall einer jungen Gruppe (z. B. bedingt durch Haltungs- oder Fütterungsfehler) kann die geregelte Legepause die Nutzungsperiode verlängern.
Letztendlich entscheidend für die Wirtschaftlichkeit der Eierproduktion ist die Anzahl verkaufsfähiger Eier/Henne und Jahr. Diese Größe wird beeinflußt durch

▸ die Legeleistung,
▸ das Eigewicht bzw. den Eigewichtsanstieg,
▸ den Anteil Knick- und Schmutzeier.
Der Einfluß der Legeleistung wurde bereits am Beispiel der Futterkosten deutlich. Die Eigewichte werden dann bedeutsam, wenn sortiert vermarktet wird. Kleine Eier lassen sich in der Regel schlechter vermarkten und/oder es werden dafür wesentlich geringere Preise gezahlt.

Tabelle 108 Kosten/Ei[1]) in Abhängigkeit von der Anzahl verkaufsfähiger Eier bei unterschiedlichen Futterpreisen

verkaufte Eier/ Henne und Jahr	Futterpreis DM/dt	
	88,50	75,00
200	0,35 DM	0,31 DM
210	0,34 DM	0,30 DM
220	0,33 DM	0,29 DM
230	0,32 DM	0,28 DM
240	0,31 DM	0,27 DM
250	0,30 DM	0,26 DM
260	0,29 DM	0,25 DM
270	0,28 DM	0,24 DM
280	0,27 DM	0,23 DM

[1]) Annahmen:
jährliche Legeleistung 295 Eier = 80%,
durchschnittliches Eigewicht 60 g,
Gesamtkosten/Ei 0,25 DM bzw. 0,225 DM,
Futterverbrauch/Tag 150 g (inclusive Körner).

Unter Umständen kann so der erzielte Preis unter die tatsächlichen Produktionskosten fallen. Für eine Übergangszeit kann dies akzeptabel sein, nicht aber auf Dauer. Ebenso kann auch ein hoher Anteil Knick- und Schmutzeier, wenn sie nicht innerbetrieblich verwertet werden können, dazu führen, daß die gesamte Produktion nicht kostendeckend arbeitet. In der Tabelle 108 (Seite 286) ist zu sehen, wie sich der Anteil verkaufsfähiger Eier auf die Kosten/produziertem Ei auswirkt.

Die Tabelle 108 gibt die Grenzpreise an, die beim Verkauf der Eier mindestens realisiert werden müssen, damit alle variablen Kosten (ohne Arbeitsentlohnung) abgegolten sind. Ferner berücksichtigt sie die Tatsache, daß in der Regel nicht alle gelegten Eier auch vermarktungsfähig sind.

Beispiel: Von 295 Eiern sind 5% Schmutz- und Knickeier (15 Stück). Folglich können pro Henne noch 270 Eier im Jahr verkauft werden. Bei einem Futterpreis von 88,50 DM/dt muß für ein Ei durchschnittlich mindestens 0,28 DM erzielt werden. Kostet das Futter hingegen 75,– DM/dt, reichen bereits 0,24 DM aus.

3.6 Praxisbericht:
Eiererzeugung nach Bioland-Richtlinien

»Was ist ein Bioland-Ei? Ein Ei, das von einem Hof stammt, der nach den Richtlinien des Bioland-Verbandes bewirtschaftet wird.« Dies liest der Kunde auf einer Beilage, die er in seiner Bioland-Eier-Schachtel findet. Wie unsere Eiererzeugung im Rahmen dieser Richtlinien aussieht, möchte ich im folgenden Beitrag schildern.

Der Stall – Er besteht aus einer doppelwandigen Holzkonstruktion von 16 m Länge und 8 m Breite und bietet rund 500 Hühnern Platz. Mit mehr als 4 Hühnern/m² sollte der Stall meiner Meinung nach nicht belegt werden, weil sonst bei Nacht die Sitzstangen und am Tag der Scharraum nicht für alle Tiere ausreichen; außerdem wäre dann Zwangsbelüftung erforderlich. Die Größe der Fenster, die nach Süden ausgerichtet sind, beträgt 8% der Bodenfläche.

Etwas weniger als die Hälfte der Bodenfläche nimmt die Kotgrube in Anspruch. Das ist eine 90 cm hohe, mit speziellem Drahtgeflecht bespannte Kiste, auf der sich die Sitzstangen befinden. Weil die Hühner den größten Teil des Kotes beim Fressen absetzen, sind auch die Futtertröge und Tränken über der Kotgrube angebracht. Auf diese Weise kann der Scharraum relativ sauber gehalten werden. Die Kotgrube kann zum Entmisten zerlegt werden, so daß nur noch die rechte und linke Wand stehen bleibt. Gemistet wird ein- bis zweimal jährlich mit dem Frontlader.

An der den Fenstern gegenüberliegenden Wand liegen die Nester; für je 4 Hennen steht ein Nest zur Verfügung. Die ideale Stalltemperatur liegt bei 14–16 °C, auch im Winter sollte eine Temperatur von 10 °C nicht unterschritten werden. Dazu müssen dann die Luftschlitze, die über die ganze Breite der nördlichen Stallwand angebracht sind, abgedichtet werden.

Der Auslauf – Er umfaßt für unsere Hühner eine Fläche von 20 Ar (= 2 000 m²). Da die Tiere sich gern unmittelbar vor dem Stall aufhalten, ist dort die Grasnarbe sehr beansprucht. Deshalb haben wir den Auslauf abgeteilt, damit sich immer die Hälfte des Bewuchses erholen kann.

Im ersten Jahr unserer Freilandhaltung fielen 20 Hühner dem Habicht zum Opfer. Ein Kollege hat uns daraufhin geraten, einen Pfau anzuschaffen. Dies hat sich gelohnt, durch seine Größe und sein Geschrei scheint er so zu beeindrucken, daß uns der Habicht seither kaum noch belästigt.

(Anmerkung: Nach neuer EG-Verordnung muß bei einer Deklaration der Eier als Freilandhaltungseier den Hühnern mindestens 10 m² Auslauf zur Verfügung stehen.)

Die Hühner – Unsere Legehennen sind braune Hybriden, braun deswegen, weil braune Eier bei den Kunden beliebter sind als weiße. Zudem sind braune Hühner etwas schwerer, so daß sie sich als Suppenhühner leichter verkaufen lassen. Hybriden legen mehr Eier als Rassegeflügel – und diese Eigenschaft entscheidet letztlich über die Rentabilität, denn angesichts der hohen Futterkosten ist dies der entscheidende Faktor. Hier bleibt noch die Aufgabe, die Rasse zu finden, die beim Futter weniger anspruchsvoll ist und die trotzdem eine akzeptable Leistung bringt.

Früher haben wir zweimal im Jahr Hühner zugekauft, so daß wir zu Weihnachten und zu Ostern möglichst viele Eier hatten. Es hat sich aber gezeigt, daß man auf diese Art und Weise enorme Probleme mit der Verwurmung bekommen kann. Deshalb praktizieren wir neuerdings das »Rein-Raus-Verfahren«, so daß wir den Stall mit dem Hochdruckreiniger vor jeder neuen Einstallung gründlich säubern können.

Zu einer artgerechten Hühnerhaltung gehören selbstverständlich auch Hähne.

Seit es uns gelungen ist, als Futterkomponente Gelbmaiskleber zuzukaufen, ist unsere Legeleistung mit 250 Eier/Jahr befriedigend. Um die Legeleistung zu halten, schalten wir das Licht im Winter 2–3 Stunden vor Tagesbeginn an.

Vorwiegend im Winter haben wir gelegentlich Schwierigkeiten mit Kannibalismus, vor allem dann, wenn die Sonne auf den Schnee scheint und die Hühner irritiert. Dem kann dadurch abgeholfen werden, daß die Fenster mit orangem Drachenpapier bespannt werden.

Das Futter – In der Tabelle 109 sind die Komponenten und Kosten für unsere Futtermischung zusammengestellt.

Diese Ration enthält rechnerisch 17% Rohprotein, 3,5% Rohfett, 5,3% Rohfaser, 12,4% Rohasche und eine Energiezahl Geflügel von 68,8. Die einzelnen Komponenten, bis auf Bierhefe, Leinsaat und Gelbmaiskleber sind alle ökologisch erzeugt.

Der Weizen wird teilweise als Futterweizen von einem Umstellungsbetrieb zugekauft, die Erbsen bauen wir selbst an. Durch die Mitgliedschaft in einer Erzeugergemeinschaft bekommen wir Beihilfe für den Erbsenanbau aus der EG-Kasse. Nach der Ernte werden die Erbsen in einem Trocknungswerk auf 100 °C erhitzt, dadurch werden gewisse negativ wirkende Begleitstoffe zerstört und die Verdaulichkeit erhöht. Die getoasteten Erbsen werden von den Hühnern auch gern gefressen. Bierhefe wird bei uns getrocknet eingesetzt, die Leinsaat ist wegen ihres Gehalts an Linolsäure (essentielle Fettsäure) wichtiger Bestandteil der Futtermischung.

Die entscheidende Futterkomponente ist der Gelbmaiskleber, weil nur durch ihn der hohe Wert an der essentiellen Aminosäure Methionin erreicht werden kann, der für eine vollwertige Fütterung erforderlich ist. Das Grünmehl bewirkt durch den hohen Gehalt an Carotinoiden eine entsprechende Färbung des Dotters.

Tabelle 109   Zusammensetzung und Kosten der betriebseigenen Hühnerfuttermischung in dem Betrieb BAIKER

Bestandteile der Mischung	Preis/100 kg	Preis anteilig
40% Weizen	60,— DM	24,— DM
20% Erbsen	60,— DM	12,— DM
5% Hafer	80,— DM	4,— DM
5% Grünmehl	50,— DM	2,50 DM
5% Bierhefe	150,— DM	7,50 DM
5% Leinsaat	65,— DM	3,25 DM
3% Austernschalen	36,— DM	1,10 DM
5% Kohlensaurer Kalk	20,— DM	1,— DM
2% Mineralfutter	165,— DM	3,30 DM
10% Gelbmaiskleber	123,— DM	12,30 DM
100% Futtermischung		70,95 DM

Zur Mineralstoffversorgung erhalten die Hühner eine Mineralstoffmischung, Kohlensauren Kalk und Austernschalen. Meine anfänglichen Experimente, nur mit gemahlenem Kalk und Muschelkalk die Mineralstoffversorgung sicherzustellen, führten zu Ausfällen.

Diese Futtermischung wird vor der Fütterung folgendermaßen aufbereitet. Geschrotete Erbsen, Grünmehl, Hafer, Bierhefe, Leinsaat, Gelbmaiskleber, Kohlensaurer Kalk und Mineralfutter werden mit einem Trommelmuser gemischt. Grünmehl, Hafer und Leinsaat werden tags zuvor eingeweicht. Die Mischung sollte feucht, aber nicht klebrig sein. Dies läßt sich über die Menge der Einweichflüssigkeit regulieren.

Am späten Vormittag wird der Weizen in den Scharraum gestreut. Austernschalen stehen zur beliebigen Aufnahme in Gemüsekisten im Stall. Sollten die Hühner nicht ins Freie können, sollte man noch zusätzlich Quarzsand bereitstellen.

Zusätzlich können dem Futter in der Mischtrommel noch Rote Beete beigemengt werden, um die Schmackhaftigkeit des Futters zu erhöhen. Gelegentlich werden auch Zwiebeln verfüttert, um einer Verwurmung vorzubeugen.

Betriebswirtschaftliche Kalkulation und Vermarktung – Bei einem großzügig berechneten Futterverbrauch von 135 g/Tier und Tag ergeben sich Futterkosten von 0,10 DM/Tier und Tag. Bei Auslaufhaltung liegen die Futterkosten etwas niedriger, da die Tiere im Auslauf zusätzlich noch ›Gratisfutter‹ finden. In der Tabelle 110 ist die betriebswirtschaftliche Kalkulation für unsere Legehennen dargestellt. Die Suppenhühner wurden bewußt unberücksichtigt gelassen, da hier Einnahmen und Aufwand für Vermarktung sich genau die Waage halten.

Tabelle 110   Betriebswirtschaftliche Kalkulation der Legehennenhaltung in dem Betrieb BAIKER

Ertrag/Huhn und Jahr		
240 Eier × 0,35 DM	DM	84,00
Anschaffung/Huhn: 12,50 DM: 1,5 Jahre	DM	8,33
Futter: 0,10 DM × 365 Tage	DM	36,50
Energie, Wasser	DM	0,55
Verlustausgleich	DM	2,00
Verpackungskosten: 22 Schachteln × 0,225 DM	DM	4,95
Abschreibung des Stalls	DM	5,00
Auslauf	DM	0,50
Kosten/Huhn und Jahr	DM	57,83
Deckungsbeitrag/Huhn und Jahr	DM	26,17

Wenn mehr Eier erzeugt werden, als im Ab-Hof-Verkauf abgesetzt werden können, muß man sich vom Bundesamt für Ernährung und Forstwirtschaft in Frankfurt eine Packstellennummer erteilen lassen. Es muß ein separater Eierpackraum, eine Eierwage oder eine Sortiermaschine, ein Durchleuchtungsgerät und ein Luftkammermesser vorhanden sein.

Nachdem wir unsere Eiererzeugung den Bioland-Richtlinien entsprechend umgestellt hatten, mußten wir anstatt der bisher 28 Dpf nun 35 Dpf/Ei verlangen. Unseren Hofkunden konnten wir im Gespräch die aufwendigere Erzeugung erklären, im Bioladen gab es jedoch Schwierigkeiten, weil neben unseren Bioland-Eiern auch billigere Freilauf-Eier angeboten wurden. Und da bekanntlich ein Ei dem anderen gleicht, waren die Kunden verunsichert. Sie wußten nicht, ob sie beim Griff zum teuren Bioland-Ei auch wirklich ein solches erhielten.

Deshalb gingen wir dazu über, unsere Eier im Zehnerkarton mit Aufdruck zu verpacken, und legten den oben erwähnten Beipackzettel mit Informationen über Fütterung etc. in die Schachtel. Von nun an akzeptierten die Kunden auch den Preis, und in dem Laden werden heute nur noch unsere Eier verkauft.

GERHARD BAIKER, bio-land 1/89

3.7 Praxisbericht:
Geflügelmast auf dem Bioland-Betrieb

»Ist es überhaupt möglich?« mag sich mancher fragen, besonders weil die konventionelle Geflügelmast nur in Intensivhaltung betrieben wird. Für einen organisch-biologischen Betrieb kommt solche Haltung nicht in Frage. Eine Antwort ist auch deshalb nicht einfach, weil es keine speziellen Erzeugungsrichtlinien gibt. Im folgenden soll über vierjährige Betriebserfahrungen mit verschiedenen Mastgeflügeln berichtet werden.

Tabelle 111   Betriebsspiegel des Betriebes BEÖTHY

Lage/Klima
Steinau (Niedersachsen)
anmooriges Marschland, 1m unter NN
hoher Grundwasserspiegel
870 mm Niederschlag/Jahr
Fläche
20 ha Gesamtfläche, davon 10 ha Grünland
Fruchtfolge für den Ackerfutterbau
– Leguminosen,
– Wintergetreide,
– Sommergetreide.
Entsprechend dem 30%igen Leguminosenanteil an der Futterration für Geflügel wird die Fruchtfolge entsprechend einem Ertragsverhältnis von 70% Futtergetreide und 30% Leguminosen geplant.

Tierische Erzeugung/Jahr

1800 Hähnchen	3– 4 Rinder
500 Enten	4– 5 Lämmer
450 Gänse	8–10 Schweine
200 Puten	

Hähnchen – Dies Geflügel steht bei den Verbraucherwünschen an erster Stelle. Leider, denn unter ökologischen Bedingungen sind Hähnchen nur schwer heranzuziehen: Da ist zum einen der hohe Energieverbrauch in den ersten Wochen zu nennen, der nötig ist, um die hohe Stalltemperatur zu halten. Zusätzlich sind Strahler nötig mit einer Leistung von 300 Watt/100 Küken. Darüber hinaus besteht eine relativ schlechte Futterverwertung, da die Hähnchen in Freilaufhaltung nur langsam wachsen. Außerdem ist die Haltung stark wetterabhängig.

Die Küken werden in der 1.–3. Lebenswoche bei 37 °C Stalltemperatur gehalten, die danach schrittweise täglich bis auf die Außentemperatur abgesenkt wird. Die Tiere müssen langsam an den Auslauf bzw. an das Hinaus- und wieder Hereinlaufen gewöhnt werden. Dies geht am besten mit einer kleinen Grünfläche vor dem Stall, die man allmählich vergrößert. Die Gruppengröße sollte maximal 600 Tiere umfassen, Gruppe und Auslauf bleiben dann überschaubar. Der Auslauf sollte mindestens 600 m² groß sein.

Da bei den Küken keine Antibiotikavorsorge betrieben wird, ist in den ersten Wochen besonders viel Sorgfalt nötig. So sollte das Betreuungspersonal z. B. nach dem Kontakt mit Alttieren nicht direkt zu den Küken gehen. Die Küken erhalten vom 1.–3. Tag gekochte, zerdrückte Eier, die im Verhältnis 1:1 mit Getreideschrot vermischt sind, sowie Tee aus Kamille und Eukalyptus. Ab dem 4. Tag besteht die Ration aus 65% Getreideschrot (Weizen und Hafer); auch Maisschrot kann eingesetzt werden. Hinzu kommen 5% getrocknete Bierhefe sowie Luzernegrünmehl für die Vitaminversorgung. Der Leguminosenanteil von 30% wird während der Endmast verringert und durch Gerstenschrot ersetzt.

Bei dieser Ernährung werden die Tiere in 3–6 Monaten schlachtreif, je nach Außentemperatur und individuellem Wachstum. Bei gutem Wetter erreichen wir eine Futterverwertung von 1:5, bei schlechtem Wetter sinkt sie auf 1:8. Deshalb wird bei uns die Hähnchenmast nur im Sommer durchgeführt, und die Hähnchen können so von Juni bis Oktober geliefert werden.

Versuchsweise wurde eine Generation mit Weichfütterung aufgezogen, die aus 90% Haferschrot, 5% Gerstenschrot, 5% Luzernegrünmehl bestand und mit Magermilch getränkt war. Die Methode ist allerdings sehr arbeitsaufwendig und wurde von uns deshalb nicht weiterbetrieben.

Peking- oder Landenten – Diese Tiere lassen sich unter ökologischen Bedingungen auch auf nassen Standorten am besten heranziehen. Leider werden sie wenig nachgefragt, vermutlich hat der konventionelle Hähnchenboom den Geschmack der Verbraucher einseitig ausgerichtet.

Bei den Pekingenten beträgt die Stalltemperatur in den ersten Wochen 27 °C; danach wird sie allmählich auf Außentemperatur abgesenkt, bis die Tiere nach 14 Tagen nur noch einen offenen Unterstand benötigen, denn sie sind sehr robust und sehr aktiv. Die Enten werden in den ersten Wochen wie die Hähnchen gefüttert, danach erhalten sie ganze Körner. Die Tiere fressen im Prinzip jedes Körnerfutter, Hafer und Mais sollten jedoch nur in geringen Mengen gegeben werden, weil sonst eine zu starke Verfettung eintritt.

In der Endmast werden auch Kartoffeln bis zu einem Anteil von 50% der Getreidemenge gut verwertet. Die Futterverwertung beträgt 1:3 bis 1:4.

Die Schlachtreife ist ab einem Alter von 3 Monaten (nach der Mauser) erreicht, am besten schmecken die Tiere im Alter von 5 Monaten. Wenn die Enten voll ausgefedert sind, dann lassen sie sich auch gut über Winter halten und damit das ganze Jahr über frisch anbieten.

Flugenten – Die Flugenten müssen 14 Tage lang bei einer Stalltemperatur von 27 °C gehalten werden, danach kann Auslauf im Stall unter Wärmestrahlern (250 Watt für je 100 Küken) erfolgen. Ein besonderes Problem besteht in der Trägheit der Flugenten. Sie müssen deshalb anfangs mit viel List in Bewegung gehalten werden. Die Tiere brauchen Weidegang und grasen gern.

Gefüttert werden die Flugenten wie die Pekingenten. Allerdings sollten sie zusätzlich in den ersten Wochen tierisches Eiweiß erhalten, da sie sich sonst gegenseitig die gerade wachsenden Flugfedern herausrupfen. Zur Deckung dieses Eiweißbedarfs setzten wir Garnelen ein, auch Magermilchfütterung ist möglich.

Auch die Futterverwertung ist entsprechend der Pekingenten, die Tiere sind nach 5 Monaten schlachtreif.

Gänse – Sie sind reine Vegetarier und reagieren auf tierisches Eiweiß sofort mit Salmonellenbefall. Dies ist auf jeden Fall zu vermeiden, da auch die Gefahr der Ansteckung für andere Tiere zu groß ist. Sie brauchen vitaminreiches Futter, am besten Haferschrot und viel Rauhfutter. Diese Tierart ist daher für ökologisch wirtschaftende Betriebe gut geeignet.

Gehalten werden die Tiere in der 1. Woche in kleinen Gruppen von maximal 50 Tieren, bei einer Stalltemperatur von 27 °C. Schon am Ende der 1. Woche wird ihnen Weidegang ermöglicht, da die Tiere einen angeborenen Drang zum Graszupfen haben. Im Stall würden sie sich nur gegenseitig zupfen und damit verletzen. Bevor die Gänse nicht weiß gefiedert sind, dürfen sie nicht ins Wasser. Danach sind sie sehr robust und sehr aktiv.

Die Ration der Gänse besteht in der 1. Woche aus 65% Getreide, 30% Leguminosen und 5% Grünmehl. Wenn sie dann Gras auf der Weide fressen, erhalten sie nur noch abends im Stall Getreide (am besten Hafer) und Gerstenkörner. Die Schlachtreife wird nicht vor 6 Monaten erreicht.

Puten – Bei den Puten erfolgt die Aufzucht und Fütterung im Prinzip wie bei den Hähnchen, allerdings mit größeren Anfangsproblemen, da die Puten einen höheren Vitaminbedarf haben und zudem gegen die Schwarzkopfkrankheit nur eine Vorsorge mit »harter Chemie« hilft.

Wenn diese schwierige Phase jedoch überwunden ist, sind die Puten sehr aktive und robuste Weidetiere und benötigen nur abends im Stall eine Körnerfütterung. Die Tiere sind ab 4 Monaten schlachtreif.

Schlachten – Alle Geflügelarten werden zusätzlich zu den Überprüfungen des Veterinäramtes durch eine Kotuntersuchung regelmäßig auf Salmonellenbefall untersucht. Nach sorgfältiger Aufzucht muß ebenso sorgfältig geschlachtet werden. Damit das sicher gewährleistet ist, haben wir eine eigene Schlachterei eingerichtet. So bleibt den Tieren der Transport zu einer fremden Schlachterei erspart. Um den Streß für die Tiere weiter zu verringern, ist das Schlachten bei uns Handarbeit. Die Brühtemperatur halten wir so niedrig wie möglich, um die oberste Hautschicht zu erhalten. Die Kühlung der Schlachtkörper erfolgt mit ozonangereicherter Luft.

Geflügelmast als Betriebszweig – Eine Geflügelmast ist da sinnvoll, wo Boden und Klima nur Futterbau zulassen oder wo viel Ausputzgetreide anfällt, welches ein ausgezeichnetes Geflügelfutter darstellt. Ist Geflügelmast ganzjährig der einzige Betriebszweig, so stößt man auf einem organisch-biologischen Betrieb an die Grenzen.

Die Düngerverteilung ist unbefriedigend. Freilaufgeflügel legt zwar 70% des Kotes im Stall oder in Stallnähe ab, 30% aber im Auslauf. Dies kann zur völligen Überdüngung der Auslaufflächen führen. Bei uns im Betrieb wird daher ein Hähnchenauslauf nur von einer Generation im Jahr für ca. 3 Monate genutzt. Die Grünflächen werden stark beansprucht, wenn nur Geflügel weidet.

Eine feste Grasnarbe entwickelt sich durch die Beweidung mit verschiedenen Tieren. Bei uns auf dem Betrieb beweiden wir daher das lange Gras mit Rindern, das mittlere mit Schafen und das frische Gras mit Gänsen oder anderem Geflügel.

JANOSH BEÖTHY, bio-land 1/89

9 Anhang

Kontaktadressen (Stand 9/92)

1 Beratung im organisch-biologischen Landbau

(Auswahl)

Beratung bieten die staatliche Beratung, Beratungs-
ringe, Verbandsberater bei den Bioland-Landes-
verbänden oder freie Berater an.

Baden-Württemberg
Beratungsring ökologischer Obstbau
Jutta Kienzle
Staatl. Lehr- und Versuchsanstalt für
Wein- und Obstbau
Traubenplatz 5
7102 Weinsberg
Tel.: 0 71 34 - 89 35

Ulrich Hampl-Mathy
Berwinkel
7158 Sulzbach/Murr
Tel.: 0 71 93 - 89 99

Bayern
Bayrische Landesanstalt für Bodenkultur und
Pflanzenbau
Herr Dr. Pommer (Koordinator der staatlichen
Berater in den Bezirken)
Vöttingerstraße 38
8050 Freising
Tel.: 0 81 61 - 71 − 38 32

Brandenburg
Beratungsring ökologischer Landbau (BÖL)
Geschäftsstelle
Luchstraße 32
O-1230 Beeskow

Hessen
Hess. Landesamt für Landwirtschaft
Hubert Redelberger
Kölnische Straße 48 − 50
3500 Kassel
Tel.: 05 61 - 72 99 − 288

Amt für Landwirtschaft Fulda
Martin Seuring
Gallasiniring 1
6400 Fulda
Tel.: 06 61 - 20 77

Friedhelm Deerberg
Beratung Geflügelhaltung und -fütterung
Kirchplatz 4
3433 Neu-Eichenberg
Tel.: 0 55 42 - 39 67

Mecklenburg-Vorpommern
Beratungsring ökologischer Landbau (BÖL)
Außenstelle Banzkow
Solveig Leo
Gut Banzkow/Anlage Mirow
Postfach 40
O-2711 Mirow

Niedersachsen
Ökoring Niedersachsen
Wilfried Dreyer, Annette Franzmann,
Ulrich Ebert
Brüggemannstraße 2
3030 Walsrode
Tel.: 0 51 61 - 80 44

Landw.-Kammer Hannover
Armin Meyercordt
Postfach 269
3000 Hannover
Tel.: 05 11 - 36 65 − 395

Nordrhein-Westfalen
Landw.-Kammer Rheinland
Harald Schmid/Mathias Drescher
Schützenstraße 3
5010 Bergheim
Tel.: 0 22 71 - 4 20 66

Eckhard Reiners
Bioland-LV Nordrhein-Westfalen
Gemüsebauberatung
Lindenstraße 137
4150 Krefeld
Tel.: 0 21 51 - 77 81 36

Rheinland-Pfalz
Landes- Lehr- und Versuchsanstalt
Wolfgang Neuerburg
Rüdesheimer Straße 60
6550 Bad Kreuznach
Tel.: 06 71 - 24 73

Sachsen-Anhalt
Beratungsring ökologischer Landbau (BÖL)
Außenstelle Wittenberg
Fritz Hörnicke
Triftweg 43, Postfach 85-05
O-4600 Wittenberg Lutherstadt

Schleswig-Holstein
Lehr- und Versuchsanstalt Futterkamp
Jochen Hochmann
2324 Blekendorf
Tel.: 0 43 81 - 90 09 49

Ökoring Schleswig-Holstein
Rolf Winter, Romana Holle
Kieler Straße 26
2352 Bordesholm
Tel.: 0 43 22 - 46 69

Thüringen
Beratungsring ökologischer Landbau (BÖL)
Außenstelle Weimar
Catrin Hoffmann
Im Winkel 5
O-5301 Weimar-Schöndorf

2 Bioland-Landesverbände

Landesverband Baden-Württemberg
Eugenstraße 21
7440 Nürtingen
Tel.: 0 70 22 - 3 50 90

Landesverband Bayern
Stadtjägerstraße 15
8900 Augsburg
Tel.: 08 21 - 15 86 15

Landesverband Hessen
Hintergasse 23
6315 Mücke-Ruppertenrod
Tel.: 0 64 00 - 80 84

Landesverband Niedersachsen
Riepholm 10
2722 Visselhövede
Tel.: 0 42 62 - 23 06

Landesverband Nordrhein-Westfalen
Im Hagen 5
4700 Hamm-Süddinker
Tel.: 0 23 85 - 18 17

Landesverband Rheinland-Pfalz/Saarland
Zur Fröhn 15
6601 Holz
Tel.: 0 68 06 - 8 10 36

Landesverband Schleswig-Holstein
Kieler Straße 26
2352 Bordesholm
Tel.: 0 43 22 - 41 22

3 Anerkannte Verbände des ökologischen Landbaus

Bioland-Verband für organisch-biologischen
Landbau e.V.
Barbarossastraße 14
7336 Uhingen
Tel.: 0 71 61 - 3 10 11
Zeitschrift: bio-land

Forschungsring für biologisch-dynamische
Wirtschaftsweise e.V.
Baumschulenweg 11
6100 Darmstadt
Tel.: 0 61 55 - 26 74
Zeitschrift: Lebendige Erde

Naturland-Verband für naturgemäßen Landbau e.V.
Kleinhaderner Weg 1
8032 Gräfelfing
Tel.: 0 89 - 8 54 50 71
Zeitschrift: Naturland

ANOG-Arbeitsgemeinschaft für naturnahen
Obst-, Gemüse- und Feldfruchtanbau e.V.
Josef-Schell-Straße 17
5300 Bonn
Tel.: 02 28 - 61 44 57

Biokreis Ostbayern e.V.
Theresienstraße 36
8390 Passau
Tel.: 08 51 - 3 16 96
Zeitschrift: Bionachrichten

Bundesverband ökologischer Weinbau (BÖW) e.V.
Obergasse 9
6719 Ottersheim
Tel.: 0 63 55 - 12 85
Zeitschrift: Ökologie und Landbau

4 Weitere Organisationen im ökologischen Landbau
(Auswahl)

Die Stiftung Ökologie und Landbau (siehe unten)
gibt eine vollständige Adressenliste von Organi-
sationen im ökologischen Landbau in der Bundesrepublik Deutschland, Österreich und der Schweiz
heraus.

International Federation of Organic Agriculture
Movements (IFOAM)
Internationale Vereinigung biologischer
Landbaubewegungen
Ökozentrum Imsbach
8895 Tholey-Theley
Tel.: 0 68 53 - 51 90

Arbeitsgemeinschaft Ökologischer Landbau (AGÖL)
Baumschulenweg 11
6100 Darmstadt
Tel.: 0 61 55 - 20 81

Stiftung Ökologie und Landbau (SÖL)
Weinstraße Süd 51
6702 Bad Dürkheim
Tel.: 0 63 22 - 86 66
Zeitschrift: Ökologie und Landbau

Ökoland, Verein ökologischer Landbau e.V.
Walsroder Straße 12
3032 Fallingbostel
Tel.: 0 51 62 - 60 62

Gäa-Arbeitsgemeinschaft für ökologischen Landbau
Hauptgeschäftsstelle
Schulstraße 5
O-8251 Taubenheim

Fachgruppe für Technik im ökologischen Landbau
Berwinkel 43
7158 Sulzbach/Murr
Tel.: 0 71 93 - 89 99

5 Adressen artgerechte Tierhaltung

Arbeitsgemeinschaft Kritische Tiermedizin (AGKT)
c/o Anita Idel
Op'n Dörp 17
2306 Barsbek

Beratung artgerechte Tierhaltung e. V. (BAT)
Postfach 1131
3430 Witzenhausen
Tel.: 0 55 42 - 7 25 58

Gesellschaft für ökologische Tierhaltung (GÖT)
c/o Andreas Striezel
Röttenbacher Straße 33
8521 Möhrendorf

6 Buchversand für den ökologischen Landbau

Buchhandlungen allgemein besorgen einen Buchtitel, den sie nicht vorrätig haben, kurzfristig innerhalb weniger Tage.

Bioland-Buchversand
Hans-Joachim Hoffmann
Semerteichstraße 184
4600 Dortmund 30
Tel.: 02 31 - 43 23 29

Blattgrün Buchversand Kreuzer
Kai Kreuzer
Liebigstraße 12
6420 Lauterbach
Tel.: 0 66 41 - 51 89

7 Vermarktung

Verband für handwerkliche Milchverarbeitung
im ökologischen Landbau
Stubenstraße 4
3430 Witzenhausen
Tel.: 0 55 42 - 57 74

8 Stalleinrichtung für die artgerechte Geflügelhaltung

Vertrieb für umweltschonende Landtechnik
H. Deerberg
Paul-Schneider-Straße 1
4902 Bad Salzuflen 5
Tel.: 0 52 22 - 7 36 09

9 Bauanleitung für Solaranlagen

Landtechnik Weihenstephan
Vöttinger Straße 36
8050 Freising
Tel.: 0 81 61 - 58 85

10 Planung und Ausführung von Biogasanlagen

Herrmannsdorfer Entwicklungsgesellschaft für
Agrar- und Umwelttechnik
Gut Sonnenhausen
8019 Glonn
Tel.: 0 80 93 - 576 - 0

Literaturverzeichnis

Die mit * gekennzeichneten Literaturstellen sind Empfehlungen für Praktiker

Kapitel 1, Grundlagen und Ziele des organisch-biologischen Landbaus:

AEHNELT, E. und J. HAHN (1973): Fruchtbarkeit der Tiere – eine Möglichkeit zur biologischen Qualitätsprüfung von Futter- und Nahrungsmitteln? Tierärztliche Rundschau **28**

AGÖL, Arbeitsgemeinschaft Ökologischer Landbau (1990): Rahmenrichtlinien zum ökologischen Landbau. SÖL-Sonderausgabe **17**

BADER, U. (1990): Organisationsfragen der Beratung im ökologischen Landbau in der BRD, Ber. Ldw. **68**

Bioland-Verband (1991): 20 Jahre Bioland, bioland **2** *

Bioland-Verband (1991): Bioland-Richtlinien, Uhingen *

BOERINGA, R. (1980): Alternative Methods of agriculture, Elsevier Scientific Publishing Company Amsterdam, Oxford, New York

CHABOUSSOU, F. (1987): Pflanzengesundheit und ihre Beeinträchtigung, Alternative Konzepte **60**, Verlag C. F. Müller, Karlsruhe *

DÄHLER, F. (1988): Zum Tode von Dr. Hans MÜLLER, Zeitschrift zB **18**

DIERCKS, R. und R. HEITEFUSS (1990): Integrierter Landbau, BLV-Verlag, München

GOTTSCHEWSKI, G. H. M. (1975): Neue Möglichkeiten zu größerer Effizienz der toxikologischen Prüfung von Pestiziden, Rückständen und Herbiziden. Qualitas Plantarum Pl. Fds. Hum. Nutr. **25**

GROSCH, P. (1986): Dr. HANS MÜLLER 95 Jahre, bioland **5**

HALLER VON, W. (1986): JUSTUS VON LIEBIG; Es ist ja dies die Spitze meines Lebens, IFOAM-Sonderausgabe **23**, Kaiserslautern *

HAMM, U. (1987): Der alternative Landbau – ein interessantes Betätigungsfeld für Agrarökonomen und Agrarpolitiker, Agrarwirtschaft **7/8**

HAMM, U. (1991): Ökologischer Landbau auf dem Vormarsch, Der Landbote **15**

HOFFMANN, M. (1988): Zusammenhänge zwischen Produktionsmethoden und Lebensmittelqualität in ganzheitlicher Betrachtung, in: GÖDDE, VOEGELIN (1988): Für eine bäuerliche Landwirtschaft, Schriftenreihe des Fachbereichs Stadtplanung/Landschaftsnutzung der GhK Kassel, Bd **14**

ISERMANN, K. (1990): Die Stickstoff- und Phosphor-Einträge in die Oberflächengewässer der Bundesrepublik Deutschland, DLG Forschungsberichte zur Tierernährung

KLAPP, E. (1967): Lehrbuch des Acker- und Pflanzenbaus, 6. Auflage, Verlag Paul Parey, Berlin/Hamburg

KUHLENDAHL, S. (1990): Mündliche Mitteilung, Einführungskurs organisch-biologischer Landbau

LÖTTSCH, B. (1980): Die Gefahren chemischer Schädlingsbekämpfungsmittel, Ifoam-Bulletin **33/34/35**

MC LAREN, A. D., W. A. JENSEN und JACOBSEN (1960): Absorption of enzymes and other proteins by barley roots. Plant physiology **35**

MEIER-PLOEGER, A. und H. VOGTMANN (1988): Lebensmittelqualität – ganzheitliche Methoden und Konzepte, Alternative Konzepte **66**, Verlag C. F. Müller, Karlsruhe *

MEIER-PLOEGER, A. und H. VOGTMANN (1991): Lebensmittelqualität ein ganzheitlicher Anspruch, in: VOGTMANN, H. (1991): Ökologische Landwirtschaft, Alternative Konzepte **70**, Verlag C. F. Müller, Karlsruhe

NEUERBURG, W. (1989): Das Extensivierungsprogramm – unkoordiniert, unausgereift und Unruhe stiftend, bio-land **5**

NEUERBURG, W. (1990): Bildung und Beratung im organisch-biologischen Landbau, bio-land **5**

PIMENTEL, D. (1973): Food Production and the Energy Crisis, Science **182**

Regierungspräsidium Stuttgart (1987): Qualitätsvergleich von »biologisch« und »konventionell« erzeugten Feldfrüchten, Eigenverlag

REINHARD, C. und I. WOLFF (1986): Rückstände an Pflanzenschutzmitteln bei alternativ und konventionell angebautem Obst und Gemüse, Die Industrielle Obst- und Gemüseverwertung **71**

RUSCH, H. P. (1968): Bodenfruchtbarkeit, eine Studie biologischen Denkens, 2. Auflage, Haug-Verlag, Heidelberg *

SCHELLER, E. (1988): Aktive Nährstoffmobilisierung durch die Pflanzen, Eigenverlag, Zeitlofs-Eckarts

SCHÜLER, C. (1990): Integrierter Pflanzenbau – Wunsch und Wirklichkeit? in Wachstumslandwirtschaft und Umweltzerstörung, Hrsg. Arbeitsgemeinschaft bäuerliche Landwirtschaft, Rheda-Wiedenbrück *

SCHÜPBACH, M. (1986): Spritzmittelrückstände in Obst und Gemüse, Deutsche Lebensmittel-Rundschau **3**

SCHUPHAN, W. (1976): Mensch und Nahrungspflanze, Verlag Dr. W. Junk b.v., Den Haag

SMILDE, K. W. (1989): Nutrient supply and soil fertility, in: ZADOKS, J. C. (Ed.) (1989): Development of farming systems, Pudoc Wageningen

STAIGER, D. (1986): Einfluß konventionell und biologisch-dynamisch angebauten Futters auf Fruchtbarkeit, allgemeinen Gesundheitszustand und Fleischqualität bei Hauskaninchen. Dissertation Landwirtschaftliche Fakultät der Rheinischen Friedrich-Wilhelm Universität, Bonn

VOGTMANN, H. (1991) (Hrsg.): Ökologische Landwirtschaft, Alternative Konzepte **70**, Verlag C. F. Müller, Karlsruhe *

Kapitel 2, Umstellung auf organisch-biologischen Landbau:

AEREBOE, F. (1919): Allgemeine landwirtschaftliche Betriebslehre, 4. Auflage, Berlin

BENECKE, J., B. KIESEWETTER und H. URBAUER (1988): Bauern stellen um: Praxisberichte aus dem ökologischen Landbau, Alternative Konzepte **62**, Verlag C. F. Müller, Karlsruhe *

Bioland-Verband (1988): Schwerpunkt Umstellung – im Landbau und in der Ernährung, bio-land **3** *

Bioland-Verband (1990): Schwerpunkt Arbeit, bio-land **6** *

DÄHLER, F. (1988): Zum Tode von Dr. HANS MÜLLER, Zeitschrift zB **18**

FREYER, B. (1991): Ökologischer Landbau: Planung und Analyse von Betriebsumstellungen, Ökologie und Landwirtschaft **2**, Verlag Margraf, Weikersheim

Hessisches Landesamt für Ernährung, Landwirtschaft und Landentwicklung (1990): Datenmaterial für die Betriebsplanung – ökologischer Landbau, IfB **115**/90, Kassel

KTBL (1991): Datensammlung Alternative Landwirtschaft, Herausgegeben vom Kuratorium für Technik und Bauwesen in der Landwirtschaft e.V., KTBL-Schriftenbetrieb im Landwirtschaftsverlag, Münster-Hiltrup

PADEL, S. (1988): Umstellungsplanung: Risikoabschätzung für zukünftige Bio-Bauern, bio-land **3** *

RANTZAU, R. u. a. (1990): Umstellung auf ökologischen Landbau – Betriebliche Erfordernisse und Konsequenzen bei der Durchführung des ökologischen Landbaus, Dokumentation und Analyse von Praxiserfahrungen in unterschiedlichen Entwicklungsstadien und deren Überprüfung auf verschiedenen Standorten. Schriftenreihe des Bundesministers für Ernährung, Landwirtschaft und Forsten, Reihe A: Angewandte Wissenschaft **389**, Bonn

Kapitel 3: Betriebswirtschaft:

Agrarberichte der Bundesregierung (1988-92)

AID (1990): Landbau alternativ – konventionell, AID Schrift **1070**

ALVERMANN, G. und S. PADEL (1991): Betriebswirtschaftliche Aspekte des alternativen Landbaus, Betriebswirtschaftliche Mitteilungen **433** der LK Schleswig-Holstein, Kiel

BÖCKENHOFF, E. u. a. (1986): Analyse der Betriebs- und Produktionsstrukturen sowie der Naturalerträge im alternativen Landbau, Berichte über Landwirtschaft **64**

DABBERT, S. (1990): Zur optimalen Organisation alternativer Betriebe – Untersucht am Beispiel org.-biol. Betriebe in Baden-Württemberg, Verlag Alfred Strothe, Frankfurt

GEKLE, L. (1982): Ökonomische Aspekte des alternativen Landbaus, in: Schriften der Gesellschaft für Wirtschaft- und Sozialwissenschaften des Landbaus e.V., Landwirtschaftsverlag, Münster-Hiltrup

Hessisches Landesamt für Ernährung, Landwirtschaft und Landentwicklung (1990): Datenmaterial für die Betriebsplanung – ökologischer Landbau, IfB **115**/90, Kassel

KTBL (1991): Datensammlung Alternative Landwirtschaft, Herausgegeben vom Kuratorium für Technik und Bauwesen in der Landwirtschaft e.V., KTBL-Schriftenbetrieb im Landwirtschaftsverlag, Münster-Hiltrup

PEITZMEIER, M. (1990): Bestimmungsgründe pflanzlicher Erträge im ökologischen Landbau, Diplomarbeit, Gesamthochschule Kassel Witzenhausen

RANTZAU, R. u. a. (1990): Umstellung auf ökologischen Landbau – Betriebliche Erfordernisse und Konsequenzen bei der Durchführung des ökologischen Landbaus, Dokumentation und Analyse von Praxiserfahrungen in unterschiedlichen Entwicklungsstadien und deren Überprüfung auf verschiedenen Standorten. Schriftenreihe des Bundesministers für Landwirtschaft und Forsten, Reihe A: Angewandte Wissenschaft **389**, Bonn

SCHLÜTER, C. (1985): Arbeits- und betriebswirtschaftliche Verhältnisse in Betrieben des alternativen Landbaues, Verlag Eugen Ulmer, Stuttgart

STÖPPLER, H. (1989): Weizen im ökologischen Landbau, KTBL-Arbeitspapier **138**, KTBL, Darmstadt *

WINTER, R. (1991): Economics of Dairy Production in Ecological Agriculture in Northern Germany, Proceedings of the International Conference in Alternatives in Animal Husbandry, Witzenhausen

Kapitel 4, Vermarktung:

BOKERMANN, R. (1988): Zur Betriebswirtschaft der landwirtschaftlichen Weiterverarbeitung und Direktvermarktung, Berichte zur Betriebs- und Arbeitswirtschaft. Gesamthochschule Kassel, Fachgebiet Landwirtschaftliche Betriebslehre **5**

COLSMANN, A. (1991): 20 Jahre Bioland: Gedanken zu Sinn und Ursprung unseres Verbandes, bio-land **2**

HAMM, U. (1991a): 20 Jahre Vermarktung von Bioland-Produkten aus der Sicht eines Ökonomen, bio-land **2**

HAMM, U. (1991b): Landwirtschaftliches Marketing, Verlag Eugen Ulmer, Stuttgart

KOESLING, T. (1987): Vom Abliefern zum Marketing, DLG Mitteilungen **15**

KREUZER, K. (1988): Die Vermarktung selbst in die Hand nehmen, Eigenverlag, Lauterbach *

LINNERT, P. (1988): in KOTLER, ARMSTRONG: Marketing: eine Einführung, Service Fachverlag, Wien

LINSE, U. (Hrsg.) (1983): Zurück oh Mensch zur Mutter Erde, Landkommunen in Deutschland 1890–1933, dtv-Verlag, München

MÜLLER, A. (1989): Rechtsauflagen und Förderungsmöglichkeiten bei der Direktvermarktung von Agrarprodukten, Institut für Agrarpolitik und Landwirtschaftliche Marktlehre, Stuttgart Hohenheim *

POTTEBAUM, P. (1988): Handbuch Direktvermarktung, Landwirtschaftsverlag, Münster-Hiltrup *

SCHMIDT, H. (1991): Die EG-Verordnung: Das Rahmen-Gesetz für den ökologischen Landbau, bio-land **5**

SCHMIDT, H. (1992): EG-Verordnung »Ökologischer Landbau«: Was kommt auf uns zu? bio-land **1**

WIRTHGEN, B. und H. KUNERT (1991): Hofeigene Verarbeitung im ökologischen Landbau, Arbeitsberichte zur angewandten Agrarökonomie **13**, Gesamthochschule Kassel Witzenhausen *

Kapitel 5, Grundlagen des Pflanzenbaus:

ALVERMANN, G. (1988): Problem — Ackerdistel, Ökoring **2**, Fallingbostel

ALVERMANN, G. (1989): Der Stickstoffhaushalt im ökologischen Landbau, Seminar Ökoring Schleswig-Holstein, unveröffentlicht

ALVERMANN, G. (1990): Muß ich dem Boden etwas zurückgeben? bio-land **5**

Arbeitsgemeinschaft bäuerliche Landwirtschaft (Hrsg.) (1991): Leguminosen — oder wie die Königin des Ackerbaus bei der Wissenschaft in Ungnade fiel, Rheda-Wiedenbrück *

BACHTHALER, G. (1979): Fruchtfolge und Produktionstechnik, BLV-Verlag, München

Beratungsdienst ökologischer Obstbau (1990): Marktübersicht über alternative Pflanzenbehandlungsmittel für den Obstbau, Eigenverlag, Weinsberg *

BERLING, R. (1986): Nützlinge und Schädlinge im Garten, BLV-Verlag, München *

BERLING, R. (1989): Natürliche Feinde von Schädlingen, dlz **4**

Bioland-Verband (1990): Schwerpunkt Boden, bio-land **1** *

Bioland-Verband (1990): Schwerpunkt Düngung, bio-land **5** *

Bioland-Verband (1991): Schwerpunkt Pflanzenschutz, bio-land **1** *

BÖRNER, H. (1975): Pflanzenkrankheiten und Pflanzenschutz. UTB, Verlag Eugen Ulmer, Stuttgart

CHABOUSSOU, F. (1987): Pflanzengesundheit und ihre Beeinträchtigung, Alternative Konzepte **60**, Verlag C. F. Müller, Karlsruhe *

DEWES, T. (1991): Beratertagung, mündliche Mitteilung

DIEZ, TH. und H. WEIGELT (1986): Vergleichende Bodenuntersuchungen von konventionell und alternativ bewirtschafteten Betriebsschlägen, Bayerisches landwirtschaftliches Jahrbuch **8**

EMANUEL, C. (1990): Die Pflanze vor den Pflug spannen, bio-land **1** *

ERNST, P. (1991): Mündliche Mitteilung

Fachgruppe für Technik im ökologischen Landbau (1991): Flach wenden, tief lockern — Zweischichtenpflüge im Vergleich, dlz **7** *

Faustzahlen für Landwirtschaft und Gartenbau, Landwirtschaftsverlag, Münster-Hiltrup

FINCKENSTEIN, G. GRAF (1984): Unveröffentlichtes Manuskript

FRANZ, J. M. und A. KRIEG (1976): Biologische Schädlingsbekämpfung, Verlag Paul Parey, Berlin/Hamburg

FREYER, B. (1991): Ökologischer Landbau: Planung und Analyse von Betriebsumstellungen, Ökologie und Landwirtschaft **2**, Verlag Margraf, Weikersheim

GÖRBING, J. (1948): Die Grundlagen der Gare im praktischen Ackerbau, Landbuch-Verlag, Hannover

GRUEL, A. (1988): Unkrautregulierung im biologischen Landbau, Diplomarbeit Fachhochschule Nürtingen, Hrsg. Bioland-Verband, Uhingen *

HAASE, H. (1957): Ratgeber für den praktischen Landwirt, 7. Auflage, Siebeneicher Verlag, Frankfurt/M.

HAMPL, U. (1988): Spatenprobe — wie geht das? Bauernstimme **7/8** *

HAMPL, U. (1990): Maßnahmen zum Aufbau der Bodenfruchtbarkeit, bio-land **1** *

HAMPL-MATHY, U. (1991): Striegel — Mechanische Unkrautregulierung im ökologischen Landbau, SÖL-Sonderausgabe **51**, Hrsg. Stiftung Ökologie und Landbau, Bad Dürkheim *

HAMPL, U. und HERRMANN, G. (1987): Vergleich des Ackerunkrautbesatzes auf ökologisch und konventionell wirtschaftenden Betrieben, in: HOFFMANN, GEIER (Hrsg.): Beikrautregulierung statt Unkrautbekämpfung, Alternative Konzepte **58**, Verlag C. F. Müller, Karlsruhe *

HANUS, H. (1990): Bearbeitung und Verdichtung von Böden, in: BLUME, H. P. (Hrsg.): Handbuch des Bodenschutzes, ecomed-Verlag, Landsberg/Lech

HEINICKE, N. (1983): Eisenfleckigkeit nicht neu, aber immer wieder gefürchtet. Der Kartoffelbau **34**

HEINZMANN, F. (1981): Assimilation von Luftstickstoff durch verschiedene Leguminosenarten und dessen Verwertung durch Getreidenachfrüchte, Dissertation Stuttgart-Hohenheim

HEITEFUSS, R. (1975): Pflanzenschutz. G. Thieme Verlag, Stuttgart

HEITEFUSS, R. u. a. (1987): Pflanzenkrankheiten und Schädlinge im Ackerbau, DLG-Verlag, Frankfurt/M.

HERRMANN, G. und G. PLAKOLM (1991): Ökologischer Landbau, Österreichischer Agrarverlag, Wien *

HESS, J., A. PIORR und K. SCHMIDTKE (1992): Grundwasserschonende Landbewirtschaftung durch Ökologischen Landbau? Schriftenreihe des Instituts für Wasserforschung und der Stadtwerke Dortmund AG

Hessisches Landesamt für Ernährung, Landwirtschaft und Landentwicklung (1990): Datenmaterial für die Betriebsplanung — ökologischer Landbau, IfB **115**/90, Kassel

HOFFMANN, M. (1985): Abflammtechnik, KTBL-Schrift **243**, 3. Auflage, Landwirtschaftsverlag, Münster-Hiltrup *

HOFFMANN, M. (1988): Lebensmittelqualität — Lebensqualität, eine ganzheitliche Betrachtung, Lebendige Erde **5**

HOFFMANN, M. (1990): Mechanische und thermische Unkrautregulierung, in: DIERCKS, HEITEFUSS (Hrsg.): Integrierter Landbau, BLV-Verlag, München

HOFFMANN, G. M. und H. SCHMUTTERER (1983): Parasitäre Krankheiten und Schädlinge landwirtschaftlicher Kulturpflanzen. Verlag Eugen Ulmer, Stuttgart *

HOFFMANN, M. und B. GEIER (Hrsg.) (1987): Beikrautregulierung statt Unkrautbekämpfung, Alternative Konzepte **58,** Verlag C. F. Müller, Karlsruhe *

HOLZNER, W. (1981): Ackerunkräuter, Leopold Stocker-Verlag, Graz *

KAHNT, G. (1986): Biologischer Pflanzenbau, Verlag Eugen Ulmer, Stuttgart

KLAPP, E. (1967): Lehrbuch des Acker- und Pflanzenbaus, 6. Auflage, Verlag Paul Parey, Berlin/Hamburg

KLINGAUF, F. (1984): Umweltgerechte Anwendungstechnik im Pflanzenschutz − Biologische Verfahren, in: KTBL, Umweltgerechte und kostengünstige Pflanzenproduktion, KTBL-Arbeitspapier **90,** Darmstadt

KNEITZ, G. und M. RETER (1977): Die Fauna der Hecken und Feldgehölze und ihre Beziehung zur umgebenden Agrarlandschaft. Zeitschrift Waldhygiene **1−3,** Würzburg

KÖHNLEIN, J. und H. VETTER (1953): Ernterückstände und Wurzelbild von Kulturpflanzen, Verlag Paul Parey, Hamburg/Berlin

KÖNNECKE, G. (1967): Fruchtfolgen, VEB Deutscher Landwirtschaftsverlag, Berlin

KÖPKE, U. (1989): Körnerleguminosen: N_2-Fixierung, Vorfruchtwirkung und Fruchtfolgegestaltung − Auswirkung auf die Belastung von Agrarökosystemen, in: Körnerleguminosen, Schriftenreihe des BML, Reihe A **367**

KRESS, W. (1987): Reihenhackbürste Bärtschi, dlz **4**

KTBL (1991): Datensammlung Alternative Landwirtschaft, Herausgegeben vom Kuratorium für Technik und Bauwesen in der Landwirtschaft e.V., KTBL-Schriftenbetrieb im Landwirtschaftsverlag, Münster-Hiltrup

KUHLENDAHL, S. (1986): Organisch-biologische Landwirtschaft − ein Praxisbericht, in: Ökologische Tierhaltung, Alternative Konzepte **53,** Verlag C. F. Müller, Karlsruhe *

MENGEL, K. (1979): Ernährung und Stoffwechsel der Pflanze, Fischer-Verlag, Stuttgart

MIES, B. (1987): Bewegungsräume von Heckenbewohnern, in: MLR Baden-Württemberg, Biotopvernetzung in der Flur

NEUERBURG, W. (1988): Erfahrungen in der Queckenbekämpfung, bio-land **4**

NEUERBURG, W. (1988): Unkraut im Getreide − mechanisch bekämpfen, Der Landbote **9**

ORTH, W. (1988): Vom konventionellen Anbau über den Integrierten Pflanzenschutz und ANOG zu Bioland, bio-land **5**

PALME, S. (1990): Die Verringerung von Stickstoffverlusten durch konservierende Maßnahmen im Nährstoffkreislauf des ökologisch bewirtschafteten Ackerbaubetriebes, Diplomarbeit, Witzenhausen

PEDERSEN, O. C., J. REITZEL und L. STENGAARD-HANSEN (1986): Pflanzen natürlich schützen − Nützlinge in Treibhaus und Garten, Verlag W. Krüger und S. Fischer, Frankfurt/M. *

PETERS, D. (1987): Positive Wirkung der Wildkräuter auf Nutzpflanze und Boden, in: HOFFMANN, GEIER (1987) Beikrautregulierung statt Unkrautbekämpfung, Alternative Konzepte **58,** Verlag C. F. Müller, Karlsruhe *

PHILIPP, W. D. (1988): Biologische Bekämpfung von Pflanzenkrankheiten, Verlag Eugen Ulmer, Stuttgart

PIORR, P. (1990): Mündliche Mitteilung

PREUSCHEN, G. (1991): Ackerbaulehre nach ökologischen Gesetzen, Alternative Konzepte **75,** Verlag C. F. Müller, Karlsruhe

Rat von Sachverständigen (1985): Umweltprobleme der Landwirtschaft, Kohlhammer-Verlag, Stuttgart/Mainz

REDELBERGER, H. (1990): Stallmistausbringung mit moderner Technik, bio-land **5** *

REDELBERGER, H. (1991): Der Hackstriegel kommt wieder, top agrar **2** *

REDENZ-RÜSCH, F. (1959) zitiert nach FRAGSTEIN (1990): Ökologische Zusammenhänge − Die Ökologie als Grundlage der Agrarproduktion, in: VOGTMANN, Ökologischer Landbau, Alternative Konzepte **70,** Verlag C. F. Müller, Karlsruhe

RÜBENSAM, E. und K. RAUHE (1968): Ackerbau, 2. Auflage, VEB Deutscher Landwirtschaftsverlag, Berlin

RUSCH, H. P. (1968): Bodenfruchtbarkeit, 2. Auflage, Haug-Verlag, Heidelberg *

SATTLER, F. und E. v. WISTINGHAUSEN (1985): Der landwirtschaftliche Betrieb − biologisch-dynamisch, Verlag Eugen Ulmer, Stuttgart *

SCHEFFER, F. und P. SCHACHTSCHABEL (1989): Lehrbuch der Bodenkunde, 12. Auflage, Ferdinand Enke Verlag, Stuttgart

SCHELLER, E. (1988): Aktive Nährstoffmobilisierung durch die Pflanzen, Eigenverlag, Zeitlofs-Eckarts

SCHELLER, E. (1991): Die Düngungspraxis im ökologischen Landbau − unverantwortlich oder wissenschaftlich fundiert? in: VOGTMANN, Ökologische Landwirtschaft, Alternative Konzepte **70,** Verlag C. F. Müller, Karlsruhe *

SCHERNEY, F. (1960): Kartoffelkäferbekämpfung mit Laufkäfern (Gattung *Carabus*), Pflanzenschutz **12** (3), BLV-Verlag, München

SCHMID, O. (1978): Schädlingsabwehr im biologischen Land- und Gartenbau, Merkblätter für die Praxis **2** FIBL, Oberwil (BL)

SCHMID, O. (1983): Unkrautregulierung im biologischen Ackerbau, in: Lehrhefte für biologischen Landbau, Hrsg. Fördergemeinschaft org.-biol. Land- und Gartenbau e.V., Uhingen

SCHMID, O. und S. HENGGELER (1990): Biologischer Pflanzenschutz im Garten, 8. Auflage, Verlag Eugen Ulmer, Stuttgart *

SCHÜLER, C. (1989): Suppression of root rot on peas, beans and beetroot caused by *Phytium ultimatum* and *Rhizoctonie solani* through the amendment of growing media with composted organic houshold waste, Journal of Plantpathology **127**

SNOEK, H. (1988): Naturgemäße Pflanzenschutzmittel, Anwendung und Selbstherstellung, 2. Auflage, Pietsch Verlag, Stuttgart *

SÖHNE, W. (1952): Die Verformung des Ackerbodens, Grundlagen der Landtechnik, 10. Konstrukteurheft Deutscher Ingenieurverlag

STAIGER, D. (1988): Möglichkeiten und Grenzen zur Erfassung der ernährungsphysiologischen Qualität, in: MEIER-PLOEGER, VOGTMANN: Lebensmittelqualität – ganzheitliche Methoden und Konzepte, Alternative Konzepte **66,** Verlag C. F. Müller, Karlsruhe

STEINER, H. (1985): Nützlinge im Garten, Verlag Eugen Ulmer, Stuttgart

STEINER, R. (1985): Geisteswissenschaftliche Grundlagen zum Gedeihen der Landwirtschaft – Landwirtschaftlicher Kurs Koberwitz bei Breslau 1924, 7. Auflage, Rudolf Steiner Verlag, Dornach/Schweiz

SUTER, H. und C. GRABER (1989): Schneckenbekämpfung ohne Gift, Frank'sche Verlagshandlung, Stuttgart *

TISCHLER, W. (1980): Biologie der Kulturlandschaft, Fischer Verlag, Stuttgart

VOITL, H., E. GUGGENBERGER und J. WILLI (1980): Das große Buch vom biologischen Land- und Gartenbau, Orac Pietsch Verlag, Wien

WALTER, S. (1990): Nicht-chemische Unkrautregulierung, SÖL-Sonderausgabe **27,** Hrsg. Stiftung Ökologie und Landbau (SÖL), Bad Dürkheim *

WEHSARG, O. (1954): Ackerunkräuter, Akademie-Verlag, Berlin

WELLER, M. (1983): Gelungene Queckenbekämpfung, bio-land **1**

WELTZIEN, H. u. a. (1989): Improved plant health through application of organic material and compost extracts. Paper presented at the 7th IFOAM International Scientific Conference, Burkina Faso, January 1989

WESTHUES, F. (1987): Anbau von Winterzwischenfrüchten kontra Quecke, Distel und Ampfer, bioland **4**

Kapitel 6, Spezieller Pflanzenbau:

Agrarberichte der Bundesregierung (1988–92)

AID-Heft 1171 (1991): Krankheiten der Kartoffel *

ALPERS, G. (1991): Schriftliche Mitteilung

ALVERMANN, G. (1988): Grünbrachevarianten, Ökoring-Beratungsordner

ALVERMANN, G. (1989): Silomais im ökologischen Landbau, Ökoring **2,** Fallingbostel

ALVERMANN, G. und S. PADEL (1991): Betriebswirtschaftliche Aspekte des alternativen Landbaus, Betriebswirtschaftliche Mitteilungen **433** der LK Schleswig-Holstein, Kiel

Arbeitskreis Forschung der Obstbaufachgruppe der anerkannten ökologischen Verbände (Hrsg.) (1991): 4. Internationaler Erfahrungsaustausch über Forschungsergebnisse zum ökologischen Obstbau (Sammelband), LVWO Weinsberg

Beratungsdienst ökologischer Obstbau (KIENZLE/STRAUB) (1991): Mitteilungen, Erscheinungsweise 4x im Jahr, LVWO Weinsberg *

Bioland-Verband (1988): Schwerpunkt Getreide, bioland **2** *

Bioland-Verband (1988): Schwerpunkt Obst, bioland **5** *

BÖCKENHOFF, E. u. a. (1986): Analyse der Betriebs- und Produktionsstrukturen sowie der Naturalerträge im alternativen Landbau, Berichte über Landwirtschaft **64**

DREYER, W., W. REUTER und C. THIMM (1988): Roggen im ökologischen Landbau, KTBL-Arbeitspapier **124,** KTBL, Darmstadt *

ERNST, P. und N. HEITING (1988): Versuch »Haus Riswick«, Landwirtschaftliche Zeitschrift Rheinland **15**

FRANZMANN, A. (1990): Jetzt schon an die Lagerung von Getreide denken, Ökoring **2**

FRITZ, D., W. STOLZ u. a. (1989): Gemüsebau (Handbuch des Erwerbsgärtners), 9. Auflage, Verlag Eugen Ulmer, Stuttgart *

HARTMANN, R. (1988): Die Nährstoffversorgung über die Bodenbelebung sichern, bio-land **5**

HEINICKE (1983): Eisenfleckigkeit, nicht nur, aber immer wieder gefürchtet, Der Kartoffelbau **9**

Hessisches Landesamt für Ernährung, Landwirtschaft und Landentwicklung (1990): Datenmaterial für die Betriebsplanung – ökologischer Landbau, IfB **115/90,** Kassel

HOFFMANN, G. M. und H. SCHMUTTERER (1983): Parasitäre Krankheiten und Schädlinge landwirtschaftlicher Kulturpflanzen, Verlag Eugen Ulmer, Stuttgart *

HOFFMANN, M. (1989): Abflammtechnik, KTBL-Schrift **331,** 4. Auflage, Darmstadt *

KÄMPF, R., K. PETZOLDT und E. NOHE (1985): Feldfutterbau, DLG-Verlag, Frankfurt/M.

KLAPP, E. (1971): Wiesen und Weiden, Verlag Paul Parey, Hamburg und Berlin

KÖLSCH, E. (1988): Untersuchungen zu Eigenschaften von Winterroggensorten und Triticale in einem Betrieb mit geringer Betriebsmittelzufuhr von außen, J. Agronomy and Crop Sience **161**

KÖLSCH, E. und H. STÖPPLER (1990): Kartoffeln im ökologischen Landbau, KTBL-Arbeitspapier **147,** KTBL, Darmstadt *

KREUTER, M.-L. (1990): Pflanzenschutz im Bio-Garten, BLV-Verlag, München *

KTBL (1991): Datensammlung Alternative Landwirtschaft, Herausgegeben vom Kuratorium für Technik und Bauwesen in der Landwirtschaft e.V., KTBL-Schriftenbetrieb im Landwirtschaftsverlag, Münster-Hiltrup

KUNTZE, H. (1988): Walzen von Grünland: warum ist das wichtig? Landwirtschaftsblatt Weser Ems **11**

LANDEWEER, J. (1990): Klaverrijk grasland vergt aangepaste beweiding, Ekoland 7e jaargang **5**

Landwirtschaftskammer Rheinland (Hrsg.) (1987): Hinweise zum Anbau von Ackerbohnen (Puffbohnen) und Druscherbsen, Rheinischer Landwirtschaftsverlag, Bonn

MADER, H.-J. (1982): Die Tierwelt extensiver Obstwiesen und intensiver Obstplantagen im quantitativen Vergleich, Natur und Landschaft, 57. Jg. **11**

NEUGEBAUER, W. (1985): Bayrisches Landwirtschaftliches Wochenblatt **39**

NÖSBERGER, J. und W. OPITZ VON BOBERFELD (1986): Grundfutterproduktion, Verlag Paul Parey, Hamburg und Berlin

Ökoring Niedersachsen (o. J.): Beratungsordner

Ökoring Niedersachsen (1986/87): Praxiserhebungen

Ökoring Schleswig-Holstein (1987/88): Praxiserhebungen

PADEL, S. und B. WUNDERLICH (1989): Rundbrief

PALME, S. (1990): Die Verringerung von Stickstoffverlusten durch konservierende Maßnahmen im Nährstoffkreislauf des ökologisch bewirtschafteten Ackerbaubetriebes, Diplomarbeit, Witzenhausen

PEDERSEN, O. C., J. REITZEL und L. STENGAARD-HANSEN (1986): Pflanzen natürlich schützen − Nützlinge in Treibhaus und Garten, Verlag W. Krüger und S. Fischer, Frankfurt/M. *

PETERS, R. (1982): Technik im Kartoffelbau, KTBL-Schrift **276,** Darmstadt

PETERS, R. (1990): Qualitätserhaltung bei Speisekartoffeln, KTBL Arbeitspapier **144,** Darmstadt *

PETZOLD, H. (1990): Apfelsorten, 4. Auflage, Neumann-Verlag, Radebeul *

PETZOLD, H. (1989): Birnensorten, 3. Auflage, Neumann-Verlag, Radebeul *

PIORR, P. (1990): Mündliche Mitteilung

PIORR, A. und J. HESS (1987): Leistungen des Kleegrasanbaus für Boden und Betrieb (in Anlehnung an LÜTKE-ENTRUP 1987) in bio-land **1,** 1990

PUTZ, B. (1989): Kartoffeln, Behrs Verlag, Hamburg

RENIUS, W. und E. LÜTKE-ENTRUP (1985): Zwischenfruchtbau, DLG-Verlag, Frankfurt/M. *

SPECHT, A. (1990): Beschädigungen an der Kartoffel vermeiden, AID-Heft **1078** *

SPERBER, J. u. a. (1988): Öl- und Eiweißpflanzen, Österreichischer Agrarverlag, Wien

STEINER, H. (1985): Nützlinge im Garten, Ulmer Taschenbuch **19,** Verlag Eugen Ulmer, Stuttgart *

STÖPPLER, H. (1988): Zur Eignung von Winterweizensorten hinsichtlich des Anbaues und der Qualität der Produkte in einem System mit geringer Betriebsmittelzufuhr von außen. Dissertation, Univ. Kassel

STÖPPLER, H. (1989): Weizen im ökologischen Landbau, KTBL-Arbeitspapier **138,** KTBL Darmstadt *

TAUBE, F. und A. KORNHER (1990): Betriebswirtschaftliche Mitteilungen der Landw. Kammer Schleswig-Holstein, Februar

VAN DER SCHILD, JHW. (1990): Kartoffellagerung, Behrs Verlag, Hamburg

Verband der Kartoffelkaufleute Niedersachsen e.V. (1991): Tips für die Erzeugung und Behandlung von Qualitätsspeisekartoffeln

Verband der Landwirtschaftskammern e.V. (1991): Leitfaden für die Qualitätskontrolle von Speisekartoffeln, Rheinischer Landwirtschaftsverlag, Bonn

Versuchs- und Beratungsring ökologischer Landbau Niedersachsen (o. J.): Ökoring Beratungsordner, Loseblattsammlung, Walsrode *

VOIGTLÄNDER, G. und H. JAKOB (1987): Gründlandwirtschaft und Futterbau, Verlag Eugen Ulmer, Stuttgart

Kapitel 7, Grundlagen der Tierhaltung:

AEHNELT, E. und J. HAHN (1973): Fruchtbarkeit der Tiere, eine Möglichkeit zur biologischen Qualitätsprüfung von Nahrungsmitteln? Tierärztliche Umschau **28**

AID (1992): Kampf den Rinderparasiten, Heft **1053** *

BARTUSSEK, H. (1988): Haltung in: HAIGER, STORHAS, BARTUSSEK: Naturgemäße Viehwirtschaft, Verlag Eugen Ulmer, Stuttgart *

BOEHNCKE, E. (1985): Der Einfluß der Haltung auf die Tiergesundheit, Lehrheft **3,** Tierhaltung, Fütterung, Tiergesundheit, Fernschule der Landwirtschaft, Innsbruck

BOEHNCKE, E. (1986): Die Auswirkungen intensiver Tierproduktion auf das Tier, den Menschen und die Umwelt, in: SAMBRAUS, BOEHNCKE: Ökologische Tierhaltung, Alternative Konzepte **53,** Verlag C. F. Müller, Karlsruhe *

BOERICKE, W. (1986): Homöopathische Mittel und ihre Wirkungen, Verlag Grundlagen und Praxis, Leer

BÖHME, G. (1991): Der Landwirtschaftslehrling, zitiert nach Bauernstimme **129**

BOLBECHER, G., A. IDEL und A. STRIEZEL (1989): Hinterwälder Rinder im Schwarzwald, Film, WDR Köln

FÖLSCH, D., Beratung artgerechte Tierhaltung (1992): Artgerechte Hühnerhaltung, Stiftung Ökologie und Landbau, Schweißfurth-Stiftung, Alternative Konzepte **79,** Verlag C. F. Müller, Karlsruhe *

FRAHM, E. (1990): Rinderrassen in den Ländern der Europäischen Gemeinschaft, Ferdinand Enke Verlag, Stuttgart

GENZMER, W. (1983): Heuwetter − Regenwetter, Praxis der Sechstage-Heuernte, Edition Siebeneicher, München *

GOTTSCHWESKI, G. H. M. (1975): Neue Möglichkeiten zur größeren Effizienz der toxikologischen Prüfung von Pestiziden, Rückständen und Herbiziden. Qual Plant-Pl Fds. Hum. Nutr. **25**

GRONAUER, A. und B. LEHMANN (1991): Technik der artgerechten Tierhaltung im ökologischen Landbau, Hrsg. Fachgruppe für Technik im ökologischen Landbau und Stiftung Ökologie und Landbau, SÖL-Sonderausgabe **54,** Bad Dürkheim *

HAIGER, A., R. STORHAS und H. BARTUSSEK (1988): Naturgemäße Viehwirtschaft, Verlag Eugen Ulmer, Stuttgart *

HARRIS, M. (1974): Cows, pigs, wars and wiches, Wintage books, devisions random house incc., New York

HERRE, W. und M. RÖHRS (1990): Haustiere − zoologisch gesehen, Gustav Fischer Verlag, Stuttgart/New York

HÖRNING, B. (1990): Kriterien für eine artgerechte Haltung landwirtschaftlicher Nutztiere und Möglichkeiten für eine Umsetzung in die Praxis, Diplomarbeit Gesamthochschule Kassel Witzenhausen

HÖRNING, B., Beratung artgerechte Tierhaltung (1992): Artgerechte Schweinehaltung, Stiftung

Ökologie und Landbau, Schweißfurth-Stiftung, Alternative Konzepte **78,** Verlag C. F. Müller, Karlsruhe *

HUBER, F. M. (1988): Unsere Tiere im alten Bayern, W. Ludwig Verlag, Pfaffenhofen

KTBL (1983): Fortschritte beim Biogas, KTBL-Schrift **285**

LORENZ, E. (1950): So kam der Mensch auf den Hund, dtv-Verlag, München

MAC LEOD, G. und H. WOLTER (1985): Homöopathische Behandlung der Rinderkrankheiten, Verlag Johannes Sonntag, Regensburg

MATREAUX, C. (1990): Eutergesundheit – geht es auch ohne Antibiotika? z. B. 7

RAKOW, B. M. (1988): Bewährte Indikationen der Homöopathie in der Veterinärmedizin, Verlag Johannes Sonntag, Regensburg

RIST, M. (1982): Ethologische Aussagen zur artgerechten Nutztierhaltung, Tagungsbericht der IGN, Birkhäuser Verlag, Basel Boston Stuttgart

RIST, M. und Mitarbeiter (1987): Artgemäße Nutztierhaltung; Ein Schritt zum wesensgemäßen Umgang mit der Natur, Verlag freies Geistesleben, Stuttgart *

RIST, M. und I. SCHRAGEL, Beratung artgerechte Tierhaltung (1992): Artgerechte Rinderhaltung, Stiftung Ökologie und Landbau, Schweißfurth-Stiftung, Alternative Konzepte **77,** Verlag C. F. Müller, Karlsruhe *

SAMBRAUS, H. H. (1989): Atlas der Nutztierrassen, 3. Auflage, Verlag Eugen Ulmer, Stuttgart

SAMBRAUS, H. H. (Hrsg.) (1991): Nutztierethologie, das Verhalten landwirtschaftlicher Nutztiere, eine angewandte Verhaltenskunde für die Praxis, UTB, Stuttgart *

SAMBRAUS, H. H. und E. BOEHNCKE (Hrsg.) (1986): Ökologische Tierhaltung, Alternative Konzepte **53,** Verlag C. F. Müller, Karlsruhe *

SCHULZ, H. u. a. (o. J.): Bauanleitungen für Selbstbauwarmluftkollektoren, Qualitätsheu mit Sonnenkollektoren, Neue Entwicklungen bei der Nachtrocknung und Silierung von Großballen, Das Solarzelt, Landtechnik Weihenstephan *

SIMANTKE, C. (1989): Betrachtungen zur Beziehung zwischen Menschen und Rindern, Diplomarbeit, Gesamthochschule Kassel Witzenhausen

SOMMER, H. (1991): Vortrag anläßlich des Bundestreffens der Arbeitskreise ökologischer Landbau, Altenkirchen

STAIGER, D. (1986): Einfluß konventionell und biologisch-dynamisch angebauten Futters auf Fruchtbarkeit, allgemeinen Gesundheitszustand und Fleischqualität beim Hauskaninchen, Dissertation, Bonn

TEUTSCH, G. M. (1987): Lexikon der Tierschutzethik, Verlag Vandenhoek und Ruprecht, Göttingen

top agrar (1991): Das Magazin für moderne Landwirtschaft **6,** Landwirtschaftsverlag, Münster-Hiltrup

TORP, C. (1992): Persönliche Mitteilung

VETO (1991): Zeitschrift der Arbeitsgemeinschaft Kritische Tiermedizin **27,** Berlin

WELLINGER, A. u. a. (1984): Biogas-Handbuch, Verlag Wirz, Aarau, Schweiz

WOLTER, H. (1991): Klinische Homöopathie in der Veterinärmedizin, 5. Auflage, Haug-Verlag, Heidelberg

ZEEB, K. (1991): Angewandte Ethologie als Grundlage für die Anforderungen an die Haltungstechnik, in: GRONAUER, LEHMANN: Technik der artgerechten Tierhaltung im ökologischen Landbau, Hrsg. Fachgruppe für Technik im ökologischen Landbau und Stiftung Ökologie und Landbau, SÖL-Sonderausgabe **54,** Bad Dürkheim *

Kapitel 8, Spezielle Tierhaltung:

Anonym (1989): Neuland Marken-Fleisch-Programm, Richtlinien für die Schweinehaltung, Bonn

BARTUSSEK, H. (1988): Haltung in: HAIGER, STORHAS, BARTUSSEK: Naturgemäße Viehwirtschaft, Verlag Eugen Ulmer, Stuttgart *

BESSEI, W. (1988): Bäuerliche Hühnerhaltung, Verlag Eugen Ulmer, Stuttgart

Bioland-Verband (1987): Schwerpunkt Schwein, bioland **3** *

BOEHNCKE, E. (1985): Die Zusammenhänge zwischen Fütterung, Leistungshöhe und Tiergesundheit, Lehrheft **2,** Tierhaltung, Fütterung, Tiergesundheit der Fernschule für Landwirtschaft, Innsbruck

BURGSTALLER, G. (1986): Praktische Rinderfütterung, Verlag Eugen Ulmer, Stuttgart

DLG (1991): DLG-Futterwerttabellen für Wiederkäuer, Dokumentationsstelle der Universität Hohenheim, DLG-Verlag, Frankfurt/M.

DORN, P. (1971): Handbuch der Geflügelkrankheiten, Verlag Eugen Ulmer, Stuttgart

FÖLSCH, D. W. (1982): Das Konzept des Volierensystems für Hühner – Beispiel einer Lösung im Praxisbetrieb, in: FÖLSCH, NABHOLZ (Ed.): Ethologische Aussagen zur artgerechten Nutztierhaltung, Tierhaltung **13,** Birkhäuser Verlag, Basel, Boston, Stuttgart

FÖLSCH, D. W. (1986): Grundlegende ethologische und ökologische Aspekte für die Haltung von Haustieren, speziell von Hühnern, in: SAMBRAUS, BOEHNCKE: Ökologische Tierhaltung, Alternative Konzepte **53,** Verlag C. F. Müller, Karlsruhe *

FÖLSCH, D. W. und P. STAHEL (1982): Auslauf-Haltung für Hühner – eine Anleitung für Haltung und Stallbau, Verlag Wirz, Aarau, Schweiz *

FREYER, B. (1991): Ökologischer Landbau, Planung und Analyse von Betriebsumstellungen, Verlag Josef Margraf, Weikersheim

GERTH, C., R. TÜLLER und F. BIERSCHENK (1989): Enten, Gänse, Spezialgeflügel, Landwirtschaftsverlag, Münster-Hiltrup

GRANZ, E. u. a. (1990): Tierproduktion, 11. Auflage, Verlag Paul Parey, Berlin, Hamburg

GRONAUER, A. und B. LEHMANN (1991): Technik der artgerechten Tierhaltung im ökologischen Landbau, Hrsg. Fachgruppe für Technik im ökologischen Landbau und Stiftung Ökologie und Landbau, SÖL-Sonderausgabe **54,** Bad Dürkheim *

HAIGER, A. (1988): Zucht in: HAIGER, STORHAS, BARTUSSEK: Naturgemäße Viehwirtschaft, Verlag Eugen Ulmer, Stuttgart *

HAIGER, A., J. SÖLKNER und W. WETSCHEREK (1986): Der Einfluß verschiedener Futterniveaus auf die Lebensleistung kombinierter und milchbetonter Kühe, Züchtungskunde **58**

HELLER, D. und V. POTTHAST (1990): Erfolgreiche Milchviehfütterung, DLG-Verlag, Frankfurt/M.

HENK, F. (1986): Hühnerhaltung, Leopold Stocker Verlag, Wien *

HÖRNING, B. (1990): Artgerechte Milchviehhaltung, Blatt 4.1.1., Ökoring Beratungsordner, Walsrode *

Jahrbuch für die Geflügelwirtschaft (1991): Verlag Eugen Ulmer, Stuttgart *

KIRCHGESSNER, M. (1987): Tierernährung, 7. Auflage, DLG-Verlag, Frankfurt/M.

KLÜNTER, A. und H. SPIEKERS (1987): Verbesserung von Tiergesundheit und Nutzungsdauer und/oder Senkung der Futterkosten in der Milchviehhaltung, in: Umweltverträgliche und standortgerechte Landwirtschaft, Wissenschaftliche Berichte der landwirtschaftlichen Fakultät der Uni Bonn **36**

KOESLING, T. u. a. (1986): Rechtsfragen beim Direktabsatz, Hrsg. Landwirtschaftliche Entwicklungs- und Beratungsgesellschaft in Birstein, Selbstverlag

KTBL (1987): Haltungssysteme Milchvieh, KTBL-Schrift **315**, Darmstadt *

KTBL (1991): Datensammlung Alternative Landwirtschaft, Herausgegeben vom Kuratorium für Technik und Bauwesen in der Landwirtschaft e.V., KTBL-Schriftenbetrieb im Landwirtschaftsverlag, Münster-Hiltrup

MEYER, C. (1989): Freilandhaltung von Schweinen, Blatt 4.4.1., Ökoring Beratungsordner, Walsrode*

ORSKOV, E. R. (1987): The feeding of ruminants, Chalcombe Publications, Marlow, Bucks

POSTLER, G. (1989): Naturgemäße Rinderzucht, Lehrstuhl für Haustiergenetik, Ludwig-Maximilians-Universität, Prof. Dr. BAKELS, München

POSTLER, G. (1989): Pilotstudie zur tierzüchterischen Beurteilung von Betrieben der Arbeitsg. Rinderzucht auf Lebensleistung, Lehrstuhl für haustiergenetik, Ludwig-Maximilians-Universität, Prof. Dr. BAKELS, München

RIST, M. (1982): Ethologische Aussagen zur artgerechten Nutztierhaltung, Tagungsbericht der IGN, Birkhäuser Verlag, Basel Boston Stuttgart

RIST, M. u. a. (1987): Artgemäße Nutztierhaltung, Ein Schritt zum wesensgemäßen Umgang mit der Natur, Verlag Freies Geistesleben, Stuttgart *

RITTER, H. C. (1961) zitiert nach SAMBRAUS (1978): Ammenkuhhaltung im Laufstall, Tierzüchter **13**

SAMBRAUS, H. H. (Hrsg.) (1978): Nutztierethologie, Das Verhalten landwirtschaftlicher Nutztiere, eine angewandte Verhaltenskunde für die Praxis, Verlag Paul Parey, Berlin, Hamburg *

SAMBRAUS, H. H. und E. BOEHNCKE (Hrsg.) (1986): Ökologische Tierhaltung, Alternative Konzepte **53**, Verlag C. F. Müller, Karlsruhe *

SÖNTGERATH, B. (1990): Tretmistställe für Rinder, KTBL Arbeitspapier **137**, Darmstadt *

SÖNTGERATH, B. (1991): Beispielhafte Tretmistställe für Milchvieh, Landtechnik **46**

STOLBA, A. (1984): Verhaltensmuster von Hausschweinen in einem Freigehege, in: Aktuelle Arbeiten zur artgemäßen Tierhaltung 1983, KTBL-Schrift **299**, Darmstadt *

STOLBA, A. (1986): Ansatz zu einer artgerechten Schweinehaltung – Der »möblierte« Familienstall, in: SAMBRAUS, BOEHNCKE: Ökologische Tierhaltung, Alternative Konzepte **53**, Verlag C. F. Müller, Karlsruhe *

STORHAS, R. (1988): Fütterung, in: HAIGER, STORHAS, BARTUSSEK: Naturgemäße Viehwirtschaft, Verlag Eugen Ulmer, Stuttgart *

TIEX, S. und C. KALLAGE (1991): Futteruntersuchungen auch im ökologischen Landbau, Der Landbote **39** *

top agrar (1988): Artikel zur Fleischvermarktung Nr. 7

Versuchs- und Beratungsring ökologischer Landbau Niedersachsen (1991): Ökoring Beratungsordner, Eigenverlag, Walsrode *

WECHSLER, B., H. SCHMIDT und H. MOSER (1991): Der Stolba-Familienstall für Hausschweine, Tierhaltung **22**, Birkhäuser, Basel *

WINTER, R. (1990): Arbeitsmaterial des Ökoring Schleswig-Holstein

WINTER, R. (1991): Economic Questions of dairy production in ecological agriculture in Northern Germany, in: BOEHNCKE, MOLKENTHIN (Ed.) (1991): Proceedings of the International Conferenc on Alternatives in Animal Husbandry, Witzenhausen

WITTENBERG, K. (1988): Milchviehzucht – wohin und wie weiter? Arbeitsgemeinschaft Lebenslinien (ALL), Mitglieder-Information, Sonderdruck, Bad Salzuflen

Stichwortverzeichnis

Lesen – wissen – profitieren

Wichtige Arbeitshilfen aus dem Bereich der pflanzlichen Produktion

G. Bachthaler
Fruchtfolge und Produktionstechnik

G. Bedlan
Gemüsekrankheiten

A. Deutsch
Bestimmungsschlüssel für Grünlandpflanzen

R. Diercks/R. Heitefuss/
(Hrsg.) u.a.
Integrierter Landbau
Systeme umweltbewußter
Pflanzenproduktion –
Grundlagen – Praxis-
erfahrungen – Entwicklungen

Th. Diez/H. Weigelt
Böden unter landwirtschaftlicher Nutzung
48 Bodenprofile in Farbe

M. Hanf
Ackerunkräuter Europas
mit ihren Keimlingen und
Samen

R. Heitefuss u. a.
Pflanzenkrankheiten und Schädlinge im Ackerbau

Lexikon Landwirtschaft
Pflanzliche Erzeugung –
Tierische Erzeugung –
Landtechnik – Betriebslehre –
Landwirtschaftliches Recht

H. Neururer/E. Hain/
W. Herwirsch
Keimpflanzen wichtiger Ackerunkräuter und Schadgräser

Pflanzliche Erzeugung
Band 1 des Lehrwerkes
"Die Landwirtschaft"
(nur bei BLV, München und
LVH, Münster-Hiltrup
erhältlich)

G. Plakolm/G. Herrmann
Ökologischer Landbau
Grundwissen für die Praxis

W. Schreiner/A. Obst
Landwirtschaftliche Nutzpflanzen in Wort und Bild

C. Winner
Zuckerrübenbau

J. Zscheischler u.a.
Handbuch Mais
Umweltgerechter Anbau/
wirtschaftliche Verwertung

Arbeitsgemeinschaft

BLV Verlagsgesellschaft München
DLG-Verlag Frankfurt (Main)
Landwirtschaftsverlag Münster-Hiltrup
Österreichischer Agrarverlag Wien
Bugra Suisse Wabern-Bern

VERLAGSUNION
AGRAR